次时代车库场景效果

第4章　游戏场景制作

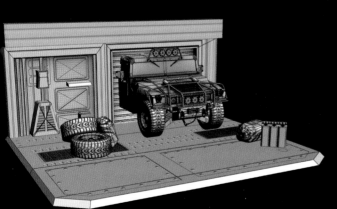

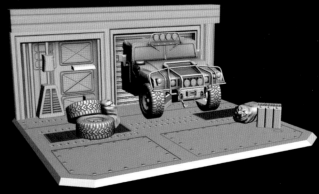

次世代角色头像效果

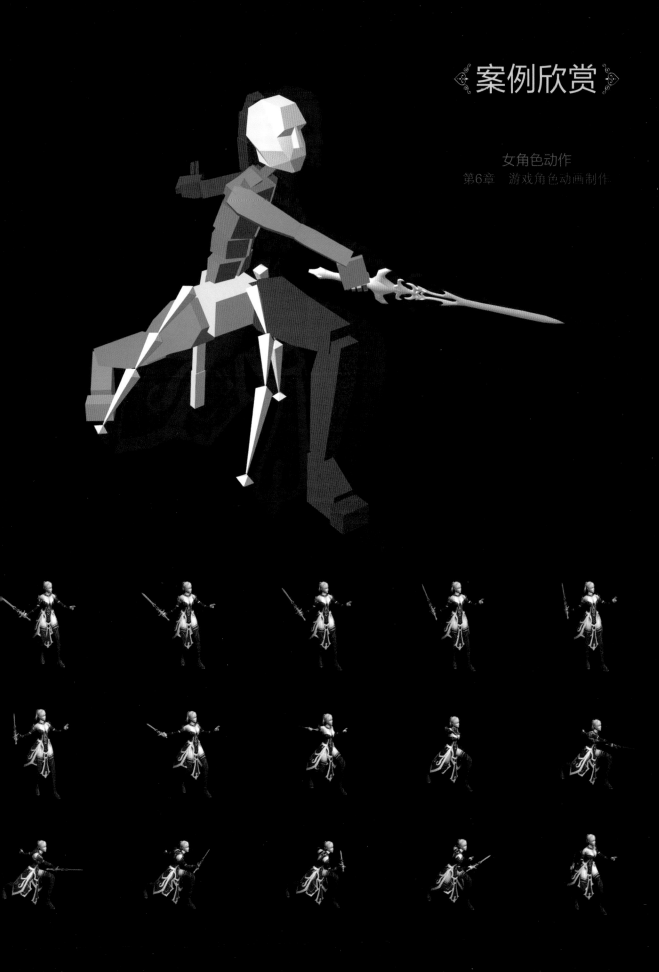

3ds Max

游戏设计师
经典课堂

◎ 上官大堰　索文　编著

清华大学出版社

北京

内 容 简 介

本书深入揭秘了在游戏公司中口传心授的游戏制作规则、思路与技巧，使读者的学习过程充满身临其境的体验感。作者根据多年游戏美术制作经验以及游戏教学实践经验，准确地把握学习者的需求特点和学习误区，专门针对游戏制作的学习方法摸索了一套行之有效的方案，能充分提高学习者的兴趣并轻松入门，使3ds Max游戏美术制作的学习更加有的放矢。

本书由7章组成。第1章～第3章内容为游戏制作基础，通过准确把握初学者的特点，针对游戏美术设计师应该了解的基础知识、相关规则、技巧以及制作思路的培养进行了深入浅出的剖析。第4章为游戏场景制作内容，针对当今游戏制作中所使用的技术，集中展现了游戏场景制作的规则及方法。第5章为游戏角色制作内容，通过介绍游戏公司项目开发中常见的男女主角及怪兽的制作方法，全面解读了在游戏角色设计中，从建模到分展UV再到贴图绘制等的全过程，尤其是囊括的怪兽四足、翅膀、尾部等复杂模型结构的制作过程，更能提高制作水平及适应能力。第6章为游戏角色动画制作内容，详尽介绍了游戏制作中的常用理论及骨骼类型，以及正向运动、反向运动的概念，并通过主角骨骼的搭建、模型绑定到骨骼动作的调节等内容，使读者顺利掌握骨骼动画的制作方法。第7章为游戏特效动画制作内容，通过对游戏中特效的应用领域、制作与设计方法等内容，全面解读了游戏特效设计师需要掌握的知识。

本书适合游戏美术制作的初学者和有一定基础的读者学习，同时也适合作为美术设计类相关院校的教学参考书。

图书在版编目(CIP)数据

3ds Max 游戏设计师经典课堂 / 上官大堰，索文 编著.—北京：清华大学出版社，2014（2020.10重印）

ISBN 978-7-302-38200-3

Ⅰ．①3… Ⅱ．①上… ②索… Ⅲ．①游戏—动画制作软件—程序设计 Ⅳ.①TP391.41

中国版本图书馆 CIP 数据核字（2014）第 230611 号

责任编辑：杨如林
封面设计：铁海音
责任校对：徐俊伟
责任印制：刘祎淼

出版发行：清华大学出版社

  网 址：http://www.tup.com.cn，http://www.wqbook.com
  地 址：北京清华大学学研大厦 A 座 邮 编：100084
  社 总 机：010-62770175 邮 购：010-62786544
  投稿与读者服务：010-62776969，c-service@tup.tsinghua.edu.cn
  质 量 反 馈：010-62772015，zhiliang@tup.tsinghua.edu.cn

印 装 者：三河市龙大印装有限公司
经 销：全国新华书店
开 本：190mm×260mm 印 张：34.25 插 页：2 字 数：967 千字
版 次：2014 年 12 月第 1 版 印 次：2020 年10月第 6 次印刷
定 价：69.00 元

产品编号：056600-01

生活中很多事情不是可以预期的，写一本3D游戏美术制作方面的书本来是未曾想象过的事。经过在美术设计与制作行业多年的打拼，从家装行业做到商业展示设计，再经过游戏行业的数年历练，尤其是在3D游戏美术制作方面的教学过程中，在对近千名学员无数次的指导之后，使我萌生了写3D游戏美术制作方面的书籍的想法。在教学的过程中，我发现，在游戏制作中存在的方法与规则，虽然很多相关书籍都有所提及，但多为教条式和概念式的介绍，很难让学员有身临其境的体验。在游戏公司的开发制作中，对这方面的内容也只是口传心授，很少有人归纳整理，更不要说发表。在解决了学员无数次的疑问，而且几乎是同样的问题的时候，他们往往跟我说这样的话："老师！把您的知识写成书多好啊，这样我们就可以少犯同样的错误了！"，于是，这本书便诞生了。

在教学时，我也常常思考，到底能把什么样的书推荐给学员呢？通过调查，我发现市场上有关游戏制作方面的书虽然很多，有些过于全面而忽略了初学者的耐心，有些只是讲解某个范围的实例，很难对游戏制作的规则和方法性问题进行全面、系统、针对性地探讨。这很难使初学者有兴趣深入学习下去。因此，问题的关键就是要初学者能顺利进入学习状态，带领他们入门。怎样才能很好地解决入门这个问题呢？经过几年的教学后，就这个问题我慢慢摸索出了自己的解决方案，而且经过教学实践，方案的有效性也得到了证实，于是就下定决心把这些经验整理出来。

经过几年的酝酿，终于把这本书写出来了，一方面是希望为对3D游戏开发方面感兴趣的读者提供参考，另一方面，也算是对自己教学经验的总结。

目前，随着网络游戏行业的飞速发展，3D游戏的开发和制作已经成为一个热点。游戏行业发展所需的各个科目也在以前所未有的速度被迅速挖掘，各个相应的培训机构相继成立，为游戏事业的发展贡献力量。其中，有关3D游戏美术制作方面的工作更是为众多CG爱好者所向往。游戏已被人们称之为第九艺术。

本书根据自己多年的游戏美术制作经验和游戏相关方面的培训经验，准确把握初学者的特点及学习误区，针对游戏美工应该了解的基础知识、相关规则和技巧以及制作思路的培养进行了深入浅出的介绍。

书中采用了大量的实例，并在相应实例的后面加入了对重要部分的讲解，便于读者参考和学习。此外，本书还全面地讲解了3D游戏美术制作的流程和各种实战技巧。本书作为3D游戏美术制作方面的基础书籍，通过严格整理与系统组织，辅之以多年的相关经验，整理成册，以便于初学者能够系统地奠定扎实的学习基础。根据书中介绍的知识，不仅可以提高实际工作效率，还能帮助读者尽快进入游戏美工的行列。

本书立足于初学者和有一定基础的读者，也适用于美术设计类大中专院校师生作为参考书籍。全书从技术的角度出发，旨在使读者从初学或稍有一定基础后就可以直接接触到模型制作的核心，学习游戏制作的基础知识，学习游戏制作的规则、方法和思路，尽快跨入游戏制作的门槛，故此没有罗列与实际制作无关的知识。如果有需要，读者可以自行查阅其他相关书籍。

在内容的安排上，读者通过道具制作部分的学习，就可以达到入门级水平，奠定扎实的游戏制作基础；通过场景至角色制作内容的学习，可以进一步达到游戏美术部分的制作能力；再经过读者的努力学习，基本可以胜任3D游戏美工的职位。对于有基础的读者，本书也可以为您提供一定的参考和借鉴作用。

本书包括3dx Max游戏美术基础、游戏场景制作、游戏角色制作、游戏角色动画制作、游戏特效动画制作等内容。

游戏制作基础（第1~3章），准确把握初学者的特点，针对游戏美术设计师应该了解的基础知识和相关规则技巧以及制作思路的培养进行了深入浅出的介绍。书中采用了大量的实例，并在相应实例的后面加入了对重点部分的剖析，便于读者参考和学习，此外，还全面讲解了3dx Max游戏美术的制作流程和各种实战技巧。

游戏场景制作（第4章），针对当前游戏开发中所应用的技术方法，集中展现了游戏场景制作的规则及方法。本章的前面部分对游戏场景进行了介绍，中间部分介绍了游戏场景开发中所运用的一些规则和方法，最后以室内室外两种场景形式进行了分类介绍，从而让学员更明确地学习到场景制作中的具体规则及方法。

游戏角色制作（第5章），以当前游戏公司项目开发中常见的男女主角及怪兽的制作方法，全面介绍了在游戏角色开发中，从建模到分展UV再到贴图绘制等的全过程。尤其是怪兽的制作，囊括了四足、翅膀、尾部等复杂模型结构，从而使学员更加全面地学习到游戏开发中所能接触的元素，以提高制作水平及适应能力。

游戏角色动作制作（第6章），详尽介绍了游戏开发中运用到的常用理论知识及常用骨骼类型，全面介绍了正向运动、反向运动的概念，并通过主角骨骼的搭建、模型绑定到骨骼动作的调节等完整地讲解了Bone骨骼类型和Character Studio的动作模块类型的用法。通过这部分的学习，读者可以掌握游戏开发中骨骼动画的制作方法。

游戏特效动画制作（第7章），通过游戏中特效的应用领域及其制作方法和设计方法等，全面介绍了游戏开发中特效设计师需要掌握的知识。

最后有几点要说明，本书虽然适合游戏美术制作初学者学习，但毕竟是针对游戏美术方面的书籍，没有足够篇幅也没必要把软件的所有功能一一进行介绍，所以，需要了解全面的软件命令及功能的读者，建议另外准备一本3ds Max的命令参考类书籍。

本书作者是3ds Max的忠实用户，使用该软件已达十年之久。3ds Max是游戏行业中使用范围最广的3D游戏制作软件，故本书的所有案例皆由3ds Max制作完成。

"言而无文，行而不远"，希望本书可以为读者提供最大的帮助。由于作者本人的知识与能力有限，疏漏之处在所难免，希望读者与业内人士批评指正。

本书由上官大堰与索文共同编著，另外参加本书编写工作的还有陈欣然、程乙夏、陈思敏、丁禹懿、马雪婧、王立锦、朱雨晴、张彩蝶、都超、郭冬江、刘超、张欣美等。

最后，要感谢所有帮助过和关心着我们的朋友们，正因为你们的帮助，使我们能够完成这本书的出版。感谢巢惠军老师，感谢中娱在线网络的董事长谢成鸿先生，感谢汇众教育集团总裁李新科先生及各位同仁，感谢在生活中曾给予帮助的朋友们：李小龙、季小龙、王洪刚、赵强、林宏、孙艺新、张宏伟、李海超等。还有，感谢我们的家人，你们一直是我们的精神支柱，我们永远爱你们！

读者朋友们，振兴中国的游戏产业是我们的责任，未来的游戏行业也是我们驰骋翱翔的天下！开启非凡人生，实现卓越梦想！让我们认准目标，策马扬鞭，为早日实现我中华游戏立于世界巅峰而努力！

作　者

目 录

第2章 游戏建模基础 · 063

游戏建模基础

第3章 游戏贴图制作 · 095

游戏贴图基础

游戏场景设计

第4章　游戏场景制作·166

第5章　游戏角色制作·282

游戏角色设计

游戏动作设计

第6章 游戏角色动画制作·426

目录

VII

第7章 游戏特效动画制作·508

第0章 游戏开发流程

0.1 游戏开发制作流程介绍

在学习3D游戏美术开发之前，需要了解一下游戏开发的总流程，然后定位3D游戏美术制作处于整个游戏开发过程中的哪些部分。

大型游戏开发是一个庞大的工程，包括游戏前期调研、游戏策划、游戏开发、游戏运营等，把每一个阶段都理解为是一门学科也不为过。这些大的模块还会包括很多细节上的划分，本书主要是从学习3D游戏美术制作的角度来阐述的。

如果把游戏开发比喻成打造明星人物的包装过程，那么游戏的前期调研相当于调查什么样的时尚装扮适合这个明星的形体特征；游戏策划相当于包装这个明星人物的具体方案；而3D游戏美术制作相当于明星人物的衣着服饰的具体表现；游戏运营相当于策划如何将这位明星送上舞台。游戏开发的过程可以用流程图0-1来表示。

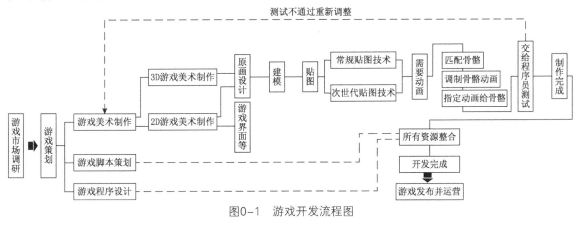

图0-1 游戏开发流程图

本书讲述的3D游戏美术制作，就是为游戏包装漂亮的外衣。一款游戏表现出的美术效果如何，直接影响玩家对这款游戏的兴趣及热情，因此，制作完美、漂亮的美术效果是游戏美术设计师的天职。

0.2 学习3D游戏美术开发的方法

想要成为3D游戏美术设计师，在学习软件前，读者首先要学习软件的常用操作，不相关的命令、菜单等功能可以暂时忽略，待长驱直入地了解了建模、贴图、骨骼动画等相关知识及操作与游戏开发的规律及特点之后，再根据需要及知识盲点，通过工具书来扩充知识面。这样，读者就可以在不知不觉中学好3D游戏美术制作的相关知识，提高学习兴趣，减少学习痛苦，让更多的人能够坚持学完，成为真正的3D游戏美术设计师。

如果想要进入3D游戏美术制作者的行列，需要了解一些行业软件的相关信息。目前，市场上的游戏制作软件有Discreet的3ds Max、Maxon的Cinema 4D、Alias的Maya、Softimage XSI和NewTek的LightWave 3D。在国内及欧美市场上使用最多的软件是Autodesk公司旗下3ds Max系列和Maya系列软件。

本书以Discreet的3ds Max 8.0作为教学范本。也许大家会认为，现在3ds Max已经要升级到2014版本了，为什么还要用低版本呢？这里要说的是，游戏制作所关注的内容并不完全随着软件的升级而改变。较低的版本对系统及硬件的要求也低，即使用户的硬件配置较差也能够正常使用，况且软件本身是较稳定、成熟的版本，不容易出错。所以，不管软件如何升级，游戏制作的核心内容是没有改变的，因此不必在软件版本上一味求新而忽略了最根本的东西。

3D游戏制作的流程在一定程度上和3D动漫制作流程相似。例如，都需要先进行原创设计，然后进行角色或场景元素的建模，绘制贴图并赋予模型贴图，绑定骨骼，调制动作，进行特效合成等，最终投放到终端成为产品。所以，早期的3D游戏制作人才往往来自于动漫设计和制作领域。现在，随着游戏开发的日益专业化，对3D游戏美术人员的要求也就随之提高了。

由于游戏开发过程的整体结构庞大，因此在游戏开发之初需要先进行策划、市场调研与分析等工作，然后才会进入制作流程。游戏的制作过程需要美术制作人员与程序设计人员不断沟通，只要制作的3D素材符合规范，协调工作就是水到渠成的事情了。但问题的关键在于如何做出符合规范的3D美术素材来。"皮之不存毛将焉附"，说的就是要有立足的根本，只有努力学习制作规范，才有把握修成正果。

本书立足于3D游戏美术部分的制作，因此不再罗列过多的边缘知识。关于游戏开发的其他方面的知识读者可阅读相关书籍。

何为"3D游戏美术设计制作"？我们可以将其理解为：在游戏开发领域使用3D制作技术，同时又对美术和设计方面有所要求。也就是说，3D游戏美术设计制作人才首先需要具备与游戏相关的3D制作技术，同时又要具备美术和设计方面的素质。做为行内的先行者，作者可以和大家分享的是，美术和设计的素质养成过程比较漫长，而软件技术一旦入门，大概只需要3个月至半年就可以基本掌握。所以，对于不具备美术和设计知识的读者，建议大家采用交叉式、递进式的学习方法。交叉式学习方法是指在进行软件技术学习的时候，要同时进行美术基本功和设计思路的学习；递进式学习方法是指在学习美术和设计的知识的时候，要把对美术的认识融入到用软件制作的作品中去，看作品的造型、比例、质感等是否感觉舒适，是否能给人美的感受等。反过来，在学习美术和设计的时候，也要把对模型、框架等的认识应用到美术和设计的学习之中。

交叉式和递进式的学习可以有效地将学习成果紧密结合起来。只要在学习中努力建立艺术与技术的联系，就会产生几何倍数增长的学习效果。如果以半年为期限，软件和美术的学习各用3个月时间，那么在这么短的时间内一般很难有大的领悟。但是，如果采用交叉式学习方法，就相当于每个学科学习了6个月，虽然绝对时间没有变化，但是人脑的潜意识会使学习者有6个月的学习体悟，这要比3个月的学习效果好得多。再加上交替式学习产生的递进效果，将会使学习效果最大化。

只有具备了软件应用与美术设计的素质，才会在使用3D软件塑造形体形象的时候，学会科学地使用3D软件造型的方法。

第1章 3ds Max游戏美术制作基础

作为3D游戏美术设计师，其职责就是利用相关的3D工具，借助美术知识，创作美术作品，美术功底是基础，软件则是工具。对于游戏画面制作而言，这两者相辅相成，缺一不可。要想成为一名优秀的游戏美术设计师，除了必须具有深厚的美术功底以外，掌握好相关软件的运用也非常重要。

1.1 熟悉3ds Max操作环境

3ds Max安装完成后，在操作系统桌面上双击3ds Max的图标，就会打开如图1-1所示的界面。图为已经创建了一个Box（长方体）对象的界面。

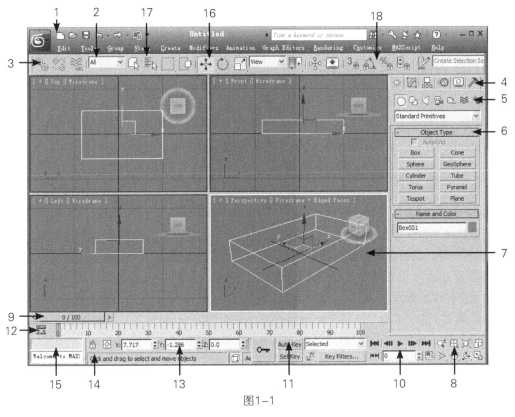

图1-1

3ds Max界面可大致分为9个部分。

（1）标题栏。显示3ds Max的版本信息和打开文件的名称信息（序号1指示的部分）。

（2）菜单栏。放置3ds Max菜单命令的地方（序号2指示的部分）。

（3）主工具栏。对视图中打开的文件进行操作时所使用的工具的集合（序号3指示的部分）。操作中常用的工具有变换工具（序号16指示的部分）、选择类型工具（序号17指示的部分）和捕捉工具（序号18指示的部分）。

（4）命令面板。3ds Max中非常重要的模块，是在视图中进行创建、编辑、设置等操作的功能模块，可以分为命令面板（序号4指示的区域）、对象类别（序号5指示的区域）和卷展栏（序号6指示的区域）。

（5）视图窗口。视图窗口是3ds Max中所有操作实现视觉化展示的区域。默认情况下有4个视图窗口，即Top（顶）、Front（前）、Left（左）和Perspective（透视），这4个视图窗口实现了对3D对象（Object）的实体化显示。Top、Front和Left这3个视图为正交视图，没有空间透视变化，是对对象几何意义的长、宽、高展示。Perspective视图展现的是具有空间的近大远小效果的透视视图（序号7指示的窗口）。

（6）视图导航控制栏。此栏集成了对视图部分——Top（顶）视图、Front（前）视图、Left（左）视图和Perspective（透视）视图进行各种操作的工具（序号8指示的部分）。这些工具的使用不会改变被编辑对象在视图中的任何属性，只是为了更方便地对对象进行操作。

（7）动画控制栏。分为时间滑块（序号9指示的部分）、动画播放控制（序号10指示的部分）、动画关键帧控制（序号11指示的部分）和轨迹栏（序号12指示的部分）等，主要用于对对象进行动画制作。

（8）信息栏。包括绝对/相对坐标切换和坐标显示（序号13指示的部分）、提示行和状态栏（序号14指示的部分）。

（9）3ds Max Script显示区（序号15指示的部分）。

1.2 3ds Max基本操作

对于3ds Max的基本操作，为了让大家有直观的认识，并且有重点、成系统地学习，以下按对象的创建与删除、参数设置、坐标系统、对象的变换操作、视图工具及其快捷操作、视图显示类别、选择工具的使用及易犯错误的解决办法、File菜单介绍这一顺序来学习。

1.2.1 创建对象

创建对象的步骤如下：

01 用鼠标单击Top（顶）视图窗口，确认在顶视图中创建对象。鼠标单击顶视图窗口后，窗口的边框显示为黄色，这时此视图窗口处于激活状态。

02 用鼠标在命令面板中单击Create（创建）标签，显示Create面板；在对象类别中单击Geometry（几何体）按钮。

03 从子类别下拉列表框中选择Standard Primitives（标准几何体），然后在面板下面的按钮中单击Box（长方体）按钮，使其呈激活状态（激活状态下，按钮显示为黄色）。

04 在Top视图中按下鼠标左键并拖动，可以看到出现了一个矩形线框。此时，单击鼠标左键一次，接着继续拖动，观察其他3个视图，可看到在其他视图上生成了这个长方体的高度（厚度）。

05 再次单击左键，就可以创建出长方体对象了。

06 单击鼠标右键结束创建操作，同时取消Box按钮的激活状态。

依次单击Standard Primitives（标准几何体）中的其他按钮，可以创建10种类型的对象，分别为Box（长方体）、Cone（圆台）、Sphere（圆球体）、GeoSphere（三角形网格的圆球体）、Cylinder（圆柱体）、Tube（圆管体）、Torus（圆环体）、Pyramid（金字塔形）、Teapot（茶壶）和Plane（平面）。这里的Plane对象比较特殊，是一个没有高度的几何体。这些对象都属于标准的对象类型，在游戏3D美术制作当中是最基本、最重要的对象元素。

单击子类别下拉列表框的三角形按钮，会进入到更多选择，可用来练习创建各种类型的对象。默认情况下共有10种子类别可以选择，但使用最多的还是Sdandard Primitives子类别下的10种。在游戏3D美术制作中，其他一些类型基本用不到，所以这里不做介绍。大家在初期的入门学习时不要贪多，给自己造成负担。

接下来单击命令面板下对象类别中的Shapes（二维图形）按钮。在Splines（样条曲线）子类别中，可以创建11种类别的样条曲线（详见1.4.1），分别为Line（线）、Rectangle（矩形）、Circle（圆形）、Ellipse（椭圆）、Arc（扇形）、Donut（同心圆）、NGon（多边形）、Star（星形）、Text（文字）、Helix（螺旋形）和Section（剖面），大家可以尝试分别去创建这些对象。这里的线、矩形、圆形、椭圆、扇形、星形、文字和螺旋形都是设计制作中常用的图形。样条曲线的应用也是游戏开发中常涉及的一个部分。

关于对象类别中的Lights（灯光）、Cameras（摄像机）、Helpers（帮助物体）、Space Warps（空间扭曲体）和System（系统），这里大家可以简单地了解一下，在后面用到时再做介绍。

关于对象创建这部分内容，大家在学习的时候要把重点放在提到的和强调的部分。如果想了解更多，大家可以查阅3ds Max工具类书籍，在这里就不赘述了。

1.2.2　删除对象

删除对象的方法是：用鼠标单击任一视图内已经创建的对象（在选择状态下，对象显示为亮白色），然后单击菜单栏的Edit菜单，选择Delete（删除）命令（以下类似的菜单操作以Edit→Delete的形式描述），或按Delete（删除）键，就可以把视图中选择的对象删除掉。

1.2.3　认识参数设置

创建一个长方体对象，然后单击命令面板中的Modify（修改）标签。确定长方体对象被选中，这时可以看到，在Modify面板的Parameters（参数）卷展栏下有一系列的参数，可以通过修改这些参数的值生成需要的对象。例如，可以在Length（长度）、Width（宽度）和Height（高度）输入框中分别输入100，从而得到正方体对象；或者把长度增加到200，得到长度增加一倍的长方体造型。像这类通过数值输入来造型的操作就是参数设置。

在Length Segs（长度段数）、Width Segs（宽度段数）和Height Segs（高度段数）等段数值输入框中输入数字，可为模型加入段（构造线），这些段将在对象的转折处起到支撑的作用。

1.2.4　认识坐标系统

在3ds Max中，为了更方便地控制对象，对世界坐标系（这里坐标系统也可简称为坐标系）和物体坐标等做了规定。可以通过工具栏中的参考坐标系列下拉列表进行坐标系的选择，其位置如图1-2所示。

具体操作：把鼠标指针移到主工具栏上，找到参考坐标系下拉列表，单击其右侧的三角形按钮，即可展开其列表进行选择。各坐标系解释如下。

图1-2

- View（视域）坐标系统：此坐标系统为视域坐标系，它与World（世界）坐标系统的区别是：World坐标系的基点是在三维空间中以中心为原点，平行于地平面且夹角是直角的两轴为X与Y轴，高度为Z轴。不管是在哪个视图中，世界坐标系高度方向总是Z轴，另外两轴为X与Y轴；而视域坐标系在平面视图下，高度方向会变成Y轴，只有在切换为三维视图时才会与World坐标系一致。
- Screen（屏幕）坐标系统：此坐标系以平行于屏幕为基面，当用户不断旋转视图时，此坐标系会一直保持X与Y轴不变。由于屏幕坐标系只受X与Y两个轴向因素的影响，所以比较容易控制，在建模时结合移动、旋转、放缩等变换工具，可以很好地控制模型的变换方向。

- World（世界）坐标系统：参见View（视域）坐标系统。
- Parent（父对象）坐标系统：此坐标系统在两个对象间存在父子关系时使用，子对象继承父对象的坐标方向。父对象坐标系统比较少用，不再赘述。
- Local（局部）坐标系统：对象自身也是有坐标系统的。一般情况下，使用移动、旋转、放缩等变换工具操作时，默认采用的是View坐标系统，如果改变为Local坐标系统，只要在参考坐标系下拉列表中选择此坐标系即可。Local坐标系一般在观察对象处于倾斜状态下使用，以便得到比较好的对齐操作效果。
- Gimbal（万向节）系统坐标：此类坐标系统并不常用，不再赘述。
- Grid（网格）坐标系统：此类坐标系统并不常用，不再赘述。
- Pick（拾取）坐标系统方式：之所以称为"方式"，是因为其自身并不是一种坐标系统，而是基于其他对象坐标系统的坐标应用方式。具体操作为：先单击选择一个对象A，然后选择Pick坐标系统方式，再单击另外一个对象B，则对象A将与对象B的坐标系统相同。Pick坐标系统方式一般用于对象在倾斜状态下进行移动等操作。通过拾取坐标的方式可以简化操作的难度，尤其适合对象A与对象B之间协调搭配关系时进行的变换操作。

认识了这些坐标系，在以后的应用过程中结合其他工具的使用，就可以开拓我们的操作思路，使软件应用变得更方便快捷。

1.2.5 对象的变换操作

所谓变换操作，即：使对象在坐标系统中产生移动、旋转、缩放等的操作。此类操作会在参考坐标系统中产生实际的数值变化，与视图本身的移动、旋转和缩放不同，需要注意甄别。

1. 变换工具

对象的变换操作可通过使用主工具栏上的变换（Transform）类工具实现。变换工具有Move（移动）工具、Rotate（旋转）工具和Scale（缩放）工具。下面分别以实例说明变换工具的用法。

（1）移动工具的用法。

01 创建一个长方体对象后，确定该对象被选中，把鼠标指针移到主工具栏中变换工具栏的Move（移动）工具按钮"⊕"上，单击选中Move工具，此时该工具按钮将以黄色显示，表示被激活。

02 把鼠标指针移到顶视图中对象X轴的箭头上，当鼠标指针的形状变成"⊕"时，单击鼠标左键，向左侧拖动鼠标，对象被移动，此为锁定X轴移动。

按同样的方法，可以在任一视图上做锁定其他轴向的移动操作。

（2）旋转工具的用法。

01 创建一个长方体对象后，确定该对象被选中，单击变换工具栏的Rotate（旋转）工具按钮"⟳"，激活旋转工具。

02 把鼠标指针移到顶视图中对象X轴的箭头上，当鼠标指针的形状变成"⟳"时，单击鼠标左键，向左侧拖动鼠标，对象被旋转，此为锁定X轴旋转。

按同样的方法，可以在任一视图上做锁定其他轴向的旋转操作。

（3）缩放工具的用法。

01 创建一个长方体对象后，确定该对象被选中，单击变换工具栏的Scale（缩放）工具按钮"▫"，激活缩放工具。

02 把鼠标指针移到顶视图中对象X轴的箭头上，当鼠标指针的形状变成"▫"时，单击鼠标左键，向左侧拖动鼠标，对象被缩放，此为锁定X轴缩放。

按同样的方法，可以在任一视图上做锁定其他轴向的缩放操作。

2. 变换归类

Transform（变换）工具的灵活运用对于建模时准确把握对象的空间位置能够起到重要的作用，这些工具的使用可以说是3ds Max应用的重要基础。在学习这几种工具的时候要注意归纳，其操作变化归类如下。

（1）移动工具的使用可以分为单轴向移动与平面移动两种，每种又各有3个方向，共6种变化。

● 单轴向的操作分为X、Y、Z轴3个轴向上的移动操作。

● 平面移动分为XY、XZ、YZ方向3个平面上的移动操作。

（2）旋转工具的使用可以分为单轴向旋转与视图平面旋转两类，共4种操作变化。

● 单轴向旋转的操作分为X、Y、Z轴3个轴向上的旋转操作。

● 视图平面旋转操作是一种在任何视图中，以平面形式平行于视图的旋转轴进行的旋转操作。

（3）缩放工具的使用略复杂一点，可以分为单轴向缩放与平面缩放和三轴向同时缩放3类，共7种操作变化。

● 单轴向缩放的操作分为X、Y、Z轴3个轴向上的缩放操作。

● 平面缩放分为XY、XZ、YZ方向3个平面上的缩放操作。

● 三轴向同时缩放是指X、Y、Z轴3个轴向上同时进行的缩放操作。

缩放工具其实还有另外两种缩放类型，Select and Non-uniform scale "▣"和Select and Squash "▣"，但是由于极少用到，这里不再赘述。

以上变换工具配合相应的建模命令，可使建模操作方便快捷，且在空间操作当中能起到方向盘的作用，学习时注意细心体会。变换命令可在鼠标右键功能菜单中找到。

3. 其他常用工具

（1）Undo（取消）和Redo（重做）。这是两项很重要的功能。在制作模型时，如果发生编辑操作失误的情况，可以通过单击Undo（取消）按钮 "⟲"和Redo（重做）按钮 "⟳"来恢复到操作正确时的状态，取消操作的快捷方式是按住键盘的Ctrl键不放，同时按一下Z键，即可取消上一次的操作。默认的取消和重做操作步数为20步，超过步骤上限将不能恢复。

（2）捕捉工具。空间捕捉工具 "▤"有3个子类别，其中2D空间锁定 "▤"、2.5D空间锁定 "▤"和3D空间锁定 "▤"配合变换工具中的移动工具使用；角度捕捉工具 "◬"配合变换工具中的旋转工具使用；3D百分比缩放捕捉工具 "▤"配合变换工具中的缩放工具使用。捕捉工具的使用可实现在空间中对对象进行变换操作的精确控制。下面以实例说明捕捉工具的用法。

[01] 用鼠标单击任一视图并创建一个长方体。

[02] 选择移动工具，激活空间锁定按钮 "▤"。

[03] 在视图中进行拖动，可以精确地锁定对象基于网格移动。

把鼠标指针移到锁定按钮上，单击鼠标右键，可以弹出所要锁定的类别，依次尝试其他子类别，体验效果有何不同。

选择旋转工具，激活角度锁定按钮 "◬"，把鼠标指针移到锁定按钮上，单击鼠标右键，可以弹出所要锁定的类别。如将Angle（角度）选项后面的参数设置为45，则在视图中旋转物体时，就可以锁定以45度的步幅来旋转。此功能可以对物体的旋转角度进行精确控制。

选择旋转工具，激活百分比缩放捕捉按钮 "▤"，把鼠标指针移到锁定按钮上，单击鼠标右键，可以弹出所要锁定的类别。如将Percent（百分比）选项后面的参数设置为50%，则在视图中进行缩放操作时，对象就可以锁定以50%的幅度来缩放了。此功能可以对对象的缩放比例进行精确控制。

（3）镜像工具"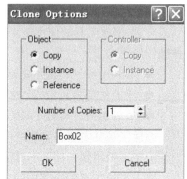"。用于把场景中的对象按照对称中心点进行镜像翻转。若操作时按住Shift键，则镜像并复制对象。下面以实例说明镜像工具的用法。

01 用鼠标单击任一视图并创建茶壶对象。

02 单击镜像工具，将弹出一个对话框，单击对话框的OK按钮。

此时可以看到对象被镜像，但是没有被复制，这是因为对话框默认的选项为No Clone（不复制）。如果想要复制对象，可以在对话框里选择Copy（复制）、Instance（关联）、Reference（参考）等选项，具体说明请看下面"复制的应用"中的内容。

（4）对齐工具"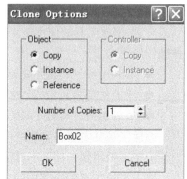"。依据轴心点的位置，使一个对象向另一个对象对齐。单击此按钮的右下角还可看到其他的对齐功能。由于此功能游戏设计中不常用，故不赘述。

4. 复制的应用

用鼠标单击任一视图窗口内已经创建的对象；单击菜单栏的Edit→Clone（克隆）命令，或选择一种变换工具，按住键盘上的Shift键向一侧拖动鼠标，当松开鼠标左键时，将弹出Clone Options（克隆选项）对话框，如图1-3所示；在该对话框进行设置；设置完成后，单击OK按钮即可完成复制。Clone Options对话框的Object选项组里面有3个选项，它们的功能需要认真区别。Clone Options对话框各选项具体说明如下。

图1-3

- Copy（复制）：选择此选项，仅复制对象。
- Instance（关联）：选择此选项，被复制的对象与原对象保持关联，当它们中的任何对象被编辑修改时，两个对象将同时做相同变化。在制作对称模型时，为了节省制作另一半模型的时间，往往会用到关联复制选项。
- Reference（参考）：选择此选项，被复制的对象与原对象保持关联，当它们中的原对象被编辑修改时，两个对象将同时做相同变化，而被复制对象被编辑修改时，原对象不产生变化。在制作对称模型时，为了节省制作另一半模型的时间也会使用参考复制，只是被编辑的是原对象。
- Number of Copies（复制数量）：指在使用以上3种方式复制对象时，所能生成的对象数量。如设置参数为1，则复制一个对象。

1.2.6 视图工具的使用与快捷操作

视图工具位于软件界面右下角的视图导航控制栏，如图1-4所示：

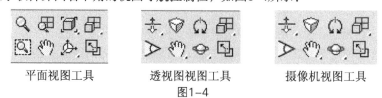

平面视图工具　　　　透视图视图工具　　　　摄像机视图工具

图1-4

使用视图工具是为了使用户对视图的操作更加便捷。视图工具的操作可以分为平面视图（包括Top视图，Bottom视图，Front视图，Back视图，Left视图，Right视图）操作与三维视图（包括Perspective视图，Camera视图，Light视图等）操作两类。平面视图的操作相对于三维视图而言比较简单，只有X和Y轴、X和Z轴、Y和Z轴等二维轴向的操作；三维视图由于多了一个纵深轴Z，操作也就有了一定的难度。由于视图工具的操作分为以上两类，所以当鼠标单击以激活一类视图时，其工具图标也会做相应变化。

视图工具处于同一区域,当激活某一类视图时,其工具图标会做相应变化。例如,当激活Top视图窗口,视图导航控制栏就会显示平面视图工具;当激活Perspective视图窗口,视图导航控制栏会显示透视视图工具。这些工具在概念上有区别,但是在有些功能上是相似的,可以比较着使用,慢慢体会。

注意

在Use(用户)视图下,视图工具的图标与平面视图工具相同。用户视图是一种三维视图,只是这种视图忽略了对象的透视情况。这种视图基于这种思想,在不考虑从某一角度观察的情况下,对象不产生近大远小的视觉效果,而完全以几何形态呈现在三维空间中,类似于中国画的散点透视的效果。在用户视图中,由于忽略了透视的因素,所以可以很好地控制对象的空间布局。不过,在观察模型的最终效果时,建议使用透视视图窗口,因为这种符合近大远小规律的观察方式才是我们生活当中看到的对象效果。

具体操作:创建一个对象,单击视图工具进行视图控制操作。下面主要以常用平面视图工具及其快捷方式的使用方法来进行介绍(关于各种视图工具功能的详细介绍可以查找相关资料)。

- 缩放视图工具"🔍":对视图进行缩放操作,其中的对象会随之在视图中缩小或放大,但是实际大小不发生变化。此工具要区别于会根本改变对象大小的缩放工具。缩放视图的快捷方式为,同时按下Ctrl键和Alt键以及3D鼠标的中键,前后拖动鼠标,就可以达到缩放视图的目的。使用快捷方式对于加快操作速度与营造场景协调感有很大帮助,能够提高工作效率。
- 缩放所有视图工具"⊞":使4个视图同时缩放,这个功能的意义不是很大,这里不再赘述。
- 最大化显示/最大化显示选定对象工具"⊡":使场景中对象最大化匹配视图,其快捷方式为同时按下Ctrl键、Alt键以及Z键。
- 视野工具"⊞":使4个视图场景中的对象最大化匹配视图。
- 缩放区域工具"⊡":区域视图放大工具,用鼠标在对象上框选一个区域,对象就以此区域为参照,在视图中放大对象。
- 平移视图工具"✋":可以在视图中平移对象,用来调整对象在视图中的位置,让对象更加符合视觉的需要。其快捷方式为按住鼠标中键拖动,即可随意调整对象在视图当中的位置。此快捷方式比较常用,要熟练掌握以提高工作效率。
- 旋转视图工具"⟳":此工具的功能是使对象在三维视图空间中旋转。快捷方式是在平面视图中,按住Alt键,再按住鼠标中键不放,左右拖动鼠标进行调节。注意,此时会使平面视图进入Use(用户)视图状态下。使用快捷方式可提高工作效率。

提示

旋转视图工具的右下角有一个三角形标志,表明这个工具还有子工具,单击并按住鼠标左键不放,可以看到这里包含3个工具按钮:⟳以子对象为中心旋转、⟳以选中对象的中心为中心旋转、⟳以鼠标处于世界坐标的位置为中心旋转。这里的⟳工具因其控制对象的能力较好,在建模过程中使用频率较高,推荐使用。

- 最大化视图切换工具"⟱":在四视图与单视图之间进行切换,其快捷方式为按下Alt键再按一下W键,即可进行切换。使用该快捷方式可以提高观察模型的速度,从而提高工作效率。

对于其他视图工具的学习,在初学阶段不必面面俱到,等到有了一定的基础,可以查找相关书籍来继续学习,提高自己的能力。开始就想一下子都掌握是比较难的。

1.2.7 视图显示类别

视图显示类别主要作用于3ds Max的视图显示区域中，用来描述模型的显示状态。这些类型提供给用户一些方便观察模型的方法。

具体操作：创建一个圆球体对象，鼠标指针移至视图窗口左上角的视图名称上面，然后单击鼠标右键，可弹出如图1-5所示的右键功能菜单，此右键功能菜单中的命令可用来控制模型的显示类别。

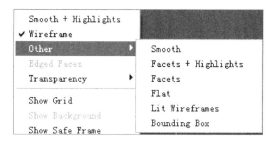

图1-5

> **提示**
>
> 视图显示控制的意义在于，在硬件设备相对简陋的年代，视图显示功能在一定程度上对计算机的运行状况与计算速度有一定的调控作用。现今计算机硬件配置有了极大的提高，显示功能除了具备上述调控作用外，更加倾向于提高用户操作的便利性与视觉的舒适度。

有5种主要显示类别，初学者可以自己反复揣摩，熟练运用，这将为以后的设计制作带来极大的便利。

- Smooth + Highlights（光滑+高光）显示。
- Wireframe（网格）显示。

> **提示**
>
> Smooth+Highlights和Wireframe的显示切换快捷键为F3，在设计制作模型时，通过这个快捷键可以很方便地在模型的线框与实体显示间切换，以捕捉制作模型时的感觉，3D游戏美术设计师们会经常使用这个快捷键。

- Other（其他）显示，分为Smooth（光滑）、Facets + Highlights（方形面+高光）、Facets（方形面）、Flat（平面）、Lit Wireframes（线形材质）和Bounding Box（方盒）。
- Edged Faces（面边界）显示，快捷键为F4。

> **提示**
>
> 此显示功能可使模型的实体与线框显示同时作用在模型上，方便用户在制作模型时观察模型与线框的布局。这个功能经常被模型设计师们使用，来观察模型结构与布线的匹配情况。

- Transparency（透明）显示，分为Best（最好的）、Simple（简单的）和None（无），主要用于透明效果级别的显示。

> **提示**
>
> 此功能常在观察具有透明贴图效果的模型时使用，这3个级别的显示效果以Best为最好。

1.2.8 选择工具的使用及易犯错误的解决办法

在3ds Max当中，选择控件主要是为方便用户选择对象服务的，但是，这些原本很好的功能却往往会成为初学者的陷阱。由于初学者对于命令不了解，往往会造成一些误操作，使选择状态变成锁定状态，又因为不能够解决随即出现的问题而影响了学习兴趣。以下在介绍选择控件时会把一些容易发生的问题及解决方法罗列出来，如果使用中出现类似的问题可以通过适用的操作自行解决。

在3ds Max的选择控件有选择对象过滤器、直接选择工具、按名称选择、区域选择工具、显示对象选择方式约束及锁定选择按钮。

1. 选择对象过滤器

选择对象过滤器是一种通过对象的类别进行选择的工具，可供选择类别有All（所有类别）、Geometry（几何体类别）、Shapes（二维图形类别）、Lights（灯光类别）、Cameras（摄像机类别）、Helpers（辅助物体类别）、Warps（空间扭曲体类别）、Combos（合成过滤器）、Bone（骨骼类别）、IK Chain Object（反向动力学链对象类别）、Point（辅助点类别）等，通过主工具栏上的选择对象过滤器下拉列表（见图1-6）来选择。

图1-6

假如视图中有一个圆球体对象，要通过选择对象过滤器来过滤掉，可用如下方法实现。

01 鼠标指针移至主工具栏上，单击选择对象过滤器下拉列表框右侧的三角形按钮，将弹出图1-6所示的列表，此列表即是可供选择的对象类别。

02 选择列表中的Shapes选项，然后在视图中用选择工具选择刚刚创建的圆球体对象。由于圆球体对象为三维对象，是几何体类别，而Shapes仅筛选二维形体，所以当选择Shapes选项时，非二维形体将被过滤掉，亦即圆球体对象不能被选中。

在选择对象类别的操作过程中，如果无意中激活了除All类别以外的其他类别，则某些对象类别就会被过滤掉，从而影响对该类对象的选择。例如，若Geometry被激活，则除了几何体以外的其他对象类别都不能被选择。当需要选择其他类别而不知道这个功能在起作用的话，学习进程就会被影响。初学者往往容易在不经意间激活不需要的功能而使自己处于无奈境地，影响学习兴趣。3ds Max默认的选择是可以选择所有类别的All，平时要特别注意是否选择了这个类别。

2. 直接选择工具

Select（选择）工具" "：用来直接选取视图中操作的对象。一般情况下，选择工具很少被用到，其功能被移动、旋转和缩放工具包含了。

3. 按名称选择

按名称选择控件" "主要是为了在复杂的模型环境中进行准确选择而设置的。如果用户有为每一个模型命名的习惯，就可以通过这个控件准确地找到想要选择的模型了。例如，默认情况下，在建模时系统会自动为模型命名。选择其中的一个模型，然后在命令面板上单击Modify（修改）标签，把默认名称改为想要的名称（如图1-7所示），然后就可以通过按名称选择控件准确地选择到它了（如图1-8所示）。此类工具一般不具备被锁定操作可能性。

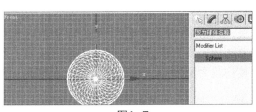

图1-7

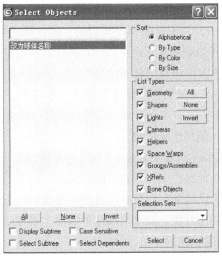

图1-8

4. 区域选择工具

区域选择工具"□"分为5种选择类型：Rectangular Selection Region（矩形区域选择）、Circular Selection Region（圆形区域选择）、Fence Selection Region（多边形区域选择）、Lasso Selection Region（套索区域选择）及Paint Selection Region（画笔区域选择）。区域选择工具的操作主要注意区别选择方法，不至于在选择时感到困惑就可以了。5种类型各有优势，初学者可以自己在操作中领会。

5. 显示对象选择方式约束

显示对象选择方式约束需配合选择工具使用，此功能的关键是"约束"。选择对象后在该对象上单击鼠标右键一次（右键功能），可以弹出右键功能菜单，此菜单中就有关于选择锁定的命令项（见图1-9）。初学者要注意正确使用，否则此处也是容易出现误操作的地方。

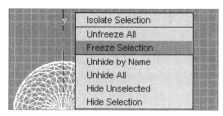

图1-9

（1）Freeze Selection（冻结选择）与Unfreeze All（解冻所有选择）命令。

这两个命令的作用是冻结和解冻对象。在工作中，为了操作方便，有时会将对象冻结，从而达到避免此对象被误操作的目的。在冻结状态下，对象会显示为灰色状态，此时不可被选择。解冻选择就是消除冻结状态。这两个命令属于经常使用的命令，在右键菜单列选范围内，初学者往往容易在不经意间通过右键功能把对象冻结起来。由于是在无意中的操作，所以不知道问题出在哪里，因此需要对这个功能着重注意一下，以后碰到对象被冻结的情况，可以按照这里讲的方法进行解冻，以免影响学习进度。

具体操作：创建一个圆球体对象，选择该对象，将鼠标指针移至球体上，单击鼠标右键，弹出如图1-9所示的右键菜单命令，选择Freeze Selection（冻结选择），此对象即会被冻结。再次在对象上单击鼠标右键，选择Unfreeze All（解冻所有选择）命令，所有被冻结的对象将解除冻结。

（2）Hide Selection（隐藏选择）、Hide Unselected（隐藏不被选择）、Unhide All（不隐藏所有）和Unhide by Name（按名称不隐藏）命令。

这4个命令的作用是设置对象的隐藏与否，用于使选择对象的操作更加简便。由于此类命令都属于常用命令，位于右键菜单中，初学者容易误操作而造成对象被隐藏，又因为找不到对象，从而使学习进度受到影响。

具体操作：创建一个圆球体对象并选择该对象，在圆球体上单击右键，弹出右键菜单。选择Hide Selection（隐藏选择）命令（见图1-10），该对象即会被隐藏。再次单击鼠标右键，选择Unhide All（不隐藏所有）命令，所有被隐藏的对象将被显示出来。

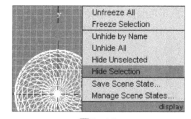

图1-10

依次可以尝试使用Hide Unselected（隐藏不被选择）和Unhide by Name（按名称不隐藏）命令。要注意，练习使用此类命令时，视图中最好有多个对象，以便观察操作效果。

6. 锁定选择按钮

Selection lock toggle（锁定选择按钮）"🔒"是为了方便锁定某个对象而设置的一个功能，它被放置在状态栏中，以锁状图标显示。由于此功能的默认快捷键是键盘的空格键，很容易被手指触摸到，所以经常有初学者在选择了对象后，由于不经意间按到了空格键，从而使对象被锁定，不能够选择其他对象。如果出现这种情况，要注意观察此按钮是否呈锁定状态，如果是，则再按一次空格键就可以解锁了。

以上介绍了一些选择控件及其使用中容易出现的问题，只要平时多加注意，正确地使用，将会大大方便我们的操作，所以需要认真学习、领会。

■ 1.2.9 File菜单介绍

在3ds Max中，File（文件）菜单集成了对文件管理的一系列命令，如图1-11所示。虽然这些命令比较多，但是在3D游戏美术开发中并非全部用到，所以在这里只把需要重点掌握的命令列出来介绍。

图1-11

- New（新建）：不常用，不赘述。
- Reset（重置）：此命令可以使视图中的所有对象被去除，重新设置场景环境。
- Open（打开）：打开3ds Max格式的文件。
- Save（保存）：把视图场景中的3ds Max文件存储到计算机硬盘上，以便下次继续使用。
- Save As（保存为）：把视图场景中的3ds Max文件另起一个名称存储到计算机硬盘上，以便下次继续使用。
- Save Selected（保存选择）：把视图场景中被选择的对象以3ds Max的文件格式存储到计算机硬盘上，以便下次继续使用。
- XRef Objects（外部引用物体）：不常用，不赘述。
- XRef Scene（外部引用场景）：不常用，不赘述。
- Merge（合并）：把其他3ds Max格式的文件合并到当前视图场景中的文件中。注意，合并的文件必须是3ds Max格式的文件。
- Merge Animation（合并动画动作）：不常用，不赘述。
- Replace（替换）：不常用，不赘述。
- Import（输入）：把不是3ds Max格式的文件输入到当前视图场景打开的文件中，并进行合并。
- Export（输出）：把视图场景内的3ds Max格式的文件输出成其他格式的文件。
- Export Selected（选择输出）：把视图场景内被选择的对象输出成其他格式文件。

注意

Import、Export和Export Selected这3个命令是3D游戏美术制作当中常用的命令，一般在与其他3D软件跨平台共享文件时使用。当使用Export和Export Selected命令把3ds Max文件输出为其他格式的文件时，3ds Max格式文件的一些信息会有所丢失。利用这3个命令可以使Maya与3ds Max之间、低版本与高版本的3ds Max之间（通常低版本软件打不开由其高版本软件生成的文件）共享资源时使用，常用的格式是3DS格式和OBJ格式等。在将设计的成品提供给程序人员使用时，根据游戏引擎的需要，也得用Export和Export Selected命令来输出成引擎所支持的文件格式。为游戏引擎输出的文件格式不一定是3DS或OBJ格式，而可能是专门为引擎设计的专属格式。

- Archive（存档）：此命令可以使当前文件中所有的信息以打包的形式存储起来，以便在其他计算机上解压缩后使用，确保原文件信息不会丢失。
- Summary Info（摘要信息）：显示当前视图场景中的所有文件的主要信息。

- File Properties（文件属性）：不常用，不赘述。
- View Image File（显示图像文件）：用来打开参考图片，方便制作时参照。
- History（历史）：不常用，不赘述。
- Exit（退出）：不常用，不赘述。

掌握了以上File菜单命令的功能，就可以打开别人制作的3ds Max的作品来学习了，也可以把自己创建的文件保存起来，为进一步深入编辑做准备。

经过本节的学习，大家基本上对视图、对象的创建、参数的设置、坐标系统、对象的变换操作、视图工具及其快捷操作的使用、视图显示类别、选择控件、File菜单等9个方面有了初步的认识，这可以帮助大家掌握软件的基本操作，为进一步接触更深入的内容奠定基础。

以上9个方面是作者结合多年从事游戏开发及教学经验归纳而成，绕开了众多眼花缭乱的基础命令介绍，单刀直入地列举常用的知识，使大家可以尽快入门、提高兴趣。事实上，其他命令大家也不该忽略，但希望在入门后，再进一步去查阅相关工具类书籍为好。

1.3 使用修改器建模

在3ds Max中，使用命令进行模型建造，往往会很费力，而且效果也不见得满意。为了解决这个问题，3ds Max提供了一些修改器，可以对整体模型进行各种修改。本节将介绍几个常用的修改器的用法，以便在建造模型时恰当地选择使用。在使用修改器之前，需要先了解堆栈的概念，这有助于理解修改器的累加关系。

1.3.1 堆栈

在3ds Max中，堆栈（即修改器堆栈的简称）的意思是：在对模型的操作中，往往要用到Modify（修改）面板中不同的修改器，累加包含参数设置的修改器这种功能就是堆栈。堆栈是一种保留当前被编辑操作模型信息的功能，只要堆栈存在，就允许到任一层的修改器中进行编辑修改。但是这种修改也有局限，如果最底层的顶点数量或根本的结构发生变化，即根本信息已被改变，则会影响到上层的修改器的修改结果，甚至还会出错。一般在应用程序间调用模型时，都会塌陷后再使用，除非堆栈中有针对贴图坐标和骨骼动画部分的修改器，才有必要保留（贴图和动画部分的修改器后面会介绍，此处有个印象即可，不必详细了解）。

1.3.2 修改器的使用方法

下面以Bend（弯曲）修改器为例，介绍修改器的一般使用方法。

1. 弯曲修改器

弯曲修改器可以使模型环绕一个中心点进行弯曲。假如已创建一个长方体对象。在前视图中，若要通过参数设置把这个对象改成长宽比例为10：1，沿长度方向设置段数值为10，并进行弯曲，可按下面的方法做。

具体操作：单击命令面板的Modify标签，确定长方体对象被选中。这时可以看到，在Modify面板的Parameters参数卷展栏下，有一系列的参数，可以通过修改这些参数的值，生成需要的对象。这里将Length（长度）设置值为100，Width（宽度）和Height（高度）设置值为10，得到长宽比为10：1的长方体。将Length Segs（长度段数）值设置为10，Width Segs（宽度段数）和Height Segs（高度段数）的段数值设为1。长度上的这些段将在对象变形时起到支撑的作用。

确认长方体被选中，单击命令面板中的Modify标签，单击Modifier List（修改器列表）右侧的三角形按钮，将鼠标指针移至其中的任一修改器处，按键盘的B键（此操作把以B开头的修改器置顶显示），从中选择Bend，添加弯曲修改器，并在Parameters卷展栏下的Bend选项组中，将Angle值设为120，在Bend Axis（弯曲轴向）选项组中选择Y单选按钮。

图1-12即为通过使用Modify面板中的Bend修改器产生的效果。

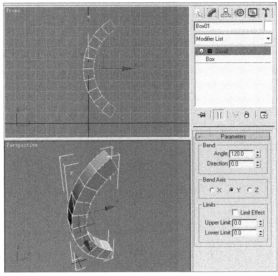

图1-12

改变参照点与中心点的操作步骤如下。

单击Bend修改器前面的"+"号标志展开修改器，看到里面有Gizmo（参照）和Center（中心）两个子级别，在模型被移动、旋转、缩放等变换工具操作时，会随着这两个子级别的变化而变化。通过改变参照与中心点可以使模型产生弯曲的起始点发生变化，从而得到不同的效果。

2. 修改对象实例

下面练习一个修改对象的实例，操作步骤如下。

[01] 在顶视图中创建一个圆柱体对象。

[02] 在前视图中把这个圆柱体对象长宽比例调整为50∶1，高度上加入段数，值为50。

[03] 单击命令面板中的Modify标签，确定圆柱体对象被选中。

[04] 将Height设置为500，Radius设置为10，Height Segments的值设置为50，Cap Segments和Height Segs的段数值各设置为1，Side（边数）设置值为8以减少面数。

[05] 确认圆柱体被选中，在圆柱体上单击鼠标右键，从弹出的右键功能菜单中选择Convert to（转换）→Convert to Editable Poly（转换为可编辑多边形）命令，把它转换为可编辑多边形模型。

[06] 在模型上单击右键，选择Vertex（顶点）命令，即可进入多边形的顶点子对象级别。

[07] 选择模型下方一半的顶点，如图1-13（a）所示。

[08] 在顶点被选择的状态下，在Modify面板上直接叠加一个Bend修改器。

[09] 将Parameters卷展栏下的Bend选项组中的Angle值设为220，在Bend Axis选项组中选择Z单选按钮。由于弯曲的中心点在被选择子对象的中间，所以产生的弯曲效果如图1-13（b）所示。

[10] 用改变中心点的方法，把弯曲的中心点放到如图1-13（c）所示的位置，从而得到鱼钩状的效果。

[11] 单击Bend修改器的主层级，再次在修改过的Bend修改器上面堆栈（相当于叠加）。

[12] 编辑多边形。选择上方1/4的顶点，如图1-13（d）所示。

[13] 再次叠加Bend修改器，按照上面介绍的方法将多边行调整为如图1-13（e）所示的效果。此时修改器的堆栈情况如图1-13（f）所示。

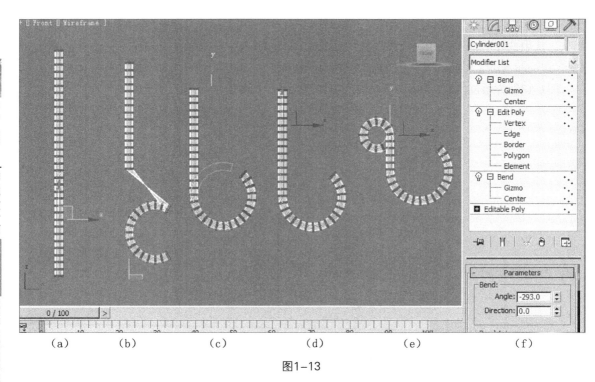

（a）　　　　（b）　　　　（c）　　　　（d）　　　　（e）　　　　（f）

图1-13

1.3.3　模型的塌陷

　　一般一个模型制作完成后，会把堆栈的结果塌陷成可编辑多边形。因为在带有堆栈的情况下，程序调用时会生成不必要的信息，所以，一般会把不需要再继续编辑的、定了型的模型用塌陷的方法合并成简单的Editable Poly（可编辑多边形），此时之前的堆栈信息全部丢弃。塌陷的具体操作方法有两种：

　　第一种方法比较简单，在模型的主层级上单击鼠标右键，在弹出的右键菜单中选择Convert to（转换）→Convert to Editable Poly（转换为可编辑多边形）命令，就可以把模型塌陷为简单的可编辑多边形模型。

　　第二种方法是在Modify面板上的各级堆栈上完成，这种方法可以根据要求，准确控制要塌陷到哪个位置具体操作步骤如下。

　　把鼠标指针移到Modify面板上的各级堆栈上，从修改器列表中选择第一次使用弯曲修改器的位置，并在其上单击鼠标右键，会弹出右键菜单。右键菜单里有Collapse To（塌陷到）和Collapse All（塌陷所有）两个命令，如图1-14所示。Collapse To命令可以保留上层堆栈不被塌陷，而Collapse All（塌陷所有）则会塌陷所有当前编辑的堆栈。通过这两个命令可以在Modify面板上的各级堆栈上按使用者的意愿进行塌陷操作。堆栈的塌陷操作在工作中会经常用到，塌陷操作可以应用于绝大部分修改器上。

图1-14

　　塌陷到指定位置的具体操作如下。

　　01 把鼠标指针移到Modify面板上的各级堆栈处，单击选择第一次使用弯曲修改器的位置。

　　02 在该位置上单击鼠标右键，会弹出右键菜单。这里选择Collapse To命令。之后会弹出一个对话框，提示模型要被塌陷，会失去下层的编辑信息的警告命令。

　　03 单击Yes按钮，执行塌陷操作。此时可以看到模型的弯曲修改的操作结果塌陷到了模型上，Bend修改器消失，而上层的修改器仍然存在。

如果要塌陷所有修改器，这时可按Ctrl+Z快捷键恢复到上一步，即没执行塌陷操作之前，这次选择Collapse All（塌陷所有）命令，则会看到修改器列表中的所有修改器堆栈都没有了，表示当前对象的修改器堆栈全部被塌陷，只保留下来它们修改后的结果。

1.3.4 自由形式变形修改器的使用

Free Form Deformation（自由形式变形）修改器是通过控制点对模型进行自由变形修改的，它有FFD 2×2×2、FFD 3×3×3、FFD 4×4×4、FFD（Box）（盒子状自由变形）、FFD（cyl）（圆柱状自由变形）等选项。其中前3项属于FFD（Box）的定制版，不用设置就可直接使用，并且它们的参数完全相同。下面以实例介绍FFD 4×4×4修改器（见图1-15）的使用方法，首先了解一下它的参数。

图1-15

- Control Points（控制点）：在这个子对象级别，可以对晶格的控制点进行编辑，通过改变控制点的位置继而影响对象的外形。如果打开Auto Key（自动关键点），功能还可以对晶格点设置动画。
- Lattice（晶格）：对晶格进行编辑。可以通过变换工具的移动、旋转、缩放使晶格与对象分离。如果打开Auto Key功能还可以对晶格设置动画。
- Set Volume（设置体积）：在这个子对象级别下，对象的控制点显示为绿色，对控制点的操作不影响对象形状。这有利于将控制点调节成更符合模型外形的状态，以后在需要修改对象形状时，这种贴近原始模型形状的控制点会使调整模型的操作更加容易。

设置模型体积的具体操作如下。

01 在顶视图中创建一个长方体模型，各段数值分别设置为10。转到User（用户）视图中观察，如图1-16（a）所示。

02 在Control Points（控制点）子对象级别下，按住鼠标左键不放并拖动鼠标，框选对象的一排控制点，用缩放工具和移动工具调整模型，如图1-16（b）所示。

03 选择Lattice（晶格）子对象级别，用移动工具尝试调整一下，可看到这是一个全局操作。不能够做细节调整，所以很少用到。

接着认识一下Set Volume（设置体积）子对象级别的用法。

01 选择当前的自由变形修改器的Set Volume子对象级别选项，把控制点按照模型的形状重新摆放（在此调节期间不会改变模型现有形态）如图1-16（c）所示。

02 回到Control Points子对象级别，这时，再调节这些控制点，就可以基于模型形状进行变形操作了。

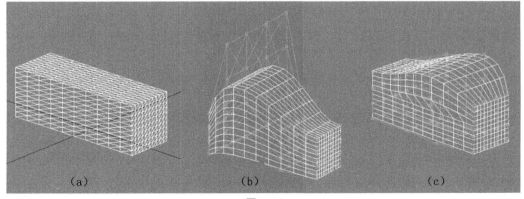

（a）　　　　　　　　　　（b）　　　　　　　　　　（c）

图1-16

注意

这3个子对象级别中，使用最多的还是Control Points。

● FFD Box/Cylinder（FFD盒子/圆柱体）：它们的作用与上面3个自由变形修改器的选项在功能上相同。其中FFD盒子可以通过Set Number of Points（设置节点数）按钮自定义长、宽、高3个方向上的节点数量，属于更高级的应用；而FFD圆柱体则是专门针对圆柱体模型的自由变形工具，用法与作用与前3项自由变形修改器相同，不再赘述，大家可以多多尝试运用。

1.3.5 对称修改器的使用

Symmetry（对称）修改器多用于对称类模型的建模中。通常对称类模型只做其中的一半或相应的等分，之后，就可以利用Symmetry修改器完成整个模型的制作。这个修改器常用在角色模型的建模以及场景的建模中。

具体用法为，将当前的模型进行对称复制，并且产生接缝融合效果，此时可以在调节一侧的同时，看到整体的调节效果。

Symmetry修改器只有一个子对象级别，就是Mirror（镜像），用于设置对称修改时影响对象的程度。在Mirror子对象级别下，视图中将显示出一个黄色带双向箭头的线框（线框为镜像平面），拖动这个线框时，镜像或切片对对象的影响也会改变，该线框通常用来显示和提供手动变换操作。Mirror子级别对象的具体参数如下。

● Mirror Axis（镜像轴）：用于指定镜像的作用轴向。有X/Y/Z 3个轴向的镜像轴。
● Flip（翻转）：选取该项时，反向对称影响的方向。
● Slice Along Mirror（沿镜像轴切片）：选取该项时，沿着镜像轴对模型进行切片处理。
● Weld Seam（焊接缝）：选取该项时，如果模型的顶点挨着镜像轴，且在阀值范围内，则镜像轴两侧的顶点将被自动焊接到一起。
● Threshold（阀值）：设置顶点被自动焊接到一起的接近程度。

注意

如果镜像线框位于原始模型的边界外，则阀值设置过高会导致模型出现变形。

下面以一个练习来实践Symmetry修改器的使用方法。

01 在顶视图创建一个茶壶对象。

02 切换到User视图进行观察，并把茶壶对象转换为可编辑多边形，如图1-17（a）所示。

03 进入命令面板的修改器列表，为这个模型增加一个Symmetry（对称）修改器，此时模型变化如图1-17（b）所示。

04 单击Symmetry修改器的"+"号，选择Mirror子对象级别，即可对对称对象的Mirror Axis（镜像轴）进行手动调整操作。

05 使用变换工具中的移动工具可对镜像轴进行单轴向的移动，得到如图1-17（c）所示的效果。

06 同样，还可以使用旋转工具对镜像轴做旋转操作，观察得到的效果。

由于镜像轴只在轴向上认知，因此使用缩放工具对镜像轴进行缩放操作是没有什么效果的。

07 在对模型进行编辑之后，如果使用了Symmetry修改器，则在最终交给游戏程序员使用前，都要执行塌陷命令使模型成为可编辑多边形。这时，镜像轴的顶点只要在阀值范围内，都会自动焊接在一起。

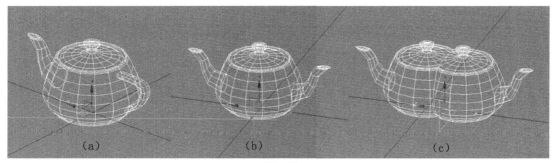

(a)   (b)   (c)

图1-17

在使用Symmetry修改器时，根据正在创建的模型的不同，会产生不同的情况，这时，就需要靠修改器的参数进行调节。

1.4 样条线建模

通过前面的学习，读者已经掌握3ds Max的基本操作了，但是，如果需要制作复杂的对象，则系统内置的基础的标准对象完全无法胜任。要想实现通过自己想象设计出的复杂的模型形体，需要掌握更多的知识。

本章接下来的内容将结合制作游戏模型的要求，介绍建造复杂模型的方法，包括二维形体结合编辑命令转化为三维模型、三维对象结合编辑命令建造复杂模型、复合建模、网格建模、组合建模等。之后，结合这些方法，完成简单游戏场景元素的制作。这些内容，将使读者朋友对建造模型的方法有系统的认识。

1.4.1 认识样条曲线

样条线（Splines，也称样条曲线）是一种插补在两个端点和两个或两个以上切向矢量之间的曲线。定义比较抽象，因此结合实际对象来理解更容易一些。

在前视图中创建一个线对象，顶点数为3；再创建一个圆形。进入Modify面板，分别选择这两条样条线，观察Modify面板有何区别。当选择线对象时，Modify面板中显示的是Rendering（渲染）、Interpolation（插值）、Selection（选择）、Soft Selection（软选择）和Geometry（几何体）共5个卷展栏；当选择圆形对象时，Modify面板上显示的是Rendering、Interpolation和Parameters共3个卷展栏。

同样是样条线为什么会有这么大的区别呢？分析一下，有助于大家了解各种样条线的特点。样条线除了具备的共性外，还存在一些差异，这是因为它们在原始状态下形状特征不同造成的。比如，线和圆的形状不同，有些属性自然就不同，再如圆和矩形的形状不同，部分属性也不相同等等。但是，当这些样条线进入Edit Spline（编辑样条线）状态时，对它们的编辑操作就是一样的了。

1.4.2 渲染和插值卷展栏

首先了解一下线对象和圆形对象存在的共性。由于它们都是样条线，所以，默认状态下Modify面板都会出现Rendering（渲染）、Interpolation（插值）两个共同的卷展栏。

1. 渲染卷展栏

Rendering（渲染）卷展栏用于控制二维图形的可渲染属性，可以设置渲染时的类型、参数和贴图坐标，还能够进行动画设置。

单击Rendering卷展栏，可以看到如图1-18所示的展开的卷展栏。先选择Line对象，再在卷展栏中单击Enable In Viewport（视域内可渲染）复选框前面的方框（出现"√"表示选择），然后在视图中观察，可看到线对象变粗了。将Thickness（厚度）的值改为5，线对象变粗了5倍，继续把Side（边）的值由12改为4，Line对象变成了四棱形的线。读者可以继续尝试其他设置，如设置Sides（边）的值为4，再调整Angle（角度）为任意值，可看到线的横截面的角度会随之变化。在游戏开发中，Angle的值多设置为0和45度；Sides的值则根据需要进行调整，如想要四棱形的线就设置为4，想要三角形的线就设置为3；Thickness的值应根据需要粗细来调整。

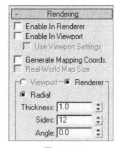

图1-18

样条线自身不是实体模型，所以在建游戏模型时，可以通过Enable In Viewport（视域内可渲染）这类功能将二维形状转化成三维实体。

由于线的调整比较简单，所以有些模型可以直接用线来生成。比如，要制作绳索，如果通过调整圆柱体的顶点来完成，操作过程会非常繁琐，这时，使用样条线就可使操作变得非常简单。只要将线调整成合适的形状，然后在视域内可渲染状态下将以上选项设置好，就可以实现了。

2. 插值卷展栏

Interpolation（插值）卷展栏是用来设置曲线的平滑程度的，默认值为6。比如，将只有两个点的样条线制作成光滑的曲线，可以这样做：在前视图创建由两个点组成的样条线，进入Modify面板，进入顶点子对象级别，选中两个顶点并设置顶点属性为Bezier Corner（贝兹方角），分别调整贝兹控制杆，生成如图1-19所示形状。这个形状并不光滑，有棱角存在。数一下，除了两个端点外，转折部分共有6个顶点，这和默认值6相等，也就是说，插值就是控制转折部分的数量的。把默认值设为3，则转折部分的顶点就会变为3个；如设为10，则转折部分的顶点变为10个，此时的曲线显得很光滑。在使用Enable In Viewport（视域内可渲染）模式生成实体模型时，插值是控制面数的一个非常好的功能，可以方便地控制转折点的数量，从而控制模型面数（游戏制作时是很注重面数的精简和优化的）。

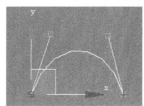

图1-19

3. 参数卷展栏

Parameters（参数）卷展栏下的参数根据选择的二维形体的不同而不同。比如，选择圆形时的参数只有Radius（半径）值，而选择方形的参数则有Length、Width和Corner Radius（方角半径）3个参数。其他图形读者可以自行选择来观察参数变化。比较特殊的是线对象，它可以直接进行可编辑状态下的点、线、面结构的设置。

1.4.3 选择、软选择和几何体卷展栏

Selection（选择）、Soft Selection（软选择）、Geometry（几何体）卷展栏属于可编辑状态下的样条线的命令集合。选择圆形对象，在Modify面板上增加Edit Spline（可编辑的样条线）修改器，则在此修改器下就可以看到提到的3个卷展栏。

1. 选择卷展栏

可以在Selection（选择）卷展栏下，对样条线的Vertex（顶点）、Segment（线段）、Spline（样条线）子对象级别进行选择，并可以激活相应的命令来进行编辑。各命令大家可以参考相关参考书，这里不再赘述。

2. 软选择卷展栏

Soft Selection（软选择）卷展栏是一种软性选择的工具。选择Use Soft Selection（使用软选择）复选框，再调整Fallof（衰减）值，可以使被选择的子对象周围那些处于衰减值范围内的子对象也同时

受影响，离得越远的影响也越小。此功能在样条线编辑中很少用到，这里就不再赘述了。

3. 几何体卷展栏

Geometry（几何体）卷展栏是集合了样条曲线的Vertex（顶点）、Segment（线段）、Spline（样条线）等的所有编辑功能命令的模块。要想把样条曲线的造型功能掌握好就要从这里开始。

> **注意**
>
> 当展开Geometry（几何体）卷展栏时，因为项目太多，卷展栏不能够完全显示，这时，可以把鼠标指针移到卷展栏的空白处，指针将变成手的形状，再按住鼠标左键拖动就可以随意上下推拉卷展栏了（在3ds Max中，会经常用到卷展栏，使用方法是一样的。此操作虽然很简单，但有些朋友却不知道如何使用，从而降低了学习兴趣）。另一个办法是把鼠标指针移到视图与修改器的交界处，当指针形状变为双向箭头时，向左侧拖动鼠标，就可以把修改器分成多栏显示，方便查找。

■ 1.4.4 编辑样条线修改器

当二维的样条曲线以线的形式被创建，进入Modify面板时，会显示出该线对象的点、线段和样条线的属性，而创建其他的二维形体时，就只有该图形的基本属性，不再显示出顶点、线段和样条线等属性了。这时，如果要对它的顶点、线段和样条线进行编辑，就只能增加一个叫做Edit Spline（编辑样条线）的修改器。

例如，在前视图中创建一个矩形，然后进入Modify面板，可看到没有Vertex（顶点）、Segment（线段）、Spline（样条线）等属性可供使用。

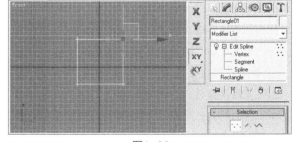

这时可以打开命令面板的修改器列表，把鼠标指针移到任意命令的位置；按E键，使E开头的编辑命令置顶显示；选择其中的Edit Spline选项，把这个修改器作用于矩形对象上。这样，就可以进入到对矩形对象的顶点、线段、样条线等子级别对象的编辑中了，如图1-20所示。

图1-20

这种操作既可以保留对矩形的长宽等参数的精确修改功能，又可以进入编辑样条线的操作当中，对二维图形进行顶点、线段、样条线等子对象的编辑，从而得到更多形状各异的二维图形。

■ 1.4.5 修改样条曲线形状

想要任意改变二维图形的形状，就得对与二维样条曲线相关的常用功能有所了解。

样条曲线由顶点、线段和样条线组成。由于顶点、线段和样条线的结构属性不同，所以在寻找相关命令时，可以看到允许使用的命令名称会显示为黑色，而不允许使用的命令的名称则显示为灰色。顶点是组成样条曲线的最小单位，所以基于顶点的命令较多，线段和样条线的命令相对要少一些。它们的功能各有特点，运用的时候需要相辅相成，才可以做到尽善尽美。

样条曲线的编辑和应用是游戏3D美术设计建模中常用的功能，使用得灵活变通，往往可以极大地提高工作效率，降低制作难度。所以读者需要系统地了解样条曲线该如何编辑应用。

> **提示**
>
> 在制作模型时要明白，任何命令都是为更方便地造型而服务的，所以，在理解这些功能的作用时就需要往这方面考虑，这样很容易就能记住和掌握这些功能。

1. Vertex（顶点）相关功能的应用

单击选择样条线的顶点。观察命令面板，凡是可以对顶点进行编辑的命令和按钮都将以黑色显示。这里先把用来编辑顶点的常用命令按钮一一罗列出来，再分别讲解，其他更深层次的命令或需要多次操作的复杂命令暂时不做介绍。（以下为了便于读者能够循序渐进地理解，命令的顺序并未按照软件界面上的顺序列出。）

- Refine（优化）：此命令可以在不改变样条线形状的前提下，给样条线添加调试点，从而为样条线的形状编辑添加更多细节。具体操作是，激活这个功能，在样条线的两个顶点间单击，就可以生成新的顶点。之后，可以对这个顶点做各种编辑操作。此功能可为无限细化样条线形状创造了条件。

- Break（打断）：此命令可以使样条线从选定的顶点位置断开。在造型时，用此功能可打断样条线的连接，以便做细化编辑。具体操作是，选择样条线上的一个或多个顶点，单击Break按钮，此时这些顶点即会被断开。单击顶点，用移动工具移动，可以观察到顶点已被打断。

- Weld（焊接）：此命令的作用与Break命令正好相反，它的作用是将断开的两个顶点焊接起来，焊接点的位置会根据之前两顶点之间的中点位置来决定。焊接完成后，原来的两个顶点会焊接成为一个顶点。具体操作是，选择两个断开的顶点，单击Weld按钮，只要两个顶点间的距离在Weld命令的参数范围内，就可以被焊接到一起。如果不能焊接，可以通过调整它的参数值来达到焊接的目的。

- Fuse（重合）：此命令可以把任何顶点重合在一个点上，该点的位置根据顶点和顶点之间的居中位置来确定。由于重合命令不需要参数来控制，所以在使用焊接功能时，选中两个断开的顶点，然后单击Fuse按钮，使顶点重合到一点，再单击Weld按钮，就能很方便地完成焊接工作，省去设置焊接参数的时间。另外，Fuse命令还可以实现在不焊接的情况下，使两个顶点重合，为其他建模方法创造条件。

- Connect（连接）：此命令可以在两个断开的顶点之间创建一条直线，以连接这两个顶点。具体操作是，选择此命令，然后把鼠标指针移到其中一个顶点处，按下鼠标左键不松手，拖曳到另一个顶点处再松手，此时两顶点之间生成一条连接直线。

- Make First（设为首顶点）：此命令用来控制样条线的两个端点哪个为首要顶点。可以将首顶点理解为0点位置，另一个顶点则为100。一条独立的样条线只有两个端点，这两个端点可以使用Make First功能更换角色。在设置动画或造型依照样条线的形状来改变时，设为首顶点命令提供了一个按先后次序排序的功能，使动画或造型改变的次序不至于紊乱。

> **注意**
>
> 线以外类型的样条线不能使用此命令。

- Insert（插入）：此命令可以在两个顶点之间生成新的顶点，并且还可以调整生成顶点的位置：只要按下鼠标左键不松手，就可以在拖动中调整顶点的位置。

- Delete（删除）：此命令用于删除选择的顶点，快捷方式是按Delete键。

- Fillet（圆角）：此命令可以使样条线的直角部分由一个顶点生成两个顶点，从而使直角变成圆角形状。具体操作是，选择直角的顶点，单击Fillet按钮，把鼠标指针移到这个顶点上，按住鼠标左键不松手，在拖动中调整圆角的形状，达到合适的位置再松手即可。此功能不可以在端点上使用，在圆形结构的对象上使用效果也不明显。

- Chamfer（切角）：此命令也可以使样条线的直角部分由一个顶点生成两个顶点，但是它生成的是一个切角的形状，具体操作方法与制作圆角相同。此命令不可以在端点上使用。

2. 线段命令的应用

● 线段：此命令在样条线中的应用不是很多，因为线段是点的一段轨迹，所以多数功能和样条线的功能相近。线段是由两个端点的连线构成的，而样条线则至少由两个端点的连线构成，其内部可能有更多的顶点。

在与线段相关的功能中，像Break（打断）、Refine（优化）、Insert（插入）、Delete（删除）等都可使用，用法与顶点部分介绍的相同。此外，线段还有一个特别的功能，即细分。

● Divide（细分）：此命令用于在线段上添加指定数目的顶点来平均细分线段，在精确添加指定数目的顶点方面很有优势。具体操作是，先选择Segment（线段）子对象级别，然后选择需要细分的线段，再单击Divide按钮，就可以实现均匀添加顶点的目的。

3. 样条线功能的应用

前面介绍的命令可以说是在3个子对象级别（顶点、线段和样条线）上都适用，而Spline（样条线）子级别则具有自身的特点。下面来学习样条线子对象级别常用的编辑功能。

● Outline（轮廓）：在当前样条线上增加一个双线勾边。如果样条线是开放的，则在加轮廓的同时进行封闭。可以手动加轮廓，也可以通过参数来生成轮廓。

下面以一个轮廓的练习来实践该功能的使用方法。

01 创建一个矩形对象。

02 进入Modify面板，添加Edit Spline（编辑样条线）修改器。单击"+"号展开修改器子级别，选择Spline，进入样条线子对象级别。在视图中单击矩形，则整个矩形被选中，并显示为红色。

03 激活Outline按钮，将鼠标指针移到红色线框上，按下鼠标左键不放，拖动鼠标调整轮廓的宽度，使之与原对象形成同心矩形。以上步骤为手动加轮廓的方法。

04 进入Segment子对象级别，把刚刚加上的轮廓选中，按键盘的Delete键删除，再把下面的一条边也选中并删除。

05 重新选择这条开放的样条线，使该样条线显示为红色。激活Outline按钮，边观察边调整其参数，得到满意的、自动封闭的轮廓线。此为通过参数来生成轮廓。

轮廓功能在建造基于某一图形的形状时非常方便，它也是样条线子对象级别独有的功能。

● Close（闭合）：把开放的样条曲线闭合起来。

● Boolean（布尔）：提供并集、差集、交集3种运算方式来造型的方法。

下面以实例来实践该功能的使用方法。先进行准备工作，具体操作是，分别创建矩形和星形两个对象，把它们重叠在一起，如图1-21（原始图形）所示。选择矩形对象，进入Modify面板，添加Edit Spline修改器，单击Attach（附加）按钮，再单击星形，把星形纳入到当前选择的矩形对象中。单击编辑样条线修改器前面的"+"号并从展开的子对象级别中选择Spline，即样条线子对象级别。在视图中选择矩形对象，使其显示为红色，练习如下造型方法。

（1）并集计算：单击Boolean（布尔）命令的并集按钮，激活Boolean命令，单击星形对象，此时两条样条线之间的重叠部分被去掉，只留下不重叠部分的轮廓，具体效果如图1-21（并集）所示。

（2）差集计算：按Ctrl+Z快捷键撤销上一步操作（矩形显示为红色的阶段），单击Boolean命令的差集按钮，激活Boolean功能，单击星形对象，则矩形与星形对象重叠的部分以及星形对象都被减掉，只留下矩形对象与星形不重合的部分，具体效果如图1-21（差集）所示。

（3）交集计算：按Ctrl+Z快捷键撤销上一步操作，单击Boolean命令的交集按钮，激活Boolean功能，单击星形对象，则矩形与星形对象不重叠的部分都被减掉，只留下它们重叠的部分，具体效果如图1-21（交集）所示。

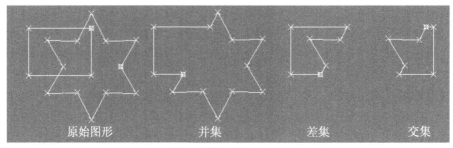

原始图形　　　并集　　　差集　　　交集

图1-21

注意

实现Boolean（布尔）功能的前提如下。

① 作用的两条样条曲线必须都在同一个修改器中。

② 都在同一平面上。

③ 所有样条曲线必须是封闭的。

④ 必须相互重叠，否则，操作就没有实际意义。

● Mirror（镜像）：可以对选择的样条曲线进行水平、垂直和对角镜像操作。具体操作是，（接上一实例）选择一条要做镜像的样条曲线，单击选择镜像方式的按钮（水平、垂直或对角），再单击Mirror（镜像）按钮，此时样条曲线即被镜像。如果镜像前选择了About Pivot（以轴为中心）选项，将以样条曲线对象的中心做为镜像的中心，否则，将以样条曲线的几何中心进行镜像。如果镜像前选择了Copy（拷贝）选项，则镜像后会产生镜像复制的对象。

● Trim（修剪）：用于处理复杂的、相互交叉的样条曲线，可以把交叉的、不需要的样条曲线的一部分修剪掉。修剪后，如果要封闭曲线，需要使用Weld（焊接）命令进行焊接。

具体操作：准备如图1-21（原始图形）所示的相互重叠的图形，不必选择任何对象，选择Trim（修剪）工具，把鼠标指针移到任何不需要的部分后单击，图形就会从样条线交叉的地方自动消失，就像用剪刀剪纸一样。

● Extend（扩展）：可以对被剪掉的顶点进行扩展。

4. 编辑样条线修改器公共命令的应用

进入样条线的学习，相当于对前面部分的总结以及对样条线子级别部分的学习。样条线是指一条完整的、具有两个端点的，内部可以有无数个顶点的一条曲线。在Edit Spline编辑样条线修改器下可以有多条样条线存在。顶点和线段是样条线的组成部分，可以通过以下实例来加深理解。

[01] 创建一个圆形对象。

[02] 进入Modify（修改）面板，添加Edit Spline修改器。单击"+"号展开修改器子级别，选择Spline（样条线）子对象级别。

[03] 在视图中单击圆形，使整个圆形被选中，显示为红色。分别选择Segment（线段）和Vertex（顶点）子对象级别，并在每个级别上选择圆形样条线，这时可以看到样条线的线段和顶点。

[04] 回到Spline子级别，选择整个圆形对象。选择Move（移动）工具，按住Shift键拖动鼠标，复制出另一条样条线，这样就有两条样条线了。

在Spline子对象级别下，区分样条线数量的方法是：每根样条线都是独立存在的；每条样条线或是封闭的、或是开放的。当退出子级别编辑状态时，修改器堆栈中的Edit Spline修改器名称显示为黑色。本例中编辑的样条线（圆形对象）就是由两个子对象级别（顶点和线段）组成的二维图形。

由于样条线子对象级别具有这样的完整性，所以针对它的编辑命令就体现为对完整的样条线的编辑。

在学习样条线子对象级别的编辑命令之前，需学习Attach（附加）、Attach Mult（多重附加）、Detach（分离）以及Create Line（创建线）功能。这几项功能在进入其他子级别状态时也处于激活状态，但是它们对于顶点子对象级别没有意义。

- Attach（附加）：此功能可以使正在编辑的样条线之外的样条线纳入到当前编辑的样条线中。仍以实例来说明，具体操作是，在视图中创建圆形和矩形对象，当为圆形添加Edit Spline（编辑样条线）修改器，并进入编辑状态，这时就无法在Edit Spline（编辑样条线）的子对象级别编辑状态下选择矩形了，因为此时矩形处于当前编辑对象的"外部"。这时，可以单击激活Attach（附加）按钮，然后单击矩形，这样，矩形就被纳入到当前圆形的编辑样条线状态下，可以被编辑了。这就是Attach（附加）命令的作用，即把"外部"的二维图形纳入到编辑对象"内部"来。

- Attach Mult（多重附加）：此命令可以把多个二维图形同时纳入到编辑对象内部。选择此命令，会弹出一个对话框，可以把想要纳入到内部的多个二维图形选中，再单击下面的Attach（附加）按钮，把这些二维图形纳入到编辑对象内部。

- Detach（分离）：此命令是对Attach（附加）和Attach Mult（多重附加）命令的一个相反的操作，就是把处于可编辑状态下的线段和样条线分离到可编辑状态之外。例如，在把矩形通过Attach（附加）命令纳入到圆形子对象级别的编辑状态下之后，矩形不再具备其参数特征，而变成了纯粹的样条线。当把矩形纳入样条线子对象级别编辑状态下之后，如果发现没有用处，可以再次选中，单击Detach（分离）按钮，就能够把这个矩形样条线分离出去。但此时这个形状上是矩形的图形已不再具备矩形的参数特征，而变成纯粹的样条线了。

- Create Line（创建线）：此功能能在3个子对象级别编辑状态下都是允许使用的，主要用来在样条线编辑状态下直接创建样条线，而不必通过单击Attach（附加）和Attach Mult（多重附加）命令来附加其他样条线。在进行基本造型时，使用该功能会非常方便。

1.4.6 实例：制作忍者镖

本小节以忍者镖的制作过程为例，介绍复杂模型的制作方法，期间将用到Bevel（倒角）修改器。

01 在前视图中创建一个星形，参数如图1-22所示。把对象中心定位在原心点，即X：0；Y：0；Z：0的位置上。定位原心点的方法是，选中要定位的对象，在信息栏中将X、Y、Z轴的数值都设为0，这样对象中心就会定位在原心点上，如图1-23所示。

02 在前视图中创建一个圆形，将Radius（径向）值设为20。把中心定位在原心点，即X：0；Y：0；Z：0的位置，如图1-24所示。

03 选择圆形，用移9动工具放置在如图1-25、图1-26所示的位置上。精确调整定位的方法为：单击命令面板Hierarchy（层级）标签"⚓"；选择圆形，单击激活层级面板Adjust Pivot（调节轴心）卷展栏下的Affect Object Only（仅仅影响物体）按钮，然后用移动工具把圆形放到如图1-25所示的位置；退出Affect Object Only按钮的激活状态；单击角度捕捉按钮"⚲"，在该按钮上单击鼠标右键，随即弹出一个对话框，在该对话框的Angle（角度）输入框中输入90；按住Shift键用旋转工具旋转圆形，在旋转的同时进行复制，此时会保持以90度的步幅锁定旋转，同时轴心还会停留在原心点。在弹出的对话框中将Number of Copies（复制数

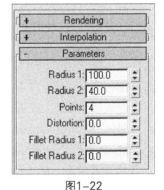

图1-22

图1-23

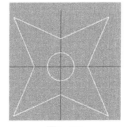

图1-24

量）参数值设为3个，复制出如图1-26所示的图形。

04 选择星形，进入Modify（修改）面板，添加Edit Spline修改器，单击Attach（附加）按钮把4个圆形纳入到星形对象编辑样条我状态内部。展开修改器前面的"+"号并选择Spline子对象级别。这时，在视图中选择这个星形，该星形显示为红色。

进行差集计算：单击Boolean（布尔）功能的差集按钮，激活Boolean（布尔）命令，分别单击4个圆形，则圆形与星形重叠的部分都被减掉，只留下与星形不重叠部分的轮廓，如图1-27所示。

05 在前视图中再创建一个圆形，其Radius（径向）值设为20；把中心定位在原心点，即X：0，Y：0，Z：0的位置；选择星形并单击Attach（附加）按钮，把圆形纳入到修改器内部，如图1-28所示。

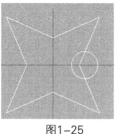 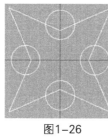  

图1-25　　　　　　　图1-26　　　　　　　图1-27　　　　　　　图1-28

06 在前视图中再创建一个多边形对象，使其成为Radius（径向）值为8，Side（边数）值为3的一个三角形。使用移动和旋转工具将三角形调整到如图1-29所示的位置。

精确调整定位的方法为如下。

01 在前视图创建一个多边形，调整其参数：Radius（径向）值设为8，Side（边数）值设为3，得到一个正三角形。

02 使用移动和旋转工具将其调整到如图1-29所示的位置。

03 单击命令面板的Hierarchy（层级）标签"🔣"，选择Ngon（多边形），单击层级面板中Adjust Pivot（调节轴心）卷展栏下的Affect Pivot Only（仅仅影响轴心）按钮。

04 在信息栏设置X、Y、Z轴的值均为0，把轴心定位到原心点上，以利于旋转复制。

05 单击Alignment（对齐）选项下面的Align to World（对齐到世界）按钮，使多边形的轴心对齐方向与世界坐标轴轴心一致。

06 退出Affect Object Only按钮的激活状态。单击角度捕捉按钮"🔺"，在该按钮上面单击右键打开对话框，在Angle（角度）后面的输入框中输入90。按住Shift键，用旋转工具对多边形进行旋转并复制。旋转时会保持以90度的幅度锁定旋转，同时轴心还会停留在原心点。

将Number of Copies（复制数量）的参数值设为3，复制出如图1-30所示的图形。

07 选择星形，进入Modify面板的Edit Spline修改器中，单击Attach（附加）按钮把4个多边形纳入到修改器内部。单击修改器前面的"+"号，选择Spline子对象级别。然后，激活Trim（修剪）按钮，把同心圆与多边形重叠的部分修剪掉，如图1-31所示。

 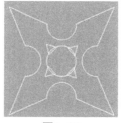 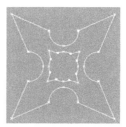

图1-29　　　　　　　图1-30　　　　　　　图1-31

修剪好图形后检查一下刚刚通过修剪产生的新图形的端点，进入Vertex（顶点）子对象级别，分别单击选择方框形端点，用移动工具移动并观察这些端点，可看到重叠的8个端点都是断开的。这种未封闭的二维样条线是不能够生成三维模型的，因此需要将其封闭起来。分别在这8个端点位置上框选（一定要框选，因为这里一个点的位置上有两个重叠的顶点，以单击的方式选择会漏选），并分别用焊接命令进行焊接，直到完成。再检查一下，可以看到整个封闭的图形只有一个方框形端点。

08 使用Bevel（倒角）修改器制作倒角。

01 单击主层级（见图1-32），退出被编辑的二维图形的子对象级别，回到主层级。

02 展开修改器列表，按B键快速找到Bevel（倒角）修改器，把这个修改器添加在Edit Spline（编辑样条线）修改器的上层，如图1-33所示。

03 进入Bevel（倒角）修改器的Bevel Values（倒角值）卷展栏，设置参数如图1-34所示。这样就完成了忍者镖模型的制作，如图1-35所示。

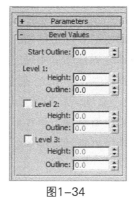

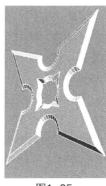

| 图1-32 | 图1-33 | 图1-34 | 图1-35 |

选择Perspective视图窗口，按F3和F4键观察制作完成的模型，也可使用视图控制工具旋转视图来观察。如使用视图控制工具，可以快捷方式来查看，即同时按住Ctrl和Alt键，上下拖动鼠标中键放大和缩小视图进行观察；或按住Alt键，左右拖动鼠标中键旋转视图进行观察；也可直接按住鼠标中键进行视图居中调整。

如果使用倒角修改器不能生成三维模型，则需退到Edit Spline（编辑样条线）子对象级别下，重新检查顶点的焊接情况，务必使每条单独的样条线都是封闭的。

09 保存模型。执行File→Save命令，弹出Save对话框。在该对话框的文件名输入框输入想要起的名字，例如"忍者镖"，选择要在电脑上保存的位置，单击对话框右侧的保存按钮，完成模型的保存。

10 渲染。选择透视视图，使忍者镖居中显示；执行Rendering（渲染）→Render（渲染）命令，将会弹出一个对话框，不用做任何设置，直接单击该对话框下面的Render按钮，就会对当前的模型进行渲染。渲染完成后，单击对话框中左侧的磁盘状按钮，在弹出对话框的文件名输入框中进行命名，如"忍者镖"，在保存类型下拉列表中选择保存图片的格式，可选JPEG File或Targa类型（3D游戏制作中常用的图片文件格式中，JPEG File即.jpg；Targa即.tga），将文件保存在电脑中。渲染后保存的这个文件就是图片文件。

提示

渲染是3ds Max输出动画文件或图片文件的功能窗口。在3ds Max中建造模型并保存时，这个文件并不是图片文件，而是一种矢量文件，只有特定的软件才可以打开这类文件。例如，当我们把文件存储为3ds Max支持的文件格式时，只有3ds Max才可以打开这个文件。但是，通过渲染功能，可以使我们制作的模型以图片文件格式输出，而图片格式的文件是很多看图软件都可以打开并观看的。制作的3ds Max模型在输出成为产品前，可能需要以图片格式或动画格式（动画片其实就是由很多张图片连续播放产生的效果）输出，这时就需要用到渲染功能了。

1.5 从二维到三维

　　一般而言，二维图形在3ds Max中并不算是实际意义上的模型，在用来建造模型时，往往需要通过对它进行设置或使用Modify面板中的相关功能来完成实体化操作，这样才可由二维图形转变为三维模型。

　　在将二维图形转变为三维模型时，需要了解样条曲线的常用参数设置、编辑命令、顶点的属性特征以及Modify面板中的相关命令。

1.5.1 二维图形的绘制与完善

　　将二维图形转化为三维模型之前，首先要对其进行绘制，并按照需要进行完善。下面通过简单实例，边学习边体会二维图形的绘制及调整方法。

　　01 单击前视图窗口。单击命令面板的Create（创建）标签。

　　02 在Create面板中，单击对象类别中的Shapes（二维图形）按钮，在Splines（样条曲线）子类别中，单击Line按钮。

　　03 在前视图中创建半个高脚酒杯形状的曲线（如图1-36所示）。创建的方法是，先在杯沿的位置单击，再在杯肚的位置单击，依次完成所有的结构。如果要做成半个高脚酒杯的形状，目前这个形状显然不理想，需要使样条线变圆滑。

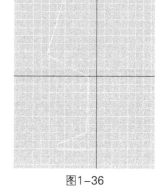

图1-36

　　04 重新选择这条样条线，进入Modify（修改）面板中，单击顶点按钮"⋮⋮"，可以看到样条曲线上各个转折处的顶点显示出来。

　　05 选择杯肚上的顶点，将鼠标指针移至该顶点，单击右键，可以看到在右键菜单中的Tools1命令部分包括Bezier Corner（贝兹方角）、Bezier（贝兹）、Corner（方角）、Smooth（光滑）4个命令，如图1-37所示。这4个命令可以用来控制样条曲线的顶点的属性。

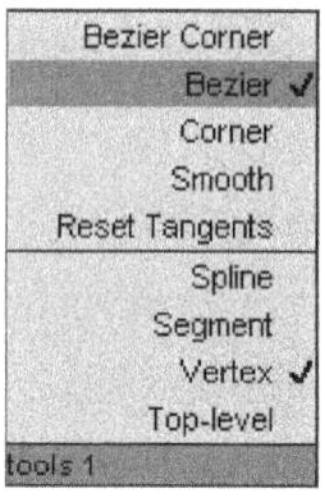

　　06 这里选择Bezier命令，此时顶点上显示出两个控制杆，调整这个控制杆，就可以得到理想的弯曲的曲线，如图1-38所示。

　　07 单击高脚与酒杯交接处的顶点，这次选择Bezier Corner命令，然后分别调整两侧的控制杆，如图1-39所示。

図1-37

　　08 再对杯脚的顶点分别使用Corner（方角）、Smooth（光滑）两个命令，可看到这时的顶点没有控制杆，如图1-40、图1-41所示。

　　09 调整成如图1-42所示的图形。这样，就把半个高脚杯的形状做好了。

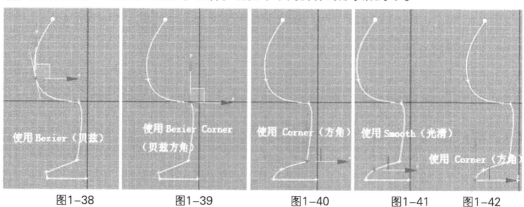

图1-38　　　　图1-39　　　　图1-40　　　　图1-41　　　　图1-42

下一步将进行二维图形转换成为三维模型的操作。

在3ds Max中，对对象进行编辑操作分为两种状态，主层级编辑状态和子对象或次对象层级别编辑状态。当进入命令面板的Modify面板中时，被选择的对象在修改器堆栈列表中显示为灰色，表示对象处于主层级编辑状态；当单击此对象的编辑属性使其呈亮黄色时，表示对象处于子对象级别编辑状态，此时可以看到该对象的子对象构成，如图1-43所示。

图1-43

在调整贝兹曲线的控制杆时，有时控制杆会被锁定方向，这是因为Axis Constraints（轴约束）功能在起作用。轴约束浮动工具栏如图1-44所示。

轴约束功能用于锁定坐标轴向，以便进行单方向或双方向的变换操作。X、Y、Z按钮分别用于锁定单个坐标轴向；在XY按钮组中还包括YZ、ZX按钮，用于锁定双方向的坐标轴。按下F5、F6、F7键可执行X、Y、Z轴向的锁定操作；连续按F8键，可以切换不同的双方向轴向。

图1-44

在默认状态下，轴约束功能不显示在工具栏中，可以把鼠标指针移到工具栏的位置上，单击鼠标右键，在弹出的命令框中选择Axis Constraints命令，则在视图位置上会弹出轴约束浮动工具栏。为了让这个浮动工具栏不影响视线，可以用鼠标左键单击浮动工具栏的上端，将其拖曳到工具栏上或视图窗口的边缘，这样就可以把这个浮动工具栏固定在该位置上，方便以后使用。

在调整顶点的控制杆时，如果控制杆被锁定到单轴向了，可以激活双轴向按钮后再调整控制杆。

1.5.2 使用旋转修改器完成三维模型制作

上一小节只完成了高脚杯剖面一半的图形，这一小节要将此图形制作成三维的立体高脚杯，操作步骤如下。

01 单击选择半个高脚杯的样条线。

02 打开Modify面板的修改器列表。用鼠标拉到任意命令的位置，按L键，选择Lathe（旋转）修改器，把这个修改器作用于半个高脚杯形状的样条线上。这时，在线曲线对象的堆栈上出现了一个Lathe（旋转）修改器，此修改器的作用是使样条曲线按照某个轴进行旋转的造型工具。

03 打开Modify面板下的Parameters（参数）卷展栏，可以看到各种参数控件，如图1-45所示。其中，Degrees（度数）微调器控制样条线旋转的度数，Segments（段数）微调器可以控制在旋转轴上产生多少个段，Direction（方向）选项组中有X、Y、Z轴可供选择，Aligh选项组中的Min（最小）、Center（中心）、Max（最大）按钮可以控制从左至右3个部分的轴位置。对这些选项可以一边调试一边观察，直到得到满意的结果。

本例中，选择Direction为Y轴、Aligh为Max，最后得到如图1-46所示的效果。

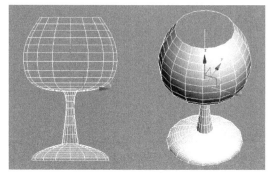

图1-45　　　　　　　　　　　　　　　图1-46

1.5.3　使用挤出修改器完成三维模型制作

使用Extrude（挤出）修改器也可以将二维的平面图形转换成三维的立体模型。下面以一个三维立体字模型的制作实例来说明。

01 在前视图中创建一个Text（文字）二维图形，设置文字的Size值为100，（如果需要改变文字，可以到Modify面板中把默认的MAXTEXT改为其他的文字）。

02 确定文字二维图形对象被选中，然后打开命令面板的修改器列表，用鼠标将列表拉到任意位置，按E键，选择其中的Extrude修改器。这时可以看到在透视视图窗口中的文字图形以实体方式显示出来，表明文字二维图形已经被赋予了厚度的变化，只是由于厚度值为0，所以看不到。

03 确定Modify面板被打开，选择文字对象，此时修改器堆栈中的显示如图1-47所示。把Extrude修改器的参数Amount（高度）值设为50，可以看到这时的文字有了厚度的变化，如图1-48所示。

图1-47

本例在文字二维图形上添加了一个Extrude修改器，此操作就起到了在二维基础上建造第三维度的作用，从而实现了二维图形转化为三维实体模型的目的。

将二维形体转化为三维实体模型的方法还有很多，这里就不一一介绍了。需要注意的是，二维形体转化为三维实体模型的前提是X与Y轴上的二维图形必须处于同一个平面，否则，在运用了Lathe

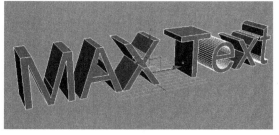

图1-48

（旋转）修改器或Extrude（挤出）修改器后，产生的三维模型将发生扭曲等不规则变化，这样的模型是不科学的，也不能够被游戏制作所采用的。

3ds Max 游戏设计师 经典课堂

1.6 复合对象建模

使用简单几何体模型可以建造结构复杂的复合对象模型。本节将对复合对象进行介绍，并分别使用放样法和布尔运算法来练习制作复合对象。

1.6.1 复合对象简介

复合对象（Compound Objects）是将两个以上的对象通过特定的合成方式结合为一个对象的建模方法，在合成过程中不仅可以反复调节，还能以动画形式表现出来。鉴于游戏制作当中3ds Max模型的很多效果无法实现，又要保持介绍建模方法的完整性，所以在这里只讲解二维样条线Loft（放样）建模和三维模型之间通过Boolean（布尔运算）来建模的方法。

有关复合对象功能的控件可在命令面板中找到。单击Create面板，单击Geometry（几何体）按钮，再展开子对象类别下拉列表，选择第3项，即Compound Objects（复合对象），即可进入复合对象建模方式中，如图1-49所示。

图1-49

> **提示**
>
> 在理解3ds Max的建模方法时可以这样想：Create面板中的几何体类别是按照由简单到复杂的顺序排列的，即从Standerd Primitives（标准基本体）到Extended Primitive（扩展基本体），再到Compound Objects（复合对象）的部分，就建模复杂度来说，是越来越复杂。沿着这个思路，在理解建模时就有迹可循了，应用起来也会方便很多。事实上，对象其他成份的创建基本上也是遵循这个思路。

1.6.2 使用放样法制作柳叶飞刀模型

Loft（放样）建模是使二维图形沿着另一条二维样条线作为成型路径的建模方法。沿着路径可以拾取多个二维截面以形成复杂的立体造型。

这里将做一个实例，介绍使用放样建模法制作柳叶飞刀的步骤。首先看一下实例的结果，如图1-50所示。

1. 第1步：创建原始图形和路径

在前视图原点附近创建一个椭圆图形，其参数如图1-51所示。

图1-50

在椭圆旁边创建一个矩形图形，其参数如图1-52所示。

再创建一条样条线，并调整曲率如图1-53所示。进入顶点子对象级别编辑状态，选择样条线上的最右侧的端点，使用Make First（设为首顶点）命令，将其设置为首顶点，刀柄将从这里开始放样。

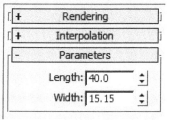

图1-51

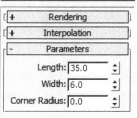

图1-52

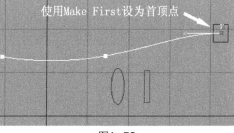

图1-53

2. 第2步：编辑刀刃

选择矩形，进入Modfy面板为矩形添加Edit Spline修改器，进入线段子对象级别，选择最下方的线段，然后在Geometry（几何形）卷展栏中，设置Divid（细分）的参数为1，单击Divid按钮。进入顶点子对象级别的编辑状态下，使用移动工具将新生成的顶点移到如图1-54所示的位置，并将所有顶点属性都设置为Corner（方角）。制作出的这一部分图形用来做飞刀的刃部截面，第1步创建的椭圆形将作为飞刀的手柄，而样条线将作为生成放样模型的路径。

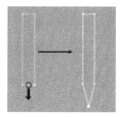

图1-54

3. 第3步：激活Loft按钮

单击选择样条线，将以它作为生成模型的路径。单击激活Create面板，单击Geometry（几何体）按钮，展开子类别下拉列表，在弹出的子类别中选择第3项，即Compound Objects（复合对象）。单击激活Loft（放样）按钮，此时命令面板显示如图1-55所示。

4. 第4步：生成三维模型

单击激活图1-55中的Get Shape（取得形状）按钮，再单击视图中的椭圆，生成如图1-56所示的造型。在样条线的首顶点可见到黄色的交叉线标志，此标志是拾取图形在所在路径上的位置点。此时的刀柄是倒下的，需要把它立起来。单击选择新生成的放样对象，在Modify面板中单击Loft修改器前面的"+"号标志，选择子对象级别中的Shape（图形），如图1-57所示。在模型上的路径首顶点位置选择椭圆形的剖面，激活角度捕捉按钮"⚠"，在该工具按钮上单击右键，随即弹出对话框，将Angle值设为90度，使用旋转工具在视图上旋转。调整后的结果如图1-58所示。

图1-55

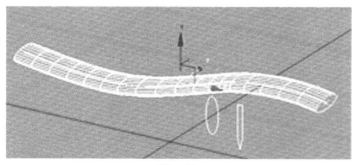

图1-56

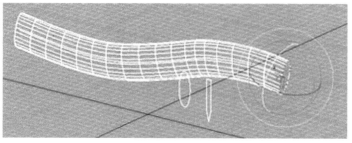

图1-58

图1-57

3ds Max 游戏设计师 经典课堂

5. 拾取图形

退出图形子对象级别，回到主层级（只有回到主层级，才可以显示应用于主层级的命令）。在Path Parameters（路径参数）卷展栏下，将Path（路径）的值设为35。单击激活Get Shape按钮，在路径值为35的位置上拾取椭圆形，参数如图1-59所示。此时用来固定这个位置的形状的椭圆形同样呈现倒伏的状态，将其调整到如图1-60所示的位置，使刀柄立起来。在旋转时注意生成的模型线要保持均匀分布，不要出现交叉、扭曲等现象。

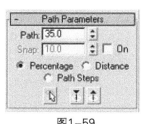

图1-59

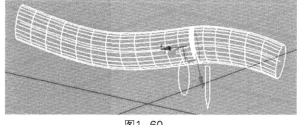

图1-60

6. 第6步：生成刀刃

回到主层级，将Path的值设为45，如图1-61所示。再次单击激活Get Shape按钮，在路径值45的位置上拾取用于生成刀刃的图形。此时刀刃也是倒伏的，按照前面介绍的步骤将其旋转到如图1-62所示的位置。

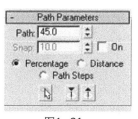

图1-61

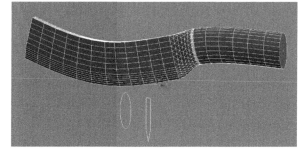

图1-62

7. 第7步：设置原始图形的首顶点

由于生成的模型线在从椭圆过渡到刀刃截面形状时产生了扭曲，要解决这个问题，需要进入到原始的椭圆形和刀刃截面形状的编辑中，使用Make First命令调整原始图形的首顶点，使它们在方向上保持一致。为椭圆增加Edit Spline修改器，分别进入两个图形的顶点子对象级别，选中最底端的顶点，执行Make First命令，把最底端的顶点设为首顶点，如图1-63所示。由于放样对象是由两个图形放样生成的，所以，原始形状的结构变化，会使放样对象的结构也发生变化。由于改变了原始图形，所以这时的网格结构变均匀了，如图1-64所示。

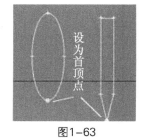

图1-63

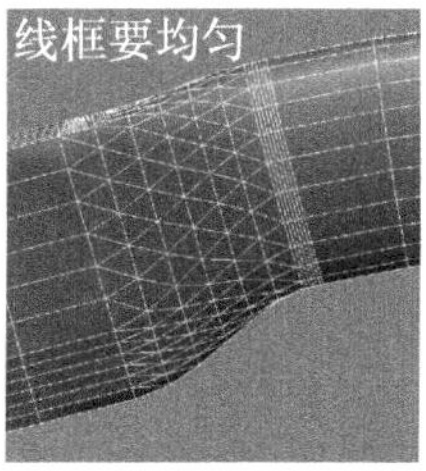

图1-64

8. 第8步：变形的缩放

选择放样的对象，展开Modify面板下的Deformations（变形）卷展栏，如图1-65所示。单击

Scale（缩放）按钮，会弹出缩放窗口，如图1-66所示，对刀刃和刀柄的总体外形的调整将在这里完成。在缩放窗口中可以看到有一条红线，这条线指示了没有对飞刀模型缩放时的默认值。单击缩放窗口中的插入按钮"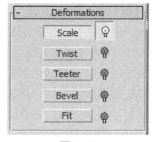"，在这条红线上适当位置处单击，插入一些控制点；再使用缩放窗口里的移动工具"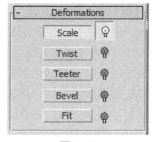"把这些控制点调整到如图1-67所示的位置上，这把柳叶飞刀的模型就完成了。其他的变形命令可以自行调整尝试。

图1-65

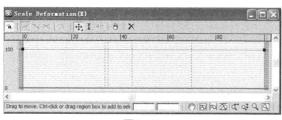

图1-66

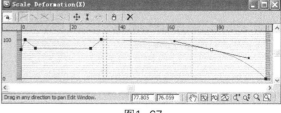

图1-67

放样建模的方法在游戏建模中并不常用，但是作为了解3ds Max建模的方法，放样法是必需掌握的内容，并且在有些模型制作中有其自身独特的价值，对于理解建模有着不可替代的作用。

1.6.3 使用布尔运算法制作拱桥模型

在介绍制作拱桥模型的具体方法之前，先了解一下三维对象的布尔运算。在复合对象建模方法中，Boolean（布尔运算）提供一种对3D对象进行并集、差集、交集3种运算方式构造模型的方法。下面以一个简单的例子来学习三维对象的布尔运算。

具体操作：创建长方体和圆柱体对象，并把它们重合放置，如图1-68所示。单击选择长方体，激活Create面板，单击几何体按钮，展开子类别下拉列表，选择第3项，即Compound Objects（复合对象）。激活Boolean按钮，激活PickOperand B（拾取B）按钮，再单击圆柱体，显示出如图1-69所示的效果。可以看到，圆柱体消失，长方体与圆柱体重合的部分被减掉了。

在Modify面板的Operation（操作）选项组中分别选择Union（并集）、Intersection（交集）、Subtraction（差集A-B）（即A对象减去B对象）和Subtraction（差集B-A）（即B对象减去A对象），并观察模型的变化，可以看到如图1-70（布尔运算图解）所示的变化。

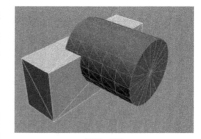

图1-68

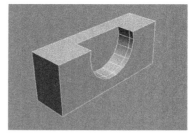

图1-69

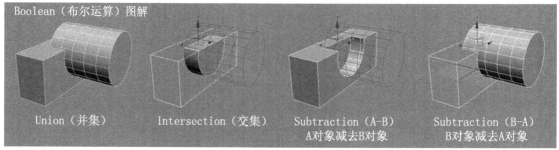

图1-70

在三维对象上实现布尔命令的前提是：

① 作用的两个对象必须都是三维模型。

② 每个模型必须都是实体的，不能是中空的，否则运算会出错。

③ 必须相互交叉，否则操作就没有意义。

下面，结合二维样条曲线制作成三维模型，再进行布尔运算来制作拱桥模型的例子，理解二维样条线与三维模型结合使用的思路。

1. 第1步：创建基本形状

在前视图分别创建3个矩形，长宽参数分别为：Length：70，Width：250；Length：55，Width：155；Length：25，Width：15。按照如图1-71所示位置摆放这些矩形。

2. 第2步：编辑拱桥形状

在Modify面板为每个矩形分别添加Edit Spline修改器，并分别进入它们的顶点子对象级别，使用顶点的Bezier Corner（贝兹方角）、Bezier（贝兹）、Corner（方角）、Smooth（光滑）4个属性命令调整形状。

具体操作： 先对桥体部分的矩形添加Edit Spline修改器，并进入Segment（线段）子对象级别。选中上部的线段，在Modify面板中选择线段子对象级别，设定Divide（细分）参数为1，再单击Divide按钮。然后保持这个新产生的顶点不动，将两侧的顶点向下移动，就生成拱桥的桥体了。按同样的方法把两个桥洞部分的图形调整为拱形。选中右侧的小桥洞，按住Shift键用移动工具复制到左侧，则左侧的小桥洞也就完成了（使用复制的方法可以极大提高制作模型的速度），如图1-72所示。

3. 第3步：二维图形转换为三维对象

分别选中桥体图形和3个桥孔图形，在Modify面板的修改器列表中选择并添加Extrude（挤出）修改器。将桥体形状的参数Amount（数量）的值设为100，3个桥孔形状的参数Amount（数量）的值设为120，使用移动工具将这些三维对象摆放至如图1-73所示的位置。只有桥孔对象比桥体对象更厚，使用布尔运算时才会运算出桥洞。

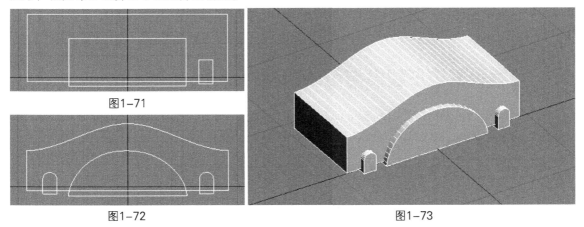

图1-71

图1-72

图1-73

4. 第4步：利用布尔运算建模

单击桥体。在Create面板中，单击Geometry（几何体）按钮，展开子类别下拉列表，选择Compound Objects。激活Boolean按钮，再激活下面的PickOperand B（拾取B）按钮，单击最大的桥孔，则大的桥孔被减掉了，如图1-74所示。再次激活PickOperand B按钮，单击左侧的小桥孔，结果如图1-75所示。

提示

问题出现了。当再次进行布尔运算的时候，大的桥孔不见了！发生这种现象的原因是3ds Max对布尔运算进行了限制，即对于布尔运算，每个对象只能进行一次正常计算。解决这个问题有以下两种方案。

每次运算都让没有进行过布尔运算的单个对象与进行过布尔运算的单个对象进行运算，就可以避免这种现象的发生。假设把桥身设为A，大桥洞设为B，两个小桥洞分别设为C1和C2，则进行布尔运算的顺序为：选择A，拾取B，得A-B；然后选择C1，拾取A-B，得A-B-C1；再次选择C2，拾取A-B-C1，得A-B-C1-C2，结果如图1-76所示。

在运算前做归类。这里的拱桥有3个桥洞，为了将来应用布尔运算时方便，把它们归为一类，而桥体归为另一类。选中大的桥洞，进入Modify面板中的Edit Spline修改器的主层级，使用Attach（附加）命令把另外两个小桥洞也附加到大桥洞对象内部来，这样，在使用Extrude修改器时，3个桥洞会以整体的形式被执行Extrude操作。这时可以看到它们的名称是同一个，亦即是一个对象。用这种方法将对象归为桥身和桥洞两类，它们的计算就被简化为对A和B的计算了。

用以上两种方法的任何一种，制作出如图1-76所示的拱桥模型。

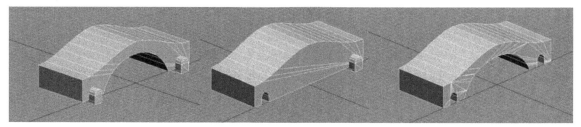

图1-74　　　　　　　　　　图1-75　　　　　　　　　　图1-76

综上所述，本例是先使用二维样条线制作基本形状，再使用Modify面板的Extrude（挤出）修改器把二维图形转变为三维实体模型，然后以三维形体的复合建模方式，使用布尔运算实现拱桥的制作。

布尔运算在动漫制作、游戏制作等领域都有着不可替代的作用，对于一些模型的构建，使用布尔运算可以达到事半功倍的效果。本节讲解的主要是建模思路，是十分重要的内容，读者可在学习中逐渐领会。

1.7　可编辑多边形建模与可编辑网格建模

Editable Poly（可编辑多边形）与Editable Mesh（可编辑网格）这两种建模方法是现在游戏建模中最常用的建模方法。相较而言，使用Editable Mesh建模的历史更早一些。

1.7.1　可编辑多边形建模与可编辑网格建模之异同

可编辑多边形建模与可编辑网格建模都是基于对点、边线、面、体等对象结构属性的编辑上。可编辑多边形在一定程度上可算是可编辑网格建模的高级版或升级版，在现在的游戏建模中也最为常用。不过，在实际工作中，可编辑网格建模仍然保留着自己的一些优势。

可编辑网格模型是基于对三角形网格结构进行编辑的网格模型。在游戏制作中，有些游戏要求对象的面数[①]非常少，这时，使用基于三角形结构的可编辑网格进行编辑，可以直观、有效地控制面数。另外，在将游戏模型转交给程序制作阶段时，往往也会转化成可编辑网格的三角形网格模型再使用。

---

① 这里可简单地把面数理解为对象表面的平面数量，如立方体有6个面，三棱柱有5个面等。

可编辑多边形模型是基于对多边形网格结构进行编辑的网格模型，它与可编辑网格模型的区别是，多边形的特点更多，可编辑元素更多，修改命令也更多，编辑模型也就更加容易。比如，可编辑多边形对象本身具备可编辑网格对象的三角形网格的特点，同时还具备四边形的特点，显然控制它的功能需更多些。一定程度上，可编辑多边形模型的优势就体现在其具有四边形特征的模型结构上，其他边数的多边形编辑功能反而没有多大的独特性。

将模型属性转换为可编辑多边形与可编辑网格的方法有两种。

● 在模型上单击右键，在弹出的右键菜单中选择Transform（变换）区域的Convert to（转换为）→Convert to Editable Poly（转化到可编辑多边形）命令或Convert to Editable Mesh（转化到可编辑网格）命令，就可以转换模型属性，非常方便。

● 为选中的模型在Modify面板中添加Edit Poly（编辑多边形）或Edit Mesh（编辑网格）修改器，也可以实现对模型属性的转换。

Edit Poly修改器是3ds Max7.0版增加的功能，它与可编辑多边形的大部分功能相同，但它没有可编辑多边形中的Subdivision Surface（细分曲面）卷展栏、Subdivision Displacement（细分置换）卷展栏以及其他一些设置类型的控件。此外，Edit Poly修改器具有在Model（模型）和Animate（动画）模式下，可结合AutoKey（自动关键帧）或SetKey（设置关键帧）对多边形的参数进行更改来设置动画的功能，这些功能在动漫制作时会用到，但在游戏制作中基本上用不到，这里大概了解一下就可以了。

鉴于可编辑多边形建模是可编辑网格建模方法的升级版，且现在的游戏制作中，几乎都是使用可编辑多边形建模法建模，只有在移交程序制作阶段，才会把可编辑多边形模型转换为可编辑网格，进行某些专有属性的设置。所以，本节只介绍可编辑多边形建模法的应用。

1.7.2 可编辑多边形功能介绍

对于可编辑多边形的应用，主要体现在对多边形网格不同级别结构的编辑上。按照前面介绍的方法将模型转换为可编辑多边形后，通过单击Modify面板中Editable Poly修改器的"+"号，可通过展开的子对象级别项进入不同级别的结构，如图1-77所示。进入子对象级别的快捷方法是，选择网格对象后，按1、2、3、4、5键，就可以进入对应的子对象级别。可编辑多边形的子对象级别如下。

● Vertex（顶点）：以顶点为最小单位进行选择。

● Edge（边）：以边为最小单位进行选择。

● Border（边界）：用于选择开放的边。在这个子对象级别下，非边界的边不能被选择。单击边界上的任意边时，整个边界线都会被选择。

● Polygon（多边形）：以多边形面为最小单位进行选择。

图1-77

● Element（元素）：以元素为最小单位进行选择。

将模型转化成可编辑多边形后，进入Modify面板，在模型的主层级可以看到有6个卷展栏，分别是Selection（选择）、Soft Selection（软选择）、Edit Geometry（编辑几何体）、Subdivision Surface（细分曲面）、Subdivision Displacement（细分置换）和Paint Deformation（绘制变形）。当进入任何一个子对象级别时，除了以上卷展栏，还会出现与该子对象级别相应的属性卷展栏；而在选择了Polygon（多边形）子对象级别后，除了会出现Polygon Properties（多边形属性）卷展栏外，还会出现一个比较重要的Edit Polygons（编辑多边形）卷展栏。这些卷展栏在以后的使用中会经常用到。

对于可编辑多边形的应用，初学时需要从整体上来了解涉及的卷展栏的大致分布，再细化到每个子对象级别的功能。下面就分别对可编辑多边形修改器下的常用功能进行介绍。

注意

在对子对象的操作中经常会遇到分别选择对象或在模型内部分别选择子对象的情况，此时按住Ctrl键，用鼠标分别单击或框选想要选择的模型或子层级对象就可以了。如果要取消选择某个对象或子层级对象，则按住键盘的Ctrl键的同时再次单击这个对象或子层级对象就可以了。

1. Selection（选择）卷展栏

Selection卷展栏的顶部是5个子对象级别的图标按钮，分别对应于网格模型下的5个子对象级别。单击其中任何一个按钮，就可以进入到相应子对象的编辑中。

单击顶点子对象级别按钮"▦"进入顶点子对象的编辑状态，在Selection（选择）卷展栏中可以看到若干选项，下面分别介绍其用法。注意，卷展栏中所列出的选项会根据所选择的子对象级别的不同，做相应的调整，有些选项只有在特定的子对象级别下才会被激活。

- By Vertex（按顶点）：选取此复选框后，在选择一个顶点时，与这个顶点相连的边或面会一同被选择。这个功能在顶点子对象级别编辑状态下是灰色的，不能使用，只有在其他4个子对象级别编辑状态下才允许使用。

- Ignore Backface（忽略背面）：一般规定，模型表面法线的方向为对着操作者能看到的面的方向，另一面则为法线的背面。选择此复选框时，可以忽略模型的法线背对着操作者部分的顶点、线、面等，使之不被选择。此功能在5个子对象级别下都可以使用。

- By Angle（按角度）：在多边形子对象级别编辑状态下，选择此复选框并设置角度值后，在进行选择时，与单击多边形相邻的多边形会根据角度值设置的范围来选择。符合该角度值的多边形将被加入到选择范围，超出角度值范围的将不被选择。

- Shrink（收缩）：对当前选择的子对象集的范围进行收缩，每单击一次，收缩一个单位的范围。此功能适用于任何子对象级别的收缩选择范围操作。

- Grow（扩大）：对当前选择的子对象集的范围进行扩大，每单击一次，扩大一个单位的范围。此功能适用于任何子对象级别的扩大选择范围操作。

- Ring（环形）：由于模型结构的要求，此功能只在边和边界子对象级别下可被激活使用。单击此按钮，与当前选择边平行的边会加入当前选择。

- Loop（循环）：由于模型结构的要求，此功能只在边和边界子对象级别下可被激活使用。单击此按钮，在与选择的边对齐的同时尽可能远地扩展当前选择。

2. Soft Selection（软选择）卷展栏

- Use Soft Selection（使用软选择）：控制是否启用软选择功能。如果选取该复选框，则启用软选择功能，其余的软选择功能及参数设置可发挥作用。

- Edge Distance（边距离）：通过设置衰减区域内边的数目控制受影响的区域。

- Affect Backfacing（影响背面）：选取该复选框时，对选择的子对象背面将产生同样的影响，否则，只能影响当前操作的一面。

- Falloff（衰减）：设置从开始衰减到结束衰减之间的距离，以场景设置的单位进行计算。在下方的图表显示框中会显示出距离范围。当在视图中操作时，可以边调节衰减值边实时观察衰减的效果。

- Pinch（收缩）：沿着垂直轴提升或降低顶点。值为负数时产生下四陷的图形曲线；值为0时，产生平滑的过渡效果。默认收缩值为0。

● Bubble（膨胀）：沿着垂直轴膨胀或收缩顶点，默认值为0。

以上为软选择卷展栏常用的选项。对这一部分的操作，一般是首先激活Use Soft Selection复选框，然后调节衰减值，这样就可以边调节边看到操作结果了。其他没有提及的选项皆属于更深层次的应用，在游戏建模中几乎没有多大的意义。为了让读者尽快入门，这里只介绍需要快速掌握的内容，其他就不再赘述了。更多功能的用法大家可以参考其他工具书籍。

3.5个编辑子对象卷展栏

选择不同的子对象级别，将出现相应的编辑子对象卷展栏。

（1）Edit Vertices（编辑顶点）子对象卷展栏。

● Remove（移除）：移除当前选择的顶点。此功能和删除顶点不同，移除顶点不会破坏模型表面的完整性，被移除顶点周围的顶点会重新进行结合，表面不会有破口。该功能的快捷键为BackSpace键。

> **注意**
>
> 删除与移除的区别是，删除是按Delete（删除）键删除选择的顶点，删除顶点的同时会将顶点所在的面一同删除，在模型的表面产生破洞；使用Remove（移除）功能不会删除顶点所在的表面，但会导致模型的外形随顶点的移除而发生改变。

● Break（断开）：单击此按钮，会在选择的顶点位置上创建更多的顶点。所选顶点周围的表面不再共享同一个顶点，而是每个多边形表面在此位置拥有各自独立的顶点。使用此功能后，不能直接看到效果，需要使用工具移动顶点来观察。

● Extrude（挤出）：单击此按钮，可以在视图中通过手动方式对选择的顶点进行挤出操作。拖动鼠标时，选择的顶点会沿着法线方向在挤出的同时创建出新的多边形表面。

具体操作：单击Extrude挤出按钮后，在视图中当鼠标指针越过所选择的顶点时，会显示为挤出图标，此时垂直拖动鼠标可以控制挤出的长度，水平拖动鼠标可以控制挤出的基础面的宽度。如果选择多个顶点，则拖动时会同时影响到全部的顶点。单击该按钮右侧的设置按钮"□"，会弹出挤出顶点对话框，可以在这里通过设置参数来精确控制挤出的效果。其中，Extrusion Height（挤出高度）用于设置挤出的高度；Extrusion Base Width（挤出基面宽度）用于设置挤出基面的宽度。

● Weld（焊接）：用于顶点之间的焊接操作。在视图中选择需要焊接的顶点后，单击此按钮，在阈值范围内的顶点会被焊接到一起。如果选择的顶点不能焊接到一起，可以单击该按钮右侧的设置按钮"□"，弹出焊接顶点对话框，在Weld Threshold（焊接阈值）输入框输入能够使顶点焊接在一起的数值，顶点就会焊接到一起了。也可以选择好要焊接的顶点后，单击Weld Threshold输入框右侧的微调按钮"⬍"的向上箭头，然后向上拖动，边拖动边观察视图的焊接效果，达到可焊接的阈值时就可以焊接在一起了。顶点焊接到一起后，单击对话框的Apply（应用）按钮，结束焊接操作。对话框中的参数Weld Threshold用于指定焊接顶点之间的最大距离，在此距离范围内的顶点将被焊接在一起；Number Of Vertices（顶点数量）选项组中的Before（之前）选项用于显示执行焊接操作前的模型顶点个数，After（之后）选项用于显示执行焊接操作后的模型顶点个数。

● Target Weld（目标焊接）：单击此按钮，在视图中将选择的顶点拖动到要焊接的顶点上，所选择的顶点就会自动焊接到目标顶点位置。这个功能在游戏建模整理模型面数及结构时将经常会用到，需认真体会。

● Chamfer（切角）：单击此按钮，选择顶点并拖动鼠标，会对顶点进行切角处理。单击其右侧的设置按钮，会弹出切角对话框，可以通过数值精确调节切角的大小，如图1-78所示。

对话框中的参数Chamfer Amount（切角量）用于设置切角的大小。如果选择的是多个顶点，执行这个命令后，所有选择的顶点都会产生相等的切角。在视图中单击，选择的顶点将被取消选取，而其所在处的对象将被切掉一角。启用Open（打开）复选框，被切区域会被删除，在对象表面形成空洞，默认时该项是未被选取的。

● Connect（连接）：用于在不相连的顶点之间创建新的边，但要求被连接的两顶点之间不能有实线边相隔，否则不能够连接，如图1-79所示。

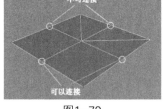

图1-78 图1-79

由于结构的要求，Connect功能是只在顶点、边、边界子对象级别编辑状态下拥有的功能。该功能在游戏建模整理模型结构时经常用到。

● Remove Isolated Vertices（移除孤立顶点）：单击此按钮后，移除所有孤立的顶点，不管顶点是否被选择。

● Remove Unused Map Verts（移除未使用的贴图顶点）：没用的贴图点可以显示在Unwrap UVW（UVW展开）修改器①中，但不能用于贴图。单击此按钮可以将这些贴图点自动删除。

● Weight（权重）：用于设置选择点的权重。选择Subdivision Surface（细分曲面）卷展栏的Use NURBS Subdivision（使用NURBS细分）复选框，或者使用MeshSmooth（网格平滑）修改后，可以通过这个功能调节平滑效果。此功能在动漫制作时主要用于高精度建模。

（2）Vertex Properties（顶点属性）卷展栏。

在选择了顶点子对象级别后，除了会有针对顶点编辑的Edit Vertices（编辑顶点）卷展栏，还会有针对顶点的Vertex Properties（顶点属性）卷展栏，但是它只在对顶点进行着色等操作时有用，在游戏基本建模当中没有实际意义，初学者可以先略过。这里为了保持功能介绍的完整性，罗列出来并简要说明。

● Edit Vertex Colors（编辑顶点颜色）：该选项组包括Color（颜色）选择器，用于设置顶点的颜色；Illumination（照明）颜色选择器，用于明暗度的调节；Alpha（透明）输入框，用于指定顶点颜色的透明度。

● Select Vertex By（顶点选择方式）：该选项组包括Color/ Illumination（颜色/照明）单选按钮，用于指定选择顶点的方式，即基于颜色还是明度进行选择；Range（范围）输入框，用于设置颜色近似的范围；Select（选择）按钮，单击后，将选择符合如上这些设置的顶点。

（3）Edit Edges（编辑边）子对象卷展栏。

边子对象级别的一些命令功能与顶点子对象级别相同，不再重复介绍，下面只列出不同的部分。

● Invert Vertex（插入顶点）：手动对可视的边进行增加顶点操作，以细分边。单击此按钮后，在边上单击可以加入一个顶点，多次单击可以加入任意多的顶点。单击鼠标右键或再次单击Invert Vertex按钮后结束当前操作。

● Remove（移除）：移除选择的边。单击此按钮后，移除的边周围的面会重新进行结合，快捷键是BackSpace键。同时按住Ctrl+BackSpace键可以连同相关联的顶点一起移除。

● Splite（分割）：沿选择的边分离网格。单击此按钮后，不能直接看到效果，需要使用工具

① 本书后面章节会有详细介绍。

移动顶点来观察。

- Extrude（挤出）：单击此按钮，可以在视图中通过手动方式对选择的边进行挤出操作。拖动鼠标时，选择的边会沿着法线方向在挤出的同时创建出新的多边形表面。具体操作与顶点的挤出操作相同。

- Weld（焊接）：对边进行焊接，具体操作参考顶点焊接部分的操作。注意，只有未完全封闭的边才可以焊接到一起。

- Bridge（桥）：可创建新的多边形来连接对象中被选定的边，此功能为3ds Max 8.0版新增加的功能，主要用于使边与边界相连。因为在游戏建模时有其他更简便的方法，所以这里不再细述了。

- Connect（连接）：使用设置对话框中的当前设置，在每对选定边之间创建新边。该功能只能连接同一多边形上的边，一般用来在两个平行边之间增加一条或多条边。连接时，边与边之间不能隔有其他的

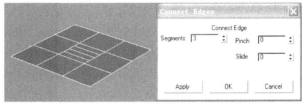

图1-80

边，否则不能连接。此功能在建模当中经常用到，如图1-80所示。

如果不单击设置按钮打开"Connect Edges（连接边）"对话框而直接进行连接的话，则会以默认的数量进行连接；一旦改变了对话框中的Segments（段数）的数值，以后所有的连接就以新的参数数值为标准。

在"Connect Edges"对话框中，Pinch（收缩）输入框中的数值用来控制所创建新边之间的距离，负值会缩小边之间的距离，正值则增加边之间的距离。Slide（滑块）输入框用来控制所创建新边之间的位置，缺省情况下，新边创建在选定边的中心位置，值的正负控制边向哪一个方向移动。

- Create Shape From Selection（利用所选部分创建图形）：可以把选择的多边形的边复制提取出来成为2D图形。选择边后，单击此按钮会弹出对话框，如果需要重新命名，可以在对话框的Curve Name（曲线名）后面另起一个名字，并在Shape Type（图形类型）选项中选择Smooth（平滑）或Linear（线性）单选按钮，之后，单击OK按钮，即可完成图形的创建。选择Smooth单选按钮时，提取出来的线段以平滑形式连接，方向与顶点相切，顶点属性为Smooth（平滑）；选择Linear单选按钮时，提取出来的线段会以直线形式连接，顶点处呈方角状态，顶点属性为Corner（方角）。

- Weight（权重）：用于设置所选顶点的权重，具体用法与顶点相同。

- Crease（折缝）：设置所选边之间的锐利程度。

- Edit Triangulation（编辑三角形）：激活此按钮后，多边形内部隐藏的边会显示出来，并以虚线显示。选择一个多边形的顶点并拖动到对角顶点的位置，鼠标指针会显示为"+"形状，放开鼠标按钮后，四边形内部隐藏的边的对角线划分会被改变。

- Turn（旋转）：激活此按钮后，多边形内部隐藏的边会显示出来，通过单击虚线可以改变虚线与点的连接方式。

在游戏建模时，Edit Triangulation与Turn的作用其实是相同的，都是为了改变多边形内部隐藏的虚线的连接方式，这在改变模型结构转折方面是非常有用的，所以必须要掌握。

（4）Edit Border（编辑边界）子对象卷展栏。

边界子对象级别的一些命令功能与顶点、边子对象级别的相同，具体可参见它们的使用方法，这里重复部分不再赘述，只对一些特别的命令加以介绍。

- Cap（封口）：在边界被选择的状态下单击此按钮可以使开放的边界封闭。这个功能只出现在边界子对象级别中，用来封闭多边形模型破口的部分。

- Bridge（桥）：该功能是在3ds Max 6.0版本后出现的功能，只在一定条件下适用。在边界子对象级别中，桥功能用于连接一个模型内部的两个边界，使它们产生实体

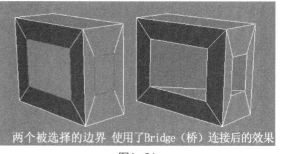

两个被选择的边界　使用了Bridge（桥）连接后的效果

图1-81

的模型连接。该功能常用于对模型挖空效果的处理，可以有效地节省操作步骤，如图1-81所示。

（5）Edit Polygon（编辑多边形）子对象卷展栏。

多边形子对象的一些编辑功能与顶点、边、边界子对象级别的相同，具体可参见它们的使用方法，这里重复部分不再赘述，只对一些特别的命令加以介绍。

- Invert Vertex（插入顶点）：激活该按钮，可在多边形和元素层级中直接插入新顶点以细分模型。单击此按钮后，在多边形上单击可以加入任意多的顶点，单击鼠标右键或再次单击Invert Vertex按钮后结束当前操作。

- Extrude（挤出）：激活这个按钮，可以在视图中通过手动方式对选择的多边形进行挤出操作。拖动鼠标时，选择的多边形会沿着法线方向在挤出的同时创建出新的多边形表面。单击其设置按钮"▫"，会弹出针对多边形属性设置的Extrude对话框，它与顶点、边的挤出效果区别如图1-82上排图片所示。对话框的Extrusion Type（挤出类型）选项组中，Group（组）单选按钮的作用是，如果选择的是一组多边形，选择此单选按钮，将沿着多边形的平均法线方向挤出多边形；Local Normal（自身法线）单选按钮的作用是，沿着所选择的多边形的自身法线方向挤出多边形；By Polygon（按多边形）单选按钮的作用是，对同时选择的多个表面多边形进行挤出操作时，每个多边形将被单独地挤出。Extrusion Type选项组的各选项作用如图1-82下排图片所示。Extrusion Height（挤出高度）输入框用于设置挤出高度的参数值；每单击一次Apply（应用）按钮可完成一次挤出操作，多次单击可完成多次操作。完成挤出操作后，单击OK按钮确定即可。

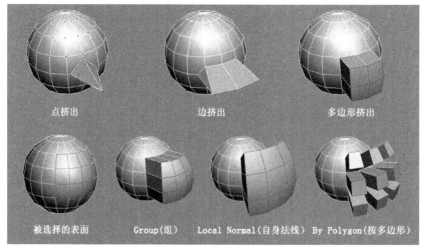

点挤出　边挤出　多边形挤出

被选择的表面　Group（组）　Local Normal（自身法线）　By Polygon（按多边形）

图1-82

- Outline（轮廓）：选择多边形后，单击此按钮，可增大或减小多边形轮廓的大小，单击右侧的设置按钮，可以通过输入参数值来控制轮廓的大小。

● Bevel（倒角）：对选择的多边形同时进行挤出和轮廓处理，如图1-83所示。单击Bevel按钮后，在视图中将鼠标指针移至所选择的多边形时，会显示为倒角图标形状。如果选择的是多个多边形，拖动任何一个多边形时，会影响所有选择的多边形。Bevel按钮处于激活状态时，可以对其他的多边形拖动以创造倒角；再次单击

图1-83

Bevel按钮或在视图中单击鼠标右键可退出倒角操作。单击Bevel按钮右侧的设置按钮"□"会弹出Bevel Polygons（倒角设置）对话框，此对话框中的多数功能与Extrude（挤出）对话框的相同，但是这里还有一个Outline Amount（轮廓量）输入框，调整它的值可以精确控制倒角的程度。

● Inset（插入）：类似于倒角的功能，可以在产生新的轮廓边时产生新的面，所不同的是，它不会产生高度上的变化，如图1-84所示。单击此按钮后，直接在视图中拖动选择的多边形，会产生插入效果。单击设置按钮，会弹出插入设置对话框，其中的Group与By Polygon选项的用法与挤出功能的相关选项作用相同，此外，还有一个Inset Amount（插入量）参数，用于调整插入的轮廓边的大小。

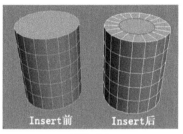

图1-84

● Bridge（桥）：该功能用于创建新的多边形来连接对象中被选定的多边形，在多边形子对象级别的编辑中，主要用于使多边形与另一个多边形相连，如图1-85所示。在游戏建模时，对多边形的桥接操作简化了之前版本的制作流程，非常方便。

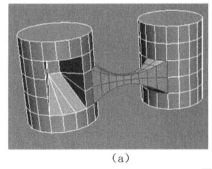

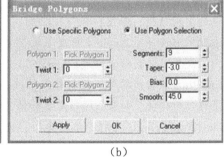

（a）　　　　　　　　　　　　　　　　　（b）

图1-85

使用桥功能有两种用法：

● 选择对象中要连接的两个单独多边形，然后单击Bridge按钮，将使用上次Bridge Polygons（桥设置）对话框中的设置来创建桥。

● 单击激活Bridge按钮，在视图中单击选择一个多边形，当视图中显示出一条连线后，移动鼠标单击选择第二个多边形即可完成桥接。单击右键可退出桥接模式。

由于桥接只建立多边形之间的直线连接，所以当两个多边形之间建立的直线经过几何体内部时，桥连接也会穿过对象，如图1-85（a）所示。

单击Bridge按钮右侧的设置按钮，会弹出Bridge Polygons对话框，如图1-85（b）所示。在此对话框中，选择Use Specific Polygons（使用特定的多边形）单选按钮可拾取视图中想要桥接的多边形或边界；选择Use Polygon Selection（使用多边形选择）单选按钮后，当视图中存在一个或多个符合条件

的选择对时，会立即进行桥接；单击Pick Polygon（拾取多边形）按钮，可在视图中拾取想要进行桥接的多边形；Segments（分段）输入框用于指定桥接区域的多边形分段数目；Twist（扭曲）输入框为桥设置不同的扭曲量，可旋转多边形的连接顺序；Taper（锥化）输入框设置桥在中心位置产生向中心收缩或向外扩张的锥化效果；Bias（偏移）输入框设置锥化对桥影响最大的位置，中心值为0；Smooth（平滑）输入框设置列（列是指沿着桥的长度扩展的一串多边形）间的最大角度，在这些列间会产生平滑效果，调节范围为0~180。图1-86所示为部分功能的应用效果。

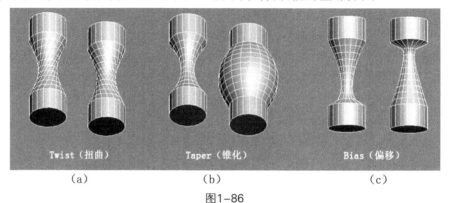

Twist（扭曲）　　　　Taper（锥化）　　　　Bias（偏移）

(a)　　　　　　　　(b)　　　　　　　　(c)

图1-86

- Flip（翻转）：使选择的多边形法线方向翻转。
- Hinge From Edge（从边门轴式旋转）：这是一种特殊的功能，可以指定以多边形的一条边为轴，让选择的多边形沿着轴旋转并产生新的多边形，如图1-87（a）所示。单击设置按钮后，会弹出Hinge Polygons From Edge（从边旋转多边形）对话框，如图1-87（b）所示。在此对话框中，Angle（角度）输

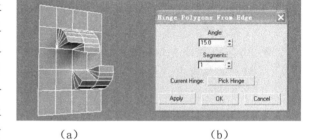

(a)　　　　　　　　(b)

图1-87

入框用于设置沿轴旋转的程度；Segments（分段）输入框用于设置挤出边的分段数量；单击Current Hinge（当前转轴）右侧的Pick Hinge（拾取转轴）按钮，可以在视图中选取多边形的一条边作为转轴，如果已经指定了转轴，则这里会显示出转轴的名称。

- Extrude Along Spline（沿样条线挤出）：将当前选择以一条指定的曲线为路径进行挤出。选择要执行挤出操作的多边形后，单击此按钮，直接在视图中选取曲线，则选择的多边形会沿着曲线被挤出，如图1-88（a）所示。单击设置按钮后，会弹出Extrude Polygons Along Spline（沿样条线挤出多边形）对话框，如图1-88（b）对话框所示。

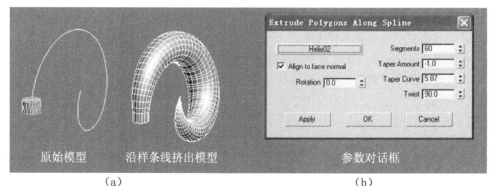

原始模型　　　沿样条线挤出模型　　　　　　参数对话框

(a)　　　　　　　　　　　　　　(b)

图1-88

　　在对话框中，Pick Spline（拾取样条线）按钮用于选取作为挤出路径的样条线，如果已经指定了样条线，则这里会显示出样条线的名称；选择Align to face normal（对齐到面的法线）复选框时，沿着被选择的多边形平均法线方向进行挤出，取消该复选框的选取时，挤出的方向与曲线的方向相同；Rotation（旋转）输入框只有在选取Align to face normal复选框后才可启用，用于对挤出面进行旋转；Segments（分段）输入框用于对挤出多边形的分段进行设置；Taper Amount（锥化量）输入框用于沿挤出路径增大或缩小多边形大小；Taper Curve（锥化曲线）输入框用于设置倒边曲线的弯曲程度；Twist（扭曲）输入框用于沿挤出路径对多边形进行扭曲处理。

- Edit Triangulation（编辑三角形）与Turn（旋转）：这两项功能与前面介绍过的用法相同，不再赘述。
- Retriangulate（重复三角算法）：此功能用于对多边形内部隐藏的、紊乱的对角线进行自动整理。使用方法是，选择要使用此功能的多边形面，然后单击Retriangulate按钮，多边形内部的隐藏对角线会自动产生更为合理的布局，如图1-89所示。

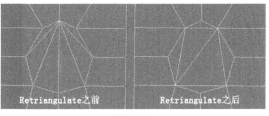

图1-89

　　在游戏模型的制作中，对于布线的要求很高，这种靠计算机计算的方式并非如何智能，一般仍需要使用Edit Triangulation（编辑三角形）与Turn（旋转）功能由用户手动来完成对隐藏对角线的调整。

4. Edit Element（编辑元素）卷展栏

　　Edit Element卷展栏中的各项功能与前面介绍的其他子对象级别中的用法相同，只是编辑不同子级别的对象而已，所以这里不再赘述。

5. Polygon Properties（多边形属性）卷展栏

　　当进入了Polygon和Element两个子对象级别时，Modify面板将出现Polygon Properties（多边形属性）卷展栏，这里集合的多边形属性功能对后期的材质与贴图的应用有着重要作用，需要认真掌握。

- Set ID（ID设置）：可以为每个多边形或多组多边形设置不同的ID号（ID相当于多边形或多边形组的身份证，它具有唯一性，一组多边形的ID只能是ID1或ID2）来区分它的区域，这种设定在后期贴图等应用中具有非常重要的作用。

　　设置ID号的方法是，选择要设置的多边形面，在Set ID（ID设置）输入框中输入需要的ID号数值，然后按Enter键，则这个（或这些）多边形的ID号就被设为当前数值了。为表述简洁，本书用IDn来表示设置的ID号，如ID1、ID2等。

- Smoothing Groups（平滑组）：该选项组用于对一组多边形或多组多边形设置平滑组，使表面交界棱角分明的多边形产生平滑效果（平滑效果由计算机自动生成），一般平滑组会作用

第1章　3ds Max游戏美术制作基础

在两个以上的多边形上。平滑组功能可以区分光滑效果的多边形分组，其具体效果如图1-90所示。

图1-90

平滑组设置在后期游戏模型建模中会经常用到。因为游戏模型大多都是低多边形模型，如果不使用平滑组功能，每个面之间必然会产生明显交界，这会极大地影响游戏的美观，如果使用平滑组，则可以让面与面之间产生较为平滑的效果。事实上，设置平滑组与不设置平滑组之间是交替使用的，对于模型需要交界明显的部分，仍可以不设置平滑组。

设置平滑组的方法是，将模型（如图1-90中的长方体）转换为可编辑多边形后，进入多边形子对象层级；展开Polygon Properties（多边形属性）卷展栏，按住Ctrl键并分别单击模型前方的3个面；确认要指定平滑组的面已经被选中，在平滑组的序列上激活"1"按钮，这3个被选择的面就被设为1号光滑组了（在设置时，注意观察其他序列按钮是否呈灰色且无数字显示。如果有，单击该按钮使它的数字显示出来，并使按钮处于未被激活状态。按钮呈灰色状态说明当前选择的面中有其他序列的光滑组）。其他平滑组的设置可按同样的方法处理。

- Material（材质）：该选项组包括Set ID（设置ID）输入框，其用法与Polygon Properties（多边形属性）卷展栏中相应的功能相同。Select ID（选择ID）按钮及输入框：按当前输入框中的ID号，选择所有与此ID相同的表面；Clear Selection（清除选定内容）复选框：选择此复选框后，如果选择新的ID或材质名称时，会取消以前选定的所有多边形或元素的选择，反之则会在原有选择内容基础上累加新内容。

- Smoothing Groups（平滑组）：该选项组包括Select By SG（按平滑组选择）按钮：用于选择所有符合当前平滑组编号的表面；Clear All（清除全部）按钮：用于删除所有被选定多边形对象的平滑组；Auto Smooth（自动平滑）按钮：根据其右侧的Threshold（阈值）输入框进行表面的自动平滑处理；Threshold（阈值）输入框：用于确定有多少个面进行自动平滑处理，值越大，进行平滑处理的表面就越多。

- Edit Vertex Color（编辑顶点颜色）：该选项组包括Color（颜色）选择器：用于设置顶点的颜色；Illumination（照明）颜色选择器：用于明暗度的调节；Alpha（透明）输入框：用于指定顶点的透明值。这里的编辑顶点颜色功能不常用，仅做了解即可。

6. Edit Geometry（编辑几何体）卷展栏

Edit Geometry卷展栏中集合的功能是5个子对象级别通用的功能，其中有些功能仍然可以对5个子对象级别进行细节编辑操作，具体用法请对照前面的介绍来学习，下面仅列出没有介绍过的功能。

- Repeat Last（重复上次）：用于重复上次的操作。将鼠标指针移到这个按钮上，会提示上一步所做的操作。不是所有操作都可重复，例如移动、旋转、缩放等变换操作就不可重复。具体操作方法是，如果前一步对多边形的某个面使用过Extrude（挤压）或Bevel（倒角）等操作，这时，单击Repeat Last按钮就可以重复上一步的操作。

- Constraints（约束）：该下拉列表用于将当前子对象的变换约束在指定的子对象上。例如，当对顶点进行操作时，如果从列表中选择None（无），选择的顶点可以在任意方向进行变换操作；选择Edge（边）时，选择的顶点只能沿着临近的边进行变换操作；如果选择的是Face（面），则顶点只能在多边形的表面进行变换操作。

- Preserve UVs（保持UV）：通常情况下，对象的几何体与其UV贴图之间存在直接对应的关系，如果对象设置了贴图后再移动对象的子对象，则纹理会随子对象的移动而移动。此时，如果启用了Preserve UVs这个选项，则编辑子对象不会影响到对象的UV贴图。

- Settings（设置）：按钮"□"用来打开Preserve Map Channels（保持贴图通道）对话框。此功能在游戏模型制作中不常用，就不做赘述了。

- Create（创建）：用于建立新的单个的顶点、线、多边形或元素。在顶点子级别只能生成孤立的顶点；在线和边界子级别可以单击面上的顶点来建立新的线；在多边形和元素子级别只能对打开的模型部分或对孤立的顶点依次连接以建立新的多边形或子元素。

- Collapse（塌陷）：用于将选择的顶点、线、边界、多边形或元素塌陷到一点，只留下一个顶点与四周的面连接，并产生新的表面。此功能不同于删除，它是将多余的面吸收合并，归集到一个顶点上，如图1-91所示。

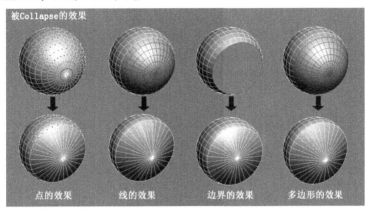

图1-91

在建模时，塌陷功能可以替代焊接功能来使用，且它的功能要强于焊接，可以使多边形的子对象合并为一个顶点。因为使用塌陷命令可以把顶点结合到一起，且不受距离限制，节省了设置阀值的时间，所以，在进行焊接顶点等操作时，有些焊接操作可以使用塌陷来代替，这样制作模型时可以更快。

- Attach（附加）：单击此按钮，再在视图中选取其他的对象（可以是任何类型的对象，包括样条线、面片、NUBRS对象等），可以将它们合并到当前对象的内部，成为当前多边形模型的一个元素。单击该按钮右侧的设置按钮，会弹出对话框，可以方便地一次合并多个对象，把它们纳入到模型内部来，具体操作方法与样条线的相应功能相同，只是属性的设置项目有所不同而已。

- Detach（分离）：用于将当前选择的子对象分离到模型外部，成为具有其他名称的独立对象。

Attach与Detach功能在建模过程中经常用到，它们的作用正好相反，一个是附加外部对象到内部，一个是把当前选择的子对象分离到模型外部。

- Slice Plane（切片平面）：一个方形化的平面，可通过移动或旋转改变将要剪切对象的位置。具体操作是，选择想要切片的多边形，单击激活Slice Plane按钮，把方形化的平面移动到想要切片的位置，再单击下面的Slice（切片）按钮即可完成切片操作。切片起到增加细分线段的作用。如果进行切片之前激活了Split（分割）复选框的话，则对象将从被切的部分分离开。

注意

除了在多边形和元素子对象级别需要对子对象进行选择操作外，其他子对象级别不需要选择就可以进行切片。

- Split（分割）：选择此复选框，在进行切片或剪切操作时，将当前被切片的多边形面分割开来。分割后，多边形不共享顶点，模型也不再是封闭的。
- Slice（切片）：单击此按钮后，将在切片平面处剪切选择的子对象。
- Reset Plane（重置平面）：单击此按钮可恢复切片默认的位置和方向。
- QuickSlice（快速切片）：用于不通过剪切平面对对象进行快速地剪切。

注意

Slice（切片）功能在游戏建模时会有小范围的使用，但并不是主流的建模功能，相似的功能可以通过使用其他更加简便的方法实现。除非一些特殊的用法，否则不会用到这个功能，所以对此功能不必过于研究。比如，要为模型加线，完全可以用下面的Cut（切割）功能实现。

- Cut（切割）：通过在边上添加顶点来细分模型。激活这个按钮后，不管是在主层级还是子对象级别编辑状态，使用这个功能都可以直接在模型的边上添加顶点来细分模型。具体操作是，激活Cut按钮后，在需要细分的边上单击，将鼠标指针移到下一条边再次单击，即可完成切割操作。

注意

切割功能的自由性使得该功能在游戏建模时经常会用到，由于其操作不需要设置参数，所以一般用来对非规则形体进行细分。一般是先使用此功能在模型上切割，然后再使用变换工具进行调节以完成模型。例如制作人物等非规则模型时，会经常用到切割功能，所以读者需要认真领会。

- MSmooth（网格平滑）：使用当前的平滑设置对选择的子对象进行平滑处理。单击其右侧的设置按钮，会弹出MeshSmooth Selection（平滑设置）对话框，如图1-92所示。在该对话框中，Smoothness（平滑度）输入框用于控制新增表面与原表面折角的平滑度，值为0时，在原表面不创建任何面，值为1时，即使表面为平面也会增加平滑度；Separate By（分隔方式）选项下有两个复选框，Smoothing Groups（平滑组）用于阻止平滑群组在分离边上建立新表面，Materials（材质）用于阻止在具有分离的材质ID号的边上建立新面。

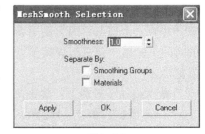

图1-92

- Tessellate（细化）：对选择的子对象进行细化处理。单击其右侧的设置按钮，会弹出Tessellate Selection（细化设置）对话框，如图1-93所示。对话框中的Type（类型）选项下有两个单选按钮，选择Edge（边），从每一条边的中心处开始分裂以产生新的面；选择Face（面）从每一个面的中心处开始分裂以产生新的面。Tension（张力）输入框用于设置细化后的表面，

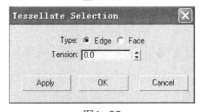

图1-93

使其成为平的、凹陷的或是凸起的（值为正数时，向外挤出点；值为负数时，向内吸收点；值为0时，保持面的平整）形成。

- Make planar（平面化）：用于将所有选择的子对象强制压平到一个平面上。

X/Y/Z 平面化选定的子对象，并使平面与选定按钮的坐标轴垂直。例如，单击X按钮，会使被选定的子对象产生的平面和X轴垂直，与Y、Z轴对齐。

- View Align（视图对齐）：单击此按钮后，选定的子对象被对齐到同一个平面上，且这个平面平行于当前激活的视图。

- Grid Align（栅格对齐）：单击此按钮后，选择的子对象都被放置到当前激活的视图的栅格平面上。

- Relax（松弛）：单击此按钮，可以使被选择的对象网格线结构朝着相邻对象的平均位置移动每个顶点。单击右侧的设置按钮，会弹出Relax对话框，如图1-94所示。在对话框中，Amount（数量）输入框用于控制每个顶点对于每一次迭代所移动距离的程度。该值指从顶点原始位置到其相邻顶点之间的平均距离的百分比，范围为-1到0；Iterations（迭代次数）输入框用于设置松弛的次数，每一次迭代将重新计算平均距离，再将松弛值重新应用于每个顶点；Hold Boundary Points（保留边界点）复选框用于控制是否移动开放网格的边界顶点，默认为不移动；Hold Outer Points（保留外部点）复选框用于保留距离对象中心最远的顶点的原始位置。

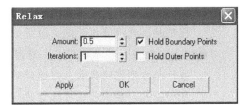

图1-94

- Hide Selected（隐藏选定对象）：用来隐藏选择的子对象。
- Unhide All（全部取消隐藏）：把被隐藏的所有子对象都显示出来。
- Hide Unselected（隐藏未选定对象）：将未被选择的子对象隐藏起来。

提示

多边形内部子对象的隐藏功能在设置ID号等较复杂的模型的选择操作时会经常用到。初学者往往把子对象隐藏之后就忘记了，而在需要时候又找不到，这时，就需要对模型子对象在内部或外部的隐藏功能进行学习与区分。以上3项功能属于对模型子对象的隐藏与显示操作，主要操作目标是子对象。对于模型整体的隐藏与显示，有前面讲到的右键功能菜单中的隐藏与显示命令，另外，当没有找到对象时，使用者还需检查是否该对象已被删除了。

- Copy（复制）：用于在不同的对象之间传递子对象命名选择集合。这个命令可以将当前子对象集中命名的选择集合复制到剪贴板中。
- Paste（粘贴）：用于将剪贴板中复制的选择集合指定到当前子对象级别中。
- Delete Isolated Vertex（删除孤立的顶点）：选择此复选框后，在删除子对象（除顶点以外的子对象）的同时会删除孤立的顶点。
- Full Interactivity（完全交互）：选择此复选框后，在调节切片和剪切参数时，视图中会交互地显示出最终效果；取消选择时，只有在完成当前操作后才显示最终效果。一般使用默认设置即可。

7. Subdivision Surface（细分曲面）卷展栏

细分曲面功能一般在制作游戏中使用的低多边形模型时不常用到，但是因其可以平均细分模型，所以在制作低多边形模型时也会偶有使用。

细分曲面功能在制作高精度高面数的游戏片头动画等模型时用得最多。游戏片头动画等模型的制作一定程度上讲属于动漫设计制作的范畴，不是本书需要重点掌握的部分，所以学习时略做了解即可。如果对高精度模型制作很感兴趣，请等到把建模部分的内容掌握得差不多之后，再返回头研究，必然会有更大的收获，但初期还是希望从简单的部分入手。

- Smooth Result（平滑结果）：对平滑后的所有面指定同样的平滑组群，一般使用默认状态即可。
- Use NURMS Subdivision（使用NURMS细分）：选择此复选框时，采用NURMS的细分方法处理对象。
- Isoline Display（等值线显示）：选择此复选框后（即开启此功能），细分曲面时只显示细分对象前的原始边，也就是显示等值线；取消选择该复选框后（即关闭该功能），显示细分出的所有线框。迭代值越高，模型显示的线框越多。显示使用Use NURMS Subdivision（使用NURMS细分）实际面的分布情况后，这些线框会使模型的显示变得非常复杂，所以在编辑模型时，此项可以关闭，但是如果想要实时观察模型的布线结构，可以开启此项功能。

● Show Cage（显示框架）：启用此功能后，可显示出细分前的多边形边界。该复选框右侧的第一个方形色块代表未被选择的子对象部分的颜色，第二个方形色块代表被选择的子对象部分的颜色，单击色块可改变其颜色。

● Display（显示）：此选项组有两个参数。Iterations（迭代次数）输入框用于设置对表面进行重复平滑的次数。数值每增加一次，面数将以4倍更替，从而实现平滑的效果。数值越高，平滑效果越好，但会增加计算机的负担，使计算速度极大地降低。如果计算得太久，可以按键盘的Esc键返回前一次的设置。Smoothness（平滑度）输入框用于控制新增表面与原表面折角的平滑度，值为0时，在原表面不创建任何面；值为1时，即使原表面为平面也会增加平滑表面。

● Render（渲染）：该选项组用于设置对象渲染时的精度，以实现用低精度建模，用高精度渲染的目的。其参数Iterations/ Smoothness（迭代次数/平滑度）用于为对象在渲染时选择不同的复杂度和平滑度。

Subdivision Surface卷展栏下其他功能使用条件复杂，在实际建模中不会经常用到，所以不再罗列，等读者学习到一定程度，可以慢慢对照工具书籍研究。

下面以一个简单的实例说明Subdivision Surface卷展栏该如何应用。

01 在视图中创建一个立方体，暂设长、宽、高的值各为100。在立方体对象上单击鼠标右键，选择Convert to→Convert to Editable Poly（转换为可编辑多边形）命令，使立方体转换为可编辑多边形对象，如图1-95所示。

02 展开Subdivision Surface卷展栏，选择Use NURMS Subdivision（使用NURMS细分）复选框，观察到立方体模型变化如图1-96所示。

03 取消Isoline Display（等值线显示）复选框的选取，显示细分出的所有线框，此时观察到的模型如图1-97所示。

04 在Display（显示）选项组下，把Iterations（迭代次数）的值改为2，观察到的模型变化如图1-98所示。

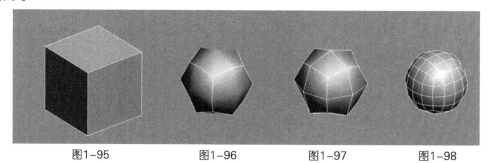

图1-95   图1-96   图1-97   图1-98

05 在Display选项组下，把Iterations的值改为0，观察到的模型变化如图1-99所示；再把Render（渲染）选项组下的Iterations复选框激活，设置值为3；从菜单栏选择Rendering（渲染）→Render（渲染）命令，在弹出的对话框中直接单击右下角的Render（渲染）按钮，最后得到渲染效果如图1-100所示。

为什么步骤（5）的渲染结果会是这样的呢？这是因为虽然在Display选项组下把Iterations的值改

为0，但这只是用来控制视图中实时显示的形式，而在Render选项组下的Iterations才是真正影响渲染结果的参数。实例中该值设为3，也就是把立方体细分了3次，相当于在Display选项组下把Iterations的值改为3的效果。可以改变Display选项组中的Iterations值为3，即相当于每个四边形面被迭代为64个四边形面，再看看视图中模型的网格分布情况，效果应该如图1-101所示。

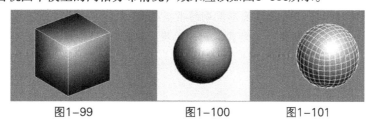

图1-99　　　　　　　图1-100　　　　　　　图1-101

8. Subdivision Displacement（细分置换）卷展栏

Subdivision Displacement卷展栏用于可编辑多边形的细分设置，只有多边形对象在指定了置换贴图后才起作用，游戏建模中很少使用，在这里就不再赘述了，具体内容请查阅相关工具书籍。

9. Paint Deformation（绘制变形）卷展栏

Paint Deformation卷展栏是一种用于细化网格的建模工具，其特点是通过使用笔刷来推拉顶点，使曲面产生变形，非常适用于高面数非规则形体的建模。比如怪兽等模型，可通过绘制操作对模型的细节进行修饰。

提示

对于绘制变形功能需要一个叫做绘图板的专业美术设计的硬件设备，绘图板的功能大家可以上网查询。绘图板几乎是设计人员必备的硬件设备，在以后学习制作和绘制贴图时经常用到，所以，如果下定决心要学好3D游戏美术设计，绘图板是必不可少的。一般而言，设计人员使用Wacom系列的绘图板较多，另外还有汉王等品牌的绘图板，价格要比Wacom系列的绘图板低廉一些，大家可以根据自己的情况来配备。

下面边操作边认识Paint Deformation卷展栏的各项功能。首先在视图中创建一个Plane（平面），设置长、宽各为100，设置Segment（段数）各为40。选择此平面，把此平面对象转换为可编辑多边形属性的模型，然后展开Paint Deformation卷展栏，分别测试和观察以下功能的用法和效果。

- Push/Pull（推/拉）：激活该按钮后，在对象上按住左键并拖动，可将顶点移入对象曲面或移出曲面之外。移动的方向和范围由Push/Pull Value（推/拉值）输入框输入的值来决定。此功能支持采用软选择方式选取的对象；在绘制时，按住键盘的Alt键可以反向推拉的方向。
- Relax（松弛）：可以将靠得太近产生了过度扭曲、转折等的顶点推开。它的原理是将每个顶点移动到与临近顶点平均距离的位置上。
- Revert（复原）：激活该按钮，在视图中拖动鼠标可逐步复原上一次的推/拉及松弛的效果。

注意

Push/Pull、Relax、Revert3项功能是绘制变形的3种操作模式，每次只能激活一种模式来对模型进行操作。

- Push/Pull Direction（推/拉方向）：此选项组可指定顶点的推/拉方向。
- Original Normals（原始法线）：选择此单选按钮后，被推/拉的顶点会沿着法线方向进行移动。
- Deformed Normals（变形法线）：选择此单选按钮后，被推/拉的顶点会沿着被编辑面的法线方向进行移动。

- Transform axis X/Y/Z（变换轴X/Y/Z）：选择此单选按钮后，被推/拉的顶点会沿着指定的X/Y/Z轴进行移动。
- Push/Pull Value（推/拉值）：确定每一次（不松开鼠标进行的一次绘制）推/拉操作应用到模型上的最大范围。值为正可将顶点拉出曲面；值为负可将顶点推入曲面。
- Brush Size（笔刷大小）：设置圆形笔刷的半径范围。
- Brush Strength（笔刷强度）：设置笔刷应用推/拉操作时的速率。强度越高，达到最大值的速度越快。

注意

在绘制过程中，通过Ctrl+Shift+鼠标左键可快速调节笔刷大小；通过Alt+Shift+鼠标左键可快速调节笔刷强度；绘制时按住Ctrl键可暂时启用复原功能。

- Brush Options（笔刷选项）：可打开绘制笔刷对话框来自定义笔刷的形状、镜像、敏压等相关属性的设置。
- Commit（提交）：用于确认所做的更改，提交后原始对象会被绘制后的对象所替换，而且不能再将复原功能工具应用于还原更改。
- Cancel（取消）：撤销从上一次提交操作之后所做的所有更改。

1.7.3　实例1：宝剑模型的制作

模型的制作效果如图1-102所示。

在3ds Max中进行建模时，不一定需要太多命令的参与就可以实现简单模型的制作，但是移动、旋转、缩放等变换工具的应用则是惯穿了各种功能应用的始终。各子对象级别下的功能配合以变换工具的使用，是建模常用的手段，制作时需认真体会。

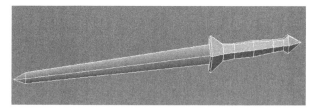

图1-102

制作模型时，不要急于动手，而是要在头脑中先组织一下，需要注意的有：模型的比例、结构位置、结构特点、主体结构以及会用到哪些命令等。在头脑中先做一下构思，然后再实际动手制作。比如，要制作这把宝剑模型，首先要考虑这把宝剑大概有多长，要做多宽、多厚，剑身与剑柄的比例是多少，剑尖是锐利尖还是圆头尖，从剑身到剑尖是否越来越细，护手是什么造型的，剑柄是圆柄还是直柄等，然后再考虑使用什么功能，从哪里入手比较容易，创建主体结构更方便等。全盘考虑之后就可以制作了。

1. 第1步：制作主体

在前视图中创建一个立方体对象，设置长、宽、高分别为100、10、3，长、宽、高的段数值都设为1，并使对象轴心点对齐到原点位置。在模型上单击鼠标右键，利用右键功能菜单把立方体对象转换为可编辑多边形对象，如图1-103所示。选择移动工具，在信息栏中，在X、Y、Z输入框右侧的微调器上单击右键，使模型轴心向原点对齐。按住Alt+鼠标中键拖动，可以在用户视图中观察正在创建的模型，后期的操作也基本是在用户视图中完成的。

2. 第2步：制作剑脊与剑尖

进入边子对象级别，横向框选如图1-104所示的边，单击Edit Edges（编辑边）卷展栏下的Connect按钮或选择右键功能菜单中Tools 2（工具2）部分的Connect命令，这时，所选边的中心被连接，产生一个段，如图1-105所示。

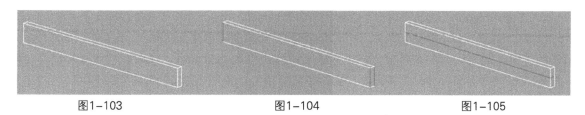

| 图1-103 | 图1-104 | 图1-105 |

按Alt+鼠标左键横向拖动，可以旋转观察生成的连接线。观察没有问题后，再按F键，回到前视图（每次操作完成后都可以用这里介绍的检查功能检查并恢复视图）。制作出这个结构要留作剑脊。进入顶点子对象级别，框选四边的顶点，如图1-106所示。单击Weld（焊接）按钮右侧的设置按钮，在弹出的对话框中，单击阀值范围微调器向上的箭头并向上拖动，直到这些顶点被焊接在一起（注意，焊接时这个值不要太大，不然会把每侧的顶点都焊接在一起），如图1-107所示。这样就完成了剑脊部分的制作。

进入边子对象级别，垂直框选如图1-108所示的边。

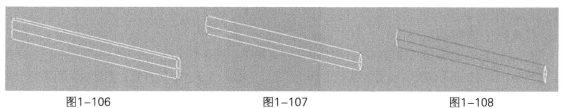

| 图1-106 | 图1-107 | 图1-108 |

再次单击Edit Edges（编辑边）卷展栏下的Connect按钮或选择右键功能菜单Tools 2（工具2）中的Connect命令。这时，所选边的中心被连接起来，各产生一个段，如图1-109所示。再次进入顶点子对象级别，使用移动工具框选新生成的段的所有顶点，锁定以X轴横向移动到如图1-110所示的位置，预留做剑尖的支撑段。

在编辑顶点子对象级别状态下，框选所有左端的顶点，如图1-111所示。

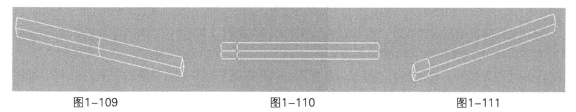

| 图1-109 | 图1-110 | 图1-111 |

单击展开Edit Geometry（编辑几何体）卷展栏，单击Collapse（塌陷）按钮或选择右键功能菜单中Tools 1（工具1）的Collapse（塌陷）命令，把选择的所有顶点塌陷成一个顶点，如图1-112所示。框选剑尖部分的所有顶点，使用缩放工具缩小这部分顶点的范围，完成宝剑剑刃由宽到窄的变化，如图1-113所示。这样就完成了剑尖结构的制作。

3. 第3步：制作护手

进入多边形子对象级别，选择剑刃末端的面（这个面是由两个三角形面构成的，按住Ctrl键+鼠标左键即可累加选择。当需要选择的结构与模型中的其他结构重叠时，最好不要框选，以免误选）如图1-114所示。

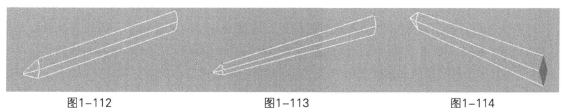

| 图1-112 | 图1-113 | 图1-114 |

单击Edit Polygon（编辑多边形）卷展栏下的Extrude（挤压）按钮或选择右键功能菜单中Tools 2（工具2）的Extrude（挤压）命令，把选择的面挤压出厚度来，并通过移动工具调整到如图1-115所示的位置，此为预留的护手部分。进入边子对象级别的编辑状态，选择护手部分的边，如图1-116所示。单击Edit Edges（编辑边）卷展栏下的Connect按钮或选择右键功能菜单中Tools 2（工具2）的Connect命令连接这些边，并使用移动和缩放工具把这些边调整到如图1-117所示的位置。

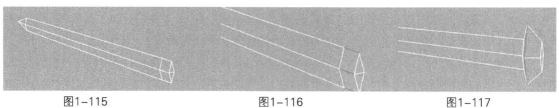

图1-115   图1-116   图1-117

单击Edit Edges卷展栏下的Chamfer（切角）按钮或选择右键功能菜单中Tools 2（工具2）的Chamfer（切角）命令，生成护手的厚度，并使用移动和缩放工具把边调整至如图1-118所示的位置，完成护手的制作。

4. 第4步：制作剑柄

进入多边形子对象级别编辑状态，选择护手末端的面，如图1-119所示。单击Edit Polygon卷展栏下的Extrude按钮或选择右键功能菜单中Tools 2（工具2）的Extrude命令，把选择的面挤压出厚度，连续挤压3次并通过移动工具调整为如图1-120所示的结构。

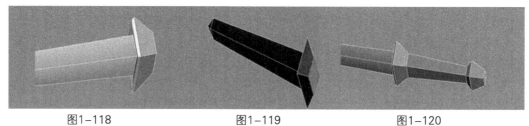

图1-118   图1-119   图1-120

进入边子对象级别编辑状态，选择剑柄部分的上下两条边，如图1-121所示。单击Edit Edges卷展栏下的Chamfer按钮或选择右键功能菜单中Tools 2（工具2）的Chamfer命令，生成剑柄的厚度。进入顶点子对象级别，使用移动、缩放工具把表示剑柄厚度的这些顶点调整到如图1-122所示的位置上。

5. 第5步：整理模型

进入顶点子对象级别编辑状态，并单击命令面板的Target Weld（目标焊接）按钮或在右键功能菜单Tool 2（工具2）中选择相应的命令，分别选择如图1-123所示的两个顶点。

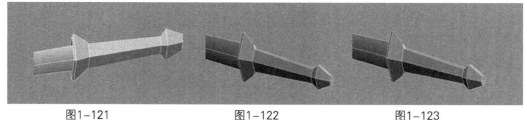

图1-121   图1-122   图1-123

将这两个顶点分别拖动到护手的两个顶点处，使模型线的布局更明了，焊接后的效果如图1-124所示。框选剑柄最末端的顶点，如图1-125所示。单击展开Edit Geometry卷展栏，单击Collapse按钮或选择右键功能菜单中Tools 1的Collapse命令，把选择的所有顶点塌陷成一点，如图1-126所示。

图1-124 图1-125 图1-126

选择剑柄把手部分的边，如图1-127所示。使用Connect功能增加两段线。进入顶点子对象级别，使用移动和缩放工具把增加的顶点调整到如图1-128所示的位置。整理后宝剑的整体效果如图1-129所示。

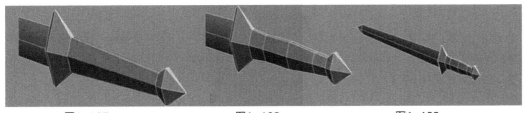

图1-127 图1-128 图1-129

6. 第6步：顶点的变化对造型的影响

在结构点上根据需要增加线段，由于每个段都可以支持一次转折，所以通过这些线的应用，就可以轻松地在宝剑的基础上制作出其他模型，如图1-130~图1-132所示。读者还可以尝试再加一些线段来制作更多的模型。

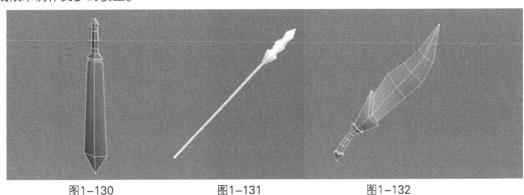

图1-130 图1-131 图1-132

1.7.4 实例2：三环刀模型的制作

通过本例可学习2D样条线与3D模型相结合生成模型的方法以及把多个对象以Attach（附加）的方式合并在一起的方法，即组合式建模。三环刀模型的结果图如图1-133所示。

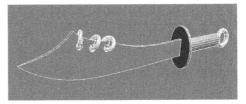

图1-133

1. 第1步：制作刀身

进入Create（创建）命令面板，单击Shape（二维图形）按钮，从子类别下拉列表中选择Splines，在前视图中创建一个矩形，使矩形的长为20，宽为100。把矩形对象中心对齐到原心点，如图1-134所示。

在矩形上单击右键，在右键功能菜单中选择Convert to→Convert to Editable Spline（转换到可编辑的样条线）命令，使矩形转换成为可编辑的样条线。进入顶点子对象级别编辑状态，使用

Refine（优化）命令在需要的结构位置上增加顶点，再通过设置顶点的4个属性Bezier Corner（贝兹方角）、Bezier（贝兹）、Corner（方角）、Smooth（光滑）把矩形调节成如图1-135所示的形状。

打开Modify面板，在修改器列表为这个刀形样条线添加Extrude（挤压）修改器，设置Amount（数值）为2，得到效果如图1-136所示。

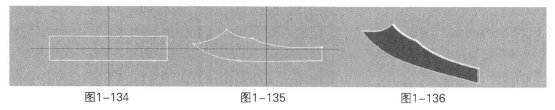

图1-134　　　　　　　图1-135　　　　　　　图1-136

由于制作的是三环刀，所以在放置圆环的位置应该有3个孔。按前视图的快捷键F，在前视图中将刀身的适当位置创建一个圆形的二维样条线，再按住Shift键并使用移动工具复制出两个圆形二维样条线，摆放如图1-137所示。

选择刀身模型，在Modify面板的修改器堆栈中单击主层级项以回到Editable Spline（可编辑样条线）层级。在此修改状态下单击命令面板的Attach（附加）按钮，在视图中分别选择3个圆形，使它们成为刀身结构的一部分。回到Extrude编辑修改器主层级，看到视图中的效果如图1-138所示。

这时刀刃还没有完成，为了保留刀身的样条线的可编辑性，不要把刀身直接转换成可编辑的多边形（如果把刀身转换为Editable Poly（可编辑多边形），会丢失样条线的编辑属性和Extrude修改器的可调节性，但可以临时转化为Editable Poly模型观察一下，然后再按Ctrl+Z快捷键回复到没有转化之前）。选择刀身模型，在修改器堆栈上再添加一个Edit Poly（编辑多边形）修改器，此时修改器堆栈如图1-139所示。

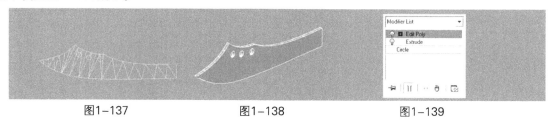

图1-137　　　　　　　图1-138　　　　　　　图1-139

进入Edit Poly修改器的顶点子对象级别，框选所有刀刃部分的顶点，单击Weld（焊接）按钮右侧的设置按钮，在弹出的对话框中，单击阀值范围微调器的向上箭头并向上拖动，直到这些顶点被焊接在一起（注意，焊接时这个值不要设置太大，不然会把每侧的顶点都焊接在一起。如果还是有个别的顶点焊接有问题，可单独选择进行焊接），调节刀刃部分的顶点和刀头部分的顶点（刀头部分的顶点可两两选择后使用缩放工具进行缩放调节），就完成了模型的刀刃部分，如图1-140所示。

当焊接之后会看到刀身部分有无数道阴影，这是因为在建模时，多边形被自动指定了平滑组，接下来要解决这个问题。进入Edit Poly修改器中，选择Element（元素）子对象级别，单击选择刀身。刀身是一个元素，所以单击之后会被一次选中。在元素子对象级别下选择了刀身后，打开Polygon Properties（多边形属性）卷展栏，在Smooth ing Group（平滑组）下面的序列中，单击两次显示为灰色的按钮，把按钮的序列号显示出来。因为这个模型的直角转折非常多，所以这里不设置任何平滑组（如果在直角转折的地方分别设置平滑组，模型的效果会更好。比如，可以把两个刀面分别选择出来取消平滑组，而在刀背部分设置平滑组，则得到的效果要比不设置的好），得到效果如图1-141所示。阴影消失了，模型效果变好了。

2. 第2步：制作护手盘

激活左视图，进入创建面板，单击Geometry（几何体）按钮，选择Standard Primitives（标准基本体）项。在左视图中创建一个圆柱体，使Radius（径向）值为15，Height（高度）值为2，Height Segment（高度段数）值为1，其他值不变。把护手盘模型转换为可编辑多边形，使用单轴缩放，调整成椭圆形并放置在刀身的末端，如图1-142所示。

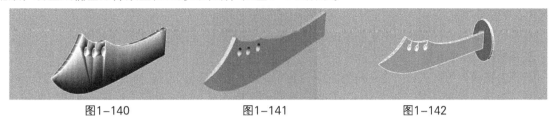

图1-140   图1-141   图1-142

3. 第3步：制作刀把

选择护手盘模型，进入模型的多边形子对象级别编辑状态下，选择护手盘的一个侧面，如图1-143所示。

单击Edit Polygons卷展栏下Inset（插入）按钮右侧的设置按钮或选择右键功能菜单中相应命令的设置按钮，在弹出的对话框中调节Inset Amount（插入数值）的数值为10，得到如图1-144所示的效果。

选择新生成的面，单击Extrude（挤压）按钮右侧的设置按钮或选择右键功能菜单中相应命令的设置按钮，在弹出的对话框中调节Extrusion Height（挤压高度）的数值为40，得到如图1-145所示的效果。

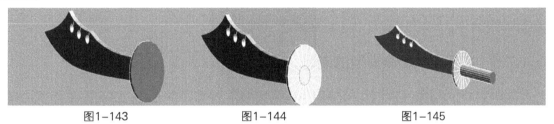

图1-143   图1-144   图1-145

再次挤压，调节Extrusion Height的数值为2，使用缩放工具调整新生成的面到如图1-146所示的位置。

在当前视图中按键盘的F键，确认在前视图中操作。在刀把末端创建一个圆形二维样条线，选择这个圆形，进入修改面板，在Parameters（参数）卷展栏下把Radius（径向）值设为6，如图1-147所示。

展开Rendering卷展栏，激活Enable In ViewPort（视域内可渲染）复选框，将Radial（径向）单选按钮下方的Thickness（厚度）参数值改为3，Side（边）的值改为8，Angle（角度）的值改为0，观察样条线以实体模型显示的效果，然后在顶视图中把这个模型摆放到如图1-148所示位置。此时可以在这条样条线上单击右键，使用右键功能菜单将其转换为可编辑多边形。这样，样条线的属性就变为可编辑多边形了。

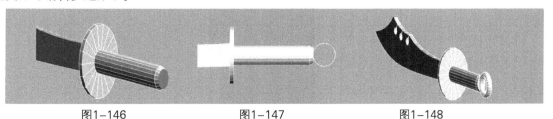

图1-146   图1-147   图1-148

4. 第4步：制作刀环

前3步基本上已经完成了三环刀模型的大部分。三环刀是有3个铁环的，但不必每个环状结构都要分别制作，可以用简便的方法加快制作进度。首先按快捷键F进入前视图，保证移动操作在一个平面上完成，然后选择刀把上的圆环，按住Shift键使用移动工具把这个圆环复制到刀孔位置。如果圆环有些大，可使用缩放工具使圆环缩小，并使用旋转工具把圆环旋转到大致与刀身垂直的位置上，如图1-149所示。

复制小圆环两次，自然而不规则地摆放，如图1-150所示，即可完成刀环的制作。

5. 第5步：合并模型

选择刀把模型（可选择刀把部分的任意一个可编辑多边形模型），在修改面板的Edit Geometry（编辑几何体）卷展栏下，激活Attach按钮，在视图中依次单击其他模型，把其他模型附加到当前编辑模型的内部来。这样，这些模型就变成了同一个名称下多个元素了。整个模型使用同一个名称是为了便于管理，完成的三环刀模型如图1-151所示。

图1-149　　　　　　　　　图1-150　　　　　　　　　图1-151

通过本实例，我们学习了样条线转换为三维模型的方法以及通过激活Enable In ViewPort（视域内可渲染）复选框实现二维图形实体化的操作步骤以及通过多边形的编辑命令制作一体模型，通过复制节省制作时间及简化操作步骤等。学习本例的目的是，要理解有些模型的建模其实是一种多个简单模型的组合体，要感悟那种自由地建模的思考方式。

■ 1.7.5　实例3：战斧模型的制作

下面通过战斧的制作，来拓展应用多边形建模的思路。本例介绍的是由一个主体点向外辐射的建模方法，这种方法可以说是从一个基点出发，拓展无限可能，无论是思路还是制作过程本身，都可为将来更灵活地使用多边形建模功能和学习游戏建模规则打好坚实的基础。图1-152所示为本例要制作的战斧模型。

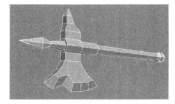

图1-152

1. 第1步：制作斧子头部

斧子头部结构较为复杂，需要使用的功能也较多，需要对照图来认真领会。

在顶视图中创建一个长方体，参数设置为Length（长）40，Width（宽）100，Height（高）70。选择移动工具，按照制作宝剑实例中介绍的方法，把模型轴心向原点对齐，并在模型上单击鼠标右键，用右键功能菜单命令把长方体转换为可编辑多边形对象。按住Alt+鼠标中键拖动模型，在User视图中观察创建的模型，如图1-153所示。后面的操作基本也在User视图中完成。

> **注意**
> 在用户视图中操作不受视角的限制，操作会很方便，但是，也会使观察到的效果产生误差，所以要经常切换成透视视图来观察模型。

> **提示**
> 随着学习的不断深入，要做到3个灵活，即变换工具与多边形子对象的结合使用要灵活，对视图的操作要灵活，对建模功能的使用要灵活。

选中长方体模型的底面，使用多边形编辑命令中的Extrude（挤出）功能来挤出模型结构。在命令面板中单击Extrude按钮右侧的设置按钮，在随后的对话框中设置Extrusion Height（挤出高度）为40，单击OK按钮后，挤出效果如图1-154所示。

再次使用Extrude功能，设置挤出高度为80，单击OK按钮，效果如图1-155所示。

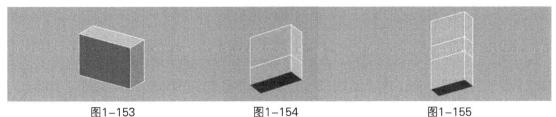

图1-153　　　　　　　　　　图1-154　　　　　　　　　　图1-155

第3次使用Extrude功能，设置Extrusion Height（挤出高度）为50，单击OK按钮，效果如图1-156所示。

激活前视图，进入顶点子对象级别，使用移动工具调整刚刚创建部分的顶点至如图1-157所示位置。

进入顶点子对象级别，框选斧刃部分两个边上的4个顶点，如图1-158所示。

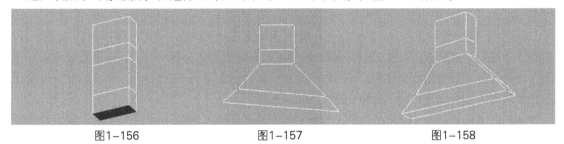

图1-156　　　　　　　　　　图1-157　　　　　　　　　　图1-158

单击命令面板的Weld（焊接）按钮右侧的设置按钮。在随后弹出的对话框中，单击Weld Threshold（焊接阀值）右侧的微调器按钮并向上拖动鼠标，同时观察视图，当这些顶点焊接到如图1-159所示的效果时，阀值设置完成，单击OK按钮。此时制作的部分为斧子的刃部。

由于斧子刃部弧度不够，需要在刃部结构上增加几个用作转折的段。进入边子对象级别，选择如图1-160所示的刃部的3条边。

单击Connect按钮右侧的设置按钮，在弹出的对话框中设置Segment值为5，这将在选择的边中产生5段连接线，如图1-161所示。

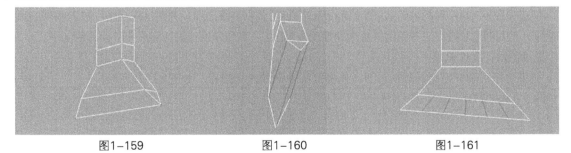

图1-159　　　　　　　　　　图1-160　　　　　　　　　　图1-161

激活前视图，进入顶点子对象级别，分别框选斧刃部的顶点（一定要框选，否则会漏掉背面的顶点，导致出现错误的效果），使用变换工具调整这些顶点。出于造型奇特的考虑，将顶点调整至如图1-162所示的位置。

使用同样的加段方法和调整顶点方法，制作完成后的斧子刃部如图1-163所示。

接下来制作斧头与斧柄交接的结构以及顶部的特殊结构。进入边子对象级别，框选如图1-164所示的4条边。

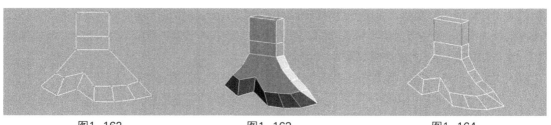

图1-162　　　　　　　　　图1-163　　　　　　　　　图1-164

单击Connect按钮增加一条连接线。进入点子对象级别，选择所有新增的边上的所有顶点，使用缩放工具单轴向缩放至如图1-165所示的程度。尽量使缩放后的效果接近于弧形，如图1-166所示。

选择斧子顶部的面，如图1-167所示。

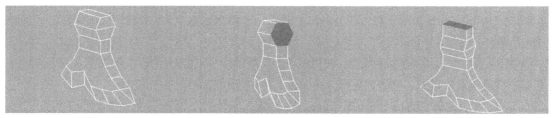

图1-165　　　　　　　　　图1-166　　　　　　　　　图1-167

进入多边形子对象级别，使用Extrude功能挤压出高度值为40的结构。进入点子对象级别，使用缩放与移动工具，调整顶点至如图1-168所示位置。再次进入多边形子对象级别，使用Extrude功能挤压出高度值为80的高度结构，效果如图1-169所示。

使用Edit Geometry（编辑多边形）卷展栏下的Collapse（塌陷）按钮或使用右键功能菜单的Collapse命令把高度为80的结构塌陷为一个点，如图1-170所示。

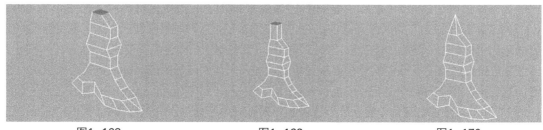

图1-168　　　　　　　　　图1-169　　　　　　　　　图1-170

框选如图1-171所示的4条边，单击Connect按钮后分别连接出段。激活用户视图，进入模型的顶点子级别，使用移动和缩放工具锁定单轴向调整顶点至图1-172所示的位置，完成斧子头部的制作。

2. 第2步：制作斧柄

在多边形子对象级别编辑状态下，选择斧头中部的六边形面，如图1-173所示。

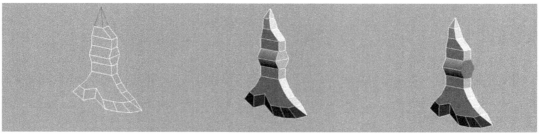

图1-171　　　　　　　　　图1-172　　　　　　　　　图1-173

选中的部分要制作成斧头与斧柄间的退层结构。单击Inset（插入）按钮，在视图中把鼠标指针移到选择的面上，向下拖动鼠标，手动控制模型的形状，生成的模型效果如图1-174所示。

单击Extrude按钮，对生成部分的六边形面进行挤压。单击Extrude按钮右侧的设置按钮，在弹出的对话框中设置Extrusion Height为120，单击OK按钮后，挤压效果如图1-175所示。

单击Bevel（倒角）按钮，手动调整退台结构，如图1-176所示。

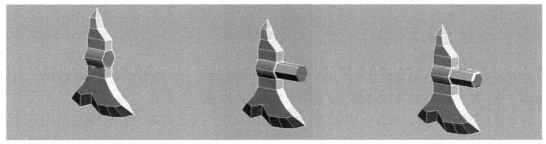

图1-174　　　　　　　　图1-175　　　　　　　　图1-176

继续使用挤压功能并手动控制斧柄的长度，结果如图1-177所示。接着继续结合倒角、挤压功能，配合移动、缩放工具，制作斧柄末端的装饰性结构，如图1-178所示，完成整个斧柄的制作。

3. 第3步：战斧前部枪头的制作

为了使战斧更加奇特和美观，在战斧的前端制作一个可以前刺的枪头，做法大体与斧柄类似。

在多边形子对象级别编辑状态下，选择斧头中部前面的六边形面，如图1-179所示。

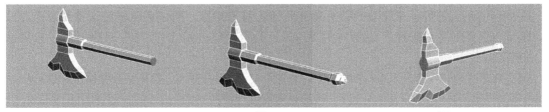

图1-177　　　　　　　　图1-178　　　　　　　　图1-179

选择的部分要制作成斧头与枪头部分的退层结构。还是选择Inset命令，在视图中拖动选择的面，手动控制生成的结构，效果如图1-180所示。

使用Extrude命令，对刚生成的六边形结构进行挤压。如果通过挤压形成的长度不够，可使用移动工具锁定平行方向的轴来移动。然后在枪头部使用缩放工具进行缩放，结果如图1-181所示。

再次进行挤压，并使用缩放工具沿垂直方向进行缩放，效果如图1-182所示。

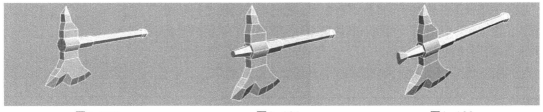

图1-180　　　　　　　　图1-181　　　　　　　　图1-182

再次挤压，达到合适的枪尖长度后，使用Collapse命令把挤压出的面塌陷，完成整个战斧的制作。激活透视视图可看到效果如图1-183所示。

4. 第4步：光滑组设置

战斧模型结构制作完成后，按F3和F4键，观察在模型网格和实体显示时的效果。观察到此时的模型过于棱角分明，尤其斧柄和斧子刃等效果不是很自然，如图1-184所示。所以接下来分别为它们进行光滑组设置。

展开Polygon Properties（多边形属性）卷展栏，在视图中选择符合其一类结构的面，分别为它们指定不同的光滑组。先框选如图1-185所示部分的前、后面。

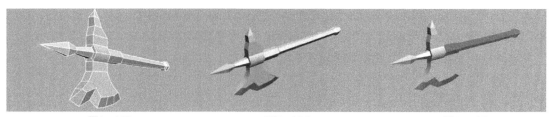

图1-183　　　　　　　　　　　图1-184　　　　　　　　　　　图1-185

在Polygon Properties卷展栏下的光滑组中，把它们设置为"1"号序列光滑组（如果序列组中有灰色按钮，单击以显示它们的序号），效果如图1-186所示。

再框选枪头部分的面，如图1-187所示，将其指定为"2"号光滑组，效果如图1-188所示。

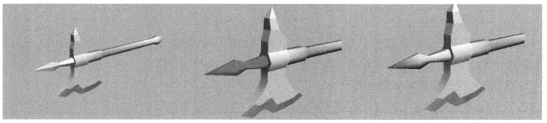

图1-186　　　　　　　　　　　图1-187　　　　　　　　　　　图1-188

在战斧的斧头部分，正侧面的转折角度已经达到了90度，所以需要单独设置光滑组。按住Ctrl键单击选择斧头的正面，如图1-189所示，为这个部分指定为"3"号光滑组，效果如图1-190所示。

再选择斧子刃部的面，如图1-191所示，指定为"4"号光滑组，得到效果如图1-192所示。

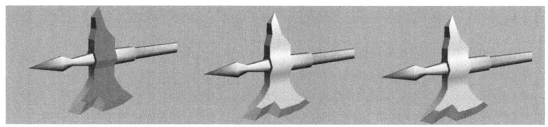

图1-189　　　　　　　　　　　图1-190　　　　　　　　　　　图1-191

接下来把视图中的模型背面转到前面来，把背面的相同结构分别设置为"5"号和"6"号光滑组，效果如图1-193所示。接着再把表现斧头厚度部分的面分别指定为"7"号与"8"号光滑组，效果如图1-194、图1-195所示。这样就完成整个斧头的光滑组设置了。

图1-192

注意

在后期贴图的显示中，光滑组设置是得到自然的过渡效果所必需的步骤。

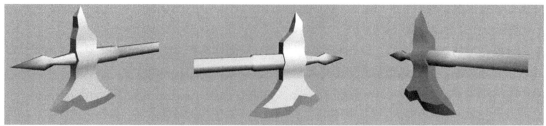

图1-193　　　　　　　　　　　图1-194　　　　　　　　　　　图1-195

第2章 游戏建模基础

通过上一章的学习，读者掌握了基本的3ds Max操作、游戏建模入门部分的知识，也掌握了一般建模的方法。这些知识都是入门阶段必须掌握的。

对于3D游戏美术的制作，从其流程看，是由建模、贴图、骨骼动画和特效等多个部分组成的。按照游戏公司的要求，3D游戏设计师这个职业还可分为3D游戏场景设计师、3D角色设计师、游戏动作设计师和游戏特效设计师等。有些游戏公司还将职业从制作风格上分类，分为卡通类风格、写实类风格和魔幻类风格等。分类的目的为了使游戏制作的目的定位更加准确。有了分类必然有具体的规则和要求需要遵守，只有符合要求和规则的设计与制作才可以在游戏中被使用。

2.1 游戏建模规则

2.1.1 游戏引擎

在游戏建模中，要想了解游戏模型的建模规则就需要了解承载游戏所有元素的载体——游戏引擎。什么是游戏引擎呢？

游戏引擎这个概念是随着技术的进步而不断变化着的，就目前而言，可以把游戏引擎比作赛车的引擎。大家知道，引擎是赛车的心脏，决定着赛车的性能和稳定性。赛车的速度、操纵感这些直接与车手相关的指标都是建立在引擎的基础上的。游戏引擎也是如此，玩家所体验到的剧情、关卡、美工、音乐、操作等都是由游戏的引擎直接控制的，它扮演着中央枢纽平台的角色，把游戏中的所有元素捆绑在一起，在后台指挥它们同步、有序地工作。简单地说，游戏引擎就是"用于控制所有游戏功能的主程序，从计算碰撞、物理系统和物体的相对位置，到接受玩家的输入以及按照正确的音量输出声音等等的游戏技术平台。"

在游戏3D美术效果的实现中，游戏引擎对模型等游戏美术元素的计算是靠对模型顶点数的计算、对线和面等数量的计算、对模型表面纹理的计算以及对顶点运动信息的计算等诸多针对模型信息的计算来实现的。模型所承载的信息量越多，占用资源和计算时间就越多，这就对游戏模型提出了一个要求，即模型的顶点数不能太多，对模型的计算时间不能太长，否则，游戏的效果就会受到极大的影响。

基于此要求，现在的3D即时游戏对于模型面数的大致要求是，既能实现引擎的最大优势表现，又能把美术效果发挥到极致。引擎计算能力和美术效果极致是一对矛盾统一体，美术设计师的功力就将体现在这些方面。

- 矛盾点：为了引擎的计算速度考虑而把美术效果削弱，则游戏的外衣——美术效果就会变差；如果只想到美术效果好而使用大量的面来刻画细节，则会导致引擎计算迟缓甚至崩溃。
- 统一点：对于游戏开发而言，对美术效果的精致度要求是在不断提高的，把握的准则依然是引擎计算能力和美术效果极致间的平衡。一般对于游戏模型的要求是尽量在不影响游戏引擎的计算速度的情况下，提高美术效果的表现力。怎样算是不影响游戏引擎的计算速度？一般技术人员会作多次测试，最终找到一个平衡点，以后制作时就严格按照这个标准进行3D美术模型的创作就可以了。

在3D游戏美术制作的初期，游戏引擎的计算能力很脆弱。那时，对于3D角色模型的要求甚至是仅仅一个正方形贴上图片就算是一个模型了，可以说允许使用的面数是非常的少。随着游戏引擎的发展，对于同一环境实现的3D角色模型的支持面数逐步提高，可以支持200 ~ 1000、1000 ~ 2000、2000 ~ 5000、5000 ~ 20000个面数，对3D场景模型则支持高达50000 ~ 200000个面数。

游戏引擎发展到今天，不同的游戏引擎下开发的游戏对面数的支持还处于混合期。目前市场上大多流行的游戏对角色模型的面数要求有1000左右的、2000左右的，而最近使用法线烘培技术的次世代游戏模型则支持到5000 ~ 20000个面。引擎可支持的面数越多，游戏的美术效果就表现得越逼真和漂亮。

2.1.2　游戏模型布线五规则

对游戏面数的要求直接导致了一个结果，即布线规则的制定。3D游戏美术开发设计师在制作模型时，不再单纯考虑如何把模型做得更细致，而是在要求的面数范围内把美术效果尽可能地做得足够好，有些无法表现的细节留待贴图绘制时完成，这就是布线规则的体现。

图2-1（a）、（b）、（c）中所示的模型表现精细，但是由于面数过多而不符合游戏开发中引擎的需要；而图2-1（d）所示模型则简单得多，面数较少，符合游戏开发中引擎的需要。

以下布线规则的图示部分请参见图2-1。

1. 规则一，游戏模型的线段设置尽量在模型关键的转折处，尽量保持结构的完整。

图2-1（a）所示为由多个面组成的高精度模型，这种模型一般是影视及动画制作中常用的模型，特点是面数多，效果精致，细腻逼真。但是，如果把它拿到游戏引擎中，一个简单的道具就需要如此多的面数，若将角色及场景模型添加进来，则游戏引擎肯定将不堪重负，所以在制作游戏模型时，会采用截取代表性的结构来精简面数的方法。如图2-1（d）就是把很多表现细节的面省略掉、将线段设置在模型关键的转折处后的效果。这样做不仅大大降低了模型面数，而且能够保持道具的结构特征，使结构保持完整。

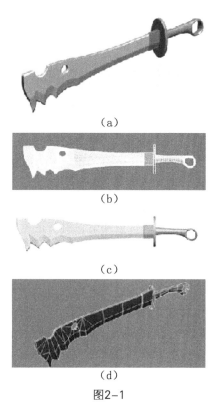

（a）

（b）

（c）

（d）

图2-1

2. 规则二，在为将来要调制动画的模型布线时，凡可能会弯曲的结构处应设置合适的段数。

此规则一般是在制作角色等带有动画信息的模型时需要考虑的规则。比如，制作人物的模型时，人物会运动的结构部分是各个关节所在的部分，也是将来要制作动画时会产生结构变化部分，需要有段来支撑。否则，一旦在制作骨骼动画时模型不能够弯曲，而前期工作又做了很多的情况下，再进行修改就会非常麻烦。所以，在制作角色类动画模型之初就应该在可能弯曲的结构处设置合适的段数。

此规则在后面的角色模型制作中会有体现。

3. 规则三，制作的模型线段的布局要协调匀称、美观大方，随结构摆放，切勿胡乱交叉。

在制作游戏模型时，若模型线段的布局协调匀称、美观大方，随结构摆放，会比较容易表现模型的结构，在制作动画时变形也会协调一致。这样有助于深入建模，为后期贴图绘制及贴图坐标的展开提供方便，同时也是设计师审美水准的体现。胡乱交叉的模型将会使整个工作变得无序和不可操作，表现上也会产生很多问题，最后在游戏引擎中影响到美术效果的表现。如图2-2（a）所示为均匀有序的结构布线，而图2-2（b）则为无序且混乱的结构布线。

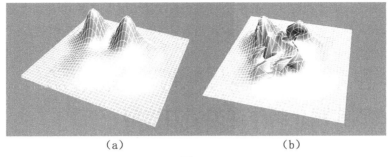

（a）　　　　　　　　　　　　（b）

图2-2

4. 规则四，制作的模型在同一个多边形内部不要产生大于180度的夹角。如果这条线必须这样摆放，则需要用一条实线把这个超过180度的角分开，使夹角小于180度，否则模型的线段容易产生错乱。保持线条匀称的方法是同一个多边形内部的夹角尽量接近90度。

一般在建模时，多边形的线会根据模型结构产生变化，模型的立体感随即受到影响。正确科学地安排线的摆放，会使模型更加合理，而过于极端的线的布局会影响模型的立体效果，产生类似于拉扯的难看效果。所以，在建模时，线的摆放一定要按照均匀的原则，这样就需要对过大的夹角进行拆解，方法是通过Connect（连接）命令把对角上的顶点连接到过大夹角所在的顶点上，将超过180度的夹角拆分成2份，从而使模型表现出的立体感更强，线的布局更疏缓柔和，如图2-3所示。

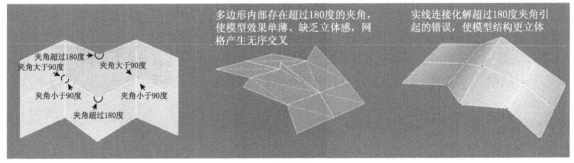

图2-3

5. 规则五，制作模型最终效果时，为了避免发生错误现象，模型的线框结构都要整理成四边形或三角形结构。

在游戏建模时，初学者往往会犯一个错误，就是在模型的表面会使用大量的、超过四条边的多边形，这就会导致一个问题，即模型的线条结构非常无序、紊乱，甚至会影响结构的形状。为了避免出现这样的问题，要求在制作模型时，完成的结构部分都要以四边形或三角形的线框结构表现。多边形应用不当的对比效果如图2-4所示。

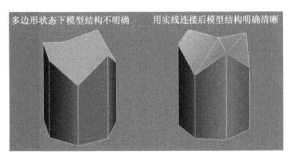

图2-4

游戏建模的五条规则在建模中需要综合运用。在3D游戏建模中，只要掌握了这五条规则，基本上就懂得该怎样建造游戏模型了。游戏美术制作中其余的部分，比如道具、场景和角色建模无非就是这些规则反复运用的过程。也许有人会说，我知道这五条规则了，可还是不会做模型。这里要说的是，不会做道具、不会做场景、不会做角色，因为那是另一个领域的知识在游戏建模中的体现。对于游戏模型制作者，首先需要对3ds Max的各种功能应用要熟练，其次要有一定的审美和美术表现能力，有了这些基础，再配合游戏建模布线规则，才可以制作出既美观又符合游戏建模规则的游戏模型。

会熟练使用3ds Max功能和有一定的审美和美术表现能力的人来做3D游戏模型未必行得通，熟练使用3ds Max功能和有一定的审美和美术表现能力且掌握了游戏建模规则的人做3D游戏模型则一定行！

对于3D游戏建模规则的应用可通过以下几节道具模型范例的制作来领会。

2.2 建模规则实践：制作逆刃齿刀模型

在进行模型创建时，先要观察模型效果图的结构，屡清思路再进行制作。从图2-5中的这把刀来看，其刃部是由多个齿状结构构成的，刀背处还有凹陷的结构，刀刃内部还有一个圆形孔。此外，还有护手盘和刀把，刀把上也有孔状结构。制作这把刀从刀刃部入手比较容易，基本属于一条线流程的制作结构，即顺序为先做刀刃再做护手，然后做刀把，也可以理解为是"线性建模方法"。

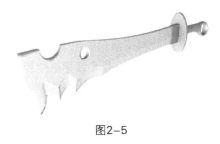

图2-5

> **注意**
>
> 图2-5中的这个模型是由较多的面做成的，不符合游戏引擎的需要，在制作游戏用的模型时，需要运用游戏模型规则把它转换为符合游戏模型制作规则的模型。

1. 第1步：绘制平面图

图2-5是一个效果图，在制作之前需要了解它的结构，并把它的正侧图在电脑中画出来。如果读者没有这样的绘制能力，可以先把这里提供的平面图（见图2-6）扫描到计算机后再使用。

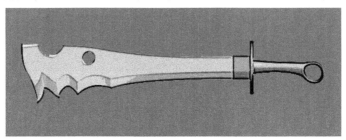

图2-6

> **注意**
>
> 在绘制平面图时，背景色要暗一点，以便于与模型的线框区别，然后放到3ds Max中，根据刀的结构放置相应的段，以便理解布线的规则。

一般在游戏开发中，在对角色和场景等进行制作时，会有原画人员把制作意图以正视图和侧视图的方式绘制出来，以便于3D设计制作人员准确把握比例和特征，也有按照立体效果图来直接制作的，但是这样对3D设计制作人员的美术基本功要求就会很高。这把刀只是一个道具，相应要简单一些，对于它的侧面造型直接使用这幅平面图即可，对于正面的部分可以参照效果图来制作。做好了这些准备工作，就可以进入下一步的制作了。

2. 第2步：在软件视域中调入图片

激活左视图，选择Views→Viewport Background（视域背景）菜单命令或直接按快捷键

Alt+B，会弹出如图2-7所示的Viewport Background（视域背景）对话框。通过在此对话框中的设置，可以把图片显示到3ds Max的视图中来。

具体操作如下。

01 单击Background Source（背景源）选项组的Files（文件）按钮，弹出Select Background Image（选择背景图片）对话框，在相应盘符找到要调入的平面图片文件，单击"打开"按钮后，图片名称会显示在Background Source选项组的下面，单击Viewport Background对话框的OK按钮，观察视图的变化，可看到图片被载入进来了。

02 载入的图片有明显的变形，所以需要在Viewport Background（视域背景）对话框对的Aspect Ratio（纵横比）选项组进行设置。

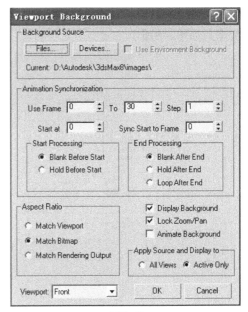

图2-7

在Aspect Ratio选项组有3个选项，分别为如下所示。

● Match Viewport（匹配视域）：改变背景图像的长宽比例以符合当前视图的长宽比例。

● Match Bitmap（匹配位图）：不改变背景图像的长宽比例。

● Match Rendering Output（匹配渲染输出）：改变背景图像的长宽比例以符合当前渲染设置的导出图像比例。

如果选择Match Viewport或Match Rendering Output单选按钮，则视图背景图像会被约束在视图区域内。由于图像不一定会与视图比例一致，所以选择这两个选项时，调入的图像会为了和视图区域匹配而产生变形。

在把背景图调入软件并按照背景图建模时，要选择Match Bitmap选项，这样调入的图像会保持原来的比例，不会有任何变形。

Aspect Ratio选项组的右侧还有3个选项，分别如下所示。

● Display Background（显示背景）：在当前视图中显示背景图像。

● Lock Zoom/Pan（锁定缩放/平移）：激活此复选框，可以对各种视图进行背景图像的锁定，这样在对视图进行缩放或平移操作时，会使背景图像跟着一起缩放或平移。

● Animate Background（动画背景）：在视域中显示动画背景文件。

注意

如果对图片的放大操作超出计算机承受能力，会需要大量的显示内存来帮助。此时系统会弹出警告提示，因为默认状态下，没有设置软件加速功能。这时可以选择Customize（自定义）→Preferences（首选项）菜单命令，将弹出一个对话框，选择对话框的Viewports（视域）选项卡，单击Choose driver（选择驱动）按钮，在弹出的对话框中选择DirectX 9.0项，然后单击OK按钮，此操作是将默认的软件模拟改为用户所使用的计算机的DirectX 9.0显卡加速功能。之后，计算图片对空间的要求就由显卡的内存所提供，不会再弹出警告。

了解了这些知识点后，在调入背景图像后直接激活Match Bitmap（匹配位图）单选按钮，以不改变背景图像的长宽比例来显示图像，再激活Display Background（显示背景）复选框，使当前视图的背景图像显示出来，然后激活Lock Zoom/Pan（锁定缩放/平移）复选框，保持各种视图下背景图像均锁定，以便在对视图进行缩放或平移时，会使背景图跟着一起缩放或平移。这样，准备工作完毕，如图2-8所示。

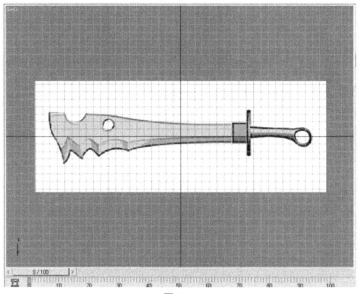

图2-8

注意

在左视图中调入背景图后，背景图只在左视图显示，如果要在其他视图也加入背景图来参考，可用相同的方法分别加入。注意，在透视视图上加入的背景图片，只能以平面显示在视图中。

另：还有一种打开图片的方法，这种方法一般用于直接按照效果图来制作时调入参考图。具体操作是，选择Files→View Image File（查看图像文件）菜单命令，在弹出的对话框中选择要打开的图片文件，单击打开按钮即可。打开的图像以单独的窗口显示，可以用鼠标拖动该窗口的标题栏来调整其在软件界面中的位置。

3. 第3步：制作刀刃

具体操作：

01 在左视图创建一个长方体，参数为Length：40，Width：240，Height：5。此时设置的参数只是进行大致的比例控制，在实际制作中需要手动再次确定。把长方体转换为可编辑的多边形模型，如图2-9所示。

进入Edges（边）子对象级别的编辑状态，选择如图2-10所示的4条边。使用Connect（连接）命令在模型中间的位置添加一条线段，如图2-11所示。

图2-9

图2-10

图2-11

02 进入顶点子对象级别，按照背景图把相应的顶点调整到如图2-12所示的位置上。进入线子对象级别编辑状态，选择如图2-13所示的6条线，使用Connect命令在模型的中间位置添加若干个段。进入顶点子对象级别，把新增段上的顶点调整到如图2-14所示的位置上，与背景图对齐。

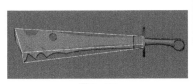
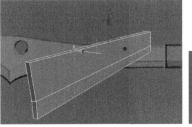
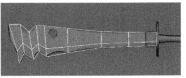

图2-12   图2-13   图2-14

03 摆放好之后，对于一些不适合大范围加段来处理的结构，应该单独选择，分别处理。进入线子对象级别编辑状态，选择如图2-15所示的两条线，用Connect命令在这两条线之间增加2个段，再进入顶点子对象级别进行调整，调整结果如图2-16所示。依次对如图2-17～图2-19所示部分的结构加段并调整，与背景图对齐。这部分操作体现了游戏建模规则一中的要求。

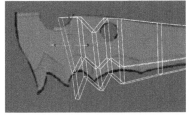
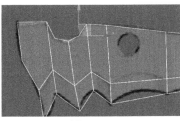

图2-15   图2-16   图2-17

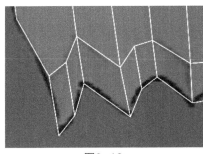
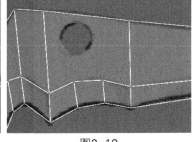

图2-18   图2-19

04 增加了这些段后，模型上出现了多个超过四条边的多边形面，按照规则五的要求，要把它们都变成四边形或三角形的网格结构。如何使它们变成四边形或三角形的网格结构呢？这就要按照规则三和规则四的要求，尽量使模型线段的布局协调匀称、美观大方，随结构摆放。制作的模型在同一个多边形内不要产生大于180度的夹角，如果某条线必须这样摆放，则需要用一条实线把这个超过规定范围的角分开，使其夹角小于180度；同一个多边形内部的夹角尽量接近90度。根据这些原则，增加或移除一些不协调的线段。

进入线子对象级别编辑状态下，选择如图2-20所示的需要移除的线，单击Edit Edges（编辑线）卷展栏下的Remove（移除）按钮或右键功能菜单的Remove命令，把这两对（模型背面还有对应的两条线）线移除，得到如图2-21所示的效果。

05 这一步是要连接产生的多边形结构，使之变成四边形或三角形结构。按照布线规则的要求，首先要把超过180度的夹角通过实线连接的方法去除。在去除过程中，应遵循布线均匀协调的原则，使同一个多边形内部的夹角尽量接近90度。

进入顶点子对象级别，选择要进行连接的顶点，如图2-22所示。单击Edit Vertices（编辑点）卷展栏下的Connect按钮或右键功能菜单的Connect命令，把这两对（模型背面还有对应的两个点）顶点连接起来，得到效果如图2-23所示。

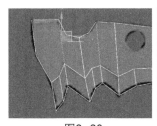
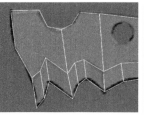
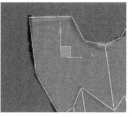
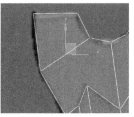

| 图2-20 | 图2-21 | 图2-22 | 图2-23 |

06 按同样的方法，依次把其他部分也连接起来，如图2-24所示。把产生的多边形结构通过连接功能变成四边形或三角形结构。

在制作过程中有些结构需要精简，例如图2-25中（1）和（2）指示的顶点。使用顶点的Target Weld（目标焊接）功能可对模型个别结构做精简操作，方法是，单击选择顶点（1），激活Target Weld按钮，将鼠标指针移到顶点（1）处，拖动鼠标到顶点（3）的位置处松开，则顶点（1）以顶点（3）为目标进行了目标焊接，这样网格线的布局就显得更加精简了。用同样的方法，把顶点（2）焊接到顶点（4）处。然后再将模型的背面转过来，把背面对应的顶点也依次用目标焊接的方法焊接起来，结果如图2-26所示。

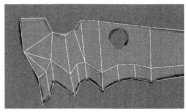
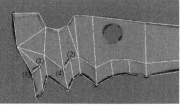
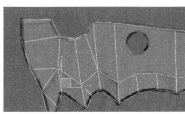

| 图2-24 | 图2-25 | 图2-26 |

注意

在平面视图中，由于模型背面垂直位置上也有顶点，所以使用目标焊接功能时，往往不产生效果，因此要转到用户视图或透视视图中操作比较方便。

07 完成了以上这些操作，看到刀身有孔的位置下面还有两条线没有连接，而且保留有多边形的部分，这是由于刀身上的孔还没有做完，等做完了孔，就可以进行四边形和三角形的整理了。

进入模型的多边形子对象级别编辑状态，选择要制作刀孔部分的刀刃两侧的多边形，如图2-27所示。使用Inset（插入）功能并拖动鼠标，在不增加高度的基础上增加多边形，如图2-28所示（在使用Inset命令增加多边形时，注意不要使模型网格产生交叉）。在左视图激活状态下，进入顶点子对象级别编辑状态，对照背景图调整新生成的多边形两侧的顶点，如图2-29所示。

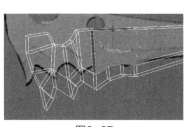

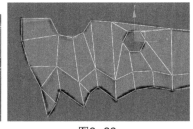

| 图2-27 | 图2-28 | 图2-29 |

注意

一定要同时框选两侧的顶点进行移动调整，否则不易对称。

08 进入多边形子对象级别编辑状态下，在保持两侧的六边形被选择的状态下，单击Bridge（桥接）按钮，完成打孔的操作，如图2-30所示。由于是制作游戏模型，为了精简面数，以六边形象征性地表现圆形即可。完成打孔工作之后，看到刚完成部分的多边形有几处的夹角超过了180度，所以需要用顶点子对象级别与顶点的连接功能解决，得到的效果如图2-31所示。

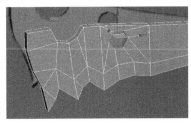
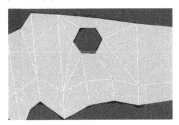

图2-30　　　　　　　　　　　　　　　　图2-31

09 整个刀身的外形已经确定，还有刀刃没有完成。这里介绍两种制作刀刃的方法。

第1种方法：进入顶点子对象级别的编辑状态，把刀刃部分的所有顶点框选起来，如图2-32所示。单击Weld（焊接）按钮右侧的设置按钮，通过调整Weld Threshold（焊接阀值）的参数值来整体焊接这些顶点，生成这把刀的刀刃，如图2-33所示。

第2种方法：进入顶点子对象级别的编辑状态，分别框选每组对应位置的顶点，使用Edit Geometry（编辑几何体）卷展栏下的Collapse（塌陷）按钮，依次对各组顶点进行塌陷，也可得到如图2-33所示的效果。

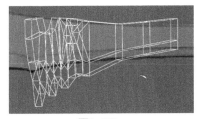
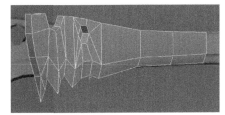

图2-32　　　　　　　　　　　　　　图2-33

刀刃部分制作完成。

4. 第4步：制作护手盘

制作护手盘相对要简单很多。首先观察护手盘的组成，它是由包边和护手盘面构成的。进入多边形子对象级别编辑状态下，框选刀刃的尾部，如图2-34所示。

01 单击Edit Polygons（编辑多边形）卷展栏下的Extrude（挤出）按钮右侧的设置按钮，在弹出对话框的Extrusion Type（挤出类型）选项组中选择Local Normal（自身法线），一边调整Extrusion Height（挤出高度）的值，一边观察视图中的效果，得到合适的高度后单击OK按钮，完成效果如图2-35所示。

02 接下来制作护手盘。由于是为3D游戏制作低面数的多边形模型，所以这个椭圆形护手盘的面数也不能太高，这里使用柱体来制作，调整完成后如图2-36所示。完成护手盘的制作。

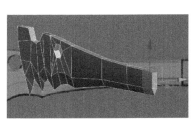
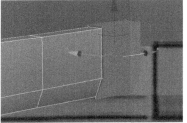
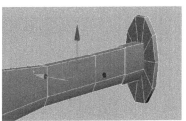

图2-34　　　　　　　　　　图2-35　　　　　　　　　　图2-36

第2章 游戏建模基础

5. 第5步：制作刀把

刀把的制作边数可用六边形，主要难度在于刀把后面的孔的制作，但是前面已经制作过刀刃的孔洞结构，自然制作刀把的孔也就不算难了。

01 使用六棱柱制作刀把的基本结构，并使用缩放工具进行单轴缩放，如图2-37所示。使六棱柱转化为可编辑多边形，沿长度方向增加3段，通过使用变换工具，对照背景图将顶点调整到如图2-38所示的位置。

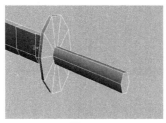

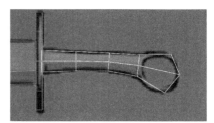

图2-37　　　　　　　　　　　　图2-38

02 连接末端的顶点，得到如图2-39所示的结构。在如图2-40所示的线的位置分别增加适当的段，并调整顶点至如图2-41所示的位置，使刀把的末端更加圆滑一些。

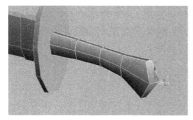
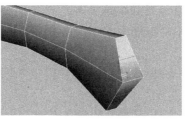
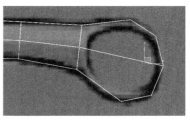

图2-39　　　　　　　　图2-40　　　　　　　　图2-41

03 进入多边形子对象级别编辑状态，选择要制作打孔部分的刀把末端两侧的多边形，如图2-42所示。使用Inset（插入）命令，拖动其中一个多边形，在不增加高度的基础上增加多边形，如图2-43所示。

在左视图激活状态下，进入顶点子对象级别编辑状态，参照背景图调整新生成的多边形两侧的顶点，如图2-44所示。

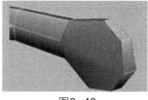

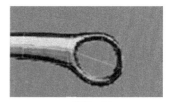

图2-42　　　　　　　　图2-43　　　　　　　　图2-44

调整时一定要同时框选两侧的顶点进行移动调整，否则不易对称。

04 进入多边形子对象级别编辑状态下，在保持两侧的多边形被选择的状态下，单击Polygon Bridge（桥接）按钮，完成打孔的操作，如图2-45所示。完成逆刃宝刀的制作，效果如图2-46所示。

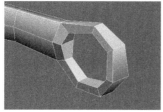

图2-45　　　　　　　　　　　　图2-46

6. 第6步：模型合并与整理

所有模型部件制作完成，最后一步就是对模型的整理了。对模型的整理分为3步来完成。

01 根据对游戏模型的要求，把模型整理为一个整体。整理模型需要使用Attach（附加）功能，把刀刃、护手盘、刀把等组件合并到一起，成为一个整体模型。

02 删除不在视图中显示的面以节省面数。对于本例，刀刃末端和刀把前端的多边形在护手盘的内部，不在视图中显示，所以保留没有意义，应该删除。进入多边形的多边形子对象级别，选择要删除的多边形面，按键盘的Delete键删除即可。

03 去掉背景图的连接关系。由于3ds Max在调用图片后，会一直保留这个图片的路径连接，当这张图片的位置改变或模型建造的环境发生变化，找不到这张图片文件时、就会报错。为了在游戏程序调用时不出现这种错误，需要打断模型与参照背景图之间的连接。具体操作是，在每个显示背景图片的视图上，分别打开调用背景图的命令，在背景图命令对话框的Background Source（背景源）选项组的Devices（设备）按钮上单击，会弹出"Select Image Input Device（选择图像输出设备）"对话框，单击OK按钮，即可打断图像的连接。这样，以后打开文件时就不会再报错了。第3步的整理过程对于没有调用背景图的模型可以省略不做。模型完成后，需要将模型保存起来，以备后面章节的练习之用。

综上所述，建模过程要注意把游戏建模规则灵活运用起来。先从整体框架入手，再逐步完成细节的制作，把每个段放在关键的结构转折点处。要灵活掌握各子对象级别的相关功能，要知道低多边形游戏模型就是高精度高面数模型的高度概括的模型，这个度要根据游戏引擎的承受能力来决定。

2.3 游戏建模思路

在制作游戏模型时，初学者由于经验不足，面对复杂模型时，往往会感觉力不从心、无从下手，所以在制作中养成好的建模思路是非常重要的。

所谓建模思路，并不是多么高深的问题。建模时努力从对象本身的结构特征去观察与刻画，就可以形成很好的建模思路。建模时忌讳生搬硬套，把制作流程固化，缺乏变通。

建模时，可以先创建模型的主体结构，再根据这个模型的其他结构的变化，因势利导地去建模。在建模时生成多边形的方法有，选择一部分多边形面，使用Extrude（挤出）、Bevel（倒角）、Inset（插入）命令生成；从模型自身复制多边形生成；创建新的多边形并通过Attach（附加）命令附加到模型内部；在边子对象级别通过增加段数并进行调整来改变其结构等。将这些方法归纳起来，模型的生成过程可以形象地称之为：单线流程建模法、分支结构建模法等，不过在实际建模当中，往往需要多种建模方法结合使用。比如，制作模型的某一阶段会体现出单线流程建模方法，而另外一阶段则体现为分支结构建模法等等，整个建模过程灵活多变。这些方法要灵活运用，才可以在建模时轻松自如。

2.4 建模思路实践：狙击步枪模型

如果逆刃齿刀的流程体现为单线流程建模法的话，下面的实例将会是发散分支结构建模法的体现了。接下来通过狙击枪的建模过程来理解分支结构建模法的思路。图2-47所示为狙击枪的原画图。

初期的准备工作与逆刃齿刀的第1步和第2步相

图2-47

同，不再赘述。

当拿到这样的原画图并准备制作时，先要观察造型的结构，找设计思路。这把狙击步枪的结构由枪身、枪托、弹夹、枪把、扳机、枪管、瞄准镜、准星等结构构成。通过观察看出，这样的模型结构是无法用单一的单线建模流程法来完成的，所以自然要使用分支结构建模法来完成。确定采用分支结构建模法后，还要找到这个模型的重心结构或主体结构。这把狙击步枪的主体部分就是枪身，因为其他部分的结构都与枪身的结构相连，从枪身到其他任何组件的距离都最近。

1. 第1步：制作枪身

具体操作：

01 在左视图中调入狙击步枪背景图片。创建一个长方体，使其长、宽、高的参数值分别为25，245，15；设置Length Segs（长度段数）为3，Width Segs（宽度段数）为5，Height Segs（高度段数）为1。将模型转化为可编辑多边形，如图2-48所示。

进入顶点子对象级别，选中模型中间的两行顶点，如图2-49所示，使用缩放工具调整到背景图片相应结构的位置，如图2-50所示。

图2-48   图2-49   图2-50

02 仍然选择中间这两行顶点，转到透视视图上，在立体观察效果下使用Scale工具锁定横轴调整模型，使枪身产生圆滑过渡的感觉，如图2-51所示。激活左视图，进入顶点子对象级别，调整模型顶点到与背景图的关键转折处相符的位置，如图2-52所示，完成枪身的基本结构。

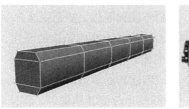 

图2-51   图2-52

制作枪身时要注意，通过平面的原画图只能看到侧面的造型，枪体的厚度需要通过制作者对实物的理解，依靠自己的想象来完成。

2. 第2步：制作枪托

进入模型的多边形子对象级别，在透视视图中，选择枪身与枪托交接的面，如图2-53所示。使用Extrude命令创建枪托的原始结构，进入顶点子对象级别，调整顶点到如图2-54所示的位置。

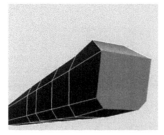 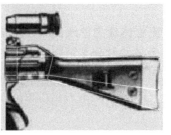

图2-53   图2-54

01 进入线子对象级别，框选如图2-55所示的两侧的线，使用Connect命令增加两个段，并调整至如图2-56所示的位置。此时的立体效果如图2-57所示。枪托部分的基本结构完成。

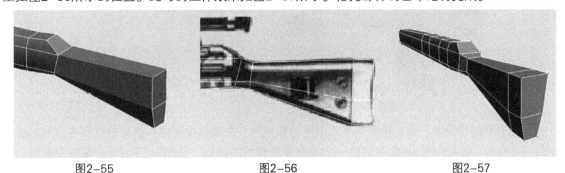

图2-55　　　　　　　　　　图2-56　　　　　　　　　　图2-57

02 制作枪托时要注意，通过原画的平面图只能看到侧面的造型，枪托的实物造型一般是末端的部分较厚，与枪身的连接处稍细一些，这样来表现模型，模型才会显得更富有变化和美感，符合人对实物的感知和理解。

3. 第3步：制作弹夹与枪把

观察弹夹和枪把部分的结构，可以看出它们是从枪身上的枪膛部分延伸出来的，所以在制作弹夹之前需要制作枪膛部分的结构。

01 进入模型的多边形子对象级别，在透视视图中，选择弹夹与枪把所处的枪膛位置的面，如图2-58所示；使用Extrude命令使之产生高度，如图2-59所示；进入顶点子对象级别，对照背景图调整顶点到如图2-60所示的位置。

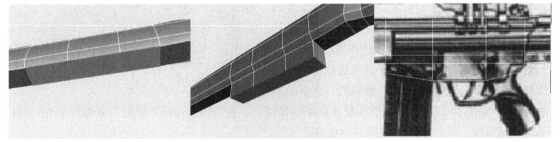

图2-58　　　　　　　　　　图2-59　　　　　　　　　　图2-60

02 进入模型的多边形子对象级别，在透视视图中，选择弹夹所在位置的面，如图2-61所示；使用Inset命令向内收缩一个层次，如图2-62所示，以表现弹夹与枪身之间的层次结构，同时也表现弹夹插槽的厚度；再次使用Extrude命令创建出高度接近弹夹的结构，如图2-63所示。

图2-61　　　　　　　　　　图2-62　　　　　　　　　　图2-63

03 激活左视图，进入顶点子对象级别，对照背景图调整顶点，如图2-64所示；反复使用Extrude命令创建出高度，并通过Scale等工具对顶点进行调节，得到弹夹末端的效果如图2-65所示。弹夹部分的基本结构制作完成。

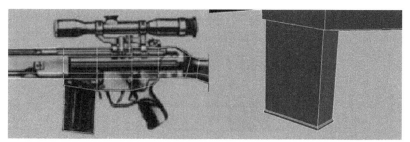

图2-64　　　　　　　　　　　　图2-65

04 接下来制作枪把。进入模型的多边形子对象级别，在透视视图中，选择枪把所在位置的面，如图2-66所示；使用Extrude命令创建一个高度接近枪把的结构，如图2-67所示；激活左视图，进入顶点子对象级别，对照背景图调整顶点，如图2-68所示。

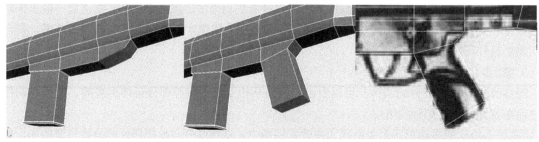

图2-66　　　　　　　　　　图2-67　　　　　　　　　　图2-68

在枪把的位置上添加一个段，并调整顶点，如图2-69所示。注意，加了段之后，先将顶点调整到转折处，再用Scale工具进行等比例缩放，然后进一步对顶点进行调整，使枪把的厚度结构有所变化。

图2-69　　　　　　图2-70

05 这时，看到枪把显得过于方正锐利，需要给它添加倒角效果。进入Edge子对象级别，选择枪把上的4条线，如图2-70所示。把鼠标放在其中一条线上，使用Chamfer（切角）命令对这4条边线进行手动切角操作，得到如图2-71所示的效果。

06 切角之后，切角部分产生了超过4条边的多边形，要对这部分模型进行整理，把如图2-72所示的正面和背面的4个顶点使用Target Weld（目标焊接）命令焊接到枪把根部的顶点上，如图2-73所示。

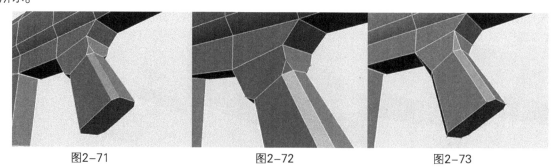

图2-71　　　　　　　　　　图2-72　　　　　　　　　　图2-73

07 观察到枪把的顶部有些方角，使用Extrude命令创建出高度，并使用缩放工具制作枪把底端的倒角效果，如图2-74所示。这时，底部的面是超过4条边的多边形，为了谨慎起见，需要把该多边形顶点在顶点子对象级别下用Connect命令连接起来，如图2-75所示。枪把的基本结构制作完成。

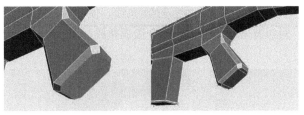

图2-74   图2-75

4. 第4步：制作扳机

扳机的结构在这里可以理解为是独立的元素，不必与枪身结构连接为一体。这样，可实现这种效果的方法就很多了，这里列举两种方法，以后在建模时就可以将这些方法灵活应用于其他模型的建模工作中。

（1）方法1：复制取材法

具体操作：

01 进入模型的多边形子对象级别，在透视视图中，选择扳机所在位置的面，如图2-76所示；按住Shift键，配合移动工具锁定垂直方向的坐标轴，移动并复制出一个面，在弹出对话框的选项中，选择Clone to Element（以元素方式克隆），单击OK按钮完成复制，如图2-77所示；使用Scale工具锁定横向坐标轴，缩小模型的宽度，如图2-78所示。

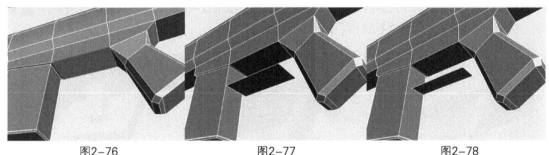

图2-76   图2-77   图2-78

02 为了让这个结构变得有厚度，选择复制生成的面，使用Extrude命令创建扳机的厚度，结构如图2-79所示。

03 把模型角度转过来，从侧上方向下观察，看到刚刚进行Extrude操作的对象上面有一个空洞，如图2-80所示。没有面，就要为这个结构补充面。进入多边形边界子对象级别，选择空洞的边缘，如图2-81所示。

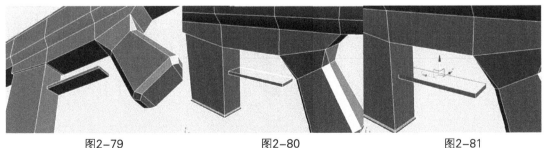

图2-79   图2-80   图2-81

使用Border边界子对象级别的Cap（封盖）功能，将这个开放的空洞补住，成为一个封闭的模型，如图2-82所示。

> **注意**
>
> 边界子对象级别的Cap命令就是用来缝补开放模型所使用的专用功能。

04 进入线子对象级别,选择如图2-83所示的4条线。使用线子对象级别的Connect命令创建两个段,然后激活左视图,对照背景图将创建的两个段调整成如图2-84所示的形状。这样,扳机的外部结构就做好了。

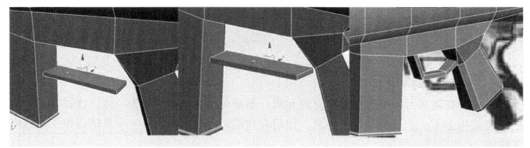

图2-82   图2-83   图2-84

05 接下来做扳机里面的部分,这一部分的制作相对比较简单。进入模型的多边形子级别,把视图转到透视视图,选择扳机所在位置的面,如图2-85所示。按住Shift键,配合移动工具锁定垂直方向的坐标轴,移动复制出一个面,在弹出的对话框中选择Clone to Element(以元素方式克隆),单击OK按钮完成复制,如图2-86所示;使用Scale工具锁定单向坐标轴,缩小模型的宽度,如图2-87所示;使用Extrude命令创建扳机结构,如图2-88。

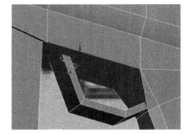

图2-85

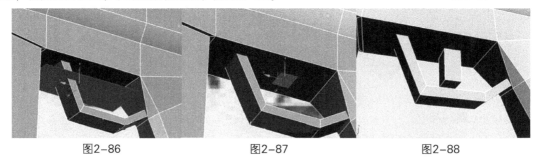

图2-86   图2-87   图2-88

06 激活左视图,在扳机结构上加段,并对照背景图调整顶点,使结构呈如图2-89所示的形状。扳机的基本结构制作完成。

07 接下来制作退弹夹用的按钮结构。进入元素子对象级别,选择扳机,如图2-90所示。按住Shift键,配合移动工具锁定单方向的坐标轴,移动复制这个元素,如图2-91所示。

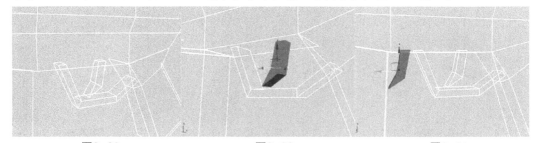

图2-89   图2-90   图2-91

08 进入顶点子对象级别,激活左视图,对照背景图调整顶点到如图2-92所示位置,完成退弹夹按钮结构的制作。

09 接下来制作扳机后面的结构。与制作退弹夹按钮相同,复制扳机元素并调整顶点,调整结果如图2-93所示。整个扳机结构制作完成。

图2-92　　　　　　　　　　　　　图2-93

　　复制取材法使用的是一种直接在模型上拾取某一部分进行复制再编辑的方法，这种方法简便易行，基本上不用进行太多的对齐和移动模型操作就可以完成。采用这种方法建模时给人一种就地取材的感觉，且原素材无穷无尽，编辑起来又快捷方便，所以或可以理解为就地取材法。

图2-94

　　（2）方法2：附加外部模型

　　附加外部模型法可以理解为将另外制作的模型使用Attach命令合并到模型内部的方法。这里使用样条线来制作另外的模型。

　　01 进入Create面板，选择样条线子类别。激活左视图，对照左视图中的背景图片，使用样条线绘制扳机部分的结构，如图2-94所示。

> **注意**
>
> 　　调整样条线的顶点时，把顶点属性都改为Corner（方角），这样，在将来转换成多边形时不会产生多余的多边形面。

　　02 对这组样条线组成的图形使用Extrude修改器（这个修改器要通过编辑面板中的修改器列表来选择，要区别于多边形子对象级别编辑状态下的Extrude命令）修改，调整其参数以得到适当的厚度，然后移至扳机所在的位置，如图2-95所示。

　　03 这时扳机还没有完成，需要进行整理。首先把新做的模型转换为可编辑的多边形；然后，把这些多边形内部超过180度的夹角通过Connect命令连接对角顶点，分成较小的夹角，如图2-96所示；最后，把个别表现宽度的边通过单轴向缩放进行调整，使扳机的宽度小于扳机外围的结构，使造型富于变化，如图2-97所示。

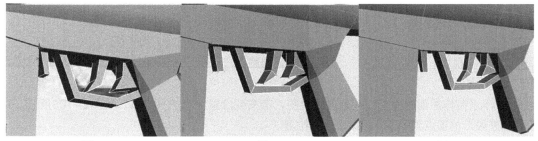

图2-95　　　　　　　　　图2-96　　　　　　　　　图2-97

　　04 独立的扳机模型完成之后，选择枪身的模型，使用Attach命令把扳机部分的模型合并一起，这样，就完成了整个扳机部分的制作。

　　通过以上两种方法的介绍，读者可以理解到在建模时实现模型方法的多样性。其实还有很多种实现模型的方法，制作时采用哪些方法更加符合模型的结构特点、更加简便易操作才是选择方法的关键。

5. 第5步：制作瞄准镜支架

制作瞄准镜时先观察一下瞄准镜的大概构造。这支狙击步枪的瞄准镜支架由支架和镜体构成，制作时需要从支架开始制作。

01 选择模型，进入顶点子对象级别，对照背景图调整主要结构的转折点，如图2-98所示。进入模型的多边形子对象级别，把视图转到透视视图，选择枪身顶部支架所在位置的面，如图2-99所示；使用Extrude命令创建支架的高度，结构如图2-100所示。

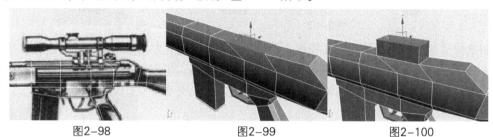

图2-98   图2-99   图2-100

02 激活左视图，在这个支架结构上对照背景图调整其顶点，使支架结构呈如图2-101所示的形状；选择支架上如图2-102所示的4条线，使用线的Connect命令增加一段线；进入顶点子对象级别，在左视图中将增加的线调整到如图2-103所示的位置，为挤压出支架前面的结构做准备。

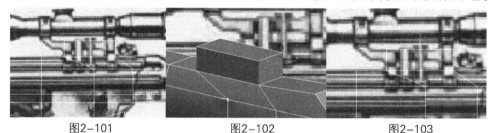

图2-101   图2-102   图2-103

03 现在观察，感觉支架的宽度过宽了，所以选择支架上面的双排顶点，在透视视图上使用Scale工具沿宽度方向单轴向缩放，结果如图2-104所示。在透视视图中选择如图2-105所示的面，连续使用3次Extrude命令创建出支架的结构，如图2-106所示。

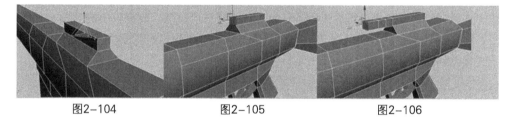

图2-104   图2-105   图2-106

04 激活左视图，在此视图中，对照背景图调整上一步产生出来的结构顶点，使结构呈如图2-107所示的形状。

05 接下来制作后面的支架，转到透视视图，在支架位置上增加一个段，如图2-108所示。对照背景图调整段上的顶点到如图2-109所示的位置。

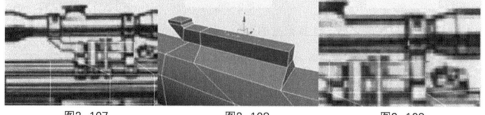

图2-107   图2-108   图2-109

06 进入模型的多边形子对象级别，把视图转到透视视图，选择支架所在位置的面，如图2-110所示。使用Extrude命令创建一个支架的高度结构，使其与前面的支架平齐，如图2-111所示。激活左视图，在支架结构上对照背景图调整顶点，使结构呈如图2-112所示的形状。

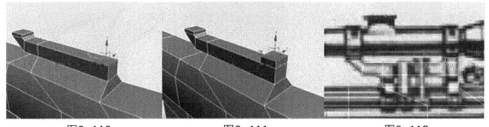

图2-110　　　　　　　　　　图2-111　　　　　　　　　　图2-112

07 同时选中支架的两个顶面，如图2-113所示。使用Extrude命令同时创建支架的高度结构，这两部分结构将用来制作瞄准镜部分的支撑点，如图2-114所示。激活左视图，在新产生的支架结构上对照背景图调整顶点，使支架结构如图2-115所示。

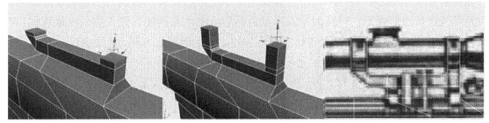

图2-113　　　　　　　　　　图2-114　　　　　　　　　　图2-115

08 接下来制作瞄准镜支撑点的形状。由于制作的是游戏模型，而模型对于形体一般是以概括的方式表现的。这里瞄准镜支撑点本来是一个圆形的构造，但是可以概括为六边形，具体细节留给后期绘制贴图部分时进行刻画。选择挤出结构的部分线，如图2-116所示。使用线子对象级别下的Connect命令各增加一段线，如图2-117所示。使用缩放工具锁定横向单轴缩放，把选择部分的形体调整成正六边形，如图2-118所示。如果形状不够正，可以反复调整，直至最终完成瞄准镜支架。

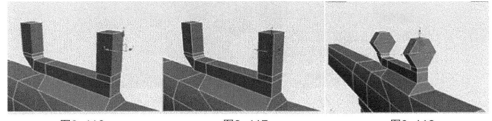

图2-116　　　　　　　　　　图2-117　　　　　　　　　　图2-118

6. 第6步：制作瞄准镜

制作瞄准镜时，可以使用复制取材法，由镜架的六边形复制出一个六边形，并调整其大小，然后使用Extrude命令挤出瞄准镜的长度结构，在添加段数后，通过缩放等操作完成瞄准镜部分的结构。但是，为了让读者可以学习到尽量多的方法，这里利用样条曲线可模型化的参数特性，使用附加外部模型的方法来制作。

01 激活左视图，根据背景图的长度在瞄准镜的中间位置创建一条等长的样条线，如图2-119所示（按住Shift键拖动鼠标可以在创建时约束样条线为直线，也可以通过直接单击来创建直线）。

选择样条线，进入修改面板，展开Rendering（渲染）卷展栏，单击Enable In Viewport（视域内可渲染）复选框，激活此项。在视图上观察，发现样条线变粗了。将鼠标指针挪到Radial（径向）选项组中的Thickness（厚度）微调器上，单击并拖动鼠标，调整样条线厚度至与瞄准镜的较细部分一致时为止，调整后的效果如图2-120所示。

把Side（边）的值由12改为6，样条线变成了六棱形的线，在透视视图观察效果如图2-121所示。

图2-119　　　　　　　　图2-120　　　　　　　　图2-121

可以看到瞄准镜和支架没有对齐，且角度不一致，所以需要先把瞄准镜的位置移动到支架上，再调整其角度，直到与支架的边相符合为止，如图2-122所示。

02 样条线自身不是实体模型，所以在游戏建模时，可以通过Enable In Viewport（视域内可渲染）中的这些功能使二维形状转化成三维实体显示出来。然后，使用转换为可编辑多边形的方法把样条线转换为可编辑多边形模型。转换为可编辑多边形后，激活左视图，进入线子对象级别，在这个模型上使用线的Connect命令在模型的关键转折处增加段，并用移动工具移动到如图2-123所示位置。

图2-122　　　　　　　　图2-123

03 进入顶点子对象级别，分别选择并对这些段使用Scale工具调整到如图2-124所示的位置。在调整过程中，如果有个别段数不够用，可适当添加。激活透视视图看到如图2-125所示的调整效果。

图2-124　　　　　　　　图2-125

04 使用线的Remove命令移除瞄准镜两侧镜口不需要的线，如图2-126所示。在透视视图上选择瞄准镜的一个面，如图2-127所示。进入多边形子对象级别，使用Inset命令向内创建较小的多边形，再使用Extrude命令创建凹陷效果，如图2-128所示。这样，这一侧的镜面就制作完成了。

图2-126　　　　　　　　图2-127　　　　　　　　图2-128

对于镜面效果的表现需要靠后期贴图来实现。用同样的方法，完成瞄准镜前部的制作，效果如图2-129所示，瞄准镜部分完成。

05 选择枪身模型，使用Attach命令把瞄准镜合并到模型内部。

制作瞄准镜时要注意，后面的镜口要小于前面的镜口，这样符合望远镜实物的形状。镜口也不要太深，这样会更富有变化和美感，不至于因为结构太平均而显得单一。

06 接下来需要做的是一些装饰部件。可以进入多边形子对象级别，使用复制取材法从模型上复制出一个多边形面，如图2-130所示。反复使用Extrude命令并利用缩放工具创建如图2-131所示的结构。

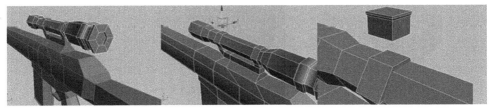

图2-129　　　　　　　　图2-130　　　　　　　　图2-131

07 激活左视图，对照背景图把模型调整成如图2-132所示的效果。进入透视视图，观察刚刚完成的模型，感觉效果不是很理想，如图2-133所示。在元素子对象级别下，对所做模型进行整体选择，并使用缩放工具调整为如图2-134所示的效果。

图2-132　　　　　　　　图2-133　　　　　　　　图2-134

08 激活左视图选择装饰结构，按住键盘的Shift键使用移动工具复制到如图2-135所示的位置，并对照背景图进行调整，至如图2-136所示的效果。激活透视视图，将模型调整为如图2-137所示的形状，瞄准镜部分制作完成。

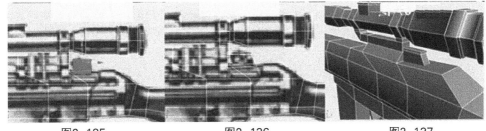

图2-135　　　　　　　　图2-136　　　　　　　　图2-137

7. 第7步：制作准星

这一步制作准星。

01 把模型锁定到准星位置，在透视视图中，选择如图2-138所示的两个多边形面，使用挤出功能创建结构，效果如图2-139所示。激活左视图并进入顶点子对象级别，对照背景图调整顶点，结果如图2-140所示。

图2-138　　　　　　　　图2-139　　　　　　　　图2-140

02 在透视视图中，选择如图2-141所示的多边形面，使用Inset命令插入一个小的多边形面结构，并使用缩放工具调整至如图2-142所示程度。选择这个面并使用Extrude命令创建准星的高度结构，效果如图2-143所示。

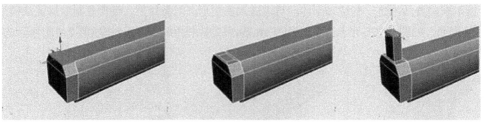

图2-141　　　　　　　图2-142　　　　　　　图2-143

03 激活左视图并进入顶点子对象级别，对照背景图调整顶点，如图2-144所示。进入透视视图，添加线段并使用缩放工具锁定单轴向调整准星高度结构上的顶点，得到如图2-145所示的效果。这里也用等边六边形概括圆形，与瞄准镜的造型对应。

04 接着制作准星的孔。选择准星上的六边形两侧，使用Inset命令插入一个结构并调整成如图2-146所示的效果。

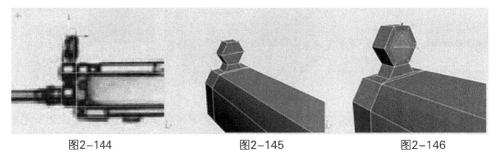

图2-144　　　　　　　图2-145　　　　　　　图2-146

使用Bridge命令把两侧的六边形桥接起来，完成打孔的操作，如图2-147所示。

05 选择准星内壁的一个面，如图2-148所示，按住Shift键使用缩放工具缩放复制到如图2-149所示的大小。

图2-147　　　　　　　图2-148　　　　　　　图2-149

06 使用Extrude命令创建准星的高度结构，如图2-150所示。用缩放工具缩小端点所在的面，使该面略小于底面，为了更美观一些，可以做一些调整，如图2-151所示。准星部分制作完成。

图2-150

图2-151

8. 第8步：制作枪管

制作枪管时可用的方法也很多，可以用制作瞄准镜的方法制作，也可以先创建一个圆柱体来制作。这里依然使用复制取材法，因为就此处模型的制作而言，这种方法更加容易。

01 激活左视图，框选瞄准镜上如图2-152所示部分的多边形面，按住键盘的Shift键使用移动工具复制到如图2-153所示的枪管所在的位置。

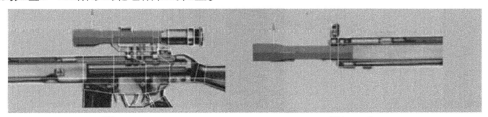

图2-152　　　　　　　　　　　　　　　　图2-153

02 使用缩放工具将复制的多边形面缩放到枪管的大小，通过对顶点的缩放与移动完成如图2-154所示的效果。再在这个枪管模型上添加几个段，然后调整顶点到如图2-155所示的位置。

03 接着制作枪管的内部。进入透视视图，选择枪管前面的面，如图2-156所示。

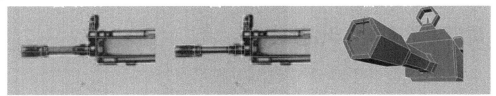

图2-154　　　　　　　　图2-155　　　　　　　　图2-156

回到左视图，把选择的面向枪管内移动，至如图2-157所示的位置。使用Collapse命令把这个面塌陷为一点，如图2-158所示。

大家可能会有疑问，塌陷之后枪管就不是通的了，是不是不行啊？其实，做游戏用的模型主要看的是模型的表面，内部看不到的部分是什么结构没什么关系，只要经过这样的处理后可以节省面数就可以。

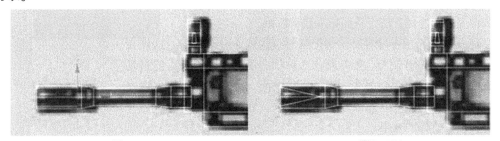

图2-157　　　　　　　　　　　　　　　　图2-158

04 经过塌陷处理后再观察枪管，感觉枪管显得太薄，需要调整。进入透视视图选择枪管内圈如图2-159所示的线，使用缩放工具缩放，使枪管更厚一些，如图2-160所示。

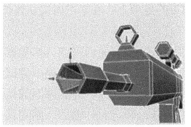

图2-159

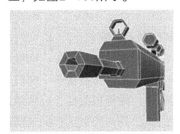

图2-160

第2章　游戏建模基础

这样枪管也制作完成了。整个狙击步枪的模型完成了，查看整个效果如图2-161所示。

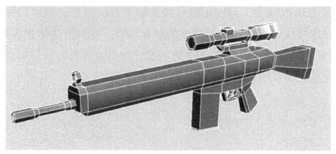

图2-161

9. 第9步：模型整理

模型整理与制作逆刃齿刀的整理流程相同：检查模型内部，不必要的面要删除；检查是否有超过180度的夹角，用连接顶点的方法分成较小的角。整理完成后，整个模型制作完毕。

由于狙击步枪的结构比较多，学习时会花较长时间才能够掌握。本范例最重要的目的是建模思路的培养，具体的制作方法可以有灵活变动，所以学习时要着重朝这个方向理解。

2.5 建模思路实践：天雷剑模型

上一节通过狙击步枪实例的建模过程，着重训练了创建多结构组合式构成模型的设计和制作思路。相对于复杂的连续结构来说，这种结构的设计制作思路还是比较简单的，以下天雷剑的建模实例对建模的思路提出了更高的要求，完成了它的制作，对于建模的理解将更上一个台阶。

制作天雷剑（见图2-162）时，依然先要对它进行观察。这把剑单从构成来看比较简单，由剑刃、护手和剑把组成，但是从每个构成本身的制作难度来看，其实是很大的。比如剑刃部分的构造就非常繁杂，由多个分支结构构成。读者可通过制作这把剑的模型，来加深理解对于单个复杂结构模型的制作方法，从而拓展建模思路。

通过观察这把剑还可以看出，这把剑的结构是左右对称的。这样在制作时，可以使用一些技巧，如先制作对称轴一侧的结构，然后通过复制等方法来完成另一侧，以减少一半的工作时间，提高工作效率。在这里将介绍Symmetry（对称）修改器的使用方法，在制作这个对称模型一侧的同时，观察整体的效果。

图2-162

在具备正平面图原画的情况下，仍然采用调入背景图的方法制作，剑的厚度需要靠制作者自己的理解，在制作过程中灵活处理。调入背景图的方法前面介绍过，这里不再赘述。

制作这把剑的难度和学习的知识点基本集中在剑刃的处理上，在学习时需认真体会。

1. 第1步：制作剑刃前端

在左视图中调入天雷剑的背景图，这里继续观察制作这把剑的切入点。初学者在制作剑刃时，往往习惯于用一个长方体直接覆盖整个剑刃部分，然后再在不断的加段过程中尝试细化模型，最后发现整个剑刃模型结构做得很混乱，以致最后控制不住地导致失败。究其原因就是没能找到好的切入点。本书建议的做法是：先做这把剑最前端的剑刃部分，确定对称轴后，删除其中的一半，再使用Symmetry修改器的功能补齐删除部分的结构，这样就可以在制作这个模型中的一半时实时观察整体的效果了。

01 在已调入天雷剑背景图的左视图中，对照背景图创建一个长方体，设置段数值，使得横、纵向各加入3段，如图2-163所示。将长方体转化为可编辑多边形模型，进入顶点子对象级别，使用缩放工具和移动工具调整模型的顶点，至如图2-164所示的位置。框选如图2-165所示的剑刃右侧的顶点，单击Delete键删除。删除顶点后的效果如图2-166所示。这样，剑刃的一半被删除了。

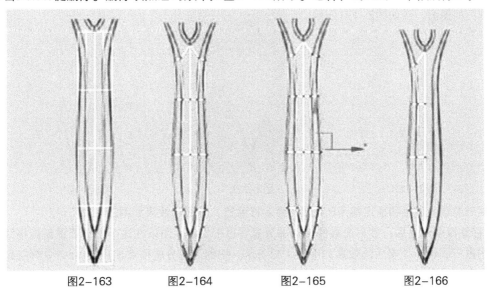

图2-163　　　　　图2-164　　　　　图2-165　　　　　图2-166

02 回到模型的主层级状态，进入Modify面板，给剑刃模型添加Symmetry（对称）修改器。添加这个修改器后，可能会出现如图2-167所示的现象，这是由于Symmetry修改器的对称轴方向反了，看不到镜像的效果。发生这种现象时要在Symmetry修改器中激活Flip（反向）复选框，这样就可以使Symmetry修改器的对称效果按所需显示。图2-168所示为正确的对称，修改器应用后的显示效果。

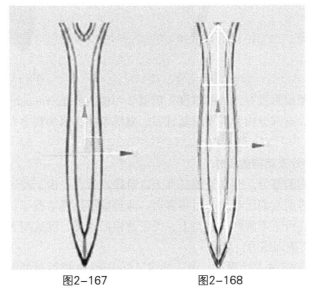

图2-167　　　　　图2-168

03 剑刃前端的结构基本创建完毕，整理一下模型的造型及布线。

当删除剑刃的一半并使用Symmetry修改器之后，对剑刃的编辑就变成了对剑刃一侧的编辑，如果要实时地看到剑刃的整体编辑效果，在进入剑刃的Editable Poly修改器堆栈层级后，激活Modify面板下的显示最终结果开关按钮" 11 "，就可以在Editable Poly修改器堆栈层级下，看到上层堆栈

Symmetry修改器被应用后的效果。激活Modify面板下的显示最终结果开关按钮后，剑刃的边线线框会以黄色显示，而被Symmetry修改器对称出来的那部分线框则显示为亮白色。

04 激活Modify面板下的显示最终结果开关按钮后，进入Editable Poly堆栈层级的边子对象级别，选择如图2-169所示的两侧的边。由于这条边线的连接效果不合理，因此需要重新组织边线的连接。使用Remove命令把这条线移除，移除后的效果如图2-170所示。按下键盘的Alt键和鼠标中键观察剑刃的侧面，应如图2-171所示。

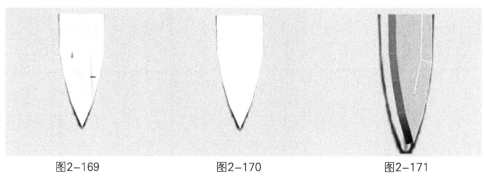

图2-169   图2-170   图2-171

把剑刃前端的边线和顶点都用Remove命令移除掉，移除后效果如图2-172所示。

05 移除掉顶点之后，剑刃前端的转角部分显得过于尖锐，所以在这个部分要重新连接线，并对照背景图进行调整，调整后的效果如图2-173所示。把剑刃部分的顶点使用Weld命令焊接起来，就得到很锐利的刃尖了，效果如图2-174所示。剑刃前端部分的结构制作完毕。

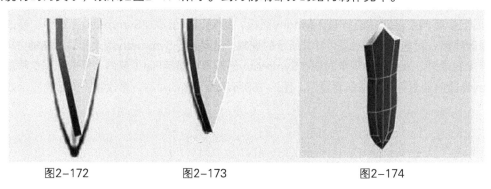

图2-172   图2-173   图2-174

剑刃前端部分的造型编辑没有太大的难度，需要学习的主要是Symmetry修改器的使用和上下层修改器堆栈之间的切换。这部分内容需要反复练习、熟练掌握，因为很多对称性的模型都是使用这种方法建造的。

2. 第2步：剑刃中部分支结构的制作

接下来制作分支结构的部分，制作过程基本上以阶段式为主。由于经过前面的学习，一些增减顶点、段和面的方法读者朋友们已经练习过很多次，应该能够熟练掌握了，所以下面的内容只在关键的、需要注解的地方进行重点解释。事实上，关于建模的学习，到这里大家应该有一个阶段性的进展了，这也就是这些实例训练的目的。

01 选择如图2-175所示的多边形面。由于使用了Symmetry修改器并激活了显示最终结果开关按钮，所以另一侧也会同时显示为被选择，以后操作时也会随着原始模型的造型变化而以对称轴为中心做镜像显示。

使用Extrude命令把选择的面挤出结构，并对照背景图进行调整，在需要加段的地方增加段，得到如图2-176所示的效果。对照背景图，分别使用Extrude命令把生成的两个顶面再挤出结构，如图2-177所示。

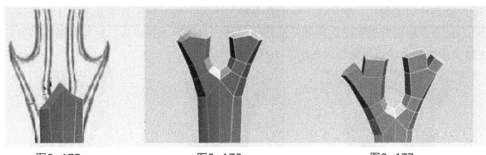

| 图2-175 | 图2-176 | 图2-177 |

02 对照背景图调整成如图2-178所示的形状。根据背景图中的显示，剑刃在这个位置有一个倒齿结构，所以使用Collapse命令把模型上用作倒齿结构的顶点塌陷到一起，再对照背景图调整塌陷后的顶点，如图2-179所示。调整后发现这个倒齿结构缺乏过渡段，所以进入边子对象级别，增加一个段，调整成如图2-180所示的形状。

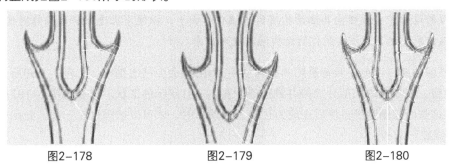

| 图2-178 | 图2-179 | 图2-180 |

03 继续使用Extrude命令把这两部分的顶面挤出结构，如图2-181所示。对照背景图，在缺少段的部分加段并进行调整，结果如图2-182所示。这时需要在外侧剑刃的部分把刃部制作出来。在如图2-183所示部分的面上增加段，把外部剑刃部分制作出来。

| 图2-181 | 图2-182 | 图2-183 |

04 加了段之后，对照背景图将这些段调整成如图2-184所示的形状。调整后的正侧图如图2-185所示。进行上述操作后，如果进一步使用Extrude命令增加分支结构，需要在如图2-186所示的面上增加段。

  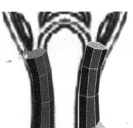

| 图2-184 | 图2-185 | 图2-186 |

05 进入顶点子对象级别，使用Connect命令增加线段，增加后的效果如图2-187所示。接着分别使用Extrude命令根据背景图把这两部分面挤出结构，如图2-188所示。对照背景图调整新增加的结构，在缺少段的部分加段，调整为如图2-189所示形状。

图2-187　　　　　　　　　图2-188　　　　　　　　　图2-189

注意

在加段的过程中要预留向其他结构挤出的端口（面），以便下次进行挤出操作时使用。在建模时要思路清晰，把下一步要制作的结构同时规划出来。

06 从预留的端口部分依照背景图的结构使用Extrude命令挤出结构，如图2-190所示。对照背景图进行调整，在缺少段的部分加段并调整成如图2-191所示的形状。选择如图2-192所示的面并删除（只有这些面被删除了，使顶点成为边界上的顶点时，才可以被焊接在一起，封闭模型的顶点是不可以焊接在一起的）。

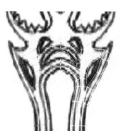
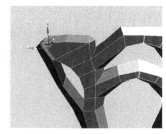

图2-190　　　　　　　　　图2-191　　　　　　　　　图2-192

07 把这两个对应的面删除后，再把顶点焊接在一起，完成剑刃上孔的制作，如图2-193所示。

08 接着制作另一个倒齿的结构。选择相应的面，使用Extrude命令把这两部分面挤出结构，使用Collapse命令把倒齿结构的顶点塌陷到一起，如图2-194所示。这样就生成了剑刃上的倒齿结构。对照背景图进行调整，得到如图2-195所示的结构。

图2-193　　　　　　　　　图2-194　　　　　　　　　图2-195

09 选择如图2-196所示的面，使用Extrude命令把这两部分面挤出结构，如图2-197所示。对照背景图，增加适当的段，并把顶点调整到适当位置，为进一步制作上部的结构做准备，如图2-198所示。

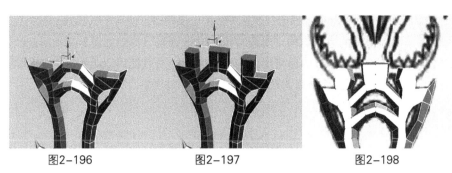

图2-196　　　　　　　　　图2-197　　　　　　　　　图2-198

10 选择如图2-199所示的相对的两部分的面，使用Extrude命令把这两部分面挤出结构。选择如图2-200所示的面将之删除，把删除面的顶点焊接或一一对应用Collapse命令塌陷到一起，完成剑刃上孔的制作。对照背景图进行调整，得到如图2-201所示的结果。

图2-199　　　　　　　　　图2-200　　　　　　　　　图2-201

11 仔细看图2-201后发现，在将顶点焊接到一起后，其中一些边线和顶点在以后的结构中并不需要，应该移除它们。把这些多余的线和顶点移除后的效果如图2-202所示。之后，相关的面变成四边形，为下一步挤出操作提供了方便。

分别对当前的面使用Extrude命令挤出结构，如图2-203所示。把带齿部分结构的末端顶点使用Collapse命令塌陷在一起，再对挤出的部分增加段，对照背景图调整，得到如图2-204所示的效果。

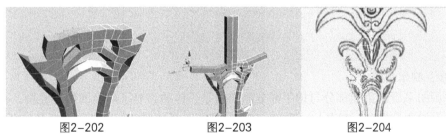

图2-202　　　　　　　　　图2-203　　　　　　　　　图2-204

12 选择如图2-205所示的面，单击命令面板中Extrude按钮右侧的设置按钮，选择By Polygon方式挤出，这样每个多边形面被分别等值挤出，效果如图2-206所示。单击鼠标右键，在弹出的右键功能菜单中选择Collapse命令，使这些被挤出的面同时进行塌陷操作，得到如图2-207所示的效果。

图2-205　　　　　　　　　图2-206　　　　　　　　　图2-207

塌陷后之所以出现这种锯齿效果的原因，就在于做挤出操作时，使用了By Polygon方式挤出选项。

13 分别选择塌陷后得到的齿状结构，对照背景图进行调整，得到如图2-208所示的效果。使用Extrude命令把如图2-209所示部分的面挤出结构，把末端的顶点使用Collapse命令塌陷在一起。对照背景图，增加适当的段，并把其顶点调整到合适的位置，如图2-210所示。

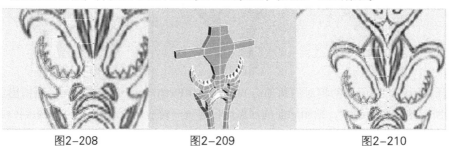

图2-208　　　　　　　图2-209　　　　　　　图2-210

14 制作这一部分的刃部。在与锯齿相对的面的中间位置增加一些段，如图2-211所示。对照背景图，把段上的顶点调整到适当的位置，如图2-212所示，这样整个剑刃部分的制作完毕。

15 进行整体调整，把个别结构补齐，把多余的线或段或移除，或与附近顶点进行目标焊接等，减少模型不必要的面。

这里重点需要掌握的是把对称的两部分之间的面删除，使模型布线趋于理想。关掉显示最终结果开关按钮，把对称的一半隐藏显示，这时会显示出原始模型在中轴线位置的面。因为这部分面将来是在模型的内部，没有存在的意义，因此应该把这些面一一选择出来并进行删除，得到如图2-213所示效果。可以通过坐标网格看出面被删除后的效果。再次激活显示最终结果开关按钮，把对称的另一半显示出来。

图2-211　　　　　　　图2-212　　　　　　　图2-213

3. 第3步：制作剑柄

根据原画图来看，剑柄部分与护手部分的结构是一体的，有了前面的制作经验，在制作剑柄时不会有太大的技术难度。事实上，这把天雷剑最核心、最重要的部分是剑刃的多层次、多分支结构。剑柄部分可以接着剑刃的结构直接制作，也可以另外创建模型来完成。相对于剑刃来说，剑柄的制作还是比较简单的。制作时，有些细致的结构是不必用模型来表现的，它们完全可以通过后面要讲到的贴图来实现。这里介绍两种制作剑柄结构的方法。

（1）方法1：直接制作法

直接制作法的制作步骤如下。

01 重新进入Symmetry修改器下的可编辑多边形子对象级别，按照背景图的位置，找到剑柄护手的关键结构，反复使用Extrude命令把这部分面挤出结构，按照背景图的位置，调整成如图2-214所示的效果。表现护手厚度部分的结构需要结合自己对造型的感觉。使用缩放工具进行等比例缩放，使前后的顶点保持对应。选择护手向上的结构，继续使用Extrude命令把这部分面挤出结构，如图2-215所示。把这部分结构的末端顶点使用Collapse命令塌陷在一起，然后对照背景图，增加适当的段，把顶点调整到适当的位置，如图2-216所示。

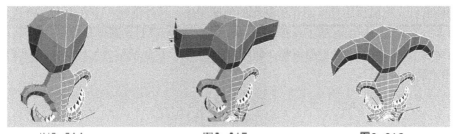

图2-214　　　　　　　　　图2-215　　　　　　　　　图2-216

进行到这里，天雷剑的护手部分就制作完毕了，上面镶嵌的宝石等装饰需要后期通过贴图的绘制来完成，3D游戏建模一般就是把模型的框架结构搭建出来。

02 接下来制作剑柄部分。关掉显示最终结果开关按钮，把对称的另一半模型隐藏显示。转动模型使中轴线处的面显示出来，把这些面一一选择并删除，得到如图2-217所示效果。再次激活显示最终结果开关按钮，把另一半模型显示出来。在护手位置使用Cut命令切出如图2-218所示的六边形。在切的时候要注意观察，切出来的面应该是扁平的六边形，这部分结构用来制作剑柄。

03 选择刚才切割出来的多边形面，如图2-219所示，使用Extrude命令把这部分面挤出约为剑柄高度的结构。

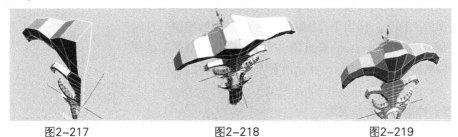

图2-217　　　　　　　　　图2-218　　　　　　　　　图2-219

对照背景图，增加段数，并把顶点调整到合适的位置，如图2-220所示。

注意

　　制作剑柄时要时刻注意在透视视图中观察结构整体的效果，剑柄侧面的结构也要有变化，如图2-221所示。千万要注意别把模型做成正面效果很好，侧面则是木板一样的扁平，这样就无所谓美术效果了。

04 接下来制作剑柄的末端。选择末端的面，继续使用Extrude命令把这部分面挤出结构，对照背景图，增加段数，并把顶点调整到合适的位置，如图2-222、图2-223所示。因为制作的是对称的模型，所以制作时把一侧靠齐中轴线就可以。中轴的焊接是由Symmetry修改器来完成的。调整完毕，剑柄制作完成。

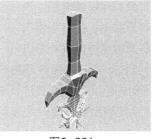

图2-220　　　　　　图2-221　　　　　　图2-222　　　　　　图2-223

（2）方法2：另外制作法

另外制作剑柄的方法比较简单，这里只把具体思路结合图示方式阐述出来，读者可以自行练习。

制作剑柄前可先把前面用直接制作法制作的剑柄删除。另外创建一个六边形，将这个六边形转换为可编辑多边形模型，使用移动工具移动到剑柄位置，并对照背景图将其对应到如图2-224所示的位置。使用缩放工具，对模型做造型调整，如图2-225所示。在剑柄位置加段，并对照背景图调整成如图2-226所示的效果。

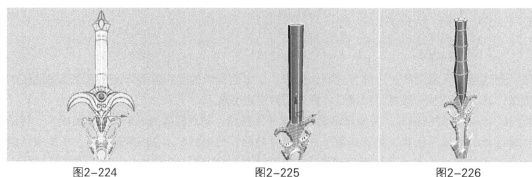

<table>
<tr><td>图2-224</td><td>图2-225</td><td>图2-226</td></tr>
</table>

删除剑柄的一半，如图2-227所示。选择剑刃模型，重新进入Symmetry修改器下的可编辑多边形子对象级别，使用Attach命令把刚才创建的剑柄附加到剑刃模型内部，这样刚刚创建的剑柄模型就成为剑刃模型的一部分，相当于直接创建剑柄时制作的模型。这时原来作用于剑刃模型的Symmetry修改器也作用于附加进来的剑柄模型。新建的剑柄模型附加进来后，其余的制作步骤与方法1相同，不再赘述。

图2-227

4. 第4步：模型的塌陷及整理

整个模型制作完毕后，作为一个游戏模型，要提交程序制作阶段之前，需要把所有的修改器堆栈塌陷到一起（塌陷修改器时，包含骨骼绑定等特殊信息的修改器除外，此类修改器后面介绍骨骼动画时会讲到），否则不仅会增加计算机计算和分析的负担，而且还容易导致出错。

以上模型都制作完毕后，在任意一个修改器层级上单击鼠标右键，在弹出的右键功能菜单中选择Collapse all（塌陷所有）命令，将修改器堆栈进行塌陷，使模型成为单纯的多边形模型。塌陷前需要检查模型在对称轴位置的顶点是否融合得较好，塌陷后需要再次检查模型的段或顶点是否造成多余的面产生。如果有，使用目标焊接、塌陷、移除等功能对模型进行整理优化。最大化地优化所有结构的模型才是3D游戏所需要的模型，如图2-228所示。

图2-228

经过天雷剑的制作，读者应进一步深化理解了建模的思路，而建模入门方面的学习也就基本结束了。在游戏开发中，会有很多与天雷剑难度级别相仿的模型需要制作，大多是采用整体建模或分开建模后使用Attach命令合并为一个模型这两种方法。通过前面章节的学习，只要熟练掌握讲解的方法，在游戏建模方面就已经算是入门了，更多的领悟和提高需要进行更多地训练和学习。当训练达到一定程度后，自然会有更多的方法和技巧自动涌现出来，那时大家就具备了成为合格的3D游戏美术设计师所必需的建模能力了。

第3章

游戏贴图制作

在3D游戏美术开发过程中，贴图工作占了很大的比重。如果用包装纸盒做比喻的话，一个模型相当于一个没有任何装饰的盒子，而贴图则是包装盒上漂亮的修饰。如果没有好的修饰，包装盒只是一件功能意义上的物品，只有赋予恰到好处的修饰之后，才拥有了无限魅力。游戏的模型也是一样，只具有单一颜色的模型在游戏中晃动是很难引起游戏玩家的兴趣的，只有在模型上加入贴图这样的修饰，才会给模型增加无穷的吸引力，甚至生命力，而这种在模型上附着贴图的方法是需要一定的软件技术来支撑的。当模型的制作技术难题基本解决以后，贴图绘制的好坏决定了作品的最终品质。

如果想要精通游戏贴图这项应用技术，需要具备3方面的技能：第一，需要掌握在模型上准确进行贴图的技术；第二，要具备绘制精美贴图的技术和能力；第三，要把技术和贴图绘制完美结合起来。这3方面技能把贴图在游戏模型上的应用全部囊括进来，因此，关于贴图的应用也将从这3个方面入手。

本章涉及的模型包括前面章节中制作过的，也包括直接制作或调用已做好的、具有代表性的模型。

3.1 贴图应用技术

贴图应用技术需要了解和掌握的主要是技术层面的内容，在举例时会从最简单的开始，绕过一些不必要的内容，直接阐述具体的方法和技术要点。这一部分内容相对简单一些，只要经过反复地练习都可以很好地掌握。

3.1.1 贴图文件格式

关于贴图的基本知识、为模型指定贴图的方法以及准确地给不规则模型指定贴图的方法与模型的结构、内容及其设定的实现方法密切相关，本节将以阐述概念并通过实例讲解的方式，让读者由浅入深地逐渐去掌握它。

先来了解什么叫做贴图。就3ds Max应用的角度说，贴图就是把图片附着到模型上，使单一颜色的模型呈现丰富多彩的外观的效果。给予模型附着贴图的行为或是图片本身就可以称之为贴图。贴图一般是从哪里来的呢？它的来源可以是现实生活中的各种数字图片，比如照片、摄影作品，甚至是一段视频动画文件。3ds Max支持多种图片类型的贴图，大体可以分为程序纹理贴图和位图贴图，但是在游戏开发应用中，3ds Max一般只支持位图格式的图片文件，即由像素构成的图片。此外，还支持部分动画格式的文件。3ds Max支持的常用图片格式有PSD（Adobe Photoshop专有格式）、JPG（或称JPEG）、BMP、TIF（TIFF格式）、TGA、PNG、GIF、DDS等；动画格式有AVI、MOV和MPEG等。下面分别介绍这些文件格式。

1. 图片文件格式

● PSD格式：PSD格式是Adobe公司开发的图像处理软件——Photoshop中自建的标准文件格式，其文件的扩展名为.psd。在该软件所支持的各种格式中，PSD格式的存取速度比其他格式快很多，存放的信息也很多，包括图层、通道、遮罩等。在后面要介绍的手绘贴图中会经常用到这种图片格式。

● JPG格式：JPG格式可以用不同的压缩比例对图像文件进行压缩。其压缩技术十分先进，压缩后对图像质量的影响不太大，因此可以用最少的磁盘空间得到较好的图像质量。由于它优异的性能，所以应用非常广泛。在游戏应用中，这种格式因占用空间小、图像质量佳，所以是使用的主要图形格式。

● BMP格式：BMP格式是Windows自带软件——"图画"的标准图像文件格式。该文件格式几乎不进行压缩，因此占用磁盘空间较大。它的颜色存储格式有1位、4位、8位及24位，也是应用比较广泛的一种格式。由于BMP格式文件占用存储空间比较大，所以在游戏制作中只会少量应用，除非游戏引擎有特殊需求。

● TIFF格式：TIFF格式具有图形格式复杂、存储信息多的特点，在3DS、3ds Max的贴图中大量使用。TIFF格式最大色深为32bit，可采用LZW无损压缩方案存储。在游戏开发中，游戏引擎有时也会专门指定使用此格式。

● TGA格式：TGA格式（Tagged Graphics）是由美国Truevision公司为其显示卡开发的一种图像文件格式，文件扩展名为.tga，已被国际上的图形、图像工业所接受。TGA文件格式的结构比较简单，属于一种图形、图像数据的通用格式，在多媒体领域有很大影响。TGA图像格式最大的特点是可用来制作不规则形状的图形、图像。一般图形、图像文件都呈现为四方形，若需要有圆形、菱形甚至是镂空的图像文件时，就可以使用TGA格式来制作。TGA格式支持文件压缩，使用不失真的压缩算法。在游戏开发的透明贴图制作中，是常用的一种格式，它由三色通道和一个黑白灰色阶的Alpha（透明）通道构成。

● PNG格式：PNG（Portable Network Graphics）格式是一种较新的网络图像格式，结合了GIF和JPEG格式的优点，具有存储形式丰富、占用空间较小的特点。PNG最大色深为48bit，采用无损压缩方案存储。著名的Macromedia公司的Fireworks使用的默认格式就是PNG。

● GIF格式：GIF格式在Internet上被广泛地应用，原因主要是其支持的256种颜色已经能满足网络对一般动画播放的需要，而且文件较小，适合网络环境传输和使用。

● DDS格式：DDS是DirectDraw Surface的缩写，它是DirectX纹理压缩（DirectX Texture Compression，简称DXTC）的产物。DXTC减少了纹理内存消耗的50%甚至更多，有3种DXTC格式可供使用，分别是DXT1、DXT3和DXT5。DXT1的压缩比例为1∶8，压缩比最高，它使用1 bit Alpha通道，Alpha通道信息几乎完全丢失，一般将不带Alpha通道的图片压缩成这种格式，如WorldWind用的卫星图片。DXT3的压缩比例为1∶4，使用了4 bit Alpha通道，可以有16个Alpha值，能够很好地表现锐利、对比强烈的半透和镂空材质。DXT5的压缩比例为1∶4，使用了线形插值的4 bit Alpha通道，特别适合表现柔和的材质，比如高光掩码材质。许多3D软件包括大部分游戏都使用DDS格式。nVidia提供了Photoshop使用DDS格式的插件，通过该插件也可以生成DDS格式文件。

2. 动画文件格式

● AVI格式：AVI格式的英文全称为Audio Video Interleaved，即音频视频交错格式，是将语音和影像同步组合在一起的文件格式。这种格式对视频文件采用一种有损的压缩方式，且压缩比较高。尽管画面质量不是太好，但因为文件占用资源较小，其应用范围依然十分普遍。AVI格式支持256色和RLE压缩，主要应用在多媒体光盘上，用来保存电视、电影等各种影像信息。AVI格式于1992年被Microsoft公司推出，随Windows 3.1一同被人们所认识和熟知。所谓"音频视频交错"，就是能够将视频和音频交织在一起进行同步播放。这种视频格式的长处是图像质量好，能够跨多个平台使用，其缺陷是体积过于庞大，而且压缩规范也不一致，最严重的问题是高版本Windows媒体播放器播放不了采用早期编码格式编辑的AVI格式文件，而低版本Windows媒体播放器又播放不了采用最新编码格式编辑的AVI格式文件，所以在进行AVI格式的视频播放时经常会出现因为视频编码格式不一致而造成视频不能播放或者播放不正常的情况。假如用户在播放AVI格式的视频文件时遇到这些情况，需要通过下载相应地解码器来解决。以AVI格式保存的视频文件很常见，比如一些游戏、教育软件的片头等，在游戏制作中一般也会少量地在环境烘托时使用此格式来制作动画效果。

● MOV格式：在所有视频格式当中，MOV格式也许不那么出名，它是由QuickTime播放的。在PC几乎一统天下的今天，从Apple移植过来的MOV格式自然是受到排挤的。MOV格式具有跨平台、存储空间要求小的技术特点，采用了有损压缩方式的MOV格式文件，画面效果较AVI格式要稍微好一些。到目前为止，它共有4个版本，其中以4.0版的压缩率最好。这种编码支持16位图像深度的帧内压缩和帧间压缩，帧率每秒10帧以上。有些非线性编辑软件也可以对这种格式进行处理，其中包括ADOBE公司的专业级多媒体视频处理软件After Effects和Premiere。

● MPEG格式：MPEG格式的全名为Moving Pictures Experts Group，中文译名是动态图像专家组。MPEG标准主要有5个，MPEG-1、MPEG-2、MPEG-4、MPEG-7及MPEG-21。该专家组建于1988年，专门负责为CD建立视频和音频标准，成员都是视频、音频及系统领域的技术专家。他们成功将声音和影像的记录脱离了传统的模拟方式，建立了ISO/IEC1172压缩编码标准，并制定出MPEG-格式，令视听传播方面进入了数码化时代。因此，大家现在泛指的MPEG-X版本，就是由ISO（International Organization for Standardization）所制定并发布的视频、音频、数据的压缩标准。）MPEG标准的视频压缩编码技术主要利用了具有运动补偿的帧间压缩编码技术以减小时间冗余度，利用DCT技术以减小图像的空间冗余度，利用熵编码则在信息表示方面减小了统计冗余度。这几种技术的综合运用，大大增强了压缩性能。MPEG-1标准于1992年正式出版，标准的编号为ISO/IEC11172，其标题为"码率约为1.5Mb/s用于数字存贮媒体活动图像及其伴音的编码"。MPEG-2标准于1994年公布，包括编号为13818-1系统部分、编号为13818-2的视频部分、编号为13818-3的音频部分及编号为13818-4的符合性测试部分。MPEG-2编码标准希望囊括数字电视、图像通信各领域的编码标准。MPEG-2按压缩比大小的不同分成5个档次（profile），每一个档次又按图像清晰度的不同分成4种图像格式，或称为级别（level）。5个档次4种级别共有20种组合，但实际应用中有些组合不太可能出现，较常用的是11种组合。这11种组合分别应用在不同的场合，如MP@ML（主档次与主级别）用在具有演播室质量标准清晰度电视SDTV中，美国HDTV大联盟采用MP@HL（主档次及高级别）。MPEG-4是基于内容的压缩编码标准。MPEG-7是"多媒体内容描述接口标准"。MPEG-21是有关多媒体框架的协议。MPEG-4的出现是由于MPEG-1和MPEG-2的压缩技术不能放在网络上作为影音资料传递之用，所以MPEG-4不再是采用每张画面压缩的方式，而是采用了了全新的压缩理念：先将画面上的静态对象统一制定规范标准，例如文字、背景、图形等，然后再以动态对象作基础的方式将画面压缩，务求以最少数据获得最佳的画质，并将之作为网络上传送之用。此外，值得一提的是，继MPEG-4后，进入更先进的MPEG-7年代。这项崭新技术已非一种压缩编码方法，而是一种多媒体内容描述接口（Multimedia Content Description Interface），能快速搜寻不同类型的多媒体材料，对于将来要面对日渐庞大的图像、声音的管理有重大帮助。

以上简单介绍了3D游戏开发中有可能用到的图片及动画的文件格式，图片文件格式最常用的是PSD、JPG和TGA等，后面绘制贴图时将会用到。对于动画贴图往往根据具体需要指定特定的文件格式。

在国内的游戏开发中，常用的图片格式只有几种，一般掌握这几种格式即可。如果在游戏开发中会用到其他格式，则在开发过程中会另行提供相关资料。对于特定文件格式，游戏公司在开发时往往会具体问题具体分析。

3.1.2 为模型指定贴图

作为3ds Max本身，在为模型指定贴图方面会有一系列的知识点需要掌握，如果单从游戏开发的角度来讲，则只需会用与游戏开发相关的知识点即可。如果想要对整个软件做总体掌握，那么在游戏应用的基础上进一步地拓展更有利于由浅入深地学习。

为模型指定贴图的方法还是先从为模型指定贴图的具体实例入手，具体步骤如下。

01 在任一视图中创建一个长方体，长、宽、高尺寸任意。

02 按M键（注意，需要把各种输入法关闭，否则使用快捷键会受影响。M键是Material Editor材质编辑器的快捷键）或单击主工具栏上的材质编辑器按钮"❀"，打开材质编辑器。

由于主工具栏是按照宽屏比例设计的，如果屏幕不是宽屏，则这个按钮一般情况下无法直接看到，可以把鼠标指针移到主工具栏上向左拖拽，以便看到这个按钮，也可以通过菜单命令Rendering（渲染）→Material Editor（材质编辑器）来打开材质编辑器。通常，打开材质编辑器使用快捷键就可以了。

03 指定材质。指定材质的方法有如下两种。

● 第1种：确保界面中可以同时看得到材质编辑器和创建的长方体，选中材质编辑器中的一个材质球，如第一个材质球，按下鼠标左键直接拖动到长方体模型上松手，这样第一个材质球的材质就可以指定给长方体模型了。这种指定材质的方法比较简便直接，但是在制作大型项目时，容易造成失误。

● 第2种：在视图中选择需要指定材质的长方体模型，选中材质编辑器中的一个材质球，如第二个材质球，在材质编辑器上找到Assign Materal to Selection（指定材质按钮）"❀"并单击它，这样第二个材质球的材质指定给了这个Box模型，原来指定的第一个材质球失效。

一般情况下，一个单位模型只能被一个材质球影响，材质的效果以最后一次指定的材质球为准。材质球被指定给模型后，材质球上会以白色加粗边框标识，如图3-1所示。

图3-1

04 为材质导入贴图。一般情况下，贴图只能通过材质编辑器指定给模型，也就是说，贴图要附着到模型上，首先需要给模型指定一个材质球，然后通过这个材质球导入想要为模型指定的贴图，最后还需要确定以什么方式把贴图贴到模型上。关于如何把贴图准确地映射到模型的方法后面会讲到。模型一般会有默认的坐标系统，所以经过前两步就可以把贴图映射到模型上了。下面介绍如何把贴图通过材质编辑器导入到模型上。

05 选择已被指定的材质球，在下面的Blinn Basic Parameters（布林基本参数）卷展栏中单击选择Diffuse（漫反射）后面的空白方框按钮"▢"。

06 此时会弹出一个Material/Map Browser（材质/贴图浏览器）窗口，在这里可以看到很多种贴图类型。除了Bitmap（位图）是需要的贴图类型外，其他的都是程序纹理贴图，所以，只要记住这个Bitmap选项即可。

07 单击选择Bitmap选项，单击窗口中的OK按钮。

08 此时会弹出一个Select Bitmap Image File（选择位图图片文件）对话框，根据上面的查找范围，找到需要调入的图片。为简便起见，这里选择Windows系统自带的示例图片（熟悉方法以后再根据存储文件的位置导入需要的图片）。

09 单击查找范围下拉列表框后面的三角形按钮，在列表中逐层选择，进入"我的文档"→"图片收藏"→"示例图片"，找到图片（由于系统不同，示例图片可能不一样，也可以使用其他图片代替），这里选择名称为Winter的图片文件，然后单击对话框的"打开"按钮，这样，图片就被导入到材质编辑器中。

10 通过材质编辑器能够直观地看到图片已经附着在材质球上。单击材质编辑器上的Show Map in Viewport（在视域中显示贴图）按钮""，就可以看到贴图附着在模型上的效果了，如图3-2所示。

以上就是为模型指定贴图的方法。对于材质编辑器内各选项的具体说明，本书只列举用得到的部分，其他部分可以参照相关工具书籍来学习，不再赘述。

学会了为模型指定贴图的方法后，多数情况会发现这样指定的贴图效果并不理想，因为根本就不能按照自己的意愿把位图映射到模型适当的位置

贴图后效果

图3-2

上。这是什么原因呢？贴图之所以会被映射到模型上，是因为它被指定了坐标系统，也就是按照什么方式把图片映射到模型上的技术。下面将学习如何准确地为规则模型或不规则模型指定贴图的方法，即UVW Mapping（UVW三向坐标系统）和Unwrap UVW（展开式UVW三向坐标系统）。

3.1.3　两种贴图坐标系统

要想将贴图准确地指定到模型的适当位置，没有UVW Mapping（UVW三向坐标系统）和Unwrap UVW（展开式UVW三向坐标系统）是无法做到的。这里的Unwrap UVW是游戏开发当中最常用的，为非规则模型指定贴图的坐标系统，它是UVW Mapping的更高级技术。一个Unwrap UVW相当于无数个UVW Mapping的集合。但是如果想要知道Unwrap UVW是如何工作的，还得从了解UVW Mapping的工作原理入手。

为模型指定UVW Mapping和Unwrap UVW的具体方法为：先选择需要加入贴图坐标的模型，然后在Modify面板列表中选择相应的坐标修改器。可以选择UVW Mapping或Unwrap UVW，也可以两者叠加使用，但是一般情况下，只会以最顶端的设置为最终效果，居于下层的修改将失效（除非使用后面讲到的ID号设置等方法进行处理后，才可以叠加使用）。

模型一般默认使用具有其形状特征的贴图坐标，一旦重新加入了贴图坐标后，模型表面贴图的映射将直接受指定的贴图坐标影响。

1. UVW Mapping（UVW三向坐标系统）

UVW Mapping用于对模型表面指定贴图坐标，以确定如何使材质与贴图准确地映射到模型表面。

UVW Mapping通过UVW（对应X、Y、Z轴）3个贴图轴向来控制贴图和材质映射到模型上的方式。

在模型上加入了UVW Mapping修改器后，在修改器的参数卷展栏中可以看到如图3-3所示的各种参数项目。

UVW Mapping提供了6种预置的贴图坐标，即Planar（平面）、Cylindrical（柱形）、Spherical（球形）、Shrink Wrap（收缩包裹）、Box（长方体）和Face（面），还有一个针对3D程序纹理坐标到UVW贴图坐标的XYZ to UVW（XYZ到UVW）方式。这些方式为不同形状的模型指定贴图映射提供了多种选择，便于

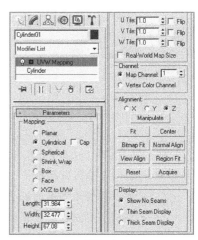

图3-3

贴图以更适合的方式映射到模型表面上。

- Planar（平面）：将贴图沿平面映射到对象表面，适用于为表面是平面的模型贴图，可以通过UVW Mapping修改器的子对象级别Gizmo（贴图框）的调节来改变贴图映射的方向、角度、大小和比例。

- Cylindrical（柱形）：将贴图沿圆柱侧面映射到模型表面，适用于类似于柱体的模型的贴图，在该方式的右侧有一个Cap（封口）复选框，用于控制柱体两端的面的贴图方式，如果不选择，由于没有明确的坐标映射方式，两端的面会形成扭曲、非规则的效果；选择它，两端会以平面贴图的方式映射贴图。

- Spherical（球形）：将贴图沿球体内表面映射到对象表面，适用于球体或类似于球体模型的贴图。

- Shrink Wrap（收缩包裹）：将整个图像从一侧向另一侧直接以包裹的方式映射贴图，它适用于球体或不规则模型的贴图，优点是不产生接缝和中央裂隙，在模拟环境反射的效果时使用比较多。

- Box（长方体）：按6个垂直空间平面将贴图分别映射到模型表面，适用于长方体类的模型对象。

- Face（面）：直接为每个独立的多边形表面进行平面贴图。

- XYZ to UVW（XYZ到UVW）：适配3D程序纹理坐标到UVW贴图坐标。该选项有助于将3D程序贴图锁定到模型表面。如果模型表面拉伸，3D程序纹理也会被拉伸，否则，会造成3D程序纹理在模型表面流动的错误效果。

图3-4所示为这些映射方式的贴图效果。

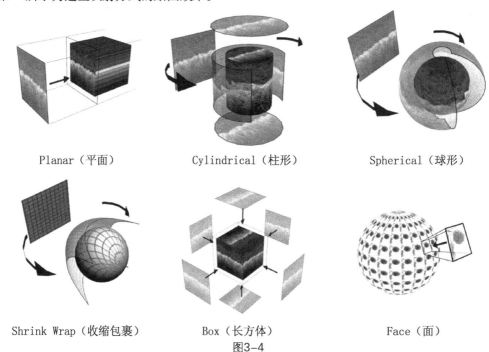

Planar（平面）　　　　　Cylindrical（柱形）　　　　　Spherical（球形）

Shrink Wrap（收缩包裹）　　　　Box（长方体）　　　　　Face（面）

图3-4

注：由于XYZ to UVW方式在游戏开发当中并不使用，所以图3-4中不再罗列。

- Gizmo（贴图坐标框）：当使用以上贴图映射方式时，在进入UVW Mapping修改器的子级别时就能够看到贴图框子对象级别。根据贴图类型的不同，贴图坐标框在视图上显示的形状也不同。贴图坐标框顶部有一个小的黄色标记，表示贴图框顶部的位置；在右侧是绿色的线框，表示贴图的方向，对于柱面和球面的贴图坐标框，绿色线表示接缝处。

提示

当使用贴图映射方式时，在进入UVW Mapping的贴图框子对象级别后，坐标映射方式中的平面、柱形、球形、收缩包裹4种映射方式的坐标框上会有一部分线是以绿颜色显示的，这一绿色部分的线就叫做贴图接缝。贴图接缝是贴图在实现了大部分的坐标指定后，在两端碰到一起时，不得不产生的那一部分，就像是一个酒瓶上的标贴在贴满一圈后，标贴的两边必然要碰在一起时产生的交界。这种交界接到一起时，上面的图案无法保证可以自然地融合在一起，因此往往会产生明显的交界线，在贴图表现上这种现象就属于贴图接缝。在3D游戏美术制作过程中，贴图接缝是绘制贴图时需要重点处理的部分，处理不好，将极大地影响贴图后的美术效果。

接下来继续介绍UVW Mapping参数卷展栏中的其他参数。

- Length/Width/Height（长度/宽度/高度）：分别指定代表贴图坐标的坐标框对象的大小，在进入修改器坐标框子对象级别中时，可以使用移动、旋转、缩放工具直接变换坐标框对象的位置、方向和大小。
- U、V、W Tile（U、V、W向平铺）：分别设置在3个方向上贴图重复的次数。材质编辑器中的重复值和这里的重复值是相乘的关系。
- Flip（翻转）：将贴图方向进行前后翻转。
- Real–World Map Size（真实世界贴图大小）：控制应用于该对象的纹理贴图材质所使用的缩放方法。
- Channel（通道）：该选项用于设置贴图通道。
- Map Channel（贴图通道）：每个对象拥有99个UVW贴图坐标通道，缺省贴图按通道1中的坐标指定进行贴图。使用多重贴图坐标通道可以使一个面具备多重贴图坐标。
- Vertex Color Channel（顶点颜色通道）：使用顶点颜色通道来定义贴图通道。
- Alignment（对齐）：设置贴图坐标中坐标框映射方向的对齐方法。
- X、Y、Z可选以X、Y、Z坐标方向对齐坐标框映射的坐标框子对象的方向。
- Manipulate（操纵）：启用时，坐标框出现在能让用户改变视图窗口的参数对象上。
- Fit（适配）：使坐标框自动锁定到被选对象的外围边界上。
- Center（中心）：自动将坐标框对象中心对齐到所选对象中心上。
- Bitmap Fit（位图适配）：选择一张图像文件，将坐标按所选图片的长宽比例对齐。这种适配方法的优势是可以保持贴图图片的比例，使调入的贴图不变形。
- Normal Align（法线对齐）：单击此按钮后，在对象的表面单击并拖动，初始的坐标框会被放置在鼠标选取的表面上。
- View Align（视图对齐）：将贴图坐标对齐当前激活的视图。
- Region Fit（区域适配）：在视图上拉出一个范围来确定贴图坐标。
- Reset（重置）：恢复贴图坐标的初始设置。
- Acquire（获取）：通过选取另一个对象，从而将它的贴图坐标设置引入到当前对象中。
- Display（显示）：此选项组来确定接缝以何种方式显示在视图窗口中，接缝仅在坐标框子对象处于激活状态下显示。
- Show No Seams（不显示接缝）：视图中不显示贴图坐标的绿色接缝线。
- Thin Seam Display（显示薄的接缝）：使用较细的绿色线来显示接缝，缩放视图不影响线条的粗细。
- Thick Seam Display（显示厚的接缝）：使用较粗的绿色线来显示接缝，但缩小视图，线条变细，放大视图，线条变粗。

UVW Mapping修改器是为模型定位贴图映射方式的最基本方法，可以根据所指定模型的形状来选择贴图映射方法。在进行装饰装修、展览展示等设计图的制作时，由于制作效果图不需要太复杂的单体模型，只需数个基础模型拼接起来，按需要完成最终的渲染即可，所以使用UVW Mapping坐标系统完全可以满足效果图制作的需求，同时因其快捷的功能，也成为效果图制作领域常用的贴图坐标系统。

但是在游戏开发中，由于游戏引擎对模型数量、规格规范、命名等有一定要求，所以简单拼接的模型不能满足游戏开发的需要。一般游戏场景、游戏角色本身就是一个非常复杂的一体模型，这样的模型在某个局部就有多种几何形体的组合。对于这样的单体复杂结构模型，想要做好贴图定位，使用UVW Mapping坐标系统已经不能满足的贴图坐标定位的制作需求，而Unwrap UVW的强大功能则可以满足这样的需求。

2. Unwrap UVW（展开式UVW三向坐标系统）

在制作游戏的人物角色模型时，如果要为它指定贴图，那么它的坐标系统会是极其复杂的组合，比如：头部使用圆球体坐标映射，身体和四肢可分别使用圆柱体坐标映射，手部或脚部可以使用平面映射等，最后再将这些分解的坐标映射组合，形成一个完整的坐标系统。在UVW Mapping坐标系统中没有这样的整合功能，所以不能够完成这种分解后重新组合的工作，而Unwrap UVW则可以满足这样的需求。

在3D软件中，Unwrap UVW坐标系统是将一张平面图片包裹到模型的表面上，由于模型的表面往往都是非规则的，所以就涉及到包裹贴图技术。反向理解，一个已经贴好图的模型，它的贴图应该还可以还原成一张平面图。

（1）Unwrap UVW的工作原理。

Unwrap UVW三向坐标系统的工作原理是：通过提供一个展开式映射坐标系统，把不规则的立体模型的坐标分解组合在一个平面中，绘制贴图时按照这个划分好的坐标映射平面图把贴图绘制好，然后重新赋予模型。由于贴图是按照展开的UVW坐标一一对应绘制的，所以贴图将会准确地映射到模型的相应位置上。坐标映射方式会对应到模型的每一个实体面上，也就是模型的每一个面都有对应的坐标映射系统。比对每个坐标系统绘制贴图，再把贴图指定给模型后，相应位置的贴图部分会准确地贴到相应模型的位置上。比如一个角色模型由1000个面组成，则在Unwrap UVW坐标系统中也会有1000个这样的映射框。但是在实际应用中，制作者会根据结构及形态特点进行归类以简化坐标映射框的数量。例如，头部使用一组映射框，躯干使用另一组映射框，四肢可以使用4组映射框，手和脚各使用两组映射框，这样，整个Unwrap UVW坐标系统中只有10组映射框，这10组映射框对应的模型坐标映射的总数仍然是1000个，只是归类后需要管理的数量变少了，也更便于管理了。这10组映射框还可以继续精简，直到精简到1个时，就变成了类似展开的表皮一样了。在游戏制作时的UV分展过程中，会根据需要决定到底分开多少组。绘制贴图可以在10组坐标映射框时绘制，也可以在精简到一个组时绘制。最后，将绘制好的贴图贴到模型上之后，所有贴图会完全覆盖到对应的模型位置。一般情况下，分组越多，贴图的精准度越高，但是其贴图接缝也会相应增多，增加了处理接缝的工作量。

图3-5所示为一个圆球体和一个长方体模型分展的UV效果。横向第1个图为模型本身，第2个图为其UV坐标被分展为多个组的效果，第3个图为所有UV坐标被整理为一个UV坐标后的效果。通过这两组图可以得知，模型的UV可以在一个二维平面上任意组合，以便于贴图的绘制。一般来说，分展的UV越完整，越便于绘制贴图，但是有时还是需要具体结构具体对待，视情况区分开来进行分展。

贴图UV坐标具有可重叠性。比如说，对应模型左脚位置的贴图坐标放在了右脚的贴图位置上，则左脚的模型将显示右脚的贴图。由于左脚与右脚没多大的区别，所以通过这样的方法，可以精简绘制贴图的数量，所以在游戏制作中，对于需要重复的贴图，可以通过重叠贴图坐标的方法来实现。但是，使用贴图坐标重叠的方法会导致贴图单一或过于对称，丢失一些变化的可能性，所以绘制贴图时，在节省工作量与视觉效果上把握好平衡也是贴图与坐标分配需要重点注意的。

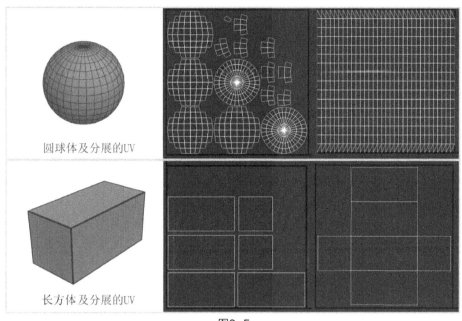

图3-5

（2）Unwrap UVW修改器的命令参数。

在学习Unwrap UVW修改器的具体应用方法之前，需要了解Unwrap UVW修改器在命令面板中的各种命令参数。

对模型增加Unwrap UVW修改器的方法和UVW Mapping修改器的方法相同，也是在修改器列表中进行选择。增加Unwrap UVW修改器后的命令面板如图3-6所示。通过图3-6可以看到，在这个坐标系统中有3个子对象级别，也就是说，进入这个坐标系统的内部可以对3个子级别对象进行编辑操作，它们分别为：Vertex（顶点）、Edge（边线）和Face（面）子对象级别，可以在视图上和UV编辑窗口中同时对模型的顶点、边线、面进行选择和操作，且操作在两者间是同步的，如图3-7所示。

图3-6

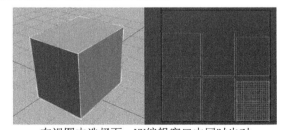

在视图中选择面，UV编辑窗口中同时也对
模型的面进行选择

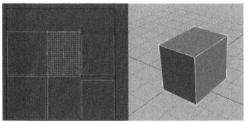

在贴图编辑窗口中选择UV面时，视图中也会
同时选择相应的UV面

图3-7

当在模型上增加了Unwrap UVW修改器后，命令面板中会出现3个参数卷展栏，分别为Selection Parameters（选择参数）卷展栏、Parameters（参数）卷展栏和Map Parameters（贴图参数）卷展栏，以下为各参数卷展栏的具体介绍。

1）Selection Parameters（选择参数）卷展栏。

Selection Parameters卷展栏如图3-8所示。

图3-8

- +按钮" "：用于扩展对子对象的选择。在编辑UVW贴图坐标时，以被选择的子对象为中心，扩展选择其周围的同级子对象。
- -按钮" "：用于收缩对子对象的选择。是"+"按钮功能的逆操作，即向中心以一个子对象为单位收缩选择范围。
- Ring（环形）：单击此按钮后，与当前选择边平行的边会被选择。这个功能只有在边子对象级别被选择的情况下才可使用。
- Loop（循环）：单击此按钮后，与选择边连接并形成循环地、连续地且方向尽可能远地扩展选择。这个命令只有在边子对象级别被选择的情况下才可使用。
- Ignore Backfacing（忽略背面）：选择此复选框时，框选子对象只选择当前视图可以看到的部分，背面子对象会被忽略；反之，背面的子对象也会被选择。
- Select By Element（按元素选择）：以元素为最小级别进行选择，选择此复选框时，单击元素的任何位置，整个元素都会被选择。在UV坐标系统中界定元素的方法是按照一个完整的接缝体包围的坐标为一个元素单位。
- Planar Angle（平面角）：选择此复选框时，通过数值指定共面阈值，与当前选择表面在此阈值范围内的面会一同被选择。例如：阈值设置为30，表示与当前选择面夹角小于30度的面会被认为是一个可选择面而被一同选择。
- Select MatID（选择材质ID）：通过右侧阈值数指定的材质ID号选择具有此ID的模型表面的UV坐标。
- Select SG（选择平滑组）：通过右侧阈值数指定的平滑组号选择具有此平滑组号的模型表面的UV坐标。

2）Parameters（参数）卷展栏。

Parameters（参数）卷展栏如图3-9所示。

图3-9

- Edit（编辑）：单击此按钮，可以打开贴图坐标编辑器，这是对模型的UV坐标进行展平修改的核心部分，其具体界面参见图3-10所示。此编辑器的具体用法后面将详细介绍。
- Reset UVWs（重置UVWs）：单击此按钮可以将贴图坐标恢复为编辑前的状态。
- Save（保存）：单击此按钮可将UVW贴图坐标保存为扩展名为.uvw的UVW格式文件。
- Load（加载）：用于导入扩展名为.uvw的UVW格式的贴图坐标文件。
- Channel（通道）：用于设置贴图通道。
- Map Channel（贴图通道）：选择要编辑的贴图坐标所在的通道，支持99个贴图坐标通道。
- Vertex Color Channel（顶点颜色通道）：使用滑块为顶点颜色指定贴图通道。
- Display（显示）：此组选项可以将UVW展开贴图的接缝直接显示在视图窗口中，还可以对其清晰程度以加粗的方式进行加强，使视图显示更方便。
- Show No Seams（不显示接缝）：视图中不显示贴图坐标的绿色接缝线。
- Thin Seam Display（显示薄的接缝）：使用较细的绿色线来显示接缝，缩放视图不影响线条的粗细。

● Thick Seam Display（显示厚的接缝）：使用较粗的绿色线来显示接缝，但缩小视图，线条变细，放大视图，线条变粗。

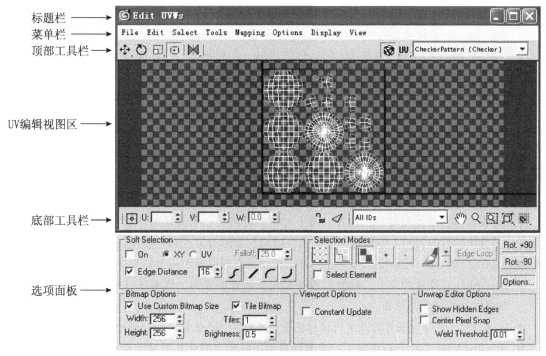

图3-10

注意

只有当Unwrap UVW修改器处于激活状态时，贴图接缝线才会显示。

● Always Show Pelt Seam（始终显示Pelt接缝）：选择此复选框后，只要在堆栈中选择Unwrap UVW修改器，Pelt（毛皮）接缝就会始终显示为蓝色线条。取消选择后，只有在Pelt（毛皮）模式下，毛皮接缝才会以蓝色线条显示。

● Prevent Reflattening（防止重展平）：此选项主要用于Texture Baking（贴图烘培）。选择此复选框，会自动将当前修改器的坐标结果指定给Render To Texture（渲染到贴图），缺省命名为Automatic Flatten UVs（自动展平UV贴图坐标），不会再重新进行贴图的展平。需要保证Render To Texture和展平贴图修改使用相同的贴图通道。

3）Map Parameters（贴图参数）卷展栏。

Map Parameters卷展栏如图3-11所示。

● Planar（平面）：对选择的面使用平面映射方式进行贴图。具体操作是，选择对象，单击该按钮，使用Map Parameters（贴图参数）卷展栏中的变换工具和各个对齐按钮调整贴图，然后再次单击Planar按钮退出即可。

图3-11

注：Map Parameters卷展栏中的变换工具和对齐按钮位于贴图参数类型按钮的下方，如Align X等。

● Pelt（毛皮）：对选定的面应用毛皮贴图。单击此按钮可激活毛皮模式，在这种模式下可以调整贴图和编辑毛皮贴图。

注：毛皮贴图总是对整块毛皮使用一个单独的平面贴图。如果应用了如Box（长方体）等不同类型的贴图，然后切换到毛皮模式，那么前面做的贴图效果将会消失。

● Cylindrical（柱形）：对当前选定的面应用圆柱形贴图。具体操作是，选择对象，单击该按钮，使用Map Parameters卷展栏中的变换工具和各个对齐按钮调整圆柱贴图框，然后再次单击Cylindrical按钮退出即可。

注：将柱形贴图应用到选择对象上时，软件将每一个面贴图至圆柱体贴图框的边上使其最吻合圆柱的方向。为了得到最好的效果，应对圆柱形的对象或部位使用柱形贴图。

● Spherical（球形）：对当前选定的面应用球形贴图。具体操作是，选择对象，单击该按钮，使用Map Parameters卷展栏中的变换工具和各个对齐按钮调整球形贴图框，然后再次单击Spherical按钮退出即可。

● Box（长方体）：对当前选定的面应用长方体贴图。具体操作是，选择对象，单击该按钮，使用Map Parameters卷展栏中的变换工具和各对齐按钮调整长方体贴图框，然后再次单击Box按钮退出即可。

注：将长方体贴图类型应用到选择对象上时，软件将每一个面贴图至长方体贴图框的边上，使其最适合长方体的方向。为了得到最好的效果，应对长方形对象或部位使用长方体贴图。

● AlignX／Y／Z（对齐X／Y／Z）：将贴图框对齐到对象本地坐标系中的X、Y、Z轴。

● Best Align（最佳对齐）：调整贴图的贴图框位置和方向，根据选择的范围和平行法线进行缩放，使其适合面选择。

● Fit（适配）：将贴图框缩放至选择的范围，并使其位于选择中心。该功能不更改映射方向。

● Align to View（对齐到视图）：重新调整贴图框的方向使其面对活动视域，然后根据需要调整其大小和位置，以使其与选择范围相符。

● Center（中心）：移动贴图框以使它的轴与选择中心对齐。

● Reset（重置）：缩放贴图框以使其与选择对象吻合并与对象的本地空间对齐。

● Normalize Map（规格化贴图）：启用该复选框后，缩放贴图坐标使其符合标准坐标贴图空间0～1；禁用该复选框后，贴图坐标的尺寸与对象本身相同，贴图总是在0～1坐标空间中平铺一次。贴图的部位基于其Offset（偏移）和Tiling（平铺）的值。为了得到最好的效果，应该总是启用Normalize Map复选框。禁用此选项的一个原因是希望使用一种特定纵横比的纹理对几个不同比例的元素进行贴图，例如砖块，在每个对象上保持相同的纹理尺寸。

● Edit Seams（编辑接缝）：在视域中选择边来指定毛皮的接缝。这与标准的边选择相似但不完全相同，具体操作方法如下

◆ 单击一条边将其添加到当前的选择中。

◆ 按住Alt键单击一条边，将其从当前选择中移除。

◆ 拖动选择一个区域。

● Point To Point Seam（点到点的接缝）：在视域中用鼠标选择顶点来指定毛皮接缝，用该工具指定的毛皮接缝总是添加到当前接缝选择中。在此模式中，单击一个顶点之后，会从单击的地方出现一条跟随着鼠标指针的橡皮筋线，单击另一个顶点创建一条毛皮接缝，然后继续单击顶点以在每个顶点到上一个顶点之间创建接缝。如果要在此模式中需要从另一个不同的顶点开始绘制接缝，可单击右键，然后单击新的顶点继续操作即可。要停止绘制接缝，可再次单击Point To Point Seam按钮将其关闭。

注1：当激活Point to Point Seam按钮时，可以在任何时候使用上下文控件（如中键拖放、Alt+中键拖放、转动鼠标滚轮等）进行平移、旋转和缩放视图窗口操作，以此来访问网格曲面的不同部

位。经过这样的操作之后，软件仍然能记住上一次单击的顶点，并在下一次单击的地方绘制一个准确的接缝。与此类似，可以使用视图窗口控制按钮调整视图窗口，然后返回并选择接缝。如果完成控制操作需要不止一次单击，例如平移操作，可以在视图窗口中单击右键退出此控制，恢复显示橡皮筋线，则该线条将从上一次单击的顶点处延伸过来。

注2：使用点到点的接缝计算出来的路径可能会创建一条与预期不符的接缝，如果发生了这种情况，可按Ctrl+Z快捷键撤销本次操作，然后把绘制点排列得紧凑一些，重新指定。

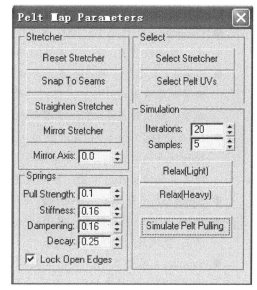

图3-12

- Edge Sel To Pelt Seams（选定的边到Pelt接缝）：将当前选择的边转换为毛皮接缝，这些接缝将添加到现有的接缝中。
- Exp. Face Sel to Pelt Seams（扩展选定的面到Pelt接缝）：扩展当前选择的面使其与毛皮接缝的边界吻合。如果有多个接缝轮廓都包含所选中的面，那么扩展只产生在最后一次选中的面上，而取消其他所有选择。
- Edit Pelt Map（编辑Pelt贴图）：在毛皮模式中打开编辑UVW对话框，同时Pelt Map Parameters（Pelt贴图参数）对话框（见图3-12）处于激活状态。该功能还可根据毛皮接缝初始化贴图坐标。Edit Pelt Map按钮仅当激活Pelt（毛发）贴图模式时可用。

3. Edit UVWs（编辑贴图坐标）编辑器

在毛皮模式中，单击Edit按钮打开Edit UVWs编辑器时，Pelt Map Parameters对话框也同时被激活，可使用其中的控制功能来拉伸贴图坐标，使得坐标更容易进行纹理贴图。

（1）Pelt Map Parameters对话框。

先来介绍Pelt Map Parameters对话框中的控件。

- Stretcher（拉伸器）：该选项组用于拉伸贴图坐标。
- Reset Stretcher（重置拉伸器）：将拉伸器和毛皮UV恢复为其默认的形状和方向，这样就丢失了对拉伸器所做的任何拉伸、编辑或贴图坐标修改。
- Snap To Seams（捕捉到接缝）：将所有拉伸顶点与毛皮UV上的边接缝对齐，这会使拉伸器呈现毛皮的轮廓。为获得最佳效果，应在拉伸完成后使用该功能。
- Straighten Stretcher（拉直拉伸器）：可通过移动顶点为拉伸器指定多边形轮廓。当该模式处于激活状态时，移动一个拉伸器的顶点，然后再移动另一个不相邻的顶点，则在两个顶点之间将所有居于其间的顶点排成一条直线。该过程是完全交互的，当移动第二个顶点时，居于其间的顶点将不断改变位置来保持以直线排列，继续移动顶点可以创建一个多边形轮廓。如需要退出，则再次单击Straighten Stretcher按钮即可。
- Mirror Stretcher（镜像拉伸器）：将拉伸器顶点从Mirror Axis（镜像轴）的一侧镜像到另一侧。默认情况下，镜像拉伸器是将顶点从右侧镜像到左侧。
- Mirror Axis（镜像轴）：用于指定镜像轴的方向。该轴是由3条黄线组成的"T"形，"T"的竖线表示使用镜像拉伸器时将被镜像的一侧，水平线表示镜像的轴。默认设置为0.0，范围为0.0～360。
- Select（选择）：该选项组用于选择顶点和贴图坐标。

- Select Stretcher（选择拉伸器）：选择所有的拉伸器顶点。
- Select Pelt UVs（选择Pelt UVs）：选择所有的毛皮贴图坐标。
- Springs（弹簧）：选项组用于控制拉伸皮毛的弹簧。
- Pull Strength（拉伸强度）：指定单击Simulate Pelt Pulling（模拟Pelt拉伸）按钮时拉伸动作的数量级。默认值为0.1，范围是0.0～0.5。
- Stiffness（刚度）：设置弹簧拉伸的速率，刚度值越高，拉伸动作越生硬。默认设置是0.16，范围是0.0～0.5。
- Dampening（阻尼）：对拉伸动作应用阻尼或抑制因子，阻尼值越高，对拉伸器的抑制就越大。默认设置是0.16，范围是0.0～0.5。
- Decay（衰退）：每个毛皮结合口顶点对其他贴图顶点影响的衰减速率。较高的衰退值通常会导致非常大的拉伸，或得到不希望出现的结果，要得到最佳结果，还是需要保持较低的衰减值。默认设置是0.25，范围是0.0～0.5。
- Lock Open Edges（锁定开放边）：将开放边锁定在适当的位置，通常适用于对毛皮区域中贴图顶点的部分选择使用拉伸器。选择该复选框时，未选定顶点旁边的选定顶点在拉伸期间很可能会停留在原位置；禁用该复选框时，选定顶点很可能会离开未选定的顶点。
- Simulation（模拟）：该选项组是用于模拟的主要控件。
- Iterations（迭代次数）：单击Simulate Pelt Pulling按钮时，按模拟的次数运行完毕。默认设置为2，范围是1～100。
- Samples（采样数）：围绕在模拟中使用的每个毛皮结合口顶点的采样的数量。较高的值将会导致较大的拉伸效果，默认设置为5，范围是1～50。
- Relax（Light）（松弛（轻））：用于在贴图顶点之间产生一个相对弱的距离标准。
- Relax（Heavy）（松弛（重））：用于在贴图顶点之间产生一个相对强的距离标准。
- Simulate Pelt Pulling（模拟Pelt拉伸）：单击此按钮运行该模拟，将毛皮结合口顶点拉向拉伸器顶点。按Esc键退出模拟过程。

（2）编辑器顶部工具栏。

- Edit UVWs（编辑贴图坐标）编辑器（见图3-10）顶部工具栏包含了大部分在贴图视图区中操纵贴图映射坐标子对象的控制、导航控制工具和一些设置选项。

提示

在对贴图坐标进行移动、旋转和缩放变换时，同时配合Ctrl+Alt键，可以以当前指针所在点为轴心进行变换，代替原来的以选择集合的中心为轴心进行变换。

- Move、Move Horizontal、Move Vertical移动、水平移动、垂直移动工具"﹢"、"↔"、"↕"：用于对贴图坐标的子级别对象进行选择和移动，配合Shift键可以约束在单方向上移动。
- Rotate旋转工具"◌"：用于对贴图坐标的子级别对象进行选择和旋转。
- Scale、Scale Horizontal、Scale Vertical缩放、水平缩放、垂直缩放工具"▤"、"▥"、"▤"：用于对贴图坐标的子级别对象进行选择和缩放。配合Shift键可以约束在单方向上缩放。
- Freeform Mode自由形式工具"▣"：可同时进行对贴图坐标子级别对象的选择、移动、旋转和缩放操作。选择顶点之后，会在选择点的周围显示一个可自由变形的矩形线框，指针移动到矩形线框的不同位置，会显示不同形状的光标。其功能与对应的移动、旋转和缩放工具相同。

- 镜像贴图坐标"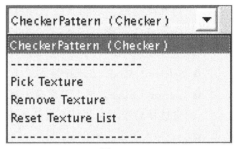"、"▩"、"▩"、"▩"：这4个按钮用于镜像当前选择的顶点和翻转UV坐标，包括水平和垂直镜像、水平和垂直翻转等。
- Show Map（显示贴图）"▩"：该按钮用于在编辑器窗口中显示贴图。
- 坐标"▩"、"▩"、"▩"：这是一个下拉式按钮组，用于指定当前视图的轴向。可分别切换UV、UW和VW 3个轴向的贴图坐标。
- 纹理下拉列表：包含可指定给对象的所有贴图，如图3-13所示。在材质编辑器和本编辑器中指定的名称会出现在这个列表中。也可按照此列表下方的命令来对贴图做相应操作。

图3-13

- Pick Texture（拾取纹理）：从下拉菜单中选择此项后，会打开Material/Map Browser（材质/贴图浏览器），可以选择一种贴图作为当前编辑窗口中的背景图像。这个列表中最多可储存10幅贴图，它们会一一显示在列表中，调用很方便。如果想显示出当前对象已经指定的贴图图像，可以单击列表右侧的三角按钮，直接选择已经指定的贴图图像。
- Remove Texture（移除纹理）：在编辑器中对当前的纹理显示及其在列表中的名称进行消除。
- Reset Texture List（重置纹理列表）：将纹理列表返回到应用材质的当前状态，移除添加的纹理，并且还原被移除的属于原始材质的纹理（如果它们仍然存在于材质中）。

（3）编辑器底部工具栏。

- U/V/W：显示当前选择的UVW坐标值，可以用微调器调节，也可以直接输入数值。如果选择了单个顶点，这里会显示出它的实际坐标值；如果选择了多个顶点、边或面，只能在它们拥有相同的坐标值时显示出相应的数值，否则显示为空白。
- Lock Selection（锁定选择）"▩"：锁定选择的子对象。
- Filter Selected Faces（过滤选择面）"◿"：在进行贴图坐标的编辑时，激活此按钮后，编辑窗口中仅会显示视图中所选择面的UVW顶点，其他面的顶点在编辑窗口中会暂时隐藏起来。
- All IDs（所有ID号）：只显示具有当前材质ID号（可从下拉菜单中选择）的纹理表面。
- Pan、Zoom、Zoom Rigion、Zoom Extents平移、缩放、局部放大、最大化"▩"、"▩"、"▩"、"▩"：用于对视图显示进行操作，和标准的显示操作工具相同，也可以直接使用标准的快捷键进行视图显示操作。
- Grid Snap（栅格捕捉）"▩"：将被控坐标的子对象捕捉到最近的栅格线或交叉线上。
- Pixel Snap（像素捕捉）"▩"：将被控坐标的子对象捕捉到最近的背景图像像素上。缺省设置是捕捉到每个像素的四角上，如果选择下面的Center Pixel Snap（像素中心捕捉）复选框，则会捕捉到每个像素的中心点上。

（4）编辑器选项面板。

编辑贴图坐标编辑器的选项面板如图3-14所示。

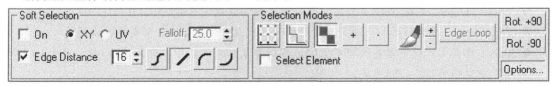

图3-14

- Soft Selection（软选择）：该选项组用于设置软选择相关选项。

- On（打开）：此复选框是软选择的开关。软选择可以对选择的顶点周围产生一个类似磁场的影响区域，根据Falloff（衰减）值决定衰减范围。
- XY/UV：选择XY时，将在对象空间进行衰减；选择UV时，将在纹理空间进行衰减。
- Falloff（衰减）：设置软选择影响力的衰减范围。
- Edge Distance（边距）：在当前选择和受影响的顶点子对象之间，根据指定边界的数目限制衰减范围，右侧数值表示从选择点到影响点之间边的数量。它有4种衰减计算方式：Smooth（平滑）" $\int$ "、Linear（线性）" $\diagup$ "、Slow Out（减速）" $\frown$ "、Fast Out（加速）" $\smile$ "。
- Selection Modes（选择模式）：用于设置选择模式。
- Vertex、Edge、Face（顶点、边、面）" "、" "、" "：指定在贴图坐标编辑窗口中选择的子对象类型，默认类型为顶点。
- +、–（扩张、缩小）" "、" "：用于增加或减少选择的子对象。
- Select Element（选择元素）：以元素为最小单位进行选择。选择时，单击元素的任意位置，整个元素将被选择。
- Paint Select Mode（绘制选择模式）" "：通过在编辑器窗口中拖动来选择坐标子对象。激活此模式后，将指针移入编辑器窗口中拖动即可选择子对象，要退出该模式，可右键单击窗口或选择变换工具，此模式只选择完全在选择笔刷范围内的子对象。跟随鼠标指针的虚线圆显示刷子的大小。使用画笔按钮旁边的"+"和"–"按钮可更改虚线圆的大小。
- Edge Loop（循环边）：扩展当前选择的边以选择连接到选定边的循环中的所有边。具体操作是，选择一条或多条边，然后单击Edge Loop按钮。
- Rotate+90：沿着选择的中心旋转90°。
- Rotate–90：沿着选择的中心旋转–90°。
- Options（选项）：激活此按钮后，会弹出下一半选项面板，其中包括一些扩展参数，如图3-15所示。之所以如此安排，主要是为了节省界面空间。

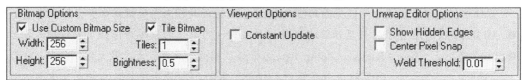

图3-15

- Bitmap Options（位图选项）：此选项组用于对位图贴图进行设置。
- Use Custom Bitmap Size（使用自定义位图大小）：选择此复选框时，按照下面指定的宽度和高度值在编辑窗口中缩放位图的显示。这种缩放不是真正的缩放材质位图文件，只是缩放在贴图坐标编辑器中的显示比例。如果使用的贴图过大，减小显示大小可以加速界面对显示的反馈，提高调节效率。如果使用贴图不成比例，可以使用它调整到正确的比例以便进行坐标编辑。
- Width/Height（宽度/高度）：沿水平或垂直轴向缩放位图的显示。
- Tile Bitmap（重复位图）：选择此复选框时，可以在编辑窗口中重复显示位图。
- Tiles（重复）：设置沿着纹理图像四边方向重复位图的数量，重复值为1时，产生3×3个位图；重复值为2时，产生5×5个位图。
- Brightness（亮度）：设置背景位图显示的亮度，值为1时，亮度值等于原始位图的亮度值；值为0时，显示为黑色。

- Viewport Options（视图选项）：此选项组对有关视图更新的选项进行设置。
- Constant Update（持续更新）：开启时，在调节UVW控制点的过程中，视图会实时进行更新，否则只在释放鼠标后进行更新。
- Unwrap Editor Options（展平编辑器选项）：此选项组包含对编辑器的其他一些设置控件。
- Show Hidden Edges（显示隐藏边）：选择此复选框时，面内部的隐藏边会显示出来；取消选取时，只显示面的可见边。
- Center Pixel Snap（像素中心捕捉）：选择Pixel Snap（像素捕捉）方式后再选择此复选框，则控制点位置会捕捉到背景图像的像素中心。
- Weld Threshold（焊接阈值）：设置贴图坐标焊接操作影响的半径范围。这个设置是在UV空间上的距离，缺省值为0.01，范围是0~10。

（5）编辑器菜单栏。

编辑贴图坐标编辑器共有8个菜单。

1）File（文件）菜单。

- Load UVs（载入UVW）：用于导入贴图坐标设置文件。
- Save UVs（保存UVW）：保存UVW贴图坐标为扩展名为.uvw的贴图坐标文件。
- Reset All（全部重设定）：将贴图坐标恢复为编辑前的状态。

2）Edit（编辑）菜单。

- Move Mode（移动模式）：用于选择和移动坐标映射子对象。
- Rotate Mode（旋转模式）：用于选择和旋转坐标映射子对象。
- Scale Mode（缩放模式）：用于选择和缩放坐标映射子对象。
- FreeForm Gizmo Mode（自由变形线框模式）：用于自由选择和变换坐标映射子对象。
- Copy（复制）：复制当前子对象的纹理坐标到缓冲器中。
- Paste（粘贴）：将缓冲器中的纹理贴图坐标应用到当前选择的子对象上。使用这个命令可以将同一贴图坐标应用到不同数量的几何表面。
- Paste-Weld（粘贴焊接）：将复制到缓冲区中的内容复制给当前的选择，并且焊接一致的顶点，可有效地将原始选择和目标选择共同的部分进行焊接融合。使用粘贴焊接可以用一个单独的贴图坐标终结已经指定给多个几何体元素的贴图坐标，调节这些坐标会对所有几何体产生作用。

3）Select（选择）菜单。

这里的命令主要是提供不同子对象选择集合之间的相互转换，包括顶点、边及面。

- Get Selection From Viewport（从视图获取选择）：复制视图中选择的贴图坐标到编辑窗口中。
- Convert Vertex to Edge（将顶点转换为边）：将选择的顶点转换为边，并自动进入边选择模式。只有边的两端点都被选择，才可转换为选择的边。
- Convert Vertex to face（将顶点转换为面）：将选择的顶点转换为选择的面，并自动进入面选择模式。只有一个面的全部顶点被选择时，才可转换为选择的面。
- Convert Edge to Vertex（将边转换为顶点）：将选择的边转换为选择的顶点，并自动进入顶点选择模式。
- Convert Edge to face（将边转换为面）：将选择的边转换为选择的面，并自动进入面选择模式。只有选择了面上所有的顶点后，选择的边才会转换为选择的面。
- Convert face to Vertex（将面转换为顶点）：将选择的面转换为选择的顶点，并自动进入顶点选择模式。

- Convert face to Edge（将面转换为边）：将选择的面转换为选择的边，并自动进入边选择模式。
- Select Inverted Faces（选定反转面）：选择任何背离当前贴图方向的面。此选项可用于寻找折叠在自身曲面后面的面。
- Select Overlapped Faces（选定重叠面）：选择覆盖在其他面上的面。如果没有选定面，则该选项选择所有重叠的面；如果有选择的面，则该命令只选择那些选择面之内的重叠面。

4）Tools（工具）菜单。

提供多个用于对贴图坐标进行各种编辑操作的工具，例如用于坐标子对象焊接、合并、分离、翻转与镜像贴图坐标等的工具。

- Filp Horizontal（水平翻转）：按被选择子对象集合进行分离并水平镜像贴图坐标。
- Filp Vertical（垂直翻转）：按被选择的子对象集合进行分离并垂直镜像贴图坐标。
- Mirror Horizontal（水平镜像）：沿着水平方向把被选择子对象的UVW坐标镜像翻转。
- Mirror Vertical（垂直镜像）：沿着垂直方向把被选择子对象的UVW坐标镜像翻转。
- Weld Selceted（焊接选定项）：基于焊接阈值的范围，将被选择的子对象焊接为一个点。焊接阈值可以在坐标编辑器扩展面板中的Weld Threshold（焊接阈值）输入框中进行设置。
- Target Weld（目标焊接）：焊接一对顶点或边（对多边形子对象级别不起作用）。执行这个命令后，拖动选择的顶点或边到焊接目标的顶点或边，此时鼠标指针形状会改变，松开鼠标后，完成目标焊接操作。激活此命令可以连续进行焊接操作，在坐标编辑窗口中单击右键即可退出焊接操作。
- Break（断开）：对子对象集进行打断操作。3个子对象级都可以使用这个命令进行打断操作。
- Detach Edge Verts（分离边顶点）：尝试将当前选择分离为新的元素。在分离前任何无用的顶点和边都会从选择集合中去除。
- Stitch Selected（缝合选定项）：针对当前选择，找到指定给同一几何顶点的全部贴图顶点，将它们焊接到一起。使用这个工具可以自动连接模型上连续的表面，而不是在贴图编辑器里的面。缝合工具主要的作用是精简贴图碎片，展平后的贴图会拥有很多小的碎片，对将来贴图的绘制带来很多不便，这时可以将邻近的表面进行缝合，形成比较完整的贴图片，便于进行贴图纹理的绘制。使用时先选择一条要进行缝合的边，与它共享边界的边会加亮显示出来，此时使用这个命令，在弹出的缝合工具对话框中设置相应的参数，按下OK钮即可完成缝合。
- Align Clusters（对齐簇）：移动目标簇的原始簇，并且在需要时旋转目标簇以配合缝合，形成无交叠的贴图片。如果关闭此项，目标簇仍然保持自身的位置和方向，这样缝合往往会产生交叉和重叠现象。
- Scale Clusters（缩放簇）：调整目标簇的大小，使之与簇的大小相当。只有在Align Clusters（对齐簇）处于启用状态时才会生效。默认设置为启用。
- Bias（偏斜）：设置缝合时目标簇从原始位置进行移动的程度。值为0时，子对象仍保持在原始簇的原位；值为1时，子对象仍保持在目标簇的原位；在此之间的数值，位置在两者之间的位置。
- Set As Default（设置为缺省）：将当前设置指定为当前任务的缺省设置。
- Pack UVs（紧缩UV）：重新对贴图坐标的簇进行组合分布，尽可能少地使用面积，实现更优化的分布方案。如果一些簇重叠在一起，使用这个工具可以很方便地进行调整。

注意

    Pack UVs（紧缩UV）命令应该在完成贴图绘制之前使用，否则贴图坐标簇的重新分布会导致以前的图像失效。这也是3ds Max贴图技术的一个缺陷，如果已经完成了贴图的绘制和定位，再想调整贴图簇的分配方案是不可能的。

    使用紧缩贴图坐标命令时会弹出一个Pack（紧缩）对话框，如图3-16所示。

    紧缩方式下拉列表提供了两种紧缩计算方式，一种是Linear Packing（线性紧缩），使用线性计算方式紧缩贴图簇，尽量排除无用的空间，计算速度快但不够精确；另一种是Recursive Packing（递归紧缩），比线性计算方式慢，但更加精确。

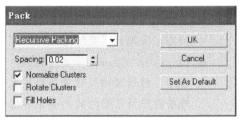

图3-16

    Pack对话框参数如下。

- Spacing（间距）：控制贴图簇彼此之间的最小间距，值越大，空隙越大。
- Normalize Clusters（规格化簇）：控制是否将最后的贴图簇限制在1个单位的贴图编辑面积内。如果取消对此复选框的选取，最后分布的贴图簇有可能超出背景贴图的区域，所以一般是选取此复选框。
- Rotate Clusters（旋转簇）：控制是否旋转簇以使它的边界框达到最小。
- Fill Holes（填充孔洞）：选择此复选框，小的贴图簇会放置在大的贴图簇的中空部位，以节省更多的分布空间。
- Set As Default（设置为默认）：将当前设置设定为默认设置，以后再次进行紧缩时，面板会自动显示出当前设置的内容。
- Sketch Vertices（绘制顶点）：为鼠标牵引选择的顶点绘制外轮廓线。该功能对顶点的调整非常有效，当拖动鼠标时，顶点会随鼠标箭头进行定位。
- Relax Dialog（松弛对话框）：该对话框允许通过移动顶点来接近或者远离它们的相邻顶点，以更改选定纹理顶点中明显的曲面张力。松弛纹理顶点可以使其距离更加均匀，从而更容易进行纹理贴图。该对话框在子对象层级可用。
- Render UVW Template（渲染UVW模板）：该对话框允许将纹理贴图坐标线框导出为一个图像文件，之后可以将该文件导入到平面绘图软件中对位以便绘制贴图纹理。

    5）Mapping（贴图）菜单。

    提供3种不同的自动展开贴图方式，对贴图簇进行自动分割，完成贴图坐标的指定。每种模式都指定给当前选择的面，如果没有选择的面，就直接指定给整个贴图坐标。3种贴图分展方式区别如下。

- Flatten Mapping（展平贴图）：对指定角度阈值内的连续表面应用平面贴图。
- Normal Mapping（法线贴图）：基于不同的法线映射方向指定平面贴图。
- Unfold Mapping（展开贴图）：展开网格表面，不会造成面的扭曲，但不能保证展开的贴图簇不会发生重叠。

    这些自动贴图坐标展开方式在实际应用中经常会使用到，对选择的面分别指定不同的贴图坐标，或者先用自动展开方式展开坐标，再根据具体分展的情况进行手工调节。执行其中一项贴图命令会打开相应的对话框，下面分别对这些对话框进行说明。

    Flatten Mapping（展平贴图）对话框，如图3-17所示。

- Face Angle Threshold（面角度阈值）：如果面
  与面之间的最大角度在此阈值范围内，将被聚
  集到同一簇中，使用同一平面贴图。值越大，
  每个簇的面积越大，产生的簇的数量越少，但
  贴图纹理相对于对象的变形也越大。

- Spacing（间距）：控制贴图簇彼此之间的最小
  间距，值越大，空隙越大。

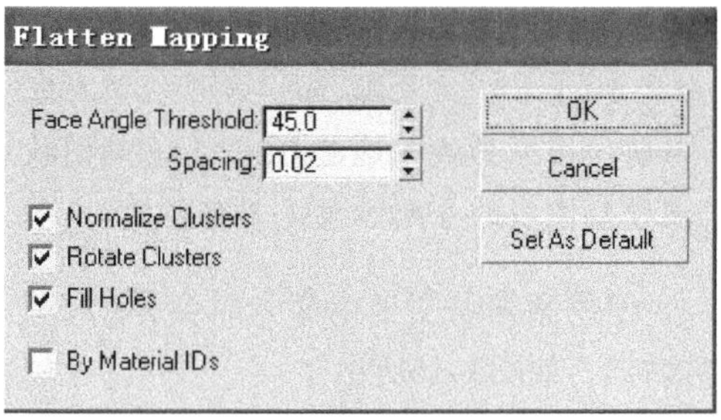

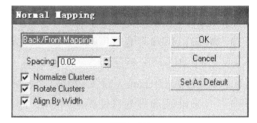

图3-17

- Normalize Clusters（规格化簇）：选择此复选
  框后，经过紧缩处理的簇会缩放到编辑窗口中1个单位空间内，取消选择，经过紧缩处理的
  组会按照对象空间的大小显示在编辑窗口中，往往会超出贴图单元的空间。为防止贴图簇超
  出单元范围，一般应选择此复选框。

- Rotate Clusters（旋转簇）：控制是否旋转簇以使它的边界框达到最小。

- Fill Holes（填充孔洞）：选择此复选框，小的贴图簇会放置在大的贴图簇的中空部位，以节
  省UV坐标分布的空间。

- Set As Default（设置为默认值）：将当前设置设定为默认设置，以后再次进行贴图时，面板
  会自动显示出当前的设置内容。

Normal Mapping（法线贴图）对话框，如图3-18所
示。该对话框用来指定基于不同的法线映射方向的平面
贴图。

Back/Front Mapping贴图方向下拉列表提供了6种不同
的自动展开贴图坐标的方式，分别如下。

- Top/Bottom Mapping（顶面/底面贴图）：从模
  型的顶面与底面两侧自动展开坐标。

图3-18

- Back/Front Mapping（背面/前面贴图）：从模型的背面与前面两侧自动展开坐标。

- Left/Right Mapping（左面/右面贴图）：从模型的左面与右面两侧自动展开坐标。

- Box No Top Mapping（无顶面长方体贴图）：以无顶面长方体的多个侧面自动展开坐标。

- Box Mapping（长方体贴图）：以长方体的六个侧面自动展开坐标。

- Diamond Mapping（钻石形贴图）：以钻石形的多个侧面自动展开坐标。

这6种不同的自动展开贴图坐标的方式如图3-19所示。

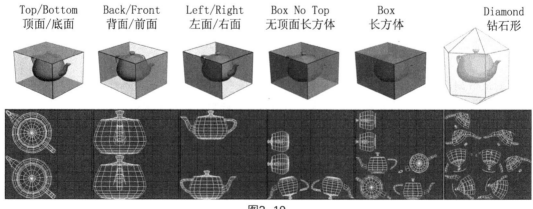

图3-19

法线贴图方式自动展开UV（即贴图坐标）的方法在展开UV的操作中经常会用到，在使用时，一
般先进行自动展开UV的操作，然后再手动进行整理组合，以得到自己需要的UV形状。

- Spacing（间距）：控制贴图簇彼此之间的最小间距值，值越大，空隙越大。
- Normalize Clusters（规格化簇）：选择此复选框时，经过紧缩处理的簇会缩到编辑窗口中1个单位空间内；取消选择，经过紧缩处理的组会按照对象空间的大小显示在编辑窗口中，往往会超出贴图单元的空间，一般应选择此项。
- Rotate Clusters（旋转簇）：控制是否旋转簇以使它的边界框达到最小。
- Align By Width（按宽度对齐）：用于控制是否以簇的宽度或高度来控制簇的布局。
- Set As Default（设置为默认）：将当前设置设定为默认设置，以后再次进行贴图时，面板会自动显示出当前的设置内容。

Unfold Mapping（展开贴图）对话框参数如下。

- Walk to Farthest Face（沿最远面运动）/Walk to Closest Face（沿最近面运动）：两种指定展开贴图的方式。一般选择Walk to Closest Face能产生较好的效果，而Walk to Farthest Face经常会产生重叠现象。

对话框的Normalize Clusters（规格化簇）和Set As Default（设置为默认）选项与展平贴图和法线贴图的作用相同，不再赘述。

6）Option（选项）菜单。

在Option菜单中有一个在展开UV中经常会用到的命令——Advanced Options（高级选项）。执行此命令，会弹出如图3-20所示的对话框。

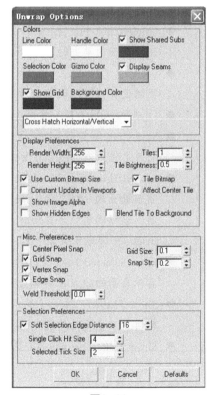

图3-20

Unwrap Options（展开选项）对话框包括的选项如下。

- Color（颜色）：此选项组用于自定义UVW线框的颜色，在无法区分贴图线框颜色时可以自行设置其颜色。
- Line Color（线条颜色）设置贴图线框颜色，预设颜色为白色。
- Handle Color（控制柄颜色）：设置面片控制柄的显示颜色，预设颜色为黄色。
- Show Shared Subs（显示共享子对象）：选择此复选框时，当前选择子对象的共享子对象部分会高亮度显示，多数情况是共享边界的显示。如果是一个单独的点，共享的子对象为顶点。该选项预设颜色为蓝色。
- Selection Color（选择颜色）：指定当前选择的UVW子对象颜色，预设颜色为红色。
- Gizmo Color（Gizmo颜色）：指定自由变形线框的颜色，预设颜色为橙色。
- Display Seams（显示接缝）：选择此复选框时，给接缝边界指定一个特殊的颜色，预设颜色为绿色。
- Show Grid（显示栅格）：选择此复选框时栅格线可视，预设颜色为黑蓝色。
- Background Color（背景色）：指定贴图坐标编辑窗口中背景的颜色，预设颜色为深灰。
- 填充下拉列表 用于指定选择面的填充图案，预设项为Cross Hatch Horizontal/Vertical（水平/垂直交叉）。
- Display Preferences（显示设置）：选项组中的部分项目与编辑器底部选项栏中的Option（选项）扩展面板的功能相同，请查阅前面介绍过的相应内容。

- Affect Center Tile（影响中心平铺）：选择此复选框时，Tile Brightness（平铺亮度）的值影响主贴图和重复贴图；取消选择时，Tile Brightness的值仅影响主贴图。
- Blend Tile to Background（混合平铺贴图背景）：如果Tile Brightness设置的值小于1，选择此复选框，平铺贴图的颜色会混合背景色；反之，平铺贴图的颜色混合黑色。

Misc.Preferences（其他首选项）选项组包括如下选项。

- Center Pixel Snap（中心像素捕捉）：选择此复选框后，捕捉背景图像的中心像素而不是边缘像素。
- Grid Snap（栅格捕捉）：选择此复选框后，将捕捉栅格边和相交处。
- Vertex Snap（顶点捕捉）：选择此复选框后，将捕捉到纹理坐标顶点。
- Edge Snap（边捕捉）：选择此复选框后，将捕捉到纹理坐标边。
- Weld Treshold（焊接阈值）：设置使用Weld Selected（焊接选定项）生效的焊接半径。此设置在于与UV空间的距离，默认值为0.01，范围为0~10。
- Grid Size（栅格大小）：用于设置栅格线之间的间距，值为0时，相当于没有栅格线；值为1时，与纹理的显示大小一样。
- Snap Str（捕捉强度）：设置栅格捕捉的强度，默认值为0.2，可以输入0~0.5之间的任何数值。

Selection Prefrences（选择设置）选项组不常用，不赘述。

- Single Click Hit Size（单击感应大小）：用于设置选择子对象的感应距离范围。鼠标在这个距离范围内单击时，便可以选择该子对象，默认值为4，可以键入1~10之间的数值。
- Selected Tick Size（选择标记大小）：选择点后，在选择点上会显示一个矩形线框，通过这里的设置，可以调节矩形线框的显示大小。
- Load Defaults（载入默认）：从Plugcfg目录中载入编辑器设置文件unwrapuvw.ini。
- Save Current Settings As Default（保存当前设置为默认）：将当前编辑器设置以unwrapuvw.ini文件名保存在plugcfg目录中。
- Always Bring Up The Edit Window（始终打开编辑器窗口）：选择此命令时（菜单中该命令项前面出现"√"），如果对象使用了Unwrap UVW编辑器进行过修改，则选择这个对象后，编辑器窗口会自动打开，否则需单击Edit按钮才能打开。

7）Display（显示）菜单。

- Filter Selected Faces（过滤选择面）：选择此命令时，仅显示视图中选择表面的UVW顶点，其他表面的顶点在编辑器窗口中会暂时隐藏起来。
- Show Hidden Edges（显示隐藏边）：选择此命令时，面内部的隐藏边会显示出来；取消选择时，只显示面的可见边。
- Show Edge Distortion（显示边扭曲）：使用绿色到红色的颜色范围描绘扭曲。此功能不常用，不赘述。
- Show Vertex Connections（显示顶点连接）：选择此命令，所有选择点上会多一个数字标签显示，如果是共享点，将显示相同的标签号。
- Show Shared Sub-objects（显示共享的子对象）：选择此命令时，与当前选择共享的边或点会以指定的颜色显示出来。颜色可以在Advanced Oplions（高级选项）对话框中进行设置。
- Update Map（更新贴图）：如果在对象的材质编辑器中改变了使用的位图，执行这个菜单命令可以更新编辑器的背景图像。

8）View（视图）菜单。

- Zoom（放大）：在编辑窗口中通过拖动鼠标缩放视图显示区域。如果是3D鼠标，也可以使用中间的滚轮进行视图缩放。

- Zoom Extents（最大化）：将所有UVW点以最大化的方式显示在编辑窗口中。
- Zoom Region（区域放大）：在视图中框选局部区域，将它放大显示。
- Zoom To Gizmo（放大到线框）：将当前激活视图缩放到当前选择的大小。
- Zoom Extents Selected（最大化选择）：将所选择的UVW点以最大化的方式显示在贴图坐标编辑窗口中。
- Pan（平移）：通过拖动鼠标改变显示的区域，三键鼠标也可以直接使用中键平移。在贴图坐标编辑窗口中，可以使用Ctrl+Alt+中键进行视图的缩放操作。

3.1.4 分展UV坐标

前面是这一章命令参数部分的介绍，因为内容及信息量极其庞大，读者一般很难一下子掌握，更何况抽象的命令解释对于初学者来说无异于一座难以逾越的高山。但是，通过由简单到复杂的实例练习，就会在解决具体问题的过程中，慢慢把前面庞杂的内容逐步消化掉，犹如把这座高山慢慢铲平，直到夷为平地，那时就可以完全掌握了。当然，这需要一个由浅入深的学习过程。

其实，在实际制作过程中，设计师们都有自己常用的命令和工作习惯，并非前面讲到的所有命令都必须用到。只要能够实现最终效果，将个别命令组合起来使用，同样可以帮助设计师完成全部工作。

以下的实例学习就是读者逐步揭开这个复杂而强大的Unwrap UVW（展开式UVW三向坐标系统）的贴图坐标定位功能系统的密码。

1. 实例1：理解模型与坐标系统的对应关系

每个模型的面都有相应的UV坐标与之对应，可以通过以下的例子来理解。

（1）准备工作。

01 在前视图创建一个长宽各为200的平面模型，长宽的段数皆为4，如图3-21所示。

02 准备一张正方形的、像素（位图图片组成结构的最小单位）值为512×512的图片，里面放置4张图。这里暂时以数字1、2、3、4代替图中内容，如图3-22所示。

03 按M键打开材质编辑器，指定一个材质球给平面模型，并通过前面讲过的指定贴图的方法把贴图载入材质球。由于平面模型自身有一个预设的平面坐标系统，所以，激活材质球的显示贴图按钮"⬚"后，模型上就会显示出这张图片，如图3-23所示。

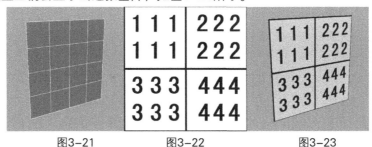

图3-21　　　　图3-22　　　　图3-23

（2）调整图片对应的UV坐标。

01 为平面模型添加Unwrap UVW修改器。

02 单击Edit按钮，打开贴图坐标编辑器。

03 调整软件的界面分布，使贴图坐标编辑器和视图中的模型可同时显示，方便实时观察模型在视图和编辑器里UV的选择状态，如图3-24所示。

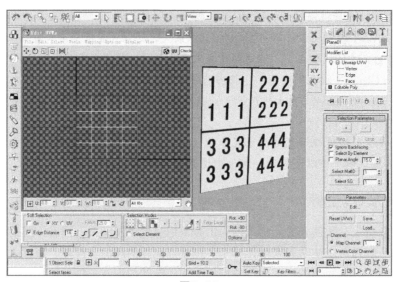

图3-24

（3）对模型的UV操作。

01 通过观察，看到贴图坐标编辑器中没有显示贴图，此时可以在纹理下拉列表中选择贴图的名称（在材质编辑器中已经指定的贴图会在显示选项中显示出来，最多支持10张贴图名称列表），如图3-25所示。之后选择的贴图就会在贴图坐标编辑器中显示出来，这有利于UV与贴图的对位操作。

02 单击""按钮选择面子对象选择模式，把对应1、2、3、4贴图的UV进行分解，分别选择它们对应的UV坐标，使用贴图坐标编辑器的菜单命令Tools→Break（打断）或单击鼠标右

图3-25

键，选择右键功能菜单的Break命令把它们对应的UV拆分开，并分别摆在一旁，关闭贴图显示按钮" "，如图3-26所示。

03 在操作中，感觉到坐标内部的蓝颜色背景网格影响观察贴图的效果，可取消它的显示。方法是选择贴图坐标编辑器的Options→Advanced Options命令打开Advanced Options对话框，取消Show Grid（显示栅格）复选框的选取，这样背景网格就消失了，单击对话框OK按钮确定。这样贴图编辑器的UV线框更清晰地显示出来，如图3-27所示。

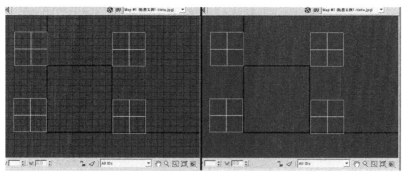

图3-26　　　　　　　　　　　　　　　　　　图3-27

04 再次激活显示贴图按钮把贴图显示出来，然后把原来1位置的UV放到4的位置上；把原来2位置的UV放到3的位置上；把原来3位置的UV放到2的位置上；把原来4位置的UV放到1的位置上，这样，整个模型上显示的贴图就颠倒了过来，如图3-28所示。还可以再次调整，将1和4的UV重叠放

在1的贴图位置，2和3的UV重叠放在3的贴图位置，可以看到如图3-29所示的效果，即原来模型1和4的位置只显示1的贴图，原来模型2和3的位置只显示3的贴图。

图3-28　　　　　　　　　　图3-29

以上实例说明了UV对应贴图的效果决定了模型上贴图显示的效果，也就是说，模型显示的效果是UV对应贴图的结果。这样，对于模型上贴图显示的调整有两种方法可以实现。

● 变动贴图的效果。

● 移动UV的位置或贴图的对应方式。

这两种方法在以后的实际制作中会经常用到。

2. 实例2：在立体模型上指定平面贴图

这个练习是使用在立体模型上指定平面贴图的方法来制作一个骰子，步骤如下。

（1）准备工作。

01 在顶视图中创建一个长、宽、高各为100的长方体模型，长和宽的段数皆为1，如图3-30所示。

02 准备一张正方形的、像素值为512×512的图片文件，里面放置6张图。这里暂时以1~6点的骰子图案代替，如图3-31所示。

03 按M键打开材质编辑器，给长方体模型指定一个材质球，并通过前面讲过的方法把贴图载入材质球。由于长方体模型自身预设有一个平面坐标系统，所以激活材质球的显示贴图按钮后，模型上就会显示出载入的图片，但此时会在长方体模型的每个面上显示整个贴图，如图3-32所示。

图3-30　　　　　　图3-31　　　　　　图3-32

通过实例1的操作得到一个结论，即UV对应贴图的效果决定了模型上贴图显示的效果，也就是说，模型显示的效果是UV对应贴图的结果。

（2）调整贴图对应的UV坐标。

这一步是学习理解立体模型和平面贴图之间的对应关系。

01 为立体模型添加Unwrap UVW修改器。

02 单击命令面板的Edit按钮，打开贴图坐标编辑器。

03 调整软件的界面分布，使编辑器和视图中的模型可同时显示。

（3）对模型UV进行操作。

01 在纹理下拉列表中选择贴图的名称，该贴图就会在贴图坐标编辑器中显示出来，以便进行UV与贴图的对位操作。

02 在Unwrap UVW修改器中激活面子对象模式，在贴图坐标编辑器内框选所有的UV坐标，把长方体的坐标移到蓝色基准框外。把贴图坐标编辑器内的蓝色栅格线隐藏起来，使编辑器内的UV框更清楚一些。对照视图中的模型，直接在模型上单击选择UV。选择一个面UV之后，在Unwrap UVW修改器的Map parameters（贴图参数）卷展栏中单击Plane按钮，这时，视图的模型上会显示平面的黄色的贴图框，使用Map parameters（贴图参数）卷展栏中的对齐按钮，使黄色的贴图框与被选择的面保持重合（或平行），这样UV坐标框在贴图坐标编辑器内会与蓝色基准框撑满显示（如果是长方形的形状，则以最长边为准）。把面按这种方式展平后，关闭修改器的Map parameters（贴图参数）卷展栏下的Plane按钮（只有关闭了这个按钮才可以进行移动等操作），在贴图坐标编辑器内把刚刚分展的UV移到蓝色基准框外面，以后根据需要再将它们挪进来。

　　分别对模型的6个面进行上面的操作，并分别移出蓝色基准框之外，为下面的操作提供方便，如图3-33所示。

　　重新选择这些面并通过坐标编辑器的移动、旋转、缩放和镜像工具把这些UV面与贴图对位。对两个面之间的顶点使用Weld Selected（焊接选定项）命令进行焊接。焊接时，把焊接阈值设置得高一点，大概在0.5左右会更方便一些，可以将顶点放置到几乎重叠时再焊接。使UV面首尾相连，得到展开的UV效果如图3-34所示。对位后模型上显示出骰子贴图坐标对应在模型的六个面上的效果如图3-35所示。

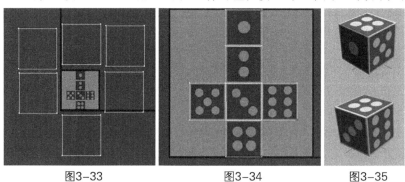

| 图3-33 | 图3-34 | 图3-35 |

注意

　　在焊接坐标顶点时要注意，两个分开的面之间的接缝部分的顶点会以蓝色显示，证明它们位于同一个顶点位置。同一个顶点位置的UV点在模型上其实就是同一个点，所以在顶点子级别焊接时要使蓝色顶点和与之对应的顶点在一起才可以焊接，而且只有这样焊接在一起的顶点才可以使UV之间尽量减少接缝。如果不是同一个位置的顶点硬性使它们焊接在一起，会使坐标焊接产生错位，这样当贴图带有纹理时，就会导致产生接缝，如图3-36所示。

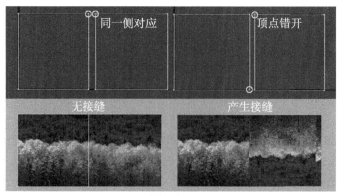

图3-36

　　通过以上实例，读者应该学会了把二维的平面贴图映射到3D模型的方法，其实这仍然说明UV对应贴图的效果决定了模型上贴图显示的效果。利用这个原理，任何平面贴图都可以准确地映射到3D模型上。

在指定贴图时，可以先准备贴图，再把UV对位到贴图上。但是在实际制作中，还有一种方法，就是先把模型的UV展平，然后再对照分展好的UV绘制贴图，不过这种方法需要有一定经验的设计师才可以很好地应用。这两种方法可以互相转换使用，或在局部变换着使用，在以后的实例练习中，会经常使用这两种方法。

（4）关于贴图接缝及其处理。

贴图接缝产生的原因是，对于一个立体模型，如果要对其贴图，就不得不把它的UV展成一个平面，展开的结果是UV不得不分若干个部分。UV一旦被分割，就意味着它们之间有了接缝。在贴图坐标编辑器被分开的若干UV坐标中，所有绿线显示的都是UV的边界，属于接缝部分。接缝的问题永远是制作环节中纠结的问题，关于接缝的处理甚至还有专门的第三方插件，如Deep Paint、BodyPaint等，但是，这些插件始终也不能够完全解决接缝产生的问题，可见解决接缝问题的难度有多大。

在3D游戏的实际制作中，接缝的处理方法只有两种：

● 第1种方法：尽量使接缝变少，能整合到一起的尽量整合。使接缝变少，可以极大地提高绘制贴图的速度和降低处理接缝的难度，例如：可以把多个细节结构整合为几个具有代表性的大结构的UV组合，或者把接缝放置于游戏模型的人们容易忽略的位置或者不重要的位置。

● 第2种方法：通过贴图图片的处理来实现接缝的处理，例如：可以在接缝处使用相同色调、颜色、纹理等，使纹理尽量可以相接。

贴图尺寸的应用规则是，由于计算机语言是基于二进制算法的一种机器语言，所以游戏贴图也是计算机语言的一种表现形式。在游戏制作中，贴图的使用也要遵循二进制规则，其尺寸都是使用2的幂次方。游戏贴图制作当中不会出现奇数值尺寸，而全部都是以2的幂次方不断乘方。一般在游戏制作中常用的贴图尺寸有：

● 方形贴图，包括64×64、128×128、256×256、512×512、1024×1024、2048×2048，单位为像素。由于2048×2048像素的尺寸太大，使用比较少。

● 长方形贴图一般使用$1:2$的比例较多，个别会用到$1:4$的比例，例如可以用64×128、128×256、256×512、512×1024、64×256、128×512或256×1024等。

3.1.5　分展游戏道具的UV

由于到现在还没有接触到贴图的绘制方法，所以，对于游戏道具的UV分展主要就是把道具模型的UV进行分展。也就是说，先学习分展UV，等到学完了有关绘制贴图的章节，再根据分展的UV图来绘制贴图。这也是通常赋予模型贴图的方法，即先把模型的UV展平，然后再对照展开的UV线框绘制贴图。

1. 棋盘格程序纹理的应用

在完全没有贴图的情况下，分展UV会产生大小无法预计的情况，所以，一般在没有贴图的情况下，会使用Chacker（棋盘格）程序纹理代替，等根据棋盘格的比例及分布把所有的UV分展完成，并按照UV线框绘制好贴图之后，再把棋盘格程序纹理用绘制好的贴图替换即可。

调用棋盘格程序纹理的步骤是：

01 在任一视图中创建一个长、宽、高任意的长方体。

02 按M键、单击3ds Max主工具栏上的材质编辑器按钮"🔡"或者执行菜单命令Rendering（渲染）→Material Editor（材质编辑器）来打开材质编辑器。一般按快捷键即可打开该编辑器。

03 为模型指定一个材质球。

04 为材质导入贴图。选择已被指定的材质球，在材质编辑器中的Blinn Basic Parameters（布林基本参数）卷展栏内单击Diffuse右侧的空白方框按钮"▢"，将弹出Material/Map Browser（材质/

贴图浏览）对话框。在该对话框中可以看到很多种贴图类型，除了Bitmap（位图）是为调入已绘制好的贴图使用的类型外，其他的都是程序纹理贴图类型。这里要选择Checker程序纹理。单击选择Checker程序纹理选项，再单击对话框的OK按钮，则棋盘格程序纹理就会附着在材质球上了。

单击材质编辑器的在视域中显示贴图按钮"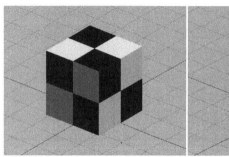"就可以在模型上看到贴图附着在模型上的效果了，如图3-37所示。

从图3-37可以看出，此时的棋盘格显得太大，需要进行调整。在使用棋盘格调整UV时，要使棋盘格的数量和大小在整个模型上分布适中。棋盘格太少，效果不明显，比例不好把握；格太多太小，又不利于分辨比例。一般将棋盘格的分布控制在如图3-38所示的程度就可以了。

图3-37　　　　　　　　　　　　图3-38

如何控制棋盘格的分布呢？打开材质编辑器，在材质编辑器的Blinn Basic Parameters卷展栏下单击Diffuse右侧带有"M"字母的方框按钮"M"。因为之前就是通过漫反射贴图通道调入棋盘格程序纹理的，所以单击后会进入程序纹理贴图的设置面板。在Coordinates（坐标）卷展栏中，分别在U、V两个方向上的Tile（平铺）输入框中输入相应数值，增加棋盘格程序纹理的重复次数，从而使棋盘格的数量增加。这里输入10，然后观察棋盘格程序纹理在模型上的变化。

以上方法就是在没有贴图之前用棋盘格代替分析UV分布的方法。使用棋盘格分展UV的方法在游戏开发中会经常用到——从场景到角色，都经常使用棋盘格来分展UV，然后对照UV分布图来绘制其贴图。

关于游戏道具的UV展开实例，可通过上一章制作的道具战斧和天雷剑模型来作示范。

2. 分展战斧模型的UV

分展战斧模型的UV的步骤如下。

（1）准备工作。

01 把之前制作完成的游戏道具——战斧模型打开。

02 为战斧模型添加Unwrap UVW修改器。

03 单击Edit按钮，打开贴图坐标编辑器。

04 调整3ds Max的界面分布，使贴图坐标编辑器与视图中的模型同时显示出来。

05 按M键打开材质编辑器，指定一个材质球给战斧模型，按照前面讲过的指定棋盘格程序贴图的方法把贴图载入材质球。激活材质球的显示贴图按钮后，模型上就会显示出棋盘格程序贴图。对照显示效果设置棋盘格的显示大小及数量。

（2）对模型进行UV分展。

01 在纹理下拉列表中选择棋盘格贴图的名称，棋盘格贴图就会在贴图坐标编辑器中显示出来，这样做有利于把UV与贴图进行对位。

> **注意**
>
> 　　在贴图坐标编辑器中也有默认的棋盘格状背景，但是这个背景棋盘格是无法指定给模型并显示出来的，它只在贴图坐标编辑器中起作用。

02 在Unwrap UVW修改器中激活面子对象模式，在贴图坐标编辑器内框选所有的UV坐标，把UV坐标框移到蓝色基准框外，然后把贴图坐标编辑器内的栅格显示关闭，使贴图坐标编辑器内的UV框更清楚一些。

03 取消Unwrap UVW修改器中的Ignore Backfacing（忽略背面）复选框的选取，以便于直接选择两侧的面。对照视图上的模型，直接在模型上选取UV，先选择战斧斧头部分两个侧面的UV，如图3-39所示。

04 在Unwrap UVW修改器的Map parameters（贴图参数）卷展栏中，激活Plane按钮，这时，视图的模型上会显示平面的黄色的贴图框。使用Map parameters卷展栏中的对齐按钮，使黄色的贴图框与被选择的面保持重合（或接近平行），使用Scale命令把黄色的贴图框调整为正方形。贴图框为正方形时，坐标编辑器中UV才会以模型的比例被展开，且UV的比例接近于模型的形状，不会产生太大的变形，如图3-40所示。这样，战斧的UV坐标框在贴图坐标编辑器内会与蓝色基准框撑满显示，如图3-41所示。

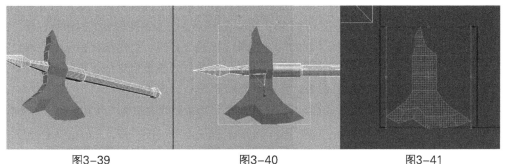

| 图3-39 | 图3-40 | 图3-41 |

05 把选择的面按这种方式展平后，关闭Map parameters卷展栏中Plane按钮的激活状态（只有关闭了这个按钮才可以进行移动等操作），在坐标编辑器内把刚刚分展的UV移到蓝色基准框外面，以后根据需要再挪进来。

06 按同样的方法，把战斧斧头厚度部分的UV展开，并移到蓝色基准框之外，如图3-42所示。

07 接着分展战斧的枪头部分。注意枪头部分有厚度，要把它们也展开，如图3-43所示。

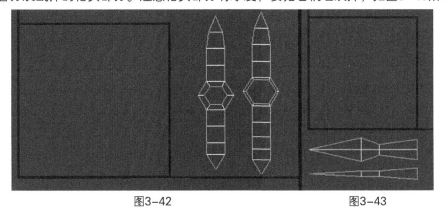

| 图3-42 | 图3-43 |

08 然后分展斧子的斧把部分。注意这里会用到Map Parameters卷展栏的Cylindrical（圆柱体）坐标映射类型。

09 选择斧把前端部分的装饰，使用Map Parameters卷展栏的Cylindrical坐标映射类型。如果方向不对，可以分别使用坐标映射类型按钮下面的3个轴向对齐按钮来调节，等到完全能够把装饰部分包裹住后，使用旋转工具把绿色接缝线旋转到下方，如图3-44所示。展开后得到UV如图3-45所示。把它也挪出蓝色基准框之外。

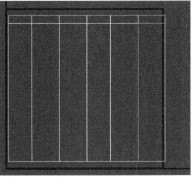

图3-44　　　　　　　　　　　　　　图3-45

由于在3D游戏中的视角多是以人的眼睛看到的高度为标准高度，所以斧子的下方为模型容易忽视的区域，把绿色接缝线安排在下方后，即便贴图接缝处理得不太好，也容易被忽略。

10 接着处理斧子把和斧把后面的钮。还是分别用Cylindrical坐标映射类型把它们分别展开，接缝的处理方法与斧头相同，得到效果如图3-46、图3-47所示。分展这些部分的时候要注意，如果贴图框位置不适合，可以使用映射方式下面的Fit（适配）按钮来对齐，贴图框就会完全包裹住被选择的UV面，这时再调整三向对齐工具就方便多了。有时，模型的位置是倾斜的，靠以上方法仍然很难对齐，这时可以使用旋转工具，对它们进行直接调整即可。

11 在斧把的末端有一个六边形的面，可以把它使用Plane坐标映射类型单独分展开，如图3-48所示。

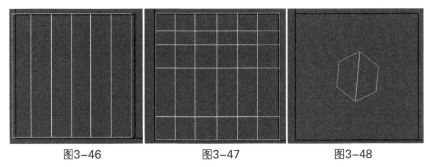

图3-46　　　　　　　　　　图3-47　　　　　　　　　　图3-48

这样，就把斧子的所有UV分别展开了。全部展开后的UV如图3-49所示，此时它们都被挪出蓝色基准框之外了。

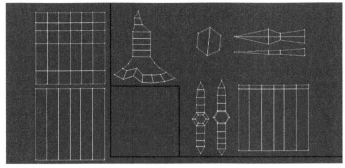

图3-49

（3）按类型整合UV。

这一步要把UV按类型进行整合。将不必要的接缝焊接到一起，使接缝消失，以方便绘制贴图；再根据棋盘格的分布控制UV的拉伸程度及UV的分布比例；最后整合到蓝框中来。渲染输出UV线框图，完成UV分展工作。

提示

　　棋盘格与贴图的关系密切，棋盘格的拉伸变形状况表明贴图赋予模型后的拉伸变形状况。根据棋盘格的分布控制UV的拉伸程度及UV的分布比例。棋盘格显示为正方形，则UV比例与模型比例接近，贴图不会有太大拉伸，是比较理想的状态。如果棋盘格的比例表现为长方形，则需在贴图坐标编辑器中调整相应UV各处位置的顶点，使棋盘格显示为正方形。调整UV的顶点后，模型上显示的棋盘格呈正方形，则表明此UV调整得较好。但是，在对非规则模型分展UV时，很难保证棋盘格都是正方形的。如果一定要保证棋盘格都是正方形，就会产生许多接缝线。其时，在这

种情况下只要保证此区域的棋盘格是等比例地拉伸就是能得到的最好效果了，这样在绘制贴图时不会产生太大的变形。对于分展非规则模型的UV有时就需要在贴图接缝与拉伸程度之间寻找一种平衡。图3-50所示为一个不规则的人脸模型表面的两种UV展开方式比较图。

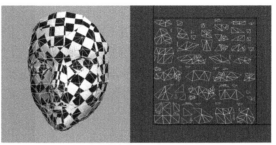

为了保持棋盘格为正方形而分展的UV

　　图3-50中的上图是为了保持UV与模型的面的比例一致，使棋盘格保持正方形而分展的UV，这种方法导致了接缝繁多、UV形状无法辨别等问题，在绘制贴图时将无从下手。下图中的UV虽然有一定的拉伸，棋盘格有一些变形，但是分展的UV结构位置清晰，接缝被安排在了最外边，绘制贴图时也会比较容易把握位置，所以，在实际制作中，往往采用这种方法。在分展战斧的UV时，也是采取这样的方法，尽量使接缝线变少，使UV结构清晰，特点明确。

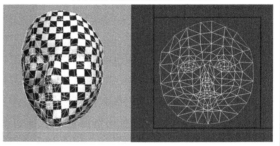

为了使接缝变少而允许棋盘格有一定拉伸而分展的UV

图3-50

　　01 在视图中观察战斧斧头上的棋盘格分布，棋盘格基本以正方形形状排列，所以不必调整。

　　02 斧头侧面与斧头厚度之间的面成90度的转角，所以不必把它们整合起来，只是并排地放在一起即可。对照棋盘格把它们的UV做相应调整，如图3-51所示。

　　03 为了减少接缝数量，可以把枪头的厚度部分与枪头的侧面进行焊接整合。由于前面的操作对厚度部分的面使用了Plane类型进行映射，所以枪头上的顶点是连在一起的。把两侧厚度部分的UV分别使用Plane类型进行映射并对照接缝部分移动到相应位置。如果顶点不能相互对应，则使用贴图坐标编辑器的镜像等工具使同一位置的顶点一一对应，如图3-52所示。选择如图3-53所示UV顶点，在贴图坐标编辑器中选择Tools（工具）菜单或右键功能菜单中的Target Weld（目标

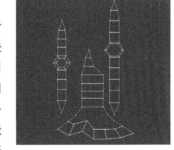

图3-51

焊接）命令，把鼠标放在被选择的枪头厚度的顶点，等指针变为十字形后，按住鼠标左键将其拖动到枪头侧面的顶点上，然后放开鼠标左键，此时这两个顶点被焊接到一起，如图3-54所示。

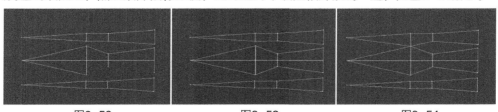

| 图3-52 | 图3-53 | 图3-54 |

分别将枪头厚度与侧面对应的顶点进行焊接，得到如图3-55所示效果。发现枪头厚度部分的UV拉伸严重，对照棋盘格，使用移动工具，把这些顶点移动到合适的位置，如图3-56所示。使UV接近模型的比例，棋盘格的拉伸保持一定的均匀效果即可。

04 接下来调整斧把前端装饰部分的UV。由于这部分比较规则，对照棋盘格适当做一些缩放调整即可。

05 接着调整斧把部分的UV。这部分比较规则，但是由于比例对比明显，所以棋盘格可能会以长方形显示，此时使用自由形式工具" ⊡ "调整，对照棋盘格做一些适当地缩放，使棋盘格保持为正方形即可。

06 调整斧把末端部分的UV。这部分属于非规则形状，允许保持一定拉伸度。对于这一部分可使用自由形式工具调整，对照棋盘格做一些适当地缩放，使棋盘格尽量保持为正方形即可，如图3-57所示。然后把不需要的接缝线焊接整合起来。

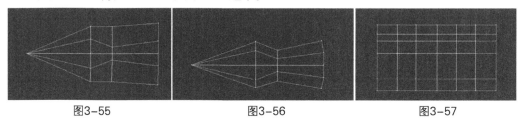

图3-55   图3-56   图3-57

07 模型末端有一个六边形的UV，棋盘格比较正确，不必调整。

08 根据模型所占比例，把展开的UV使用缩放工具移到蓝色基准框当中。这部分工作也很关键，因为贴图定位是以蓝色基准框为一个贴图单位进行计算的，所以，所有的UV坐标必须都放置到蓝色基准框中来。在将UV移动到蓝色基准框内部时，要按照主体结构的UV占主要位置和面积、其他小的结构填充空隙的原则摆放，但是要尽量保证每个被分展的结构尽量拥有足够的面积来绘制贴图。这里把斧头和枪头的面积最大化，其他的UV根据面积的布局，做相应调整，最后分展的UV结果如图3-58所示。

图3-58

（4）导出贴图坐标线框图。

模型UV分展完毕，选择贴图坐标编辑器的Tools（工具）→Render UVW Templete（渲染UVW模板）菜单命令，使用512×512像素大小，将贴图坐标线框导出为一个图像文件，保存名称为"战斧UV"，文件格式为.jpg。之后就可以将该文件导入到平面绘图软件中进行对位绘制贴图纹理工作了。

3. 分展天雷剑模型的UV

（1）准备工作。

01 把上一章制作的游戏道具天雷剑模型打开。

02 天雷剑是按照对称结构制作的模型，所以在分展UV时可以考虑只分展其中的一半，另一半在分展完成后直接用Symmetry（对称）修改器镜像完成。把原来模型上的Symmetry修改器拖到命令面板右下角的垃圾桶图标上删除，只保留原始模型（即一半的剑身）。

03 为这个天雷剑模型添加Unwrap UVW修改器。

04 单击Edit按钮，打开贴图坐标编辑器。

05 调整3ds Max的界面分布，使贴图坐标编辑器与视图中的模型同时显示出来。

06 按M键打开材质编辑器，指定一个材质球给这个天雷剑模型。通过前面讲到的指定棋盘格程序贴图的方法把贴图载入材质球。激活材质球的显示贴图按钮后，模型上就会显示出棋盘格程序贴图，对照显示效果并设置棋盘格的显示大小及数量。

（2）具体操作。

01 在Unwrap UVW修改器中激活面子对象模式，在贴图坐标编辑器内框选所有的UV坐标，把坐标移到蓝色基准框区外，关闭贴图坐标编辑器内的栅格显示，使贴图坐标编辑器内的UV框更清楚一些。

02 取消Unwrap UVW修改器上的Ignore Backfacing（忽略背面）复选框的选取，以便直接选择两侧的面。对照视图上的模型，直接在模型上单击选择UV。先选择天雷剑剑刃部分两侧面的UV，如图3-59所示。在Unwrap UVW修改器的Map parameters（贴图参数）卷展栏中激活Plane映射类型按钮。这时，视图的模型上会显示出平面映射类型的黄色贴图框，使用Map parameters（贴图参数）卷展栏下的对齐按钮，使黄色的贴图框与被选择的面重合（或接近平行）。使用Scale命令把贴图框调整为正方形，如图3-60所示。这样天雷剑剑刃的UV坐标框在贴图坐标编辑器内会与蓝色基准框撑满显示。

图3-59　　　　　　　　　　图3-60

03 为了使UV占用空间足够大，将来贴图绘制时足够清晰，可把UV做一定的旋转处理，使其斜向撑满蓝色基准框，如图3-61所示。对照棋盘格观察是否有拉伸，看到部分垂直于剑刃的面拉伸比较严重，如图3-62所示，需要把这些面一一分展出来放到合适位置，如图3-63所示。

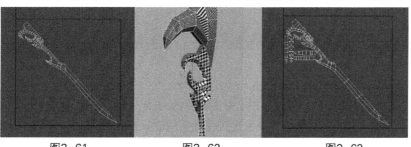

图3-61　　　　　　图3-62　　　　　　图3-63

04 分展护手部分的UV。在模型上选择护手部分的UV面，并使用Plane映射方式，如图3-64所示。将得到的护手的UV摆在适当的位置，并使UV分布尽量紧凑，如图3-65所示。每次分展时都需要注意厚度部分的面，这部分面需要单独分展出来，否则，UV没有面积是无法绘制贴图的。把厚度部分的面分别分展出来摆成接近模型的比例，放到合适的位置，如图3-66所示。

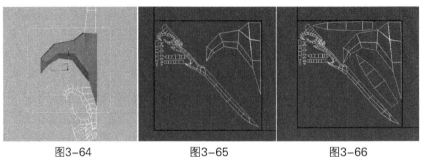

图3-64　　　　　　　图3-65　　　　　　　图3-66

05 分展剑把部分的UV。在模型上选择剑把部分的UV面，并使用Cylindrical映射方式，使用缩放工具对圆柱形的贴图框进行缩放，使用移动工具把贴图框移到剑把处，使贴图框的一半包围住剑把的一半，将接缝线转到与模型表面相反的位置，如图3-67所示。将得到的剑把的UV摆在合适的位置，并使UV分布尽量紧凑，效果如图3-68所示。

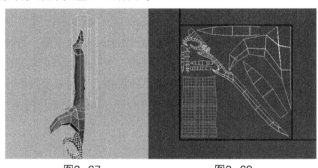

图3-67　　　　　　　　　图3-68

06 分展剑把末端部分的UV。在模型上选择剑把末端部分的外围UV面，包括厚度部分的UV，使用Plane映射方式，使用缩放工具对平面的贴图框进行缩放，调整成为正方形，并包围住被选择的UV面，如图3-69所示。将得到的剑把末端外围的UV坐标摆在合适的位置，并使UV分布尽量紧凑，如图3-70所示。用同样的方法，选择内部的面（见图3-71），使用同样的方法将其展平，并把UV摆在合适的位置。使UV分布尽量紧凑，得到的UV分展效果如图3-72所示。这样，整个UV分展完毕。

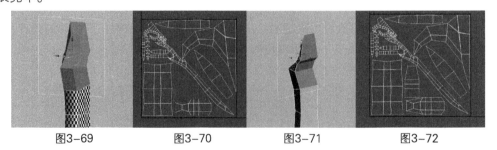

图3-69　　　　　　图3-70　　　　　　图3-71　　　　　　图3-72

（3）导出UV坐标线框图。

天雷剑的模型UV分展完毕，执行贴图坐标编辑器的Tools（工具）→Render UVW Templete（渲染UVW模板）命令，使用512×512像素，将纹理贴图坐标线框导出为图像文件，保存文件名称为"天雷剑UV"，文件格式为.jpg。之后，就可以将该文件导入到平面绘图软件中，进行对位绘制贴图纹理。

天雷剑的另一侧经过Symmetry修改器对称镜像模型后，自动连同UV一起被复制。与原始模型使用同一张贴图。

> **注意**
>
> 通过Symmetry修改器对称镜像模型后自动复制UV的方法虽然提高了效率，加快了制作速度，但是在视觉上，两侧对称会有雷同感，损失一定的美学价值。对于不是很重要的模型道具，建议使用这种复制的方法来提高制作效率。

学习了不规则模型UV的分展方法，锻炼了分展不规则模型UV的能力，从技术角度讲，读者已经对模型UV分展的方法大体掌握了。对于复杂模型的UV分展，其实就是这些基本应用的灵活变化使用的结果。掌握了UV的分展方法，下一步就是如何绘制贴图的问题了。

通过本节的命令讲解及实例练习，读者再经过反复地操作，基本就可以把软件的技术难关功克了。在理解对立体模型赋予平面贴图的原理和这个原理的拓展的基础上，分展了模型，就完成了所有3D游戏美术开发方面软件技术的应用部分，下一步将进入手工绘制贴图部分的学习。

3.2 绘制贴图的前期准备

进行手绘贴图纹理制作的前提条件如下。

（1）至少掌握一种二维平面绘图软件，例如Adobe Photoshop、Painter等。

（2）需要一个手绘硬件设备——绘图板。

绘图板的功能要强于鼠标，虽然使用鼠标也可以绘制贴图，但是鼠标缺乏绘图板所具有的专业功能——压感。压感使绘图板在绘制贴图时，可以像现实中使用铅笔或画笔一样，通过加重或减轻笔头的压力而使绘制产生多种轻重不同的变化。绘图板可使线条的绘制灵活、流畅，是绘制贴图必不可少的前提条件。

关于绘图板的品牌，现在主流品牌有Wecom、友基和汉王等。初学者暂且不从品牌的角度评判哪个更好，而是应该从自身的经济条件、对绘图效果的要求、使用的目的等需求来决定会更实际一些。可以到市场实地对比后再进行权衡选购，初学者应从性价比的角度考虑，选择比较理想的绘图板。

（3）具备一定的审美能力和美术表现力。这两种能力对于美术院校的学员来说，自然是不成问题的，但对于没有美术基础的人来说，就需要加强了。可以通过自学、培训等各种途径提高这两方面的能力。

3.2.1 Photoshop基础及相关应用

Photoshop是Adobe公司出品的一款针对图像处理的工具，它是基于二维概念的软件，主要用于图像处理、平面设计等，可对已有的位图图像进行编辑加工以及加入一些特殊效果，其重点在于对图像的加工处理。它在表现图像中的阴影和色彩的细微变化，或者进行一些特殊效果的处理时很方便。

Photoshop的应用范围有：基于绘画的基础理论、色彩原理进行颜色和范围选取，使用工具进行绘图、图像编辑、控制图像色彩和色调，使用图层、路径、通道和蒙版等辅助绘图，使用滤镜等添加特殊效果。

Photoshop的专长在于图像处理，而不是图形创作，因此有必要区分一下这两个概念。图像处理是对已有的位图图像进行编辑加工以及运用一些特殊效果，其重点在于对图像的处理和加工，是基于像素单位的位图处理的软件。图形创作软件是按照使用者的构思创意，使用矢量线条来设计图形，这类软件主要有Adobe公司的另一个著名软件Illustrator和Micromedia公司的Freehand。

作为一个世界顶尖级的图像设计与制作工具软件，Photoshop的应用可以涉及多个方面，而对于3D游戏开发方面，使用的大多是针对贴图绘制和美术图片处理的功能，所以，其他无关内容这里不做过多论述。想了解更多，读者可以翻阅专门介绍此软件的书籍，本书只针对3D游戏开发方面的相关知识点和应用进行介绍。

1. 了解Photoshop界面

Photoshop具有典型的易操作的界面结构，它的界面主体有标题栏、菜单栏、工具栏、工具属性栏、浮动面板等构成，在整个界面给设计师提供了最大可操作空间来使用。图3-73所示为Photoshop的界面。

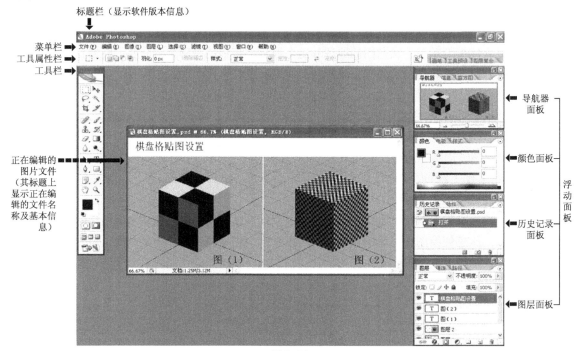

图3-73

2. 新建、保存文件及文件窗口控制

出于绘制贴图的需要，首先应该了解创建新文件及保存文件的方法，这样才能为绘制的图像文件导入3ds Max中使用提供可能。

● 创建新文件。选择"文件"→"新建"菜单命令或按快捷键Ctrl+N，会弹出一个"新建"对话框，如图3-74所示。

根据前面提到的贴图尺寸的有关规定，在宽度和高度输入框输入2的幂次方的数值，单位为像素，这里设置的512×512像素为贴图需要的大小，名称可以在这里设定也可以在编辑完文件后保存时设定；图像文件名称暂且命名为"贴图1"，其他项目保持不变。单击"确定"按钮，就可以在软件界面中创建一个名称为"贴图1"的空白文件了，此时该文件相当于一张白色纸张。

图3-74

● 存储文件。创建完成后，可在这个新创建的文件上绘制贴图。只要文件被编辑过，就可以执行"文件"→"存储"菜单命令或使用快捷键Ctrl+S来打开"存储"对话框进行存储。在该

对话框的"文件名"输入框中输入需要的名称，由于前面已经命名了文件名称，所以输入框自动显示要保存的文件名。在对话框的格式下拉列表中，选择Photoshop专用的PSD格式（其专用格式的文件扩展名为.psd），这种格式可以存储多个编辑图层并保留编辑的历史及信息，在下次编辑时，直接打开就可以继续编辑了。设定好后，单击"确定"按钮进行保存。

也可以存储为前面提到的诸如.jpg格式或.tga格式等图片文件格式。文件格式的选择是根据后期需要决定的。

● 文件控制按钮。包括最小化"■"、最大化"▣"及关闭窗口"✖"。此3个按钮同时也是Windows操作系统对于窗口及文件进行控制的按钮，是软件领域通用的控制按钮。在Photoshop中这两组控制按钮往往同时出现，分别对应于软件窗口的控制和正在编辑的文件窗口控制，操作时注意区别。

最小化按钮"■"：最小化显示软件窗口或当前所选择的文件窗口。

最大化按钮"▣"：最大化显示软件窗口或当前所选择的文件窗口。

关闭窗口"✖"：关闭软件窗口或当前所选择的文件窗口。

3. 打开、编辑和保存文件

● 打开文件。选择"文件"→"打开"菜单命令或按快捷键Ctrl+O，会弹出一个"打开"对话框，在这里选择打开刚才存储的"贴图1"文件，则软件界面中就打开了刚刚创建的"贴图1"文件。

● 编辑文件。编辑文件是指在打开的文件中，使用工具或命令进行绘制、填充、调色等的操作。

● 保存文件。对于打开后被编辑过的文件，由于这个文件之前已经在电脑磁盘中存在，只是被编辑修改过，所以与保存新建文件的方法不完全相同。保存文件的方法更简便一些，只需选择"文件"→"存储"命令或按快捷键Ctrl+S即可，不会再弹出对话框。

4. 图层及通道

● 图层。图层是Photoshop中进行图像编辑的极其重要的功能，如果不受计算机处理能力的限制，它就像可以无限叠加的透明纸。有了图层，如果绘制过程中不想要哪一张透明纸上的图像，可以把它删除；如果需要将多张图像的效果合并为一个图层，可以将其对齐后进行合并图层操作。图层为编辑图像提供了足够的灵活性和随意性，使设计师在设计和绘制图像时能够无拘无束地自由发挥，也使得图层功能与现实中的纸张相比有极大优势。

● 通道。在Photoshop中，图片本身是由通道的叠加混合成的彩色图片，例如一张RGB模式的图片就是由R（red）红色、G（green）绿色、B（blue）蓝色3个颜色通道构成的，每个通道为8位色，3个通道构成了24位的真彩色色彩表现力。如果一幅图片再加上Alpha（阿尔法）设置的半透明黑白灰色通道后，就有了32位的色彩表现力了。32位色的图片支持透明度的设置功能，像TGA文件格式就可以存储32位的色彩，从而可以支持游戏模型的半透明显示。

在Photoshop中可支持的图像模式有多种，可以打开"图像"→"模式"子菜单看到，包括位图、灰度、双色调、索引色RGB颜色、CMYK颜色、Lab颜色和多通道颜色等类别，具体介绍请参阅Photoshop相关工具书籍。

游戏开发时使用的是RGB颜色模式，它是在基于计算机显示技术基础上，以光色的混合计算来叠加效果的。在Photoshop中打开一张彩色图片后，激活通道浮动面板，可以通过单击通道名前面的眼睛图标来开启或关闭通道的叠加合成的效果。关于Alpha通道的使用后面介绍透明效果的显示时将详述。

3.2.2 绘图板及画笔的设置

当购入绘图板并已安装了绘图板的各种驱动程序后，要想在3ds Max与Photoshop中增设其应用，使其像3D鼠标一样，除了左右按键之外还具备中键功能的话，需要在其驱动程序中进行设置。增设功能后，绘图板可以在3ds Max与Photoshop中使用很多涉及中键功能的快捷键，方便软件的操作并提高工作效率，也为在两个软件之间交互使用提供了方便。

> **注意**
> 有些低端的绘图板不支持中键功能，所以购买时要挑选具有可设置中键功能的绘图板。

1. 绘图板设置

对于绘图板的设置，一般需要通过选择系统菜单命令打开相应的设置窗口来完成。单击操作系统的"开始"按钮，在弹出的开始菜单中选择"所有程序"。如果已安装了绘图板的驱动程序，则在"所有程序"中会显示该绘图板的程序名单。单击名单中的应用程序名称，即可运行程序，打开程序的设置面板。

下面以Wecom绘图板为例，介绍绘图板的设置方法。

选择"开始"→"所有程序"→"数位板"，从子菜单中选择数位板图标，则"数位板"设置面板弹出。图3-75所示为启用绘图板第3键功能的设置参数。

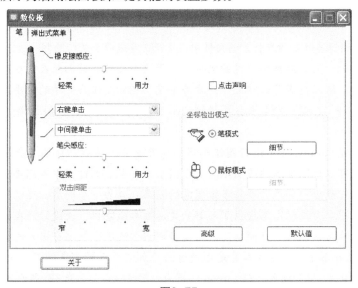

图3-75

设置后的操作说明：用压感笔点击绘图板的感应区域，相当于单击鼠标左键；按压感笔操作按钮下部为鼠标中键功能；按按钮的上部为右键功能。通过这3种用法再配合键盘的使用，将大大提高在3ds Max与Photoshop中操作的效率。

2. 画笔设置

在Photoshop中，激活 ✐ 工具，发现在工具属性栏位置显示出了当前画笔图标及其属性，图3-76所示。

图3-76

单击笔头设置右侧的三角钮，会弹出笔刷设置面板，在这里可以设置笔刷大小、硬度和笔刷类型。拖动笔刷类型右侧的滚动滑块可浏览列表中的笔刷。在绘制贴图时，如果想要使颜色之间混合得较好的话，可选择如图3-77所示的带羽化边缘的宽笔刷。在工具属性栏的"不透明度"输入框可设置笔刷的不透明度，根据绘制需要可在1至100之间调整；画笔的"流量"也可在1至100之间调整。这样，在绘制贴图进行颜色之间的混合时，就可以很好地控制轻重关系了。

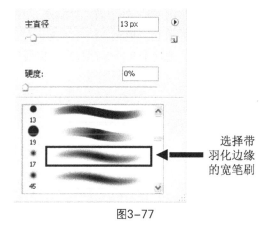

选择带羽化边缘的宽笔刷

图3-77

3.2.3 编辑UV坐标线框图像

以战斧UV分展的坐标线框图为例，编辑UV坐标线框图像的步骤如下。

01 在Photoshop中，选择"文件"→"打开"命令，打开前面讲解战斧UV分展时保存的"战斧UV"坐标线框图像，如图3-78所示。

02 打开图层浮动面板，可以看到这个图层是以背景为名称并且是被锁定的，如图3-79所示。

03 双击被锁定的图层，使锁定解除，这时图层名称也变为"图层0"了，如图3-80所示。之所以要把这个图层由背景图层变成普通图层，是为了图层间上下调动的需要。背景图层是被锁定的，无法移动到其他图层的上面。

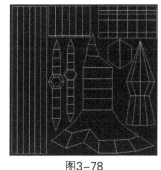

图3-78

图3-79

图3-80

04 把背景图层转换为普通图层后，单击"图层"面板下面的创建新图层按钮，在"图层"面板上添加一个空白图层，叫做"图层1"。增加图层相当于现实中叠加一张透明纸。把鼠标移到新增的图层上，按住鼠标左键将其拖动到"图层0"的下面，如图3-81所示。

05 使这个空白图层处于被选择状态，在工具面板上单击拾色器图标，把前景色设置为黑色。单击工具栏上的油漆桶工具" "或使用快捷键Alt+Backspace，在图像编辑窗口单击，即可在"图层"上以黑色进行填充。选择带有坐标线框的图层，在图层混合模式中将"正常"改为"滤色"（见图3-82），图层上的黑色就被过滤了。

06 在"图层1"上重新填充红色，观察刚才的"滤色"混合模式是否起作用。发现可以发挥作用，因为背景成了红色，线框也可以被单独看到，也就是说，以后在"图层1"所做的任何操作都不会受遮挡，这样，就可以参照这个UV线框图绘制贴图了。重新为"图层1"填充黑色，方便绘制时观察。

如果觉得背景色为黑色时绘制贴图不适应，还可以在渲染UV时，设置输出线框的颜色为自己想要的颜色，然后在Photoshop中调节背景颜色。

如果对照线框进行绘制贴图，需要先框定相应区域，这时就需要使用工具栏上的选择工具进行操作了。使"图层1"处于被选择状态，在工具栏上单击选择多边形套索工具，然后按照线框图的组别分别选择并填充。填充方法与填充图层的方法相同，图3-83即是使用套索工具选择后一一进行填充后的效果。把这个文件保存起来，以备后用。这样，绘制贴图之前的准备工作就做好了。

图3-81

图3-82

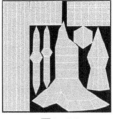
图3-83

3.3 造型基础

造型与色彩是绘图的基本功，每一位合格的游戏美术设计师都必须掌握。

美术中的造型是通过表现一定的形状或描述一定形状的过程。基础的造型是通过在平面上表现平面或立体的现象的过程。在表现规则的平面形状时，通过数学的精确计算可以比较容易地实现，但是在表现立体的形象时，它的难度就体现出来了。在平面的画面上表现立体效果，其实是一种虚拟再构的过程，对于它的表现，又会以观察角度的不同而有所不同。

观察角度是一个复杂的话题，它包括中国画的散点透视、西方绘画的三点立体透视，如果根据画家们自己的理解再分，就转变成了绘画风格了，像立体派、印象派等等。平时所说的造型其实是属于西方绘画的立体表现方法。在现在的美术教学中，对于基础理论的学习基本是通过在平面上表现立体形象为训练手段的，也称之为学院派的训练方法，它是以人的视角来观察的，照片的效果就属于这种观察方法的表现。

3.3.1 造型元素

美术中的造型元素包括点、线、面、体。

1. 点

点是形状组成中最基本的单位，但是在绘画表现中它是通过依附在线上而存在的。在画面中是不会存在一个概念中的点的，就算在画面中看到一个点，那也是带有面积的点，其实是一个面的表现。如果说点在绘画中的意义，可能唯一表现出来的就是它在定位位置时所体现出来的意义了。

在Photoshop中创建一个空白文件，使用圆形或矩形工具在这个空白文件中创建由大到小的圆形和矩形，填充黑色以观察和理解点的概念，如图3-84所示。

图3-84

2. 线

作为形状的表现，最基础的莫过于线了。线可以表现物体的形状、结构等，作为初学者，需要对线有一个印象。在游戏开发中，线可以理解为原画师们绘制原画草稿时的结构线，也可以理解为

3D软件中网格的构成元素——网格线。在绘制贴图时，线就体现为造型线了，如图3-85所示。线在单独存在时，仅仅表现为一条路径，或是直线，或是曲线；但是组合起来就可以表现丰富的形状了。在绘画时，根据线条的组合和透视关系、虚实情况，还可以表现出立体的感觉，如图3-86所示。

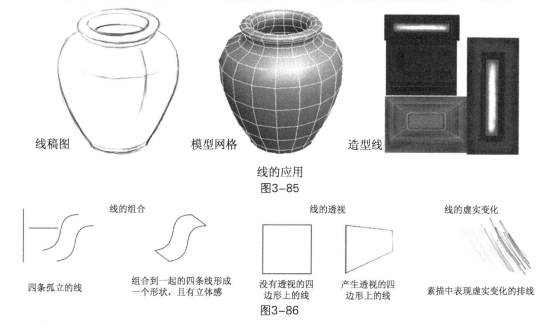

线稿图　　　　　模型网格　　　　　造型线

线的应用

图3-85

线的组合　　　　　　　　　　　线的透视　　　　　　　　线的虚实变化

四条孤立的线　　　组合到一起的四条线形成　　没有透视的四　　产生透视的四　　素描中表现虚实变化的排线
　　　　　　　　　一个形状，且有立体感　　边形上的线　　　边形上的线

图3-86

3. 面

在几何学中，两条线的组合就称之为面，即X轴和Y轴的组合可以表示一个面。但是对于绘画中的面，除非是表示结构线，否则面是一个具有完整形状的、确实存在的形象。例如图3-86中四条线的组合，可以表示卷曲的纸张、铁皮等实物的形象；线的透视中，可以把正方形理解为正方形的面；素描中表现虚实变化的排线则是表现一个面的过渡的元素，即表现从重到轻，从实到虚的变化过程。

4. 体

在几何学及3D软件中，形成一个立体的形状要求有3个轴向，即表示平面的X轴和Y轴以及表示高度的Z轴。在绘画的学习中，体的完美表现也是学习的重要因素，但是一个好的绘画作品却是线面结合的结果，且需要运用诸多因素的组合，例如比例、透视、虚实、变化、统一、协调和节奏等等。图3-87所示为表现"体"的轴向组成元素的示意图。

在绘画中，3个轴向的存在仅具备概念上的意义，实际较准确地表现一个立体形态要复杂得多，需要通过立体物体的形状、结构、透视以及表面所受光影变化等方面来表现。

在对绘画的基础部分进行学习时，会接触到多项观察立体物体的方法，例如，表现物体表面光影效果的"三面五调"、透视、构图和比例等。但是对于游戏开发中所要运用的知识来说，最为关键的是对"三面五调"表现力的掌握，其他如透视、构图、比例等都是一个宏观的理论，是一种印象。透视体现为表示远处和近处结构时的近大远小，可以帮助我们理性地认识到表现对象时客观存在的规律；构图是对于所描绘对象在画面中的安排，一般是以画面中较为主要的对象为重心来描绘，使画面呈现协调的感觉；比例则是衡量对比画面中一切对象的标尺，它可以衡量每一部分之间的大小和多少。

立体物体的轴表现

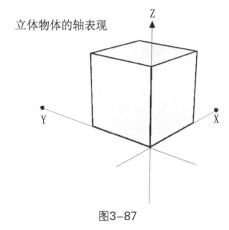

图3-87

作为游戏开发基础部分的教程，本书将重点描述表现体积、结构、光影明暗、质感、纹理等内容。如果不从事原画设计师职业的话，游戏设计师们多数面对的是对模型的结构、形体的表现以及对贴图的表现等内容，这需要从如何细致地表现一个立体对象开始研究和学习。

3.3.2 立体造型的表现

为了在平面中表现出立体效果，人们早已进行了深入地研究，并总结出行之有效的方法，其中就有素描的"三面五调"。

1. 素描中的"三面五调"

（1）素描。是以单一颜色色阶表现为基础的一种表现形式。在绘画训练中，经常用铅笔来进行训练，铅笔颜色的表现基本只有黑、白、灰3种，在实际绘画中，可以表现出来的大概也就几十种色阶，而计算机可以表现256种色阶。不过，在实际效果中能起到表现作用的仍然是那几十种色阶。

（2）"三面五调"。在素描中，要在平面纸张或平面载体上表现一个立体效果的话，需要两个表现理论作为基础，即三面五调。

● 三面为：亮面、灰面、暗面。
● 五调为：亮色调（或称高光）、中间色调（或称过渡调）、明暗交界线、反光和投影。

从三面五调的表现力来说，它们体现了形体在二维平面上不同程度的表现状态。三面是一个立体图像在光影的影响下在二维平面上的概括表现，五调为在光影的影响下表现空间环境中立体图像在二维平面上的概括表现。

三面的表现可以理解为真空状态下孤立的立体形体的表现形式，它不会有周围环境的光线反射，也不会在任何物体上产生投影，而五调则更加贴近人类观察生活中物体的形体的表现形式。生活中，空间中的物体不会孤立地存在，受光影和其他物体反射的光影影响而在暗面部分产生反光效果，同时也会把自身的投影映射到其他物体上，这样的表现形式更加贴近生活和更加符合我们理解物体之间关系的表现形式。所以，在实际表现中，使用五调的处理关系会更加逼真，把这种表现关系使用到贴图的绘制当中，则贴图的表现也会很逼真。图3-88中的单色苹果为三面与五调表现力的对比效果图，可以参照来理解它们之间的关系。关于美术方面的知识读者有必要自己去进一步查阅相关书籍。

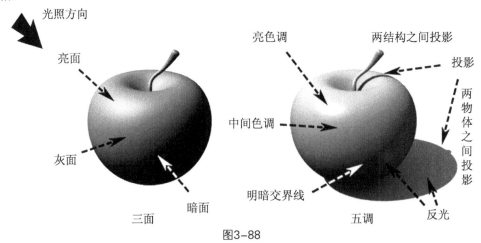

图3-88

（3）色调的变化。通过对图3-88的观察，还可以发现一个现象，即三面与五调中的每个色调并不是单一的一种色阶，而是有由浅到深的色阶变化的。通过变化的过渡，才产生了丰富的层次，因此在以后表现面的时候也要注意色阶过渡的表现。

下面通过练习来学习立体形态的表现方法。

2. 练习1：表现立体结构

做一个以不同色阶表现立体结构的练习。

01 在Photoshop中创建一个任意大小的空白图片文件，使用矩形工具创建矩形并填充灰色。选取灰色矩形左侧的1/3，填充较浅的灰色，在右侧的1/3填充黑色。这时图形有了三个面的变化，即亮面、灰面、暗面，这三个面表现出棱面的立体效果，如图3-89所示。

矩形填充　　　　　左侧填充　　　　　右侧填充
图3-89

02 为每个色阶部分再细分三个渐变过渡的色阶，如图3-90所示。第4幅图为色阶渐变达到完全时的效果，这时，体现的体积感是最好的。也就是说，在绘制立体效果时，前面部分是实现的过程，而最后的效果将是三面状态下的最终效果。

但是在三面状态下的效果就是终极效果了吗？不是的，它仅仅表现了大致的立体的光影效果。在实际表现中，一个立体形态的存在还会有明暗交界线、反光及投影。那么，这样一来不就成了六调了吗？注意，五调中是把亮面和灰面分为高光和灰面的，把暗面与灰面的交接处称为明暗交界线（其实是一个面的线形区域），在暗面中体现了反光，是一个结构与另一个结构之间产生的投影。

亮面色阶渐变　　　　灰面色阶渐变　　　　暗面色阶渐变　　　色阶渐变完全后的效果
图3-90

03 根据表现体积感的五调法继续细化立体结构的效果，如图3-91所示的半圆形体的五调表现。

提示

使用电脑手绘的方式是指以电脑表现手段来进行绘制。传统的方法是通过素描中的排线等方式来实现立体效果的，而电脑手绘实现立体效果的方式比较多，更注重效果的表现，而对方法并没有严格的限制。

3. 练习2：表现多结构、多物体间的变化

单体的三面五调已经接触过了。在表现立体结构时，往往不会仅存在一个需要表现的物体结构，而是多个结构互相影响。

01 在Photoshop中创建一个任意大小的空白图片文件，使用选区工具和多边形套索工具把需要绘制的图形绘制出来，并按大致的三面光影关系填充不同色阶的灰色，如图3-92所示。在现有图像表示的结构上，根据光源的方向，为它们绘制投影，如图3-93所示。

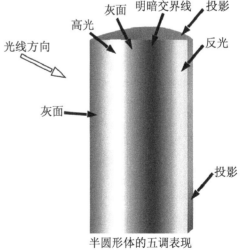

光线方向　高光　灰面　明暗交界线　投影　反光　灰面　投影

半圆形体的五调表现
图3-91

铺设三面光影效果   添加投影效果

图3-92   图3-93

02 理解"变化"的涵义。在绘画中，所谓变化，就是指被绘制的对象表现出来光影变化、虚实变化和色阶变化等。

观察图3-93中处于环境中实体，可看到实体会受到各角度和各物体之间的关系变化的影响，在暗面部分产生反光等效果，这样会在一个表面上产生不同的色阶变化，需要更多的细节变化才可以更精确地对对象加以表现。在绘画中，色阶的变化表示了它受光的不同，结构的不同，这需要认真分析怎样表现图像上的效果。

传统学习素描的方法是通过"写生"来学习在平面画面上表现客观对象在现实中的规律，而在游戏开发时绘制的原画和贴图等图片，一般来说是没有任何可参照的写生对象的，要靠凭空想像出来的东西。但是这个"凭空"真是无依据的凭空想象吗？不是的，一般绘制原画或贴图较好的人，都是写生表现很好的人，也就是说，他们绘制的图片符合我们平常观察到的现实中对象的规律。哪怕是与写实很远的卡通画，也仍然需要这样的表达方式，如亮面部分仍然是亮面，只是从造型到颜色的使用更加夸张而已，总体的表现还是得遵循基本的造型元素。

03 继续绘制立体表现效果，在高光与灰面部分增加更多的色阶变化，在明暗交接线及暗面的反光部分增加更多的色阶变化，把阴影的效果也处理得层次丰富一些，不要纯黑的死板效果。使用套索工具选取需要的部分，使用加深、减淡工具，配合笔尖的变化进行处理，得到如图3-94所示的效果。调整后最终效果如图3-95所示。

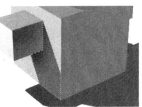

处理前部结构的明暗交界线及暗面反光效果   处理前部结构的亮面部分的色阶过渡效果   处理前部结构阴影的色阶过渡效果

处理正方体部分的明暗交界线及暗面反光效果   处理正方体的亮面部分的色阶过渡效果   处理正方体顶部的色阶过渡效果

处理球体在正方体上的阴影变化效果   处理球体的三面五调色阶过渡效果   处理整个形体在地面产生的阴影色阶过渡效果

图3-94

图3-95

4. 练习3：表现立体感

这部分练习是针对游戏开发中所要表现的贴图来设置的。绘制贴图时经常需要在一个较平的结构上表现更多细节上的内容。因为游戏要求使用低面数的模型，这样就需要靠贴图来表现凹凸感等细节，这些细节的表现仍然离不开三面五调的变化。

01 在Photoshop中创建一个任意大小的空白图片文件，使用圆形选区工具完成一个椭圆形的灰色图形。整个盾牌图形的具体绘制过程如图3-96~图3-109所示。

技巧

> 绘制时，为了后期调整效果时选择更方便，最好把每个单独的结构绘制在新建图层中，这样，以后操作时就可以很好地进行选择了，如图3-96~图3-100所示。

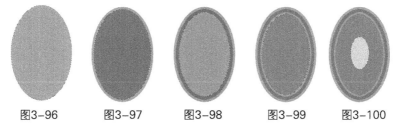

| 图3-96 | 图3-97 | 图3-98 | 图3-99 | 图3-100 |

02 根据大致的明暗关系及体积关系调整灰度的层次，使它们有一定的层次区分，以便后期调整效果，如图3-101~图3-105所示。

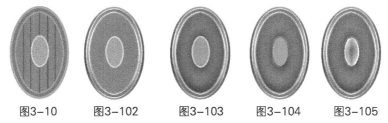

| 图3-10 | 图3-102 | 图3-103 | 图3-104 | 图3-105 |

03 选好选区，使用加深减淡工具绘制大致的明暗层次及细节，如图3-106~图3-109所示。

这部分绘制把盾牌表面的明暗细节及金属、木质部分的质感表现出来，金属的高光部分较亮，木质部分添加一些纹理。最后效果如图3-109所示。

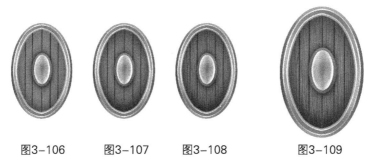

| 图3-106 | 图3-107 | 图3-108 | 图3-109 |

读者朋友可找3幅素描静物进行临摹，领会三面五调的表现规律；再找3幅游戏贴图，使用灰度色阶临摹，学习它们对立体感的表现方法。

3.4 色彩基础

上一小节学习了通过灰度的变化来表现立体效果的方法。在游戏美术制作中，仅仅有灰度的变化是不够的，我们的生活是充满色彩的，游戏的表现不会只用灰色色阶来表现，因此这一节我们学色彩的理论部分，再结合色彩案例来学习色彩的表现方法。

3.4.1 色彩表现

色彩的要素要比素描要素多很多。在自然界中，色彩的产生是光线在彩色物体表面产生作用后反射到人眼中，在视觉中的表现。光线的数量及种类繁多，但是对于游戏开发，对颜色的表现却可以化繁为简，通过现实中对色谱的认知就可以了。把对色谱的认知应用到表现的对象中就可以用来表现贴图，也就是说，绘制贴图不必对颜色的应用过多地从颜色值上面去考虑，而应该从感性的角度去理解色彩的表达与应用，这样效果往往更加理想。

关于色彩理论的论述大家可上网或购买相关书籍查阅学习，这里限于主题及篇幅，仅从入门的角度去编排、简化，使大家理解色彩及其在游戏中的表现。

理论是冰冷的、理性的，而色彩在艺术家眼中之所以有表现力，却是艺术家们通过感性的理解把它解读并转换为自我认知的色彩，从而使作品具有了感染力和影响力，与观者达成了共鸣。在绘制贴图时也需要经过这样的转换过程。

3.4.2 认识色彩

公元17世纪，伟大的英国物理学家牛顿在实验室中通过三棱镜将无色的日光分解为红、橙、黄、绿、青、蓝、紫7种单色光，这些光被称之为可见光，它们被归纳为可见光谱。

光是一定波长范围内的电磁辐射，它以波动的形式向四周传播。电磁辐射的波长范围很长，最长的电波波长100公里，最短的只有1nm（纳米）（1nm=0.001mm（毫米））。其中380～750nm波长范围的电磁辐射能被人的视觉器官所感知，这段范围的电磁辐射称之为可见光谱。此范围之外的电磁辐射还有红外线、紫外线等电磁辐射。一般情况下，700nm为红色，580nm为黄色，510nm为绿色，470nm为蓝色，400nm为紫色，如图3-110所示。

可见光谱

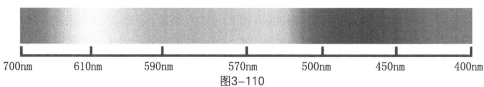

| 700nm | 610nm | 590nm | 570nm | 500nm | 450nm | 400nm |

图3-110

光波波长是指光以波动的形式传播，一次波峰与波谷的宽度称之为1个波长。不同的波长刺激视觉器官时，以不同的颜色信号反映出来，光波的波长决定色相的差异。波峰与波谷构成的高度落差称之为波幅，如图3-111所示。光波振幅的大小决定了色彩的

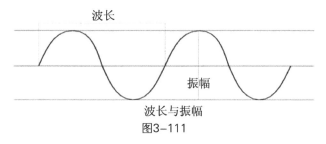

波长

振幅

波长与振幅

图3-111

明度，亮色波幅宽，暗色波幅窄。

光源发出的光波通过直射、反射、透射3种方式被人的视觉器管感知。同一种光源因为传播的方式不同，而使人感觉到色彩上的差异。在生活中最常见的为反射光，反射光是光反射各种不同物体的颜色的光。

直射光：光波不经过任何媒介直接进入人的视觉器官称为直射。直射光波由于没有受到任何介质影响，会使人直接感觉到光源的本色。

反射光：任何物体都是没有自身固定颜色的，只具有反射光源的特性。比如紫色，当全色光照射时，因其表面具有只反射紫色光波的特性，其余光波被吸收而呈现紫色，如果改用黄色光照射，那么物体表层没有紫色光波可反射，而投射的黄色光被吸收，于是看到的就是黑色。

3.4.3　色彩分类

色彩可分为无彩色与有彩色两类。

无彩色：无彩色由黑、白、灰色及其色阶构成，也被称之为全色。它们含有完全的7色光谱，只是明度不同，具有均等吸收和反射全色光的特性，所以表现为无色彩特性。

无彩色中，白色明度最高，黑色最低，它们之间由从亮到暗的色阶过渡，计算机所能表现的色阶为255个。但是一般在实际绘画时，只用数十个就足以表现需要的色阶变化了。

有彩色：有彩色是光谱上呈现出来的红、橙、黄、绿、青、蓝、紫以及由这几种颜色调出来的间色和复色等。

有彩色具有色彩三要素，即色相、明度和纯度，而无彩色仅有明度。无彩色与有彩色是色彩体系中的两大部分，它们既相互区别又不可分割地组成色彩的完整体系。

3.4.4　色彩的三要素

色彩的三要素包括色相、明度和纯度。

1. 色相

色相是指色彩的名称与呈现的色彩，是色彩最主要的特征。可见光谱中红、橙、黄、绿、蓝、紫表示色彩构成中的基本色相与特征，它体现着色彩的外在性格，也象征不同的意义，它是色彩的灵魂。

- 三原色：品红、黄和青色为原色。自然界大多数颜色由源色调配而成，而它们却不能用其他的颜色调配。

消减型三原色、间色、复色

- 三原色的叠加与消减：一般来说，叠加型的三原色是红色、绿色、蓝色；消减型的三原色是品红色、黄色、青色，如图3-112所示。（在光谱分析上多用叠加型，在美术绘画上多用消减型。颜料之间的叠加往往会减弱色彩的具体效果）。

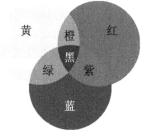

图3-112

- 间色：由两种原色调配而成的颜色，又叫二次色。红+黄=橙，黄+蓝=绿，绿+蓝=青，红+蓝=紫。橙（黄）、绿（青）、紫为3种间色。三原色、三间色为标准色。

- 复色：由3种原色按不同比例调配而成，或间色与间色调配而成，也叫三次色。因含有三原色，所以含有黑色成分，纯度低。复色种类繁多，千变万化。如果把原色与两种原色调配而成的间色再调配一次，就会得出复色。在一些教科书中，复色也叫次色、三次色。复色是很多的，但多数较暗灰，而且调得不好，会显得很脏。

原色、间色和复色这3类颜色相比较，有一个比较明显的特点就是在饱和度上呈递减关系。也就是说，从饱和度角度讲，通常情况下原色最高，间色次之，复色最低。所以，通常把复色都称之为"某灰色"，比如蓝灰色、紫灰色、绿灰色等等。

- 色相环：在应用色彩理论中，通常用色环来表示色相的系列。可见光谱的两个极端颜色是红色与紫色，把色相环连接起来，可使色相呈现循环的秩序。最简单的色环是由光谱6色环绕而成；如果在这6色之间各增加一个过渡色相，就形成了12色相环；如果继续增加一个过渡色相，就会组成24色色相环，如图3-113所示。按人的认知程度，24色色相环基本就可以满足在色彩设计中的需要了。

6色、12色、24色色相环
图3-113

- 同类色：在色相环中，相距30度左右以内的颜色称之为同类色。
- 类似色：在色相环中以相距50度左右范围的颜色称之为类似色。
- 对比色：在色相环中以相距90度~180度的颜色称之为对比色或互补色。如果把它们混合到一起会使颜色变得浑浊不清。

同类色、类似色之间的搭配会显得色调比较统一，但是显得缺乏变化。在对比色和互补色之间的对比则相当强烈，如果运用恰当，会极大提高效果，反之则混乱不堪。

读者可使用Photoshop制作6色、12色、24色色相环来加深对色相的理解。

2. 明度

色彩明度是指色彩的亮度或明暗度。颜色有深浅、明暗的变化，比如，深黄、中黄、淡黄、柠檬黄等黄颜色在明度上就不一样；紫红、深红、玫瑰红、大红、朱红、桔红等红颜色在亮度上也不尽相同。这些颜色在明暗、深浅上的不同变化，就是色彩的又一重要特征——明度的变化。色彩的明度变化有许多种情况，一是不同色相之间的明度变化，如白比黄亮、黄比橙亮、橙比红亮、红比紫亮、紫比黑亮；二是在某种颜色中加白色，亮度就会逐渐提高，加黑色亮度会变暗，但同时它们的纯度（颜色的饱和度）就会降低；三是相同的颜色，因光线照射的强弱不同也会产生不同的明暗变化。

关于明度做以下的练习来加深理解。

01 使用Photoshop制作某一色相由浅到深、由深到浅的渐变练习，并组成一个图案。

02 由6个色相的明度渐变色阶变化绘制一种图案。

03 在Photoshop中创建一个空白图片文件，在空白文件中用选区工具选取任意图形，使用三原色的任何一种颜色来填充，在"色相/饱和度"对话框（可执行"图像"→"调整"→"色相/饱和度"命令打开）进行调整，感受色彩明度的变化。

3. 纯度

色彩的纯度是指色彩的鲜艳程度。视觉能辨认出的有色相感的色，都具有一定程度的鲜艳度。所有色彩都是由三原色组成，原色的纯度最高。所谓色彩纯度是指原色在色彩中的百分比。

色彩的纯度体现色彩的内在特点。同一色相只要色彩的纯度发生细微的变化，就会带来色彩特点上的变化。只有对色彩纯度的控达到细致精微的程度，才可以在使用色彩时达到驾轻就熟的地步，对色彩的表现力才会更加有效。

关于纯度做以下的练习来加深理解。

01 在Photoshop中创建一个空白图片文件。

在空白文件中用选区工具选取任意图形，使用三原色的任何一种颜色填充。

在"色相"对话框（可执行"图像"→"调整"→"色相"命令打开）进行调整，感受色彩纯度的变化。

3.4.5 色彩对比

色彩对比，主要指色彩的冷暖对比。电视画面从色调上划分，可分为冷调和暖调两大类。红、橙、黄为暖调，青、蓝、紫为冷调，绿为中间调，不冷也不暖。色彩对比的规律是：在暖色调的环境中，冷色调的主体醒目；在冷色调的环境中，暖调主体最突出。色彩对比除了冷暖对比之外，还有色别对比、明度对比、饱和度对比等。色彩对比的基本类型有：

1. 色相对比

两种以上色彩组合后，由于色相差别而形成的色彩对比效果称为色相对比，它是色彩对比的一个根本方面。色相对比强弱程度取决于色相之间在色相环上的距离（角度），距离（角度）越小对比越弱，反之则对比越强。

（1）零度对比。

● 无彩色对比。无彩色对比虽然无色相，但它们的组合在实用方面很有价值，如黑与白、黑与灰、中灰与浅灰、黑与白与灰、黑与深灰与浅灰等。对比效果感觉大方、庄重、高雅而富有现代感，但也易产生过于素净的单调感。

● 无彩色与有彩色对比。如黑与红、灰与紫，或黑与白与黄、白与灰与蓝等。对比效果感觉既大方又活泼，无彩色面积大时，偏于高雅、庄重，有彩色面积大时活泼感加强。

● 同类色相对比。一种色相的不同明度或不同纯度变化的对比，俗称同类色组合，如蓝与浅蓝（蓝+白）色对比，绿与粉绿（绿+白）与墨绿（绿+黑）色等对比。对比效果统一、文静、雅致、含蓄、稳重，但也易产生单调、呆板的弊病。

● 无彩色与同类色相比。如白与深蓝和浅蓝、黑与桔和咖啡色等对比，其效果综合了（2）和（3）类型的优点，感觉既有一定层次，又显大方、活泼、稳定。

（2）调和对比。

● 邻近色相对比。色相环上相邻的二至三色对比，色相距离大约30度左右，为弱对比类型，如红橙与橙或黄橙色对比等。效果感觉柔和、和谐、雅致、文静，但也感觉单调、模糊、乏味、无力，必须调节明度差来加强效果。

● 类似色相对比。色相对比距离约60度左右，为较弱对比类型，如红与黄橙色对比等。效果较丰富、活泼，但又不失统一、雅致、和谐的感觉。

● 中度色相对比。色相对比距离约90度左右，为中对比类型，如黄与绿色对比等。效果明快、活泼、饱满、使人兴奋，感觉有兴趣。对比既有相当力度，但又不失调和之感。

（3）强烈对比。

● 对比色相对比。色相对比距离约120度左右，为强对比类型，如黄绿与红紫色对比等。效果强烈、醒目、有力、活泼、丰富，但也不易统一而感杂乱、刺激、造成视觉疲劳。一般需要采用多种调和手段来改善对比效果。

● 补色对比。色相对比距离180度，为极端对比类型，如红与蓝绿、黄与蓝紫色等对比。效果强烈、眩目、响亮、极有力，但若处理不当，易产生幼稚、原始、粗俗、不安定、不协调等不良感觉。

2. 冷暖对比

冷暖对比是将色彩的色性倾向进行比较的色彩对比。冷暖本身是人皮肤对外界温度高低的条件感应，色彩的冷暖感主要来自人的生理与心理感受。

冷暖色及表现：色彩的冷暖涉及到个人生理、心理以及固有经验等多方面因素的制约，是一个相对感性的问题。色彩的冷暖是互为依存的两个方面，相互联系，互为衬托，并且主要通过它们之间的互相映衬和对比体现出来。一般而言，暖色光使物体受光部分色彩变暖，背光部分则相对呈现冷光倾向。冷色光正好与其相反。

色彩不能孤立地说冷暖，要有至少两种颜色一起比较；冷暖色调的区别是在对比中产生的，是一种主观上的感觉；颜色冷暖的判断是根据颜色倾向来确定的；冷暖即色性，是心理因素对色彩产生的感觉。

人们看到暖色一类色彩（如红、橙、黄等），会联想到阳光、火等景物，并由此产生热烈、欢乐、温暖、开朗、活跃等感情反应。

见到冷色一类颜色（如蓝、青等），会使人联想到海洋、月亮、冰雪、青山、碧水、蓝天等景物，产生宁静、清凉、深远、悲哀等感情反应。

■ 3.4.6 环境色

物体表面受到光照后，除吸收一定的光外，其余将反射到周围的物体上，尤其是光滑的材质具有强烈的反射作用，并且在暗部中反映也较明显。环境色的存在和变化，加强了画面相互之间的色彩呼应和联系，能够微妙地表现出物体的质感，也大大丰富了画面中的色彩。所以，环境色的运用和掌控在绘画中是非常重要的。

■ 3.4.7 色彩的情感

色彩视觉心理：不同波长色彩的光信息作用于人的视觉器官，通过视觉神经传入大脑后，经过思维，与以往的记忆及经验产生联想，从而形成一系列的色彩心理反应。

1. 色彩的冷、暖感

色彩本身并无冷暖的温度差别，是视觉色彩引起人们对冷暖感觉的心理联想。

暖色：人们见到红、红橙、橙、黄橙、红紫等色后，马上联想到太阳、火焰、热血等物像，产生温暖、热烈、危险等感觉。

冷色：见到蓝、蓝紫、蓝绿等色后，则很容易联想到太空、冰雪、海洋等物像，产生寒冷、理智、平静等感觉。

色彩的冷暖感觉，不仅表现在固定的色相上，而且在比较中还会显示其相对的倾向性。如同样表现天空的霞光，用玫红画朝霞那种清新而偏冷的色彩，感觉很恰当，而描绘晚霞则需要暖感强的大红了。但如与橙色对比，前面两色又都加强了偏冷的倾向。

人们往往用不同的词汇表述色彩的冷暖感觉。

暖色——阳光、不透明、刺激的、稠密、深的、近的、重的、男性的、强性的、干的、感情的、方角的、直线型、扩大、稳定、热烈、活泼、开放等。

冷色——阴影、透明、镇静的、稀薄的、淡的、远的、轻的、女性的、微弱的、湿的、理智的、圆滑、曲线型、缩小、流动、冷静、文雅、保守等。

中性色：绿色和紫色是中性色。黄绿、蓝、蓝绿等色，使人联想到草、树等植物，产生青春、生命、和平等感觉；紫、蓝紫等色使人联想到花卉、水晶等稀贵物品，故易产生高贵、神秘感感觉；至于黄色，一般被认为是暖色，因为它使人联想起阳光、光明等，但也有人视它为中性色，当然，同属黄色相，柠檬黄显然偏冷，而中黄则感觉偏暖。

2. 色彩的轻、重感

这主要与色彩的明度有关。明度高的色彩使人联想到蓝天、白云、彩霞及许多花卉还有棉花、羊毛等。产生轻柔、飘浮、上升、敏捷、灵活等感觉。明度低的色彩易使人联想钢铁，大理石等物品，产生沉重、稳定、降落等感觉。

3. 色彩的软、硬感

其感觉主要也来自色彩的明度，但与纯度亦有一定的关系。明度越高感觉越软，明度越低则感觉越硬，但白色反而软感略弱。明度高、纯度低的色彩有软感，中纯度的色也呈柔感，因为它们易使人联想起骆驼、狐狸、猫、狗等好多动物的皮毛，还有毛呢，绒织物等。高纯度和低纯度的色彩都呈硬感，如它们明度又低则硬感更明显。色相与色彩的软、硬感几乎无关。

4. 色彩的前、后感

由各种不同波长的色彩在人眼视网膜上的成像有前后，红、橙等光波长的色在后面成像，感觉比较迫近，蓝、紫等光波短的色则在外侧成像，在同样距离内感觉就比较靠后，实际上这是视错觉的一种现象。一般暖色、纯色、高明度色、强烈对比色、大面积色、集中色等有前进感觉；冷色、浊色、低明度色、弱对比色、小面积色、分散色等有后退感觉。

5. 色彩的大、小感

由于色彩有前后的感觉，因而暖色、高明度色等有扩大、膨胀感，冷色、低明度色等有显小、收缩感。

6. 色彩的华丽、质朴感

色彩的三要素对华丽及质朴感都有影响，其中纯度关系最大。明度高、纯度高的色彩，丰富、强对比的色彩感觉华丽、辉煌；明度低、纯度低的色彩，单纯、弱对比的色彩感觉质朴、古雅。但无论何种色彩，如果带上光泽，都能获得华丽的效果。

7. 色彩的活泼、庄重感

暖色、高纯度色、丰富多彩色、强对比色感觉跳跃、活泼有朝气；冷色、低纯度色、低明度色感觉庄重、严肃。

8. 色彩的兴奋与沉静感

对兴奋与沉静感影响最明显的是色相。红、橙、黄等鲜艳而明亮的色彩给人以兴奋感；蓝、蓝绿、蓝紫等色使人感到沉着、平静；绿和紫为中性色，没有这种感觉。纯度的关系也很大，高纯度色产生兴奋感，低纯度色产生沉静感。最后是明度，暖色系中高明度、高纯度的色彩呈兴奋感，低明度、低纯度的色彩呈沉静感。

9. 色彩的动与静

由于红色可以具体联想到火、血、太阳等，还可以抽象联想到热情、危险、火力等；橙色可以具体联想到灯光、柑橘、秋叶等，还可以抽象联想到温暖、欢乐等；黄色可以具体联想到光、柠檬、迎春花等，还可以抽象联想到光明、希望、快活等。所以红、橙、黄给人以兴奋感，是活跃的色彩。蓝色可以具体联想到大海、天空、水等，还可以抽象联想到平静，是静态色彩。在纯灰对比中，纯色相对活跃，灰色相对安静。

10. 色彩的量感

色彩本身有轻重的量感。一般情况下，量感依明度差别而定，明亮的色彩感觉轻，灰暗的色彩感觉重。明度相同时，彩度高的比彩度低的感觉轻。掌握色彩的量感规律对设计构图是很重要的。

11. 色彩的华丽与朴素

有的色彩给人以华美、高贵的感觉，如白色、金色、银色等，有的色彩给人以朴素、雅致的感觉，如灰色、蓝色、绿色等。一般纯度高的色彩华丽，纯度低的色彩朴素；明亮的色彩华丽，灰暗的色彩朴素。色彩的情感是非常丰富的、抽象的原理，它可以表现人与自然界的丰富情感与环境气氛，所以设计师要发挥想象，利用微妙的色彩情感，恰如其分地完善设计。

12. 色彩的心理感觉

不同的颜色会给浏览者不同的心理感受。每种色彩在饱和度，透明度上略微变化就会产生不同的感觉。红色：强有力，喜庆的色彩，具有刺激效果，容易使人产生冲动，是一种雄壮的精神体现，有愤怒、热情、活力的感觉。橙色：也是一种激奋的色彩，具有轻快、欢欣、热烈、温馨、时尚的感觉。黄色：亮度最高，有温暖感，具有快乐、希望、智慧和轻快的个性，给人灿烂辉煌的感觉。绿色：介于冷暖色中间，显得和睦、宁静、健康、安全的感觉，和金黄、淡白搭配，产生优雅，舒适的气氛。蓝色：永恒、博大，最具凉爽、清新、专业的色彩，和白色混合，能体现柔顺，淡雅，浪漫的气氛，给人感觉平静、理智。紫色：女孩子最喜欢这种颜色，给人神秘、压迫的感觉。黑色：具有深沉、神秘、寂静、悲哀、压抑的感受。白色：具有洁白、明快、纯真、清洁的感受。灰色：具有中庸、平凡、温和、谦让、中立和高雅的感觉。黑、白色：不同时候给人不同的感觉，黑色有时感觉沉默、虚空，有时感觉庄严肃穆；白色有时感觉无尽希望，有时却感觉恐惧和悲哀。

以上通过色彩的基本理论介绍让读者认识了色彩。作为游戏美术设计师，色彩的学习和应用是永恒的课题，在实际游戏开发工作中，如果不涉及到原画的设计，一般接触的基本就是色彩的再现了，如把原画师绘制的原画通过软件再现为立体模型对象等。在制作时，运用最多的就是色彩三要素及如何使色彩更加柔和地表现立体效果、使用一些环境色和冷暖色的对比使画面更加丰富等。对于色彩的应用能力，一般会通过绘制色彩写生等作品来练习。下面通过一个具体的练习来学习色彩的应用。

练习：绘制带布褶的简单色彩静物，如图3-114所示。

图3-114

在Photoshop中创建一个2000×1200像素的空白图片文件，在新建图层进行绘制。具体绘制流程如图3-115~图3-118所示。

（1）填充基本颜色　　（2）在布的效果上添加三面五调　　（3）绘制坛子的基本五调关系

图3-115

（4）绘制水果的基本五调关系　　（5）细化坛子的五调关系　　（6）调整坛子、梨的五调及造型

图3-116

（7）处理坛子的环境色　　　　（8）细化桔子的五调关系　　　（9）细化柿子的五调关系

图3-117

（10）调整所有物件的投影效果　　（11）表现物件之间的环境色　　（12）表现物件之间的冷暖关系

图3-118

读者朋友可做如下练习来训练自己的绘制能力。

（1）找一张色彩静物画进行临摹，领会色彩的过渡和调和、不同色相在物体上的三面五调变化以及它们之间的环境色和冷暖色的对比及变化。

（2）找一张场景贴图进行临摹，理解如何通过色彩表现游戏贴图在平面上的立体感。

（3）找一张角色贴图进行临摹，理解如何通过色彩表现生物类游戏贴图在平面上的立体感。

通过上面的造型与色彩基础部分的训练，读者应该基本掌握了造型及色彩的表现方法，这些是在学习游戏美术制作之前做的准备工作，使读者可以从基本概念及基本表现方面去学会如何表现造型，把握形和光影的表现。光影的表现主要通过对三面五调的细致变化的应用，使光影与形体完美地融合。关于色彩在造型上的应用，主要理解不同色彩在表现立体感方面的问题，即通过色彩的符合三面五调的深浅变化来表现立体感；融合色彩的三要素实现立体效果的表现；融入环境色因素使它们互相产生映照与关联关系；使用冷暖色使它们产生空间上的色彩变化。

在游戏美术设计中，造型及色彩的应主要在于贴图的绘制方面。在学习过程中如果想要把这种基本认识升华为审美能力，需要平时多学习、研究美术方面的相关书籍，也需要多临摹学习范畴内的内容。

3.5 贴图质感表现实例

在绘制贴图时将面对关于质感的问题。什么是质感？一般定义为：视觉或者触觉对不同物态，如固态、液态、气态的特质的感觉，在造型艺术中则将对不同物象用不同技巧来表现和把握的真实感称为质感。那么平时在绘画或贴图绘制中的所谓"质感"是什么意思呢？一般常被赞叹为"好有质感！"的图，其实表现的是伪质感。这里说的"伪质感"的意思，指的是通过绘画等表现手段与技术的运用真实地表现了物体的特质，更多的指的是视觉上的真实。所以，绘制贴图时虽然表现的是一种伪质感，但交流时往往称之为质感。例如说："看这把宝剑的质感表现得多好。"

这也就是说：实实在在地对物体本身的视觉或者触觉称之为质感，而对于以图像形式表现出来的物体的感觉属于伪质感。

质感会因所表现物体的不同，使用不同的方法与技巧，例如对于高光、光泽度、反光等的表现，就要根据不同的材质表现出从形状到高光度等方面的不同变化。对于贴图质感的表现步骤，通过下面的实例，使用相当于公式化的方法去进行练习，就可为进一步绘制完整贴图打好基础。制作贴图的一般步骤为：①层次；②明暗；③质感；④纹理；⑤细节。

下面将通过几个典型案例来理解以上5个步骤。

3.5.1　皮质的表现实例

本例练习皮质的表现方法，具体步骤如下。

1. 绘制皮质肩甲贴图

01 新建一个512×512的空白文件，在"图层"面板上新建一个空白图层，以后的贴图绘制工作都将在新建的空白图层上进行。使用多边形套索工具绘制一个选择区并填充棕黄色（类似于皮革所特有的颜色），如图3-119所示。

02 保存此贴图文件，名称为：jianjia_tietu1，格式为PSD格式（此格式为Photoshop专用格式，在游戏引擎中很少被支持，这里只是为了存储绘制贴图过程中产生的所有信息才使用，需要用作贴图时，再把这个文件另存为同名的JPEG格式文件，即.jpg格式，就可以调入3ds Max中使用了）。保存好文件后，在编辑图像过程中，可以随时使用快捷键Ctrl+S进行保存。

> **注意**
>
> 很多游戏引擎不支持中文名称，所以，在平时制作时就要养成以拼音或英文名称命名的习惯。

03 使用工具栏的加深和减淡工具进行调整。这两个工具不必选择颜色，只在原色彩的基础上进行涂抹即可调暗或调亮颜色。按前面介绍的设置笔刷的方法，把笔刷调制成合适的大小及羽化程度，把调制颜色的范围设定为中间调，曝光度为20。将选区内图像的大致上下层次及明暗关系绘制出来，也就是表现"三面"的效果，如图3-120所示。这也就是说要绘制出皮甲的层次和明暗效果。

04 再次绘制，加深五调的关系，注意色调之间要有过渡和变化。皮质的质感一般不会有太明亮的区域，且其高光亮度也不是很强，只在结构的边缘产生较弱的亮面和高光。高光和反光的效果都是比较柔和的，如图3-121所示。

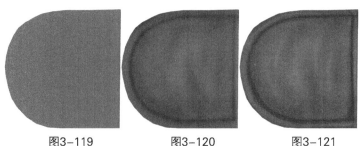

图3-119　　　　　图3-120　　　　　图3-121

05 为皮甲绘制纹理，例如经过风吹日晒后皮甲产生的裂纹及破损、外物（如刀剑等）破坏造成的划痕等。可以把三面五调的表现效果应用于每个裂纹结构，进行局部地刻画，如图3-122所示。

06 刻画每个结构的细节，把更多的细节具体化。主要的结构要详细刻画，其他非主要部分进行弱化处理，使其有虚实变化，如图3-123所示。

07 从整体上把所有的步骤检查一遍，把有碍效果的部分覆盖或去除掉，把需要强调的结构凸显出来，使质感尽量发挥到极致，完成最终的皮甲效果，如图3-124所示。贴图完成后，把此贴图保存为.jpg格式的文件，以便在模型上调用时使用。

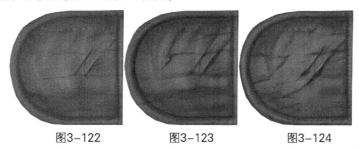

图3-122　　　　　图3-123　　　　　图3-124

2. 把肩甲贴图赋予模型

01 在3ds Max中创建一个肩甲模型，如图3-125所示。

02 为模型赋予Unwrap UVW修改器，并添加材质及赋予贴图。对照贴图把肩甲模型与UV进行匹配，得到肩甲贴图赋予模型上的效果，如图3-126所示。

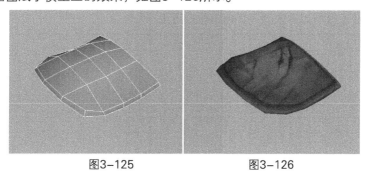

图3-125　　　　　　　　图3-126

3.5.2　金属的表现实例

本例练习金属的表现方法，具体步骤如下。

1. 绘制剑刃贴图

01 新建一个128×512的空白文件，在"图层"面板上新建一个空白图层，以后的贴图绘制工作都将在新建的空白图层上进行。使用多边形套索工具绘制一个剑刃形的选择区并填充灰蓝色，即类似于冷白色金属所特有的颜色，如图3-127所示。

02 保存此贴图文件，名称为：jianren_tietu1，格式为PSD格式。把这个文件另存为同名的JPEG文件格式，即jpg格式，当绘制好贴图后再次覆盖即可，以便在贴图时使用。

03 使用工具栏的加深和减淡工具，在原色彩基础上进行调暗或调亮操作，把笔刷调制颜色的范围设定为中间调，曝光度为20，把选区内图像大致的上下层次及明暗关系绘制出来，也就是表现"三面"的效果。绘制时可反复使用多边形套索工具选取后，再用加深和减淡工具进行绘制，把大致的结构形状体现出来，注意剑刃上血槽这样凹进去的结构的表现。对于绘制时使用加深和减淡工具曝光过度或画错的地方可使用画笔工具进行修正，如图3-128所示。这一步就是要绘制出剑刃部分的层次和明暗效果。

04 再次绘制，加深五调的关系，注意色调之间要有过渡和变化。金属的质感一般在边缘处比较锐利，结构较硬，直接受光区域由于受周围反光的影响而显得比较灰暗，高光亮度较强，明暗对比明显，如图3-129所示。

05 为剑刃绘制纹理。有些剑刃会有血槽和图案等结构或纹理，可以把三面五调的表现效果应用于这些结构，并进一步刻画。刻画每个结构的细节，把更多的细节具体化，主要的结构详细刻画，其他非主要的部分进行弱化处理，使其有虚实变化，如图3-130所示。

图3-127   图3-128

图3-129   图3-130

06 从整体上把所有的步骤检查一遍，把有碍效果的部分覆盖或去除掉，需要强调的结构凸显出来，使质感尽量发挥到极致，完成最终的剑刃效果。贴图绘制完成后，用此贴图覆盖前面的.jpg格式的文件再次保存一次，以便在模型上调用时使用。

2. 把剑刃贴图赋予模型

01 在3ds Max中创建一个剑刃模型，如图3-131所示。

02 为模型赋予Unwrap UVW修改器，添加材质及赋予贴图。对照贴图把剑刃模型与UV进行匹配，得到剑刃贴图赋予模型上的效果，如图3-132所示。

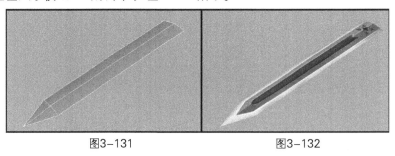

图3-131   图3-132

3.5.3 砖墙的表现实例

本例练习砖墙的表现方法，具体步骤如下。

1. 绘制一个砖块贴图

> **注意**
>
> 　　这里绘制的砖块为一面墙上的某一块砖的表现效果，因此不必考虑整块砖的六个面，而是只从其附着在墙面上的感觉来把握，需要表现的部分只有砖的一个侧面及其与另一块砖交接部分的边缘结构。绘制时应该从实际用途方面去理解，毕竟表现六个面的砖块在游戏中并不常见。事实上，如果真的需要表现六个面的效果，也可以按照一个面的绘制方法去绘制六个面。

砖墙效果的实现步骤如下。

01 新建一个256×512的空白文件，在"图层"面板上新建一个空白图层，以后的贴图绘制工作都将在新建的空白图层上进行。直接为整个图层填充砖红色，如图3-133所示。

02 保存此贴图文件，名称为：zhuankuai_tietu1，格式为PSD格式。把这个文件另存为同名的JPEG文件格式，即.jpg格式。绘制好贴图后可再次覆盖.jpg格式的文件，以便在贴图时使用。

图3-133

03 使用工具栏的加深和减淡工具，在原色彩的基础上进行调暗或调亮操作。把笔刷调制颜色的范围设定为中间调，曝光度为20，把这个选区内图像的大致上下层次及明暗关系绘制出来，也就是表现"三面"的效果。绘制时可反复使用多边形套索工具选取后再用加深和减淡工具绘制，把大致的结构形状体现出来，注意砖块上残破或凹进去的结构的表现。对于绘制时使用加深和减淡工具曝光过度或画错的地方可使用画笔工具进行修止，如图3-134所示。这一步是要绘制砖块部分的层次和明暗效果。

图3-134

04 再次绘制，加深五调的关系。注意色调之间要有过渡和变化。砖块的质感表现一般不会有太明亮的区域，其高光亮度也不是很强，只在结构的边缘产生较弱的亮面和高光。高光和反光的效果都比较柔和，在形体结构突出的部位，明暗交界线比较明显，边缘结构不要太规则，如图3-135所示。

05 为砖块绘制纹理。例如，经过风吹日晒后砖块会产生裂纹及破损碎裂，也可能有外物对其造成的破坏。可以把三面五调的表现效果应用于每个裂纹结构的局部刻画，如图3-136所示。

06 深入刻画每个结构的细节部分，把更多的细节具体化，主要的结构详细刻画，其他非主要的部分进行弱化处理，使其有虚实变化。最后，再从整体上把所有的步骤检查一遍，把有碍效果的部分覆盖或去除掉，需要强调的结构凸显出来，使质感尽量发挥到极致，完成最终的砖块效果，如图3-137所示。

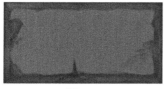
图3-135

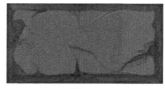
图3-136

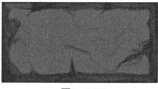
图1-137

2. 制作砖墙贴图

01 选择绘制好的砖块贴图，使用自由变换工具进行等比例缩小，调到长和宽度约为原来的1/4，如图3-138所示。

02 复制这个砖块贴图，根据需要可以安排砖块的拼接方式。这里使用交错的方法来拼接，如图3-139所示。

03 由于整面墙的砖是由一块砖复制而成的，所以这一步要把复制出来的砖块图像做一些调整，让它们看起来有一些变化，不要产生太明显的复制痕迹，尤其要调整纹理比较明显的部分。在一个大面积的拼接图像中，色调对比最好不要太明显，纹理对比也不要太明显，否则会失去协调性。可以使用选择工具选择局部图像后，使用"图像"→"调整"子菜单里的各种调整命令进一步调整，再使用画笔和加深、减淡工具进行反复修整，使它们表现出丰富的变化。修整完成后效果如图3-140所示。绘制好贴图后再次覆盖.jpg格式的文件，以便在贴图时使用。

图3-138

图3-139

图3-140

3. 把砖块贴图赋予墙体模型

01 在3ds Max中创建一个长方体模型，如图3-141所示。

02 为模型赋予Unwrap UVW修改器，添加材质及赋予贴图。对照贴图把砖墙模型与UV进行匹配，得到砖墙贴图赋予模型上的效果，如图3-142所示。

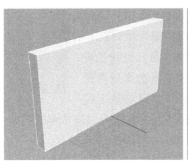

图3-141 图3-142

3.5.4 木质纹理的表现实例

在本实例中，通过制作圆木桩和木板来学习木纹贴图的绘制方法。绘制圆木贴图时需注意，考虑到一般表现的是光线在自然光漫反射下的感觉，所以圆木凸起的最高部分要亮一些，而木板类的平面结构往往处理成边缘较为凸出，中心凹陷的感觉。这些经验要在绘制时慢慢积累。前面介绍的砖块贴图其实也有这个感觉，可以对照观察。

1. 圆木贴图绘制

01 新建一个512×512的空白文件，在"图层"面板上新建一个空白图层，以后的贴图绘制工作都将在新建的空白图层上进行。使用多边形套索工具选择如图3-143所示的两个区域并填充灰黄色。这两个区域一个是木桩的表皮部分，另一个为木桩的截面。这两部分大约占整个贴图面积的1/2，剩余部分留做木板部分的贴图。

02 保存此贴图文件，名称为：muzhi_tietu1，格式为PSD格式。把这个文件另存为同名的JPEG文件格式，即.jpg格式，在绘制好贴图后覆盖.jpg格式的文件即可，以便贴图时使用。

03 使用工具栏的加深和减淡工具，在原色彩的基础上调暗或调亮。把笔刷调制颜色的范围设定为中间调，曝光度为20，把选区中图像的大致上下层次及明暗关系绘制出来，也就是表现"三面"的效果。绘制时可反复使用多边形套索工具选取后再用加深和减淡工具进行绘制，把大致的结构形状表现出来。圆木桩桩身的中间部分为亮面，两边为过渡面，越靠近两边越暗一些，但是不要处理得太暗。一般在游戏引擎中，光线的感觉靠灯光来实现，所以，在场景中，如果是四面都会受光的贴图，绘制时不能处理得太暗。木桩截面年轮部分的贴图为四周和边缘处偏亮，中心部分偏暗一点。也就是说，对一般的平面贴图都是边缘偏亮中心偏暗。对于绘制时使用加深和减淡工具曝光过度或画错的地方，可使用画笔工具进行修正，如图3-144所示。

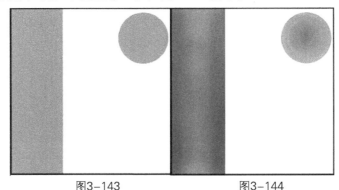

图3-143 图3-144

04 再次绘制，加深五调的关系，注意色调之间要有过渡和变化。木桩的质感是温和的，一般不会有太明亮的区域，其高光亮度也不是很强，只在结构的边缘产生较弱的亮面和高光。木桩的高光和反光都比较柔和，在形体结构突出的部位，明暗交界线过渡比较钝，边缘结构要处理得不太规则。

05 为木桩绘制纹理。木纹可以深浅不一，表皮的纹理较长，年轮部分的图案不要画出太明显的凹凸感，如图3-145所示。

06 把"三面五调"的表现效果应用于绘制的图像，并进一步刻画每个结构的细节部分。把更多的细节具体化，主要的结构详细刻画，其他次要的部分进行弱化处理，要有虚实变化。木桩会有残破的和凹进去的结构，绘制时可反复使用多边形套索工具选取后，用加深和减淡工具进行绘制，把大致的结构形状表现出来。在新图层上再次新建一个图层，并在选区下面的部分使用画笔工具淡淡地涂上一些蓝绿相间的颜色，用来表现木桩受到苔藓腐蚀的感觉。在"图层"面板中为当前图层选择混合方式为"强光"，如图3-146所示。

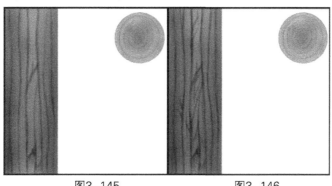

图3-145 　　　　　　　　　　图3-146

07 最后，再从整体上把所有的步骤检查一遍，把有碍效果的部分覆盖或去除掉，需要强调的结构凸显出来，使质感尽量发挥到极致，完成最终的木桩效果。贴图完成后，覆盖前面的.jpg格式的文件再次保存一次，以便在模型上调用贴图时使用。

2. 方形木纹绘制

方形木纹的绘制基本上也是采用相同的步骤和方法。这里只列出绘制的过程，读者有前面的绘制经验，可以很好地自行练习，绘制步骤如图3-147所示。

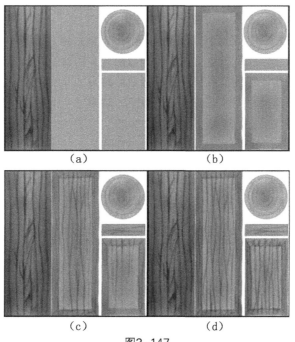

（a） 　　　　　　　　　　（b）

（c） 　　　　　　　　　　（d）

图3-147

3. 把木桩贴图赋予模型

01 在3ds Max中创建如图3-148所示一组栅栏模型。

02 为模型赋予Unwrap UVW修改器，添加材质及赋予贴图。对照贴图把木桩模型与UV进行匹配，得到木桩贴图赋予模型上的效果，如图3-149所示。

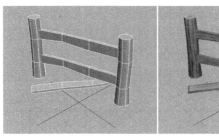

图3-148　　　　　　　　　　　　图3-149

3.5.5　宝石类效果的表现实例

珠宝给人的感觉一般是晶莹剔透、鲜艳明亮，在绘制这类物体的贴图时，需要着重把握透明感的体现上。透明的东西会由于透射光线的原因，在它们的反光区透射出光线，并且投影区也会反射较强的光线，这在设计领域称之为焦散效果。但是，在绘制透明物体的贴图时，主要应该把握主体的光影关系，绘制过多的细节并非一定能得到理想的效果，这在绘制时要根据实际效果体会。

1. 绘制宝石纹理

01 新建一个256×256的空白文件，在"图层"面板上新建两个空白图层，上面的一个图层为绘制宝石使用，下面的一个图层为绘制金属镶边使用。使用圆形选择工具在上面的图层选择一个椭圆形选区，此为宝石的形状，填充蓝色；使用圆形选择工具在下面的图层选择一个椭圆形选区，填充金黄色，此为金属镶边部分，如图3-150所示。两个图层叠加在一起，宝石图层会遮挡镶边图层，所以绘制时被遮挡的部分不必绘制，只绘制露出来的镶边部分即可。

02 保存此贴图文件，名称为：baoshi_tietu1，格式为PSD格式，把这个文件另存为同名的JPEG文件格式。在绘制好贴图后再次覆盖JPEG文件格式的文件，以便进行贴图时使用。

03 绘制宝石贴图。先使用加深和减淡工具把基本的立体效果表现出来，绘制时把笔刷调制颜色范围设定为中间调，曝光度为20，把这个选区的大致的上下层次及明暗关系绘制出来，即表现"三面"的效果。绘制时可反复使用多边形套索工具选取后再用加深和减淡工具绘制，把大致的结构形状表现出来。宝石的中间部分为亮面，两边为过渡面，越靠近两边越暗。由于材质是半透明的，所以在过渡调部分会有较亮的反光，明暗交接线不必太暗。对于绘制时使用加深和减淡工具曝光过度或画错的地方，可使用画笔工具进行修正，如图3-151所示。

04 再次绘制，加深五调的关系，注意色调之间要有过渡和变化，宝石的透明质感主要靠反光区的效果来体现，对其他部分的要求不是非常苛刻。镶边部分可以按部就班地使用绘制金属的方法去绘制，如图3-152所示。刻画每个部分的细节，要有虚实的变化，把宝石的效果尽量处理得比较实在，而对镶边部分做弱化处理，不必刻画太细的细节，如图3-153所示。

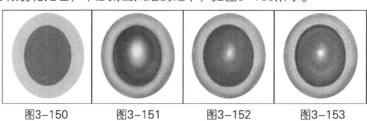

图3-150　　　　图3-151　　　　图3-152　　　　图3-153

05 最后，再从整体上把所有的步骤检查一遍，把有碍效果的部分覆盖或去除掉，把需要强调的结构凸显出来，使质感尽量发挥到极致，完成宝石晶莹剔透的效果。贴图完成后，用此贴图覆盖前面的JPG格式的文件，以便在模型上调用时使用。

2. 把宝石贴图赋予模型

01 在3ds Max中创建如图3-154所示的宝石模型。

02 为模型赋予Unwrap UVW修改器，添加材质及赋予贴图，对照贴图把宝石模型与UV进行匹配，得到宝石贴图赋予模型上的效果，如图3-155所示。

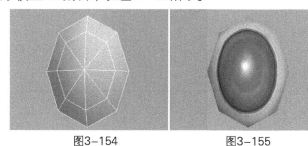

图3-154　　　　　图3-155

3.6 制作透明贴图效果

在游戏制作中，如果所有结构都用模型制作并表现的话，游戏引擎所承受的计算量将是巨大的。为了解决这个问题，往往要用到透明贴图的制作技术。

透明及半透明效果是游戏制作中常用的表现手段，例如草及草丛的制作，树枝、树叶的表现，镂空的窗框，残破的旗帜、人物及怪物类的毛发等等都会用到透明贴图的制作技术，此外，还可以根据具体表现的需要绘制透明贴图。

由于图像文件格式并不都支持32位通道，即包括Alpha通道的透明设置，所以，只有个别支持透明设置的文件格式才可用来做透明贴图。在游戏制作中，常用的文件格式有TGA、BMP、TIF、PNG等，其中TGA文件格式比较常用。但是，不管是什么格式，制作透明贴图都必须支持Alpha透明通道。

1. 绘制贴图

下面将以游戏模型——荷花的制作为例，介绍透明贴图的制作及为模型指定透明贴图的方法。

制作荷花时首先在一个贴图文件中绘制荷花的花瓣和花蕊，再绘制荷花的花茎，还有两片不同的荷叶，这样，荷花的贴图就准备完毕；然后，根据所绘制的荷花贴图素材，在图片的Alpha通道上做抠像处理；最后，再通过贴图指定的方法把贴图指定给模型。在荷花模型上，不必要的部分被Alpha通道抠除，从而实现在简单模型上表现复杂效果的目的。由于可以节省大量的多边形面，从而有效提高游戏模型的计算速度，且透明贴图在表现多数效果时都比较理想，所以制作游戏时会经常用到透明贴图技术。

01 新建一个512×512的空白文件，在"图层"面板上新建一个空白图层，这个图层用来绘制荷花。使用多边形套索工具在图层上选择区域并填充相应的颜色，依次为荷花的花瓣（淡粉白色）、花蕊的平面展平图（黄色）、花心展平图（黄色）、花茎（淡翠绿色）及两张荷叶（淡翠绿色）。荷叶的茎部可以与花茎通用。全部绘制完成后如图3-156所示。

02 保存此贴图文件，名称为：hehua_tietu1，格式为PSD格式，把这个文件另存为同名的TGA文件格式，即.tga格式。保存时会弹出一个"Targa选项"对话框，这是因为要保存透明通道，比平时的24位多了8位，所以这里要选择32位的选项。在绘制好贴图后应该再次覆盖TGA文件，以便在3ds Max中使用。

03 使用加深和减淡工具把基本的立体效果表现出来。绘制时把笔刷调制色彩范围设定为中间调，曝光度为20，把图像大致的上下层次及明暗关系绘制出来。绘制时可反复使用多边形套索工具选取后再用加深和减淡工具绘制，把荷花的结构尽量表现出来。绘制时使用加深和减淡工具曝光过度或画错的地方使用画笔工具进行修正，结果如图3-157所示。

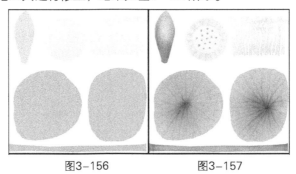

图3-156　　　　　　图3-157

提示

　　对于荷花的花瓣、花心和花蕊（莲心）最好使用画笔工具来绘制，这样颜色会更加鲜艳和干净一些。

　　绘制花蕊时，可以先绘制一个，然后通过复制的方法把它们排列开来，这样绘制时就可以节省很多时间。

2. 制作Alpha通道

　　所有的贴图绘制完成后，根据实现透明效果的需要，在其Alpha通道上绘制相应的黑白图。其中黑色区域对应图片的透明部分，白色区域对应需保留的部分，灰色部分对应半透明部分（本例不需要灰色区域）。这样当带有Alpha通道的贴图被赋予模型后，Alpha通道中黑色覆盖的部分显示为透明，白色部分显示出需要表现的荷花贴图。制作Alpha通道黑白图的方法如下。

01 进入"通道"面板，在下面的增加新通道按钮处单击，创建一个新的通道，此通道自动命名为"Alpha 1"。新增通道后的浮动面板如图3-158所示。使此通道处于选择状态，并把RGB通道也激活显示，这样有利于绘制时做参照。注意："Alpha 1"通道此时显示为黑色。

02 进入"图层"面板，按住Ctrl键单击绘有荷花图像的图层，把所有有图像的部分选中，回到"Alpha 1"通道上。在此通道中，对选择的部分使用白色填充，此时显示出的效果如图3-159所示。关闭RGB通道，只观察"Alpha 1"通道，可看到填充后的效果如图3-160所示。Alpha通道黑白图制作完毕。

　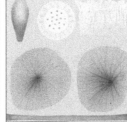　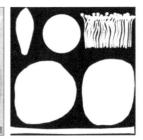

图3-158　　　　　图3-159　　　　　　图3-160

注意

　　制作Alpha透明通道黑白图时，根据绘制的复杂程度，可能会花费更多的时间来绘制。对于简单的形体绘制比较简单，而对于如人的头发及怪物的毛发等复杂的形体，则需要比较细致地刻画。

03 覆盖保存到前面保存过的TGA格式文件中，以便在制作模型时调用。

3. 把透明贴图赋予模型

01 在3ds Max中创建如图3-161所示的荷花模型。注意，这里并没有把整个模型都做完，因为像花瓣等部分需要贴好贴图后，根据效果调整好单个形状，之后再进行复制，并进一步调整形状，这样既可以节省制作时间，还可以降低制作难度。

02 为模型赋予Unwrap UVW修改器，添加材质并赋予hehua_tietu1.Tga贴图。对照贴图把荷花模型与UV进行匹配，得到贴图赋予模型上的效果，如图3-162所示。

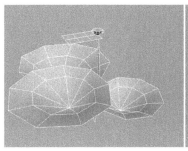 

图3-161   图3-162

03 此时贴图并没有被透明，模型仍有白色不透明的边。打开材质编辑器，用鼠标将Diffuse后面的"M"按钮拖到Opacity（透明度）后面的空白方形按钮上，松开鼠标，会弹出一个Copy（复制）对话框，选择其中的Copy（复制）项，则Opacity（透明度）后面的空白的方形按钮上也显示出"M"符号，表示Diffuse的贴图信息被复制到了Opacity贴图通道上了。此时这个通道依然是用RGB模式输出贴图的，需要进行设置。

04 单击Opacity（透明度）的带有"M"符号的按钮，进入贴图设置的对话框。在Bitmap Parameters（位图参数）卷展栏下的参数中，把Mono Channel Output选项组中预设的RGB Intensity选项改为Alpha选项。确定Alpha Source选项组中选择的选项是Image Alpha。这样，原贴图hehua_tietu1的输出选项即可采用Alpha通道输出，也就是使用先前绘制的黑白图来设置图像的透明与否。此时模型上被Alpha通道的黑色区域覆盖的部分变成了透明，白色部分显示出贴图的纹理，这样就实现了通过透明通道制作复杂模型的目的，如图3-163所示。

05 由于模型法线方向的原因，这里只显示法线方向的面的贴图，而模型的反面则显示为透明。这种现象可以通过材质编辑器上的双面显示功能来解决。单击材质编辑器上的"![icon]"按钮回到材质编辑层级，激活2-Sided（双面）复选框，即可在渲染时渲染模型的双面，而不会再有与法线反向的部分显示为透明的现象。

06 根据显示的效果，适当地调整荷花花瓣的模型，如图3-164所示。

图3-163   图3-164

07 复制荷花花瓣模型，根据显示效果对形状进行调整，得到如图3-165所示效果。复制花茎的一部分并放到荷叶底部，得到如图3-166所示的效果。

图3-165　　　　　　　　图3-166

08 使用Attach（附加）功能把所有的元素合并到一起。这是因为，在游戏中这种单一目的的模型一般只会命名为一个名字，以方便文件的管理。

通过以上操作，读者可以学会对需要表现透明效果的游戏元素进行透明处理的方法。在游戏制作中，立体的草丛、树枝，甚至燃烧的火焰、魔法效果也都会用到大量的透明贴图制作技术，具体制作步骤都大同小异。如果再碰到这类制作需求时，要触类旁通地去理解。更多的贴图效果将在后面的实例中陆续接触到。

3.7 贴图综合案例

当掌握了UV分展和贴图绘制的方法之后，如果想要对整个复杂模型完整的制作流程进行学习的话，将是一个融汇前面所有知识并在实践中提高的过程。因此，这部分内容通过战斧和天雷剑两个实例来进行关于贴图技术和贴图绘制完美结合的学习。

3.7.1　战斧贴图完整制作流程

战斧贴图的制作流程分为3个大步骤，下面一一介绍。

1. 设置绘制贴图前的UV线框

设置绘制贴图前的UV线框的步骤如下。

（1）调入前面范例中分展的战斧UV。

对于分展的UV可以根据绘制贴图时的底色来设置线框的颜色，例如，如果绘制的贴图底色是白色，则线框一般可以使用灰色、红色或蓝色，这也是一种比较常用的设置。线框颜色的设置可在使用UV编辑器中的渲染UV功能时进行，方法是在Render UVW Template（渲染UVW模板）对话框（在编辑UVW编辑器的工具菜单中，选择Render UVW Template命令即可打开此对话框）中单击Edges（边）选项组中的颜色块，然后选择自己想要的颜色，再单击Render UV Template（渲染UV 模板）按钮进行渲染即可。

（2）渲染输出战斧模型的UV。

将战斧模型的UV线框的颜色设置为红色（本例选择红色）或蓝色，在Render UVW Template对话框的Edges选项组激活Seam Edges（接缝线）复选框，保留预设的绿色接缝线颜色不要改变，以方便观察UV的贴图位置。设置渲染尺寸为512×512像素（在有些游戏制作中，道具的贴图甚至只有128×128像素大小），保存UV线框图像名称为战斧UV，文件格式使用TGA格式，在弹出的Targa Image Control（TGA图像控制）对话框中采用默认的32位，单击OK按钮即可完成保存工作。

（3）设置通道和图层。

一般经过如上设置的渲染线框背景都为黑色。前面曾经讲到过，把渲染的文件格式存储为jpg格式，调入到Photoshop中后，再使用图层的"滤色"混合方式，就可以把黑色过滤掉，而只显示出线框的颜色。但是用这种方法线框容易与底部图像的颜色产生混合，影响观察效果，所以这里介绍另一种提取UV线框的方法，这种方法可以把线框图像单独放在所绘制图层的最上面。

在Photoshop中把前面保存为TGA格式UV线框打开后，进入"通道"面板，此时可看到有一个Alpha 1通道，可利用此通道把除线框以外的部分都设为透明。按住Ctrl键单击Alpha 1通道，会以有线框图像的区域进行选择；单击"图层"面板，按快捷键Ctrl+C复制选区中的图像，然后按快捷键Ctrl+V粘贴，这样，线框就被单独分离了出来；单击下层带有黑色背景的线框图层的眼睛图标，使其关闭，即可把这个图层隐藏起来，剩下的就是被复制出来的红色线框了。对于图像的底色，可以在线框所在图层的下面新建一个图层并填充白色，这样绘制时可以很清楚地看到线框的位置。此时图层的排列方式如图3-167所示。

图3-167

（4）进一步进行设置。

由于线框以实线显示，绘制贴图时多少会影响观察效果，所以要对这个线框图层的不透明度进行调整，使它显示得不要太清晰，只要能满足定位需要就可以了。这样，绘制时就可以很好地控制操作，使视线不受太大影响。不透明度的参数值设置不必太大，如本例设置为25%，如图3-168所示。

在绘制贴图时，可以根据绘制的需要，分别在新建图层中绘制不同部分的贴图，这样，在需要选择时就可以很方便地通过按住Ctrl键单击相应图层来实现。本例的图层分布参见图3-168。

图3-168

2. 对照UV线框绘制战斧贴图

对照UV线框绘制战斧贴图的步骤如下。

（1）对照UV线框确定绘制区域。

在背景层的上面新建3个图层，分别命名为"斧把"、"斧头"和"枪头"。参照线框图，在与名称对应的图层上，用多边形套索工具选择相应部分的形状，并根据需要的颜色分别进行填充。把战斧的铁质部分都填充为淡灰蓝色，包括斧头与枪头部分；把战斧的斧把与末端的结构都填充为淡桔黄色，如图3-169所示。

（2）混合金属材质图片素材。

先绘制斧头部分的贴图效果，绘制的过程与前面讲到的贴图的绘制方法类似，详细步骤参见图3-170~图3-172所示。

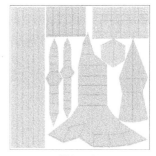

图3-169

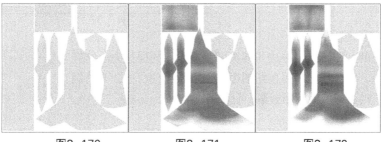

图3-170　　　　图3-171　　　　图3-172

绘制时需要先从大效果入手，把大的明暗效果先绘制出来；再进一步细化明暗层次关系，把五调的关系也表现出来；接着绘制斧子上的纹理。绘制时要注意，战斧不要做得太新，这样才符合写实的沧桑感。斧头厚度部分的贴图不是主要处理的对象，只要能够做到整体效果统一即可，斧面部分的效果则应该着重进行处理。

对于写实风格的贴图，如果单纯靠手绘来完成的话，是很费力费时的，此时可以从外部调入合适的金属材质图片来弥补质感表现的不足。

本例要在绘制的贴图区域调入一张金属质感的图片，具体步骤为：在Photoshop中打开要调入的图片，使用Ctrl+A快捷键进行全选，然后按Ctrl+C快捷键复制；选择正在绘制战斧的贴图文件，选择"斧头"图层，然后使用快捷键Ctrl+V把金属质感的材质图片粘贴进来，放在"斧头"图层的上面，如图3-173所示。使用自由变换工具把金属材质图片调整到能够覆盖整个贴图区域的大小，如图3-174所示。

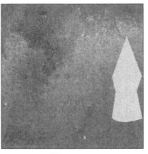

图3-173　　　　　　　图3-174

注意

调入的图片要和绘制的贴图大小接近，否则会有像素拉伸过大，出现马赛克的现象，影响贴图效果。

按住Ctrl键单击斧头部分的图层，以斧头部分的图像制作选区。按Ctrl+Shift+I快捷键对选区进行反选，单击选择金属材质图片的图层，按Delete（删除）键，把金属材质图像不需要的区域删除，得到如图3-175所示的效果。对这个金属材质图层设置图层混合效果为"叠加"或"柔和"方式，将金属材质与绘制的贴图之间进行混合，得到在明暗及立体等效果的基础上又具备金属质感的效果，如图3-176所示。用同样的方法把枪头也绘制出来，如图3-177所示。

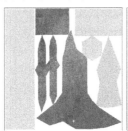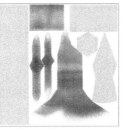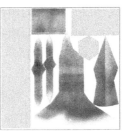

图3-175　　　　　　图3-176　　　　　　图3-177

（3）绘制斧把贴图。

接着绘制斧把的贴图。绘制方法与斧头部分类似，同样是先绘制斧把的明暗立体效果，然后根据需要在贴图中调入木质纹理材质，与绘制的斧把进行混合，得到斧把的贴图效果，如图3-178所示。

3. 将战斧贴图赋予模型

将战斧贴图赋予模型的步骤如下。

（1）打开模型。

确定战斧模型在3ds Max中已被打开，打开后可以看到在前面学习时给模型指定的棋盘格纹理贴图，如图3-179所示。

图3-178

（2）替换贴图。

使用绘制的战斧贴图替换棋盘格贴图，替换的方法是：单击Diffuse右侧带有"M"符号的按钮，进入棋盘格贴图的专属面板；单击Checker按钮，会弹出一个Material/Map Browser（材质/贴图 浏览）对话框，在这里把原来的棋盘格贴图类型改为Bitmap贴图类型；选择Bitmap贴图类型后，会弹出一个Select Bitmap Image File（选择位图图片文件）对话框，找到并打开绘制的战斧贴图，就可以实现贴图的替换了。

由于已通过棋盘格贴图对模型贴图坐标的拉伸问题进行了处理，且绘制贴图时也是对照展开的UV坐标完成的，所以贴图会准确地对应到正确的位置上，得到如图3-180所示的效果。

图3-179　　　　　　　　　　　　　　　　图3-180

（3）对棱角部分设置平滑组。

3D游戏模型创建完毕后，由于是低多边形的模型，所以要用到平滑组的设置，以呈现更丰富的立体效果。

对于战斧模型，由于是在Editable Poly（可编辑多边形）修改器上增加了一个Unwrap UVW修改器，所以无法对可编辑多边形的面进行平滑组设置。如果回到Editable Poly修改器对子对象部分进行平滑组设置的话，很容易导致在Unwrap UVW修改器中所做的工作失效。为了避免出现这样的结果，应该塌陷模型。单击命令面板的Unwrap UVW修改器后，按鼠标右键，在弹出的右键功能菜单中选择Collapse To（塌陷到）命令，把修改器的设置结果塌陷为可编辑多边形，这样，UV坐标等信息也将与模型合并到一起。塌陷这个步骤也是3D模型完成后，交给程序部门前对模型必做的整理工作。

塌陷后，模型以可编辑多边形的属性存在，这时就可以对模型进行平滑组设置，而不会影响到UV坐标系统了。如果还需要观察UV坐标的话，可以在可编辑多边形上继续累加Unwrap UVW修改器即可。

这里主要是对战斧的面进行平滑设置（平滑组设置的具体方法参见3.1节介绍的平滑组设置相关内容）。选择斧把和斧头与斧把之间连接的结构，把它们设为1号平滑组；选择斧面的一侧，设为2号平滑组；选择斧面的另一侧，设为3号平滑组（这里要注意，在设置斧面的平滑组时对一定要分别为两侧指定不同的平滑组，否则，由于两侧斧面是连接在一起的，且两个主体结构面之间的夹角太过锐利，因此平滑组就会出现比较明显的阴影效果，从而影响斧子的平滑感）；设置斧头厚度部分的平滑组分别为4号和5号平滑组；设置枪头部分的平滑组为6号平滑组。具体的平滑组设置如图3-181所示。设置好平滑组后，整个战斧贴图的显示效果如图3-182所示。这样，战斧模型的贴图指定基本完成。要想得到更好的效果，需要不断地在3ds Max和Photoshop两个软件之间对照结果反复地进行贴图的细化处理，以达到尽可能完美的效果。

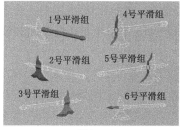
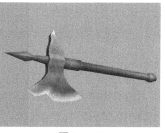

图3-181　　　　　　　　　　　　图3-182

（4）处理贴图接缝。

一般按照上述方法完成贴图的模型，在贴图接缝处会有明显的交界线。如果交界线在不是很重要的位置，简单处理即可，但是，如果接缝线不得不出现在比较明显的位置，这时就需要对照3ds Max中的效果，不断地、反复地在Photoshop中对接缝处的贴图进行处理。修改贴图的接缝处宜采用同一色调进行处理，尽量不使用纹理。因为如果使用纹理，就要考虑纹理之间在交界处的衔接，处理不好的话，这种交界会非常明显且使美术效果削弱。

在3D游戏美术设计工作中，接缝的处理方法始终伴随着3D设计制作的整个过程，对接缝处理要求较高的制作工作甚至需要相关的插件来完成，例如Deeppaint、Bodypaint等。但是，由于产生贴图接缝问题的根源在于在立体的模型上采用分割UV的方式来平面化处理贴图，所以接缝就会不可避免地产生。要想得到好的贴图效果，对UV分展的质量、绘制贴图的能力等都有极高的要求，也就是说，设计师的能力达到什么程度，接缝的处理也就可以达到什么程度。于是就形成了无限接近而又永远无法达到的境地，因而对于接缝的处理至今也没有任何软件或人声称可以达到绝对完美的程度。这说明了一个问题，贴图接缝想要处理得非常完美是几乎是不可能实现的，但是采用把贴图接缝线放置于不重要的位置的方法、采用同一色调的处理方法以及在接缝处避免使用纹理的方法，加上细致的绘制工作，还是可以大大改善贴图的表现效果的。所以，在处理接缝部分的问题时，要本着无限接近完美的意识去解决，尽量好地处理接缝效果，但是也要适可而止，控制绘制的时间，从而提高工作效率。

3.7.2　天雷剑贴图完整制作流程

对绘制贴图的工作熟练之后，很多问题就会了然于胸，这时，为3D模型绘制贴图就不会再感觉到那么陌生和复杂。随着熟练程度不断提高，要解决的问题会越来越少，最后就只有表现效果这一最终目标。至此，设计师所要做的就是采用一切方法使贴图与效果的结合达到最完美的程度，具体使用哪一种方法反而变得并不那么重要了，只要能够灵活运用这些方法达到尽可能完美才是根本目标。

以下绘制天雷剑贴图的过程将不再过多地阐述处理问题的方法及理论知识，只表述其制作过程。这相当于跳出了方法的束缚直指问题本质，那就是制作一个贴图效果接近完美的游戏道具——天雷剑。

1. 设置绘制贴图前的UV线框

设置绘制贴图前的UV线框的步骤如下。

01 在3ds Max中打开前面制作并展开过UV的天雷剑模型，也就是天雷剑的一半的模型。针对它的UV也仅有一半，因此绘制时也将只绘制一半的贴图。完成绘制后，将模型合并完整时，UV贴图也将拼合完整。

02 把这个一半模型的UV线框按前面介绍的方法渲染并输出。线框的颜色使用红色；在Render UVW Template对话框Edges选项组中激活Seam Edges（接缝线）复选框，保留绿色的接缝线，以便观察UV贴图的位置；尺寸大小设置为512×512像素；保存UV线框图名，命名为"天雷剑UV"，文件格式使用TGA格式；在弹出的Targa Image Control对话框中采用默认的32位即可，单击OK按钮完成保存。

03 在Photoshop中打开名为"天雷剑UV"的TGA格式文件，进入"通道"面板，此时会看到有一个Alpha 1通道。按住Ctrl键单击Alpha 1通道，以有线框图像的区域进行选择。单击"图层"面板，按快捷键Ctrl+C把选取部分的图像复制下来，然后按快捷键Ctrl+V把复制的线框图像进行粘贴，这样，线框就被单独分离出来。把带背景的线框图层的显示关闭，隐藏该图层，此时剩下的就是被复制出来的红色线框了。至于底色，可以在线框图层下面新建一个图层并填充白色，这样绘制时就可以很清楚地看到线框的位置了。

调整线框图层的不透明度，将透明效果调整为既能看到线框又不会影响绘制贴图的程度。在绘制过程中，如果线框影响视线，还可以随时调节该图层的不透明度，以利观察。

2. 对照UV线框绘制天雷剑贴图

对照UV线框绘制天雷剑贴图的步骤如下。

（1）对照UV线框确定绘制区域。

在底色层上新建4个图层，分别命名为"剑刃"、"护手"、"剑把"及"装饰"。按照线框图，在相应名称的图层上分别把天雷剑的每个部分的形状（可用多边形套索工具选取）及颜色确定下来：天雷剑的剑刃部分填充淡灰蓝色，护手盘与剑梢填充淡金色，剑把填充灰色，如图3-183所示。

（2）混合金属材质图片素材。

调出制作天雷剑时使用的背景参考图，对照参考图的结构，绘制剑刃部分的贴图。绘制的过程与前面讲过的贴图绘制方法类似，具体步骤参见图3-184、图3-185所示。

图3-183

绘制时应注意要先从总体的效果入手，把主要的明暗效果先绘制出来，再进一步细化明暗层次关系，把五调的关系也表现出来，特别要注意刃部立体效果的刻画。

在贴图中调入一张金属材质的图片，把金属材质图使用自由变换工具调整至能够覆盖整个贴图绘制区域的大小。反选剑刃部分的选区，删掉不需要的金属材质图像。把金属材质所在图层的混合效果改为"叠加"或"柔和"，效果如图3-186所示。

图3-184　　　　　　　图3-185　　　　　　　图3-186

（3）绘制护手及剑梢贴图。

接下来绘制护手及剑梢的贴图。对照原画的纹理，先绘制护手的明暗立体效果，然后根据需要在贴图中调入金属纹理材质，与绘制的立体效果混合。对于护手上装饰的宝石可按照前面介绍的宝石贴图的绘制方法进行绘制，得到护手及剑梢的贴图。具体实现步骤参见图3-187~图3-189所示。

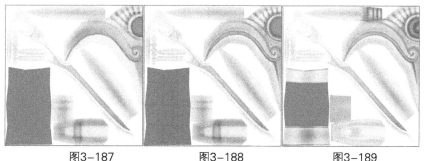

图3-187　　　　　　　图3-188　　　　　　　图3-189

（4）绘制剑把贴图。

接下来绘制剑把的贴图。对照原画的纹理，绘制出剑把的明暗立体效果。剑把可绘制成缠绕布条的交叉纹理效果。绘制剑把时要注意，由于剑把这部分使用了纹理，而绘制的部分只是整个剑把部分的一半，所以要预测纹理在完整衔接时的情况并提前予以处理。绘制剑把贴图的具体实现步骤参见图3-190～图3-192所示。

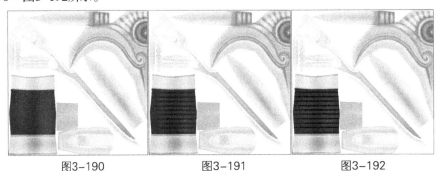

图3-190　　　　　　　图3-191　　　　　　　图3-192

这样，整个宝剑的贴图基本绘制完毕。

3. 将天雷剑贴图赋予模型

将天雷剑贴图赋予模型的步骤如下。

（1）打开模型。

确定天雷剑模型在3ds Max中已被打开，打开后就可以看到前面学习时指定的棋盘格纹理贴图，如图3-193所示。

（2）替换贴图。

使用绘制的天雷剑贴图替换前面的棋盘格贴图，如图3-194所示。

（3）对模型设置平滑组。

由于模型是低多边形模型，所以，对这样的模型需进行平滑组设置。

对Unwrap UVW修改器使用Collapse To命令，把它塌陷为可编辑多边形，这样UV坐标信息也将与模型合并到一起。塌陷后，模型以可编辑多边形的属性存在，这时对模型进行平滑组设置就不会影响到之前UV坐标系统的设置结果了。

本例主要是对天雷剑的面进行平滑组设置，具体平滑组设置参见图3-195所示。

图3-193

图3-194

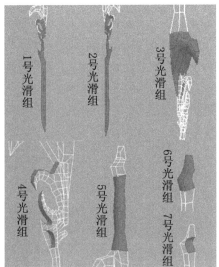

图3-195

（4）使用Symmetry修改器。

为这个一半的天雷剑模型使用Symmetry修改器，把天雷剑镜像为完整的结构。使用正确的镜像设置（具体方法请参照上一章及本章相关内容），之后，贴图会跟着模型一起被镜像复制。这是因为镜像时是连同UV一起被镜像的结果了。这样，就得到了完整的天雷剑贴图模型，如图3-196所示。

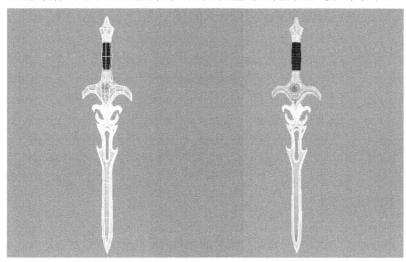

图3-196

（5）塌陷Symmetry修改器。

这时天雷剑模型尚有Symmetry修改器在起作用，不适合直接交给游戏制作的下一个环节。为此需要在Symmetry修改器堆栈层级上使用Collapse To命令把所有的修改器塌陷在一起，使模型成为一个不带任何堆栈的可编辑多边形模型，之后才可以交给下一个流程的工作人员。

（6）调整模型的顶点、线、面的分布。

一般情况下，在使用Symmetry修改器对称模型之后，如果制作原始模型时没有注意到布线的问题，则在对称后会在对称轴的位置上产生分散的顶点。这些顶点间的距离很近，近到使用一个顶点还是两个顶点在作用上没明显区别，这时就需要整理这些顶点。可以使用多边形的Weld（焊接）功能对这样的顶点进行焊接，以使模型结构干净整洁。

（7）处理贴图接缝。

至此，天雷剑模型的贴图工作基本完成。要想得到更好的效果，需要不断地在3ds Max和Photoshop两个软件之间，对照效果图，反复地进行细化贴图效果处理，以达到尽可能完美的程度。

最后，对照在3ds Max上的效果，反复地在Photoshop中对接缝处进行处理。所有这些工作进行完毕，整个天雷剑模型才算制作完成。

第4章 游戏场景制作

在游戏开发中，游戏场景制作属于一个专门的开发类别，需要大量的场景制作人员。目前场景制作设计师已经成为游戏开发中一个完整而独立的职位。

在学习游戏场景制作的之前，需要从以下几方面入手：首先，需要了解游戏场景的定义及其在游戏中所处的位置；其次，需要了解制作游戏场景的规范及方法；再次，学习制作游戏场景中的元素的方法，如树木、房屋、城墙等；最后，学习制作小区域环境场景的方法。游戏场景制作的重点是要学习和掌握统一单位的设定、无缝纹理贴图的制作及合并场景元素等方法。在学习过程中，前面基础部分学习到的建模、分展UV、绘制贴图等方法将会进一步被应用。场景制作的学习也是把基础知识转化为实际工作能力的过程。

4.1 认识游戏场景

在游戏中，游戏场景主要指的是对玩家所控制的角色所处环境的描述性定义。例如，游戏中角色诞生的村庄、城池，野外冒险的区域、通关副本等具有区域性特点的游戏环境。

游戏场景中存在的树木、房屋、城墙、河流、道路等都属于场景的组成元素，每个完整的场景都由多个场景元素共同组成。几乎每个场景元素都是游戏场景设计师设计制作的结果。

4.1.1 游戏场景的制作类型和状况

在学习制作游戏场景前，需要了解游戏引擎所支持的游戏画面的表现形式。

早在3D游戏引擎尚未开发之前，玩家玩游戏的硬件设备所支持的画面形式多以平面效果表现。随着玩家对游戏要求的提高、硬件设备的提升以及游戏开发团队的不断发展，当3D游戏引擎被开发出来以后，游戏的表现形式便越来越丰富了。这里限于篇幅，对游戏引擎的发展历史就不多介绍了。作为未来的游戏美术设计师，读者所要关注的应该是游戏美术表现方面的内容，要对2D、2.5D、3D游戏场景的制作状况有所了解。

1. 2D游戏场景的制作状况

2D游戏指的是游戏界面上只有在X轴与Y轴上变化的表现形式。2D游戏的画面无法改变视角，其表现形式是最早诞生并持续至今的游戏类型。在制作此类游戏场景的美术素材时，设计师不必考虑其在立体空间中的效果，只需把面向玩家的那部分绘制细致即可。范例游戏有《魂斗罗》和《超级玛丽》等。

2. 3D游戏场景的制作状况

3D游戏是使玩家在平面显示器上还能以任意角度来观看游戏角色、场景等游戏元素的游戏类型。此类游戏是通过3D引擎技术，在游戏引擎内部建立虚拟的立体空间，相当于虚拟的存在空间。玩家在游戏里的视觉感受就像在现实世界一样，看到的物体也是按照人的视觉感受设计，相当于游戏开发设计师创建的一个虚拟的人生舞台，玩家需要在游戏策划所设定的虚拟世界的规则中生存。

设计师制作这种类型的游戏元素，需要考虑立体存在的情况，制作时也需要面面俱到。当然，对于被遮挡的部分可以做适当地简化处理。此类游戏元素的制作已不再局限于平面的制作手段，几乎都会用到3D软件来完成立体模型的创建，并在模型上赋予贴图来完成细节的装饰效果。

由于3D游戏引擎的速度受限于模型网格的顶点数量、面的显示等因素的影响，所以美术设计师在制作3D游戏场景时，需要对模型顶点数及面数在保留足够的效果的基础上进行优化，以便既可以提高游戏的运行速度又不失画面效果的表现。

在3D世界中需要了解它的3个特点：

● 物体是真实占有空间的；

● 任何人的视点（摄像机）是可以任意移动并改变角度的；

● 光的运用要模拟真实环境，并按需要做适度夸张。

游戏范例有《古墓丽影》、《天堂2》和《魔兽世界》等。

3. 2.5D游戏场景

同时具备了2D与3D游戏特点的游戏称之为2.5D游戏大致可分为两种，一种是3D的地图，2D的角色、NPC等，例如《RO仙境传说》；另一种是2D地图，3D角色，例如《征服》。但在地图的设计制作上，目前还没有2.5D之说，至多为伪3D。以《最终幻想7》（FF7或太空战士七）为例，该作品的地图制作采用了3D与伪3D技术的结合。在世界地图上行动时，使用的是真3D技术，所以该地图具备了3D技术的3大特点：物体占有空间、视角可变换、光照会随视角移动而变化，其中最显而易见的是视角的变换；而在FF7的场景地图中，同一场景其视角是不可变的。其实FF7场景地图所采用的是3D建模、上材质，再进行2D渲染整合的伪3D的技术，这种技术也可称为"2D渲染"技术。伪3D的好处在于比较容易将物体的质感表现出来，而纯2D技术要做到这一点就需要特别专业的技术了。另外，在视角不可变的场景地图中，FF7却实现了角色、NPC的近大远小透视效果。这种效果就是指在有透视（纵深感）的游戏场景中，移动的角色会随着场景的向前景或背景方向延伸而显得渐大或渐小，这是需要配合程序来完成制作的，所以程序方面也会对此有一定的限制。

2.5D游戏场景的制作是介于2D与3D之间的一种表现形式，是2D引擎功能模拟3D效果的最大化表现，也是3D引擎为了某种特定风格的需要而特意模拟部分2D效果的一种表现形式。例如，即便《MU》采用了3D图形显示引擎，但其玩法仍然是以纯鼠标单击地面（平面）进行的，实质上还是2D游戏；而类似《天堂2》、《魔兽世界》等这样的游戏，则是标准的、真正的3D游戏。

在游戏场景的制作上，不管是2D、3D还是2.5D，设计师们除了使用制作软件制作之外，还可使用一种叫做地图编辑器的工具来完成场景的搭建工作。有些地图编辑器就是把无数个场景元素组合起来，通过编辑器的功能随意挑选元素进行摆放，就像摆积木一样容易，但前提是美术设计师们已经把每个素材设计制作完毕并集成到了场景编辑器中。此类编辑器多应用于2D与2.5D游戏的场景制作中，而且很多游戏开发中也乐于开发此类地图编辑器，为以后地图的制作提供更多的方便，例如《英雄无敌》系列游戏的地图编辑器、《帝国时代》系列等。

此外，还有一些地图编辑器，除了实现直接摆放素材的功能外，还可以独立搭建制作场景中的元素，但是其编辑功能有限，尤其对于处理多个非几何的、非规则的形体时将受到极大的限制。此类编辑器有《Counter-Strike（反恐精英）》等射击类游戏场景编辑器。

在了解了这些区分后，作为场景美术设计师，所做的工作就是让场景的素材和整个场景在2D、2.5D或是3D场景中的美术效果达到极致的体现。

4.1.2 游戏的美术制作风格

游戏的制作风格可以使游戏作品更有表现力，除了游戏的内容讲究采用何种文化背景外，游戏的美术风格是提高游戏感染力的必要条件。一个没有美术风格的游戏就像一个大杂烩，不知所云，让玩家没有任何文化认同感。游戏的美术效果可以在整体效果上拥有多种风格，但是切不可杂乱无章。

1. 游戏的卡通与写实、唯美与魔幻风格表现

在艺术形式的表现中，形式是多种多样的。"卡通"形式是应美术表现而出现的，而所谓的"写实"则是多种艺术形式的表现形式之一。

这里提到的卡通与写实风格是指关于游戏美术画面的表现。"卡通"一词是由英文中的"Cartoon"音译而来，对于卡通画，各国各地都有自己的风格。随着时代的发展，卡通画的风格也在不断地变化，一般通过归纳、夸张、变形等手法来塑造各种形象。在游戏风格的表现上，所谓的卡通风格，在角色制作上多以头身比例与正常人体比例的区别而论，通常游戏中用到的比例多是头身比例为1：2、2.5：1、1：3、5：1等，而正常人的头身比例一般为1：7.5，并且在五官、体型、四肢等的比例表现上也有一定的夸张和变形；在场景的制作上也多以变形的比例结构来表现；在颜色使用方面多采用鲜艳的、色阶过渡感较强的颜色来表现，以产生漂亮、可爱的视觉效果。

对于游戏写实风格的表现，体现在以模仿现实生活中实际存在的状态方面。例如，表现人物时，有密布的皱纹、破烂污损的衣衫；在表现场景时，有斑驳的墙壁、潮湿的地面等，都属于写实风格的表现。在游戏开发时，美工对于形状、比例的把握等要求都是比较标准的，光线的使用也以偏暗为主，细节表现上比较丰富。由于刻画细节和把握准确的比例结构需要投入大量的时间和精力，所以在制作时工作量相应地也较大。

唯美风格是介于写实与卡通风格之间的一种表现形式，其画面在造型比例上往往要超出正常的比例，如角色的头身比例可达到1：8～1：12，体形比较修长。不管是角色还是场景，在色彩应用上主张靓丽，处理手法细腻。这类游戏在发展的前期以日式和韩式游戏较多，现在，随着国内网游的开发，其美术表现风格也多有此类出现了，例如《诛仙》、《完美世界》等网络游戏。

魔幻风格的游戏表现形式较复杂，最明显的特点是除了游戏内容属于超越现实的表现外，在美术方面，对色彩的应用也较为大胆，使用的颜色多以鲜艳、夸张为主，甚至会使用一些对比强烈的色彩，例如暴雪的《魔兽世界》网络游戏中的美术效果。

2. 游戏的东西方风格表现

在东西方风格的表现上，游戏风格主要受传承下来的文化影响。意识形态决定了表现形式。自然地，欧美等国家的游戏往往表现的是西式风格，在此基础上还可以分为各时期和时代的风格、各西方国家的民族风格等，例如欧洲、美洲风格，印第安特色，二战风格等。东方风格分为中式风格、日式风格和韩式风格等。在各风格的基础上还可细分为各朝代特点的风格等等。

对于当前游戏开发的美术表现方面，随着东西方游戏文化的相互发展渗透，未来"中西混搭"的画面风格将渐渐成为主流。但这是一个渐进的过程，前提是玩家群体的文化认同已建立在具备一定的东西方文化融合的基础上。

4.1.3 3D游戏场景的制作流程

通过基础部分的学习，读者已经掌握了较复杂模型的建模、分展UV、绘制贴图以及匹配贴图等技术。制作场景对于学习过前面基础部分内容的3D游戏美术制作学员来说，既是新的知识点，也是对前面内容的复习。相同点是场景的制作同样都需要经过建模、分展UV、贴图绘制、匹配贴图等操作；不同点是内容有所改变，相应地，方法也有了变化，并且还导入了一些新的规则。这些方法或规则包括场景单位的设定、大面积表面的贴图分配、保持大面积表面的贴图清晰、大面积地形的设计、无缝纹理的作用及制作、在一个模型上设置多个ID号并分配多维质质、环境球的作用及制作方法和灯光烘焙的应用等诸多内容。这些内容需要在原来认知的基础上更进一步地学习和应用。应用到极致的结果，就是可以成为合格的场景设计制作师，在游戏开发团队中专门负责游戏场景部分的设计和制作了。

在开发游戏前，游戏策划师首先要根据引擎情况和游戏设定的特点，考虑采用何种方式来制作美术素材。尤其是场景的设计，关系到游戏的级别层次，也就是要求玩家级别越高时，关卡的设计越复杂，这样才会使玩家感觉到挑战的快意。

在3D游戏的制作过程中，游戏场景的制作方法可以总结为3种，第1种是使用地图编辑器的功能来完成，第2种是由场景设计师来完成，第3种是以上两种方法的融合使用。一般而言，游戏场景制作是先用地图编辑器制作面积较大、比较常规的部分，对于造型要求独特的场景元素则由场景设计师来制作，然后添加到场景中需要的位置。因此，第3种方法因其比较灵活方便，在制作游戏场景和关卡设计时经常用到。

在设计游戏关卡前，游戏总策划师就需要考虑是采用引擎内置的地图编辑器来完成场景的设计，还是直接由场景设计师来完成整个场景的制作。一般游戏开发时，在地形的制作方面会采用地图编辑器，因为如果全部由场景设计师进行整体制作的话，美工的工作量会比较大，游戏的效果也会打折扣。地形设计出来以后，再根据需要，由场景美术设计师把需要的具体细节制作出来并添加到游戏场景中。例如，在制作3D网络游戏时，需制作一个面积比较大的新人诞生场景，首先使用地图编辑器完成周围环境的搭建，如新人杀怪升级的周边环境、新人保护的村庄区域的地形等，然后再根据地形，由场景设计师制作树木、房屋、防护墙、城门等，最后把这些场景元素添加到场景地形中合适的位置。

以上是3D游戏场景设计时所采用的一般方法。3D游戏场景设计师所要完成的任务是更细致的实际制作工作，所凭借的也是更加具体的技术与艺术功底。下面介绍一般3D游戏场景美术设计师完成一个游戏场景的制作流程。

3D游戏场景美术设计师拿到原画设计师的设计原画后，根据游戏引擎所使用的场景制作类型，对原画进行分析——从设计制作的风格、特点、所用元素等进行全方位地分析。假如原画稿为一个小型城镇的设计，里面有基本的地形，外围有需要用来保护城镇的城墙和塔楼，城墙内部有主要的城镇中心建筑，有多个功能型建筑，用来点缀环境的树木和草丛等等。3D场景美术设计师在制作这样的场景时，首先需要根据原画的描述，把城墙及建筑、树木、草丛等制作出来；地形部分需要与游戏策划和程序人员沟通，不需要直接制作地形的，可以使用地图编辑器来完成；最后，通过场景总设计师参与的整理，完成城镇场景的制作。

3D场景美术设计师在制作场景的元素时，首先需要根据原画把模型制作出来，然后分别分展UV、绘制贴图，再把贴图赋予模型，最后调整整体效果。由于制作的模型数量比较多、贴图数量也非常大，所以制作时需要遵循场景制作的一些规范和方法，这些内容将在后面的介绍中逐一讲解。

4.1.4 如何成为3D游戏场景设计师

3D游戏美术场景设计师是游戏开发团队中一个重要的职位。要想成为一名优秀的3D游戏场景设计师，首先需要的是勤奋，其次就是要付诸大量的实际行动，要浏览大量有关游戏开发的美术画册和图集，尽量了解各时期建筑和艺术的风格特点等知识。游戏行业被称为"第九艺术"，除了非常有创新性外，还需要了解很多的规则与要求，需要参与游戏开发的人员具备广博的知识、足够的技术和艺术表现能力。以下是王世颖在《游戏开发真功夫》系列中的一本游戏专著中提到的关于如何成为一名优秀美术场景设计师的具体学习方法，比较有代表性，这里摘录部分内容，以资读者参详。

成为优秀3D美术场景设计师的具体方法如下。

（1）积累：每日4小时。

● 精读10本场景类原画设定画册；

● 深玩至少5款游戏；

- 搜集整理并研究至少100段游戏片头及过场动画；
- 搜集整理并研究至少500张游戏宣传壁纸、海报及包装；
- 搜集整理至少100款游戏的画面截图；
- 深入了解至少2款游戏的全部解密图档；
- 熟练常用美术软件的使用。

（2）创作：每日8小时。

选取一本原画设定集，线稿临摹大部分画作，并选取其中一部分进行上色。

承上，续作这本设定集中的每个门类的设定。也就是主角及同伴、怪物、场景及其建筑，武器、道具、特效、宠物、动画等门类的设定。按照其原有风格完整度，增加2个左右的造型。可将自己临摹的作品和新创作的作品放在一起，找同事或朋友看一看，能不能挑出哪个是自己设计的，以检验自己的设计水平。

选取任何一个游戏的截图，从3D和2D方面进行还原设计制作。3D的分解还原可以如下：制作截图上所有角色、植物、建筑、特效、物件的模型贴图，务求达到乱真程度。分解地面贴图，制作天空盒子，制作角色、特效的动态等。2D还原不是简单的临摹，而是采用逆转90度的形式，譬如截图上人物的侧面的，就分解成正面，建筑、植物等也是如此。界面可采用同等功能，更换另一种风格设计这种形式。

选取任何一个游戏截图，做2D，3D转换练习。也就是针对2D游戏的截图，将上面除界面外的所有元素都转换成3D的，如人物，场景，地面，物品等等全部制作成单独的3D模型贴图。反之，针对一张3D游戏的截图，选取一个角度，将所有元素都转换成2D的效果。要求尽可能的模拟原本的风格和品质。

以上要求是针对整个游戏美术开发人员提高设计制作水平的一些建议，完成以上所列的要求，则实现成为优秀的、全面的美术设计师的目标将指日可待。作为场景设计师，可以重点突破其中场景方面的要求，相应的，学习内容就要按照场景方面的要求来安排。这样专注于一个方面进行突破，既可以达到专业专精的目的，又可以加快进步的速度。

在3D游戏美术职务中，3D游戏场景美术设计师作为一个完整的职务类型，既有自身的独立特点，也需要在与其他部门的协调与合作中发挥更强的作用。所以，在具备了具体技能和专业知识后，仍需要多了解一些其他职务的特点，如程序设计师、角色设计师、游戏策划等，甚至包括运营部门的工作特点，这样才可以将本职工作发挥得更好。

4.2 3D游戏场景制作的方法及典型案例

接下来就进入具体的场景制作的学习。

4.2.1 场景单位的设定及命名规范

制作游戏场景是一项比较繁杂的工程，为了确保场景及元素建立在统一的单位比例上，需要进行场景单位的设定，而为了合理有效地管理场景元素，需要在为其命名时符合一定的规范。

1. 场景单位的设定

在3ds Max的菜单栏上执行Customize（自定义）→Units Setup（单位设置）命令，会弹出关于单位设定的Units Setup对话框，如图4-1所示。在游戏开发时，为了使每个制作的3D模型使用同一个单位，需要在这个对话框中进行设置。

打开Units Setup对话框，可以看到多个选项，这里只介绍与游戏制作相关的部分，如果读者对其他选项也有兴趣，可以查阅相关书籍。

Units Setup对话框的Display Unit Scale（显示单位比例）选项组中，默认选项为US Standard（美国标准），此设置下的单位为欧美习惯的长度计量单位，以Inches（英寸）、Feet（英尺）、Miles（英里）等度量，多用于欧美游戏的制作。如果要符合我国公制单位的设定，符合中国游戏开发设计师的习惯，则需要让模型以公制标准显示，把US Standard（美国标准）改为Metric（公制）方式。此方式中的长度单位为：Millimeters（mm，毫米）、Centimeters（cm，厘米）、Meters（m，米）、Kilometers（km，千米）。选择Metric单选按钮后，创建的几何模型的参数数值后面将以公制单位显示。

图4-1

以上设置仅用于设置模型在视图中的显示比例。如果想要对实际的场景设置单位的话，需要单击System Unit Setup（系统单位设置）按钮，对显示单位与实际单位之间进行单位的对应设置，只有在这里的设置才是真正对模型单位的设置。当单位被设置好后，在视域中创建基本模型时，会在参数的数值后面显示相应的单位。一般在中国的游戏开发中，3D类型的游戏的单位常设置为Meters，以适应国内设计师们的制作习惯。

系统单位的设置方法为：单击System Unit Setup（系统单位设置）按钮，在弹出对话框中的System Unit Scale（系统单位比例）选项组中，把1 Unit后面的参数设置为1.0；把对应的单位设置为Meters，其他采用默认值，单击OK按钮，完成设置。在Display Unit Scale选项框中选择Metric单选按钮，设置其长度单位为Meters，单击Units Setup对话框的OK按钮完成全部设置。这样，此环境下制作的模型在进行合并时就不再显示单位冲突的提示对话框了，并且在游戏引擎中也会保持以同一种比例显示。

2. 文件命名规范

一款游戏中的美术素材成千上万，如果要想准确地对这些文件进行高效的管理，命名规范是必不可少的。

当创建的模型、贴图、骨骼等类型的对象在同一种环境中共存时，为了区分它们并使它们不至于在引擎中因名称产生冲突，以及在制作时可以准确地找到需要的文件，就要求大到某类文件夹、某类文件，小至每个文件内部的模型或贴图等，都需要具有一定的可识别性，这样，在对文件进行管理时就可以按照分类树准确地找到相应的文件。游戏开发中，文件的数量成千上万，要想准确找到文件的方法就是每个游戏开发设计师都要按照特定的命名规范对文件进行命名。另外，由于很多引擎对于英文字母的识别较好，所以命名时需要使用英文单词或拼音字母来命名，而有些游戏引擎干脆不支持中文命名，所以在命名前一定要了解清楚。以下为文件命名举例。

例如，一名场景设计师在制作一个场景中的一块椰子树林中的一棵代表性的椰子树时（有点绕口），他的模型可以这样命名：Model_yezishu1_yezishulin_shu_changjing或把顺序反过来命名Model_changjing_shu_yezishulin_yezishu1，其相应的贴图文件的名称可以命名为：tietu_yezishu1_yezilin_shu_changjing或tietu_changjing_shu_yezishulin_yezishu1等，如果认为名称较长，也可以在文件夹的设置上做好分类，如文件夹可以逐级命名为：changjing\shu\yezilin，然后在yezilin文件夹下保存模型和贴图文件，命名可以为：model_yezishu1和贴图文件tietu_ yezishu1。通过分级设置的名称具有从属标识，因而在文件的编辑、整理和管理中避免了紊乱的情况发生，也避免了引擎可能出现的问题。

具体的对模型命名的操作前面已经讲过，这里再简单介绍对整体文件操作的流程。

选中模型，然后进入Modify面板，把Modify面板上模型的默认名称改为自己想要的名称。输入好名称后，按键盘的Enter键即可。保存文件的方法是执行File→Save（保存）或File→Save as（另存为）命令。

以上为游戏开发中会遇到的文件命名问题。在实际工作中，具体的设置方法会由团队的项目总监指定，由团队人员共同遵守，具体设置方法会随着引擎的要求及一些命名习惯来决定。

4.2.2 合并、输出与输入模型

在场景制作中经常会遇到从外部调入模型的情况，用以整合整个场景模型。在整合场景模型时，使用菜单栏的File（文件）→Merge（合并）命令就可以把外部的3ds Max格式的文件调入进来。但是，如果要使用非3ds Max格式的文件，则需要使用Import（输入）命令来输入，此功能是为与其他软件共享同一个模型资源时常用的，例如，在与Maya、Softimage、Zbrush等3D软件之间共享模型时就会使用。这类文件常用的格式是3DS和OBJ等，由于OBJ格式的文件信息在跨平台使用时完整性较好，所以越来越多的3D软件都在使用此格式进行文件的输入与输出。

Import、Export（输出）、Export Selected（选择输出）这3个命令在3D游戏美术制作当中均为常用命令。当使用这些命令把文件格式导出为其他格式的文件时，3ds Max格式的文件信息会有所丢失。使用这些命令可以使Maya与3ds Max之间或之前版本的3ds Max与更高版本的软件共享资源时使用（低版本打不开高版本的文件），这些命令也是输出成品提供给程序人员使用时，根据游戏引擎的需要，输出为引擎所支持的文件格式。输出到引擎的文件格式不一定就是3DS或OBJ格式的文件，有可能是专门为引擎设计的专属格式。

1. 合并的方法

在3ds Max中分别创建一个长方体模型和一个圆球体模型，并分别保存为"场景规则合并练习1"和"场景规则合并练习2"，文件格式为3ds Max的专用格式3DS。

使用菜单栏的File→Reset（重置）命令，重置系统环境。打开"场景规则合并练习1"的长方体模型，然后使用菜单栏的File→Merge命令，在弹出的对话框中选择"场景规则合并练习2"文件，就可以将同一类型格式的文件合并到同一个场景环境中。

2. 输入、输出和选择输出

重新打开"场景规则合并练习1"长方体模型，使用菜单栏的File→Export命令，在弹出对话框中文件名的位置处输入所要命名的名称，如"盒子1"；在文件类型下拉列表中可以选择除了3ds Max格式外的任何一种格式，但是出于游戏开发的需要，这里选择输出为OBJ格式的文件格式。这样，就可以把3ds Max环境下创建的模型输出为可与其他3D软件共享的网格模型文件了。使用Export Selected（选择输出）命令可以在多个模型共存的场景中仅输出被选择的模型。

在使用输出和选择输出命令时要注意，在输出为3DS格式时，系统会弹出一个带有贴图坐标提示的对话框，直接单击确定即可；当输出为OBJ格式时，系统会弹出一个OBJ文件输出设置对话框，该对话框的选项比较多，但重点在于Faces（面类型）后面的选项，里面有Triangles（三角形）、Quads（四边形）和Polygons（多边形）3种类型，在输出时一般都选择Polygons（多边形）类型，以保持原有模型的布线效果，其他选项保持默认设置即可。各选项的具体细节大家可以查询相关工具书籍，这里不再赘述。

使用菜单栏的File→Reset命令，可重置软件系统环境。使用菜单栏的File→Import命令，在弹出对话框的文件类型中选择3DS格式或OBJ格式，这时在对话框内就会列出符合格式的文件，选择"盒子1"文件，就可以使3DS格式或OBJ格式的文件合并到同一个场景环境中了。

4.2.3 地形的制作

在游戏场景中，地形的制作包括山丘、河道、道路、怪物出现场地等，实际制作中，会采用地

图编辑器或直接通过建模软件来制作完成。在制作地形时，使用地图编辑器固然很方便，但是有些引擎并不具备地图编辑器，这时就要使用建模软件来直接制作。

假设需要制作一个峡谷的地形，分别使用软选择方法制作地形、多边形的笔刷功能制作地形及使用Cut（切割）功能制作地形。以下为使用3ds Max制作地形的方法比较。

1. 使用软选择制作地形

在场景中的顶视图中创建一个以m为单位的平面模型，参数Length（长度）和Width（宽度）各为2000m，Segment（段数）各为40，这样每个格的实际距离为50m。使模型轴心对齐到原心点，在模型上单击鼠标右键，选择Convert to→Convert to Editable Poly命令把此模型转化为可编辑多边形。进入Modify面板，激活顶点子对象级别，展开Soft Selection（软选择）卷展栏，激活Use Soft Selection（使用软选择）复选框，这样就可以使用软选择功能了。

把视图切换到透视视图，根据操作的情况，把Soft Selection卷展栏的Falloff（衰减）值调整为500m，然后在模型上选择顶点。这时模型上被选择的顶点会显示为从红色、黄色、绿色到蓝色的渐变，它们表示了顶点随着距离影响逐渐衰减的影响范围，如图4-2所示。使用移动工具，选定向上的轴向并向上移动，就可以把模型上的顶点拉成山丘状的形状，如图4-3所示。继续选择模型上的顶点，反复操作，从透视图的各个角度把平面拉成峡谷的形状，如图4-4所示。

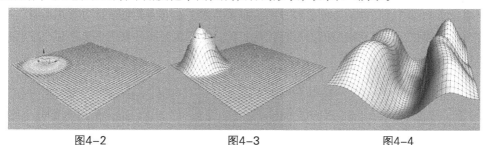

图4-2   图4-3   图4-4

以上是通过软选择功能制作地形的方法。

2. 使用多边形的笔刷功能制作地形

对于笔刷功能的使用，一般需要前面基础部分提到的专用绘图板来操作，如果使用鼠标操作，则效果会有所差异。

制作一个平面模型，把此模型转化为可编辑多边形。进入Modify面板，激活顶点子对象级别，展开Paint Deformation（绘制变形）卷展栏并激活Push/Pull（推/拉）按钮。设置Brush Size（笔刷尺寸）为500m，设置Push/Pull Value（推/拉值）的值为100，这样在使用笔刷功能时就会有明显的效果，可以使用笔刷的推拉功能直接在模型上进行雕刻了。

把视图切换到透视视图，根据操作的情况，为笔刷的笔刷尺寸设置不同的值进行推/拉雕刻操作，效果如图4-5所示。继续选择模型的顶点，通过反复操作，从透视视图的各个角度把平面拉成峡谷的形状，如图4-6所示。按住Alt键可以使笔刷反向推/拉雕刻操作。

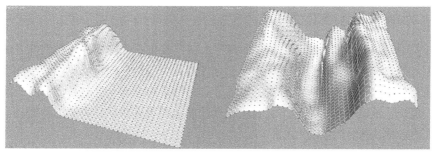

图4-5   图4-6

3. 使用切割功能制作地形

观察前两种方法制作的地形，发现使用这两种方法所产生的模型的面非常多，按照40×40计算，四边形的数量为1600个，以三角形面计算则是3200个面，而且这些面还仅是用来表现峡谷部分的地形效果。如果面积更大一点，其地形所使用的面数将会更多。分析以上两种制作地形的方法，会发现这两种方法的缺陷在于，在大面积的平面或变化较小的平面制作地形时会产生多余的面数损耗。如果制作类似游戏片头或电影动画，采用这两种方法可以很好地表现地形效果，但是，由于游戏对所用模型面数的取舍原则是尽量优化，剔除不必要的面数占用，所以，如果想要更有效地优化模型面数，使用切割功能制作地形将更加符合制作要求。

在场景中的顶视图中创建一个以m为单位的平面模型，参数Length和Width各为2000m，Segment各为5，这样每个格的实际距离为400m。使模型轴心对齐到原心点，并在模型上单击鼠标右键，选择Convert to→Convert to Editable Poly命令把模型转化为可编辑多边形。进入Modify面板，进入顶点子对象级别，把视图切换到透视视图。使用移动工具移动此模型的顶点，生成峡谷的大致造型，如图4-7所示。

进入多边形子对象级别，展开Edit Geometry（编辑几何体）卷展栏，激活Cut（切割）按钮，根据需要的山势情况在模型上进行切割。切割时注意，需要按照峡谷的结构分布进行切割，使峡谷表面的转折尽量柔和一些。切割的表面要符合布线规则要求，在必要的细节部分多加段数，而在转折较缓的部分少加段数，尽量对模型的面进行优化。此过程中也要灵活使用多边形建模的其他建模功能，最后得到如图4-8所示的效果。

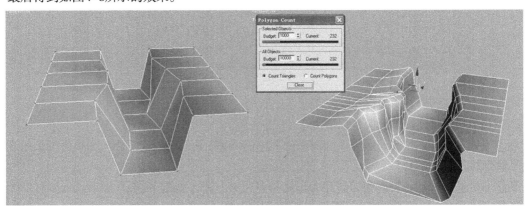

图4-7　　　　　　　　　　　　　图4-8

通过图4-8中的Polygon Count（多边形计数器）可以看到，此时这个模型的总面数仅为232个三角形面，比前两种制作方法产生的面数少了10倍还多。所以，使用切割功能制作地形虽然花费的时间较多，但是符合游戏引擎对模型的要求。游戏引擎的要求是非常重要的，不被引擎支持的模型是没有意义的。

4.2.4　无缝纹理贴图的应用

在游戏开发中，场景占据的视觉面积是非常巨大的，如果不使用好的优化资源方法，则其占用的资源是非常大的。在3D游戏的模型制作中，模型本身是矢量图形，不受比例大小的影响，不管其在模型中和角色的比例差别有多大，游戏引擎的计算量都是相同的。也就是说，对于同一个模型，把它放大如一座山，或缩小如一粒砂，引擎所计算的面数和顶点数都是一样的。但是，放大或者缩小对于模型上的贴图，则会产生巨大的影响。

模型的贴图是以像素的形式存在的。如果把一厘米范围内的像素放大到一分米，则整个图片看起来就会变得像马赛克一般粗糙，每个马赛克表示1个像素。如果是一座山那么大的模型，为了使贴图保持足够的清晰，就必须使用足够大的图片来为其绘制贴图，否则，过小的贴图被过度拉伸后赋予大的模型上，在玩家看来就显得非常模糊和粗糙。一个整张的大贴图在游戏引擎中是被限制的，就是说，游戏的贴图不允许使用特别大的尺寸，不然会导致游戏引擎崩溃。目前游戏引擎支持的最大贴图尺寸也仅仅是2048×2048像素的大小，且使用有限。游戏场景的贴图往往使用数个512×512、512×256、256×256像素的图片，甚至更小一些的2的幂次方组合的长宽比例的图片，以便节约游戏资源和引擎读取贴图的信息量。游戏中的贴图效果也是由这些小块贴图有机地组合而形成的。

对于大面积游戏场景贴图的处理，无缝纹理的制作和用法非常重要。无缝纹理技术有效地节约了重复性较强的贴图对资源的占用，其主要的重复方式为单轴向重复（X轴向或Y轴向重复）和双轴向（X与Y轴重复），主要为连绵的城墙及墙面、重复的砖石类道路及其他重复性较强的贴图效果进行无缝纹理的应用。以下以重复性较强的砖石墙面为例，讲解无缝纹理的绘制及应用方法。

1. 制作思路

01 运行Photoshop，新建一个空白贴图文件；在这个空白文件中绘制一块墙砖的贴图，然后使用叠加的方式加入纹理；进行处理后复制到一个标准的墙面做装饰贴图。

02 使用Photoshop软件的"位移"滤镜进行平移操作，进行无缝纹理的制作。

03 将制作好的无缝纹理贴图赋予模型。

2. 制作步骤

01 运行Photoshop，新建一个长256、宽512像素的空白贴图文件。在"图层"面板新建一个空白图层并填充灰蓝色底色，如图4-9所示。

02 使用加深和减淡工具在此底色上进行绘制，得到图4-10所示的石砖效果。

图4-9

03 按住快捷键Ctrl+T进行自由变换，把此石砖图像缩小并复制摆放，如图4-11所示。

04 选择适当的颜色，使用画笔工具对贴图进行细化绘制，此时可使用叠加颜色的方法来丰富画面的表现效果。对石砖的表面纹理进行细化，加强光影效果。注意，各个石砖的形状、光感及颜色对比不要太强，否则在进行无缝纹理的重复应用时，重复的感觉会过于明显，破坏整体效果。细化后的效果如图4-12所示。

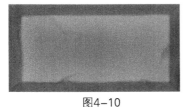

图4-10 　　　　　　　图4-11　　　　　　　图4-12

注意

制作无缝纹理的基础贴图时，像砖块这类图案的数量一般使用偶数值，这样重复时才会按照现有效果进行重复。如果是奇数值，将会产生其他的效果。当然，等经验丰富了，也可以使用奇数值以制作特殊效果。

05 选择Photoshop的"滤镜"→"其他"→"位移"命令进行图像的位移。在弹出的"位移"对话框中分别输入水平256像素和垂直128像素，可激活预览功能进行预览，然后单击"确定"按钮，会出现如图4-13所示的效果。

06 此时砖块的连接不完整，没有实现较好地连续拼接。造成这种现象的原因是，在进行砖块的复制时，移到图像外面的部分，在位移后被移到了图像中部，造成了拼接的不连续。解决此问题的方法是，在位移之前，用矩形选择工具框选整个图像（这时被框选的部分仅为图像固有大小范围内的图像），按快捷键Ctrl+C进行复制，然后按快捷键Ctrl+V进行粘贴，就可以把图像固有大小范围以外的内容剔除了。之后，使用复制出来的贴图重新进行位移操作，拼接就正常了，得到的效果如图4-14所示。

07 观察图4-14可以发现，由于使用"位移"滤镜（位移滤镜的功能是把图像进行不间断地折回重复）进行了水平256像素和垂直128像素的位移，把贴图边缘的接缝部分移到了中间，这部分接缝就是制作无缝纹理贴图的关键。只要把接缝的过渡处理得自然，贴图就变成了真正的无缝纹理，以后不管怎么进行位移，都不会产生接缝。

08 使用画笔工具和橡皮图章工具，把这些接缝处理得过渡自然，得到如图4-15所示的贴图效果。使用"位移"滤镜反复测试，如果没有问题，则此无缝纹理贴图绘制完毕。

图4-13   图4-14   图4-15

注意

砖块类的贴图最好不要把砖与砖的接缝放在贴图的边缘，否则在赋予模型时可能会导致某些显示错误。

3. 将贴图赋予模型

把无缝纹理贴图赋予大面积的墙面模型，具体步骤如下。

01 在3ds Max中创建一个10m高、20m长、3m宽的墙面，如图4-16所示。

02 打开材质编辑器，把上面绘制的无缝纹理贴图指定给墙面模型，如图4-17所示。

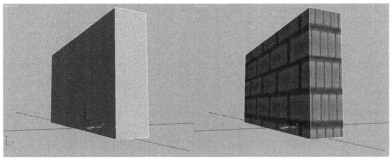

图4-16   图4-17

03 由于墙面的模型尺寸不同，贴图会显示为不规则状态，需要对每个面的UV坐标进行调整。注意此时的贴图效果没有体现出无缝纹理的重复性，需要通过放大把UV坐标来实现贴图的重复，也可通过调整材质编辑器的U、V向的Tile值来实现贴图的重复。调整后的UV坐标如图4-18所示。

04 调整模型每个面的UV坐标，使砖块的摆放方向协调一致，得到如图4-19所示效果。

通过无缝纹理贴图实例的制作，我们知道了为大面积的模型指定占用资源很少的无缝纹理贴图，同样可以得到清晰的贴图效果。很少的资源占用，极高的工作效率，无缝纹理贴图的使用极大地提高了游戏引擎的运行速度，因此无缝纹理制作是游戏场景制作中非常关键的技术，每位场景美术设计师都必须掌握。

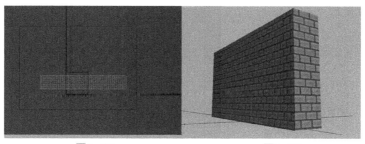

图4-18　　　　　　　　图4-19

4.2.5　多重子材质的应用

在场景制作过程中，模型的数量及单元的分配是非常多的，而且游戏的模型一般要求一个单元的模型最好放在同一个模型内部，例如，一个单元的房屋，其门、窗及连体结构最好放在一个模型中，这样既方便管理又适合引擎的需要。于是就提出了一个问题，一张贴图如何为这么多的元素赋予贴图而不失贴图的清晰度？其实，在游戏开发中，对于多元素模型是不会只使用一张贴图的，这就涉及到要在一个模型上通过设置ID号，并为每个ID的模型表面指定对应的贴图的方式，来把多个贴图指定给一个整体模型，此时材质球得使用Multi/Sub-Object（多重子材质）类型。以下通过简单的实例来讲解多重子材质的应用方法及原理，更深入的应用实例将在后面的场景实例中介绍。

1. 第1步：前期准备

01 准备3张256×128像素的不同纹理的无缝纹理贴图，可以命名为IDtietu1、IDtietu2、IDtietu3等，为以后贴图做准备，如图4-20所示。

IDtietu1　　　　　　　IDtietu 2　　　　　　　IDtietu 3
图4-20

02 在软件中创建一个长方体模型，长、宽、高数值各为100，高度上的段数为3段。把此模型转化为可编辑多边形，如图4-21所示。

03 为模型指定材质，把Standard（标准）材质类型改为Multi/Sub-Object（多重子材质）类型。

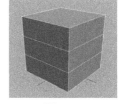

单击材质编辑器上的Standard材质类型按钮，在弹出的Material/map Browser（材质/贴图浏览）对话框中选择Multi/Sub-Object类型，然后单击OK按钮，就
图4-21

可以把Standard材质类型改为Multi/Sub-Object类型。多重子材质的数量可以达到最多1000个子级别材质，在需要指定使用的数量时，可以通过多重子材质的Set Number（设置数量）按钮进行设置。这里把子材质数量改为3，对应3张贴图。改变后的材质编辑器如图4-22所示。

2. 第2步：为模型设置ID号

设置ID号是指为每个单位模型表面设置一个编号。当这个编号被指定了多重子材质类型的材质后，多重子材质内的子级别的材质就可以与模型的ID编号一一对应了。也就是说，多重子材质内的子级别1号材质的贴图和材质效果会赋予模型ID1部分的面，2号材质的贴图和材质效果会赋予模型ID

2部分，依次类推。

（1）设置ID号。

01 选择长方体模型，激活Modify面板，进入模型的多边形子对象级别选择状态，框选模型上部的面，如图4-23所示。

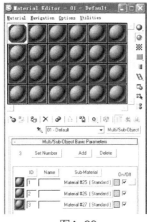

图4-22　　　　　　　　　　　　　　　　图4-23

02 展开多边形子对象的Polygon Properties卷展栏，在Set ID输入框中输入1，然后按Enter键进行确认。这样选择的这部分面就被指定为ID1了。

03 选择如图4-24所示的面，按同样的操作方法，设置这部分面为ID2。

04 选择如图4-25所示的面，设置为ID 3。这样，整个模型的表面就被指定给3个ID号了。

（2）测试ID号的有效性。

01 取消所有对象的选择。

02 在Polygon Properties卷展栏的Select ID输入框中输入"1"，然后单击Select ID按钮，测试ID设置得是否正常。如果数字对应每一组ID的模型面，表明设置正确；如果对应不准确，重新选择异常的面并进行设置。

03 用同样的方法测试其余ID设置是否设置正确。

3. 第3步：多重子材质类型的应用

为多重子材质类型的子材质分别调入准备好的3张贴图，具体步骤如下。

01 在多重子材质类型材质上单击1号子材质按钮，就会进入1号材质设置面板。观察这个子材质的设置面板，可看出它与Standard材质类型的面板内容相同。

02 单击Diffuse右侧的方框按钮，调入IDtietu1贴图，就可以在1号子材质上调入IDtietu1贴图。

03 依次进入2号、3号子材质内部，分别调入IDtietu2贴图、IDtietu3贴图。

04 分别激活各子材质面板的显示贴图按钮，可以看到3张贴图被赋予3个ID号所对应的模型的面，说明操作是正确的，如图4-26所示。

图4-24　　　　　　　　　　图4-25　　　　　　　　　　图4-26

4. 第4步：调整模型的UV及贴图

一般在游戏开发中，为模型设置了ID和多重子材质后，由于游戏的贴图效果之间是有关联的，简单地指定贴图并不能得到较理想的效果，所以需要一边调整模型的UV以适应贴图显示的需要，一边调整贴图自身的效果，使它们的衔接更加自然。

> **注意**
>
> 在调整UV时，为每个ID的UV匹配相应贴图的方法是，打开UVW编辑器后，在All IDs下拉列表中对应地激活3个ID的UV线框。

这里只是让读者简单了解ID设置及多重子材质的用法，具体应用将在后面的实例中详细介绍。

4.2.6　天空球与天空盒的制作

天空球与天空盒是用来表现游戏环境中天空背景的巨大半球体或方体，作用是衬托游戏环境的周边效果。在3D游戏中，最常用的形式基本上就是从整个球体中删除了下半部分的半球形天空球和删除了底面的立方体天空盒。半球形天空往往用于网络游戏中，其面数较多；立方体天空盒比较节省资源，删除底面后的总面数仅为10个三角形面，多用于第一人称射击类游戏的天空背景。用作天空球或天空盒的贴图多为360度全景的天空图片（全景图片的特点为在接缝处是无缝连接的。如果要自行设计和制作天空球或天空盒的全景贴图，需要使用无缝纹理制作的方法完成接缝的处理），不过在做训练时可以从网上下载全景图来使用。相较而言，在天空球与天空盒的制作方法上，天空球的制作比较简单。只要把全景图赋予模型，并把贴图处理成无接缝效果即可；天空盒的处理则需要一定的技巧才可以做到。立方体的天空盒不仅四个方向和顶部的四边要进行无缝连接，而且在天空盒中不能看到四边转角部分的纹理产生的变形。下面将详细讲解制作天空球和天空盒的方法。

1. 天空球的制作方法

天空球的制作方法如下。

01 找一张360度全景的天空图片。图4-27所示是为此实例准备的全景贴图，图片大小为2048×1024，以保证贴图效果的清晰。

图4-27

图4-27为经过无缝处理的全景图片。选择和处理图片时要注意，由于天空球或天空盒只用来表现天空的效果，所以周边除了天空以外虽然也可以出现一些山脉，但是最好对山与天的交接处进行雾化处理，山脉轮廓不要太清晰。在制作天空球与天空盒时，为了方便后续的调整，采用了天空占据上半部分，无具体内容的黑灰色占据下半部分的效果。

02 在3ds Max中创建一个圆球体，半径值设为1000m，尽量减少段数，这里可设段数为16。在贴图前要保持模型是完整的圆球体。把圆球体转化为可编辑多边形，进入模型的元素子对象级别，单击模型，在Edit Element卷展栏中单击Flip（反转法线）按钮，使模型法线朝向内部，这样就可以从模型内部看到模型的贴图了。

03 打开材质编辑器，为这个圆球体指定材质。单击Diffuse按钮，导入全景天空图；激活显示贴图按钮，就可以在场景中看到天空球的效果了，如图4-28所示。

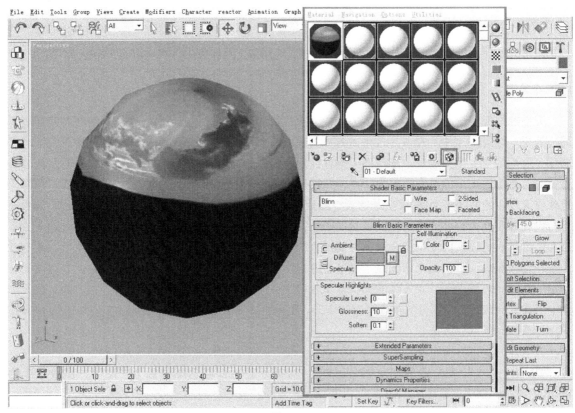

图4-28

04 由于天空是指地平线以上的部分，所以球体的下半部分不是特别有意义，需要将其删除。进入模型的顶点子对象级别，选中球体下半部分的顶点将之删除。天空球制作完毕。

2. 天空盒的制作方法

天空盒的制作方法较为复杂，制作方法如下。

01 首先按照天空球的制作步骤1~3制作天空球。

02 在球体的旁边创建一个正方体，该正方体要小于球体，高度约为球体的1/3。将正方体转化为可编辑多边形，放入球体内部中心偏上的位置，如图4-29所示。

03 打开材质编辑器，选择一个空白的材质球，单击其Diffuse按钮，在弹出的对话框中加入Reflect/Refract（反射/折射）材质，如图4-30所示。

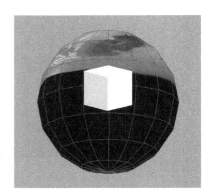

图4-29

04 调入贴图后，进入材质层面板，选择Source（来源）选项的From File（从文件）单选按钮和Use Environment Map（使用环境贴图）复选框，把Size值设为512像素，这样渲染时会以512×512像素的尺寸进行渲染，如图4-31所示。

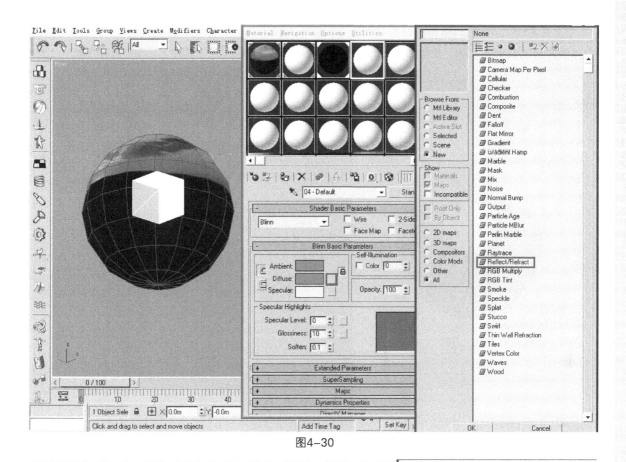

图4-30

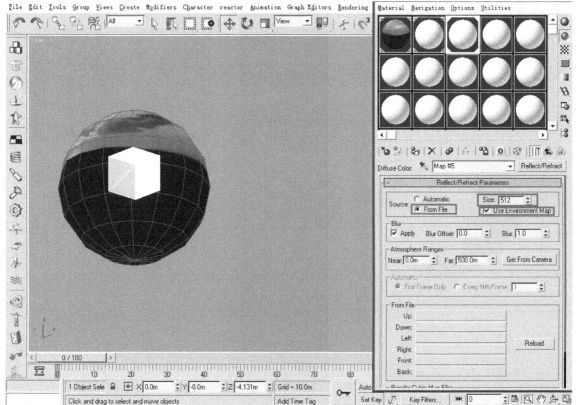

图4-31

05 在Reflect/Refract窗口的材质层面板中，单击To File按钮，如图4-32所示。在弹出的对话框中将图片格式设置为TGA，把输出路径设置到准备好的文件夹中，并为其命名，如图4-33所示。

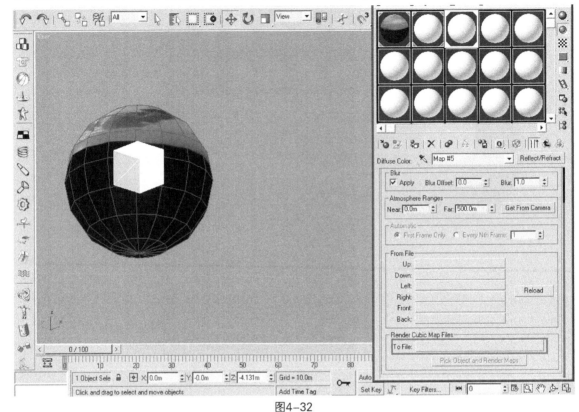

图4-32

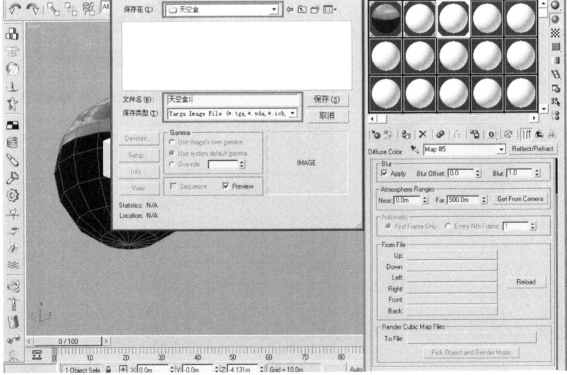

图4-33

06 在反射/折射的材质层面板中，单击Pick Object and Render Maps（拾取物体并渲染）按钮，然后在场景中选择球体中的正方体。如此操作会自动根据立方体周围的圆球体为反射/折射的源环境，产生上下、左右、前后共6张反射纹理，将它们正确地拼合起来就成为天空盒的纹理了。

07 打开Photoshop，把模型左右前后的纹理贴图打开，并按顺续拼合在一起，制做成2048×512像素的纹理贴图，命名为tkh_round文件，存储为TGA格式。把渲染出来的顶部的纹理贴图打开，另存为一个名为tkh_top的文件，如图4-34所示。

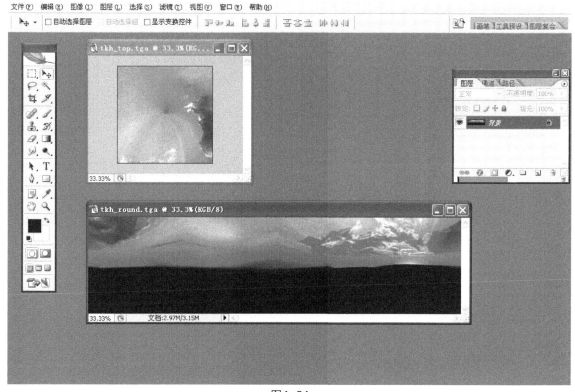

图4-34

08 把球体中的正方体复制出来，将底面删除。把模型的顶面设置为ID 1，模型四周的面的设置为ID 2；打开材质编辑器，把空白的Sdandard材质类型改为Multi/Sub-Object类型，把子材质数量改为2个，然后指定给这个正方体。在第1个子材质的贴图通道中导入纹理贴图文件tkh_top，在第2个子材质的贴图通道中导入文件tkh_round。

09 观察贴图效果，发现顶部贴图和四周的贴图并不连续，可以为模型增加Unwrap UVW修改器。进入模型的UV坐标编辑器中，把四周各面的UV根据首尾相连的关系重新连接并进行顶点焊接，然后适配到蓝色基准框中，如图4-35所示。顶部的UV按照90度的步幅进行旋转，直到与四周的贴图纹理连续为止。

10 检查四周与顶部纹理的接缝，处理好后，把Unwrap UVW修改器塌陷到模型上。反转立方体的法线，天空盒制作完成，如图4-36所示。

图4-35

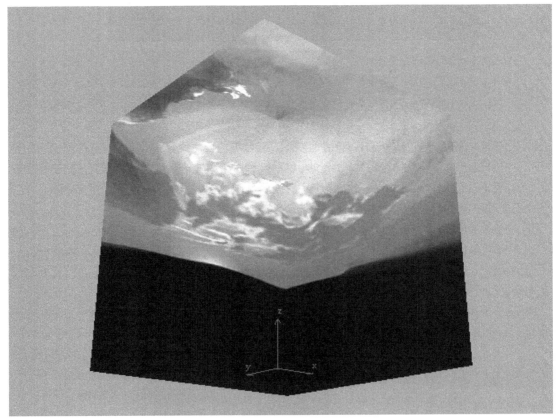

图4-36

4.3 光影贴图与法线贴图

光影贴图与法线贴图技术是现在比较流行的3D游戏美术制作技术。

4.3.1 烘焙贴图的制作

烘焙贴图技术（Render To Texture）是一种把光照信息渲染成贴图——这个渲染过程叫烘焙——再把烘焙后的贴图贴回到原场景中，从而优化和提高游戏引擎运行速度的技术。经过烘焙，原本需要计算机计算的光照信息被固化到了贴图中，因此在置入游戏引擎后，就不需要再进行计算了。经过烘焙方式制作的贴图，既有光照的效果而又不需要实时计算光照信息，从而极大地提高了游戏引擎的计算速度。通过烘焙的方式制作的贴图与进行实时计算光照的方法相比，其在视觉效果上接近而计算速度上则相差十几倍甚至几十倍。

下面以简单的实例说明烘焙贴图的基本操作步骤。

1. 前期准备

01 在场景中创建3个模型（一个平面、一个圆球体和一个圆柱体），为这些模型分别指定3个材质贴图，这里使用3张同样大小的512×512的灰色底面贴图。在Create面板中选择Cameras（摄像机）对象类别，创建一个Target（目标）摄像机，然后在Lights（灯光）对象类别中选择Skylight（天空光）类型，创建一个Skylight灯光。灯光可以放置在任何位置，不会影响效果。灯光采用默认设置，把摄像机对准模型。

02 锁定摄像机视角，如图4-37所示。执行菜单命令Rendering→Advanced Lighting（高级灯光）→Light Tracer（照明追踪），在弹出的对话框中确保Light Tracer（照明追踪）复选框被激活。

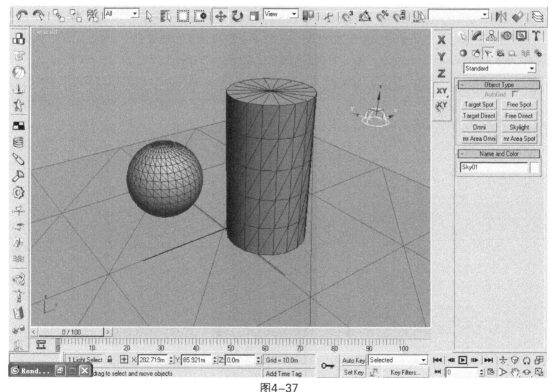

图4-37

03 单击Light Tracer对话框的Render按钮进行渲染，可以得到如图4-38所示的照明追踪渲染效果。此时提示行显示用时22秒。

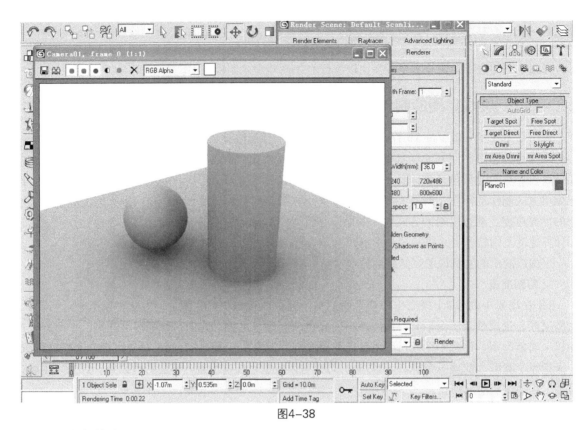

图4-38

2. 制作烘焙贴图

01 执行菜单命令Rendering→Render To Texture（渲染到纹理）或直接按0键，会弹出Render To Texture对话框。选中场景中的所有3D模型（注意不能选择光源和摄像机），这时，这3个模型会出现在Objects to Bake（需烘焙对象）的模型列表中，如图4-39所示。

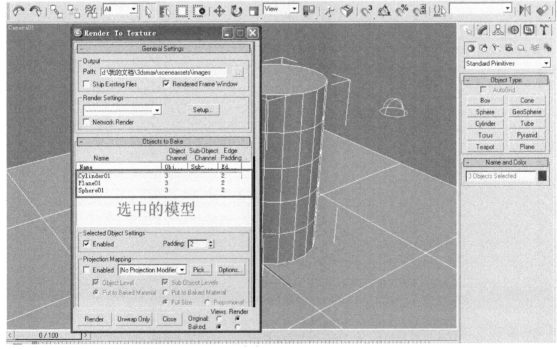

图4-39

02 在Output（输出）卷展栏中，单击Add（加载）按钮，在弹出的Add Texture Element（加载纹理元素）对话框中选择CompleteMap（完整贴图）项，单击Add Elements（加载元素）按钮，如图4-40所示。在Target Map Slot（贴图目标）下拉列表中选择Diffuse Color，在下方贴图尺寸选项中激活512×512按钮，具体相关参数如图4-41所示。

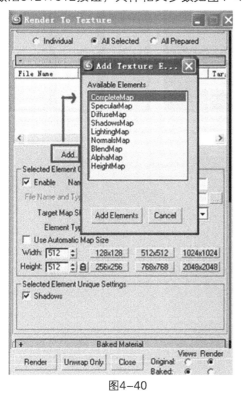

图4-40

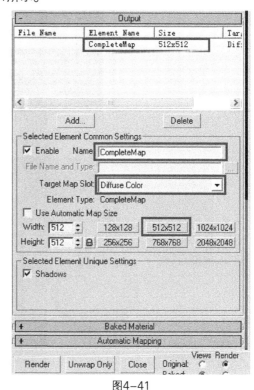

图4-41

03 取消3个模型的同时选择状态，仅选择平面模型。在General Setting（一般设置）卷展栏下把Output选项框中的Path（路径）设置改为贴图所在的文件夹，并在Output卷展栏的File Name and Type（文件名称和类型）输入框后面的按钮上单击，在弹出的对话框中选择指定给平面的贴图，单击确定按钮确定。具体设置如图4-42所示。

单击对话框底部的Render按钮进行贴图烘焙，软件将自动为模型展平UV。单击渲染按钮后，会弹出一个覆盖提示对话框，单击确定按钮即可。此时将会根据目前所受的光影效果进行渲染并覆盖原来指定给平面的贴图。

依次选择圆球体和圆柱体进行同样的覆盖渲染，得到如图4-43所示的光影贴图效果。由于前面指定过贴图，所以会渲染每个模型的烘焙贴图。当渲染完之后，会在场景中显示烘焙贴图后的结果，如图4-44所示。

现在的场景中出现的光影效果就像经过光线照射并渲染后的效果，这时因为烘焙贴图技术已把所有的光照和阴影信息都记录到了贴图中。

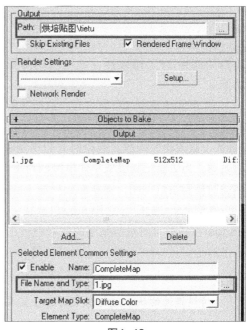

图4-42

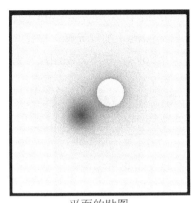
平面的贴图

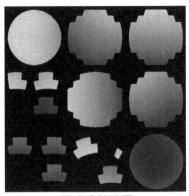
圆球体的贴图

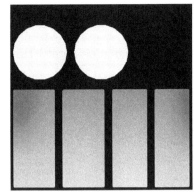
圆柱体的贴图

图4-43

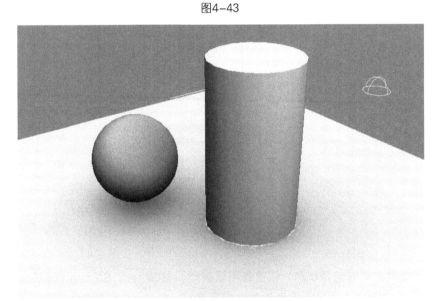

图4-44

[04] 任选一个模型，观察其修改器中的堆栈，会发现被自动添加了一个Automatic Flatten UVs（自动展平UV）修改器，这是烘焙贴图在默认情况下自动为模型添加的一个UV展开修改器的功能。

[05] 删除场景中的所有灯光。执行菜单的Rendering→Render命令，此时渲染出来的效果并不是视图中显示的效果，如图4-45所示。这是由于自动添加的Automatic Flatten UVs修改器导致模型原来的UV被改动的缘故。渲染时要想得到和视图中相同的效果，可以打开材质编辑器，选择空白的材质球，用吸管工具吸取平面模型的材质，此时模型的材质类型会变成Shell（壳）材质。如果要在渲染时使用烘焙贴图，需要在此材质下的Shell Material Parameters（壳材质参数）卷展栏中选择Baked Materiat选项后的 Render单选按钮，如图4-46所示。对其余模型进行同样的设置，然后单击Render按钮即可对烘焙贴图的效果进行正常渲染了。此时可看到渲染时间仅用了1秒，渲染速度提高了21倍。

注意

对烘焙过的场景进行渲染时，一定要将场景中的光源全部删除，因为光影效果的信息已经全部记录到贴图中并被赋予模型表面了，此时的光源已经没有用处了。渲染完成后，使用普通的扫描线渲染方式即可。

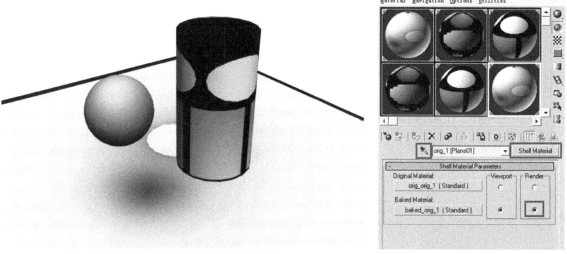

图4-45

图4-46

对于游戏模型而言，以上使用自动分配坐标的方法并不实用，一般都会使用手动分展UV坐标进行烘焙。所以，在进行渲染前，应在Render to Texture对话框中将Maping Coordinate（贴图坐标）设置为Use Existing Channal（使用已有坐标通道），这样就不会加载Automatic Flatten UVs修改器了，如图4-47所示。

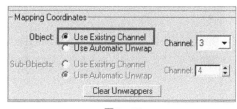

图4-47

4.3.2 光影贴图的应用

在制作3D游戏场景时，如果使用烘焙贴图的技术，将会在原贴图基础上把光影效果表现得更加细腻，得到丰富的光影层次，以弥补手绘贴图表现实时光影的不足。图4-48所示的两图中，一张是没有使用烘焙贴图技术的效果，另一张是使用了烘焙贴图技术的效果。很明显，使用了烘焙贴图技术的光影效果较好。

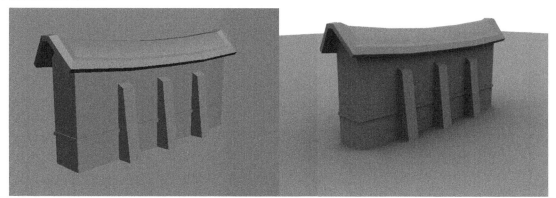

未使用烘培贴图技术的效果　　　　　　　　使用了烘培贴图技术的效果

图4-48

以墙壁模型为例，光影贴图的制作步骤如下。

1. 第1步：制作基础模型

创建一截墙壁模型，把底面删除。在场景中创建一个地面，放在墙壁的下面用来反射光影，如图4-49所示。

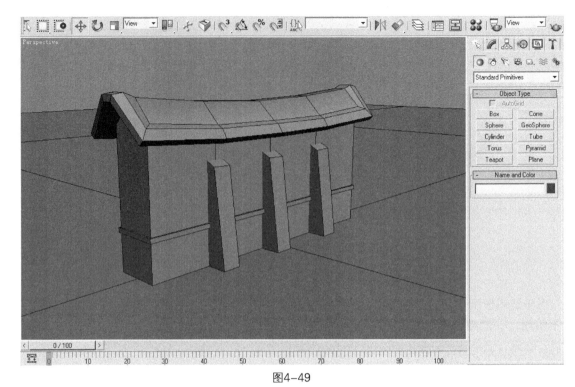

图4-49

2. 第2步：为模型分展UV

为墙壁烘焙光影贴图时，分展UV会有两种选择，一种是把每一个UV单独展开不做重叠。这种展开方式制作的烘焙贴图效果最好，烘焙时会根据每个模型的层次位置产生较好的光影变化，但是，因为需要为每个模型分别分展UV，所以这种制作方法比较耗费时间。另一种方法是把UV重叠起来。这种方法制作的结果是重叠部分将显示同样的光影变化，从而损失一定的层次感和真实感，但是，由于使用这种方法可以极大地节约分展UV的时间和UV线框及贴图的空间，所以也是最常使用的方法。分展后的UV对比如图4-50所示。

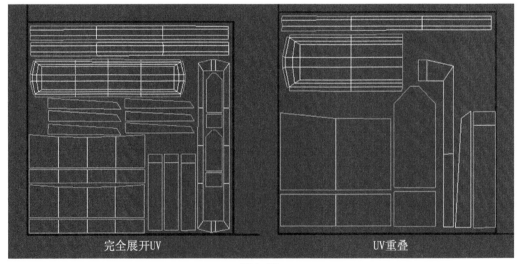

图4-50

注意

地面部分不必分展UV。

3. 第3步：为模型指定贴图

由于本例主要研究烘焙贴图的方法，所以不绘制具体的贴图，而使用一个512×512像素的灰色贴图代替。贴图格式可以使用.jpg格式。

4. 第4步：设置灯光

在场景中创建一个天空光，参数使用默认设置。通过执行菜单Rendering→Advanced lighting（高级灯光）→Light Tracer（照明追踪）命令或按下9键，在弹出的对话框中确保Light Tracer复选框被激活，将Bounces（反弹）值设为1，即1次反弹。这样设置可以渲染出模型各结构之间的光影影响及光影反射效果，能够在模型上形成细致的光影变化，如图4-51（a）所示。单击对话框底部的Render按钮，可以看到模型在天空光的影响下表现得很真实，如图4-51（b）所示。

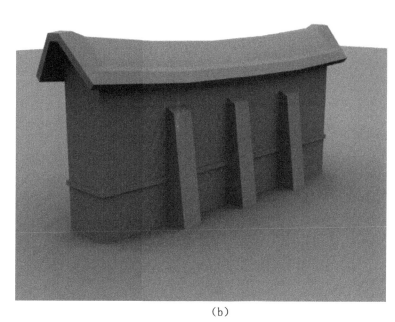

（a）　　　　　　　　　　　　　　　　　　（b）

图4-51

5. 第5步：渲染

通过执行菜单的Rendering→Render to Texture命令打开Render to Texture对话框。在场景中选择墙壁模型，该模型的名称将出现在烘焙对象的列表中。这里要注意，前面的实例在渲染时自动添加了Automatic Flatten UVs修改器，而这里需要在分展UV的状态下进行烘焙，所以要把Render to Texture对话框中的Maping Coordinate设置为Use Exisiting Channal，这样就不会自动加载Automatic Flatten UVs修改器了。

6. 第6步：输出

选择输出的贴图类型为Complete Map，贴图目标为Diffuse Color，贴图尺寸为512×512，File Name and Type（文件名称及类型）可以设置为.tga或.jpg格式，把渲染结果保存为另外一个文件名称，如图4-52所示。不覆盖原始贴图可以有更大的余地进行反复测试，而不用担心原图被破坏。单击Render按钮进行渲染，可以得到如图4-53所示烘焙贴图的效果。

对于烘焙的光影贴图中的瑕疵，可等到渲染完成后，在Photoshop中修改，然后调入3ds Max中。反复调试，对UV做一些调整，弱化边缘处的瑕疵，从而得到更好的烘焙效果。删除天空光，重新渲染，得到如图4-54所示的效果。

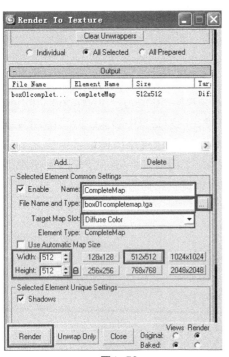

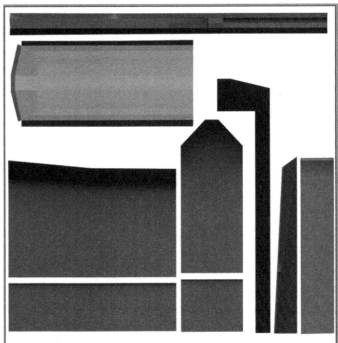

图4-52 图4-53

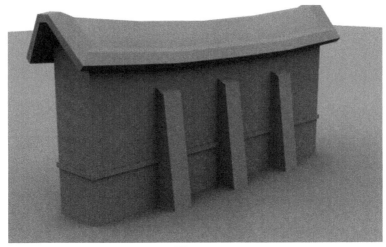

图4-54

4.3.3 法线贴图的应用

法线贴图技术是当前烘焙贴图表现方法中比较流行的游戏开发技术之一，甚至被称为次世代游戏制作技术要素之一。

1. 法线贴图的制作原理

法线贴图技术使用的是一种借助记录了法线信息的贴图，在低精度模型上实现高精度模型效果的技术。虽然它以贴图的形式存在，但是它的应用方式及功能主要体现在高精度模型投影到低精度模型的效果上。法线贴图的重点在于把低精度模型模拟成高精度模型，与漫反射贴图其实是两个不同的概念。它并不是简单意义上的贴图，而是记录了高精度模型信息的样本图，通过把法线贴图投影到低精度模型上以实现低精度模型的计算速度、高精度模型的画面效果的目的。

法线贴图是一种使用了3种颜色的图像，其红色部分表示法线方向的左右轴，绿色部分表示法线方向的上下轴，蓝色部分表示垂直深度。法线贴图的作用就是把模型表面的法线利用贴图提供的信息改变方向。可以把贴图里的每一个像素都当成模型上的一个平面，用R、G、B 3种光原色记录每个像素的法线方向的X、Y、Z值。运算时先读取模型的法线方向之后，再用法线贴图的RGB信息值进行计算，其计算原理如图4-55所示。使用了法线贴图之后，只需要很少的模型面数就可以模拟表现较多细节的高面数模型表面的视觉效果了。

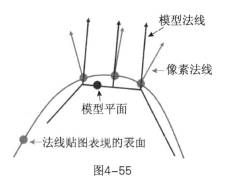

图4-55

注意

法线贴图上的法线方向已经不再是传统定义中垂直于平面的法线了。关于法线贴图每个像素对应一个平面的分析只是概念性的，在游戏程序实际运算时，其数值和效果会有所偏差。有些不了解这个原理的美术制作人员试图在Photoshop里直接修改法线，事实上这几乎是不大可能的，因为法线贴图并不是直观的彩色贴图，而是一种存储了高模法线精度的数组。

法线贴图的生成方法可以通过两种方式实现，一种是通过3D软件中高精度与低精度模型互相作用后，把高精度模型的法线信息通过贴图的方式记录下来，以在低精度模型上体现，如图4-55所示。另一种是通过二维方法来实现，如使用NVIDIA为Photoshop等软件提供的NVIDIA Tools插件，把灰阶的凹凸贴图提供的高度信息转成法线贴图。

此外，还有专门制作法线贴图的插件。比如较流行的制作法线贴图的插件CrazyBump，可以将漫反射贴图直接转换为法线贴图，其使用非常简单，只需将漫反射贴图输入，即可自动生成法线贴图、高光贴图、置换贴图等常用贴图。需要明白的一点是，工具毕竟是工具，在多数情况下工具可以很好地满足我们的需要，但是任何情况下，最终还是要靠我们聪明的大脑、精湛的技术才可以实现最佳的效果。也就是说，技术提供了可实现性，而我们自己的能力决定了这种实现性的优劣。

2. 以三维方式实现法线贴图制作

以三维方式实现法线贴图制作及应用的具体步骤如下。

第1步：创建或导入基础模型。

01 创建高精度和低精度可编辑多边形模型各一个，如图4-56所示。低精度模型要在烘焙法线之前分展好UV，并为低精度模型指定材质。

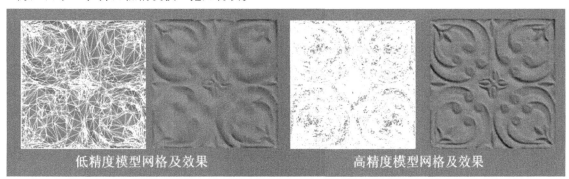

低精度模型网格及效果　　　　　高精度模型网格及效果

图4-56

低精度模型的制作比较简单，可以直接通过3ds Max来完成。高精度模型的制作比较复杂，可以在3ds Max中直接完成，也可以使用现在比较流行的软件Zbrush来制作，之后，导入到3ds Max中来。当然，还可以通过其他第三方软件来制作高精度模型。

02 使低精度模型与高精度模型的形状和轮廓相匹配。通常需要把低精度模型放置在高精度模型的内部，或把高精度模型"套"在低精度模型的外部，这样，高精度模型的投影细节将显示在低精度模型的表面上。把高精度模型与低精度模型精确对齐，以低精度模型不会穿透高精度模型为准，尽量使两个模型贴近，如图4-57所示。

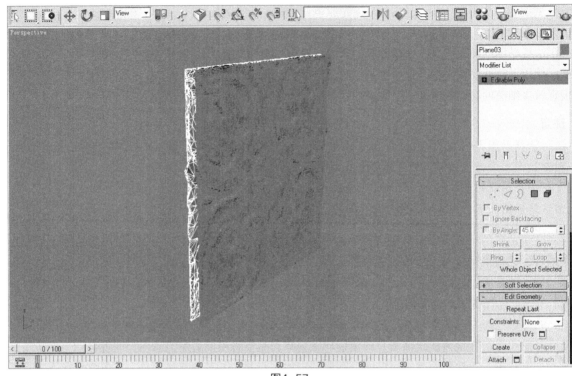

图4-57

经过这样的放置，通过法线烘焙的方式才可以将高精度模型的正确的法线信息以数据的方式存储在图片上。之后，将这个图片导入到低精度模型法线贴图的指定通道上，就可以把高精度模型的凹凸细节在低精度模型上反映出来。

第2步：使用Render to Texture对话框制作法线贴图。

01 选择低精度模型。选择菜单的Rendering→Render to Texture命令，打开Render to Texture的对话框。

02 在Objects to Bake（要烘焙的对象）卷展栏的Projection Mapping（投影贴图）选项组中，单击Pick按钮，弹出Add Targets（添加目标）对话框，如图4-58所示。单击该对话框的Add按钮，3ds Max将自动把投影修改器应用于低精度模型。

03 选择高精度模型。在Projection Mapping选项组中，选择Enabled（启用）复选框，取消对Sub-Object Levels（子对象级别）复选框的选择，再单击Pick按钮，弹出Add Targets对话框。单击该对话框的Add按钮后，Projection Mapping选项组的Enabled下拉列表项由原来的No Projection Modifier（无投影修改器）变成为Projection（投影），如图4-59所示。

04 单击Option按钮，弹出Projection Options（投影选项）对话框。在Projection Options对话框中，确保在Resolve Hit（解析命中）选项组中激活Ray miss check（光线缺少检查）复选框，并且在Normal Map Space（法线贴图空间）选项组中选择Tangent（切线）单选按钮，具体参数如图4-60所示。

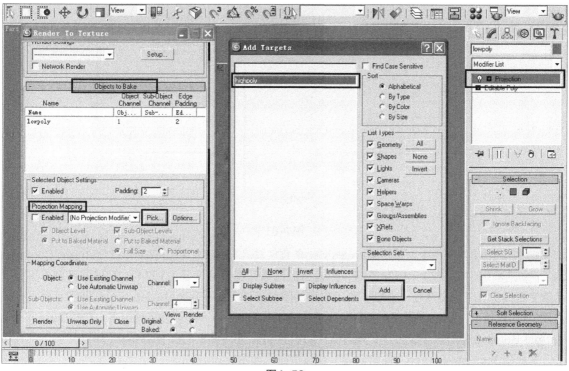

图4-58

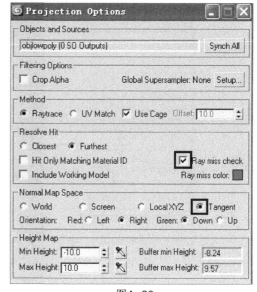

图4-59　　　　　　　　　　　　　　　　图4-60

注：Ray miss color（光线缺少颜色）选项的默认设置为红色。在创建法线凹凸贴图时，如遇到出现光线缺少的部分将以红色突出显示在烘焙的法线贴图上。

[05] 在Render to Texture对话框的Objects to Bake卷展栏下，选择Maping Coordinate选项组的Use Exisiting Channal单选按钮。

[06] 在Render to Texture对话框的Output卷展栏中，单击Add按钮，在弹出的Add Texture Element（加载纹理元素）对话框中选择NormalsMap（法线贴图）选项，然后单击Add Elements（加载元素）按钮。此时Output卷展栏中会出现一个 NormalsMap条目，如图4-61所示。

图4-61

07 在Output卷展栏中，单击NormalsMap条目使其高亮显示；单击Selected Element Common Settings选项组中的1024×1024按钮，把输出的法线贴图尺寸设置为1024×1024像素大小（为了尽量使法线信息表现得清晰，一般要选用较大的图片尺寸）；在Target Map Slot（贴图目标）下拉列表中选择Bump（凹凸）模式；在Selected Element Unique Settings选项组下，选择Output into Normal Bump（输出到法线凹凸）复选框，如图4-62所示。在Baked Material（烘焙材质）卷展栏下，选择Output into Source（输出到源）单选按钮，如图4-63所示。

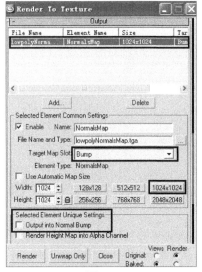

图4-62

图4-63

08 单击Render to Texture对话框底部的 Render按钮，对法线进行凹凸贴图渲染。如果弹出File Exists（文件存在）的警告提示对话框，可能是前面测试过程中存储过法线贴图文件，直接单击对话框的Overwrite File（覆盖文件）按钮即可。渲染结果如图4-64所示。渲染的贴图显示出高精度模型的细节。在渲染的结果画面中可能会出现一些红色的区域，尤其在低精度模型有穿透高精度模型的部分时最为明显，它们指示出凹凸贴图在投影光线时缺少几何体的区域。

找到法线贴图文件在计算机中的存储位置（可在Render to Texture对话框顶部的General Settings（常规设置）卷展栏中找到该文件的存储路径）并打开此文件，可以看到法线贴图文件的图像（见图4-65）显示的颜色与实际渲染出来的颜色不一致。渲染中的法线贴图颜色以蓝紫色为主，而文件中则为红、绿、蓝3色（3种颜色代表不同的法线方向）显示。

图4-64

图4-65

造成这种现象的原因是在Projection Options对话框中选择了Tangent方式（见图4-60），如果选择的是World（世界）方式，则会以鲜艳的彩色渲染。在制作游戏时，应选择Tangent方式。

第3步：调整投影框架。

如果在渲染法线贴图时出现大范围的红色区域，说明此次法线贴图制作不成功，需要对法线的投影框架进行调整。

01 选择低精度模型，进入Modify面板，检查修改器堆栈中的Projection（投影）修改器。把模型在视图窗口中放大，可以看到围绕模型的附加框架，如图4-66所示。此框架来自于Projection修改器。Projection修改器是在使用Render to Texture对话框时系统自动添加的。如果想得到比较准确的投影效果，需要对投影的框架进行细致调节。

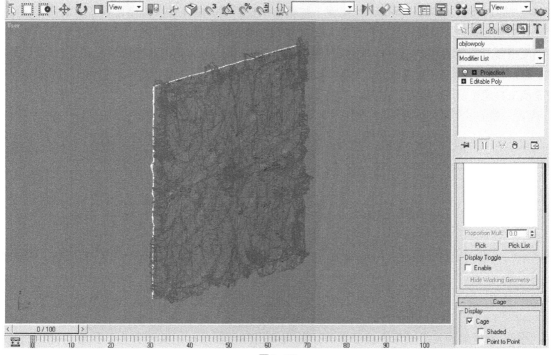
图4-66

02 在Modify面板上选择堆栈中的Projection修改器，在Cage（框架）卷展栏的Display（显示）选项组中，启用Shaded（着色）复选框。将框架着色后，就可以更容易地看到框架，以便更好地进行调整了，如图4-67所示。

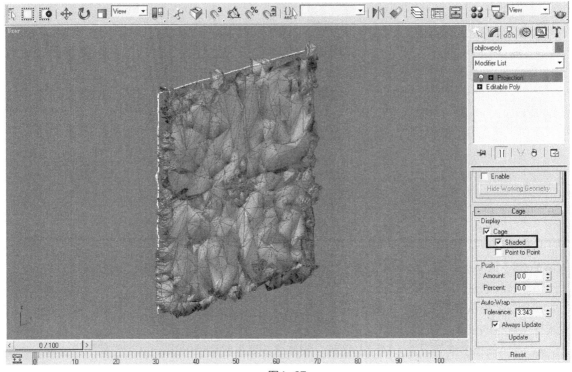

图4-67

03 单击Cage卷展栏底部的Reset（重置）按钮，对框架本身进行重置，使框架紧密地包裹低精度模型。要想得到较好的法线贴图效果，需要使框架完全覆盖高精度模型，所以在Cage卷展栏下的Push（推力）选项中调整Amount（高度）的数值，直到框架覆盖整个高精度模型。之后，仔细检查是否有未包裹住高精度模型的框架部分，如果有，需要手动调整框架的顶点，使框架完全包裹住高精度模型。调整的具体方法是，在修改器堆栈中单击Projection修改器左侧的"+"号，展开修改器子级别，选择Cage子对象级别，如图4-68所示。在视图中选择需要调整的投影框架上的顶点，使用变换工具调整顶点的位置，如图4-69所示。

图4-68

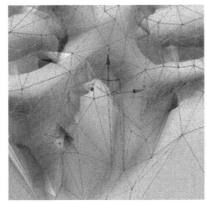

图4-69

04 投影框架调整完成后应重新渲染。如果弹出File Exists（文件存在）的警告提示，单击Overwrite File（覆盖文件）按钮即可，完成法线贴图的渲染。

第4步：调入法线贴图。

关闭渲染的法线贴图窗口，然后关闭Render to Texture 对话框。隐藏高精度模型，只显示低精度模型。按M键打开材质编辑器，观察为低精度模型指定的材质球的Maps（贴图）卷展栏，单击Bump贴图通道按钮，查看该法线贴图的参数，如图4-70所示。模型的最终渲染效果如图4-71所示。

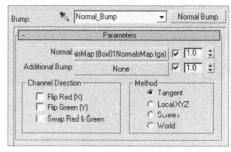

图4-70

在图4-71所示的模型渲染效果中，位于左侧的为低模（低精度模型）使用法线贴图后的渲染效果，右侧为高模（高精度模型）自身的渲染效果，可以看出，在使用了法线贴图技术后，低模上表现出了高模的贴图效果。这样，虽然两个模型的面数相差几十倍，但是在视觉效果上却相差无几，这也就是法线贴图的魅力。

图4-71

> **注意**
>
> 使用法线贴图时要注意以下两点。
> - 低模上的面的转折角度最好控制在120~179度之间。如果面之间的夹角等于或小于90度的话，由于转折过于剧烈，容易出现黑影或锐利的边界，从而影响法线贴图的效果。
> - 单元区域的面做相应的光滑组处理。

3. 以二维方式实现法线贴图制作

以二维方式实现法线贴图的制作，要借助运行在平面绘图软件上的专用法线制作插件来完成。常用的是NVIDIA为Photoshop等软件提供的NVIDIA Tools插件，它可以把灰阶的凹凸贴图所提供的高度信息转成法线贴图。使用插件来制作法线贴图更加方便快捷，在制作场景时也比较常用，但是对于某些特殊情况，还是需要依赖基于高模的三维方式来烘焙法线贴图。下面就以NVIDIA Tools这个插件为例，介绍以二维方式制作法线贴图的方法。

第1步：安装插件。

在计算机上安装NVIDIA Tools插件，并与Photoshop进行关联。安装完成后，此插件的插件名称可在Photoshop的"滤镜"菜单下看到。

> **注意**
>
> 运行此插件的前提是在Photoshop中已打开需要转换为法线贴图的图片文件，否则插件名会以灰色显示，如图4-72所示。

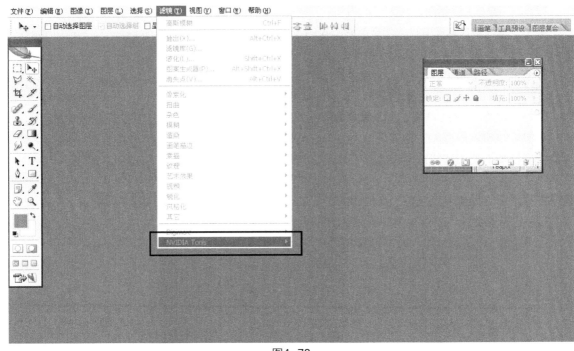

图4-72

第2步：打开贴图文件。

打开需要转化为法线贴图的贴图文件，如图4-73所示。

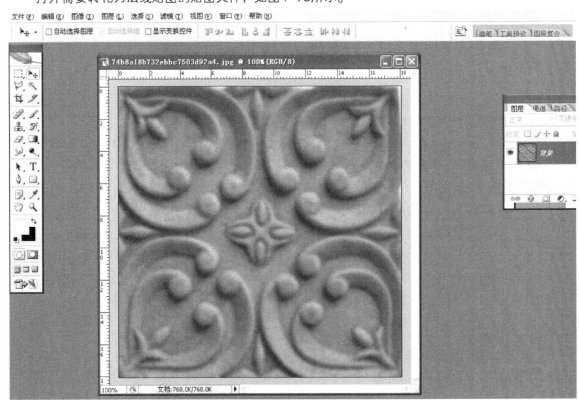

图4-73

一般情况下，转换为法线贴图的图像不能过于锐利，所以应该对图像进行适当的模糊处理，去除过于锐利的部分。另外，最好把彩色的图像使用去色功能转换为灰度图，然后再做进一步的处理。

第3步：使用插件处理图像。

确认需要转换为法线贴图的文件被激活，选择菜单"滤镜"→"NVIDIA Tools"→"NormalMapFliter"命令，打开NVIDIA Normal Map Filter滤镜。在该滤镜的Height Generation（高度参数）选项组的Scale（缩放）输入框输入30，使图像转换为法线的缩放值为30，如图4-74所示；其他选项采用默认设置，单击OK按钮，得到法线贴图效果如图4-75所示。

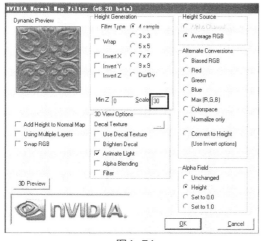

图4-74   图4-75

第4步：把制作好的法线贴图赋予模型。

本例直接把法线贴图指定给平面模型，以便于更直观地看到效果。

打开材质编辑器，在Maps卷展栏下单击Bump贴图的通道按钮，在弹出的对话框中选择Normal Bump（法线凹凸）贴图类型。这时，材质编辑器中将出现Normal Bump贴图类型卷展栏，单击其Normal（法线）贴图通道按钮，选择需要调入的法线贴图。渲染平面模型，可看到如图4-76所示的凹凸效果。

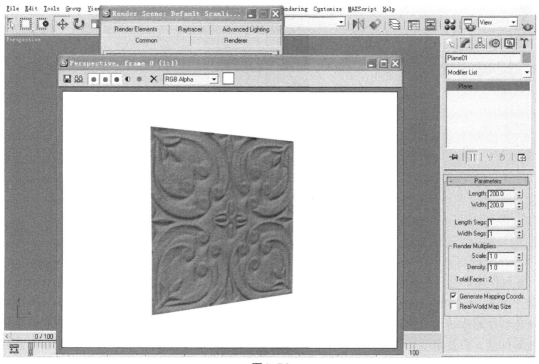

图4-76

注意

在给模型绘制贴图时，如果直接把凹凸效果绘制出来，在赋予模型后从某一角度看可能会有凹凸感，但是当模型旋转或运动时，这种凹凸效果不会随之变化，显得僵硬。如果使用了法线贴图，则凹凸感会像渲染后的高精度模型一样随着光影的变化而变化，这是使用法线贴图的另一个魅力。

4.4 场景制作

制作游戏场景对于模型和贴图的要求不同于基础建模部分，体现在更高的复杂性和多样性方面。

4.4.1 规则与非规则场景

对于场景模型的制作可以分为两种，即规则形体与非规则形体模型的制作。一般规则模型表现为几何形体，比较容易创建和编辑，用来制作房屋、墙壁、城墙等模型；非规则形体有一定的复杂性，例如墙壁上的半浮雕效果、场景中的雕塑、不规则的残垣断壁等，制作起来有一定难度，但同时也增加了真实感和细致度。一个比较好的场景应该在模型上有一定的非规则变化，如果一味地使用规则的模型，会使场景显得呆板、没有生气。在制作场景时，要有打破规则的倾向性，除非有特殊风格的需求，否则应该在模型的造型上多作一些变化，使效果更加自然、有趣。

在游戏制作中，中式或东方风格的建筑使用规则形体的情况较多，制作这种模型需要在保持一定规则感的基础上寻求变化。图4-77所示的游戏截图取自网络游戏《武神》中的中式场景。此场景中的建筑基本属于比较规则的造型，但是在处理画面时又采用了不同的变化，尽量打破规则感，比如墙壁的纹理及色彩有深浅的变化，房屋的贴图也在协调、平衡中寻求变化，从而使画面显得很丰富、不呆板。

图4-77

在制作场景时，不能使所有的场景元素只用规则的造型进行制作，需要使非规则形体参与到场景制作中来，例如图4-78所示的游戏截图中大门口的狮子、建筑的飞檐等。大门口的狮子几乎就属于角色制作的范畴了，所不同的仅是不必制作动画和考虑制作动画时模型可能发生的变形及关节布线等问题，只要把模型以合理的方式创建出来就可以了，因此适用规则仍然是场景制作范畴中的内容。

图4-78

作为游戏场景设计师，需要对规则形体和非规则形体都具备相当的表现力，平时要多做非规则形体的局部造型训练，这样可以起到事半功倍的效果，在参与制作游戏项目时也能很好地适应开发的需要了。下面针对规则造型和非规则造型进行建模训练。

4.4.2 规则造型实例：中式建筑（箭楼）

本例的箭楼造型如图4-79所示，具体制作步骤如下。

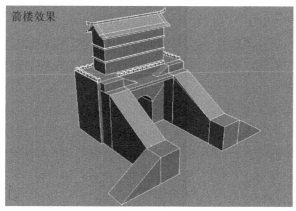

箭楼效果

图4-79

1. 第1步：创建基础模型

在顶视图中创建一个长50m，宽20m，高30m的长方体，在模型上单击右键，使用右键功能菜单把模型转换为可编辑多边形模型。将底面删除，把模型调整至如图4-80所示的角度。

2. 第2步：制作门洞

01 选中前后两侧的多边形面，使用Inset命令在两侧插入两个面，并使用缩放工具调整为正方形，如图4-81所示。选中两侧插入的面与底部之间的两个面，如图4-82所示，将其删除。

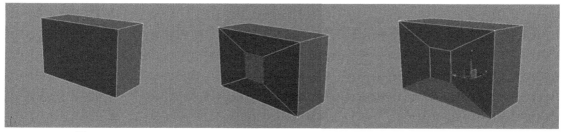

图4-80   图4-81   图4-82

02 把插入的两个侧面使用移动工具向下移,使之与地面对齐,如图4-83所示。选中两侧的面,在Edit Polygons卷展栏中单击Bridge按钮,将两个面连接起来,生成门洞的效果,如图4-84所示。删除门洞处的底面,得到如图4-85所示结果。

图4-83　　　　　　　　　　图4-84　　　　　　　　　　图4-85

03 进入多边形的边线子对象级别,选择门洞的上梁部分,使用Connect命令增加1段,并向上移动到如图4-86所示位置。再在门洞的上方增加4个段,使这个门洞的上梁看起来呈圆弧形,如图4-87所示。这样门洞部分就做好了。

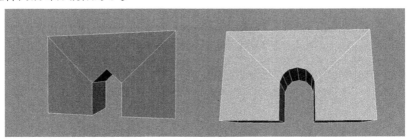

图4-86　　　　　　　　图4-87

3. 第3步:制作城垛口

01 进入多边形子对象级别,选择城门顶部的面,如图4-88所示。按住Shift键配合移动工具向上移,对这个面进行复制操作。如图4-89所示,在弹出的对话框中选择Clone To Object单选按钮,单击OK按钮,完成复制。取消当前门楼部分模型的选择状态,选择复制的面,单击命令面板的Hierarchy(层级)标签,并在Pivot(轴心)面板里面使用对齐轴功能,使面的轴心对齐到面的对象中心,如图4-90所示。

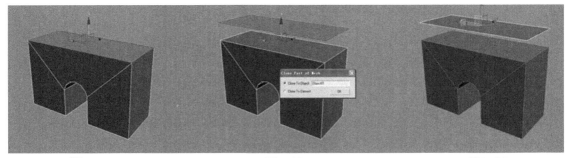

图4-88　　　　　　　　　　图4-89　　　　　　　　　　图4-90

02 退出轴的编辑状态,使用缩放工具把选择的面缩小到一个城垛的大小,如图4-91所示。进入选择的面的多边形子对象级别,重新选择面,使用Extrude命令向上挤出结构。再次向上少量挤出结构并使用缩放工具制作成倒角的形状,完成一个城垛的制作,如图4-92所示。退出模型的子对象编辑状态回到主层级,使用Shift键配合移动工具进行城垛模型的复制操作,并依次摆放好位置,如图4-93所示。

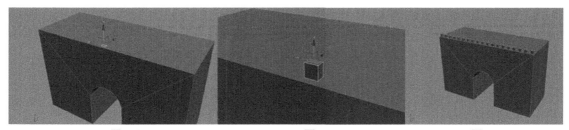

图4-91 图4-92 图4-93

03 选中其中的一个城垛模型,将其缩小,如图4-94所示。进入顶点子对象级别,锁定横轴把这个模型拉长,做为城垛的横垛,如图4-95所示。删除横垛模型两侧的面,复制城垛模型并进行摆放,如图4-96所示。注意,在内城部分要留下登城的入口。

图4-94 图4-95 图4-96

4. 第4步:制作城门上的箭楼

01 选择城门模型,进入多边形子对象级别,选择城门模型顶部的面,如图4-97所示。按住Shift键配合移动工具向上移动,对选择的面进行复制操作,如图4-98所示。退出当前门楼模型的选择状态,选择复制出来的面,使用层级面板的对齐轴功能将选择的面的轴对齐到对象中心,如图4-99所示。

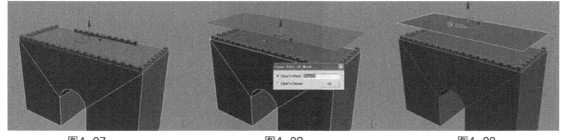

图4-97 图4-98 图4-99

02 退出轴的编辑状态,使用缩放工具把选择的面缩小并放置到如图4-100所示的位置。进入选择的面的多边形子对象级别,重新选择面并使用Extrude命令向上挤出一个接近城门高度的结构,如图4-101所示。进入新创建的模型的边线子对象级别,使用Connect命令在如图4-102所示的位置上增加1段,将其向上移动到如图4-103所示位置,做成一个屋脊。

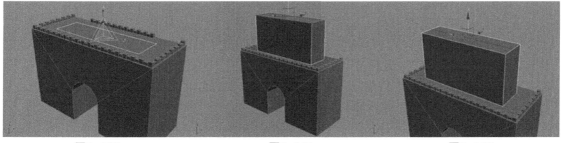

图4-100 图4-101 图4-102

03 选择屋顶的两个面执行Extrude命令，挤出屋顶厚度，如图4-104所示。选择表示两侧屋顶厚度的面继续向两侧进行挤出操作，得到如图4-105所示的屋檐。

图4-103　　　　　　　　　图4-104　　　　　　　　　图4-105

04 选择另外两侧表示房顶厚度的面执行Extrude命令，得到相应位置的屋檐如图4-106所示。选择箭楼模型顶部的边线，使用Chamfer命令切出如图4-107所示宽度。把斜切功能切出的顶点与下面的顶点使用Target Weld命令进行焊接，如图4-108所示。

图4-106　　　　　　　　　图4-107　　　　　　　　　图4-108

05 选择如图4-109所示的面，使用Extrude命令挤出结构，再选中两侧的面，挤出屋脊的飞檐，调整顶点得到如图4-110所示效果。选择如图4-111所示的边，使用Connect命令增加2个段，分割出楼层，如图4-112所示。

图4-109　　　　　　　　　图4-110　　　　　　　　　图4-111

06 使用Chamfer命令在楼层面上切出如图4-113所示的段。进入多边形子对象级别，选择切出来的面，在挤出功能的设置对话框中选择Local Normal（自身法线）方式进行挤出操作，得到如图4-114所示的结构。这样，箭楼部分的模型制作完毕。

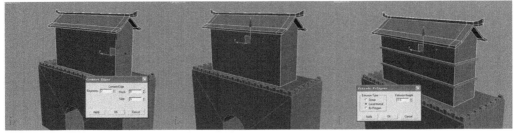

图4-112　　　　　　　　　图4-113　　　　　　　　　图4-114

5. 第5步：制作登台的阶梯

01 选择仕箭塔内部的面，按住Shift键配合移动工具向上移动，在弹出的对话框中选择Clone To Object单选按钮，对这个面进行复制操作，如图4-115所示，单击OK按钮，完成复制。退出当前箭楼模型的选择状态，选择刚刚复制出来的面，使用层级面板的对齐轴功能使选择的面的轴对齐到对象中心，如图4-116所示。退出轴的编辑状态，使用缩放工具对选择的面进行缩放并放置到如图4-117所示的位置。

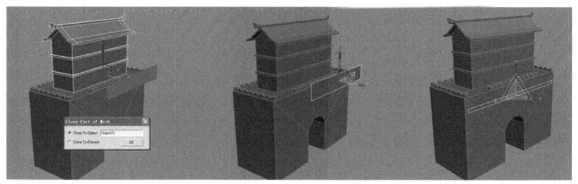

图4-115　　　　　　　　　　图4-116　　　　　　　　　　图4-117

02 进入该面的多边形子对象级别，使用Extrude命令沿水平方向挤出宽度，如图4-118所示。进入边线子对象级别，使用Connect命令在如图4-119所示位置上增加2段，然后进入顶点子对象级别使用缩放工具将其调整到如图4-120所示位置。

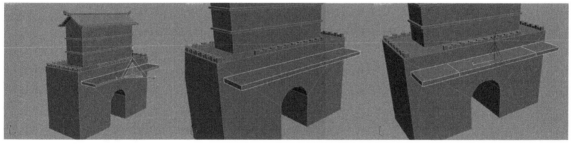

图4-118　　　　　　　　　　图4-119　　　　　　　　　　图4-120

03 选择如图4-121所示的两个面，使用Extrude命令向下挤出高度结构至与地面平齐（注：如果使用挤出功能无法确保结构与地面对齐，可以先挤出一个结构，然后使用移动工具锁定上下轴向移动，以对齐至地平面），删除底面及与城门模型重合的面，如图4-122所示。选择如图4-123所示的面，使用Extrude命令向前挤出高度结构，如图4-124所示。

图4-121　　　　　　　　　　图4-122　　　　　　　　　　图4-123

04 把挤出的模型调整为如图4-125所示的形状。反复使用Extrude命令创建出新的结构，最后调整为如图4-126所示的形状。

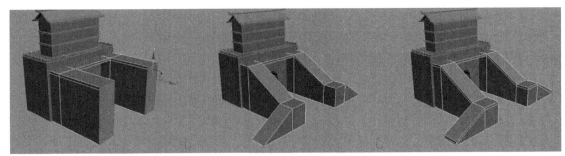

图4-124　　　　　　　　　　图4-125　　　　　　　　　　图4-126

05 删除新建模型与地面接触的部分，整理多余的线段，得到如图4-127所示的效果。接下来制作城门上部的阶梯。选择如图4-128所示的面，按住Shift键配合移动工具向上移动，在弹出的对话框中选择Clone To Object单选按钮，单击OK按钮，完成复制。退出当前模型的选择状态，选择复制出来的面，使用层级面板的对齐轴功能使选择的面的轴对齐到对象中心。退出轴的编辑状态，使用缩放工具把选择的面缩小，放置到如图4-129所示的位置。

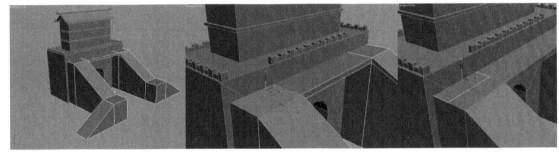

图4-127　　　　　　　　　　图4-128　　　　　　　　　　图4-129

06 选择刚刚缩放的面，使用Extrude命令向上挤出结构，如图4-130所示。选择另一侧的面继续挤出结构，如图4-131所示。使用Target Weld命令将上面的顶点向下进行目标焊接，调整模型为如图4-132所示的形状。

图4-130　　　　　　　　　　图4-131　　　　　　　　　　图4-132

07 把阶梯模型内侧嵌入城墙部分的面删除，然后把阶梯复制到另一侧，如图4-133所示。

08 最后，整理整个模型的布线并处理多余的面，然后使用Attach命令把整个模型合并到同一个模型内部。检查合并的模型，把多余的、嵌入模型内部的和实体不可见的面删除，在Modify面板的命名输入框中输入"jianlou"，完成整个箭楼模型的制作。

通过本例，读者可以了解到规则造型场景模型的建模方法，这类模型多是以平分、等分等方式来增加段数。平时可找一些相关的图片多做这方面练习，培养大规模场景建模的能力。

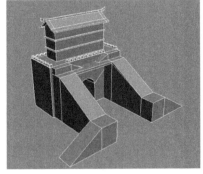

图4-133

4.4.3 非规则造型实例：狮子头部雕像

本例的狮子头像造型如图4-134所示。

制作这个狮子头部模型时，需要先厘清制作思路。首先，通过观察得知，此雕像不可能用规则形体直接表现，但是由于任何形体都是由基本几何形体构成的，所以在制作之初，需要先从一个立方体入手；其次，这个模型是标准的生物模型，具有对称性，所以前期可以使用对称的处理方式进行制作，使用（对称）修改器对称出另一半；最后，再把模型合为一体，针对个别不对称的部分进行调整。

图4-134

狮子头部模型很难再套用规则形体的塑造方法来制作，而是需要用具体结构具体对待的方法来完成制作。制作非规则模型时使用剪切功能比较多，学习时需认真体会。下面介绍具体制作步骤。

1. 第1步：创建基本模型

在顶视图中创建一个以100为单位的立方体模型，使用右键功能菜单将立方体模型转化为可编辑多边形模型，然后把模型轴心对齐到网格原点位置，如图4-135所示。

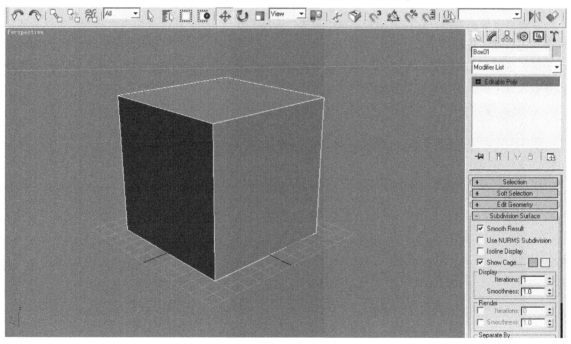

图4-135

2. 第2步：使用细分功能

确保正方体被选择，激活Modify面板，在多边形模型的Subdivision Surface卷展栏中，激活Use NURMS Subdivision（使用NURMS细分）复选框，取消Isoline Display（等值线显示）复选框的激活状态，设置Display（显示）选项组中的Iterations（迭代次数）值为1，其他选项使用默认设置。这样，立方体的每个面将被进行4倍细分，使其显示为较为光滑的球面。如图4-136所示。

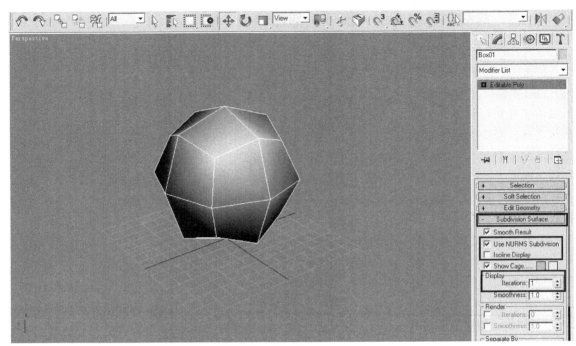

图4-136

3. 第3步：使用对称功能

在模型上单击右键，在右键功能菜单中选择Convert to Editable Poly命令再次将模型转化为可编辑多边形模型，塌陷细分的结果。重新进入前视图，进入模型的顶点子对象级别，把中轴左侧的顶点删除，如图4-137所示。在Modify面板上为模型添加Symmetry修改器，对照图4-138所示结果进行参数设置（参数的设置方法参见基础部分的相关内容）。

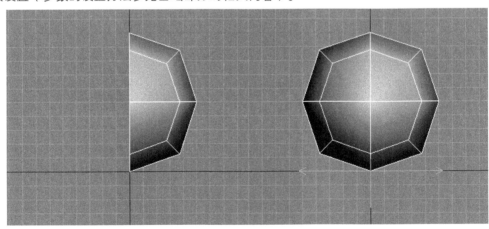

图4-137   图4-138

4. 第4步：制作狮子头部的大致轮廓

01 选择模型并进入模型的顶点子对象级别，此时将看到模型又变回一半时的效果。激活显示最终效果按钮，使其完整显示，如图4-139所示。

02 执行File→View Image File（预览图片文件）命令，找到作为参照的狮子头部图像文件，打开该文件。把视图切换到透视视图，使用移动工具选择顶点，调整为如图4-140所示效果，把狮子头部的大致轮廓构造出来。由于参照的是效果图，所以制作时要反复比对，以使模型的比例和结构正确。

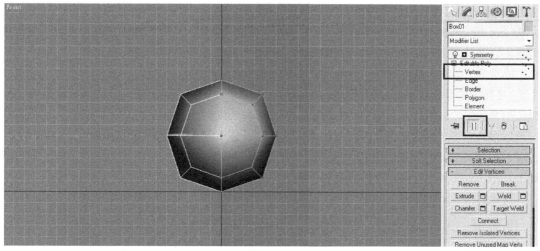

图4-139

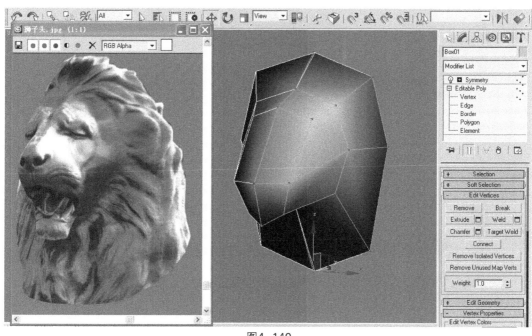

图4-140

[03] 选择模型后面脖子部分的面，如图4-141所示。使用Extrude命令反复进行3次挤出操作，通过调整顶点把狮子脖子与毛发的大体轮廓结构制作出来，如图4-142、图4-143所示。

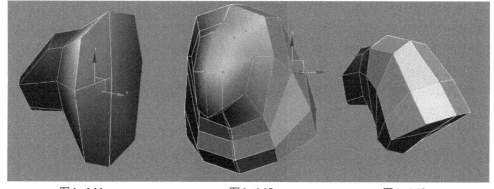

图4-141　　　　　　　　图4-142　　　　　　　　图4-143

5. 第5步：制作五官轮廓及细节

[01] 在Edit Geometry卷展栏下，单击Cut按钮激活剪切功能（后面给造型加段的工作将靠此功能来实现）。在使用剪切功能时要经常旋转视图，从各个角度观察模型的结构及比例，并配合移动、旋转、缩放等工具对其进行调整，直到得到满意效果为止。

[02] 在狮子的面部找到占1/2分割比例的结构，有两个部分符合此要求，一是眼睛的位置，中分了额头到鼻子尖的区域；二是嘴巴的上唇缝，中分了鼻子尖到下颌的区域。以中分或1/3比例进行细分，可以很好地把结构的比例关系区分出来，这是一种造型的方法。参照图4-144（a）~（f），首先，使用剪切功能把嘴部的比例和大致轮廓分割出来；其次，制作口腔内部的结构，制作时可使用移动工具把顶点拉入模型内部并进行调整；最后，对顶点做适当整理。

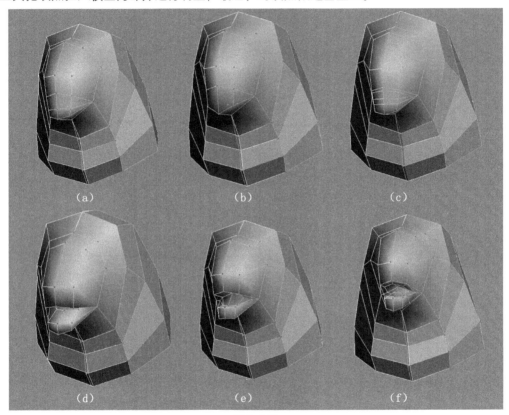

图4-144

[03] 接下来制作眼部、鼻子及额头的轮廓。制作时先把眼部需要的段剪切出来，通过移动顶点调整大的结构，期间可以旋转模型以便从各个角度进行观察。使用切割功能对鼻子部分进行切割布段，之后，对照效果图对其顶点进行调整，如图4-145（a）~（c）所示。

[04] 继续细化连接面部的顶点及线段，每个段尽量放置在结构转折的位置，如图4-145（d）所示。调整结构的表面起伏及比例，把鼻子与嘴部的高低关系拉开。在脸颊处加段，对颧骨部分的结构及狮子胡须位置的结构进行调整，把结构交代出来，如图4-145（e）所示。为细化结构的需要，有些线段会连到脖子部分。按照效果图中狮子的神态调整模型结构，尽量把狮子的神态表现出来，如图4-145（f）所示。

[05] 为模型细化结构，调整顶点，在保持神态的基础上继续深化结构，如图4-145（g）~（h）所示。调整时要遵循游戏模型对布线的要求。最后得到如图4-145（i）所示效果，非规则模型制作完毕。

06 如果想要把狮子头像两侧的不对称效果做出来，可以把Symmetry修改器塌陷到可编辑多边形，然后再对两侧的结构分别进行调整，这样就可以制作出不对称感了。另外，也可以通过模型贴图来产生不对称感。

07 非规则模型的制作过程可以理解为无限接近完美的过程，是否能够得到理想的效果需要认真观察并细致地表现。一般只要做到效果很好的程度即可，因为如果想要达到尽善尽美的程度，在艺术及造型技术上没有一定造诣是很难达到的。追求完美的模型制作就像艺术本身一样永无止境，所以制作时应以满足要求为准。

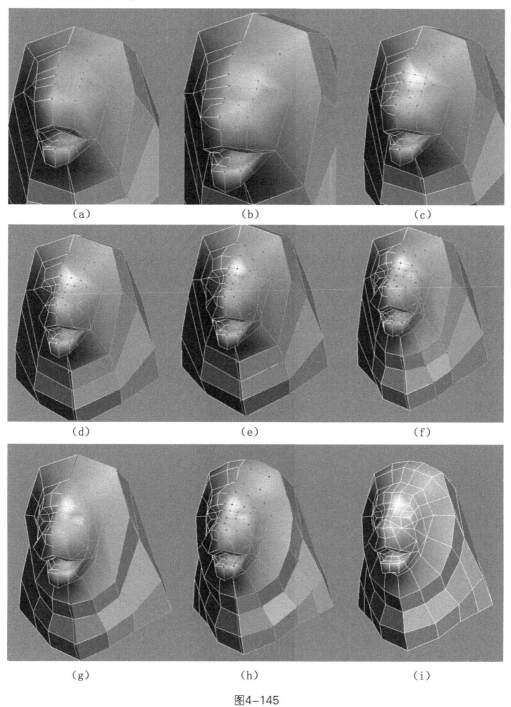

(a)　　　　　　　　　(b)　　　　　　　　　(c)

(d)　　　　　　　　　(e)　　　　　　　　　(f)

(g)　　　　　　　　　(h)　　　　　　　　　(i)

图4-145

4.4.4　场景贴图分析及应用

在游戏开发中，场景的制作是多元化的，要把所有制作因素都考虑进去。作为游戏角色活动的场所，场景面积非常广阔，制作这样一个环境，场景本身就会使用大量的模型，其中的构成元素更是纷繁复杂。在这样的场景中，如果一个模型一张贴图地进行制作，后期管理就会非常繁琐，工作压力也将倾向于后期的文件管理了。如果在工作之初就把这种繁琐的管理问题解决掉，则可以减轻工作负担。

在前面介绍模型贴图时采用的无缝纹理及多重子材质的方法，就可以很好地在前期把繁琐的贴图整理工作整合在美工设计制作阶段。多重子材质的应用可以在一个材质球上实现1000个贴图的导入工作，再配合无缝纹理的应用，能够极大地提高文件管理的效率。可以说，如果开发者愿意，一个材质球就可以囊括整个场景的材质贴图。

游戏的贴图分为非无缝纹理贴图和无缝纹理贴图两种。非无缝纹理贴图是指只针对某个模型或模型的某个面的贴图，它不具备大面积重复使用的性质；而无缝纹理则可以大面积重复使用。

下面以箭楼模型为例，讲解多重子材质及无缝纹理贴图的综合应用。非无缝纹理由于其利用率等问题，在场景贴图中不常用。

1. 第1步：为箭楼准备贴图

01 打开前面制作的箭楼模型，分析需要制作的贴图。经过分析可知，这个箭楼模型由城楼和箭楼组成。城楼一般使用红砖块或石砖来表现（通常朝廷大内的皇城或王城会使用带有色彩的砖块来表现，而作为外城的城墙往往会使用石砖或青砖等来表现，色彩也是以灰色或青灰色为主），箭楼的墙体部分可以适当使用带有颜色和质感的青灰色石墙来表现，并附之以石质的门窗。

02 由此可以对贴图进行这样的分类：城楼的城墙及城垛使用青色石砖来表现，底部由于潮湿及受过战争创伤，会有破损且颜色灰暗；城楼的地面部分可以设计成较小的防滑阶梯以及砖块拼合两种效果；箭楼墙体也使用青灰色石墙来表现，并附之以石质的门窗；箭楼的瓦片部分可以制作成蓝色琉璃瓦。具体效果还可以参考相关图片资料。

03 在制作时，根据需要的效果，可以为相关的边缘区域制作特殊的贴图效果，还可以适当地对模型进行局部修改。图4-146所示为增加了一些细节的模型结构，以便于指定贴图时可以很好地与无缝纹理结合。

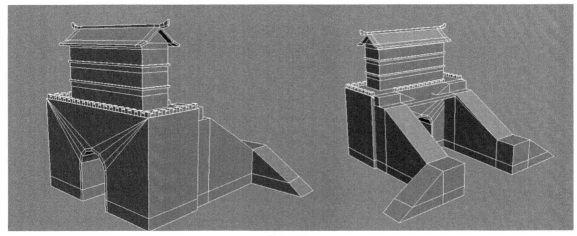

图4-146

04 图4-147所示是为模型准备的贴图，读者也可以自己绘制相应贴图来使用。

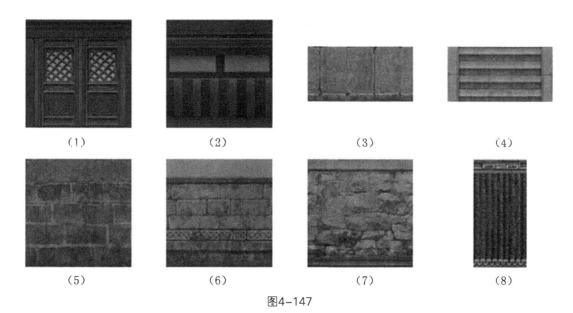

（1）　　　　　　（2）　　　　　　（3）　　　　　　（4）

（5）　　　　　　（6）　　　　　　（7）　　　　　　（8）

图4-147

2. 第2步：为模型分配ID号

为模型分配ID时，需要考虑的是模型的哪些部分应该使用哪一个贴图。对于本例可以对应贴图的编号对模型的ID号进行设置。

01 首先，进入模型的多边形子对象级别，选择所有的面，设置整个模型为ID 1，以确保不会遗漏的面。然后，从ID 2开始依次进行设置，最后剩下的面就全部属于ID 1了。由于最先考虑到城楼底部接近地面的部分使用的贴图为（7）号贴图，所以选择模型所有挨着地面的面，如图4-148所示，统一设为ID 7。城墙的墙面部分使用（5）号贴图，所以选择模型墙面部分，如图4-149所示，统一设为ID 5。

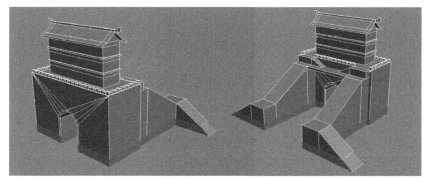

图4-148

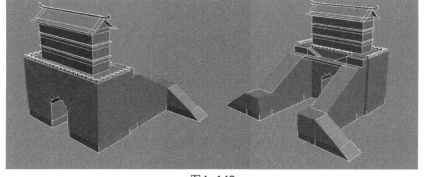

图4-149

02 城垛可以使用（6）号贴图，所以选择城垛模型中的一个，设置为ID 6。暂时把其余的城垛删除掉，等到设置完ID号的城垛模型分展UV并指定好贴图后，再重新复制出来，如图4-150所示，这样可以节省很多的工作时间。注意，要保留横向的城垛。

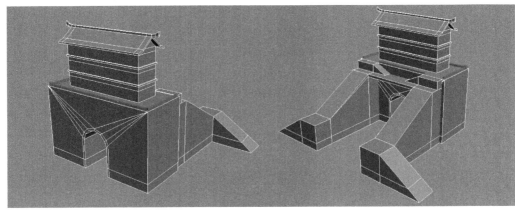

图4-150

03 接下来是设置箭楼部分的贴图。箭楼的贴图分割成木门和门梁两个部分，每层下面的部分使用木门贴图，模型的面使用ID 1，因为ID1前面已经设置过，所以这里不再设置，如图4-151所示。门梁部分使用（2）号贴图，所以设置为ID 2。分层部分的结构也使用（2）号贴图，所以也设置为ID 2，如图4-152所示。

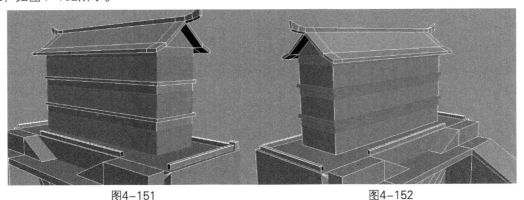

图4-151   图4-152

04 房顶底部的面也使用（2）号贴图，所以也设置为ID 2，如图4-153所示。接着选择房顶房瓦及房脊部分，使用（8）号贴图，所以这部分模型的面设置为ID 8，如图4-154所示。

图4-153   图4-154

05 接下来设置登城阶梯部分，选择如图4-155所示面，设置为ID 4，应用（4）号贴图。设置登城阶梯及城门上面的面，选择如图4-156所示面，设置为ID 5，应用（5）号贴图。

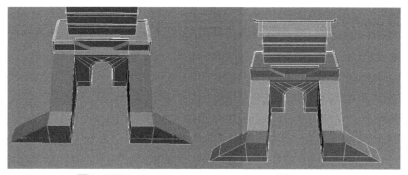

图4-155   图4-156

06 最后，把城门洞及其边缘部分设置为ID 3，使用（3）号贴图，如图4-157所示。完成模型所有ID的设置。

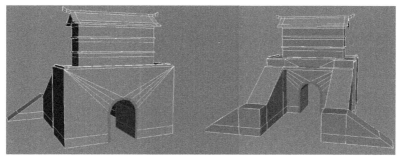

图4-157

3. 第3步：设置多重子材质并导入贴图

把标准材质改为多重子材质类型，并把图4-147所示的贴图分别导入到对应的ID号中，如图4-158所示。导入后可以把每个材质球的名称改得与编号一致，以方便使用和管理。依次进入每个子材质设置面板，把贴图显示按钮激活，可看到贴图已经贴入到与编号对应的模型面上，只是贴图很混乱，光线也很暗。把鼠标指针移到材质球上，单击右键，在弹出的右键功能菜单上选择Options（选项）命令，然后在弹出的对话框中把Ambient Light（环境灯）后面的颜色条由黑色改为白色，再单击Apply（应用）按钮使设置生效。此时贴图将以自发光方式显示出原本色，如图4-159所示。不过，此时的贴图依然混乱的，需要分别对每个ID号的UV进行调整。

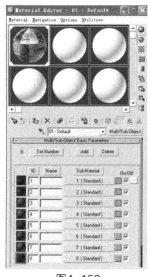

图4-158

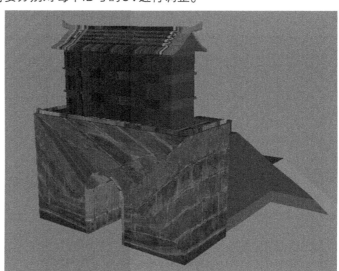

图4-159

4. 第4步：调整所有ID的UV贴图

01 调整UV前的准备工作。首先调整城门城墙的UV。选择整个模型，为箭楼模型添加Unwrap UVW修改器，单击Parameters卷展栏下面的Edit按钮，打开编辑UVW编辑器。在编辑器中执行Options→Prefrences命令，取消弹出对话框中的Show Grid复选框的选取，以便观察贴图UV。激活显示贴图按钮，把所有的UV线框挪出蓝色基准框之外，以便编辑UV时不影响观察。

02 调整UV和贴图。从UVW编辑器面板的All IDs下拉列表中选择ID 1，激活其UV显示。这时，UV编辑器中将只显示1号ID的UV，并把1号ID对应的贴图也显示出来。显示出的部分是与（1）号贴图对应的模型部分。先把ID号为1的面的UV分展开，如图4-160所示；再把贴图相同的UV合并在一起，使UV匹配贴图，如图4-161、图4-162所示；最后得到如图4-163所示效果。

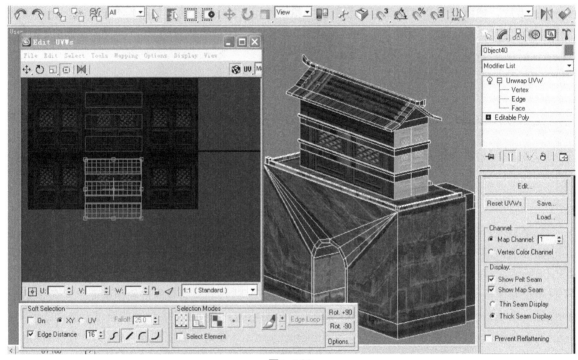

图4-160

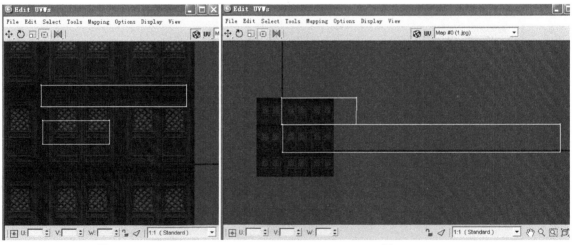

图4-161   图4-162

图4-163

03 使用同样的方法调整其他ID的UV并匹配贴图,图4-164~图4-167所示为所有ID分别展开后的UV。

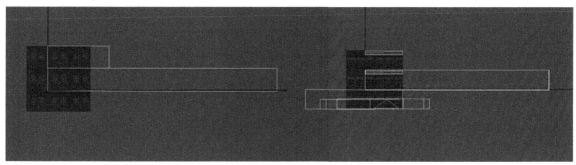

图4-164

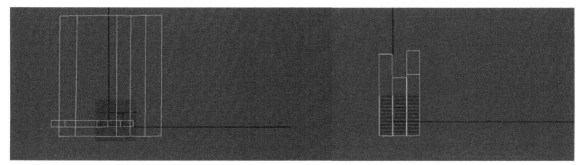

图4-165

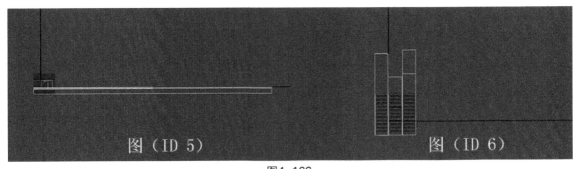

图（ID 5）　　　　　　　图（ID 6）

图4-166

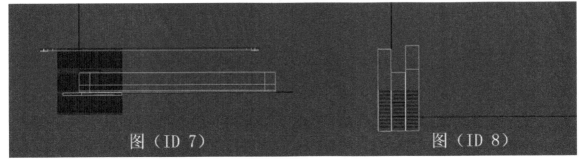

图（ID 7）　　　　　　　图（ID 8）

图4-167

得到最终的模型整体效果如图4-168所示。

通过上面的UV分展结果可以看到，几乎每个UV框都超出了UVW的基准框范围，这是由于贴图使用的是无缝纹理，无论贴图坐标怎样超出范围，贴图都会无限地自动重复。但是要注意，有些无缝纹理的贴图并非在四个方向上都是可以无限重复的，例如城墙底部、阶梯上面、城垛、箭楼的贴图，就只能被锁定为在一个方向上重复。此外，在选择贴图范围时，还要根据实际效果进行调整。

通过本例的学习，读者能够了解到一个场景元素的制作流程、多重子材质及无缝纹理贴图和UV坐标的使用方法。本例没有用到非无缝纹理贴图。如果模型上有一个城牌，而城牌的贴图不但应该单独制作，而且只需要出现1次，那么这个城牌的贴图就可以理解为是非无缝纹理贴图。

图4-168

4.5 场景元素的制作

前面的章节讲述的基本上都是关于场景制作中所要涉及到的规则及方法，掌握了这些方法之后，就能够制作实际可用的游戏场景了。在制作整个场景前，需要从制作场景中的元素开始。

4.5.1 土地地面的制作

地面纹理一般包括土地地面、沙地、草地等。地面制作是大型网络游戏场景制作的基础，在烘托场景环境中决定着场景基调的作用。为了在大面积的场景中节省资源，必须把地面贴图做成四方连续的无缝纹理贴图，这样，仅用256×256像素大小的贴图，就可以得到质感表现很好且纹理清晰的地表效果。

合格的地面纹理应当是纹理清晰、细节丰富，色彩及纹理在统一中又有变化，避免在应用到模型地面时出现强烈的重复感。同一个场景使用的纹理间，色彩变化搭配要自然和谐，避免把贴图处理得过"糊"或"麻"。"糊"是指贴图模糊不清；"麻"是指细节过多，超出像素可表现的范围，形成一个个噪点，细节无法辨认。所以，在制作贴图时，素材的选择及制作方法要正确。

制作地表的方法可以使用手绘及素材加工等方法来完成。手绘一般应用于卡通风格游戏的地表制作。不使用写实素材合成会很难表现出写实纹理，而使用素材加工并配合手绘的方法，则在写实纹理的表现上相对要容易得多。下面介绍土地地面纹理的制作方法。

1. 第1步：收集素材

游戏场景地面纹理的尺寸一般为256×256或128×128像素，要在这样的尺寸中表现丰富的细节内容，选取素材时素材的尺寸必须要大于所制作的贴图的大小。例如，如果制作256×256像素大小的贴图，则选取的素材最好在512×512以上。选取的素材一定要纹理清楚、柔和、均匀，素材纹理平面一定要尽量垂直于拍摄视角。这样的素材可以自己去拍，但由于自己拍摄效率过低，一般在网络上寻找即可。可以通过百度进行搜索或去专业的素材网站下载。

2. 第2步：制作素材副本

选取一张符合游戏设计要求的纹理素材，在Photoshop中打开，如图4-169所示。打开后，为了保留原始图片不受影响，需要把打开的素材文件以另存为的方式改成其他名字保存起来。把原图片关闭，打开另存的素材文件。

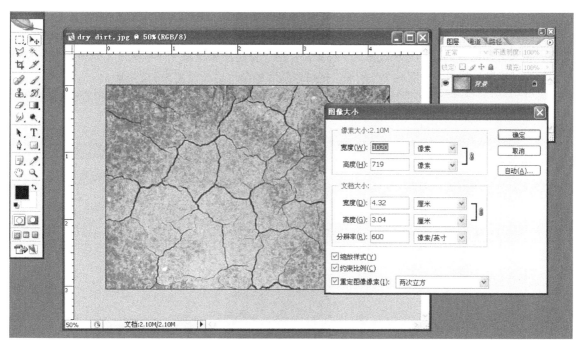

图4-169

3. 第3步：修正纹理以符合游戏纹理需要

01 观察本例选用的这张纹理图片，发现纹理的裂纹部分主要集中在中心处，这样的纹理如果制作成四方连续的无缝纹理贴图，其重复感会十分明显，所以要通过技术处理使裂纹在图片范围内平均分布。使用图章工具，将笔刷设为实边的硬笔刷，修正图中的纹理。处理图片时，要避免交接处产生虚化的效果，使贴图纹理变模糊。处理后的效果如图4-170所示。

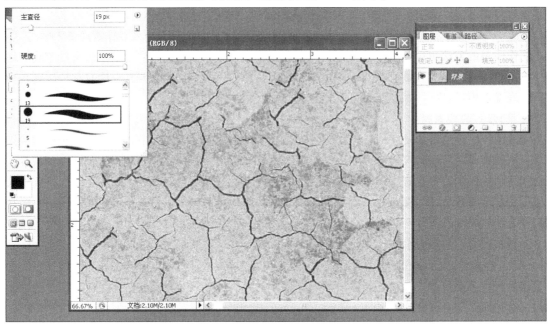

图4-170

02 调整修改后的纹理图片大小。使用菜单命令"图像"→"图像大小"，选择"约束比例"复选框，把长方形图片的最小边长设置为512像素，在"重定图像像素"下拉列表中选择"邻近"模式，单击"确定"按钮，如图4-171所示，把纹理图片的最小边长设置为512像素。

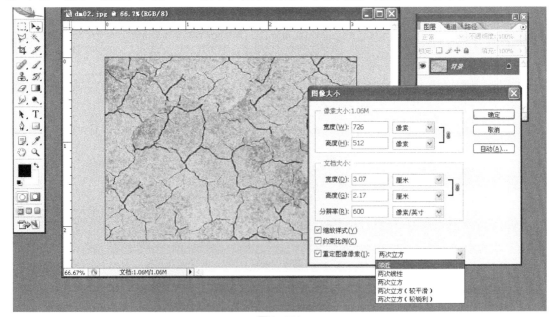

图4-171

03 在Photoshop的工具栏上激活矩形选择工具，在属性栏上选择固定大小样式，把宽度和高度值设为512×512像素，然后在刚刚修改的纹理上进行选择。注意要选取其中效果较好的部分。按快捷键Ctrl+C，对选取的图像进行复制，然后按快捷键Ctrl+N，新建一个512×512像素的空白文件，把刚才复制的部分使用快捷键Ctrl+V进行粘贴，得到如图4-172所示图像文件。

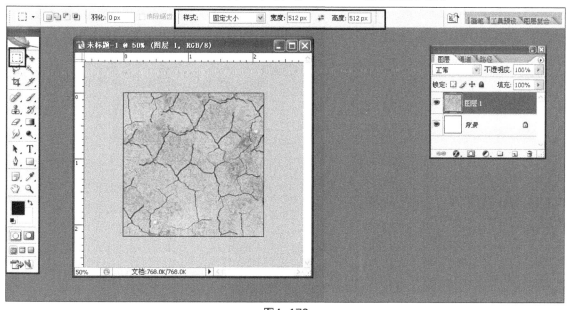

图4-172

4. 第4步：把纹理制作成无缝纹理

使用"滤镜"菜单中的"位移"滤镜，在 "位移"对话框中，设置水平与垂直方向位移256像素，这样就会在纵横两个方向上进行位移，把纹理的接缝移至图像中间，以便于修改，如图4-173所示。使用图章工具修正接缝处的纹理。注意要把笔头调小一些，以便于精细修改。修改后的纹理如图4-174所示。细修后的纹理图像文件尺寸需要进一步缩小成256×256像素的大小。注意缩小操作要在"邻近"模式下进行，这样可以使像素在图像被缩小时仍保持清晰。

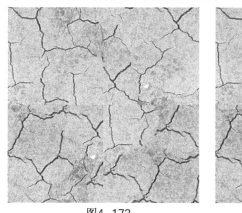

图4-173　　　　　　　　　　　　图4-174

5. 第5步：把贴图指定给3D模型并进一步修改

01 制作的纹理贴图最后是要指定给模型的，所以，要想看到具体效果就需要在3ds Max中把贴图指定给地面模型，这样可以边观察边进行修改，直到得到理想效果为止。

02 在3ds Max中创建一个平面，把贴图指定给该模型，这时需要使贴图以自发光方式显示。改为自发光显示的方法是，在材质球上单击右键，在弹出的右键功能菜单上执行Options（选项）命令，在弹出的对话框中把Ambient Light（环境灯）选项后面的颜色条由黑色改为白色，单击Apply

（应用）命令使设置生效，此时贴图将以自发光方式显示为原本色。在材质编辑器上单击Diffuse按钮进入贴图参数设置面板，设置U、V两个轴上的Tiling参数的值为5，如图4-175所示，察看具体效果。如果贴图效果仍有不足，可对照效果在Photoshop中修改，直到满意为止。

图4-175

注意

一般游戏制作对贴图的显示尺寸是有一定要求的，例如512×512像素大小的贴图，大约会覆盖场景中10平方米左右的区域。在进行无缝纹理的重复时，可以按照这个标准来控制贴图的重复数量。

4.5.2　草地的制作

草地纹理的制作方法基本和土地纹理的制作方法相同，只是在制作草地纹理时要注意，纹理中的草不要选择形体太明显的。此外，草丛的纹理分布也要均匀，草的高度只能是低矮的小草。对于具有一定高度的草丛，需要另外创建模型来制作，这里仅介绍草地地面的制作方法。

1. 第1步：选取素材

选取一张草地的纹理素材，并在Photoshop中打开，如图4-176所示。

2. 第2步：修正纹理以符合游戏纹理需要

观察这张纹理素材图像，发现纹理图像的中心部分有一片草地与周围的草地对比较为明显，这样的纹理如果做成四方连续的无缝纹理地面，其重复感会很明显，所以要对这一部分进行处理，使草地在图片范围内平均分布。使用图章工具，将笔刷设为实边的硬笔刷，以避免交接处产生虚化效果，使贴图纹理变得模糊。处理后的效果如图4-177所示。

图4-176

图4-177

3. 第3步：制作无缝纹理

按照制作土地地面的方法截取草地纹理图片中的一部分，大小为512×512像素，然后使用"位移"滤镜，使纹理的接缝部分居中，如图4-178所示。使用图章工具把接缝线修整好，然后缩小图像至256×256像素，如图4-179所示。

图4-178   图4-179

4. 第4步：把纹理贴图指定到模型

在3ds Max中把草地纹理贴图指定到模型，反复调整，得到如图4-180所示的效果，完成草地地面纹理制作。

图4-180

制作草地这类纹理的关键是要纹理均匀、自然和清晰。在实际制作中，地面往往会使用地图编辑器来完成，但是素材依然由场景设计师们提供。

4.5.3 岩石的制作

岩石类场景元素在游戏场景中经常出现，其制作方法与上两例有相同的部分，也有不同的部分，如一些特殊的岩石纹理需要单独制作，亦即非无缝纹理制作。本例将制作一个靠近潮湿地面的岩石纹理，这类岩石的特点是靠近底部的岩石表面有潮湿的苔藓，而顶部则仍然是岩石的原貌。如果使用无缝纹理制作这类元素的贴图，将会产生极强的不真实感，所以需要使用非无缝纹理来制作贴图。

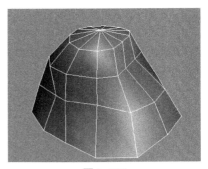

图4-181

1. 第1步：制作岩石模型

创建一个圆球体模型，删除底面，调整模型成如图4-181所示形状。

2. 第2步：取得素材

找到具有岩石表面质感特点的图片素材以及苔藓、草地等图片素材，如图4-182所示。

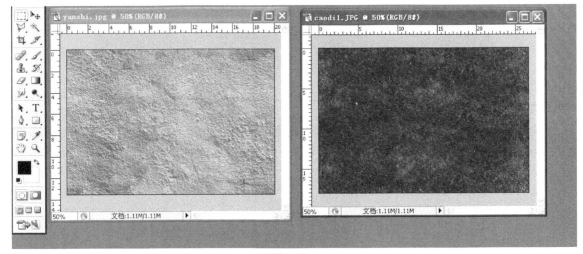

图4-182

3. 第3步：融合纹理

01 岩石贴图应以岩石纹理为主纹理，草地纹理为辅纹理。先把主纹理素材调整为512×512像素大小，如图4-183所示。

02 使用套索工具在辅纹理上进行选择，把选区的羽化值设置为20，以便于与岩石纹理融合时产生柔和的过渡。按快捷键Ctrl+C对选区进行复制，返回主纹理并按快捷键Ctrl+V把复制的草地选区粘贴进来，把粘贴的草地纹理沿着岩石的外缘摆放，如图4-184所示。

图4-183

图4-184

03 接着继续按同样的方法在辅纹理上选取素材并粘贴到主纹理上，进行摆放和调整，最终结果如图4-185所示。在此纹理上使用画笔工具、图章工具、加深和减淡工具绘制出明暗效果，纹理在靠近模型底部的部分（图像四周）较暗，顶部（图像中间）偏亮，如图4-186所示。

图4-185　　　　　　　　　　　　　　　　　图4-186

4. 第4步：把贴图赋予模型

以棋盘格方式把模型的UV网格调整好，使棋盘格分布均匀，如图4-187所示。把贴图指定到岩石模型上，把模型的UV对应到贴图纹理上。由于贴图是正方形的，而UV是非规则的，所以在使UV对应于贴图时要注意观察，然后根据实际情况进行调整，得到如图4-188所示效果。

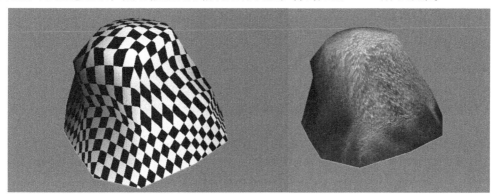

图4-187　　　　　　　　　　　　　　　　　图4-188

5. 第5步：参照模型贴图效果调整纹理

把贴图指定给模型后，如果看到贴图效果有些模糊、没有层次，或者层次不够丰富，可以反复在Photoshop和3ds Max两个软件之间切换来进行纹理的调整，直到得到满意效果为止。

6. 第6步：制作其他岩石

选择制作完成的岩石模型，按住键盘的Shift键使用移动工具进行复制，把新复制出来的岩石模型使用缩放工具缩小，得到如图4-189所示的小块岩石。继续复制小块岩石，以主体岩石为中心，摆放这些小石块，以起到烘托主体岩石的效果。复制后的纹理及模型和主岩石重复，如果要想改变这种重复的感觉，需要进入每个小石块的UV中，变换贴图坐标的位置，再塌陷Unwrap UVW修改器，调整模型的形状，使它们所对应的贴图与形状与主岩石区分开来。这样，一个岩石区域就制作完成了，如图4-190所示。

图4-189   图4-190

4.6 透明贴图的应用

树与草的制作在游戏场景制作中比较特殊，由于树与草在游戏场景中会大面积使用，所以制作时面数不能太多。对于场景中的草，往往是在平面模型上赋予经过透明处理的草丛贴图，以十字形或米字形排列来制作。对于场景中的树，在玩家到达不了的地方也会使用在平面模型上赋予经过透明处理的树木贴图，以十字形等排列方式排列来表现。但是，现在的3D网络游戏制作中，对于角色可以到达和穿过的地方，树木一般都会被制作成实在的树干和枝权模型，然后对树枝和树叶部分的模型使用透明贴图处理，这样可以使树看起来更加真实。

4.6.1 草丛的制作

以透明贴图形式制作草的步骤如下。

1. 第1步：创建草纹理文件

在Photoshop中新建一个尺寸为256×128像素的PSD格式的文件，命名为changjing_cao1。在"图层"面板新建一个图层，为绘制草的纹理做准备，如图4-191所示。

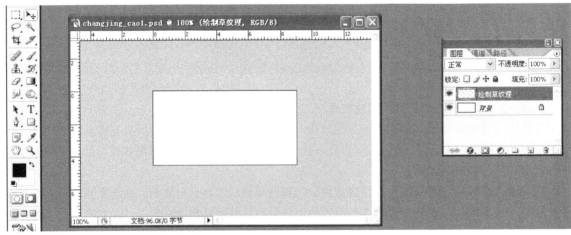

图4-191

2. 第2步：绘制草丛的纹理

01 把图像文件在视图窗口中放大以便于绘制。使用多边形套索工具在视图窗口制作一根草的形状的选区，填充草绿色，如图4-192所示。

图4-192

02 从这根草的图像中间再做一次选择，使用加深工具，把这部分区域调暗，使草的图像产生明暗层次关系，如图4-193所示。

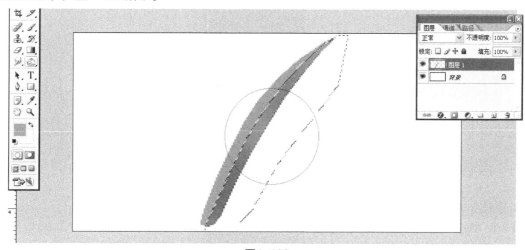

图4-193

03 接着细化这根草的筋脉，使用套索工具选择，使用画笔工具绘制，得到一根草的图像，如图4-194所示。把草图像复制到新的图层，关闭原图层上的眼睛图标，隐藏原始图像，这样万一后面的操作效果不理想，还可以由原始图像开始重新操作。使用"液化"滤镜对复制的草图像进行液化变形操作，如图4-195所示。继续复制"液化"过的草图像，使用自由变换工具对再次复制的草图像进行缩放、旋转等操作，把这根草图像反复复制在256×128像素的图像上，形成草丛的效果。继续使用"液化"滤镜进行变形操作，得到如图4-196所示的效果。

图4-194

图4-195

图4-196

04 接着为草丛图像使用"滤镜"中的"添加杂色"功能，在草丛纹理中添加适量杂色来增加细节，如图4-197所示。

3. 第3步：制作Alpha透明通道

在背景图层上填充草绿色，以便克服使用通道操作
后产生的白边现象。选择草丛所在的图层，按住Ctrl键单
击草丛图层，草丛部分将被选择。激活"通道"面板，
在"通道"面板中单击"将选取存储为通道"按钮，生
成新的Alpha通道，如图4-198所示。将草丛纹理存储为
32位的TGA格式图片。

图4-197

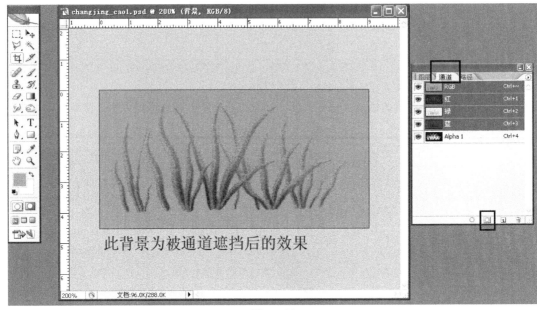

图4-198

4. 第4步：在3ds Max中生成草丛效果

在3ds Max中创建一个平面，长宽比为1：2。将纹理导入材质球的Diffuse和Opacity两个通
道中，如图4-199所示。单击不透明通道右侧的"M"按钮，进入其参数设置面板，把其中的
Mono Channel Output选项组的输出方式改为Alpha输出，把Alpha Source选项组的选项改为Image
Alpha。这样，模型中的贴图就会以透明效果显示了，如图4-200所示。

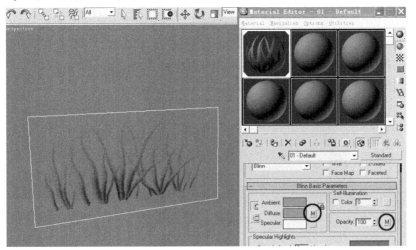

图4-199

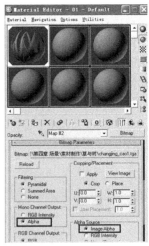

图4-200

5. 第5步：在3ds Max中摆放草丛

选择草丛模型，使用旋转命令复制草丛模型，摆放为十字形和米字形，如图4-201所示。观察生成的草丛的感觉，可以看出，米字形的草丛较稠密一些，而十字形的则稀疏一些。在游戏开发中，这两种方式可以灵活运用，表现稠密时使用米字形排列，表现稀疏时使用十字形排列，甚至可以仅用一个平面来表现。

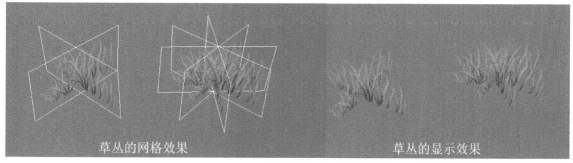

草丛的网格效果　　　　　　　　　　　草丛的显示效果

图4-201

本例的草丛效果是通过手绘方式实现的，其实制作写实类游戏时，还可以通过修改素材来制作，这样会更加真实一些。手绘的贴图比较适用于唯美、魔幻及卡通等风格的表现。

4.6.2　树的制作

对于树的制作，这里使用修改素材的方式来完成。制作一棵树一般需要2种素材来完成，即树干和树枝树叶的纹理素材。树的其他部分可以通过修整树干素材等方式来完成。

1. 第1步：创建树的纹理文件

在Photoshop中新建一个尺寸为512×512像素的PSD格式文件，命名为changjing_shu1。在"图层"面板新建一个图层，为绘制树的纹理做准备。

2. 第2步：修整树叶及树枝的纹理

01 在Photoshop中打开所要修整的图片，如图4-202所示。

图4-202

02 通过图4-202可以看出，这些纹理如果要应用到模型上，必需经过修改。例如，树干的纹理要拿来使用的话，需要把它加长才能符合树干的长度；树叶和树枝需要进行复制和调整以生成枝杈的图像。

03 先选择树干的纹理，使用"图像"→"调整画布"命令，把纹理高度的尺寸扩大一倍，复制纹理后移到空缺的位置，得到如图4-203左侧图所示效果。使用"图像大小"命令，在锁定比例和使用"邻近"模式下把树干纹理的高度改为512像素。接下来处理树枝和树叶部分，这里的树枝部分已经很茂盛，但是形状需要进行修整。先把素材的底色删除，然后把多余的和不需要的树枝树叶删除，边缘部分可以使用图章工具进行修整。使用"图像大小"命令，在锁定比例和使用"邻近"模式下把树枝和树叶图像的高度改为512像素，得到如图4-203右侧图所示效果。

图4-203

3. 第3步：合成素材

把素材合成到前面创建的changjing_shu1文件中，进行如图4-204所示的摆放。把两个素材图层合并，以便进行下一步制作透明通道的操作。

图4-204

4. 第4步：制作Alpha透明通道

在背景图层上填充草绿色，以便克服使用通道后产生的白边现象。选择树干及树枝所在的图层，按住Ctrl键单击该图层，选择素材部分的图像，激活"通道"面板，在"通道"面板中单击"将选取存储为通道"按钮，自动生成新的Alpha通道，如图4-205所示。将树的纹理图像存储为32位的TGA的格式图片。

图4-205

5. 第5步：创建树模型

01 树干模型大体是属于圆柱体范畴的造型，在创建模型时可以这样分析：在表现圆柱体时，如果表现较规则的形态，从游戏的低面数要求考虑，一般会使用偶数值的边数，像2、4、6、8、10等；如果要表现非规则的形态，例如树干，则可以使用奇数值的边数。因此，这里使用边数为7的圆柱体来制作树干模型。

02 在3ds Max的顶视图中创建一个圆柱体模型，具体模型及参数如图4-206所示。

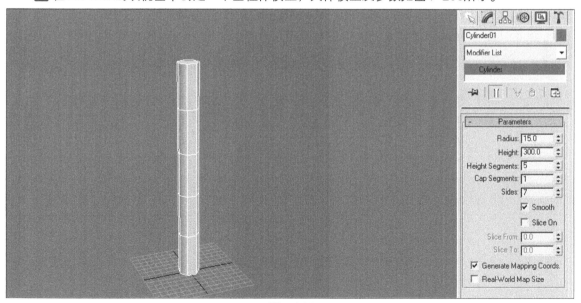

图4-206

03 在模型上单击右键，选择右键功能菜单的Convert to Editable poly命令将模型转化为可编辑多边形，把底面和顶面删除。注意，此时的模型比较规则，如果此时对模型指定纹理并分展UV，则这个过程与建完模型再分展UV相比会容易很多。

04 为模型指定一个材质球，并把上一步制作的TGA格式的贴图纹理导入该材质球，激活显示贴图按钮，模型上将显示被指定的纹理。此时的纹理比较乱，需要调整UV以对应模型。为模型添加Unwrap UVW修改器，打开UVW编辑器，使树干模型的UV与纹理对齐，得到如图4-207所示效果。

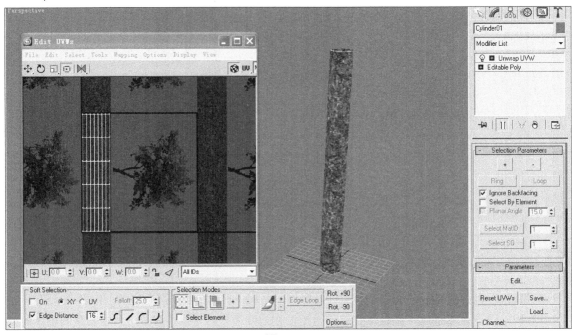

图4-207

05 在Modify面板的堆栈上单击右键，使用Collapes to命令将Unwrap UVW修改器塌陷，使模型成为可编辑多边形。进入顶点子对象级别，对树干造型进行调整，可以使用Connect命令适当地增加段，把树干部分调整为如图4-208所示形状。接着制作树杈的结构。选择模型顶部的几个段进行复制，通过缩放、移动、旋转等变换工具把树干调整为如图4-209所示形状。

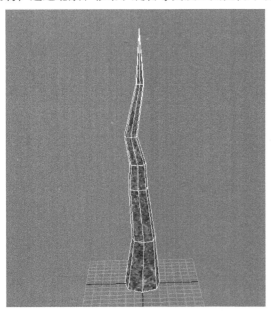

图4-208

图4-209

06 接下来创建树枝部分的模型。树枝部分一般仅用一个四边形的面来制作。在场景中创建一个平面，并转化为可编辑多边形模型，如图4-210所示。把导入的贴图纹理赋予平面，显示为如图4-211所示结果。

图4-210 图4-211

07 确保将纹理导入材质球的Diffuse和Opacity两个通道中，单击不透明通道右侧的"M"按钮，进入参数设置面板。把该面板中的Mono Channal Output选项组的输出方式改为Alpha，把Alpha Source选项组的选项改为Image Alpha，具体参数请参考草模型的制作部分的设置。这样，模型中的贴图就会以透明方式显示了，如图4-212所示。

08 在3ds Max中重新摆放树枝。选中树枝模型，使用旋转、移动、缩放等工具复制出若干个树枝模型并进行摆放，摆放时需要随时在透视视图中边调整边观察。摆放完毕，得到需要的效果，完成树模型的制作，如图4-213所示。

图4-212 图4-213

完成制作后，如果对贴图效果不满意，还可以对模型及纹理贴图进行进一步修改，直到满意为止。

4.7 动态贴图的应用

所谓动态贴图，是指在游戏中应用在模型上的、通过读取动画序列或播放动画格式文件的方式来表现动态的贴图。它们通常是由美术设计师们先把动画文件以动画序列或动画格式文件的形式制作出来，然后再指定到模型上。例如在游戏中出现的屏幕动画、水面动画；在场景中出现的环境特效动画等（游戏环境中光线及光柱中灰尘或悬浮物的动画、传送门的动画效果等）。

　　一般的动态贴图制作都相对简单，只要制作好美术效果后将其指定给模型即可。但是，像水面这类动态贴图的制作则相对复杂。在目前流行的网络游戏中，水面的表现方法基本上有两种，第一种是使用无缝纹理的动态序列；第二种是使用游戏引擎的功能，即使用客户端的渲染技术在水面上加上动态反射（或叫光线追踪）。现在的网络游戏一般会考虑两种方法结合使用，以适应不同硬件配置的玩家。由于使用光线追踪的方法计算量较大，耗费计算机资源较多，因此只限于高端配置。例如在《天堂2》中就设置了特效开关，关掉开关时，使用动态序列的水纹理再加半透明处理；打开时，使用动态反射技术来表现水面。随着计算机的配置性能逐渐提高，客户端技术将是以后游戏中大量应用的方式。不过，了解一些游戏开发中动态贴图的表现方式，在一定程度上也会提高我们的制作水平及理解深度。

　　由于通过美术方式实现水面效果制作的情况正在逐渐减少，本书就不再介绍，仅以现在游戏场景中常见的传送门效果的制作来讲解动态贴图的应用方法。在游戏中，动态贴图的使用量一般在30～50张之间（如果优化得好，可以更少一些），之后需要把动态贴图做成可循环方式。动态文件的制作除了对效果有要求之外，循环的处理也是一个难点。下面使用直接调用动态序列文件或AVI动画文件的方法，来学习动态贴图的应用方法。

1. 第1步：准备动态素材

　　01 这里要制作一个传送门效果，需要准备一组TGA格式的动态序列文件。为实现本例动态效果准备的动态序列文件及AVI动画文件的名称如图4-214所示。

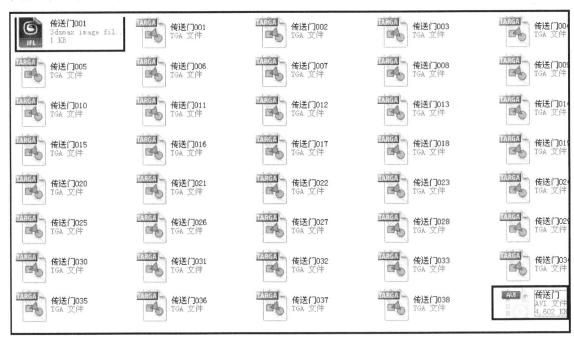

图4-214

　　02 图4-214中，IFL格式文件为调用序列文件时自动生成的导引文件，AVI格式文件为动画文件，其余都是动态序列文件。

2. 第2步：为模型赋予动态贴图

　　01 打开材质编辑器，在Diffuse通道上使用Bitmap方式调入动态序列文件。选择位图模式并在弹出对话框后，选择动态文件的第1个文件，即"传送门001"，如图4-215所示。注意，在调入动态贴图时要选择Sequence（序列）复选框，这样才会生成IFL格式文件来调用动态序列文件。设置完毕后单击"打开"按钮，在通道栏生成IFL格式文件来调用动态序列文件。

02 本例的动态序列是用来制作传送门特效的，所以，同样需要一个序列的Alpha通道文件。把Diffuse上的动态贴图IFL引导文件拖动到Opacity通道上，然后按照前面介绍过的方法，设置Alpha通道输出的方式，设置材质球选项为100%自发光，如图4-216所示。

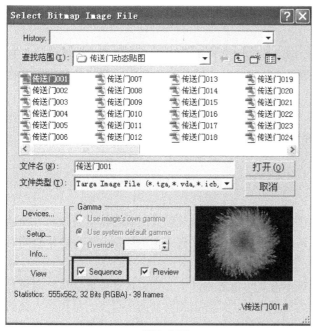

图4-215

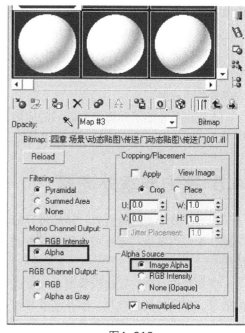

图4-216

03 这样，动态序列贴图的设置就完成了，可以把它指定给平面模型来察看具体效果。

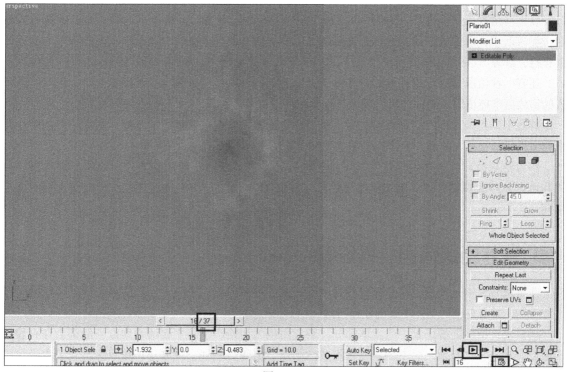

图4-217

3. 第3步：观察动态效果

在3ds Max中创建一个正方形平面模型，不加任何段，转换为可编辑多边形。把第2步设置完成的材质球指定给该平面，激活贴图显示功能按钮，可观察到贴图已经被指定给模型了。把动画控制栏的总帧数改为37，这时，单击动画控制栏的播放按钮，就可以在模型上看到动画序列循环播放的效果了，如图4-217所示。这里动态贴图表现得有些暗淡，需要到游戏引擎中进行调整增强。

4. 第4步：调入AVI格式的应用

用同样方法调入AVI动画格式的文件。与动态序列贴图文件进行比较，两者的效果类似，只是AVI格式的效果在模型设置Alpha通道的情况下效果不理想，故只能在不设置Alpha通道的情况下获得较好的使用效果。

本例主要介绍了动态序列贴图的应用方法。事实上，制作动态序列贴图需要用到的方式方法比较多，读者将在后面的学习中陆续接触到，这里暂不介绍。

4.8 室内与室外场景

作为游戏环境的营造者，场景设计师在制作场景时，会根据游戏场景的制作特点处理两方面的问题，即室内场景与室外场景的制作方式。这两种场景的制作方式有一定的区别，不过经常会同时应用。

例如制作一个房屋建筑模型，如果这个建筑不需要角色进入其中，则会被处理成仅从外面可见的效果，即室外场景效果。室外场景相对与室内场景来说，处理上相对要简单很多，从程序人员的处理到美术设计师的设计都是如此。程序人员在室外场景的处理上一般仅用几个几何体运算方式制作碰撞运算即可，而美术设计师也只处理游戏中玩家所能看到的表面效果即可。

室内场景的制作情况较为复杂。比如这个场景是否需要从外界进入，如果需要则制作一个入口，以网络游戏《魔兽世界》为例，玩家角色进入旅馆时，旅馆会留一个入口；再有，在第一人称射击类游戏中，室内场景的制作也是最多的，玩家会从室外进入室内，甚至在室内的各个小的通道中穿行，等等。

还有一种情况是，玩家进入的是一种全封闭的室内环境，例如在《魔兽世界》中，玩家组队进入的室内副本环境等。像这种室内环境将被单独制作，不必太多考虑与外界接口的情况。

游戏引擎在处理室内与室外场景时，所需要的计算和处理也有极大的不同。室内场景的游戏元素与室外场景相比，其细节的计算处理量是相当巨大的。

作为游戏设计师，在制作这两类场景时，需要转换两种制作及观察方式，即从外部观察的方式和由内向外的观察方式。制作时关于建模、分展UV、绘制贴图等的处理方法与前面讲到的方法相同。

4.9 室外场景范例：铁匠铺

在游戏开发中，场景制作是综合各种场景元素的制作的过程。以下以较简单的场景建筑的制作过程为例，学习完整的室外场景的制作方法。

场景建筑始终处于场景中的主体部分，游戏角色的初始产生与主要活动地点一般都会在有建筑的地方，相当于"基地"。由场景元素组成的洞窟、山谷、丛林、草原等一般只为游戏主角进行冒险、探索等需要而创建的环境，而作为角色产生与主要活动地点，场景建筑的制作是必需要学会的内容。图4-218所示为本例要制作的室外场景——铁匠铺的外观效果。

图4-218

如图4-218所示，这是一个场景中的局部建筑，像这样一个场景中的房屋，玩家是不能够进入其中的，此类建筑仅起到烘托环境并实现一定功能的作用。比如这个铁匠铺场景，玩家进入该环境后，首先会有一个认知——这是一个铁匠铺，是游戏角色可购买武器等装备的地方。在游戏中，这类场景前面都会站立一个NPC角色（即电脑控制的角色），玩家需要单击这个NPC角色，与之产生互动，从而实现玩家所需要的功能。因此，这类场景建筑仅起到引导玩家认知的作用。

4.9.1　制作场景模型

以下为铁匠铺场景模型的制作步骤。

1. 第1步：分析场景中的元素及制作思路

该场景由一所房屋及其装饰物、布棚、铁匠炉、铁砧和地面等组成。一般在游戏开发中，可以不必考虑地面的制作，因为游戏场景中地面的制作一般都会通过引擎的地图编辑器来完成。这里为了整体的需要，把相关区域内的地面也制作出来。

在贴图的应用上，这个场景的贴图没有无缝纹理的应用，都是非无缝纹理的应用，从而保证了视觉效果的变化性和丰富性。

在制作流程方面，可以采用先制作模型，再根据原画的效果安排并绘制场景纹理贴图，把相关的UV坐标对应到贴图上，实现场景的效果，最后根据情况调整场景的整体效果这一步骤来完成。

2. 第2步：制作房屋场景模型

先来制作房屋的模型，步骤如下。

01 制作房屋基础模型。在3ds Max中执行File→View Image File命令打开效果图，以后的建模过程将参照效果图来完成。

将场景单位设定为cm，在顶视图中创建一个长方体，长、宽、高比例按原画图的大概比例设置为长800cm、宽500cm、高350cm；把模型轴心对齐到软件的原点位置，得到如图4-219所示效果。把长方体转化为可编辑多边形模型。

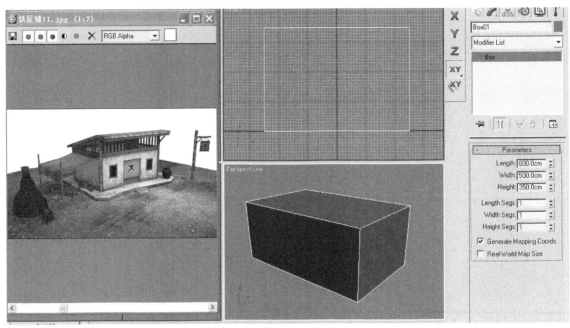

图4-219

注意观察，原画中的房屋部分为对称型，所以在建模时，可以考虑使用对称的方式来制作房屋主体部分。在模型的中心增加1段，如图4-220所示。把其中的一半模型删除，如图4-221所示。再把模型的底面删除，使用Symmetry修改器把另一侧补齐，得到如图4-222所示效果。

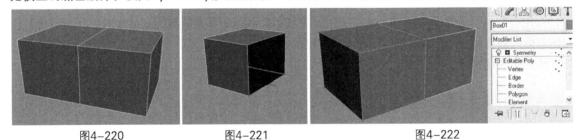

图4-220　　　　　　图4-221　　　　　　图4-222

02 细化房屋结构部分。选择顶部的面，按住Shift键使用移动工具复制出一个面。根据效果图调整复制出来的面，使之倾斜，接着使用Extrude命令把房顶的结构制作出来，具体制作过程如图4-223所示。

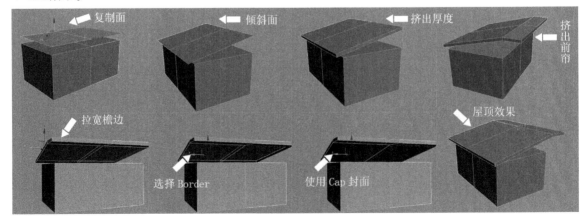

图4-223

03 制作支架。为房屋增加支撑的柱子及房架，在顶视图中创建一个八边形的圆柱体，半径为

20cm、高度为290cm，不增加任何段数，如图4-224（1）所示。把八边形柱体转化为可编辑多边形，放置到如图4-224（2）所示的位置。再次复制，将柱体移到4-224（3）所示的位置，并把这个圆柱体缩短。接着旋转并复制柱体，使其与地面平行，并摆放至如图4-224（4）所示的位置。继续复制横向的柱体，摆放到如图4-224（5）所示的位置，再次复制并移动柱体到如图4-224（6）所示的位置及图4-224（7）所示的位置。将图4-224（7）所示的柱体拉长，如图4-224（8）所示。继续复制并旋转图4-224（8）所示的柱体到如图4-224（9）所示位置，然后继续复制并缩小，如图4-224（10）所示，再把它旋转、拉长，移动到图4-224（11）所示位置。把柱体嵌入到模型内部的面删除掉，得到如图4-224（12）所示的模型。

（1）　　　　　（2）　　　　　（3）
（4）　　　　　（5）　　　　　（6）
（7）　　　　　（8）　　　　　（9）
（10）　　　　　（11）　　　　　（12）

图4-224

04 制作支架框。在场景中创建一个用来制作支架的长方体，如图4-225（1）所示。把这个长方体转化为可编辑多边形模型。因为这个长方体是用来做支撑支架的，两端必然会嵌入模型当中，所以把这个长方体两端的面删除，并放置到如图4-225（2）所示的位置。反复复制这个模型，并摆放如图4-225（3）所示。接着把居中的长方体模型加宽，放置到如图4-225（4）所示位置。接着复制并缩短长方体，制作成侧面的支架并放置到如图4-225（5）所示位置。最后复制并旋转一个长方体，缩放后放置于雨搭的位置，如图4-225（6）所示。

05 制作门框结构。选择房屋模型，激活Cut命令，在透视视图下切割出如图4-226（1）所示的结构。按照图4-226（2）所示连接相关顶点。选择切割出来的面并使用Extrude命令把门框向内挤入，得到如图4-226（3）所示效果。把多余的面删除，得到如图4-226（4）所示效果。

06 制作门上的布帘。选择门所在位置的面进行复制，如图4-226（5）所示。选择复制的面底部的边线并调整到如图4-226（6）所示位置。

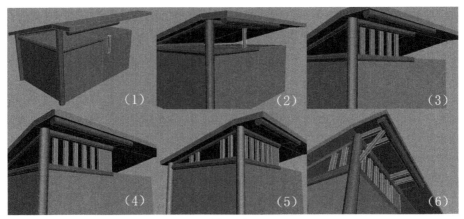

图4-225

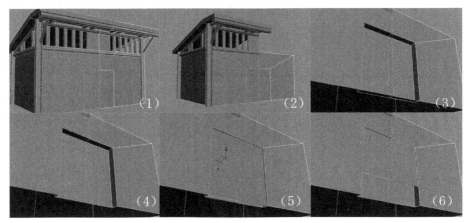

图4-226

07 制作窗户的结构。选择窗户所在的面，如图4-227（1）所示。在多边形子对象级别下使用Inset命令增加一个面，如图4-227（2）所示。把这个面调整为长方形，如图4-227（3）所示。使用Extrude命令配合缩放工具把窗口处理成如图4-227（4）所示效果。调整窗口及门框的高度，如图4-227（5）所示。选择支架框，为它们增加Symmetry修改器，使房屋成为完整模型，完成房屋部分的结构，如图4-227（6）所示。注意，此时暂且不要把支架框、门窗等与房子的模型合到一起，以便后面进行分展UV的操作。

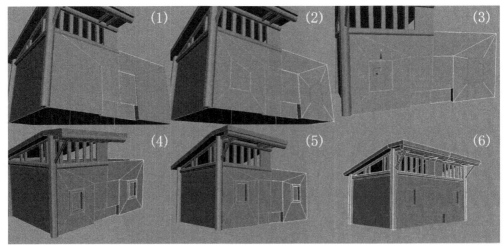

图4-227

3. 第3步：制作地台的模型

选择Spline类别中的Line子对象类型，在顶视图对照房屋位置创建如图4-228（1）所示的图形。把图形上所有顶点都设为Corner类型，使用Extrude修改器把这个2D模型挤出20cm的高度，并把房屋模型整体向上移动20cm，如图4-228（2）所示，制作出地面模型。把地面模型转化为可编辑多边形，删除底面，对顶面部分的顶点进行连接，避免出现超过4条边的多边形，如图4-228（3）所示。

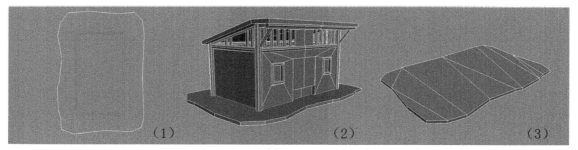

图4-228

4. 第4步：制作布棚的模型

首先制作搭布棚的支架。创建一个五边形的圆柱体模型，放置到如图4-229（1）所示位置，做为布棚靠建筑一侧的支架。接下来制作两根直立的支架和一根横向支架，由五边形柱体复制并旋转即可得到，如图4-229（2）所示。然后制作布的模型，使用样条线子类别中的线类型，在房屋的正前方对照支架位置创建如图4-229（3）所示的线。使用Extrude修改器把这条2D线挤出宽度结构，如图4-229（4）所示。把布的模型转化为可编辑多边形，使用Attach命令把布和支架模型合并到一起，如图4-229（5）所示。完成布棚的制作。

由于发现地台面积有些大，这里适当调整了面积。

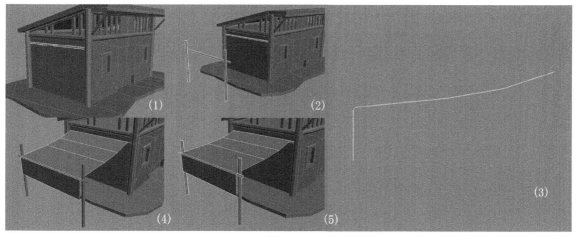

图4-229

5. 第5步：制作棚里的道具

在顶视图中创建一个长方体作为桌面的模型，如图4-230（1）所示。接下来制作桌子的桌腿。复制桌面，把上面和底面删除，如图4-230（2）所示。对此模型进行缩放和拉长操作，制作成一条桌腿，如图4-230（3）所示。使用移动工具把这条桌腿复制并分别放到桌子的四角，如图4-230（4）所示。令桌子模型斜着摆放，以打破场景的规则感，如图4-230（5）所示。然后制作箱子和木板，把箱子及木板模型的底面删除，完成的效果如图4-230（6）所示。

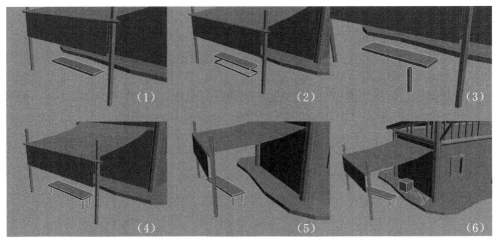

图4-230

6. 第6步：制作坛子的模型

使用圆柱体以七边形方式创建坛子的基本模型，将模型转化为可编辑多边形，删除模型底面，再按照图4-231所示步骤制作坛子模型。将制作好的坛子模型摆放在地台上面。

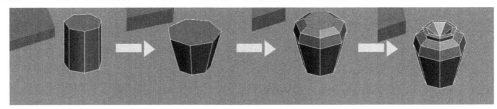

图4-231

7. 第7步：制作火炉及铁砧、铁锤等模型

由于这几个模型的结构比较简单，制作容易，所以这里只列出制作的过程图，如图4-232所示。

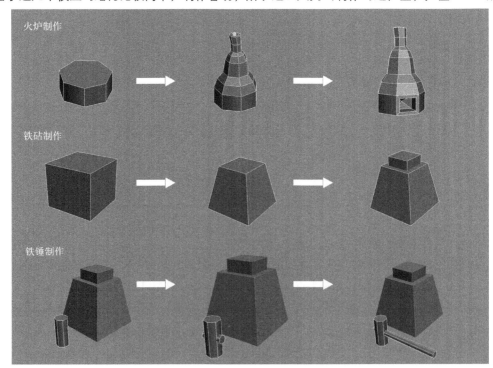

图4-232

8. 第8步：制作标旗模型

在场景中创建标杆模型。创建一个五边形柱体模型，转化为可编辑多边形后删除底面，标旗的制作过程如图4-233所示。

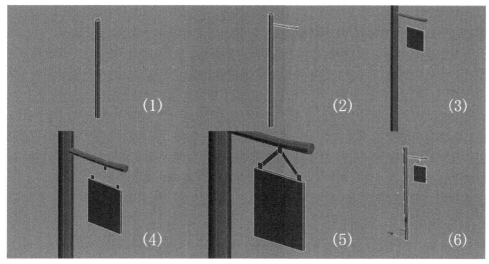

图4-233

9. 第9步：制作地面

如前面所讲，由于地面的面积较大，一般是使用地图编辑器来完成的。如果使用手绘方式制作，通常需要较大尺寸的贴图才可以满足对图像清晰的要求，而使用无缝纹理制作则会很容易看出重复感，在游戏制作中并不适用。所以，最理想的方式就是使用地图编辑器来制作地图。这里出于对场景完整性的考虑，把地面也制作出来。但是要注意，此处的地面在游戏中应用时，只能成为搭建地形时的参考，所以地面仅用平面模型来实现即可，完成后的效果如图4-234所示。

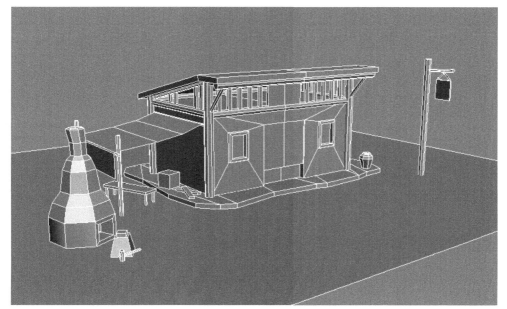

图4-234

4.9.2 绘制及指定模型贴图

由于在场景制作中，虽然场景元素的模型比较多，但是所使用的贴图大多可以通用。如果采用合并模型再分展UV的方式，则面对复杂的UV线框将无从下手。为了解决这个问题，可以先对模型进行分类。例如对于铁匠铺这个场景，可以把房屋主体分为第一类，把房顶及木支架分为第二类，把布棚部分及道具设为第三类，把火炉部分设为第四类，标旗设为第五类，这样，大概需要绘制5张512×512像素的贴图来为模型进行贴图。有需要特别表现的部分可以另外制作贴图。

1. 第1步：分展房屋主体UV并绘制贴图

由于房屋主体是由半个模型经由对称修改器对称而成，所以在分展UV时，仅分展其中一半即可。但是对于门前的布帘，可以把它单独分离出来重新合成一个模型，这样绘制贴图时就可以不必对称了。

分展房屋主体的UV，把它们并列放在一起，如图4-235所示，然后对照UV线框绘制纹理。对照效果图先把基础颜色填充到相应位置，如图4-236所示，之后，逐层进行细节的绘制。由于铁匠铺所要表现的是写实风格的效果，所以在绘制时，可以用叠加素材纹理的方式，一边绘制，一边修整素材，直到得到理想效果。图4-237所示为房屋主体部分的贴图效果。

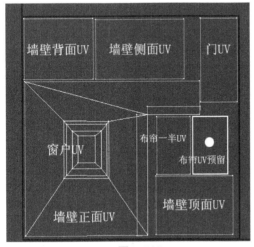

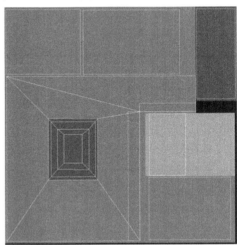

图4-235   图4-236

图4-237

通过观察图4-237所示的效果图，看到门前布帘上的标志也被对称了。解决此问题的方式是把对称修改器塌陷，使对称修改器产生的效果塌陷到模型中，再对布帘模型的另一半进行编辑。完成整体效果后，把中间的对称线删除。对于贴图部分，可通过Alpha通道把布帘的下面做成破碎的毛边效果，并存储为TGA格式，以便贴图时按照透明贴图的处理方法导入。具体制作过程及效果如图4-238所示。

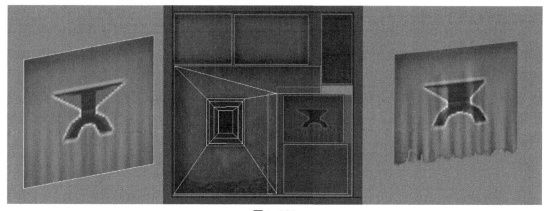

图4-238

2. 第2步：制房顶及支架的贴图

由于场景反映的时代背景是古代山村，所以瓦片部分可以使用竹筒、木片等材质来表现，木架为陈旧的原木纹理。这里由于很多模型可以共用同一张纹理贴图，所以，可以根据比例，直接在512×512像素的文件上绘制贴图，然后再把相应的UV对应到贴图上。在分展UV前，需要把Unwrap UVW修改器添加在Symmetry修改器的下面，这样，分展好的UV会被自动复制到另一侧。房顶及支架的贴图处理、UV安置及赋予模型后的效果如图4-239所示。

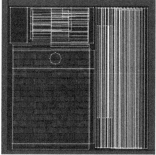

图4-239

从图4-239可以看到，由于木质的部分比较多，但是又不能为每个木质结构分别绘制纹理，所以仅仅绘制了代表性的纹理，然后把所有的UV都堆积到相应位置上，只是摆放时稍微做了一些变化，使效果不至于很重复。对于房顶和支架部分的模型，如果先分展UV再绘制纹理，基本上就是无从下手了。

3. 第3步：绘制布棚及道具的贴图

布棚及其内的道具的贴图纹理主要由布纹和木纹构成，对这部分贴图的绘制也使用先绘制纹理，再对应UV坐标的方法来完成。具体效果如图4-240所示。

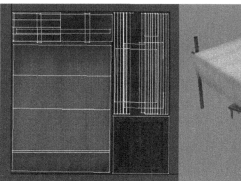

图4-240

4. 第4步：绘制地台、火炉、铁砧、坛子、标旗等的贴图

由于地台是一个不规则模型，所以可先通过棋盘格进行UV线框对位，尽量使棋盘格均匀分布（这样绘制的贴图在指定给模型后才不会产生太明显的拉伸现象），然后再根据UV线框来绘制贴图。由于地台有被房屋模型遮挡的区域，而这个区域正好可以用来安排火炉、铁砧、标旗、铁锤、坛子等模型的贴图，所以可以让这些模型共享一个模型贴图。因为标旗部分有一条铁链连接，所以需要制作一个透明通道来表现。绘制完成后，把贴图存储为TGA格式。具体的UV分布及贴图效果如图4-241（地台）、图4-242（火炉、铁砧）、图4-243（标旗、坛子）所示。

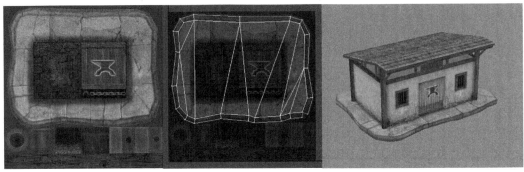

图4-241

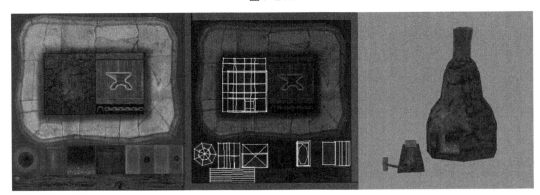

图4-242

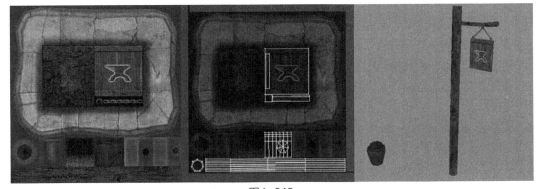

图4-243

▐ 4.9.3 整理场景

通过前面的制作，场景部分的纹理效果基本就制作完毕了，总共制作了4张贴图。制作完成后把所有需要的模型补齐。这里可以把这4张贴图通过多重子材质的方式整合到一个材质球当中，分别为模型分配ID号，把第1步共用一张贴图的模型设置为ID1，依次类推，分别设为ID2、ID3、ID4。在材

质编辑器上，除了第1个材质球设置为有4个子材质的多重子材质方式外，其他材质球全部恢复为默认设置。在每个子材质位置处分别调入对应的贴图，把多维子材质指定给模型。将地面之外的模型使用Attach命令整合到一起。注意以上整理步骤不能打乱顺序，即正确的顺序是：先设置ID，再编辑多重子材质，最后使用Attach命令整合模型。按照这样的步骤操作不会弹出警告对话框，证明操作是正确的。材质球的设置如图4-244所示。

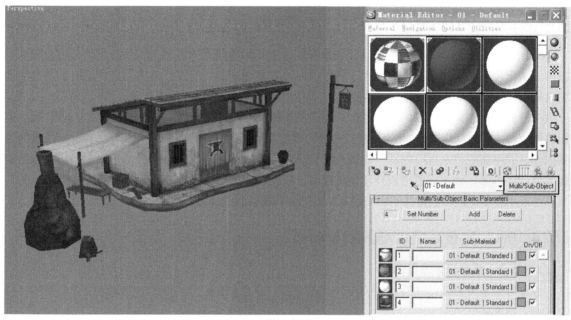

图4-244

这样，所要制作的场景元素都制作完毕了，剩下的地面可以作为参考物来对待。最后的处理效果如图4-245所示。

图4-245

通过以上实例，我们学习了室外场景的制作方法，这里通过对各部分分别绘制纹理的方法，把整个需要制作的贴图分成4部分完成了。本例没有用到无缝纹理是由于场景元素的制作具有特定性，每一部分的贴图都需要单独绘制，才可以把场景表现得内容更丰富，节奏或布局更富有变化。不过，在实际的游戏开发中，对于面积较大的场景元素，使用无缝纹理的情况仍然是很多的。

4.10 室内场景制作范例：竞技场

3D游戏的室内场景制作技法与室外场景在制作上并无本质上的区别，需要注意的是模型的法线方向。由于玩家处于游戏场景的内部，是由内向外观察场景的，所以，室内场景环境的法线方向是朝内的，而室外场景的法线方向基本都朝外。法线方向决定了模型表面的朝向。

一般而言，如果不是室内和室外连在一起的整体场景模型，应尽量采用单面建模，以达到节省面数的效果。例如制作图4-246所示的竞技场内部的场景，玩家进入入口时，引擎会自动把玩家传送到内部，并不需要"走入"内部。内外环境分离，需要以传送的方式进入的，一般会把环境总的法线方向朝向内部，而不必考虑内外环境的过渡，所以可以做成单面模型。对于此类游戏模型，虽然从外部观察有些奇怪，但是并不影响玩家从内向外观察场景的体验。

4.10.1 竞技场室内场景模型制作

1. 第1步：搭建设置场景环境

设置场景单位为cm，在场景中创建一个圆柱体，参数如图4-246所示。这里设置总场景的半径为80m，高为40m。

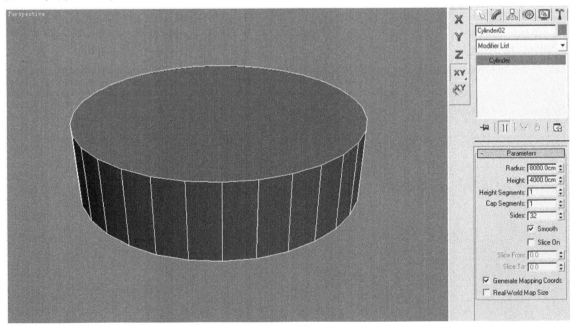

图4-246

把模型转化为可编辑多边形，进入模型的元素子对象级别，以元素方式选择整个模型。这里要将选中的元素的法线方向改为向内，从而使玩家从内看场景时，模型表面将朝向场景内部。在Edit Elements卷展栏下，单击Flip按钮，使模型的表面将朝内部显示，如图4-247所示。旋转视图并观察这个变化过程，可看到模型表面已经朝向内部了。

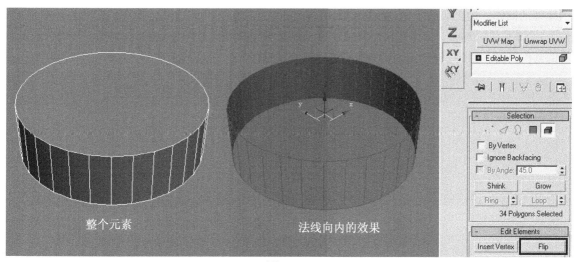

图4-247

2. 第2步：创建地面部分的结构

本例要制作的模型其地面部分有3层递阶的阶梯结构，因此选择整个地面部分的面，使用插入功能制作出地面的结构，如图4-248所示。

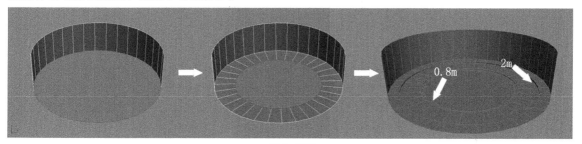

图4-248

参照图4-248，第1层阶梯高度设置为2m，内部阶梯高度各为0.8m，中心区域为竞技场的中心。如此高的阶梯需要上下的台阶来过渡，因此分别为这些阶梯制作上下的台阶，如图4-249所示。

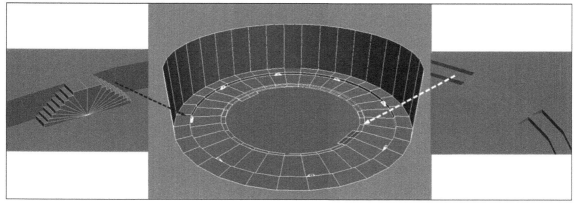

图4-249

3. 第3步：制作墙壁和大门

01 制作竞技场墙壁时需要用到一些技巧。竞技场墙壁上会开一些窗口，如果每个窗口都分别制作，将占用大量的制作时间，效率明显降低，而直接用贴图表现，则会显得很单薄，所以，需要适当地制作一些模型结构。由于窗口会重复出现，因此可以考虑先制作一个，然后通过复制来完成其他模型的制作。这里四周墙壁边数为32，用作门的结构需要占用两个边，剩下的30个边可采用3个边为1个单位进行均分，即复制10个单位就可以表现所有的墙壁上的窗口结构了。图4-250所示为大门的制作过程。图4-251所示为带有窗口的墙壁制作过程。

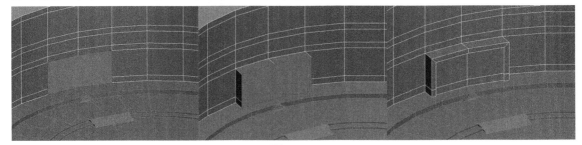

图4-250

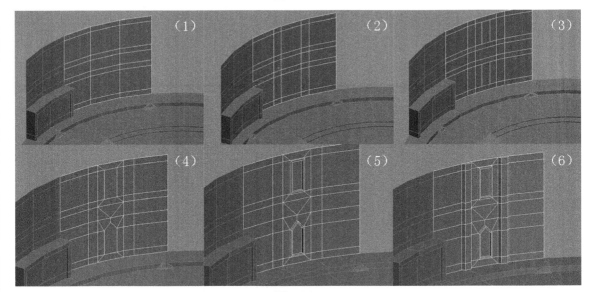

图4-251

02 对于大门的制作，需要先进行整个场景层数的规划，增加相应段，以便进行大门及窗口造型的制作，然后才是具体模型的制作。

03 复制带有窗口的墙壁后可以看到如图4-252所示效果。

04 在复制墙壁时，可以使用角度锁定的方式，以原来32边形的中心为轴进行复制，使模型的边缘紧密地排列。注意，此时不要立即将复制的墙壁与原来32边形焊接在一起，等到后面指定过纹理贴图之后，再重新处理。这里只是暂时摆放出来，以便观察效果。

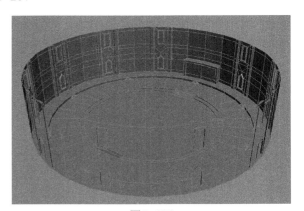

图4-252

4. 第4步：制作第二层观台

观台结构由50层阶梯构成，使用样条线创建阶梯的基本剖面形状，每个台阶的高度为80cm左右，如图4-253所示。使用Lathe修改器把剖面旋转成环形结构，参数及效果如图4-254所示。确认效果无误，将观台模型转化为可编辑多边形。

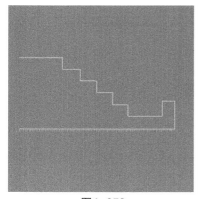

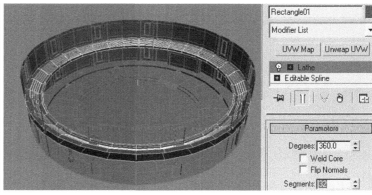

图4-253　　　　　　　　　　　　　　　　　　图4-254

5. 第5步：制作观台的支撑柱

在场景中创建一个半径为120cm的八边形柱体模型，转化为可编辑多边形后，再制作出支撑柱造型，然后复制7次，均匀放置在场景中，如图4-255所示。注意，摆放支撑柱时，要避开正门部分，并使支撑柱位于大门两侧距离相等的位置。

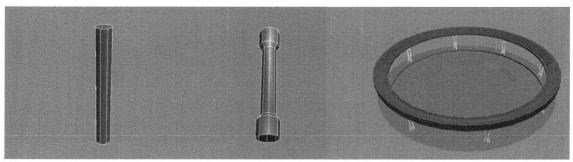

图4-255

6. 第6步：制作穹顶

确保创建的圆柱体的顶面已被删除。使用样条线创建穹顶的基本半剖面形状，然后使用Lathe（旋转）修改器把剖面样条线旋转成为穹顶模型，并使法线方向朝向内部，效果如图4-256所示。确认效果无误，将穹顶模型转化为可编辑多边形。

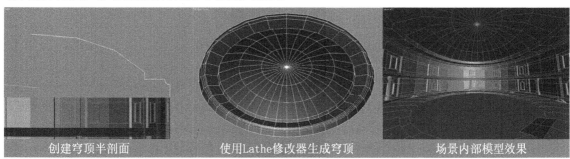

创建穹顶半剖面　　　　　　使用Lathe修改器生成穹顶　　　　　　场景内部模型效果

图4-256

7. 第7步：制作竞技台模型

本例制作的竞技台风格为高科技风格，外观类似飞碟的形状。具体结构及制作效果如图4-257所示。模型的下面部分为竞技台墙面和制作进入竞技台的大门，中间部分为竞技台，上面为保护玻璃罩，这些需要在制作贴图时表现出来。模型制作完成后，设置模型光滑组。

第4章　游戏场景制作

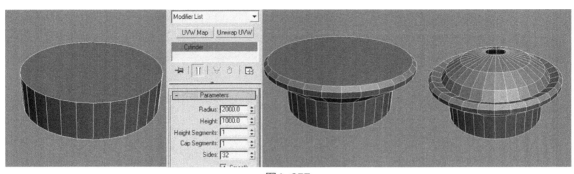

图4-257

8. 第8步：制作现场直播的大屏幕模型

本例表现的是一种具有现代感的竞技场景，所以要有现代化的道具物件：在正门上面的位置增加一个大屏幕模型，在顶棚的下部制作朝向六个方向的小型屏幕旋转轮，具体效果如图4-258所示。

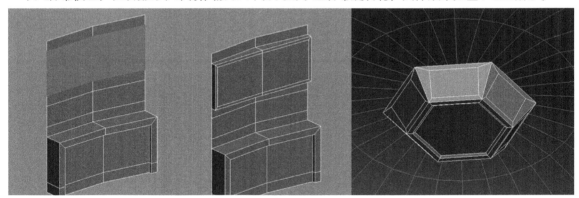

图4-258

9. 第9步：整理模型

全部场景模型完成后，对模型进行调整，把多余的、嵌入模型内部的结构删除，对模型表面按光滑组设置要求进行光滑组设置，使表面看起来过渡更加圆滑。场景模型部分完成。

通过以上模型制作实例，我们学习了制作室内场景时所要注意的问题。在制作过程中，由内向外的观察方式贯穿始终，要使模型的法线方向朝内。如果不必考虑与室外连接等因素，最好做成单面模型，以节省面数。

■ 4.10.2 竞技场室内场景贴图的制作与表现

通过制作竞技场场景的介绍，读者可以学习到较复杂的室内场景的建造和科技风格类贴图的表现方法以及动态贴图的应用，这些都有助于开拓创作思路。游戏美术设计师需要掌握更多的表现方法——不仅要掌握古代风格的表现方法，还要掌握现代感风格的表现方法。

由于竞技场所要表现的面积较大，因此要求使用合并同类项的方式将形状相同的模型指定为同一种纹理贴图；又因为此场景要表现科技风格的效果，所以贴图多以金属、玻璃、排灯等构成。下面具体介绍各部分贴图的制作与处理方法。

1. 第1步：竞技台贴图的制作及效果

制作竞技台的效果是分成两个ID来完成的，使用了两张贴图。ID1贴图在竞技场的保护罩部分使用了Alpha通道，做成半透明效果。UV采用相同形状合并的方法完成。最后的贴图效果如图4-259所示。

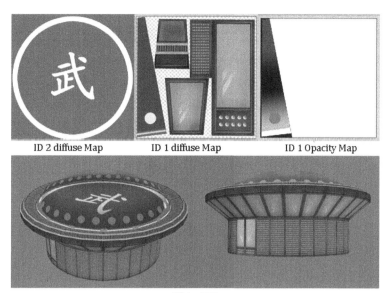

ID 2 diffuse Map   ID 1 diffuse Map   ID 1 Opacity Map

图4-259

2. 第2步：地面贴图的制作及效果

　　地面部分的贴图将把阶梯也合并进来，把地面和阶梯部分的模型统一设置为ID3，以便后面整理时可以合并到一个材质球中。在场地中央增加一个顶点，使周围的顶点与它连成线。对于UV的分布，可以把相同形状的UV进行合并，然后根据效果绘制贴图。地面的贴图如图4-260所示。在为竞技台指定的多重子材质中增加一个ID3，把绘制好的纹理导入到3号子材质中，再把这个多重子材质指定给地面，得到效果如图4-261所示。

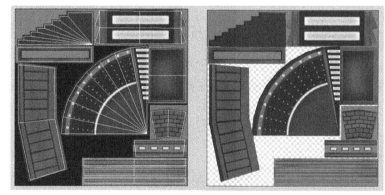

图4-260

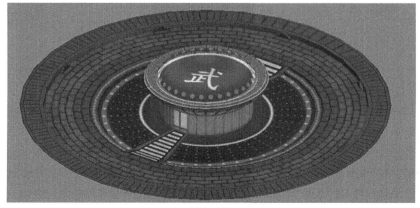

图4-261

3. 第3步：墙壁及窗口贴图的制作及效果

01 选中墙壁的一个单位，把选中部分的面设置为ID4，在多重子材质上增加一个4号子材质，把多重子材质指定给4号子材质。这样，4号子材质就可以指定给墙壁模型了。

02 删除其余9个单位的墙壁模型。分展设置为ID4的墙壁模型的UV，并依照此UV绘制其贴图，再把贴图导入4号材质中，得到如图4-262所示效果。

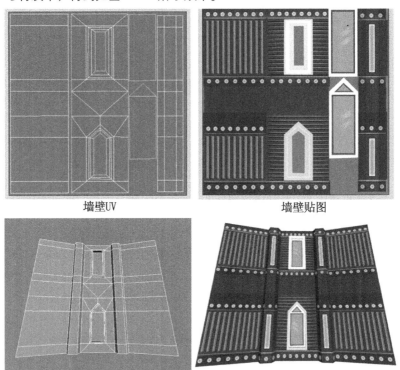

墙壁UV　　　　　　　　　　　　　墙壁贴图

图4-262

把单个单元的墙壁制作完成后，重新复制9份，把竞技场围起来。使用附加功能把所有墙壁单元合并到一起，然后焊接重叠的顶点，使它们成为一体，得到效果如图4-263所示。完成墙壁部分的效果。

图4-263

4. 第4步：大门及背投电视贴图的制作及效果

选择大门及背投电视模型，把背投电视的屏幕部分设置为ID6，把其余的部分设置为ID5，这是因为背投电视的屏幕要使用动态贴图，所以必须单独使用一个材质。把ID5的模型的UV展开，进行贴图绘制。在多重子材质上增加5号和6号材质，把绘制的门的纹理导入5号材质中，效果如图4-264所示。把屏幕部分的UV展开，与坐标的蓝色基准框对齐。把动态贴图导入6号材质。这里调用的是前面制作传送门的动态序列，也可以指定其他动画文件，例如.avi格式的动画文件，或者根据场景的需要，自己制作动画文件。把动画序列贴图指定给屏幕部分，即可应用该动态贴图。

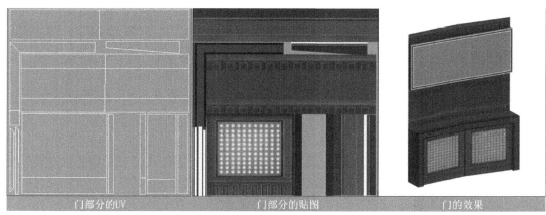

门部分的UV   门部分的贴图   门的效果

图4-264

在制作门的贴图效果时，要注意材质、纹理、色彩等的统一，在沉闷的金属质感中加入玻璃质感，可以活跃贴图的效果，使贴图表现出一定的通透感；在金属质感中也要增加一定的纹理，避免单色平铺，使金属质感表现出一定的变化。屏幕的UV分展效果及模型的单帧贴图效果如图4-265所示。

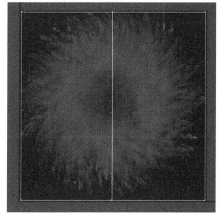

图4-265

场景内部的效果如图4-266所示。

图4-266

5. 第5步：阶梯贴图的制作及效果

阶梯部分是使用样条线创建剖面后，使用Lathe修改器生成的32边形的三维模型。把这个模型转化为可编辑多边形后，在阶梯部分保留一个边的模型，其余的都删除。选择保留的模型面，设置为ID7。在多重材质上增加一个7号材质，绘制好阶梯贴图后，把阶梯贴图导入7号材质即可。贴图将按照ID7部分的模型分展后的UV来绘制，在UV分展及贴图绘制完成之后，再把模型的轴心定位在原心点位置，然后把编辑好的部分围绕原心点旋转并复制31个（注意在旋转复制时角度锁定为11.25），即可完整地把这些部分连接起来，组成阶梯。

由于阶梯结构之间的转折都是90度，且每个面的大小也不一致，为了使绘制的纹理不产生变形，这里把所有的面都分别展开，不进行重叠放置。把绘制好的阶梯部分的贴图导入到7号材质。具体的UV分展结果和贴图如图4-267所示。

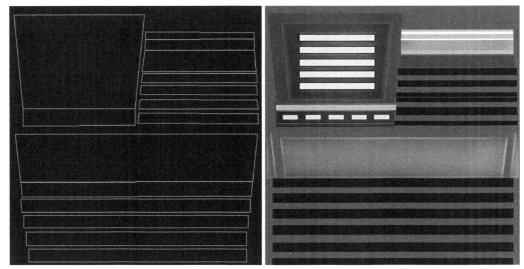

图4-267

阶梯模型的贴图效果如图4-268所示。

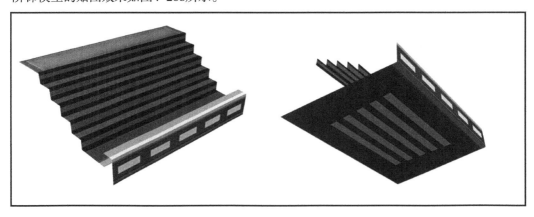

图4-268

3ds Max 游戏设计师 经典课堂

6. 第6步：穹顶贴图的制作及效果

把穹顶部分所有的面设置为ID8，在多重子材质上增加一个8号材质。穹顶部分也是由32边形构成的，同样可以先删除31个同样形状的单元，只为其中的一个单元分展UV并绘制贴图。确定好贴图效果后，重新把模型围绕原点旋转并复制，还原出完整的穹顶。使用附加功能把穹顶模型合为一体，再焊接顶点，完成穹顶部分的贴图效果。在进行UV渲染时，由于这部分模型的UV比较少，所以可以使用256×256像素的尺寸来绘制贴图。UV和贴图效果如图4-269所示。

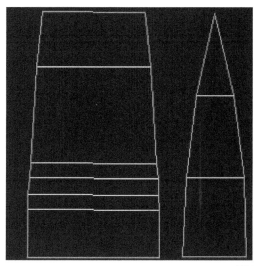 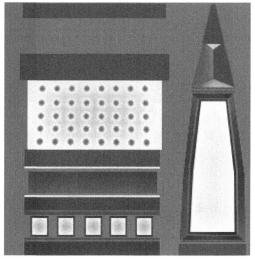

图4-269

得到的完整穹顶贴图效果如图4-270所示。

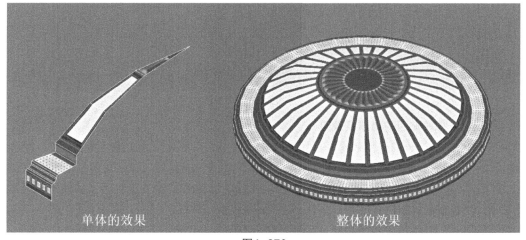

单体的效果　　　　　　　　　　　　整体的效果

图4-270

7. 第7步：小型屏幕旋转轮贴图的制作及效果

接下来制作吊在穹顶上的小型屏幕旋转轮部分的贴图效果。把除了屏幕部分之外的所有旋转轮模型的面设置为ID9，把屏幕设置为ID10。在多重子材质上增加两个子材质，分别为9号和10号子材质。这里因为屏幕部分要使用动态贴图，所以必须单独使用一个子材质。ID9包括6个屏幕及其支架部分的模型，支架部分依然使用金属质感的纹理来表现，本例的屏幕部分还是调用指定给大屏幕的动态贴图。在练习时还可以把每一个屏幕的面设置一个单独的ID号，这样可以导入6张不同的动态贴图，以表现更多的效果。把ID9的UV展开并绘制纹理。把对照ID9的UV绘制出的贴图导入到9号子材质，其UV及贴图效果如图4-271所示。

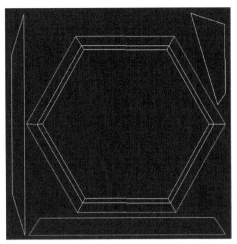
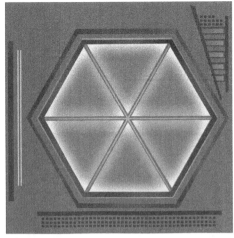

图4-271

小屏幕调入动态贴图后与其框架的贴图效果如图4-272所示。

图4-272

8. 第8步：支撑柱贴图的制作及效果

最后制作支撑柱部分的贴图效果。保留一个支撑柱模型，把其余的支撑柱全部删除。为选择的支撑柱模型分配ID11，再在材质编辑器的多重子材质中加入11号材质。分展支撑柱模型的UV并绘制贴图。模型的UV、贴图及模型的贴图效果如图4-273所示。制作一个支撑柱后，再锁定45度角复制7个支撑柱，完成所有支撑柱的贴图。这样，整个场景也制作完毕了。

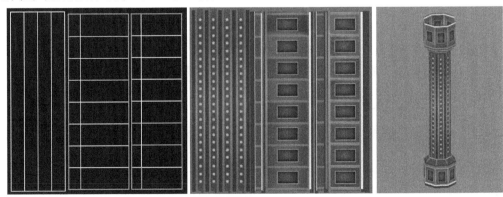

图4-273

9. 第9步：调整

把场景中色彩或材质纹理效果不恰当的地方进行反复调整，直到整体效果满意为止。最后完成的场景效果如图4-274所示。

图4-274

通过以上室外及室内场景的制作范例，读者学习到场景制作中关于模型的建造、UV的分展、贴图的绘制和室内室外场景的制作方法等内容。其实，对于游戏建模部分，所使用的工具及建造方法大同小异，只是由于室内和室外观察模型的角度不同，建造模型时感觉上有所差异而已。在制作场景方面要触类旁通地去理解，不要把它划分得过于明确。在游戏开发中会面对各种情况，只有融会贯通，才能适应各种开发条件的要求，从而使自己得到更全面的提高。

4.11 次世代场景实例：车库

次世代一词源自于日本游戏，意为下一代或未来时代。次世代概念表现最多的是在家用游戏机领域，常说的次世代主机是指还未发售或发售不久，玩家还没有普遍接触的，性能比现在主流游戏机更加优秀的主机。次世代是个相对的概念，其内容会根据当前的时代背景而有所提高。在家用游戏机的PS2时代，即将推出的PS3、微软的Xbox 360和任天堂的Wii被称之为次世代主机，假如将来再推出PS4等主机，则PS3时代的游戏主机也将不再称之为次世代主机了。具备从各方面超越现在游戏的因素的特点，被称之为次世代元素；具备次世代因素的游戏即被称之为次世代游戏。

随着次世代游戏主机的不断普及，需要开发的次世代游戏也将越来越多。在3D网络游戏方面，现在的游戏相对于次世代游戏来说，缺乏多方面的表现因素，但是随着现代家用计算机及网络的逐渐普及，网络游戏进阶到现在的次世代游戏也将成为必然趋势。

目前的次世代游戏在3D美术表现方面引入了很多其他新的表现元素，所以从制作难度及制作周期上也相应地增加了。制作现代游戏的场景，一个人一个月基本就可以完成一个整体场景的元素的表现，而制作次世代游戏的场景，一个月仅仅可以完成几个场景物件而已，可见其复杂程度。

次世代游戏由于加入了很多其他新的表现元素，所以在美术的表现方式上，也增加了很多内容，如常用的贴图类型从原来的漫反射贴图、透明贴图和法线（Normal）贴图（法线贴图的制作方法详见4.2.7小节）外，又增加了高光（Specular）贴图、自发光（Self-Illumination）贴图等。在运用和实现时，有些效果还需要通过游戏引擎的功能来实现。例如，自发光贴图的光晕效果，可以在引擎中设置为光晕效果，甚至还可以设置成动画效果；在表现反光效果时，还可以使用反射（Reflection）贴图来制作。在次世代游戏中，很多因素都可以为了表现细节而随需添加。

作为3D游戏美术制作人员，在使用次世代游戏制作元素时，要开放地理解次世代的制作理念，本着为实现效果精益求精的态度，在引擎及开发团队可能的表现范围内，采用允许的多种方法来表现效果。

在次世代游戏的制作过程中，场景是必不可少的，它是游戏世界观的一种体现。以下将举一个实例来让大家了解和学习次世代场景是如何制作的。

4.11.1 审图

制作游戏场景过程中，审图很关键，要分析和理解原画的构成和布局的摆放。次世代游戏的场景是很大的，在制作中它和道具的制作有相似的地方，要把每个场景分成单个的"元素"去做，且在导入游戏引擎的时候也要按照单个元素来导入，因此审图就成了关键。在游戏公司里，次世代场景的制作是由多人完成的，要讲求团队精神，大家都需要完成自己的模块，所以在制作过程中我们也截取其中的一个模块来制作。

（1）审图就是分析原画由哪些物品和道具组合而成，大体可分为几块来制作。在如图4-275所示的局部场景中，通过审图可以看出，这个车库可以分为地面、车库墙壁、汽车以及零碎的道具，共4大部分内容，那么就可以按4个部分来完成了。

（2）在分成几部分制作之前，需要用简单的图形按元素的比例和布局搭建场景结构。因此这里就用简单的立体造型像搭积木一样搭出了如图4-276所示的场景结构。

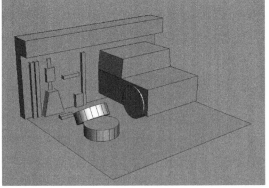

图4-275   图4-276

搭建场景结构时注意以下两点：

● 用简单的几何形体拼合即可，不必为此浪费太多时间。
● 位置和比例关系要正确。大的、应有的物件要摆放出来，比如地面、汽车、墙壁、管道、车轮和通风机等。细小的道具就没有必要摆放了，如地面上小的杂物，因为它们在位置上不太重要。

4.11.2 刻画细节

整个场景的布局位置和比例关系定位好以后，就可以进行细节的制作了。首先要制作每一部分的低模或者中模，之后，再将这些低、中模型以卡线（本例后面将有介绍）等方式制作成高模。

1. 刻画场景结构细节

刻画场景结构的细节部分，进行模型的细化，如图4-277所示。

所谓低模就是要用简单的造型表现复杂的物体，但它又要和网络游戏中的低模区分开。由于引擎技术的提高，模型的面数也可以适度提高，但是要在提高面数的同时增强相应的表现力，这种能力需要长期的练习来获取。在模型制作的过程中不要出现5边或者5边以上的面（统称为"多边面"），因为在导入引擎后，多边面会导致破面现象的发生，解决起来非常麻烦，所以在制作过程中就要避免使用。

2. 细化地面

有些细节刻画好了是直接为高模服务的，例如地面上面的铆钉、铁板和排风口等，就是为高模服务的，可在这一步就一次刻画好；而低模中的地面部分只需一块平地表示即可，无需很多细节。图4-278所示为添加了细节的地面。

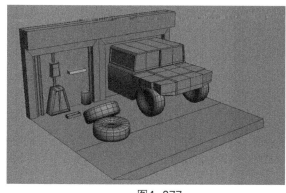

图4-277

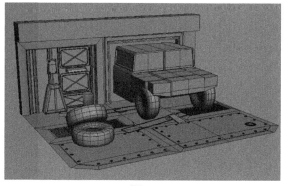

图4-278

地面的低模如图4-279所示。刻画细节之后，可做为高模烘焙法线贴图时使用的地面模型如图4-280所示。

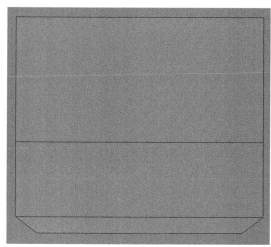

图4-279

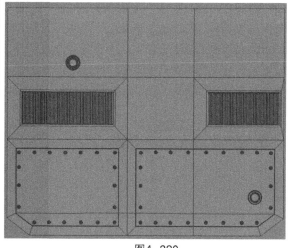

图4-280

制作细节时要注意，有些结构没有必要制作成一体的对象，可以借助结构穿插来完成，如图4-281所示的地面上的铆钉和圆环印记。制作模型时，使用结构穿插的方法既简单又合理地规避了多边面情况的发生。

> **注意**
>
> 不是所有的对象都适合穿插，这要视对象的结构而定，例如铁板之间的缝隙就可通过倒角功能来实现，它与地面是一体的。

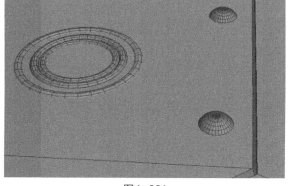

图4-281

地面结构的细节基本完成后，效果如图4-282所示。

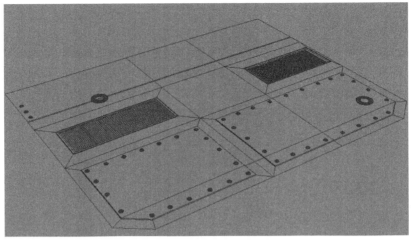

图4-282

3. 刻画地面细节

因为这里要表现类似于内部加工厂场景的地面，所以要把铁板之间的缝隙也刻画出来，此外，还有下通风口、铁板镶嵌的铆钉等处的细节。

> **注意**
>
> 在制作高模的时候，高模的模型边角一定要大于90度（尽量不要垂直）。这是因为在进行法线烘焙的时候，如果角度等于或小于90度，烘焙出来的法线贴图会出现黑边和出错等现象，如图4-283所示。必须使模型边角的角度尽量大于90度，烘焙出来的贴图才不会出现发黑或者出错等现象。制作过程中应尽量使用倒角功能而少用挤出功能。

图4-283

4. 对地面进行法线烘焙

对地面进行法线烘焙的步骤如下。

01 进行高低模的适配，如图4-284所示。注意，此时低模的UV应已分展完毕。

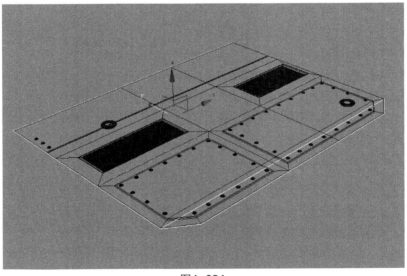

图4-284

02 选中低模，在Utilities卷展栏里单击Reset Xform（重置X形状）按钮，然后在Reset Transform卷展栏下单击Reset Selected按钮，如图4-285所示。

提示

Reset Xform是个比较抽象的概念，在次世代游戏模型制作中用于重置原始信息时会经常用到。

在3ds Max中，Xform是一个看不见的框架，存在于模型的外围。如果使用变换工具旋转或缩放模型，其实就是通过改变这个框架，从而影响到模型本身。Reset Xform，是重置这个框架形状的意思。这牵扯到数据导出后与程序对接的问题，因为程序是无法识别Xform这个数据的。对于Xform的理解很难用概念的形式进行概括，这里用两个简单的实验来说明。

在3ds Max里创建两个一样大的长方体，把其中一个缩小50%，导出，会发现引擎查看器里两个长方体是一样大的，即缩小操作无效。选择缩小了的长方体，察看参数栏，会发现缩放的参数从100变成了50，意思是说该长方体从原来的100%变成了原来的50%。这样，只有把缩小了的长方体进行Reset xform，把那50%的框架重置，才能恢复到100%。再举个旋转模型的例子，创建一个长方体，沿3个轴向随便旋转一下，会发现x、y、z轴的旋转参数变乱了。要想把长方体的坐标轴恢复到刚创建的时候，就只能分别把x、y、z三个轴向的参数重新设置成0，0，0才可以。那么，如果就是想让这个长方体的坐标参数在0，0，0的时候形成那种一个角接触地面网格的样子，那就要用到Reset Xform功能了——先把长方体摆成一个角接触地面的状态，然后使用Reset Xform功能。这样，当旋转工具被激活时，就会发现原来变化了的坐标参数被重置为0，0，0。

Xform是个比较抽象的概念，初学者进行简单操作的时候是用不到的，只有在项目开发中，在与引擎程序对接时才会用到。此外，Xform的用处并不仅限于上面这两条，一般来说，Reset Xform的作用是"使……规范化"或"把……调整"。具体应用在此不再一一列举。

此时在Modify面板中，会发现多了一个Xform修改器，如图4-286所示。

图4-285

图4-286

03 选中Xform修改器，单击鼠标右键，选择Collapse To命令进行塌陷，如图4-287所示。

04 单击低模，执行菜单命令Rendering→Render To Texture，打开Render To Texture对话框，如图4-288所示。

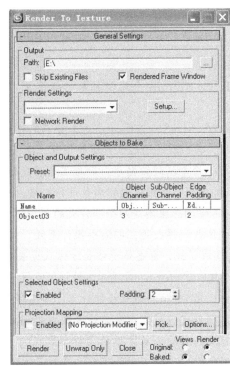

图4-287 图4-288

05 接下来修改Render To Texture对话框的几个选项。

在General Settings卷展栏的Output选项组里，把烘焙
文件的保存路径改为需要的路径，如图4-289所示。这样
在工作过程中会很容易地找到输出图片的位置。

图4-289

06 在Object to Bake卷展栏的Projection Mapping选
项组中，选择Enabled复选框，其他的选项采用默认值即可。选择Enabled复选框后，单击其右边
的Pick按钮，会弹出一个对话框，拾取高模物体，即可将低模适配于高模（此过程称为低模适配高
模）。之后，模型上会出现投影框架，如图4-290所示。

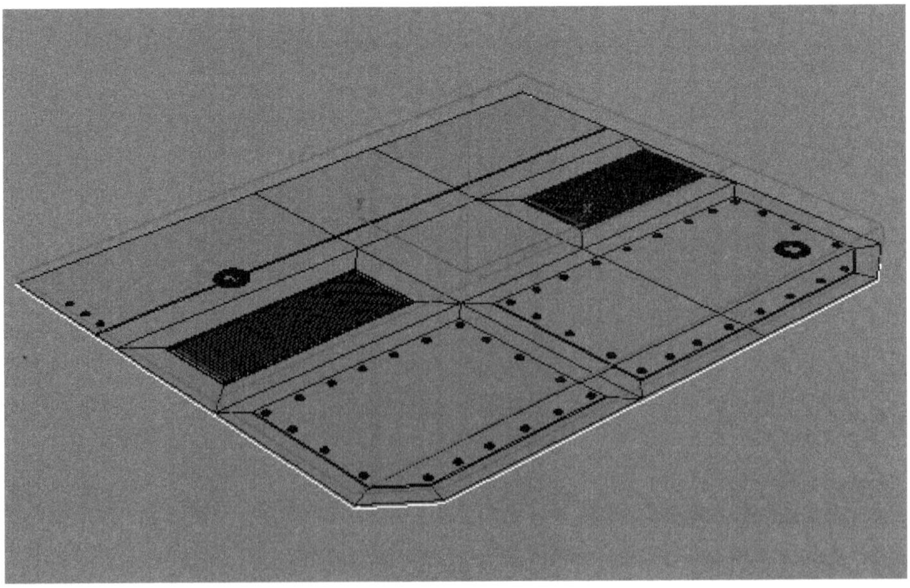

图4-290

同时，模型在Modify面板的堆栈中会出现Projection修改器，如图4-291所示。此修改器是低模烘焙高模时，3ds Max自动加入的投影修改器。

展开Cage卷展栏，激活Cage复选框，对框架进行调节，如图4-292所示。

图4-291

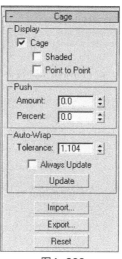

图4-292

单击Gage卷展栏的Reset按钮将投影框架重置，调节Amount微调器，使投影框架包裹住高模即可，如图4-293所示。注意，低模模型本身没有必要100%包裹住高模，只要投影框架将高模包裹住即可。

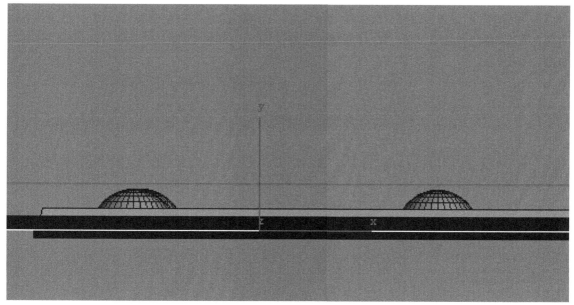

图4-293

接下来，在Render To Texture对话框的Mapping Coordinates选项组中，选择Use Existing Channel（使用已存在的通道）和Use Automatic Unwrap（使用分好的UV）单选按钮；然后在Output卷展栏中单击Add按钮，在弹出的对话框里选择NormalsMap选项，添加法线贴图，如图4-294所示。

选择烘焙贴图的尺寸为1024×1024，选择Output into Normal Bump复选框，再在Baked Material卷展栏下选择Output Into Source单选按钮，如图4-295所示。这样，相关的选项都设置好了。

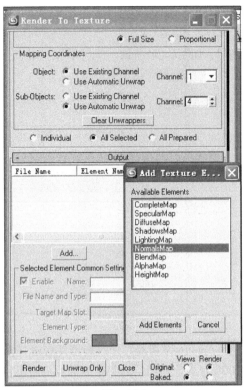

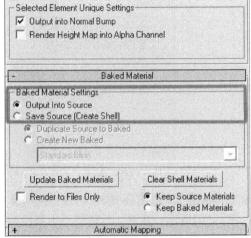

| 图4-294 | 图4-295 |

07 接下来进行贴图的烘焙。单击Render To Texture对话框左下角的Render按钮，在弹出的对话框中选择要烘焙的法线贴图，如本例选择的是Object03:NormalsMap，然后单击Continue按钮，如图4-296所示。

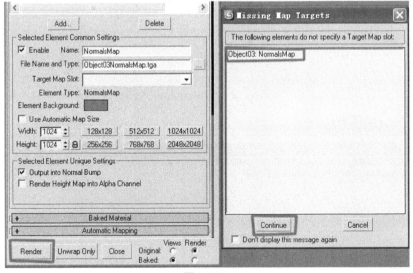

图4-296

之后会出现渲染窗口，显示出渲染后的效果，如图4-297所示。

08 此时的渲染结果并不是法线贴图，而是它渲染出的显示效果。若要查看法线贴图，可以单击保存按钮，找到烘焙法线贴图的保存位置，如图4-298所示，然后，使用看图软件打开来查看，如图4-299所示。

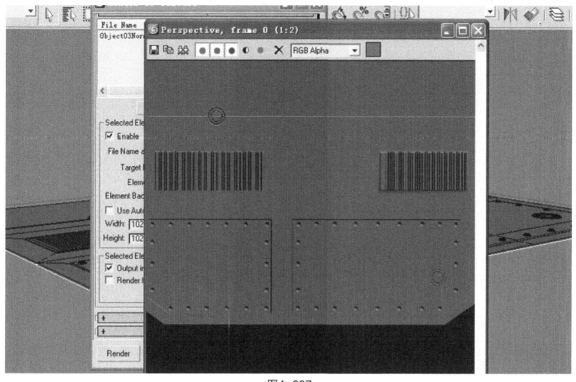

图4-297

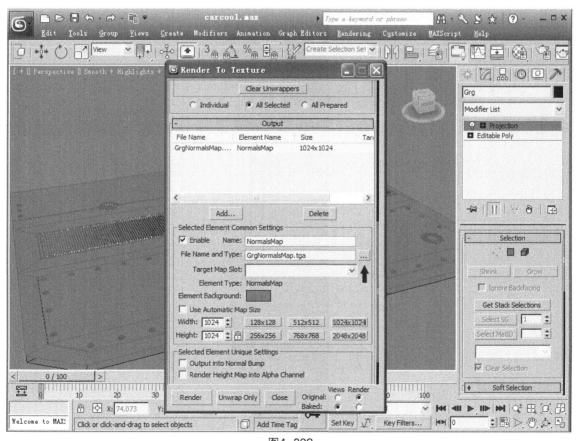

图4-298

图4-299

09 将烘焙好的法线贴图赋予模型。打开材质编辑器，选择其中一个材质球，把这个材质球指定给低模模型。在Maps卷展栏下，激活Bump复选框，然后单击其右侧的贴图通道按钮None，在弹出的贴图浏览对话框中选择Normal Bump贴图类型，如图4-300所示。

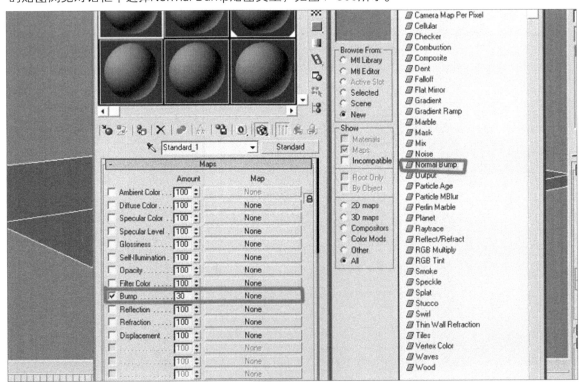

图4-300

单击Normal右侧的贴图通道按钮None，如图4-301所示。

在弹出的对话框里选择Bitmap位图类型选项，在继而弹出的对话框中选择烘焙好的法线贴图文件。在Maps卷展栏中，把Bump的参数值设置为60，此时低模上的效果如图4-302所示。

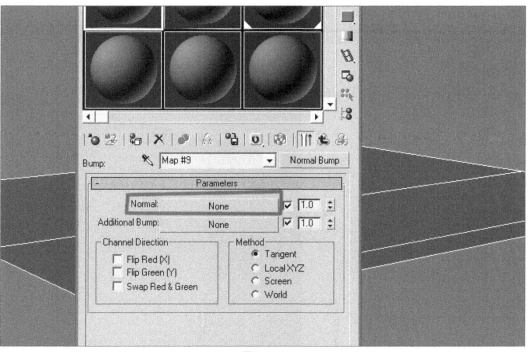

图4-301

图4-302

10 为了更好地表现效果，可以添加一盏泛光灯来看一看，如图4-303所示。

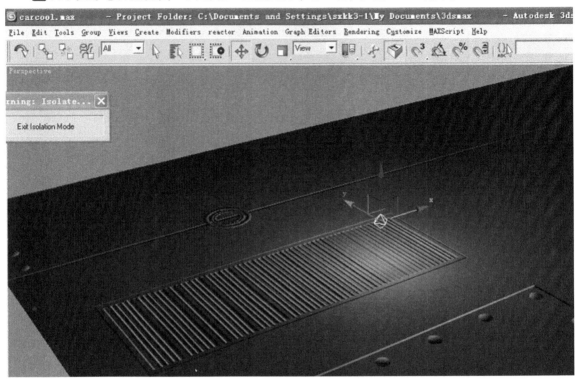

图4-303

从图4-303可以看出，纹理细节全部显现出来了。如果没有发现什么问题，就可以继续进行接下来的次世代模型的制作。

5. 制作墙壁高模

墙壁的高模也可利用穿插的方式来制作，以表现出应有的细节。墙壁高模的最终效果如图4-304所示。

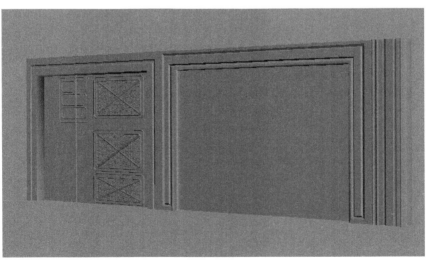

图4-304

6. 制作档梁

对于墙壁上方的档梁，可以利用卡线的方式来制作高模。

为了让平滑后的模型更加圆滑美观，但形状保持不变，需要使用卡线的方式来产生这种效果。

卡线是指在模型的边缘线的两侧各加一条平行线，以限定某些效果的影响范围。卡线之前的模型如图4-305所示。

卡线的模型如图4-306所示，白色为模型边缘线，红色为卡线。

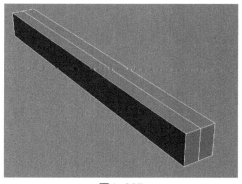

图4-305

图4-306

卡线后的平滑效果如图4-307所示。

将模型进行平滑以后，形状没有发生变化，但是边角部分变得圆滑了，这样更能真实地表现物体的质感。卡线的方法多用于工业建模和机械类建模，在场景模型制作中也很常见。

完成细节处理的高模，效果如图4-308所示。

图4-307

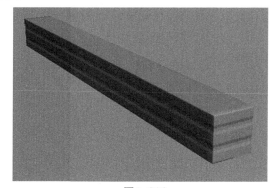

图4-308

提示

在卡线过程中需要注意的是卡线与边缘线的距离，以图4-309所示为例：

图4-309中，左边的立方体卡线离边缘线近一些，右边的立方体卡线离边缘线远一些。将两个立方体平滑之后，可看到如图4-310所示的效果。

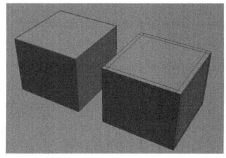

图4-309

图4-310

观察图4-310可以看出，卡线离边缘线越近，平滑以后边角就越锐利，所以，在制作高模时，要根据原画物体边缘的形状来制作出表现不同磨边弧度的高模。

7. 分展墙壁低模的UV

把墙壁的低模UV分展好，用棋盘格纹理检查一下，使棋盘格尽量保持为正方形，不被拉伸，如图4-311所示。

图4-311

UV的分布要均衡，并且尽量充满蓝色基准框，如图4-312所示。在次世代模型的制作过程中，UV不要重叠在一起，以免烘焙法线等贴图时出错。

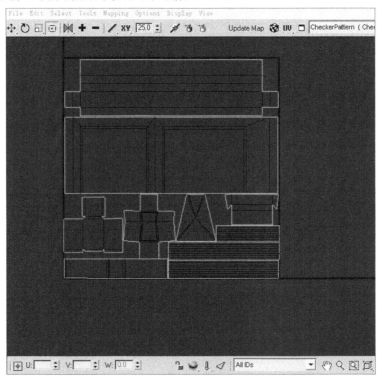

图4-312

8. 应用AO烘焙墙壁低模贴图

考虑到计算机的计算能力，可以把低模分成几部分进行烘焙，最后再将烘焙好的法线贴图按照UV的位置拼到一起。这也是一种比较有效率的模型贴图制作方法。

前面介绍的是法线贴图的烘焙和使用方法，接下来的模型细化过程会用到AO（Ambient Occlusion，环境吸收或环境光吸收，简而言之，就是全局光照下模型结构之间的阴影关系）烘焙贴图。AO烘焙和法线烘焙步骤基本是一样的，都是采用低模及附加框架包裹住高模的方式来进行烘焙，但是它们也有不同之处。下面以墙壁部分为例，介绍AO烘焙的方法。

01 将墙壁的高、低模都赋予白色材质。

02 添加一盏天光灯,将天光的颜色改为纯白色,如图4-313所示。

03 执行菜单命令Rendering → Render或按快捷键F10,打开Render Scene对话框。

04 在Renderer选项卡中,选择Enable Global Supersampler复选框,启用超级采样功能;然后在下面的下拉列表框中选择Max 2.5 Star,设置最大起始点为2.5,如图4-314所示。

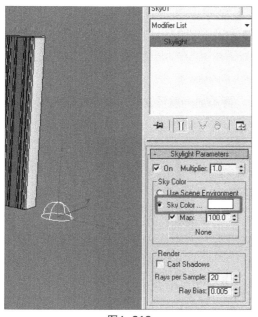

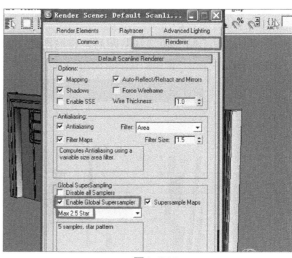

图4-313   图4-314

05 在Advanced Lighting选项卡中,选择Light Tracer(光线跟踪)功能,如图4-315所示。

06 进行AO烘焙。AO烘焙的操作步骤和法线贴图一样,只是在选择贴图类型时要选择CompleteMap,如图4-316所示。

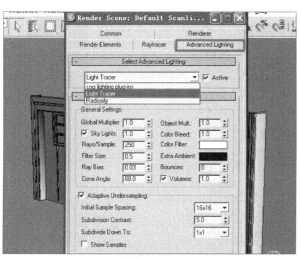

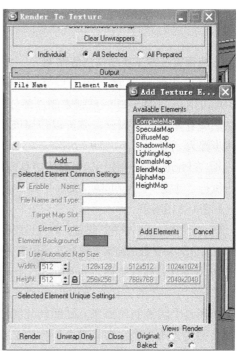

图4-315   图4-316

07 烘焙完成的AO贴图如图4-317所示。利用全局光的效果将纹理和细节表现出来。

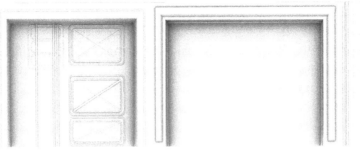

图4-317

08 制作好AO贴图和法线贴图后，将贴图赋予模型，再添加一盏泛光灯来察看整体效果，如图4-318所示。

图4-318

9. 应用第三方工具制作法线贴图

在制作法线贴图时，还可以在Photoshop中使用NVIDIA的Normal Map Filter滤镜来制作部分法线贴图。例如贴图中仓库门的这部分，就可以使用该滤镜来制作，具体步骤为。

01 在Photoshop中使用矩形套索工具选取门的部分，然后执行"滤镜"→NVIDIA Tools→ NormalMapFilter命令，如图4-319所示。

02 在滤镜对话框中进行设置，具体设置参数如图4-320所示。其中Scale参数的值需要根据实际效果进行调节。

03 观察法线转换效果，如图4-321所示。

04 使用同样的方法，依次把模型其他部分的法线贴图也用这个滤镜制作出来。贴图转化以后，通过剪切合并的方法，将它们和前面制作的法线贴图拼接起来，完成整张法线贴图的制作，如图4-322所示。

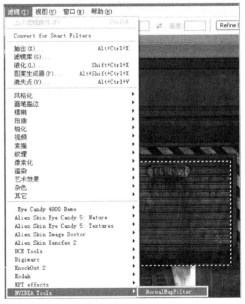

图4-319

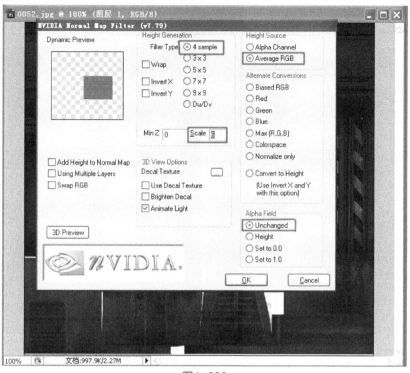

图4-320

图4-321

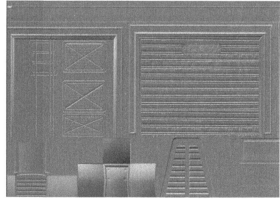

图4-322

> **提示**
>
> 如果以后还有需要制作成法线贴图的部分，都可以用上面介绍的方法进行转化。

10. 应用漫反射贴图

接下来介绍Diffuse Map（漫反射贴图）的制作和使用方法。

01 在Photoshop中，从UV线框图入手，填充模型每一部分的基础颜色，此为物体的固有色，如图4-323所示。

02 固有色填充完毕以后进行材质的叠加。将每一个图形色块叠加入相应的材质。叠加的方式可灵活选用，如叠加、正片叠底、颜色加深、减淡等。在制作过程中要善于总结适合自己的方法，针对不同的情况，因地制宜地采用合适的方法，以达到最佳效果。叠加材质后的贴图效果如图4-324所示。

图4-323

图4-324

03 对材质进行第二次加工，制作出所需要的细节。制作过程中，可以利用蒙版等功能进行材质的二次叠加，叠加的方法没有统一的标准，视情况灵活运用。图4-325所示为大致绘制出明暗关系及部分脏迹等细节后的贴图效果。

04 增加一个灰色图层（灰色的R、G、B值分别为128、128、128），颜色模式为叠加，如图4-326所示。使用黑色绘制暗部，使用白色绘制亮部，再把细节部分绘制出来。

图4-325

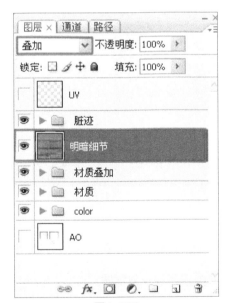
图4-326

05 将脏迹以叠加等方式与贴图进行融合。要融合的脏迹包括油渍、尘土、油印、划痕、污迹、裂痕等，使得贴图更有特点，细节更丰富、真实，更具有表现力。完成脏迹融合的贴图如图4-327所示。

图4-327

11. 制作高光贴图

接下来制作高光贴图,为模型细化光影部分的细节。

01 将漫反射贴图去色,调整其亮度/对比度、曲线和色阶等,制作成高光贴图,如图4-328所示。

02 高光级别取决于黑、白和灰3种颜色。由于墙面的反光并不是很强,因此要调整得偏暗一些。调整的方式和方法也要根据实际情况来定。

03 将高光级别贴图通过Specular Level(高光级别)通道赋予模型。把该贴图赋予模型之后,可看到如图4-329所示的反光效果。

图4-328

图4-329

12. 将其余贴图赋予模型

车身、轮胎和底盘油箱等部分也按照上面介绍的方法进行贴图的烘焙和绘制,以制作出法线、漫反射和高光等贴图。将这些贴图赋予模型后,效果如图4-330、图4-331所示。

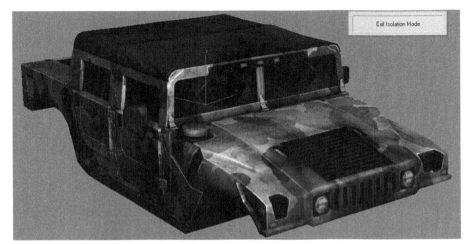

图4-330

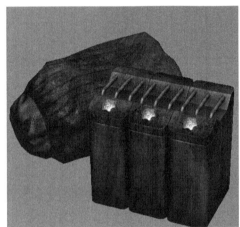

图4-331

13. 完成汽车及其配件贴图

整个车体部分完成后的效果如图4-332所示。

图4-332

4.11.3　场景融合

接下来进行场景的整合，把物件拼到一起。从整体到局部逐一细看，对贴图（包括漫反射、法线、AO、高光级别等贴图）进行整体调整，使场景保持风格一致、质感真实，如图4-333所示。

图4-333

调整完毕再整体检查一遍，没有发现问题，则项目完成。完成后的次世代车库模型如图4-334所示。

图4-334

第5章 游戏角色制作

5.1 认识游戏角色

在学习制作游戏角色之前，首先要了解哪些是游戏中的角色。我们都知道，电影和动画里都是有角色的。比如迪斯尼动画片《猫和老鼠》里的汤姆和杰瑞，它们在动画片中演绎具有一定剧情的故事，是动画片中的角色；在电影《泰坦尼克号》里，杰克和罗丝、3位小提琴师，是电影中的角色。不只在电影和动画片里，就是我们自己，在所生活的这个社会中也充当着不同的角色。同样，在一款游戏中也有角色，并且角色是它的重要组成部分。在很多角色扮演类游戏里，一般都会有法师、战士和医生这类人物，"他们"在游戏中发挥着各自的作用，每个"人"都有自己独特的技能、形象等，这些"人"就是游戏中的角色。在游戏中，扮演一定职能的人物、动物或者是一些被人们赋予了生命的机器人，都是游戏中的角色。

也许有人会有疑问，电影和动画片中一般会有一个或者几个主角、若干个配角，那么，游戏中也有主角和配角吗？如果有，又该如何区别它们呢？在游戏中也有主角和配角，只是大多情况下，人们不会这样称呼它们。在现在的游戏中，除了对战类游戏和网络游戏，一般都会有清晰的剧情故事，由玩家自发地去做一些自己想做的事情。游戏中的主角和配角，一般称为角色人物和NPC。这里的角色人物指的是需要由玩家自己去操控的主要角色，也就是主角。玩家要控制游戏的主角去执行某些任务，在这个过程中，会接触到由计算机程序赋予生命的一些"人物"或者"动物"，对于这些角色，一般称之为NPC。也可以这样理解，需要由人来控制的角色，可以称之为游戏主角；需要计算机程序来控制的角色，称之为NPC。

在游戏中，角色的概念有时候会很模糊。比如现在很流行的一些经营类游戏，里面的角色可能不是一个人物，而是一个需要玩家去搭建的建筑或者机车之类的无生命的事物，它们也可以承载游戏中重要的故事情节。对于这些概念，只要经常接触游戏、品味游戏，就会发现它们的不同之处和相似的地方。

5.1.1 游戏角色的作用

游戏角色在游戏中起什么样的作用，需要从游戏角色的性质来分析。游戏角色分为主角和NPC两大类。其中，主角是需要玩家去控制的游戏角色，而NPC是由程序给出一定命令，当遇到特定情况就会触发某些行为的游戏角色。下面详细介绍主角和NPC在游戏中的不同作用。

主角的作用。主角一般是由玩家操控，扮演游戏中的特殊角色，要去体验游戏故事中的每一个情节的一个虚拟载体。主角也是被玩家特别关心的一个游戏角色，因为在游戏当中，这个角色就代表着"自己"。在游戏中，玩家会给"他"置办极品装备，佩戴饰品等，是因为"他"代表着玩家在这个游戏中成就的高低与否；在制作游戏的主角的时候，游戏美术设计师会将主角刻画得很精致，因为"他"是揭开一款游戏神秘面纱的第一步。

NPC是由计算机程序控制来执行某些特定命令的角色。在玩一款游戏时，玩家可能要为主角购买一些药品、服饰等道具，这时就需要去向具有这些职能特性的"人"去购买，"他们"在此时所起的作用，就具有NPC的行为特点。当买好药品、服装等道具以后，主角就要开始体验游戏中的"故事"了。很多游戏的故事中会有一个共同的题材，就是打怪，而这个怪物也是NPC，因为它也是由计算机程序控制的。

在了解了以上内容后，当再听到游戏角色和NPC这两个词的时候，就可以分清它们指的是什么概念，具有什么作用了。

5.1.2　游戏角色的制作流程

了解了游戏角色的概念和作用之后，接下来再了解一下游戏角色是如何被游戏设计师们制作出来并且赋予"生命"的吧。

要想知道游戏角色的制作流程，首先要了解游戏的制作类型。所谓制作类型，是指它在制作过程中采用了什么样的技术。现在的游戏从内容上可分为多种类型，如射击类、经营类、角色扮演类、竞技类等，虽然在游戏风格和游戏内容方面各有差异，但是在游戏的制作工序上大致都是相同的。从游戏的表现形式上，则可分为2D游戏、2.5D游戏和3D游戏3大类，它们在制作过程中各有不同，因此有必要了解这3种类型的游戏角色的制作流程。

2D游戏角色：2D游戏角色是基于传统的绘画技术制作出来的，它是近年来在动画产业高速发展下的新的分支。游戏里的角色会有各种动作，这些动作的制作是由动画艺术家们来完成的。角色的每个动作，都需要动画艺术家们一张张地绘制出来，再利用人眼的视觉暂留现象，快速地连续播放这些画面，使角色产生做动作的效果，即动画效果。在制作2D游戏角色的时候，游戏设计师会将角色的动画效果制作成动画序列，经过计算机程序编译以后，把它们赋予游戏中的角色，之后，游戏程序将识别玩家操作的内容，并反馈相应的动画效果。这就产生一个假象，似乎玩家的角色真的被控制和操作了。

2.5D游戏角色：2.5D游戏角色的制作，在技术手段上要高于2D游戏的制作，但是在游戏的工作原理上，还是利用传统2D游戏的技术来工作的。

首先，游戏设计师们需要在3D软件里将角色的模型、服装等制作出来，然后为角色模型赋予骨骼，再由动作师们做出不同的动作。

其次，将三维的动画渲染成二维的序列图片。这些图片也像在2D游戏中一样，连续播放以后会呈现动画效果，所不同的是，2D游戏的序列图片是由动画艺术家们手工绘制出来的，而2.5D游戏的序列图片，是由计算机渲染出来，间接地被人们"绘制"出来的。

最后，和2D游戏的工作原理一样，程序设计师们将渲染出来的序列图片整合起来，制作成2.5D游戏中的动作效果。

3D游戏角色：所谓3D游戏，就是游戏角色的表现空间及制作时的工作环境都在三维空间中。3D游戏角色是由3D软件制作出来的模型直接运行于三维空间的游戏场景中。游戏的角色需要由设计师们将其模型制作出来，然后为没有色彩的模型赋予漂亮的贴图，再由动作设计师对模型进行骨骼的绑定、蒙皮和权重的设置，最后再通过骨骼动画控制摆出各种需要的动作。将这些动作编辑成3D游戏引擎可以识别的文件，即可在3D引擎空间中直接实现3D的效果和动画。

5.1.3　角色的身体结构特点

大多数的游戏角色都是基于人类身体结构的，因此要想制作好角色就需要了解角色的身体结构特点。游戏中角色的类型有很多，有主角和NPC角色。NPC角色又包括人类NPC、怪兽、通关Boss等。在NPC的非人类角色中，有些是人类结构的，也有些是动植物（如飞禽以及昆虫等）类结构的，还有些是融合了人类结构与其他类结构的混合体。这就体现出了人类结构的重要性。要想了解角色，需要从了解人类身体结构开始。

对于人的身体结构，最大的差别在于男性和女性之间，次之有高矮、胖瘦、老幼等，这些都要在以后的学习过程中慢慢体会。男性与女性的身体结构特点如下。

男人体：正常比例的男人身体结构特点是，身体比较粗壮结实，肌肉的块面分界比较清晰，肩部较宽（一般要宽于胯部），且比较平缓，胸部宽而平，有明显的腹肌，骨盆比较小等。在制作男性人物角色模型的时候，要经常注意这些结构比例的把握。

女人体：正常比例的女人身体结构特点是，在身高上要略低于男性，肌肉的块面感不明显，肩膀比较窄，且坡度略微大一些，胸部丰满且厚度较大，腹部圆润，骨盆较大等，这些都是由于女性的生理特征决定的。在制作女性人物角色的时候，注意到这些特点，就很容易将女性角色和男性角色区别开来了。

5.1.4 如何学习游戏角色制作

3D游戏角色是在3D软件中构建出虚拟的人物模型。在3D软件中，构建模型的方式有多种，如传统的多边形建模、NURBS曲面建模还有后来出现的细分建模等。这些建模方式的优缺点各不相同，但受到游戏软硬件的限制等因素，所以游戏建模一般还是采用传统的多边形建模方式。通过多边形建模方式创建的模型符合游戏在诸多方面的要求，所以在学习游戏角色制作时，主要仍以该方式来完成。下面介绍一些制作游戏角色涉及的概念。

- 模型。是由点、线和面构成的复杂造型。点成线，线成面，最后组织成立体的实体面表现出来。一般要制作模型时，先概括成简单的形体，然后利用点、线和面的构成原理来制作出想要的造型。

- 贴图。在模型制作完成以后，要为模型进行贴图。贴图主要反映的是模型上各个点、面上的图像颜色信息，由平面软件绘制而成。将绘制完成的贴图赋予模型的UVW坐标即可完成贴图工作。UVW坐标就是常说的UV贴图坐标，它是能够近似地反映立体造型的平面的坐标图，它有和模型数量相同的点、线和面，但是它的点被称为UV坐标点，和模型上的点是两个概念。每个UV点对应着模型上的点，从而规范了模型贴图上各处图像颜色信息与模型表面之间的对应关系。

- 骨骼。游戏中的骨骼主要用来支撑构建的模型。例如人类的肌肉等组织，需要由骨骼来支撑，这样才能构成一个可以运动的身体。游戏模型也一样，模型的结构可以说是角色的皮肉，要为其加入骨骼，才能够让它在游戏中动起来。

- 蒙皮。当把骨骼按照模型的比例匹配并调整好以后，需要为其进行蒙皮。蒙皮可以使模型和骨骼联系起来，从而形成骨骼与相对应位置的模型的关联，这样模型才会随骨骼的移动产生变化。

- 权重。刚开始接触角色模型制作的学习者，一般比较难理解权重在模型动画中的重要性。权重是指模型上各个点受骨骼各部分影响的轻重，比如人的左边的大腿骨，是不可能影响到右边大腿上的肌肉的，也就是左边大腿骨对右腿肌肉的影响权重为零。权重的运用主要体现在关节部分，因为一般在两根骨头衔接的地方，会对其周围的皮肉共同产生作用，从而使该部位产生形变，所以在制作游戏模型的过程中，权重的设置也是很重要的一步。只有设置好权重的模型，在做动作的时候，才不会产生错误。

- 动作。当前期工作都做好以后，就可以让角色真正地去做某些想要它做的动作了。我们需要调节骨骼的每一个关节的位置、旋转方向，按照自己所能够想象得到的动作，在软件中实现。

5.2 游戏角色模型制作

这一节介绍游戏中最常用到的男主角、女主角和四足怪兽角色模型的制作方法。

5.2.1 男主角人物模型制作

首先介绍男主角人物模型的制作方法。

1. 人物原画设定分析

图5-1所示为给定的一个男性角色原画。一般在制作游戏角色之前，都要给出一个原画师设计的概念图。角色原画一般包括前视图、侧视图和顶视图（统称三视图），是由原画设计师设计出来指示给模型制作师进行模型制作的，能够体现角色的容貌、体形、性格、服装、饰品等细节的二维平面参考图。当看到这张原画时，不难想到角色所在的时代背景、游戏的风格和角色性格等因素。角色身上的服装道具样式风格也很明确，能够看出设计师设计这张原画的想法，这样可以很方便地让模型制作师进行模型制作。

2. 角色结构的分析

当拿到一幅原画的时候，要充分分析角色的结构和

图5-1

设计理念。一般原画的设计基本取材于现实生活中的事物，然后加以提炼，再进行设计。模型制作师要做的就是将原画给出的信息，转化成为真正能够在游戏中做各种动作的游戏人物。

对于图5-1所示的原画，首先要研究的是人物的身体比例、特征等，对比可以参考一些艺用解剖题材的书籍。标准人体比例一般身高为七个半头到八个头高，在游戏模型制作中，为了让角色看起来更漂亮，会把人物做得修长一些。这里的原画给出的是标准人体比例的造型。

图5-2所示为标准的人体结构比例。

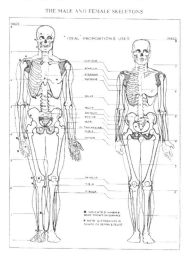
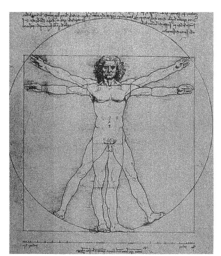

达芬奇人体比例手稿

图5-2

3. 角色的模型制作思路

对于刚刚接触角色建模的人来说，常常没有理清头绪就动手制作，而在制作的过程中，又由

于经验的不足，不知道该如何进行下去，所以在建立模型之前，要仔细研究原画的设计，研究服装和人体结构之间的关系。制作三维模型与做任何事一样，行动之前要做计划，计划每一步该如何进行。可以像画画一样，先制作出人体模型的大致结构，然后一步步地去细化细节，也可以把人体的各个部分分开来制作。由于受到引擎的限制，游戏模型的精度不宜过高，很多细节要通过贴图来表现，这样，制作者就要考虑，对于原画中的人物，哪些部分需要用模型来表现，哪些部分可以用贴图来实现。经过这样的计划，在制作模型的过程中，就可以知道自己在做什么，进行到哪一步，而每一步的任务也逐渐清晰起来。注意，对于游戏模型，在允许的范围内，使用的面数越少越好，此原则要贯穿于游戏角色建模过程的始终。

4. 制作角色头部结构

经过计划就可以开始进行模型的制作了。本例采用拆分的方式，将人体的各部分，如头部、躯干、四肢等分开来制作。先来制作角色头部的模型。

01 在3ds Max里创建一个长方体模型，做为头部的基础模型，如图5-3所示。

02 在长方体模型上右击，从右键功能菜单中选择Convert to Editable Poly命令，将模型转化为可编辑多边形，如图5-4所示。

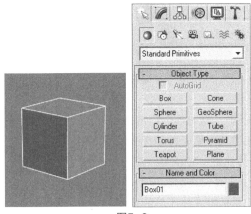

图5-3

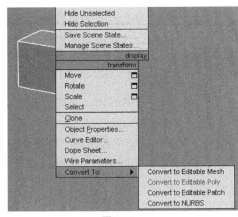

图5-4

03 在命令面板的Subdivision Surface卷展栏中选择Use NURMS Subdivision复选框细分模型，如图5-5所示。再次执行Convert to Editable Poly命令，得到如图5-6所示的效果。

图5-5

图5-6

> **提示**
>
> 可取消Subdivision Surface卷展栏中的Isoline Display（Iso线显示）复选框的选取，以显示细分添加的所有面的框线。

04 单击Selection卷展栏的"■"按钮进入模型的多边形子对象级别，如图5-7所示。然后在顶视图或者前视图中选中模型一半的面，将选中的面删掉，如图5-8所示。

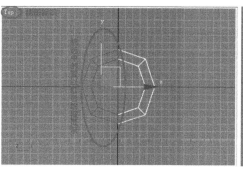

图5-7

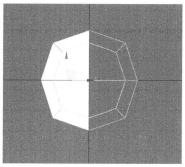

图5-8

[05] 添加Symmetry修改器，在Parameters卷展栏中选择X单选按钮内，如图5-9所示。由于每个人建立的模型的轴向不尽相同，所以这里要根据实际情况选择对称轴的轴向，以得到如图5-10所示的效果为准。

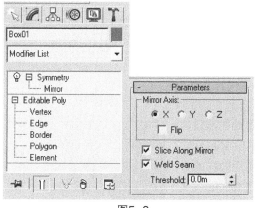

图5-9

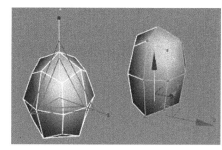

图5-10

[06] 使用缩放工具（快捷键为W），沿着Z轴方向将模型拉高，接近头部形状，然后进入模型的子对象级别，对顶点、线和面进行调整，如图5-11所示。

> **提示**
>
> 键盘的W、E、R键分别是移动、缩放、旋转工具的快捷键，使用快捷键可以提高操作速度。

图5-11

[07] 单击Create面板的Plane按钮，在前视图中拉出一个正好能够框住整个头部模型的平面，如图5-12所示。

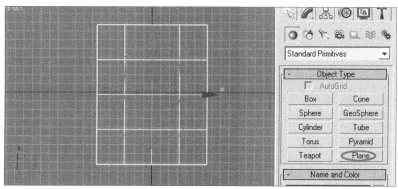

图5-12

08 在平面对象选中状态下，单击主工具栏的材质编辑器按钮（见图5-13）打开材质编辑器。在材质编辑器中选择一个空白的材质球，单击Diffuse右侧的方块按钮，在弹出的对话框中双击Bitmap项，如图5-14所示。此时会弹出一个对话框，从这里选择头部的位图贴图文件，如图5-15所示。

图5-13

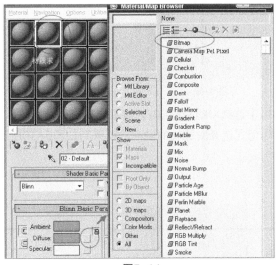

图5-14

图5-15

09 选择贴图文件后，单击材质编辑器的显示贴图按钮，可在视图中的平面模型上看到显示出的贴图，如图5-16所示。此平面模型将在制作头部模型时作参照之用。使用同样的方法制作出人物头部侧面的参考平面模型，如图5-17所示。

10 如果两个参考平面模型距离头部模型比较近，可以将其拉远，只要在三视图中能够看到就可以了。这样，在透视图中调整模型的时候，不至于错选到两个参考平面模型。在制作模型的过程中，参考平面模型可用于对照自己制作的模型的标准程度。

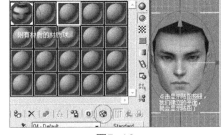

图5-16

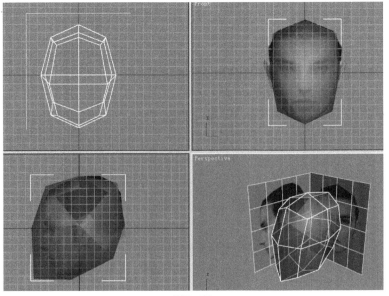

图5-17

11 参照正、侧视图的参考平面模型，调整头部模型，得到如图5-18所示的基本造型。

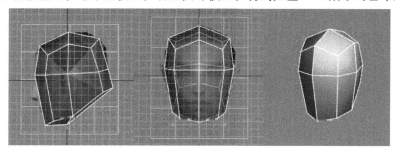

图5-18

当造型大体确定好以后，可以将两个平面隐藏起来。隐藏对象的方法是，选中两个平面，在平面上单击右键，从右键功能菜单中选择Hide Selection命令（见图5-19）之后，对象即被隐藏。

对头部进行细化处理，具体步骤如下。

01 确定模型大致的结构，如图5-20（a）所示。

02 在模型上找出眼睛所在的位置，右击打开右键功能菜单，选择Cut命令，在模型上创建眼部位置的段，如图5-20（b）所示。

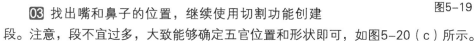

图5-19

03 找出嘴和鼻子的位置，继续使用切割功能创建段。注意，段不宜过多，大致能够确定五官位置和形状即可，如图5-20（c）所示。

04 按照脸部肌肉，如眼轮匝肌、口轮匝肌等的走向进行布线。在各种角度下观察，确定主要的结构正确，如图5-20（d）所示。

初学者很容易犯的一个毛病就是急切地想深入细节，结果发现，由于开始就没有把主要的结构建立准确，所以在之后的细化过程中，即使发现结构不准，但是此时模型上已经密布线段，修改起来十分棘手了。所谓磨刀不误砍柴工，制作模型之前的准备工作一定要做好，这样在深入细节的时候，就不至于出现结构不准的情况。

05 五官位置和布线的走势确定以后，使用切割功能将眼睛的基本造型制作出来，然后进行细化调整，将眼睛的大致结构确定下来，如图5-20（e）所示。

06 按照布线方向，略微增加一些线的密度，调整每一个顶点的位置，使之尽可能准确，如图5-20（f）所示。

07 在现有布线的基础上，进一步调整，增加细节，如图5-20（g）所示。

08 修整模型的布线，使其合理，如图5-20（h）所示。

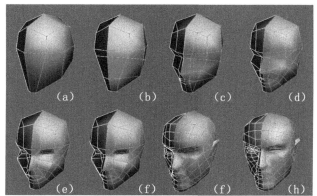

图5-20

头部模型的调整结果如图5-21所示。

09 进一步完善头部模型，为其添加眼球。进入前视图，在头像眼睛的位置，创建一个球体模型，段数设为8就可以了，如图5-22所示。

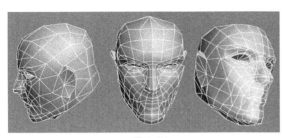
图5-21

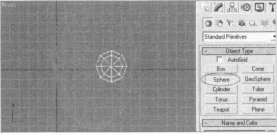
图5-22

10 在透视视图里，发现眼球的位置不对（见图5-23），需要做进一步的调整。进入侧视图，将眼球移动到正确的位置，如图5-24所示。

图5-23

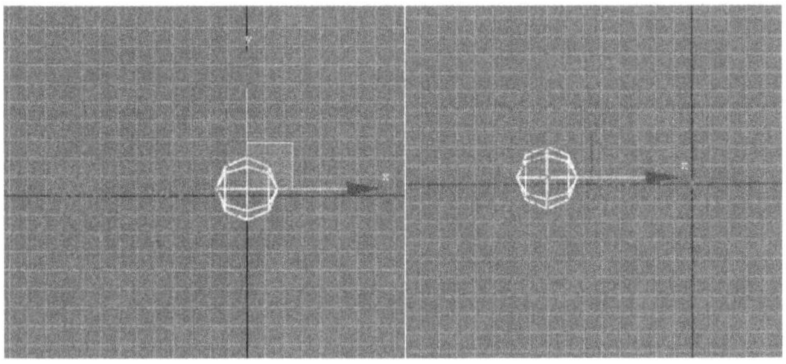

图5-24

11 在右键功能菜单中，选择Convert to Editable Poly命令，将眼球模型转化为可编辑多边形，如图5-25所示。

12 在透视视图，观察到眼球有些太大了，可使用缩放工具将其等比例缩小，然后旋转视图角度，对眼球部分进行细致地调整，如图5-26所示。

图5-27所示为调整眼球后的效果。

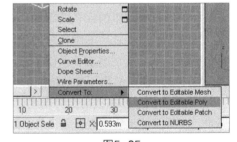
图5-25

图5-26

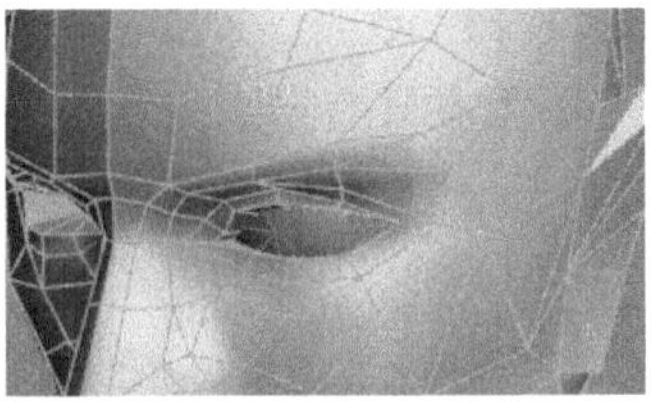

图5-27

14 进入眼球模型的多边形子对象级别，在侧视图里选择球体的后半部分，即从模型外部看不到的面，将其删除，如图5-28所示。

15 回到眼球的主层级，按住Shift键向左侧平移，会弹出Clone Options对话框，选择Copy单选按钮，单击OK按钮后就可以复制出另外一个眼球，如图5-29所示。

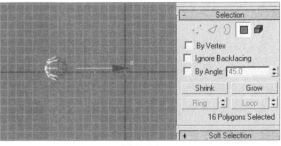
图5-28

头部最终的效果如图5-30所示。游戏角色头部模型制作完成。

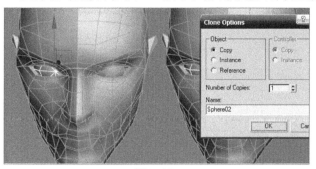
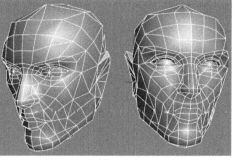

图5-29   图5-30

5. 制作角色躯干结构

制作角色模型的躯干部分需要注意的是，男性躯干比较粗壮，尤其肩膀部位，是整个躯干最宽的部分，它与腰部较窄的地方形成一个倒梯形的形状。男性的胸部较平，但是肌肉比较结实。在制作过程中，应注意男性的这些特征，可以找一些人体素描作为参考，如图5-31所示。

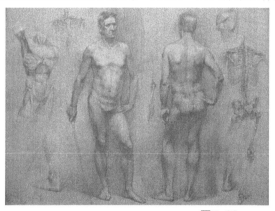

图5-31

身体部分的具体制作步骤如下。

01 根据头部的大小，在三视图中建立和头部大小相适应的长方体作为身体部分的基础模型，如图5-32所示。

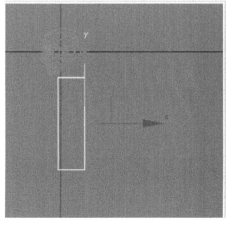
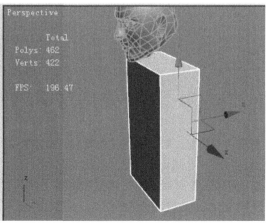

图5-32

02 在命令面板的Parameters卷展栏中，将Length Segs、Width Segs、Height Segs的值都改为2，此时长方体各面的段数均增加了1段，如图5-33所示。

03 选择右键功能菜单的Convert to Editable Poly命令，把长方体模型转化为可编辑多边形，如图5-34所示。

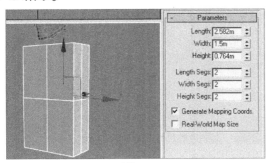
图5-33

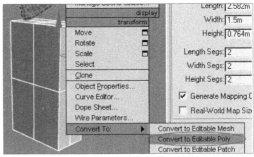
图5-34

04 进入多边形子对象级别，如图5-35所示。选择长方体左或右半部分的面，将其删掉。像制作头部模型时一样，在修改器列表中选择Symmetry修改器，设置对称轴为X轴。此时模型在对称修改器的作用下形成完整的模型。进入模型的顶点子对象级别，会看到如图5-36所示的效果（注意，此时要激活显示最终效果按钮）。

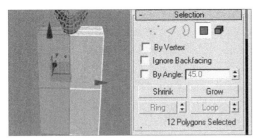
图5-35

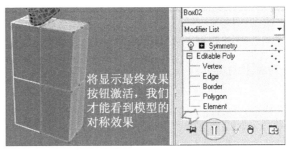
将显示最终效果按钮激活，我们才能看到模型的对称效果
图5-36

05 接下来对各顶点进行调整，调整出身体的大致形状。利用切割功能给模型增加段数，调整出肩膀、胸部、腹部的大致轮廓。调整身体结构的步骤如图5-37所示。模型的制作，大多数时候是一个反复调整的过程，可随时添加细节，随时整形。

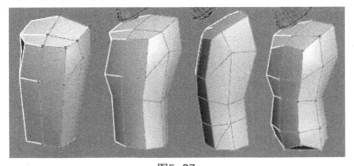
图5-37

06 利用切割功能，制作出脖子的轮廓，如图5-38所示。

07 此时模型的布线比较疏散，可以在平行于胸口处添加一圈线，重新调整躯干部位的布线，使其看起来较为均匀，让胸部显得健壮些。在肩膀位置预留一个六边形面，这个面是后面用来挤出胳膊结构的截面。调整好整体造型，躯干部分就基本完成了。躯干部分的布线调整步骤如图5-39所示。

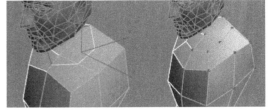
图5-38

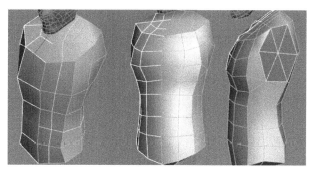

图5-39

6. 制作角色的四肢

制作四肢的时候，不必再像制作躯干一样新建一个长方体模型，而是可以利用躯干的面挤出四肢。在挤出的结构上增加段数，同样也可以得到需要的四肢造型。制作模型的过程中，要学会举一反三，这样可以大大提高工作效率。

下面来制作角色四肢的具体制作步骤如下。

01 进入模型的多边形子对象级别，选择预留的、用于挤出胳膊的截面。在Edit Polygons卷展栏内，单击Extrude按钮旁边的设置按钮，如图5-40所示。之后会弹出Extrude Polygons对话框，在Extrusion Height输入框输入1，设置挤出截面的高度为1m，如图5-41所示。

这样得到如图5-42所示的效果。

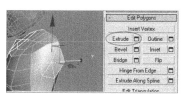

图5-40

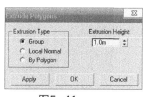

图5-41

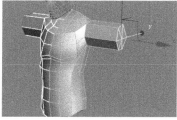

图5-42

02 使用移动工具将胳膊的截面拉到合适的长度，再用缩放工具将截面缩小，作为手腕，如图5-43所示。

图5-43

03 进入模型的边子对象级别，选择胳膊上的一条线，然后单击命令面板的Ring按钮，如图5-44所示。

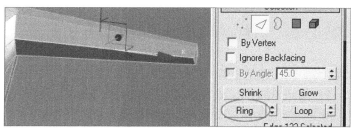

图5-44

04 单击Ring按钮之后，胳膊上的一圈线就都被选中了，如图5-45所示。

05 单击Connect按钮右侧的设置按钮，弹出设置对话框，如图5-46所示。该对话框有3个输入框，其中Segments输入框经常使用，用来设置分开的段数。这里设置段数为3，单击OK按钮后，得到如图5-47所示的效果。

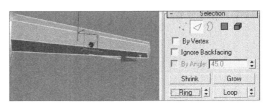

图5-45

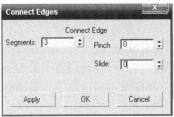

图5-46

图5-47

06 使用移动、缩放和旋转工具，将胳膊的大致形状做出来。注意，胳膊的上臂与肘关节相连处较细。一般制作男性角色的时候，胳膊可以略微粗壮一点，以体现男性角色的强壮。胳膊结构的调整步骤如图5-48所示。

07 利用切割功能添加段，调整成三角肌的形状，调整步骤如图5-49所示。

图5-48 图5-49

08 增加胳膊肘关节的布线。旋转视图，以各种角度观察布线的位置，协助调整造型，这样在以后为模型加入动作的时候，不至于使模型产生较大的变形或者撕扯面等问题。肘关节的调整步骤如图5-50所示。

图5-50

09 挤出手掌的基础模型，利用缩放工作将手掌的大致形状调整出来。手掌的制作步骤如图5-51所示。

图5-51

10 在手掌边缘添加段，作为四个手指的指根剖面。选择指根剖面，单击Extrude按钮右侧的设置按钮，弹出Extrude Polygons对话框。选择对话框的By Polygon单选按钮，这样，手指截面将以各自独立的形式挤出。挤出的手指如图5-52所示。用同样的方法制作出整个手指。

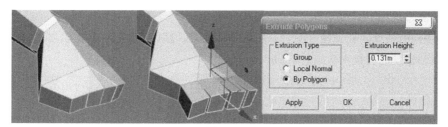

图5-52

11 将挤出的手指造型调整好。将拇指从侧面的面挤出来。手指的调整及拇指的制作步骤如图5-53所示。

12 下面制作腿部。腿部的制作方法和手臂的制作方法相似，也是使用由躯干上的面挤出的方法。从躯干挤出腿部结构的步骤如图5-54所示。

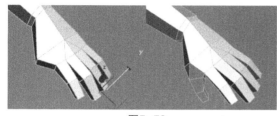

图5-53

图5-54

13 使用移动工具，将腿的长度拉出来。注意腿的长度要符合身体的比例，如图5-55所示。

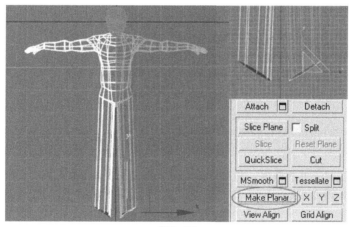

图5-55

14 选择底部的面，单击Make Planer（平面化）按钮右侧的Y按钮，所选面沿Y轴方向对齐于同一平面，如图5-56所示。X/Y/Z按钮可沿轴向对齐选中的对象，用于将选中的不规则面修平。

15 使用缩放工具，将腿部末端调整为脚踝粗细，如图5-57所示。

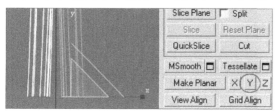

图5-56

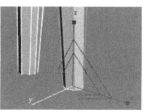

图5-57

16 选择腿部的一条线，单击命令面板的Ring按钮，将环绕腿部一周的线选中，然后单击Connect按钮的设置按钮，在弹出的Connect Edges对话框中将Segments的值设为3，即连接3段。

増加腿部的段的步骤如图5-58所示。

17 调整腿部的造型。在调整过程中，按照结构关系，适当地增加一些段，并进行调整，使结构更加准确。腿部造型的调整步骤如图5-59所示。

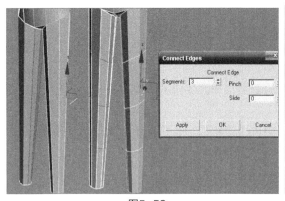
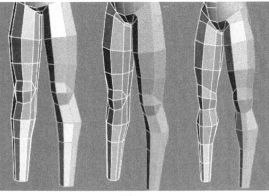

图5-58　　　　　　　　　　　　　　　　图5-59

18 将脚踝前面的顶点向前拉出，成为脚的基础结构。使用切割功能切出两圈线，并调整成脚的形状。脚的制作步骤如图5-60所示。这样，角色的脚也制作完成了。四肢部分的模型完成。

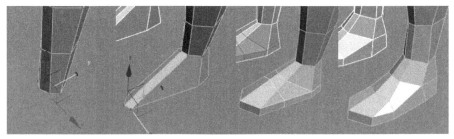

图5-60

7. 连接头部与躯干

因为前面是将头部与躯干部分的模型分开制作的，所以接下来要制作脖子来连接它们，具体制作步骤如下。

01 选中躯干模型脖子处的截面，将其删除。进入线子对象级别，选中边缘处的一圈线，进行适当调整。此过程如图5-61所示。

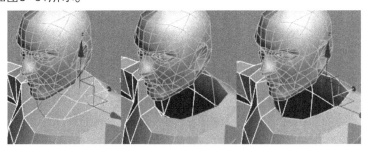

图5-61

02 使用Extrude命令挤压颈部的线，得到脖子的基础结构。使用Connect命令在脖子上增加一些段，然后对脖子的结构进行调整，使脖子顶部与头部底端的结构很好地衔接。此过程如图5-62所示。

图5-62

8. 制作角色的服饰和头发

接下来为角色添加服饰和头发的模型。服装部分一般采用为模型赋予贴图的方式来表现，所以不宜做得过于复杂。

具体制作步骤如下。

01 根据原画给出的设定，使用Cut命令在模型上明显的、需要有转折的地方切出结构，如图5-63所示。

02 选择用来制作衣服的面，对照原画，使用（Extrude）命令将这部分面挤出小幅度的高度结构。由躯体产生衣服的面的步骤如图5-64所示。

图5-63

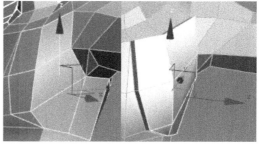

图5-64

03 选择相邻的两个顶点，单击右键，选择右键功能菜单的Collapse命令，将选择的顶点合并。用同样的方法合并衣服上缘的其他顶点。服装的下摆部分不要合并。上衣部分的制作步骤如图5-65所示。

04 选择腿部所有的面，单击Detach按钮，在弹出的对话框中，确定不要选择任何复选框，单击OK按钮，将腿部的面分离出来。将分离出来的腿部隐藏，以便单独对上半身进行编辑。分离腿部的步骤如图5-66所示。

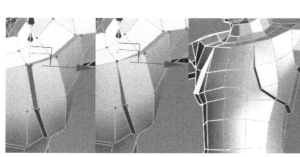

图5-65

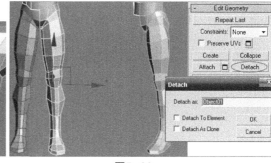

图5-66

05 根据原画，利用模型上半身的面拉出衣襟的结构，把模型的衣角部分制作出来。模型的衣角部分制作步骤如图5-67所示。

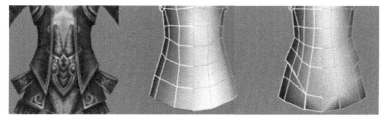

图5-67

06 选择衣角边缘的线，按住Shift键向下拉出裙摆部分。适当为裙摆增加一些段，然后对每个顶点进行调整。衣摆部分制作步骤如图5-68所示。

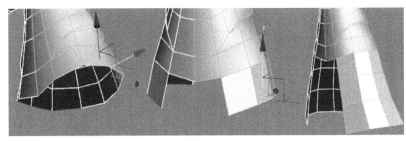

图5-68

07 新建一个圆柱体，将Height Segments和Sides的参数值降低，具体设置如图5-69所示。

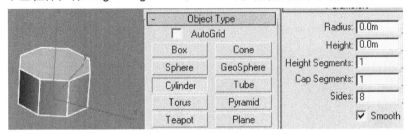

图5-69

08 将圆柱体转化为可编辑多边形，进入多边形子对象级别，将柱体的上下两个面删除，得到的模型将用来制作腰间的小带饰。将圆柱制作为套状结构的步骤如图5-70所示。

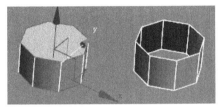

图5-70

09 在用作带饰的模型的选中状态下，从修改器列表中选择FFD 2×2×2，为模型添加2×2×2的自由形式变形修改器，此时模型外部多了一个黄色的晶格框。展开FFD 2×2×2修改器，选择Control Points，进入控制点子对象级别。为模型添加自由形式变形修改器的步骤如图5-71所示。

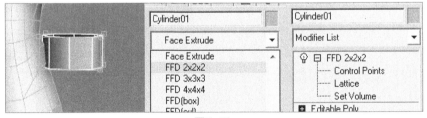

图5-71

10 利用自由形式变形修改器，通过调整晶格的控制点，可以很方便地调整模型的整体造型。将模型移到身体模型的合适位置，继续调整造型，完成带饰的制作。带饰的整理步骤如图5-72所示。

图5-72

11 进入模型的多边形子对象级别，选中用于制作裙摆的面，按住Shift键单击，在弹出的对话框中，选择Clone To Object单选按钮，即可在原位复制出一个新的面片。复制裙摆的步骤如图5-73所示。

图5-73

⓬ 选中刚复制出的面底部的线，使用缩放工具将其放大。裙摆的调整步骤如图5-74所示。在这里要注意的是，选择重叠的模型会比较困难，容易出错，此时可以按快捷键H，在弹出的对话框里选择要操作的对象。

图5-74

⓭ 在腿部的位置新建一个大小适当的长方体，其设置如图5-75所示。这个长方体将用于制作裤子的模型。

⓮ 将长方体转化为可编辑多边型，进入顶点子对象级别，使用移动工具对各顶点进行调整。裤子的造型如图5-76所示。

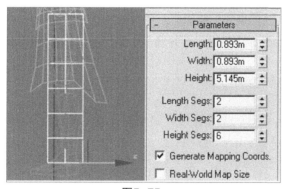

图5-75

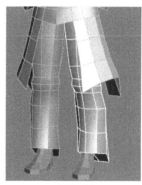

图5-76

⓯ 选择裤子模型侧面的3个面，然后按住Shift键单击，将3个面在原位复制出来。为裤腿的装饰复制出面的步骤如图5-77所示。

⓰ 选中复制出来的面，进入顶点子对象级别，然后选中裤子后面一列顶点，使用移动工具向外拉出。这样，裤腿的装饰部分就制作出来了。裤腿装饰的制作步骤如图5-78所示。

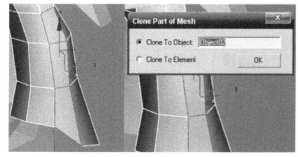

图5-77

图5-78

17 接下来制作袖子。在胳膊的位置上加入两排线，选择右边的一圈线，使用缩放工具将其放大，然后向手掌方向移动。袖子的制作步骤如图5-79所示。

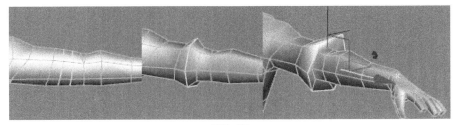

图5-79

18 在肩膀位置加入肩甲的刺状结构。进入多边形子对象级别，选择用于制作刺状结构的面。将选中的面挤压出大致的形状，对模型进行大致的调整。使用Cut命令修整模型的布线，再将顶部的顶点合并为一个。肩部饰物的制作步骤如图5-80所示。

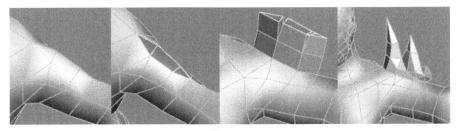

图5-80

19 选中胳膊处的一圈面，用来制作护腕。选好面以后，按Shift键单击，在原位置复制出面。选择新复制出来的面，进入线子对象级别，选择最外一圈的线，使用缩放工具将其放大；将这部分模型复制出3个，分别调整大小，再利用Attach命令将它们合并成一个整体。护腕部分的制作步骤如图5-81所示。

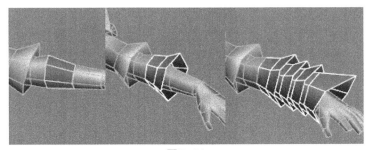

图5-81

20 制作衣领。在身体模型上选择用于制作衣领的面，按住Shift键在原位置复制。选择新复制出来的面，使用Extrude命令挤出领子的高度结构，然后将领子上部的顶点进行合并，衣领的造型就制作出来了。衣领的制作步骤如图5-82所示。

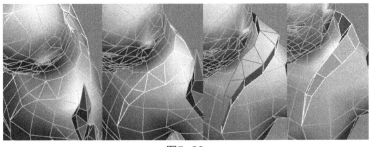

图5-82

21 制作头发。制作头发的方法和衣领、护腕一样，制作步骤如图5-83所示。注意，因为是在复制的模型上制作挤出结构，所以只有一半。当制作完成后，可使用Symmetry修改器补齐，以得到完整的模型。

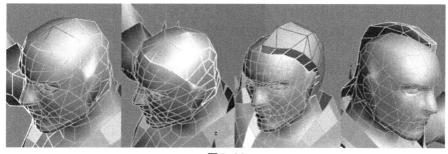

图5-83

制作出鬓角和长发的整体造型，使用Symmetry功能补齐另一半。制作步骤如图5-84所示。

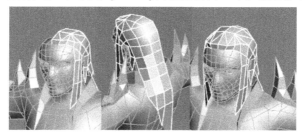

图5-84

22 创建一个平面对象，转化为可编辑多边形。进入边子对象级别，按住Shift键沿坐标轴向拖动，得到新的面片结构，然后调整顶点，整理造型。使用这样的方法，制作出角色的头饰部分。头饰的制作步骤如图5-85所示。制作完成后使用Symmetry修改器补齐头饰的另一半。

图5-85

这样，男性角色的模型结构部分就制作完成了，如图5-86所示。

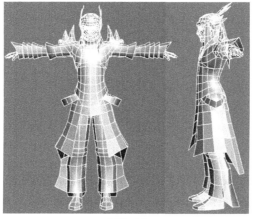

图5-86

在制作人物角色模型过程中，以下几点要注意。

● 关节处的布线需稍微密集一些，以便为动画制作留有足够的余地，防止变形和拉扯现象的出现。

● 道具和饰品尽量使用面片来制作。

● 注意人物的比例。写实类游戏角色需要按照正常人体的比例制作。

● 头部布线需要适当密集些，以便体现面部特征。

5.2.2 女主角人物模型制作

本例制作一个魔幻风格的女性人物角色模型。

1. 人物原画设定分析

图5-87为给出的一个魔幻主题风格的女性人物原画，包括正视图和后视图。该女性人物的服装比较复杂，比如下方有4片裙摆，如果在模型中制作成一模一样的效果，会产生大量的面。像这种情况，一般可以利用透明贴图的方式来实现——只要做出一个大概的轮廓并赋予透明贴图就可以实现，同时，还会极大地节省制作面数。人物的头发部分也需要利用透明贴图的方式来实现——从不同角度制作头发的面片，这样，不但可以实现较密集的发丝效果，而且还可以实现其立体效果。

图5-87

2. 角色结构的分析

在制作女性角色的时候要注意人物的性别特点。一般女性的特点是身体曲线圆润、柔美。要注意胸部和臀部的结构，女性的骨盆比较宽，一般略大于肩部的宽度；肩部较窄，腰部较细，脖子也较细。本例游戏角色的身高比例需按照正常的七个半头身的比例。可以找一些女性人体的图片做为参考，如图5-88所示。

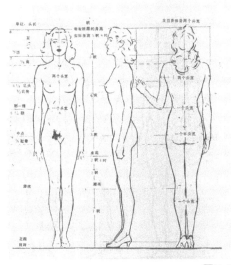

图5-88

3. 角色的模型制作思路

从图5-87所示的人物原画设定中可以看出，人物的服饰结构比较少，除了下方裙摆部分，其他的服装都是紧贴在人物身体上的。这样一来，在制作时，就可以只制作人物的身体，利用贴图绘制出服装。裙摆部分可使用单独的面片，以透明贴图的方式来实现。头发部分同样使用透明贴图方式，但是要注意，这个角色的头发要想制作出立体效果，就要从不同的角度多制作几个头发面片，这样不管从那一角度，看到的都是立体的头发效果。

4. 制作角色头部结构

01 建立一个正方体模型，转化为可编辑多边形。进入其子对象级别，在命令面板中选择Use NURMS Subdivision复选框，将模型进行一次细分。删除一侧的面，在修改器列表里选择Symmetry修改器，在命令面板选择X单选按钮，沿X轴向将模型的另一半对称出来。这一步和制作男性角色的时候是一样的，具体步骤如图6-89所示。

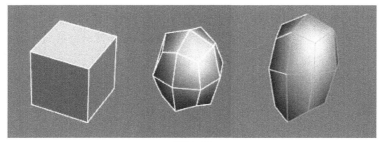

图5-89

02 调整出头部的主要结构。在鼻子的部位加一圈线，按照三等分的方法将人物头部分成三部分，适当增加一些线，增加模型的精度。使用切割功能，将眼睛、鼻子和嘴的大致结构线切出来，进行细致地调整。头部主要结构的制作步骤如图5-90所示。

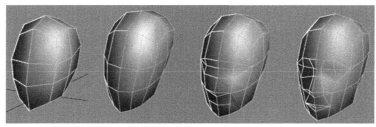

图5-90

03 按结构走向对人物头部布线。眼轮匝肌、口轮匝肌的布线要稍微密一些。五官的转折比较大，制作的时候，布线要密集一些，尤其眼睛、嘴角部位。由于女性的脸部比较圆润，布线要平滑工整些，最好使模型的面接近于正方形。细化头部模型的步骤如图5-91所示。

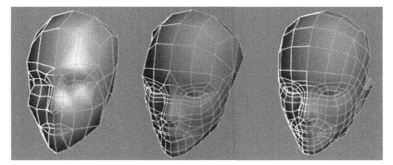

图5-91

5. 制作角色躯干结构

本例采用从头底部的面挤出躯干的方法来制作，步骤如下。

01 删除头部模型底部的面，选中用于制作颈部的边线，按住Shift键向下拖动，产生颈部的结构；继续向下拖动，制作颈部与胸部的衔接部分。进入模型的顶点子对象级别，选择底部侧面的顶点（注意不要选中中间的顶点），调整颈部造型。颈部的制作步骤如图5-92所示。

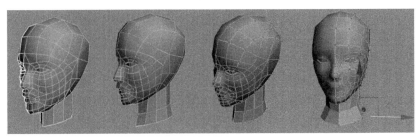

图5-92

02 继续选择底部边线，向下挤出躯干部分，挤出的段尽量不要太多，有三四段就可以了，这样便于在低模基础上调整结构。躯干部位挤出来以后，再将胸腔的部分修改一下，这样躯干部分的大致形状就有了。躯干基本结构的制作步骤如图5-93所示。

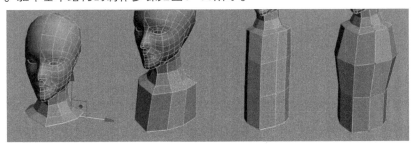

图5-93

03 胸腔结构基本位置确定下来以后，这时感觉现有的段不能满足制作模型细节的需要，所以要使用切割功能适当增加一些段，再进行调整。由于角色的性别特征，制作角色的胸部时，需要选择胸部的顶点或者面，调整出大致的形状。在这种情况下，胸部的布线是很不规则的，所以需要修改布线，把胸部的布线制作成一种放射状的形态。躯干部分的细化步骤如图5-94所示。

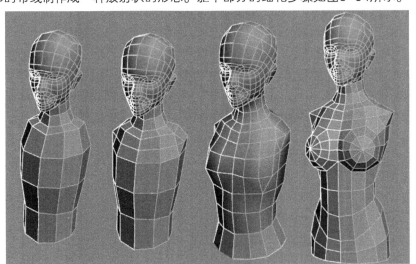

图5-94

04 由于本例是利用头部的底边挤出躯干的方式来制作的，所以模型底部的面在前面已经删掉了，现在需要将胯部连接，以便将大腿的轮廓做出来。选择躯干底部前面的边，按住Shift键拖动，挤出面片并进行调整；用同样的方法，在臀部位置也要挤出面片。此时胯部的这两个面片仍是断开的，需要将其连起来。进入顶点子对象级别，选择内侧需要连接的点，在右键功能菜单中执行Collapse命令将其连接，这样，断开的面就连接起来了。胯部的处理步骤如图5-95所示。

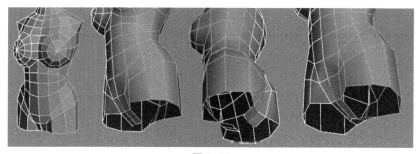

图5-95

调整躯干的造型，完成的效果如图5-96所示。

6. 制作角色的四肢

[01] 制作手臂。选择用于挤出手臂的面，使用挤出功能将胳膊的结构挤出来。手臂基本结构的制作步骤如图5-97所示。注意，胳膊的长度大概是2个头长。

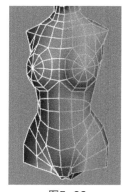

图5-96

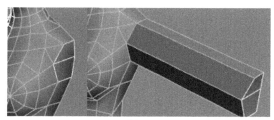

图5-97

[02] 将挤出部分的顶面缩小，制作出碗部，具体步骤如图5-98所示。

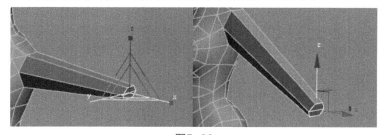

图5-98

[03] 选择手臂上的线，使用Connect命令将这部分分成4段，也就是增加3圈线，对结构进行大致的调整。调整手臂结构的步骤如图5-99所示。

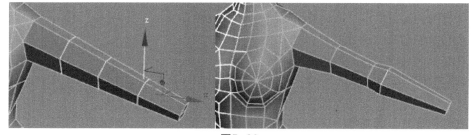

图5-99

[04] 接着挤出手臂的造型。在拇指位置切出一条线，做为拇指指根的剖面，然后调整好造型，具体制作步骤如图5-100所示。在制作手臂的时候，造型的特点不好把握，一定多找资料来参考。

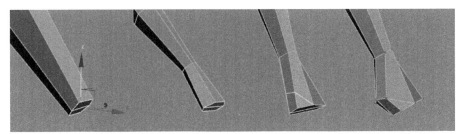

图5-100

05 切出4根手指的指根剖面，选择手指的剖面，打开Bevel（倒角）功能的设置对话框，在Bevel Type选项组中选择By Polygon单选按钮，如图5-101所示。这样挤出来的各个结构就是分开的。Bevel功能是制作类似手指这样的结构时常用的功能，其设置对话框中的Height微调器用于设置挤出的高度，可以用来调整手指的长度；Outline Amount微调器用于设置挤出的面的大小，可用于调整手指的粗细。将4根手指的基础形状制作出来，然后用同样的方法把大拇指也制作出来并进行调整。手指的制作步骤如图5-102所示。

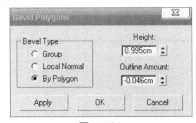

图5-101

图5-102

06 对手臂结构进行调整，将结构不理想的地方都调整好，最终效果如图5-103所示。

07 接下来制作腿的部分。选中预留的边，按住Shift键向下拖动，拉出大腿的基本结构，然后利用缩放工具将选中的边缩小，然后对齐到一个水平面，再拉出小腿的结构。腿部基本结构的制作步骤如图5-104所示。

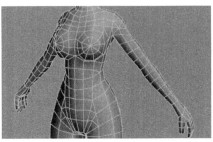

图5-103

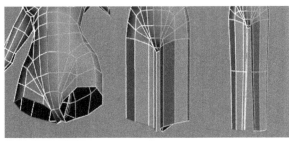

图5-104

08 调整腿部的结构。调整过程没什么特别的窍门，需要增加适当的段，选择其中的一条边，使用Ring命令选择环绕大腿和小腿一周的边并进行调整。之后使用连接功能进行连接，如这里分2次进行了连接，先确定腿部的大体形状，再进一步通过连接加线，进行模型的完善。腿部结构的调整步骤如图5-105所示。注意，女性的胯部要略宽一些，与肩部的连线呈梯形结构，这和男性的胯部有明显的区别。

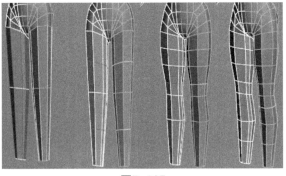

图5-105

09 选择小腿底部前方的顶点，向前拉出脚的大致结构，再选择腿部的一圈线进行连接，增加模型的精度，具体制作步骤如图5-106所示。这部分将做为接下来要制作的脚的基本造型。

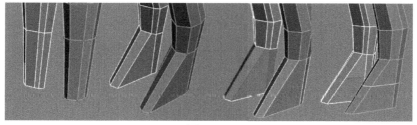

图5-106

10 进一步调整脚的造型，继续加线。因为要制作一个高跟鞋的造型，所以选择脚尖部位的顶点，向下拉，让脚跟有被垫高的感觉；选择脚跟下面的面，使用Extrude命令挤出鞋跟。鞋的制作步骤如图5-107所示。

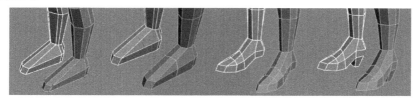

图5-107

反复调整造型，女性角色身体部分的模型就基本制作完成了，如图5-108所示。

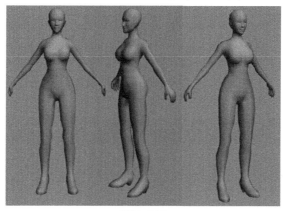

图5-108

7. 制作角色的服饰和头发

具体制作步骤如下。

01 按照原画中胳膊的装饰，选择环绕上臂的一圈面；按住Shift键单击，在弹出的对话框中选择Clone To Object单选按钮，在原位置复制出所选择的面。复制用作胳膊装饰的结构的具体步骤如图5-109所示。

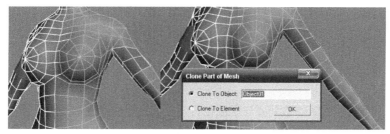

图5-109

02 选择新复制出的面片，进入顶点子对象级别，将结构修整为服装边饰的造型，再拉出尖角结构。使用Cut命令，切出第2层尖角的造型。具体制作步骤如图5-110所示。

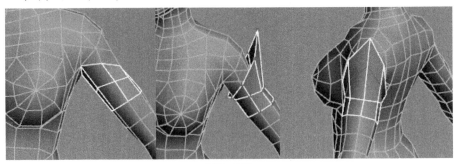

图5-110

03 按照同样的方法，复制出第2层面片并调整结构，具体制作步骤如图5-111所示。

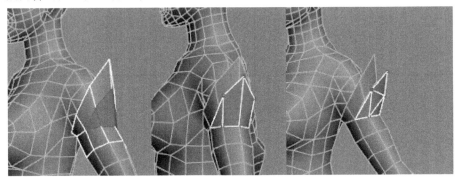

图5-111

04 按照原画中裙摆的结构，选中腰部的一圈面，按住Shift键单击选择的面片，在原位置进行复制，具体制作步骤如图5-112所示。注意不要让复制出来的面产生位移，否则会在进入模型后期制作的时候，产生明显的穿插问题。

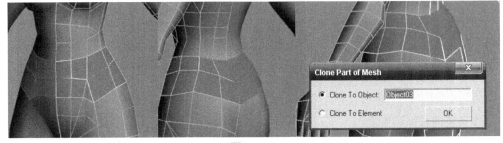

图5-112

05 调整各个顶点，将裙摆的外轮廓与身体模型拉开一些距离，具体制作步骤如图5-113所示。

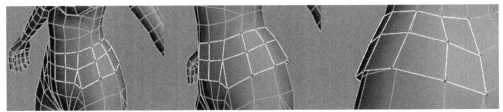

图5-113

06 拉出前方的裙摆，大致的造型要与原画相符合。因为要使用透明贴图来制作裙摆的细节，所以裙摆不能太小。具体制作步骤如图5-114所示。

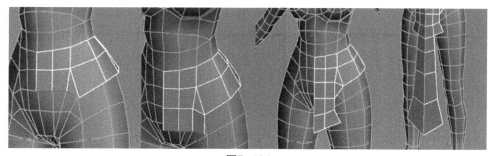

图5-114

07 制作出后面的裙摆,然后将后面的裙摆从模型上分离出来,使它成为一个独立的面片。具体制作步骤如图5-115所示。

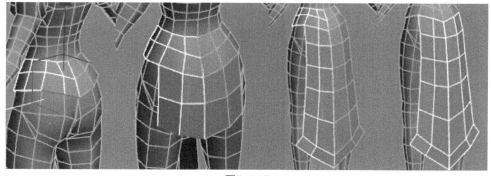

图5-115

08 根据原画设定,按住Shift键向下拉出侧面裙摆的造型。每拉出一个面片,都要对每个顶点进行调整,确保结构准确。具体制作步骤如图5-116所示。

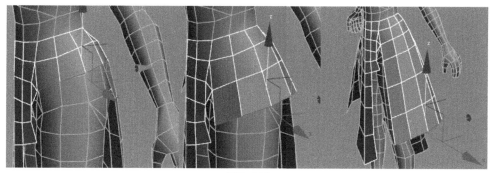

图5-116

09 制作腰部的金属小装饰,在原位置复制出腰部的面片并进行调整。具体制作步骤如图5-117所示。

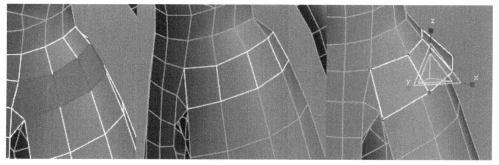

图5-117

10 使用Cut命令在模型上切出衣服上边缘的形状，调整这部分的布线，再选择上边缘的一圈面，做为衣服的边缘。具体制作步骤如图5-118所示。

图5-118

11 在原位置复制出刚才选择的面片，进入顶点子对象级别，选择外圈的顶点，使用缩放工具，将其略微放大一些，让衣服产生体积感。具体制作步骤如图5-119所示。

图5-119

12 接下来制作头发。先使用Cut命令切出发髻线的轮廓。选择头发部分的面，然后使用Detach命令将其分离出来。具体制作步骤如图5-120所示。

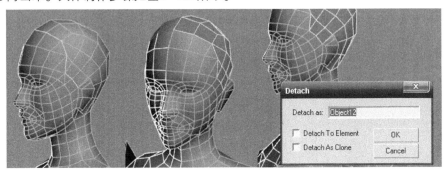

图5-120

13 分离模型以后，之前Symmetry修改器对头部这部分面片的对称作用就消失了。可以再使用一次Symmetry修改器，将头发的另一半对称出来。这时头发和身体已成为单独的两个整体了，编辑起来比较方便，不容易出现错误。具体制作步骤如图5-121所示。

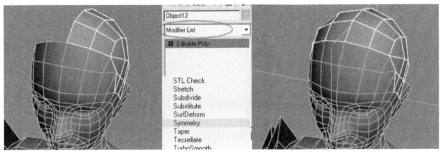

图5-121

⒁ 使用Convert to Editable Poly命令将头发部分的模型转化为可编辑多边形，如图5-122所示。之后，模型（包括原先对称的部分）就会合并为一个完整的整体，因为接下来要做的是一些不对称的编辑。

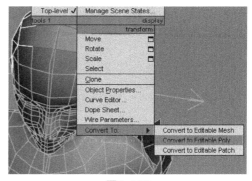

⒂ 选择头发顶部的两个面片，按住Shift键单击面片，在原位置复制出来。具体制作步骤如图5-123所示。这部分面片将用来制作额头前面的刘海部分。

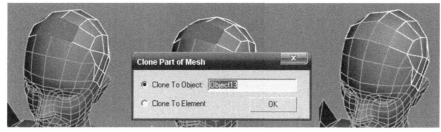

图5-123

⒃ 选择复制出来的面片下方的边，按住Shift键拖出几段，然后调整出刘海的造型，具体制作步骤如图5-124所示。

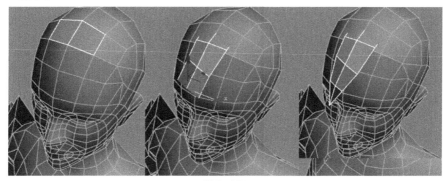

图5-124

⒄ 复制刘海部分，这里在Clone Options对话框中选择Object选项组里的Copy单选按钮，这样在接下来的编辑中，就不会影响其他面片的形状了。复制后调整造型。具体制作步骤如图5-125所示。

⒅ 刘海的最终效果如图5-126所示。

图5-125

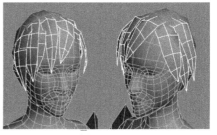

图5-126

⒆ 建立一个圆柱体，将圆柱体的边数降低，有6个边就可以了，使用Convert to Editable poly命令将其转化为可编辑多边形。将柱体调整到头部合适的位置，然后向下挤压，制作出辫子的大体造型。删除模型底部的面，选择单个边，按住Shift键向下拉出散碎的头发的面。具体制作步骤如图

5-127所示。注意要让头发模型的面片尽量自然一些。

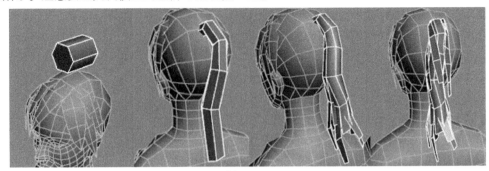

图5-127

经过反复调整之后，模型的最终效果如图5-128所示。

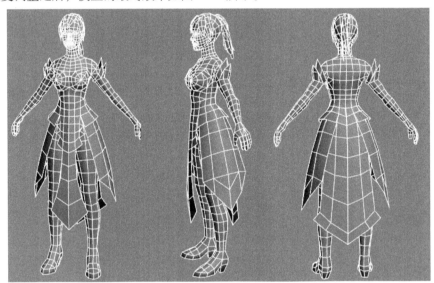

图5-128

5.2.3 四足怪兽角色模型制作

本例将制作一个带翅膀的四足怪兽角色模型，此类角色一般在游戏中扮演具备有一定杀伤力的怪兽，表现它的凶残、怪异等特征，是制作此类角色的关键。

1. 四足怪兽原画设定分析

图5-129所示的这张原画表现的是一个四足动物，外形类似于魔幻电影中的怪兽，张着一双像蝙蝠一样的翅膀，身体上披满了铠甲，给人一种很有力量的感觉，似乎应是某位勇士的坐骑或是魔族驯服的怪兽，不过说它是魔族的怪兽应该更加贴切。它的头部似乎是骨质的，没有皮肉，像这样一个没有皮肉的怪兽，总会给人一种邪恶感。看到这样的怪兽，在我们的大脑中甚至已经浮现出它隐居的巢穴：茂密的丛林深处，一个很隐蔽的山洞，洞口四周布满了荆棘、灌木，让人感到毛骨悚然，突然，这只怪兽由洞中飞出来……

图5-129

2. 四足怪兽结构的分析

虽然原画给出的怪物我们不可能亲眼见过，但是所谓"艺术源于生活"，原画中的四足动物也绝非凭空想像。仔细分析，不难发现，原画中的一些元素都是引用现实世界四足动物的形体结构。比如怪兽的四肢，应该和老虎的四肢类似，但绝对不是马的四肢。仔细观察会发现四足动物的图片也有很多的差别，可以找一些四足动物作为制作模型时的参考，如图5-130~图5-132所示。

图5-130

图5-131

图5-132

3. 四足怪兽模型的制作思路

四足动物的制作方法和制作人物基本是一样的，也是按照头部→躯干→四肢的顺序来进行制作，只不过是在制作四足动物的时候，要注意四足动物本身的形态特征。每一种现实中的四足动物，在它们的骨骼组成上都有很多相似之处，但是在进化演变的过程中，由于受环境影响，产生了很多特征差异，这些特征也体现出它们与环境之间的联系。

4. 制作怪兽头部结构

具体制作步骤如下。

01 执行Customize→Units Setup命令，在弹出的对话框中的Display Unit Scale选项组里单击Metric单选按钮，并从其列表中选择Centimeters，将单位改成cm，如图5-133所示。

02 建立一个正方体，在命令面板里，将正方体的Length、Width、Height都设为30cm，大致是怪兽头部的大小即可。将正方体的坐标归0，如图5-134所示。

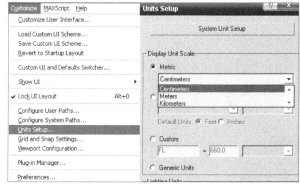

图5-133

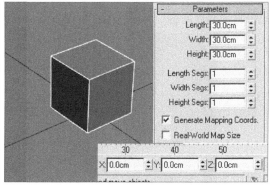

图5-134

03 将调整好的正方体转化为可编辑多边形，使用NURMS细分。再次将模型转化为可编辑多边形，然后选取模型一半的面，将其删除。从修改器列表中选择Symmetry修改器，对称出模型的另一半。基础模型的制作步骤如图5-135所示。

图5-135

04 制作怪兽的头部。移动顶点，将头部的大体形状调整好。使用Extrude命令，挤出嘴部造型。取消对称出来的另一半模型的显示，模型内侧多余的面就会显示出来，选中后将其删除。具体制作步骤如图5-136所示。

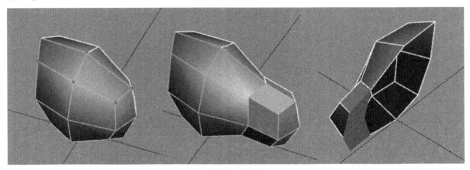

图5-136

05 继续显示对称的部分，使用Cut命令在嘴部切出段，再将嘴部的上下两个尖角结构拉出来，然后调整布线，制作步骤如图5-137所示。注意这时的布线要尽量均匀，为最终的布线做好充分的前期准备工作，尽量减少以后工作中的不必要的麻烦。

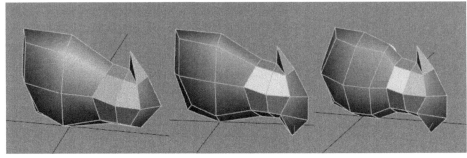

图5-137

06 进一步刻划模型的头部。确定怪兽眼睛的大致位置，调整结构，使眼部的布线呈放射状（可根据需要，随时加线，随时调整，使模型的结构一步步地深入）。添加上下颌的分界线，为以后挤出嘴部结构做准备。具体制作步骤如图5-138所示。

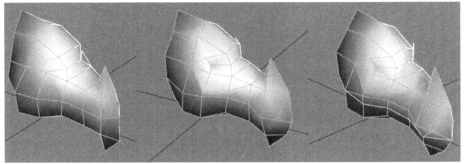

图5-138

07 选中上下颌中间的面，挤出上下颌之间的空间，调整挤出的结构。这里使用Extrude命令，在其设置对话框Extrude Polygons中，设置Extrusion Height的值为0cm，即挤出高度为0，然后利用移动工具将其沿X轴向向里推。具体制作步骤如图5-139所示。

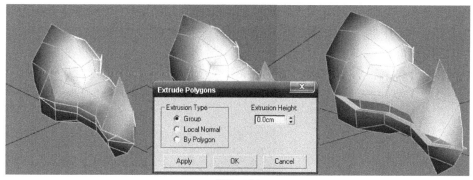

图5-139

08 由于挤进去的面是不规则的，不在一个平面上，所以需要将它们对齐到同一个平面上。选择Make Planer按钮右侧的X单选按钮，将它们沿着X轴向对齐，成为一个平面；然后调整平面的位置，在信息栏的X坐标处设置为0，将平面对齐到正中间。因为要制作的是一个嘴部的造型，所以位置修改好以后将这些面删除即可。具体制作步骤如图5-140所示。

09 新建一个锥形，在命令面板中修改其属性，将精度调低一些，以尽量节省面数的使用，具体参数如图5-141所示。这个模型将用来制作牙齿。

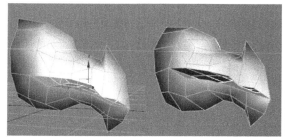

图5-140

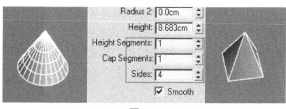

图5-141

10 用小的锥体制作出如图5-142所示的造型，作为怪兽大牙和尖牙，复制后在嘴的上下齿床部分进行排列。

11 排列这些牙齿的时候，一定要细心，因为全都是重复性的操作，将每一个牙齿摆放好以后，逐个调整牙齿的形态，使它们看起来都有自己的造型，否则会感觉很死板。最终的牙齿排列效果如图5-143所示。

12 调整头部整体结构，得到如图5-144所示效果。

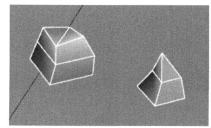

图5-142

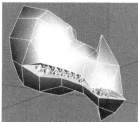

图5-143

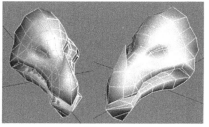

图5-144

5. 制作怪兽躯干结构

具体制作步骤如下。

01 选择颈部截面上的所有面，使用Make Planer命令，单击Y单选按钮，沿Y轴方向将这些面展平成一个平面，具体步骤如图5-145所示。此操作的目的是为以后用这些面挤出身体结构时更方便。

02 使用Extrude命令挤出怪兽脖子的结构。注意进行挤出操作时，在Extrude命令的设置对话框中选择Group单选按钮，如图5-146所示。这是因为需要将挤出的面当作一个整体来操作。

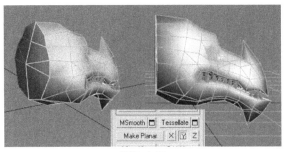
图5-145

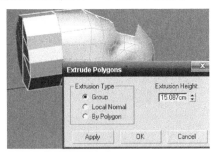
图5-146

03 调整脖子的方向，使用环形边功能选择脖子处的一圈线，打开连接设置对话框，增加脖子处的段。之后调整脖子的大致结构，靠近肩膀部分的宽度要略宽些。可以想象一下，人的脖子和肩膀连接的地方是最宽的，怪兽也应该如此。具体制作步骤如图5-147所示。

图5-147

04 使用同样的方法，挤出胸腔的结构，如图5-148所示。注意，胸腔应该是这只怪兽身体结构中最宽的地方，所以之前预留的截面一定要大一点。

05 调整胸腔，将脊柱的最高位置找出来。对胸廓的造型，要仔细地推敲一下，一般胸部的肌肉比较结实，通常可以看到肋骨的明显结构。当然，在这里不必把一根根的肋骨制作出来，但是需要了解这一部分的结构。在布线时，胸腔部分最好预留出一个用于挤出前肢的结构，如图5-149所示。

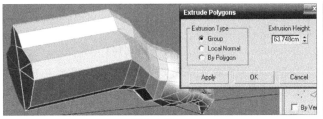
图5-148

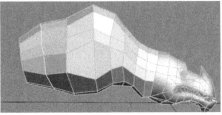
图5-149

06 接下来制作腰部和臀部的结构。原画中的怪兽，臀部比较小，但是仍然需要处理好腰部和臀部这两部分结构之间的衔接关系。腰部可以处理得稍微平缓一些，因为这里没有太多的肌肉。具体制作步骤如图5-150所示。

07 将臀部的结构整理好。这里会有两个略微高一点的结构，此为股骨头突出的一个骨点。选择末端的面，用于挤出尾巴的结构。具体制作步骤如图5-151所示。

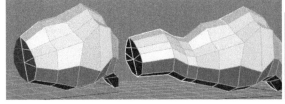
图5-150

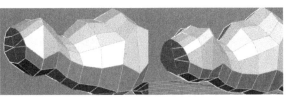
图5-151

08 使用挤出功能，将上一步选择出来的面进行挤出操作，得到怪兽尾巴的结构。由于此时的筒状造型离尾巴的形状还有一定距离，所以进入顶点子对象级别，选择末端所有的点，单击右击执行Collapse命令，将两个顶点合并到一个顶点上。具体制作步骤如图5-152所示。

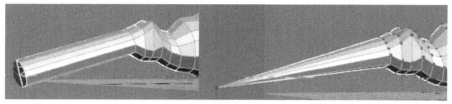

图5-152

09 调整尾巴的弯度，适当增加一些细节。调整尾巴的具体步骤如图5-153所示。

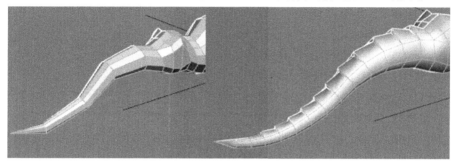

图5-153

10 躯干部分的模型制作完成了，如图5-154所示。

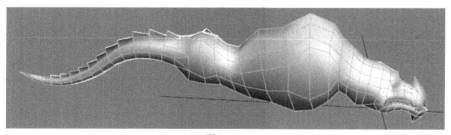

图5-154

6. 制作怪兽的四肢

具体制作步骤如下。

01 选中之前预留出准备挤出前肢的面，然后打开Extrude Polygons对话框，在Extrusion Height输入框设置大概的挤出高度，如10cm，选择Group单选按钮。具体步骤如图5-155所示。

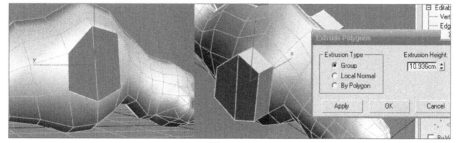

图5-155

02 使用同样的方法，挤出整个前肢的大体造型，注意前肢的结构走向。制作步骤如图5-156所示。

03 调整前肢的结构，布线不够的时候，适当增加一段，如图5-157所示。

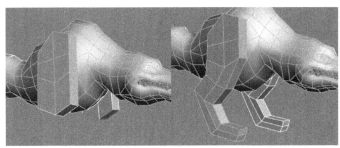

图5-156

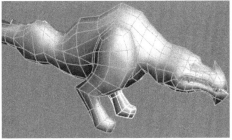

图5-157

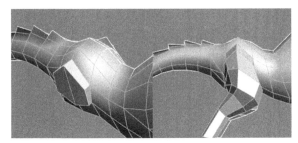

图5-158

04 继续挤出后腿。后腿的弯曲和前腿相似,但细节上有所不同,这就需要平时对生物的体态特征多加观察了。后腿具体制作步骤如图5-158所示。

05 制作脚趾部分。因为设计的怪兽有3个脚趾,现有的截面是两个,所以要再增加一个。这里不使用以前的Cut命令,而使用另外一种功能斜切。选择两个面中间的边,从右键功能菜单中执行Chamfer命令,在选择的边上拖动鼠标,就会在这条边上生成另外一个面来。具体步骤如图5-159所示。

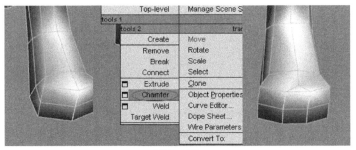

图5-159

06 调整此处的布线,只留出用于挤出脚趾的3个面即可。进入多边形子对象级别,选取这3个面。打开Extrude Polygons对话框,选择By Polygon单选按钮,挤出3个单独的面。具体制作步骤如图5-160所示。

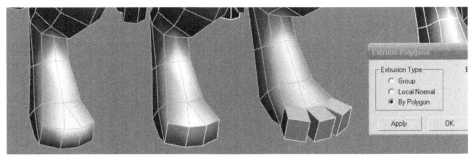

图5-160

07 脚趾上有3个关节,所以在挤出的脚趾上继续挤出两段,在右键功能菜单里执行Collapse命令,将3个面塌陷,制作成指尖部分。此时的脚趾看起来很不舒服,这是因为在进行挤出的时候没有调整结构。可以参考我们自己的手指弯曲方向,对脚趾的造型进行调整。脚趾的具体制作步骤如图5-161所示。

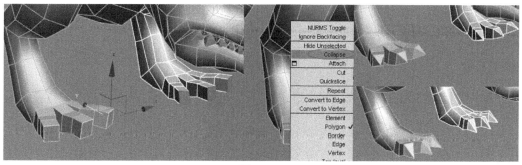

图5-161

08 用同样的方法制作出后腿的脚趾。后腿的后面有一个独立的脚趾，可以在腿部后面选择一个面，像之前挤出前面的脚趾一样挤出这个脚趾。后腿脚趾具体制作步骤如图5-162所示。

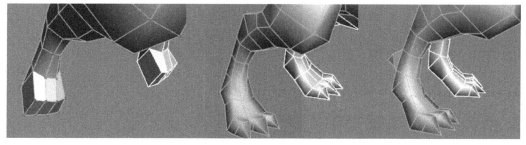

图5-162

09 制作翅膀。在背部找到翅膀根部的截面，选择这部分面，使用Extrude功能挤出翅膀结构。具体步骤如图5-163所示。

10 调整翅膀的结构。参照原画中翅膀的结构，然后将整个翅膀的骨架走向拉出来。具体步骤如图5-164所示。

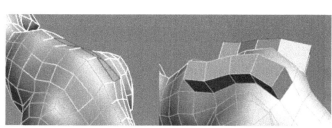

图5-163

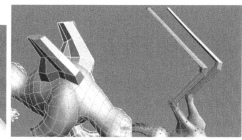

图5-164

11 将翅膀的尖刺也拉出来，丰富一下细节。按照指节的构造，增加一些段。最后，使用复制面片的方法，将翅膀的面制作出来，调整好布线。具体制作步骤如图5-165所示。

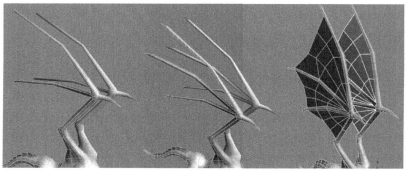

图5-165

7. 调整怪兽模型

调整怪兽身体的结构。模型的最终效果如图5-166所示。

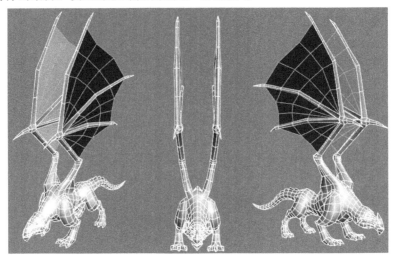

图5-166

5.3 角色的UV编辑及贴图绘制

在动画或者游戏中，我们看到的角色感觉都很真实，但是自己制作的角色模型则像未经打磨的石膏像，没有生气，这是因为还没有给模型添加贴图。目前的角色模型只是素模，要为其制作贴图并贴上贴图，才能够使它看起来漂亮。这一节，就来学习为角色制作游戏模型的贴图。

对于游戏模型的贴图，一般分为分展UV、绘制贴图和将绘制好的贴图附加给模型三个部分。可能还有一些读者不太明白UV是什么。打个比方，大家都见过地图，但是我们所居住的地球是圆的，可是地图却是平的，为什么还是能够通过查看地图上标记的信息而了解地球表面的一些地理情况呢？因为经纬线是人们虚构出来的一种地球的虚拟坐标线，它可以很准确地反映出地球表面每个点的信息。在纸上将每个点的信息按照它的经纬坐标记录到相应的位置，就可以通过它来了解所对应的地球了。这和制作游戏模型使用的贴图坐标（即UV）是非常相似的，就是要在一个平面的坐标上，标注出模型上每个点、面的信息，把立体的模型上的信息归集到一个平面上。但是这种方式绘制出的贴图坐标，也不一定能够完全准确地把模型的信息复制出来，模型在进行UV展开的时候，一定会出现一些拉伸现象，对此，只要做到尽量趋近完美的程度就可以了。对于游戏角色模型这类低模，只要做到自己满意就可以了。

了解了UV的原理，就可以增进我们对游戏模型UV贴图的理解，从而更好地去进行贴图的绘制工作。

5.3.1 男主角角色的UV的编辑

在展开角色模型的UV之前，需要做一些准备工作。一般的游戏角色模型都采用对称的制作的方法，所以在模型UV点的排布上，也一定是对称排列，且UV的数量也是相等的。当然，这适用于一般游戏角色的制作中，也有一些特殊情况，但这里暂时不考虑这种情况。因为是对称的，所以可以将模型的一半删除，对保留的一半进行UV的编辑，然后再对称出另一半。用这种方法可以使制作时间大大缩短，尤其在工作当中，会极大地提高工作效率。

将整理好的模型全部使用附加功能附加到一起，然后删除对称的一半，如图5-167所示。这里一定要注意，模型中央的点，一定要在同一个平面上，这是为了在以后进行对称的过程中，模型不会产生断面现象。

因为游戏模型的特殊性，所以要删除一些游戏中玩家绝对看不到的面以减少面数。调整好的模型如图5-168所示。

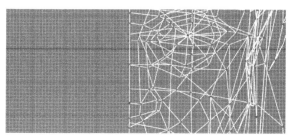

图5-167

图5-168

在展开UV之前，要为面设置ID。设置ID后，在以后的UV编辑中就可以很容易地区分模型各部分的面，否则在模型的成百上千个面中，想找到以前编辑过的面可不是一件容易的事。设置ID的方法如下。

选择模型所有的面，在Polygon Properties卷展栏中的Set ID输入框中输入1，此时Select ID输入框中就会自动出现数字1，说明当前选择为ID 1的面，如图5-169所示。依此类推，头部的面可以设置为ID2，躯干为ID3等。将各部分的ID号都设置好。

为男主角人物进行UV编辑的步骤如下。

01 选择头部的面，设置为ID2，ID2部分的面将从原来ID1中分出来，如图5-170所示。

02 退出多边形子对象级别的选择状态，回到主层级，如图5-171所示。在主层级下才可以正确地对UV进行编辑。

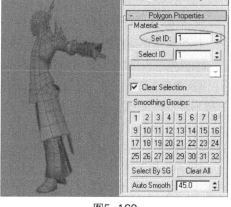

图5-169

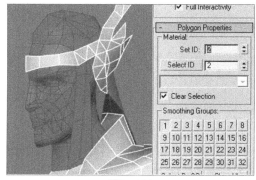

图5-170

图5-171

03 在Modify面板的修改器列表中选择Unwrap UVW修改器，此时选择的面将包裹着一个绿框，表明进入UV编辑状态下。如图5-172所示，线框中的绿色线表示UV被展开时的边缘框。

04 此时的UV已经作用在模型上了，只是没有被展开。单击命令面板中Parameters卷展栏的Edit按钮，如图5-173所示，打开UV编辑器。

05 此时的Edit UVWs（UV编辑器）界面如图5-174所示，要在此编辑器中对UV进行细致的调整。

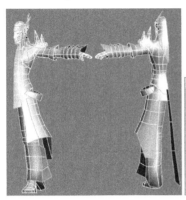

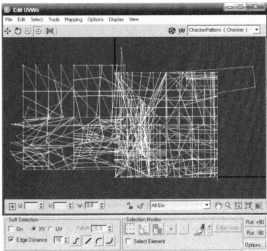

图5-172　　　　　　　图5-173　　　　　　　　　　　　图5-174

接下来，就可以开始对这些杂乱的UV进行编辑了。

1. 编辑角色头部的UV坐标

编辑角色头部UV坐标的步骤如下。

01 显示头部的面的UV。在UV编辑器底部的All IDs（所有ID）下拉列表中选择ID2，如图5-175所示。

此时头部的UV已经在UV编辑器中被单独地显示出来，如图5-176所示。

02 在堆栈列表中单击Unwrap UVW修改器前面的加号，将其子对象级别展开。选择Face子对象级别，进入到UV的面子对象级别，如图5-177所示。

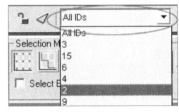

图5-175

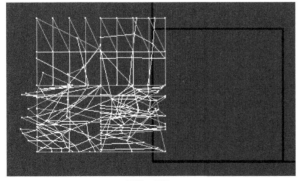

图5-176　　　　　　　　　　　　　　图5-177

03 选择模型面部的面，如图5-178所示。此时视图中头部位置有一个黄色的方形贴图框，表示当前程序默认的UV映射是平面类型。由于人脸的基本形状接近于半个球体，所以显然默认的映射类型是不合理的，需要对它进行修改。

04 在命令面板中，单击Spherical按钮，如图5-179所示，将面部的UV映射类型改为球形。

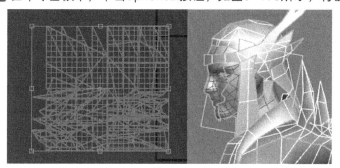

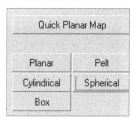

图5-178

图5-179

这时，头部的UV已经不是之前的样子了，而模型旁边的方框也被一个球形贴图框所代替，如图5-180所示。

05 此时的UV贴图框还不是想要的结果，要继续对其进行编辑，以找到最合适面部的UV效果。使用缩放工具将球形贴图框缩至大小和面部差不多的形状，将头部包裹住，面部的UV再一次发生了变化，如图5-181所示。此时可以看到，球形贴图框有一条边是绿色的，它代表切开UV的分界线，也就是贴图的接缝，要调整它的位置，将其移到模型不被注意的位置，才会达到理想的效果。

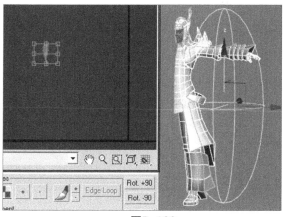

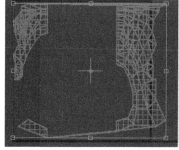

图5-180

图5-181

06 将球面上的绿线调整到人物的后脑部分，如图5-182所示。一般对面部UV的编辑应习惯于将分界线放置在后脑，这样会便于头部模型的UV展开。经过调整，面部的UV展开完成。

07 观察面部贴图，可以看到眼球的UV和耳朵的UV都有重合，如图5-183所示。这样的UV是不能正确地反映出贴图纹理的，需要进行调整。

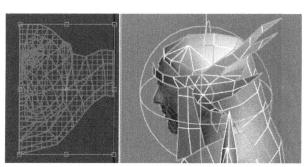

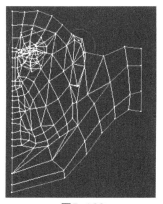

图5-182

图5-183

08 进入顶点子对象级别，选择眼球部分的所有顶点，如图5-184所示。注意不要选错，否则会出现错误的拉伸现象。

09 将眼球的UV从眼睛部位移开，放置到一边，如图5-185所示。这样就可以对眼部和面部重合的部分进行编辑了。

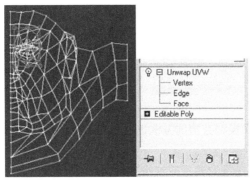

图5-184 图5-185

10 将眼部重合部分的UV展开，如图5-186所示。

图5-186

11 耳朵也有重合的地方，也要将其展平，如图5-187所示。

12 确定UV基本没有重合的地方以后，给模型添加棋盘格纹理材质。单击材质编辑器按钮，打开材质编辑器。

13 在材质编辑器中选择一个空白的材质球，然后再在Blinn basic Parameters卷展栏中单击Diffuse右侧的方块按钮；从弹出的对话框中选择Checker，在选择的材质球上添加棋盘格材质，如图5-188所示。

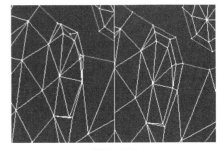

图5-187

此时材质球会显示出棋盘格的材质，如图5-189所示。

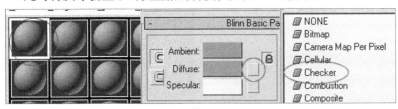

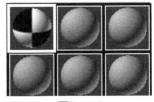

图5-188 图5-189

14 在模型被选中的状态下，单击将材质指定给选定对象按钮将材质赋予模型，再单击显示贴图按钮，如图5-190所示，使模型上显示出贴图。

图5-190

此时的模型上已经能够看到贴图了，如图5-191所示。可是，贴图的效果并不是理想的棋盘格效果，需要进行调整和设置。

⓯ 再次打开材质编辑器，选择棋盘格材质球。展开Coordinates卷展栏，在Tiling两个输入框中分别输入20，如图5-192所示。调整贴图的重复数量。

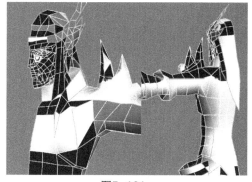
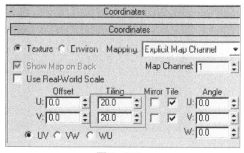

图5-191　　　　　　　　　　　　　　　图5-192

这时的棋盘格已经不像刚才那么大了，但是除了面部以外，其他地方的棋盘格还是很不规则，如图5-193所示。这是因为只对模型面部的UV进行了编辑，其他部分的UV还没有编辑过。

将模型拉近，可以看到面部的棋盘格也并不完全规则，比如鼻翼的部分就拉伸得比较严重，如图5-194所示，需要进一步调整。

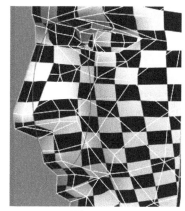

图5-193　　　　　　　　　　　　　　　图5-194

⓰ 参照模型上的UV分布，在UV编辑器中手动调整鼻翼部分的UV，使棋盘格分布均匀，如图5-195所示。

调整后的面部棋盘格贴图效果如图5-196所示。

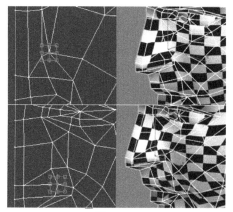

图5-195　　　　　　　　　　　　　　　图5-196

[17] 选择头发部分的ID。此时头发部分的UV显得比较凌乱，如图5-197所示。这时就需要根据头发的造型特点，去考虑使用什么样的UV映射类型来对其进行修改了。

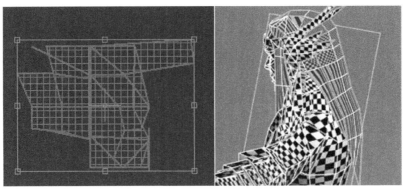

图5-197

因为头发的结构也是接近于球体的，所以这里还是选择球形映射。但是，简单地设置为球形映射不足以将UV很好地展平，如图5-198所示，需要对UV进行手动调整。

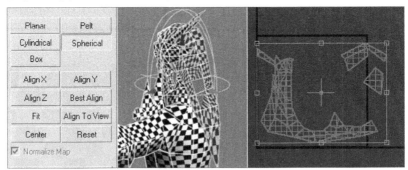

图5-198

[18] 调整UV编辑框的角度，将头发模型完全包裹在内，注意绿色的分界线要置于脑后的位置，如图5-199所示。

[19] 按照前面介绍的调整棋盘格的方法，调整头发其余部分的UV，最后得到如图5-200所示的结果。

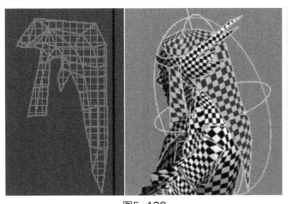

图5-199

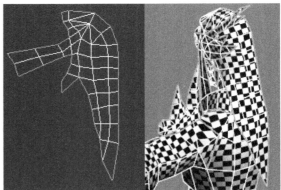

图5-200

2. 编辑角色躯干的UV坐标

编辑角色躯干部分的UV的步骤如下。

[01] 选择躯干部分的ID，找到躯干部分的面片，设置为Cylindrical映射，如图5-201所示。

[02] 重新为UV的包围形式进行对位。单击Align Y按钮，将映射方向改成Y轴，如图5-202所示。

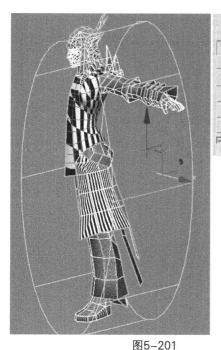

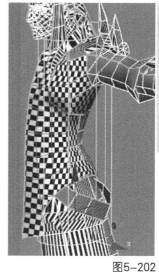

图5-201   图5-202

03 调整柱体贴图框与身体的位置关系。将绿色的分界线调整至背部中间的位置，如图5-203所示，此时UV也变得工整了。在编辑UV的时候，很多造型是不规则的，这就需要模型制作者平常多积累经验，灵活应变。

04 UV展开以后，发现有一小块线框发生重合，如图5-204所示。重合的这部分是肩膀所在的部分，圆柱体UV模式不能够将这里完全展开，需要手动调整。

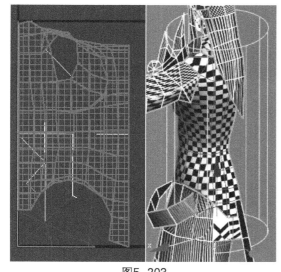

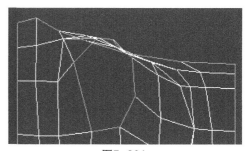

图5-203   图5-204

第5章 游戏角色制作

05 将重叠部分的UV调整好以后，再观察模型，看到模型上的棋盘格分布不均匀，如图5-205所示。想要在肩部位置得到一个均匀的UV是不太可能的，因为这里的拉伸是最大的，所以要采取另外一种方法。

06 解决肩部的拉伸问题，需要用到一项功能，该功能能将一块完整的UV切开。首先选择一个想要切开的位置，如这里选择要切开的肩部的边，然后在UV编辑器菜单中，执行Tools→Break命令（快捷键为Ctrl+B），如图5-206所示。

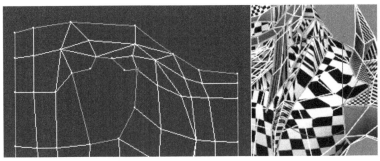

图5-205

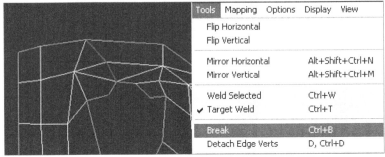

图5-206

剪切后的边将以绿色边框线的形式显示，如图5-207所示。

07 单击选择边框线上的UV顶点（因为剪切后的UV顶点是两个顶点重合在一起的，所以要以单击的方式选择），将UV移开，如图5-208所示。

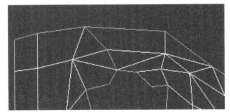

图5-207

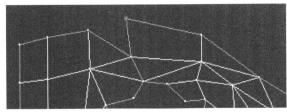

图5-208

08 参照模型的显示，调整躯干UV的顶点，如图5-209所示。这样，躯干上的UV也比较工整了。

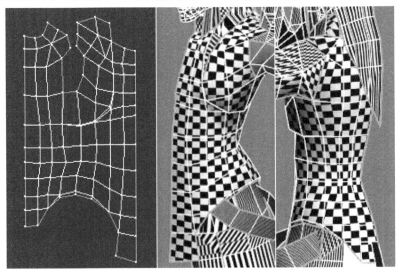

图5-209

3. 编辑角色四肢UV坐标

编辑角色四肢的UV坐标的步骤如下。

01 选择胳膊的ID。进入UV的面子对象级别，选择胳膊的UV面，此时看到UV还是按照平面映射类型展开的，如图5-210所示。

02 将胳膊的UV映射类型改成柱形，如图5-211所示。

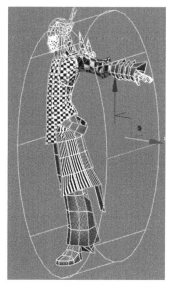

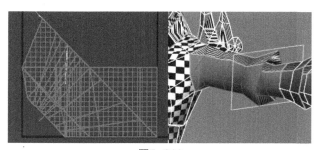

图5-210

图5-211

03 由于柱形贴图框的方向不符合胳膊的走向，所以要将其改成X轴向。单击Align X按钮，柱形贴图框将胳膊包裹住了，如图5-212所示。

04 将绿色分界线朝向胳膊的下方，如图5-213所示。在制作游戏模型时，一般胳膊的下面不容易被看见，所以要将接缝放在这个位置。

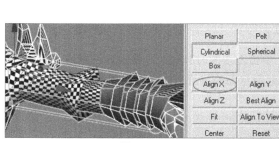

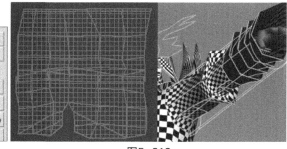

图5-212

图5-213

05 由于模型的衣角处是使用挤出的方式制作的，所以产生了一个转角的结构，在模型的UV中，这里也出现了UV点的重合现象，如图5-214所示。

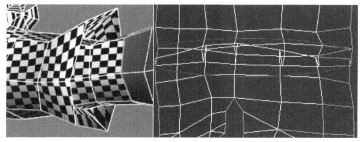

图5-214

06 需要将衣角重叠的部分调整正确。先选中衣袖所有的面，然后向下移动，这样就可以将重合的部分展平了，如图5-215所示。

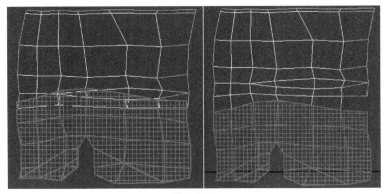

图5-215

07 此时的UV上有很多绿线，表示这些地方的UV产生了断开现象，需要进行焊接。在UV编辑器菜单里，执行Tools→Weld Selected命令（快捷键是Ctrl+W），可将断开的UV顶点焊接起来，如图5-216所示。

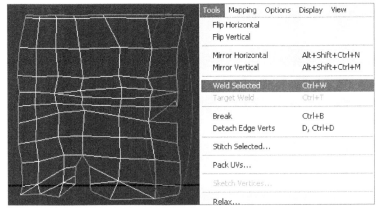

图5-216

08 框选断开的顶点（因为两个顶点是重合的，单击无法同时选到），使用Weld Selected命令或按快捷键Ctrl+W，将两个顶点焊接到一起。焊接后顶点处的绿线消失，表示焊接操作正确。具体操作步骤如图5-217所示。

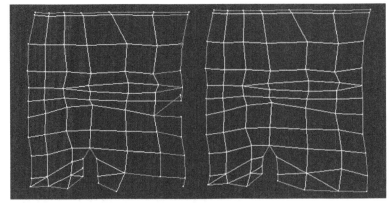

图5-217

09 调整UV的棋盘格分布。调整后的效果如图5-218所示。

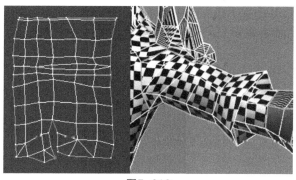

图5-218

10 选择腿部面片的ID，如图5-219所示。

11 腿部也使用柱形的UV映射，调整分界线至大腿的内侧，如图5-220所示。

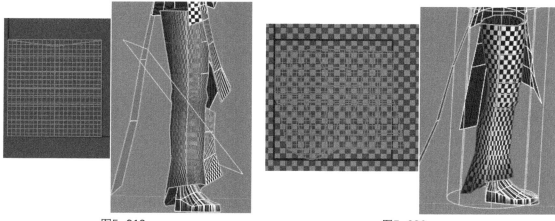

图5-219　　　　　　　　　　　　　　　　　　图5-220

12 将UV重合的地方拉展，断开的地方重新焊接到一起，调整后的效果如图5-221所示。

13 裤子下面的面片没有被柱形UV正确地映射，如图5-222所示，需要重新编辑一下。

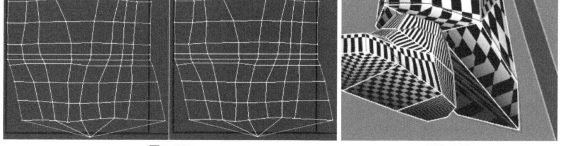

图5-221　　　　　　　　　　　　　　　　图5-222

14 找到裤子底部面片在UV上对应的线，选择并断开它们的连接。断开后，此处变成边线，以绿色显示。具体步骤如图5-223所示。

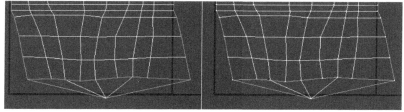

图5-223

第5章 游戏角色制作

331

⓯ 这时，要想逐一选择出整个底部面片的顶点是很困难的，可以在UV编辑器中，选择Select Element复选框，然后再单击面片上的顶点，这样就能够选择面片上所有的顶点，对其进行编辑了，如图5-224所示。

图5-224

⓰ 将裤子底部的UV移开，进入其UV的面子对象级别，将底部面片设置为Planer映射。具体步骤如图5-225所示。

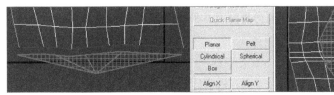

图5-225

⓱ 将该UV调整好位置，如图5-226所示。

⓲ 选择手部的ID，如图5-227所示。

⓳ 手部的结构不像前面接触过的结构，单独用之前用过的任何一种方法，都很难达到需要的展开效果，因此需要结合起来使用。按住Ctrl键，将手掌下面的面——取消选择，只留下手背部分的面，如图5-228所示。

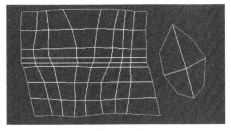

图5-226

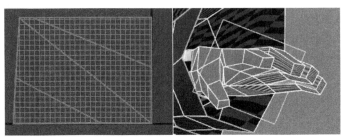

图5-227

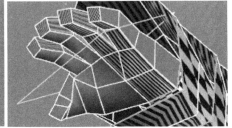

图5-228

⓴ 为选中的部分设置Planer映射，然后单击Align Y按钮，沿Y轴向进行展开，然后调整一下平面的角度。具体步骤如图5-229所示。

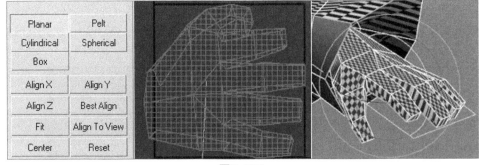

图5-229

21 选择手心部分的面片，如图5-230所示。

22 和手背的展开方式一样，使用Planer映射类型展开手掌的UV，如图5-231所示。

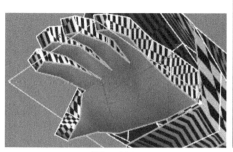

图5-230

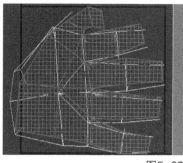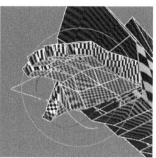

图5-231

23 将重合的两片UV分开，如图5-232所示。

24 将UV的重合部分手动展开，如图5-233所示。

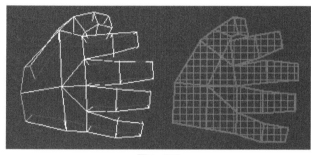

图5-232

图5-233

25 使用前面学过的方法，对照模型的棋盘格贴图调整UV，使棋盘格分布均匀即可，如图5-234所示。

26 选择脚部ID的面，如图5-235所示。

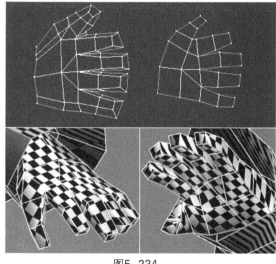

图5-234

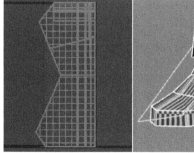

图5-235

27 选择Planer映射类型，单击Align X按钮，沿X轴对齐UV贴图，如图5-236所示。

28 单独选择脚底部的面，使用Planer映射类型，选择Align Y方式沿Y轴向对齐UV，如图5-237所示。脚底的面的UV将从整个脚部被分离出来。

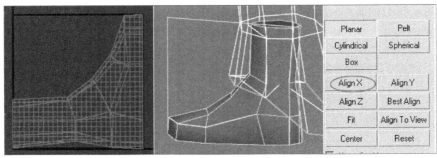

图5-236

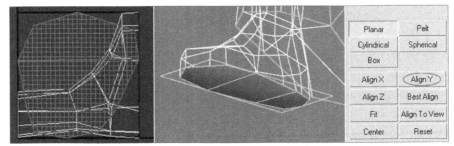

图5-237

29 选择脚面的UV，将其从脚底的UV上分开。此时脚面的UV还没有真正展开，如图5-238所示，需要继续对脚面的UV进行编辑。

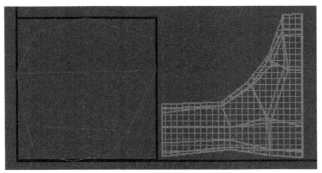

图5-238

30 选择脚尖和脚跟处的两条线，做为切开UV的线，执行Tools→Break命令或按快捷键Ctrl+B将UV切开，如图5-239所示。

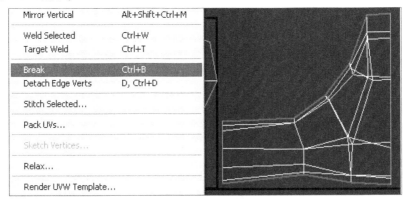

图5-239

31 剪切完成的UV边框线将以绿色显示，如图5-240所示。将重合的UV分开。

32 对照模型，调整UV，使棋盘格均匀就可以了，如图5-241所示。

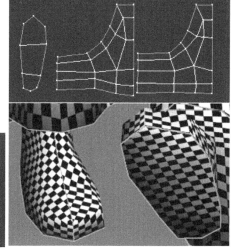

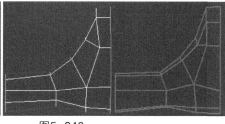

图5-240   图5-241

4. 编辑角色服装的UV坐标

接下来调整服饰的UV。分展服饰的UV和分展面部、四肢的UV一样，要活学活用，这样在以后的模型制作中才会得心应手。

01 在UV编辑器里找到裙摆的ID，进入面子对象级别。系统默认的UV映射类型为平面，如图5-242所示，需要对这部分模型的UV进行重新调整。

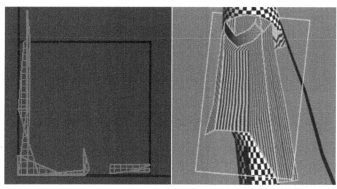

图5-242

02 将模型的UV映射改为柱形，调整柱形贴图框的大小和角度，使模型被UV贴图框完整地包裹住，如图5-243所示。

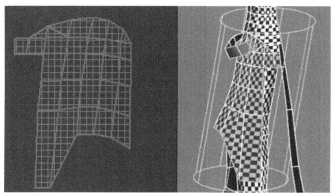

图5-243

03 调整UV贴图框。由于在上一步操作中，棋盘格贴图就已经比较均匀了，所以这里只做局部的调整即可。调整后的效果如图5-244所示。

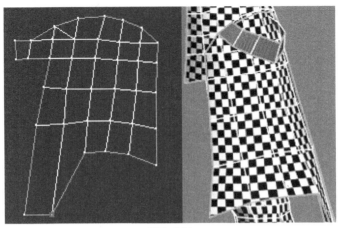

图5-244

04 找到衣领的面的ID，此时该处的贴图效果比较凌乱，如图5-245所示。

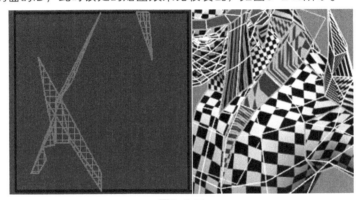

图5-245

05 模型的衣领结构比较奇怪，但是由于游戏模型的要求是结构比较简单，所以对此不必过多计较。对衣领部分也使用平面映射，如图5-246所示。手动调整每一个UV顶点的位置，直到棋盘格较为规整。这个过程一定要有耐心。

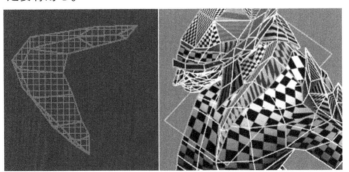

图5-246

06 对照模型上的棋盘格分布，调整UV，最后效果如图5-247所示。调整的过程可能会很单调，但是一定要细心，不然UV将产生严重拉伸，会使以后的贴图绘制过程变得非常困难。

07 选择肩甲ID。这里将肩甲分为两部分，前部分的面片为一个ID，后面的为另一个ID，这样就可以很方面地进行分展了，如图5-248所示。

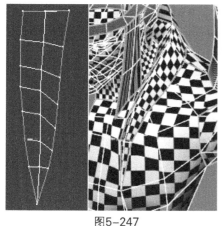

图5-247

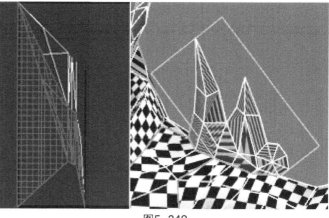

图5-248

08 对肩甲部分使用平面映射，选择Align Z，沿Z轴对齐UV，得到的效果如图5-249所示。

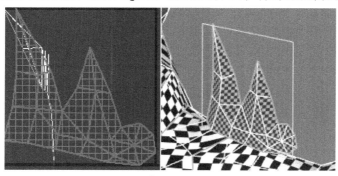

图5-249

09 对照棋盘格，将UV进行整体缩放，调整后的效果如图5-250所示。

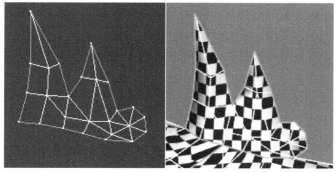

图5-250

10 使用同样的方法，选择肩甲背面的ID将其UV展平。肩甲UV全部调整好后的效果如图5-251所示。

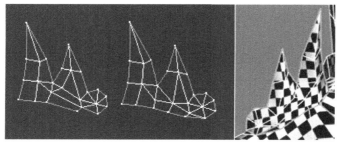

图5-251

11 选择首饰的ID。首饰的造型很复杂，但是UV却只有2片，如图5-252所示。这是因为在建模的时候，首饰部分是使用挤出边的方法来制作的，所以程序会默认为UV都在当时挤出的位置。此外，模型上有些地方可能没有显示出棋盘格，也是这个原因造成的，这里就不去深究了。

图5-252

12 将首饰部分的面设置为使用平面映射类型，设置贴图映射轴向为X，如图5-253所示。

图5-253

13 对UV进行调整，使棋盘格规整均匀。尤其要注意模型有转角的地方，在以平面映射展开时会产生UV拉伸，需要进行调整。调整后的效果如图5-254所示。

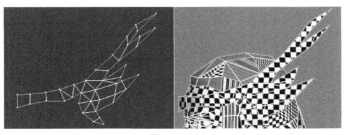

图5-254

14 选择护腕处的面的ID，如图5-255所示。

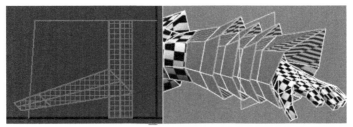

图5-255

15 对护腕处的面使用柱形UV映射，并将UV分界线调整至朝下（手臂内侧），如图5-256所示。

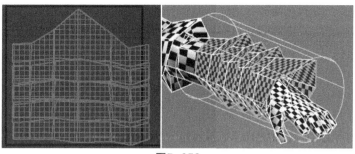

图5-256

16 选择Select Element复选框，单击选择UV上的顶点，选择整片UV，如图5-257所示。将重合的UV分开。

17 调整贴图框和模型棋盘格的分布，调整后的效果如图5-258所示。

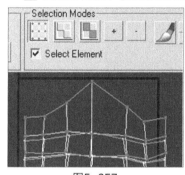

图5-257

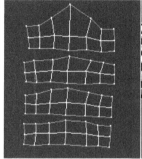

图5-258

18 选择腰部装饰的面，如图5-259所示。

图5-259

19 对腰部装饰的面使用柱形UV映射，并调整UV编辑框角度。此时注意到这部分模型上的棋盘格被拉伸得很严重，如图5-260所示，需要进行手动调整。

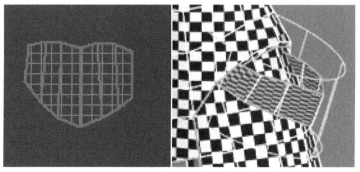

图5-260

⓴ 调整带饰的UV，使棋盘格分布均匀。调整后的效果如图5-261所示。

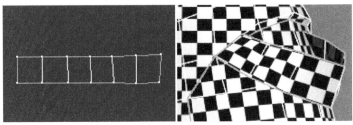

图5-261

㉑ 选择剩余装饰的面的ID。这是两个平面的结构，直接使用平面映射就可以了，如图5-262所示。

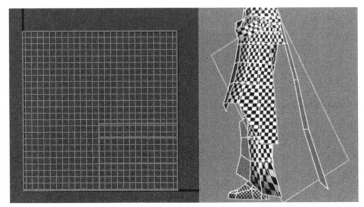

图5-262

㉒ 调整UV编辑框，最后的效果如图5-263所示。

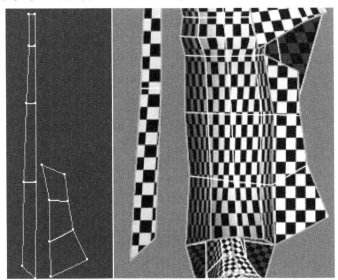

图5-263

5. 整理整体模型的UV坐标

经过上面的操作，模型的UV已经都分展好了，但是，要让UV正确地对应到模型上，需要整理模型的所有UV坐标。接下来就介绍具体的整理步骤。

🄌 打开UV编辑器，在所有ID号下拉列表里选择All IDs。可以看到，模型的所有UV都显示在UV编辑窗口里，如图5-264所示。此时UV的排布还是很乱，不过没关系，这不是最后的效果。

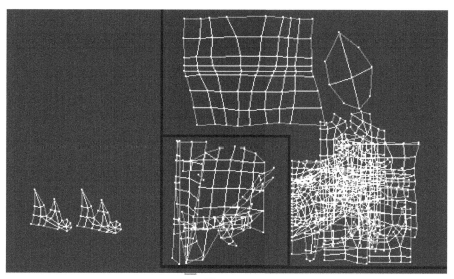

图5-264

02 将UV全部选中，使用缩放工具（快捷键R），将UV全部缩小。图5-265所示的蓝色基准框为UV的基准区，以后绘制的贴图要显示在这里，而UV也要全部放在这个基准框中才能够很好地反映出贴图的纹理效果。

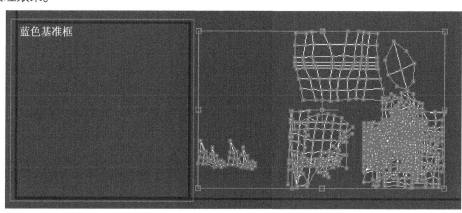

图5-265

03 将UV尽量合理地安排在UV的蓝色基准框里，分展的最终效果如图5-266所示。这里有些要注意的地方，在游戏的制作过程中，因为角色的面部要求制作得比较精致一些，所以在UV的排布上，要使面部的UV占有较大的比例，一般占贴图总面积的1/4～1/6为宜。也就是说，模型贴图上需要表现的细节越多，其UV在整个模型的UV中所占用的比例就越大。

6. 指定男主角角色贴图

绘制贴图的步骤如下。

01 首先，将模型的UV坐标渲染出来。在UV编辑器菜单里，执行Tools→Render UVW Template命令，如图5-267所示。

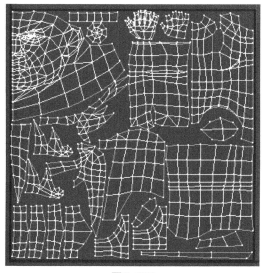

图5-266

02 此时将弹出Render Uvs对话框。这里设置游戏模型的贴图尺寸为1024像素×1024像素（一般游戏主角模型的贴图都采用这一尺寸），单击Render UV Template按钮，渲染模型的UV坐标，如图5-268所示。

03 此时将出现Render Map窗口。可以在此窗口中看到渲染出来的UV结果。单击窗口左上角的保存按钮，如图5-269所示。

图5-267

图5-268

图5-269

04 在随即弹出的保存对话框中，选择保存文件的路径，指定文件名为"男角色UV"，格式选择JPG格式，如图5-270所示。单击"保存"按钮后，会弹出一个JPG的属性窗口，按照默认设置保存即可。

05 在Photoshop中打开保存的"男角色UV.jpg"文件，如图5-271所示，这样就可以在Photoshop里绘制模型的贴图了。这时的图像颜色是黑色的，在上面画颜色不容易观察到效果，需要进行调整。

图5-270

图5-271

06 在Photoshop菜单中，执行"图像"→"调整"→"反相"命令（快捷键Ctrl＋I），使图像反相如图5-272所示。

反相以后，贴图背景色就是白色的了，如图5-273所示。这样可以很方便地对它进行编辑。将反相的文件保存起来。

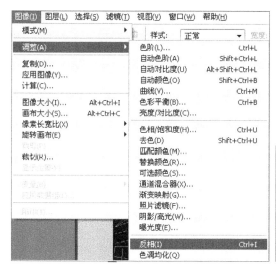

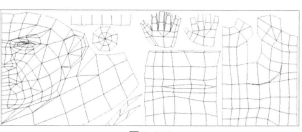

| 图5-272 | 图5-273 |

07 回到3ds Max里，打开材质编辑器，选择一个空白的材质球。单击Diffuse右侧的方框按钮，在弹出的对话框里选择Bitmap。具体步骤如图5-274所示。

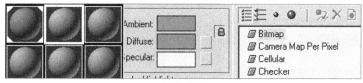

图5-274

08 此时会弹出一个对话框，将反相了的UV贴图文件赋予这个材质球。在模型被选中的状态下，单击附加材质给模型按钮，再单击显示贴图按钮，如图5-275所示。

09 此时的模型已经不再是棋盘格材质了，而是刚才在Photoshop里修改过的线框贴图，如图5-276所示。按F4键，显示出模型边线，看看是不是能够和贴图上的线对应。如果可以，说明之前的操作没有问题，可以着手进行接下来的贴图绘制工作了。

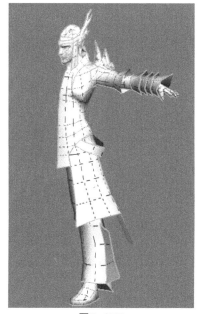

| 图5-275 | 图5-276 |

7. 绘制贴图整体的主色

绘制身体部分的贴图的具体步骤如下。

图5-277

01 回到Photoshop中，按照原画给出的设定，先将贴图上的主要色调绘制出来。首先，在Photoshop的"图层"面板里新建一个透明图层，将图层混合模式改成"正片叠底"，图层名为"大颜色"，如图5-277所示。

02 绘制出面部的主色。保存贴图文件，再进入3ds Max里观察模型，可以看到人物的面部已经有颜色，如图5-278所示。

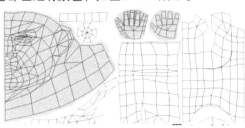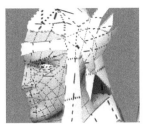

图5-278

03 参考原画的颜色，在Photoshop中将其他部位的贴图主色绘制出来。保存文件，然后回到3ds Max里，将人物的半个模型使用Symmetry修改器对称出另外一边，观察整体效果，如图5-279所示。

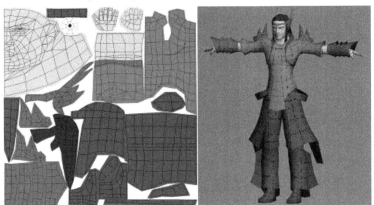

图5-279

04 基本的主色调有了，接下来确定服装上装饰的大体位置。将服装的花边等部分简单地绘制出来，完成后的效果如图5-280所示。

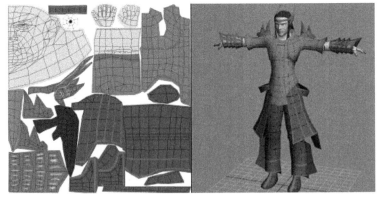

图5-280

05 调整贴图的整体色彩关系。因为衣服的主色都是平涂出来的，没有光影效果，所以在这一步要调整颜色，使整体产生明暗变化，如图5-281所示。这一步很重要，否则以后在制作细节的时候，发现大体的颜色关系没处理好，但是细节已经处理得差不多了，到那时再修改，效果会差强人意。

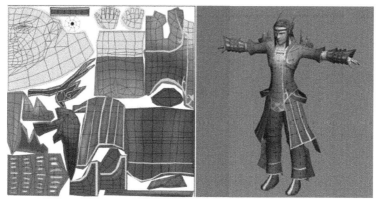

图5-281

8. 绘制男角色面部贴图

绘制男角色面部贴图的步骤如下。

01 角色身体贴图的主要色彩关系调整基本完成后，就进入细节上的处理。先确定人物的五官位置，如图5-282所示。

02 调整大体的明暗关系，使眉弓骨位置和鼻子下方比较暗一些，如图5-283所示。这时如果在3ds Max里观察贴图后的效果，可能会感觉有些恐怖，不过没关系，这不是最终的效果。

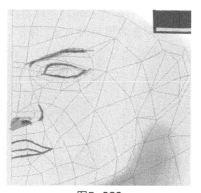

图5-282

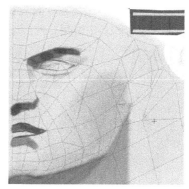

图5-283

03 在明暗关系上做进一步地调整。可以将面部的一些细节绘制出来，如图5-284所示。

04 将UV坐标图层的透明度降低到10%，大致可以看到线框即可。使用笔刷工具，以柔和的笔触将面部贴图大体颜色涂抹均匀，否则这些边缘清晰的颜色块会在模型上产生明显的块面感，如图5-285所示。

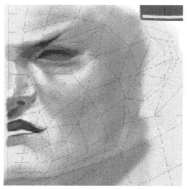

图5-284

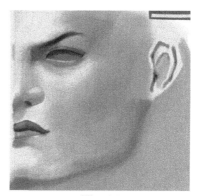

图5-285

05 在调整面部贴图的时候，最好也像之前对照棋盘格一样，一边绘制一边观察其赋予模型后的效果，因为需要的最终效果是贴图赋予模型后的效果。绘制完成的面部贴图如图5-286所示。

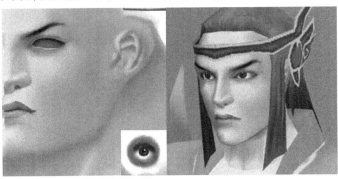

图5-286

06 将头发的纹理绘制出来。注意发型的结构，在发梢末端，光线可以处理得略微暗一些，如图5-287所示。

07 绘出简单的发饰和发型，注意头发的走向和UV的关系，如图5-288所示。初学者在绘制的时候，可能很难将贴图纹理和UV很好地调配起来，这种能力是长期绘制模型贴图的过程中逐渐形成的一种感觉和经验，不是短期可以领会的，所以一定要有耐心。

08 添加阴影效果。这一步是为了使不同方向的头发产生层次的变化，而在头发分层的地方添加阴影效果。具体方法是新建一个图层，设置图层的混合模式为叠加；使用区域选择工具选择需要加入阴影的区域，加入适当的羽化效果，然后填充黑色。添加阴影效果后的头发如图5-289所示。

图5-287

图5-288

图5-289

9. 绘制男角色服装贴图

绘制男角色服装贴图的步骤如下。

01 因为前面已经大致把边饰部分的主色确定了，因此这里将服装边饰的周围加上一些阴影效果，让服装之间产生层次感。加入阴影效果后的边饰贴图如图5-290所示。

02 在衣服的贴图上绘制出衣服褶皱，如图5-291所示。可使用稍微淡一点的笔触，将笔刷的透明度和纯度调低一些，这样画出来的效果会柔和一些，看起来也比较舒服。腋下的部分要处理得稍微暗一些。

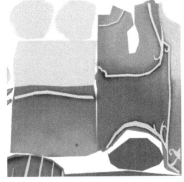

图5-290

03 调整细节。将领口的装饰的颜色区分开来，注意接缝的地方要使用一种颜色，避免在模型上产生明显的接缝。调整后的效果如图5-292所示。

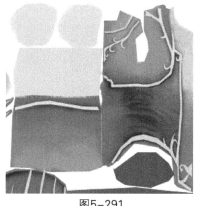
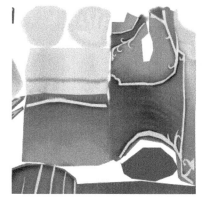

图5-291   图5-292

04 回到3ds Max里，观察贴图效果，对UV进行细微的调整。调整后的贴图效果如图5-293所示。

图5-293

05 在Photoshop里继续调整服装的明暗过渡关系。因为裤子被裙摆挡住，所以这里的亮度比较低。调整服装明暗过渡关系后的效果如图5-294所示。

06 确定大体的光线明暗关系，增加服装的褶皱等细节，如图5-295所示。注意，增加裤子上的褶皱时比较抽象，应对应模型的网格进行调整。

图5-294   图5-295

07 加入服饰等细节，腰带上的造型可以更丰富一些，如图5-296所示。

08 使用套索工具选择带饰和衣服的衔接部分，调整羽化值。在衔接的地方将阴影的效果画出来，使腰部的装饰和衣服产生明显的层次感，如图5-297所示。

  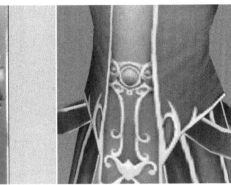

图5-296   图5-297

09 将裙摆部分绘制出层叠的效果。在裙摆其中的一边加入比较明显的阴影，在另一边稍弱一些，就可以很好地表现出层叠的效果,如图5-298所示。

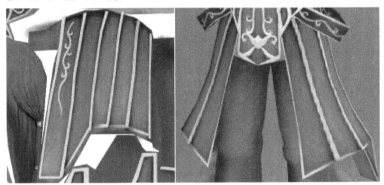

图5-298

10 将头饰上的金边的明暗效果绘制出来。因为这部分是在新建立的图层中绘制的，所以只要按住Ctrl键在"图层"面板中单击该图层，就可以快速将金边的区域选中，然后按Ctrl+H快捷键取消选框的显示。在选区中绘制，既可以直接观察到修改的效果，又不会画到选区之外。选择黑色，将透明度和流量降低，在金边选区内涂抹，绘制出明暗效果。修改后的效果如图5-299所示。

图5-299

10. 整体调整男角色贴图

绘制完成的贴图需要进行整体效果的调整，具体步骤如下。

[01] 添加一个暗色的图层，使用正片叠底效果，对暗色图层进行修改。使用橡皮擦工具，选择柔和一点的笔刷，擦出较亮的地方。将面部、手部以及服装的高光部分全部擦出来以后，就会感觉模型贴图更加富有质感了，如图5-300所示。

图5-300

[02] 贴图调整完成以后，将调整好的贴图附予模型，最终的效果如图3-301所示。

图3-301

5.3.2 女主角角色的UV的编辑

对女主角角色的UV进行编辑，编辑的具体步骤同样还是按照头部、躯干、四肢、服装的顺序展开，最后进行统一调整以便进行贴图的绘制。

1. 设置模型ID

对模型的各部分进行ID设置的步骤如下。

01 将模型对称的部分删除，只留下其中的一半。因为头发部分是不对称的，所以这里不能将其删除，如图5-302所示。这样，准备工作就完成了。

02 选择整个模型的面，在Set ID输入框将其设置为ID1，如图5-303所示。这样在以后分开设置各部分ID的时候，可以从这里找到漏选的面。

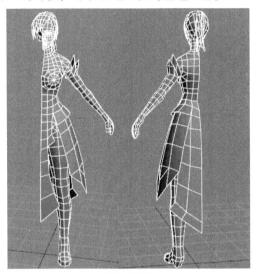
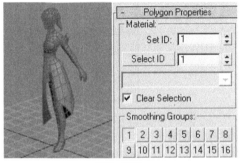

图5-302　　　　　　　　　　　　　　　　　图5-303

03 选择面部的面，在Set ID输入框将其设置为ID2，如图5-304所示。注意，头部的面片没有将脖子选进来，是因为脖子和脸的接缝处不容易被观察到，而且如果将脖子的UV和面部UV做为一个整体，容易使脖子部位的UV产生较大的拉扯变形，所以这里应该对脖子的UV进行单独编辑。

04 重新选择ID1的面，会发现ID1包括的面中，已经将面部的面除去了，如图5-305所示。这样，在为身体其他部分设置了ID之后，可以在ID1里很容易地找到被漏选的面。

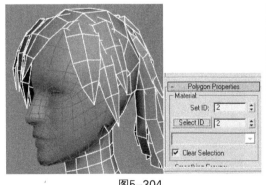
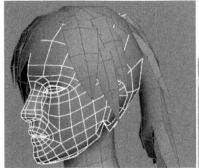

图5-304　　　　　　　　　　　　　　　　　图5-305

05 选择头发部分，在Set ID输入框将其设置为ID3，如图5-306所示。

06 选择头帘部分，在Set ID输入框将其设置为ID4，如图5-307所示。由于这里的面片较多，一个一个地设置会很麻烦，而且不容易记忆，所以要将所有头帘部分设置为同一个ID。

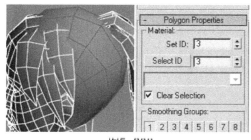

图5-306   图5-307

07 辫子和头帘部分设置为ID5，如图5-308所示。之后，可对其进行单独元素的UV展开操作。

08 由于躯干被衣服分成两部分，所以将衣服以外的上身部分设置为ID6，将这部分和包裹服装的躯干部分分开，如图5-309所示。

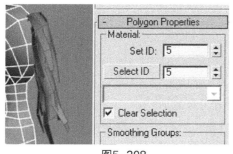

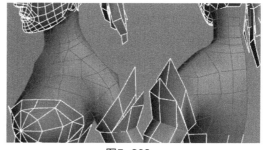

图5-308   图5-309

09 躯干有服装的部分设置为ID7，如图5-310所示。

10 选择裙子部分，设置为ID8，如图5-311所示。

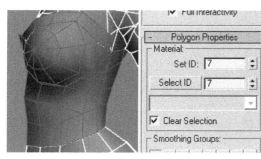

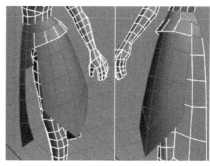

图5-310   图5-311

11 裙子的其他部分设置为ID9，如图5-312所示。这部分面和前面设置过ID的部分有重合的地方，因此展开时UV会有重合，需要进行调整。调整的方法后面会详细介绍。

12 选择小腿以上的腿部所有的面，设置为ID10，如图5-313所示。

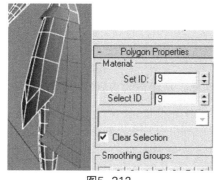

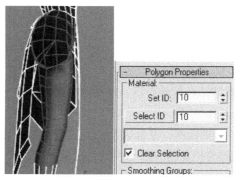

图5-312   图5-313

[13] 腿部剩下的面为靴子的造型，将这些面设置为ID11，如图5-314所示。

[14] 将胳膊部分设置为ID12，如图5-315所示。

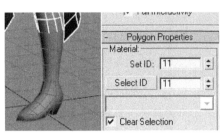

图5-314

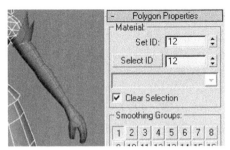

图5-315

这样模型的所有面的ID就设置好了。

2. 编辑角色头部的UV坐标

接下来进行角色头部UV的分展，具体步骤如下。

[01] 打开Modify面板，为头部模型添加Unwrap UVW修改器。在命令面板中单击Edit按钮，打开UV编辑器。具体步骤如图5-316所示。

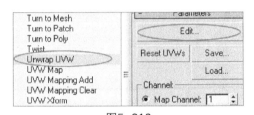

图5-316

[02] 在UV编辑器里，从所有ID下拉列表中选择面部的ID，即ID2。进入UV的面子对象级别，选择面部所有的面，如图5-317所示。此时选择的面会以默认的UV映射类型展开。

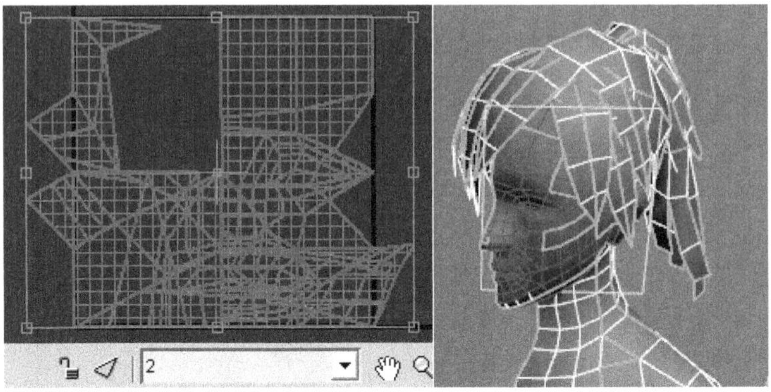

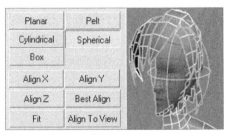

图5-317

[03] 单击Spherical按钮，将面部UV的映射类型改为球形。注意，单击UV模式按钮后，贴图框可能并未出现在模型的面部，此时单击Fit按钮，贴图框就会自动移到需要展开的位置，如图5-318所示。从图中可以看出，球形UV贴图框不是在最佳位置上，需要手动进行调整。

分展UV需要足够的细心，不过其过程也很有意思。将分展UV这一步做好，到绘制贴图的时候，就会事半功倍。

图5-318

[04] 使用移动和旋转工具，将球形贴图框对准模型的头部，把绿色的分界线旋转至脑后，如图5-319所示。

[05] 切换到前视图，查看球形的UV贴图框中心是否和模型的中心对齐，如图5-320所示。因为后面还要将模型对称复制出另一半，所以这里需要将它们的中心位置对齐。

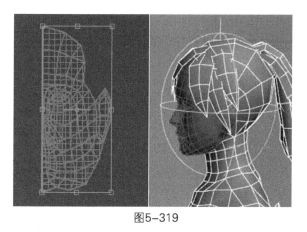

图5-319

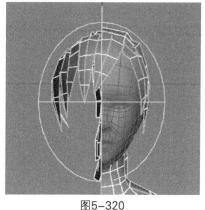

图5-320

06 建立一个棋盘格材质，将棋盘格材质赋予模型，根据观察到的UV在模型上的拉伸情况进行手动调整，如图5-321所示。这个过程需要比较细致地调整，如鼻子部分的拉伸现象是无法由软件自动完成调整的，只能通过手动方式调整UV的顶点，将UV尽量展平，使棋盘格均匀分布。

07 对照棋盘格，手动调整UV上的各顶点，使棋盘格均匀分布以后，UV的分展结果如图5-322所示。

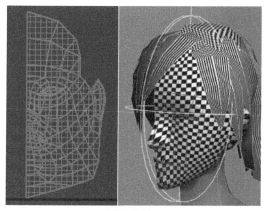

图5-321

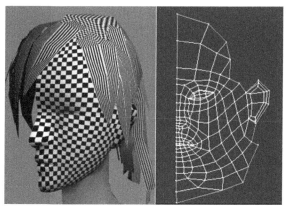

图5-322

08 接下来选择ID 3的头发模型。同样也选用球形映射，不过分界线的角度要有所不同。因为头发是盖在头顶上的，所以以发髻线的位置来对齐，如图5-323所示。

09 对照棋盘格调整UV，调整结果如图5-324所示。头顶部分的UV拉伸较大，所以头顶部分的棋盘格会略微大一些，但只要分布均匀即可。

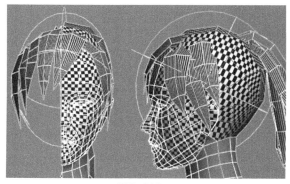

图5-323

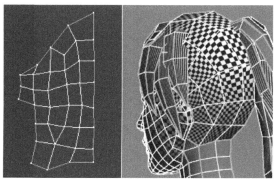

图5-324

10 因为刘海部分是由几个单独的面片组成的，所以展开的方法就可以灵活一些。先给刘海部分选择球形的UV映射，如图5-325所示。

⑪ 因为这里的UV发生了重叠，所以要将重叠的UV单独分开。选择Select Element复选框，如图5-326所示，将重叠的UV分开放置。

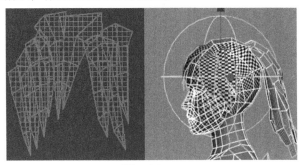

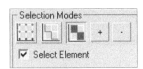

图5-325

图5-326

⑫ 将刘海部分UV分开以后，观察模型，发现有些棋盘格不是很均匀，如图5-327所示，需要进行调整。

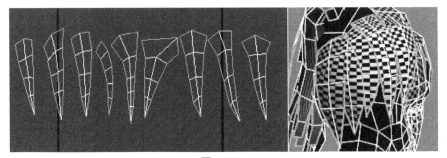

图5-327

⑬ 在Unwrap UVW修改器中，执行菜单的Tools→Relax命令，之后会弹出Relax Tool对话框。对话框的参数使用默认值就可以了，单击Apply按钮后，对UV顶点进行调整，如图5-328所示。经过这样的调整，UV展开效果会很平整，观察模型上的棋盘格，基本没有拉伸现象。

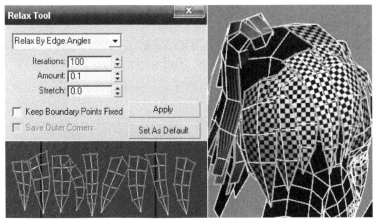

图5-328

⑭ 选择ID5，即辫子部分的面。这部分的结构有点细碎，可以使用与刘海部分相同的展开方法对这部分UV进行分展。依照模型的大致形状，选择柱形的UV映射，如图5-329所示。

⑮ 因为辫子里面有一些桶一样的结构，所以要将模型的UV切开。选择需要切开的边，按快捷键Ctrl+B将UV切开。这样会产生很多断面，需要将它们焊接好。选择边缘的顶点，按快捷键Ctrl+W将断面焊接到一起。经过调整，头发部分的UV展开效果如图5-330所示。

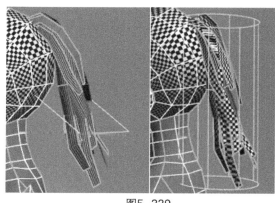

图5-329

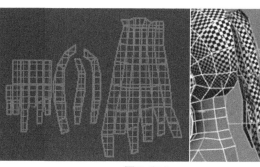

图5-330

3. 编辑角色躯干部分的UV坐标

编辑角色躯干部分UV坐标的步骤如下。

01 选择躯干部分的面，即ID6，如图5-331所示。这一部分的结构比较复杂，可以将这部分UV分别进行拆分，比如按照原画上衣服的边缘线进行面的拆分，这样编辑出的UV效果会好些。

02 选择脖子上部的面，设置这部分的UV映射为柱形，如图5-332所示。这样脖子部分的UV就分展好了。将修改后的UV放置到一边，以便编辑被重叠放置的其他部分的UV。

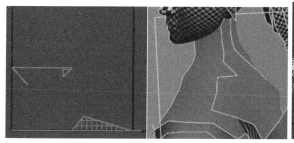

图5-331

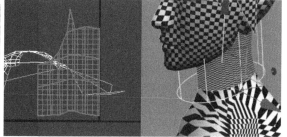

图5-332

03 按照衣服的边缘，将脖子下部的面和背部的面一起选中，如图5-333所示。这些面基本上能够和原画的服装部分相对应。

04 将胳膊后面的面单独选出来，如图5-334所示。这部分面是环形结构，在分展UV的时候要从这里断开，否则展开的UV会粘到一起。选择柱形映射，将这部分UV展开。

05 将胸部剩下的面选中，使用平面映射类型将UV展开，如图5-335所示。

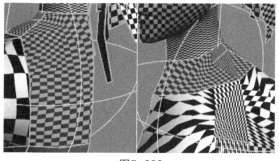

图5-333

图5-334

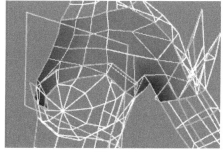

图5-335

06 经过编辑之后，女主角的躯干部分就被分成了如图5-336所示的4部分。要将这4片UV合理地进行焊接，使它们成为一整块的UV，以便绘制贴图。

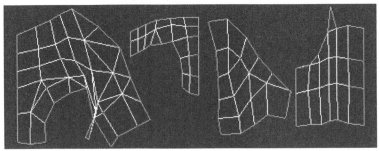

图5-336

07 选择切开的一排边线，此时会看到另外一片UV上的边缘会有相同数目的边以蓝色显示，如图5-337所示。这是因为在模型上的时候它们本来是同一条边，只是在对UV进行编辑的时候由此处切开了，此时需要将这些边焊接回去。

08 将脖子部分的UV对照视图中的棋盘格调整好，这里的UV以后不会再进行调整，如图5-338所示。将切开的服装部分的UV和脖子的UV对齐，按快捷键Ctrl+W进行焊接。

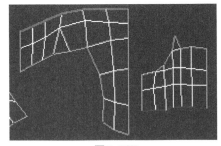

图5-337

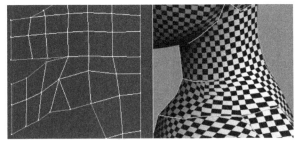

图5-338

09 使用松弛功能，对照棋盘格调整UV各顶点的分布，将UV缝合成一张完整的UV，如图5-339所示。

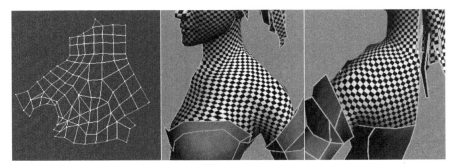

图5-339

10 选择ID7的面，编辑躯干服饰部分的UV，如图5-340所示。

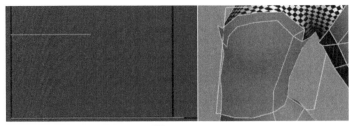

图5-340

11 选择柱形的UV映射，将躯干的下半部分展开，如图5-341所示。

图5-342所示为躯干部位展开后的UV。

分展UV的方法没有定规，只要看到一个模型的时候，脑子里能够出现一个大致的拆分步骤，就可以很好地将模型的UV分展开，然后对照棋盘格进行调整即可。

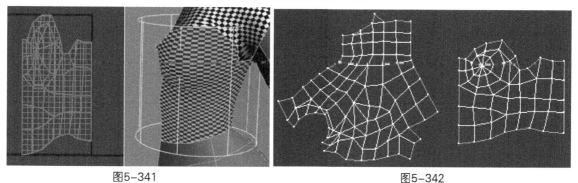

图5-341　　　　　　　　　　　　　　　　　　　图5-342

4. 编辑角色四肢UV坐标

角色四肢的UV编辑步骤如下。

01 选择ID12，即胳膊的面，如图5-343所示。

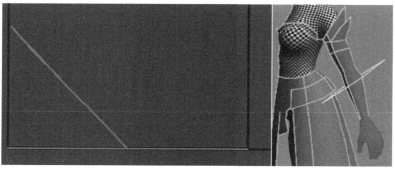

图5-343

02 取消对手部的面的选择。这是因为此处的面比较复杂，如果将手和胳膊连在一起进行UV编辑，则手部的UV将会产生严重的拉伸现象。这里给胳膊的面选择的UV映射类型为柱形，将贴图框的角度和大小都适配到胳膊上，如图5-344所示。

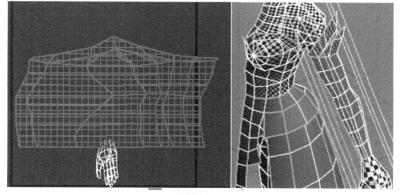

图5-344

03 即使使用的柱形映射很恰当地适配到胳膊上，UV也会被严重拉伸，这是因为该模型的胳膊的角度是倾斜的，使用柱形贴图框不太好调整。此时需要使用Relax功能将UV松弛后，再做进一步地调整。胳膊的UV调整结果如图5-345所示。

04 将手背上的面选中，如图5-346所示。注意不要选到手心的面。手的结构很复杂，一般会将手部从胳膊上切开，以便展开UV。将手的UV分成手心和手背两片，或者由拇指部分切开，成为单独的一片。

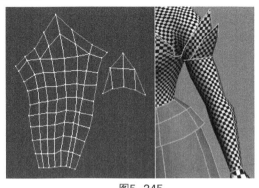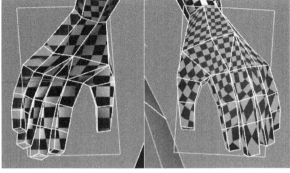

图5-345　　　　　　　　　　　　　　　　　　　图5-346

05 使用Planer映射将手的UV展开，手动调整UV的顶点，如图5-347所示。手的造型复杂，使用松弛功能调整时会出现一些错误，效果也很不理想，所以需要对照棋盘格的分布手动调整UV。两根手指中间的部分一般都会产生一定的拉伸现象，这是允许的。

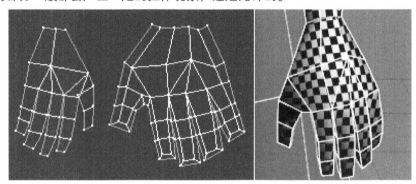

图5-347

06 选择腿部的ID。腿部UV的分展一般比较容易，可以使用Cylindrical映射，给模型使用柱形的UV映射类型，然后调整柱形贴图框和腿部的适配关系就可以了。一般分界线要调整到大腿内侧。腿部的UV分布效果如图5-348所示。

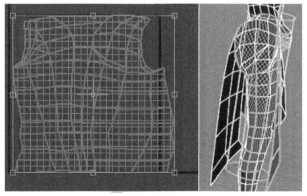

图5-348

07 使用松弛功能松弛UV，如图5-349所示。此时看到UV上出现了多边面，需要回到模型中重新进行调整，因为在UV编辑状态下是不能够对模型进行调整的。如果此时不对多边面进行处理，而直接执行Editable Poly操作，就会影响UV的贴图结果。解决的方法是对模型使用Collapse To命令进行塌陷，保留此时的UV信息，然后再修改模型中有错误的地方。

图5-349

08 经过修改，腿部的棋盘格均匀了，其UV如图5-350所示。

09 对脚部的UV进行编辑。选择ID11，即脚部的面，取消鞋底部分的面的选取，如图5-351所示。因为鞋底的面一般不容易被看到，所以可以将UV的接缝放在这里。

10 选择Planer映射类型，对脚部进行UV编辑操作，如图5-352所示。这里将把脚部侧面的UV分成两片进行操作。虽然平面贴图框的方向不同于以前选择的面，不过道理是一样的。

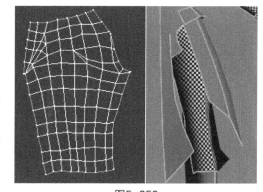

图5-350

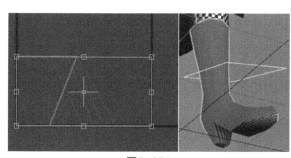

图5-351

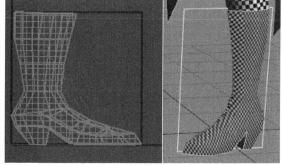

图5-352

11 进入Unwrap UVW的边子对象级别，选择鞋面和脚跟部位的两排线，如图5-353所示，使用快捷键Ctrl+B将UV从此处断开。

12 将鞋子的两片UV分开，使用松弛功能进行松弛，最后得到的UV如图5-354所示。

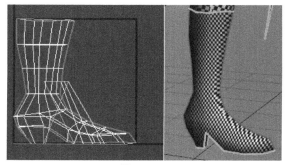

图5-353

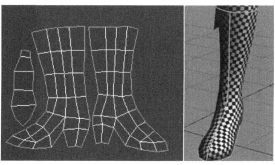

图5-354

5. 编辑角色服装的UV坐标

编辑角色服装UV的步骤如下。

01 选择ID8，即模型的裙子部分，对模型服装的UV进行编辑，如图5-355所示。通过观察模型的结构决定使用什么样的映射类型来展开UV。

02 这里使用Cylindrical柱体映射来展开裙子部分的UV。执行编辑器菜单的Tools→Relax命令，使用松弛功能对UV进行松弛，对照模型上的棋盘格进行UV调整。调整完成的UV效果如图5-356所示。

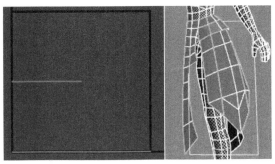

图5-355

03 用同样的方法整理裙子其余部分的UV，展开的UV效果如图5-357所示。

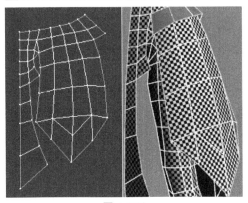

图5-356

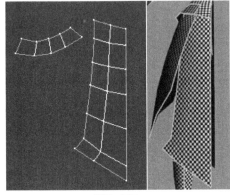

图5-357

这样，服装部分的UV也分展完成了。这一部分比较常用的是松弛、剪切和焊接功能，将这些功能熟练地与UV编辑操作相结合，需要多加练习。

6. 调整整体模型的UV坐标

现在编辑器中的UV比较凌乱，接下来将分展完成的UV整理好。

01 将UV分布在蓝色基准框的四周，如图5-358所示。

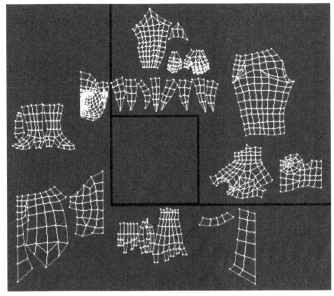

图5-358

02 在进行UV的摆放之前，需要进行适当的调整，比如人物背部这种比较容易被看到的地方，最好将拆分成的两块或几块UV进行焊接，如图5-359所示。这样可以给以后的绘制贴图工作带来方便。

 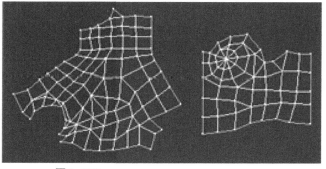

图5-359

03 选择两片UV切开处的边，则选择的边会以红色显示，如图5-360所示。只要将接缝焊接好就可以了。

04 有些UV焊接后会有重合，可使用松弛功能或者手动调整UV，以消除UV上重合的部分。最后观察模型上的棋盘格是否均匀，如果均匀表示接缝已经调整好了，如图5-361所示。

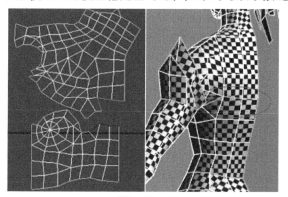 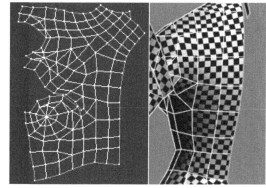

图5-360 图5-361

05 使用同样的方法，将腿部、脚面和小腿上的接缝进行处理。重新调整过的UV如图5-362所示。

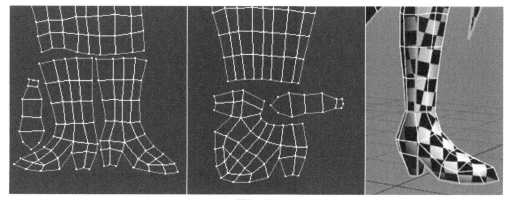

图5-362

06 当调整好的UV在蓝色基准框里摆放好，模型上的棋盘格也比较均匀，女主角的分展UV工作就完成了，如图5-363所示。

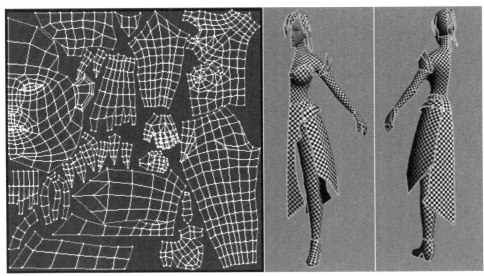

图5-363

7. 绘制女主角角色贴图

绘制女主角UV贴图的步骤如下。

01 在UV编辑器菜单中，执行Tools→Render UVW Template命令，对女角色的UV进行渲染。设置UV贴图尺寸为1024×1024像素，单击Render UVW Template按钮渲染UV，如图5-364所示。将UV线框信息保存为JPEG格式的图像。

02 在Photoshop中打开女主角UV贴图，按Ctrl+I快捷键将UV图像反相，如图5-365所示。将图像保存为PSD格式的文件，文件名为"女主角贴图"。

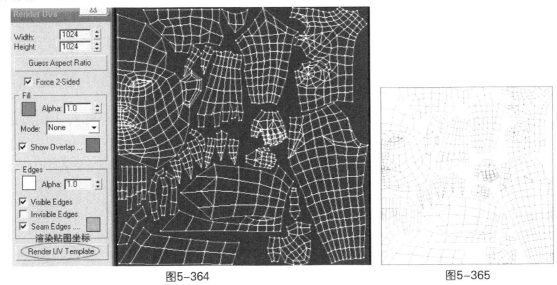

图5-364

图5-365

03 回到3ds Max里，打开材质编辑器，选择一个空白材质球，将保存的PSD格式的贴图赋予该材质球，如图5-366所示。

图5-366

04 将材质球的材质赋予模型，模型上将会显示渲染出来的UV坐标线框图像，如图5-367所示。接下来在Photoshop里修改贴图，就可以即时在3ds Max里看到修改后的贴图映射在模型上的效果。

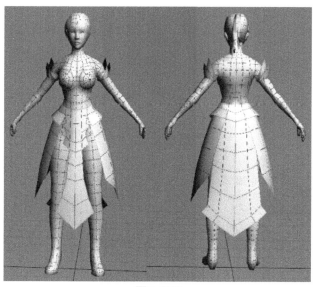

图5-367

8. 绘制贴图整体主色

01 在Photoshop里新建立一个图层，设置为"正片叠底"。使用选取工具，先将胳膊部分的UV线框范围选取出来，填充主色后保存文件。回到3ds Max中观察模型，将出现如图5-368所示的变化。

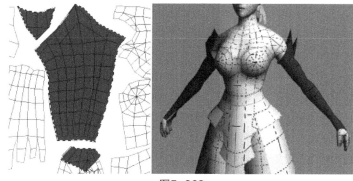

图5-368

02 将服装部分的主色画出来，随即就可以看到模型上服装部分的改变，如图5-369所示。

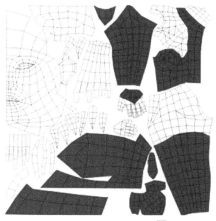

图5-369

03 将皮肤的颜色画出来，如图5-370所示。

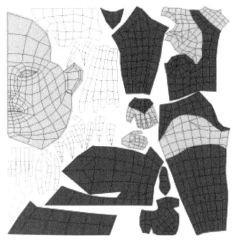

图5-370

04 画出头发的颜色。原画中的头发是白色的，但是我们不能把头发画成纯白色，因为头发受到环境的影响，不会是纯白色。这里给头发添加灰一点的颜色，如图5-371所示。

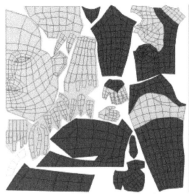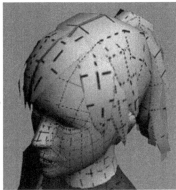

图5-371

9. 绘制女主角服饰纹理

绘制女主角服饰纹理的步骤如下。

01 将服装上白色花边装饰的主色和造型绘制出来，如图5-372所示。

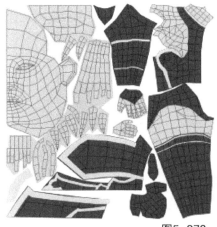

图5-372

02 进一步丰富衣服上的细节，将衣服和裙子上的纹理绘制出来，如图5-373所示。

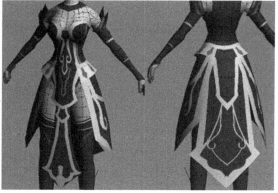

图5-373

10. 绘制女主角贴图的明暗关系

此时的图像没有表现出明暗关系，显得很平，因此需要将明暗关系绘制出来，具体步骤如下。

01 在绘制有颜色的图层上新建一个图层，按住Ctrl键单击有颜色的图层，即可按照着色的范围来选取。使用柔边的画笔，将模型的明暗关系绘制出来，如图5-374所示。

图5-374

02 画出皮肤的明暗关系。注意人物头部的结构关系，确定头部颜色较暗的地方，比如眼窝和下颚的部分，如图5-375所示。

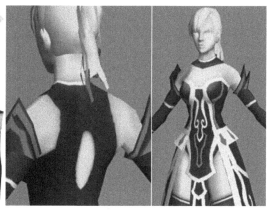

图5-375

11. 绘制女主角面部的贴图

绘制女主角面部贴图的步骤如下。

01 将五官的轮廓线画出来。这一步的主要作用是为了确定五官的位置，如图5-376所示。

02 填充五官的颜色。这时的眼白和瞳孔是纯色的，会感觉有些死板，如图5-377所示。不过这

不是最后的结果，还需要进一步细化。

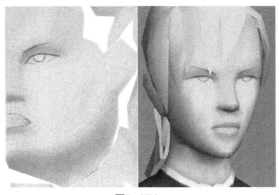 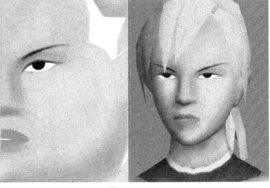

图5-376　　　　　　　　　　　　图5-377

03 将五官的明暗关系绘制出来，注意强调眼角两边的体积感，如图5-378所示。眼角的关系表现出来会使眼睛看起来更大一些。

04 深入调整面部细节。眼睛要有透明的感觉，瞳孔是整个眼睛最黑的地方，要避免把整个眼珠制作成纯黑色的圆形。绘制出耳朵的细节，颜色不要和皮肤的色差太大，如图5-379所示。

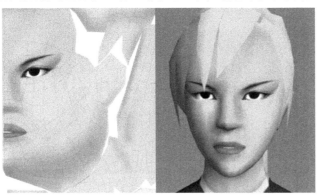 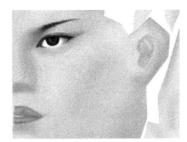

图5-378　　　　　　　　　　　　图5-379

05 加入高光。不同质感的表面上的高光有很大的差别，比如在面部贴图上，眼睛的高光一定是最明显的，其次是鼻子和颧骨部分的高光，如图5-380所示。

06 接下来绘制头发的明暗效果，如图5-381所示。

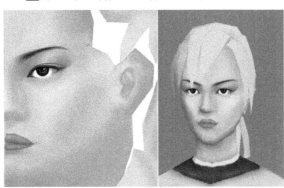 

图5-380　　　　　　　　　　　　图5-381

07 建立一个新层，混合模式使用正片叠底，将毛发的细节绘制出来，如图5-382所示。

08 使用加深工具，将后脑下面的头发继续加深，否则会使整个头部显得没有立体感，如图5-383所示。

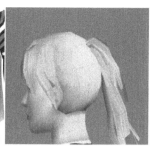

图5-382　　　　　　　　　　　　　　图5-383

09 调整脖子与发根部分的衔接关系，在脖子和头发衔接的地方添加毛发等细节，使它们之间产生过渡关系，如图5-384所示。

10 使用减淡工具将头发的高光画出来，适当增加一些发丝等细节和头发之间的对比关系，使头发看起来有立体感。因为后面还要制作一张头发的透明贴图，所以可以将发梢的对比度绘制得不那么强烈，以使将来头发的效果更加自然一些，如图5-385所示。

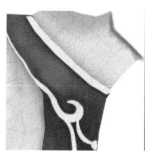
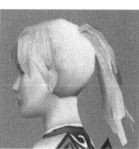

图5-384　　　　　　　　　　　　　　图5-385

12. 绘制女主角贴图服饰细节

服饰细节的绘制步骤如下。

01 对服饰的细节进行调整，分出层次。比如在服饰的一边绘制出较深的颜色，就会使另一边显得高一些，这样它们之间的层次就分开了，如图5-386所示。像这样相互衬托的方法，在游戏贴图绘制中会经常用到。

02 将服装整体的层次都绘制出来，如图5-387所示。

图5-386　　　　　　　　　　　　　　图5-387

03 按照原画的设定，将裙子花边的底色绘制出来。注意，要留出一条白色的边。新建一个图层，使用选区工具选出花边底色的区域，然后使用柔边笔触，绘制出明暗效果，如图5-388所示。通过观察模型中的明暗效果，使其基本和原画能够吻合。

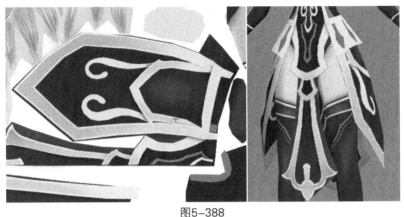

图5-388

04 使用橡皮擦工具擦出花纹，如图5-389所示。

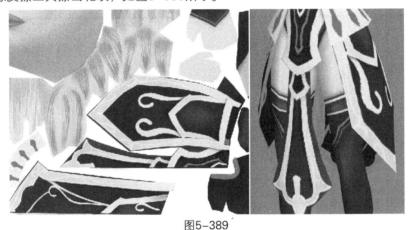

图5-389

05 观察到此时角色胸部的体积感不够明显，所以在胸部下面添加明显的过渡关系，并略微添加一些反光，如图5-390所示。

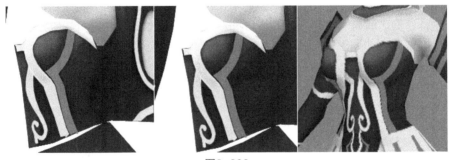

图3-390

06 在原画中，角色胸前的粉色带子是有花纹的，因此需要制作这部分花纹。建立一个新图层，使用套索工具选择如图3-391（a）所示的选区，将粉色的装饰带留出边，然后填充为和服装颜色差不多的蓝紫色，最后使用橡皮擦工具擦出花纹，如图3-391（b）所示。

07 绘制出带饰的明暗效果，尤其是胸部下面较暗的地方的效果。将明暗效果绘制出来，带饰的立体感就出来了。之后，在带饰的边缘处加入高光，如图5-392所示。

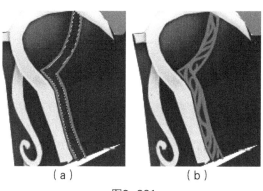

（a） （b）

图3-391

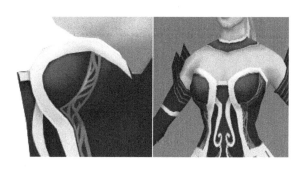

图5-392

08 将腹部花边上的明暗转折效果也绘制出来，如图5-393所示。

09 绘制出布料的褶皱纹理。在腰部转折较大的位置，布料的褶皱要密集一些，如图5-394所示。

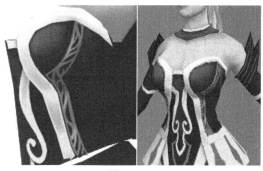

图5-393

图5-394

10 添加肩膀处的装饰。建立一个新图层，用套索工具绘制出装饰形状的选择区域，填充为深紫色，如图5-395所示。

图5-395

11 使用橡皮擦工具擦出装饰的纹理，再选择花纹底色的图层，使用减淡工具绘制出装饰的高光部分，如图5-396所示。

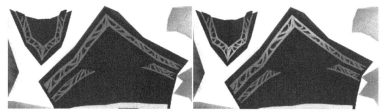

图5-396

12 将胳膊上的服装纹理效果绘制出来。其中肘关节和腕关节处的衣服褶皱较为明显，在这些部位还要添加服装的褶皱效果，如图5-397所示。

13 将衣服的高光使用减淡工具绘制出来，如图5-398所示。

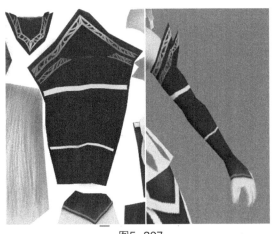
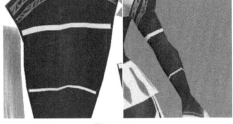

<table>
<tr><td>图5-397</td><td>图5-398</td></tr>
</table>

14 制作一张如图5-399所示的纹理贴图，做为腿部丝袜的纹理。

15 调整丝袜纹理的角度，将透明度降低至30%，使用橡皮擦工具，以柔和的笔触，擦去靠近大腿部位的过硬的纹理，然后删除多余的部分。丝袜部分的贴图效果如图5-400所示。

<table>
<tr><td>图5-399</td><td>图5-400</td></tr>
</table>

16 将鞋子与腿部边缘的效果绘制出来，如图5-401所示。注意接缝的地方要处理好。

17 在鞋子与腿部交界边缘下层，强调出阴影效果，使贴图表现出层次感。将粉色边缘的高光和暗面区分开来，让边缘处也表现出层次感，如图5-402所示。

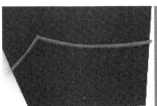

<table>
<tr><td>图5-401</td><td>图5-402</td></tr>
</table>

18 去掉靴子表面的网格纹理，否则腿部和靴子都没有层次感。在脚面部分加入一些高光，调整后的效果如图5-403所示。

19 最后进行整体调整，效果如图5-404所示。

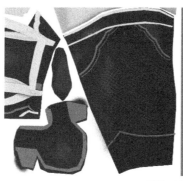

图5-403

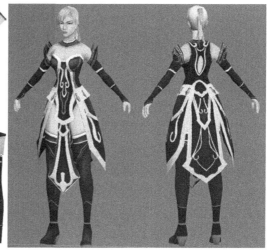

图5-404

13. 绘制女主角服装的透明贴图

因为女主角的服装和头发等部分需要采用透明贴图方式来处理，所以接下来要给模型制作透明贴图，步骤如下。

01 选择"通道"面板，里面会有RGB总通道和红、绿、蓝3个颜色信息通道。单击新建按钮，建立Alpha通道，此时新建的Alpha通道会以红色遮罩的方式显示出来，如图5-405所示。

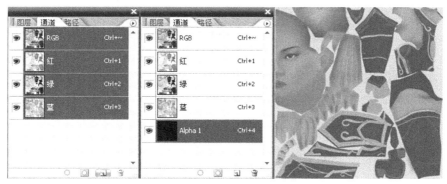

图5-405

提示

因为计算机屏幕对色彩的显示方式是由光的三原色，即红、绿、蓝所组成的不同的色彩，所以在开发Photoshop程序的时候也是按照这种基本的色彩构成原理来定义RGB这种红绿蓝色彩通道的。计算机会识别出3个色彩通道的色彩信息，然后重新组合成肉眼可以看到的色彩。

02 在Alpha通道中填充白色。Alpha通道的显示原理是以黑、白、灰3色来映射图像的不透明、透明和半透明显示效果，所以制作角色的透明贴图时，先将Alpha通道填充为白色，使贴图全部显示出来，如图5-406所示，然后使用黑色将想要做出透明效果的地方绘制出来。

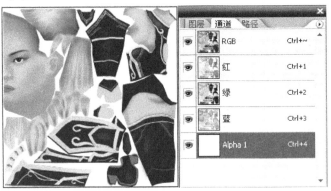

图5-406

03 将腰部装饰的透明贴图效果绘制出来。使用套索工具选择不需要显示的部分，填充黑色。注意，在Alpha通道里填充黑色以后，它还是会以红色遮罩的方式显示在贴图上，不过这不影响操作结果。

将贴图保存为TGA格式文件。在3ds Max的材质编辑器里，将TGA文件赋予模型；单击Opacity选项右侧的M按钮，将Mono Channel Output选项组里的RGB Intensity选项改成Alpha选项；返回到上一层级，将材质赋予模型并显示出来。透明贴图的效果如图5-407所示。这样模型上的装饰就会显示出透明效果了。

图5-407

04 使用套索工具选出前面裙摆的透明区域，填充黑色。保存文件后，贴图在模型上的显示效果如图5-408所示。此时，模型裙摆的多余部分就不会被显示出来了。

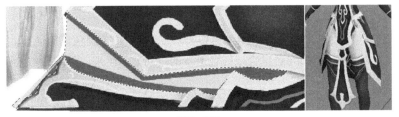

图5-408

05 将头发的透明区域绘制出来，其透明贴图及对应的Alpha通道黑白图的效果如图5-409所示。头发的贴图效果如图5-410所示。

图5-409   图5-410

14. 整体调整女主角贴图

对女主角的贴图进行整体调整，最终效果如图5-411所示。

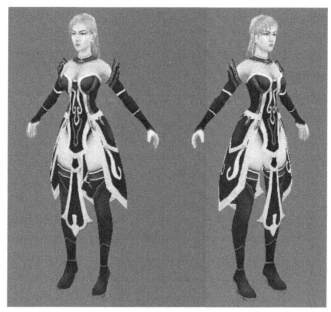

图5-411

5.3.3　怪兽的UV的编辑

怪兽模型虽然与人类角色的差异很大，但是它的UV分展和贴图绘制与人物角色的制作流程基本一致，也是先展好UV，再绘制贴图，只是纹理绘制及质感的表现会有自己的特征，在制作时要注意。

1. 分展UV前的准备工作

分展UV之前，需对调整好的模型做一些准备工作，具体步骤如下。

01 删除对称模型的一半，注意不要多删，如图5-412所示。

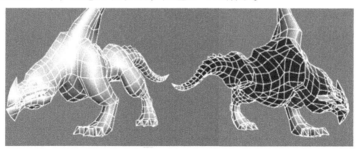

图5-412

02 为模型的面进行ID的设置。先选择头部的面，设置为ID1，如图5-413所示。

03 将前肢部分的面选择出来，设置为ID2，如图5-414所示。

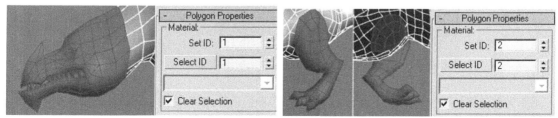

图5-413　　　　　　　　　　　　　　　　图5-414

04 选择后肢的面，将后肢的面设置为ID3，如图5-415所示。

05 选择躯干和尾巴，设置为ID4。选择面时应根据模型的结构特点，灵活变通地调整对UV进行展开的思路。如图5-416所示，身体和尾巴的模型是在同一个结构体上的，把它们设置为1个ID，可以减少接缝部分。

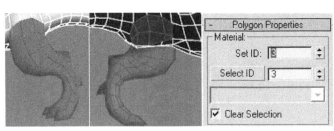
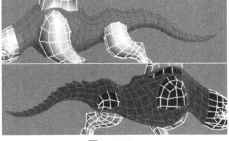

图5-415　　　　　　　　　　　　　　　　　　图5-416

06 将最后剩下的翅膀部分的所有面选中，做为一个整体来进行UV编辑，设置为ID5，如图5-417所示。观察模型正反面，不要多选到躯干上的面。这样模型所有面的ID号就设置好了。

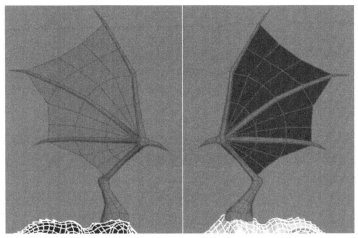

图5-417

2. 编辑怪兽头部的UV坐标

接下来对模型的头部进行UV展开操作，步骤如下。

01 退出模型的子对象级别编辑状态，进入模型的主级别。打开修改器列表，选择Unwrap UVW修改器。在命令面板中单击Edit按钮，打开UV编辑器。此时能够看到没有被展好的UV，如图5-418所示。

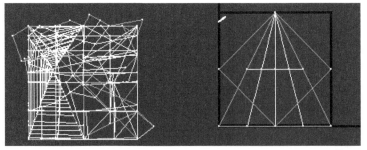

图5-418

02 为模型添加棋盘格材质，如图5-419所示。此时的UV尚未分展好，模型上的棋盘格显得很凌乱。

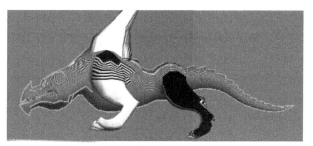

图5-419

03 回到UV编辑器中，在所有ID下拉列表中选择1，对头部的ID1进行UV编辑。此时头部采用的是默认的平面映射，使UV产生很多的接缝，如图5-420所示。

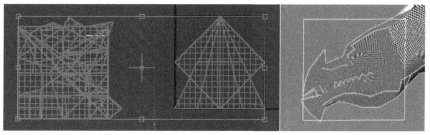

图5-420

04 将怪兽头部的面的UV映射类型改为球形，对UV重新调整。此时坐标框没有被准确地适配到怪物的头部，单击Fit按钮，将球形坐标框适配到模型头部的位置。使用移动和缩放工具对球形坐标框进行调整，使球体的中心和模型头部的中心对齐。另外要注意的是，需要将坐标框的绿色UV分界线放置在模型的正后方，使接缝位于不被注意的地方。头部UV的分展结果如图5-421所示。

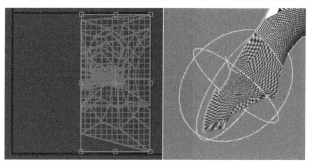

图5-421

05 接下来对UV进行更细致地调整。因为头部模型包括牙齿，所以要将怪兽头部和牙齿的UV进行分离。在UV编辑器里选择Select Element复选框，通过子对象对主对象进行选择，将怪兽头部UV与牙齿部分的UV分离；在UV编辑器菜单中，执行Tools→Relax命令，将头部UV进行松弛；此时看到有一处UV被断开，按快捷键Ctrl+W进行UV焊接。具体步骤如图5-422所示。

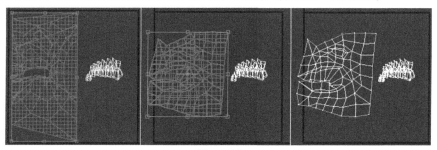

图5-422

06 因为怪兽模型是有口腔结构的，所以松弛以后的UV效果不是很理想，需要调整。将口腔部分的UV从头部UV上剪切下来，进入UV的线子对象级别，选择需要切开的分界线，然后将口腔内部的面从整体中分离出来，如图5-423所示。

图5-423

07 接下来调整怪兽牙齿的UV。选中所有牙齿的UV，使用平面映射类型，沿X轴向进行展开。在游戏中，像怪兽这种角色，玩家看到的是牙齿的侧面，所以要从侧面进行UV的展开。在UV剪辑器里单击鼠标右键，选择Target Weld命令，移动需要被合并的顶点到目标顶点处进行焊接。牙齿的UV编辑步骤如图5-424所示。

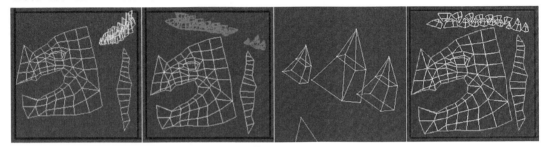

图5-424

3. 编辑角色四肢UV坐标

编辑角色四肢的UV的步骤如下。

01 选择前肢的ID号，进行前肢的UV编辑。进入UV的面子对象级别，选择前肢所有的面，此时腿部的UV在这种情况下是无法很好地展开的，因此取消前肢内侧和脚底的面，将留下来的面使用平面映射类型进行UV编辑。这一步的目的不是为了将UV展开，而是使保留下来的UV成为一个整体，如图5-425所示。

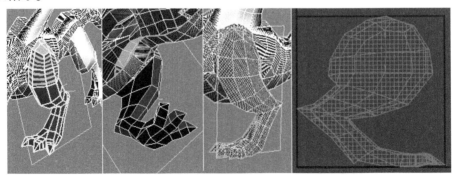

图5-425

02 执行Tools→Relax命令，对分离出来的UV进行松弛，使UV顶点没有重合的部分；选择前肢剩余部分的面，同样使用平面映射类型，使用Relax命令松弛UV；将两片UV的接缝进行缝合。将脚底部分的UV单独的剪切出来。对照模型上的棋盘格，将UV调整均匀。具体步骤如图5-426所示。

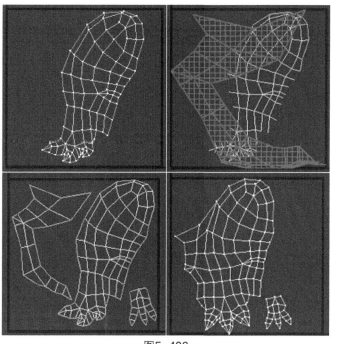

图5-426

03 用同样的方法，将后肢部分的UV展开，如图5-427所示。

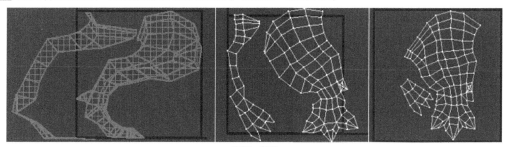

图5-427

4. 分展角色躯干的UV坐标

怪兽躯干部分的UV分展步骤如下。

01 躯干部分的UV比较容易展开，使用平面映射类型，沿X轴向进行展开就可以了，如图5-428所示。

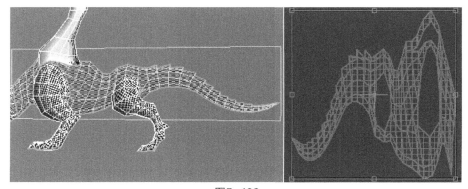

图5-428

02 躯干部分的UV分展结果如图5-429所示。

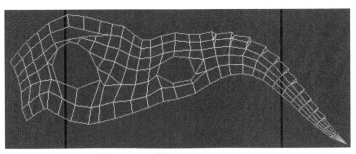

图5-429

5. 分展怪兽翅膀的UV坐标

怪兽翅膀的UV分展步骤如下。

01 选择翅膀的ID，然后选择翅膀所有的面，为这些面使用平面映射类型映射UV。因为翅膀的模型很平，所以基本上没有太多的拉伸，如图5-430所示。

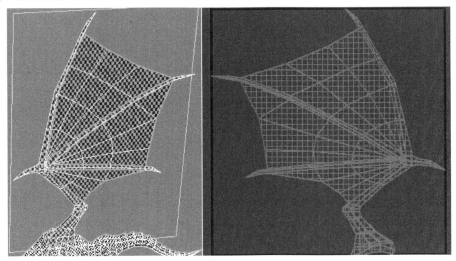

图5-430

02 沿着翅膀中间的线将翅膀分成两部分。模型上翅膀朝外的面，实际上是以后朝向身体内侧的部分。将这些面的UV从翅膀整体的UV中分离出来，如图5-431所示。

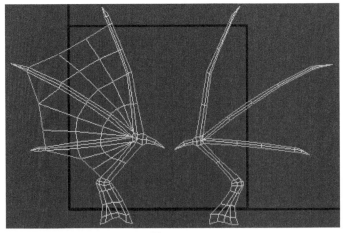

图5-431

6. 调整模型整体的UV坐标

模型所有部分的UV分展好之后，接下来需要对模型整体的UV进行调整，步骤如下。

01 在UV编辑器里，从所有ID下拉列表中选择ALL IDs选项，将所有的UV显示出来，如图5-432所示。此时的UV都重叠到一起，显得很乱，需要将所有UV进行整体的调整。

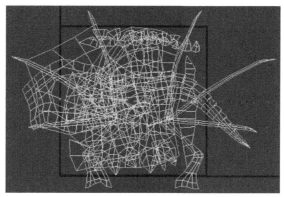

图5-432

02 将UV整体缩小，然后单独选择ID号，或者选择Select Element复选框启用由元素选择整体的功能，将每一块UV分别排列在UV蓝色基准框周围，如图5-433所示。

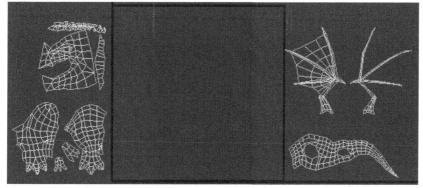

图5-433

03 将头部和身体部分的UV缝合，对照棋盘格调整UV的比例关系，将它们都排列在UV蓝色基准框中。调整好的UV效果如图5-434所示。

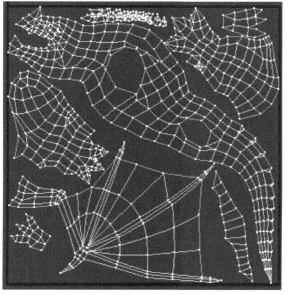

图5-434

7. 为四足怪兽角色指定贴图

导出模型的UV线框图像。在UV编辑器中，执行Tools→Render UVW Template命令，渲染UV，将渲染结果保存为JPEG格式的贴图文件。在Photoshop中打开此贴图文件，按快捷键Ctrl+I将其反相，结果如图5-435所示。然后将图像保存，并在3ds Max中将模型的材质改为现在UV线框反相的贴图。

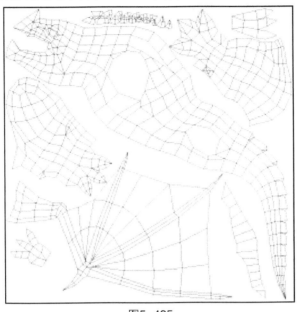

图5-435

8. 绘制怪兽贴图主色

接下来绘制怪兽的贴图。首先绘制怪兽贴图的主色，步骤如下。

01 根据原画的颜色，建立一个新图层，将图层整体填充为灰色，然后再在这个主色基础上绘制层次关系，如图5-436所示。

图5-436

02 绘制出贴图的主要色彩变化和盔甲等结构的造型，将前、后肢的护甲颜色改为深灰色，以便和怪兽本身的颜色区别开来，如图5-437所示。

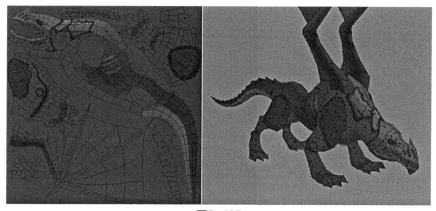

图5-437

9. 绘制怪兽贴图整体明暗关系

绘制怪兽贴图整体明暗关系的步骤如下。

01 根据头部的结构特征，绘制怪兽头部的明暗关系，如图5-438所示。明暗强调表现出来以后，头部的结构关系就出来了。

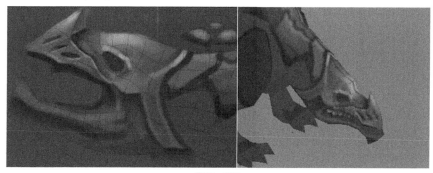

图5-438

02 绘制身体的明暗关系，将结构的特征绘制出来。比如肋骨的部分，将明暗效果表现出来，肋骨的体积感也就能强调出来了。此时的明暗关系、颜色之间的明度对比不宜差别太大，如图5-439所示。

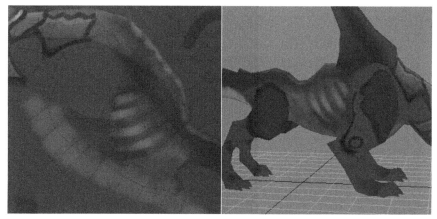

图5-439

03 绘制尾巴的明暗层次效果。根据尾巴的结构，将尾巴上面突刺的明暗关系画出来。尾巴下面是腹部延伸过来的软肉，所以它的固有色应该淡一些，就像鱼的腹部颜色会比较浅一样。尾巴的整体效果如图5-440所示。

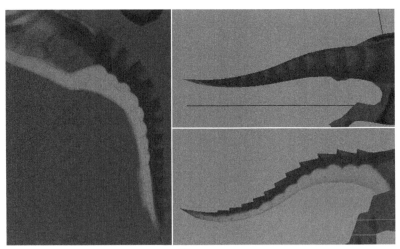

图5-440

04 绘制前肢的明暗效果。这里要注意的是，此处的贴图是平的，不要将贴图上面的亮面画成白白的一条，而要根据这里的造型结构来分析它的明暗关系。因为脚趾和小肢的上面部分能够直接受到光照，所以应将这里的颜色画得亮一些，如图5-441所示。

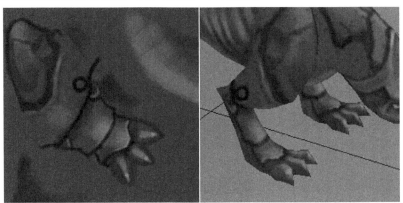

图5-441

05 绘制后肢的明暗关系。在护甲的固有色基础上，找到模型上的高光部分，和绘制前肢的原理相同，将脚趾和小肢部分的亮度提亮，明暗层次关系就很容易找出来了。可以略微绘制一些肌肉上的明暗效果，增加体积感，如图5-442所示。

图5-442

06 最后绘制翅膀的明暗关系，具体效果如图5-443所示。

图5-443

07 调整模型整体的明暗效果。因为没有绘制细节，只是在造型和明暗上大致地进行了一些调整，所以距离原画的感觉还有些差距。原画中的怪兽，在外形上有些像似骨骼直接裸露在外的感觉，所以需要做更进一步地调整，如图5-444所示。

10. 绘制怪兽模型贴图细节

接下来绘制模型的细节部分，具体步骤如下。

01 从头部开始绘制细节。在原画中，怪兽的头部有明显的骨质质感，所以要更进一步地绘制出这种质感。可将整体颜色提亮，然后再增加一些骨头磨损产生的凹痕和纹理，如图5-445所示。

图5-444

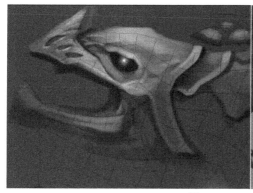

图5-445

02 将头部高光的细节和脖子上铠甲的细节绘制出来。将暗部的地方加深，增加整体的层次感，如图5-446所示。

图5-446

03 将胸部的细节绘制出来，主要是肋骨的层次关系和脊椎的结构，如图5-447所示。

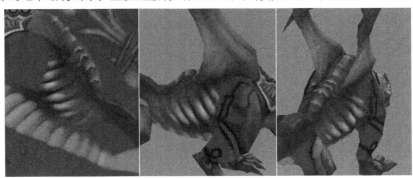

图5-447

04 绘制前肢的细节。将前肢上的铠甲结构强调出来，处理好亮面和暗面之间的关系，这样铠甲就有了立体感，如图5-448所示。

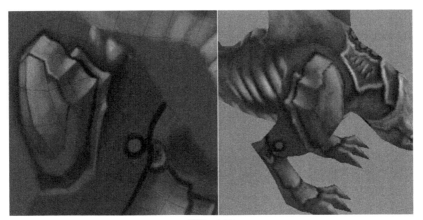

图5-448

05 绘制出前肢下部的铠甲纹理和脚趾的细节，处理好高光部分的效果，将整个前肢的特征都表现出来，如图5-449所示。

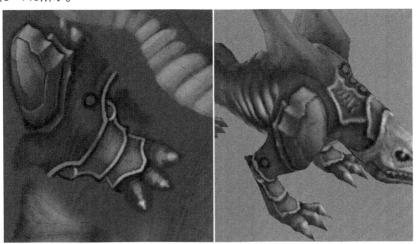

图5-449

06 使用和绘制前肢同样的方法，将后肢的细节绘制出来，如图5-450所示。

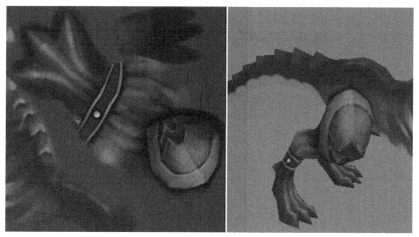

图5-450

07 绘制出尾巴的细节，如图5-451所示。

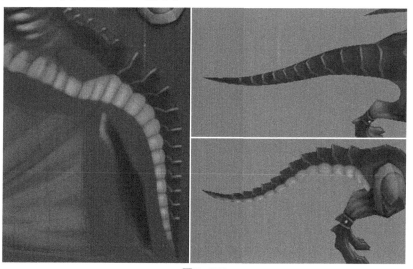

图5-451

08 处理翅膀上的细节。可以增加一些残破的感觉，绘制一些血管，还有翅膀上的裂口等，使模型的表现力丰富起来，如图5-452所示。边缘的黑边，可以在贴图时用透明贴图的方法来处理。

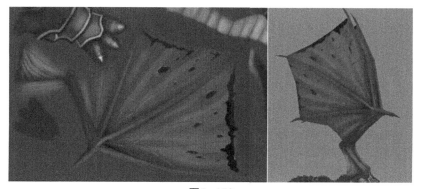

图5-452

09 模型的贴图基本完成。贴图在模型上的效果与原画对比如图5-453所示。

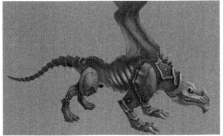

图5-453

11. 绘制怪兽模型的透明贴图

接下来绘制模型的透明贴图，具体步骤如下。

01 打开模型的贴图文件，然后在"通道"面板中新建Alpha通道，此时图像被红色蒙版覆盖，如图5-454所示。

02 将Alpha通道内的颜色填充为白色，如图5-455所示。Alpha通道中，白色的部分在透明贴图中不做透明处理。

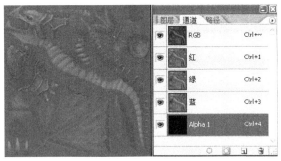

图5-454

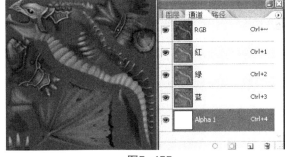

图5-455

03 使用套索工具，将需要显示为透明的部分选取出来，然后填充黑色（注意此时必须是在Alpha通道选中的状态下）。填充后的效果如图5-456所示。保存贴图为TGA格式文件，命名为"模型贴图"，该TGA格式文件里包含了模型的透明贴图通道信息。

04 回到3ds Max里，在材质编辑器里将模型贴图改为上一步保存的TGA文件，单击

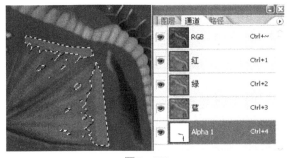

图5-456

Diffuse选项右侧的小方块按钮，如图5-457所示。在弹出的对话框中选择Bitmap选项，然后选择贴图文件的路径并导入贴图文件。之后，将Diffuse选项右侧的"M"按钮（赋予贴图后，小方块按钮出现"M"字样）拖到OPacity选项右侧的小方块按钮处，把贴图赋予透明贴图通道。单击OPacity右侧的小方块按钮，进入到透明贴图的属性面板，在Mono Channel Output选项组中选择Alpha单选按钮，再在Alpha Source选项组中选择Image Alpha单选按钮，如图5-458所示。这样程序就会自动识别贴图文件中的Alpha通道中的信息了。

图5-457

图5-458

05 此时模型的贴图效果如图5-459所示。

图5-459

通过以上3个模型主要角色的制作实例，介绍了游戏开发中所涉及的男、女主角及怪兽的制作方法，从最基本的原画分析和结构分析入手，直到模型的建造、UV的分展和贴图的绘制，基本涵盖了游戏开发中角色制作的所有流程及方法。对于怪兽的制作，这里是尽量使其结构复杂化，以便于在实际开发制作时，有更强的可塑性。

在游戏开发中，各种制作情况都会遇到，但是只要把基本的方法掌握扎实，将来碰到任何困难都会迎刃而解。

5.4 次世代游戏角色头部制作

次世代的概念在场景制作部分已经有所涉及，这里主要是通过对角色头部部分的塑造，来学习次世代角色制作的原理。次世代角色的制作，在模型部分会使用3ds Max配合雕刻软件ZBrush来完成，贴图部分会通过烘焙的方式来完成。

5.4.1 模型制作

首先使用3ds Max制作角色头部模型，把头部的基础模型创建出来。

1. 制作次世代角色头部低模

建立次世代模型的基本模型，即可用于在ZBrush中进行雕刻的低模。图5-460所示为次世代角色原画。

图5-460

首先制作次世代游戏角色的基本模型。打开3ds Max中建立一个长方体模型，并将其调整为头部的大致形状。参照图5-461，具体制作步骤如下。

01 创建长方体模型，将各段数值都设置为0，然后将长方体转化为可编辑多边形。

02 进行模型的细分。在Subdivision Surface卷展栏中，选择Use NURMS Subdivision复选框，取消Isoline Display复选框的选取，使等值线不再显示。将模型塌陷，再将模型转化为可编辑多边形。

03 删除模型一半的面，使用Symmetry修改器，将模型对称出另外的一半。

04 调整脸部的大致造型。

05 添加眼睛、鼻子和嘴的结构线，准备进一步细化模型。

06 将面部的五官等细节建造出来，按照面部的肌肉走向调整布线。

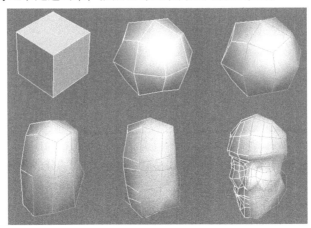

图5-461

根据原画的设定，将模型的基本特征制作出来，如帽子上的角，辫子和胡子等。参照图5-462，具体步骤如下。

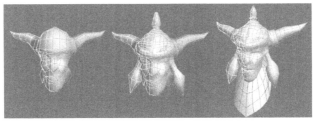

图5-462

01 使用挤出功能挤出角的结构。注意把握角的造型特征。

02 将头盔结构制作出来。

03 调整整体的细节特征，规划布线，最后将胡子制作成面片结构，附加到模型上。

在制作模型的过程中，要尽量考虑到模型在ZBrush里的效果。模型各转折结构之间的夹角要尽量大于90度，这样在进行模型雕刻时，会非常方便。要避免四边以上的多边面出现，因为四边以上的面在计算过程中常会出现一些不理想的效果。

2. 将头部模型导出为OBJ格式的文件

将头部模型导出为OBJ格式文件的步骤如下。

01 将模型塌陷，使对称的部分塌陷到原始模型中，与之成为一个整体。

02 选择要导出的模型，然后执行File→Export Selected命令，如图5-463所示。之后会弹出一个导出对话框，在保存文件类型下拉列表中选择Wave front Object文件格式（即OBJ格式，该格式经常会被用于在3D软件之间跨平台共享3D模型）。选择要保存模型的位置，然后单击保存按钮。

03 这时会弹出OBJ Exporter对话框，如图5-464所示。该对话框提供模型导出时的一些参数设置，这里在Geometry选项组的Faces下拉列表中选择Polygons选项，以多边形面形式导出模型（否则会被保存为默认的三角形面），将File选项组里的# of Digits输入框的数值改为12。这样导出模型的参数就设置好了，单击OK按钮导出模型。

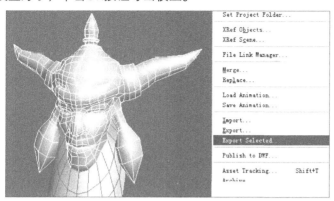

图5-463

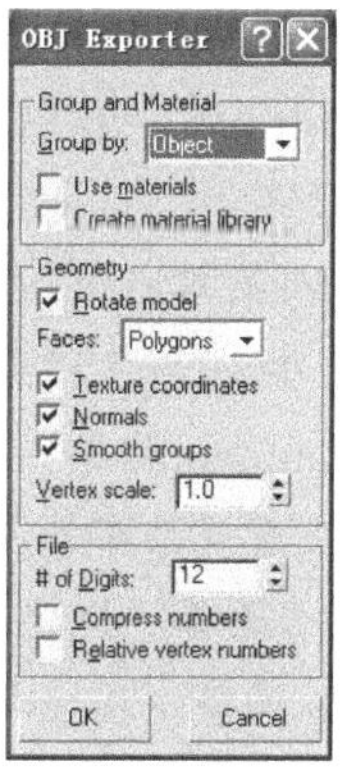

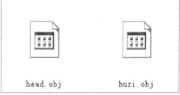

图5-464

04 保存成功后，找到保存文件的文件夹，会发现多了几个扩展名为obj的文件，如图5-465所示。这就是以后要在ZBrush中进行雕刻的模型文件了。

3. ZBrush简介

ZBrush是一款用于对3D模型进行雕刻的软件，具有很强大的功能，它是1999年由Pixologic开发的一款跨越式的软件。它完全脱离传统的3D建模方式，可以让模型师随意地、自由地发挥自己的想法，采用Z球建模或者是在由3D软件制作出的低级模型基础

图5-465

上进行雕刻，可以为低精度模型增加精度和细节，从而达到更逼真的效果。ZBrush还具有模型的拓扑功能，可以将高精度模型拓扑成低精度模型。由于ZBrush的强大功能，所以常被用于次世代游戏的开发和影视制作当中，是一款目前很流行的具备雕刻功能的软件。

ZBrush的基本用户界面如图5-466所示。软件界面主要分为菜单栏、常用工具架、文档视窗、左右导航栏、控制组等几个常用的部分。下面对这些界面组成部分的作用进行简单的介绍。

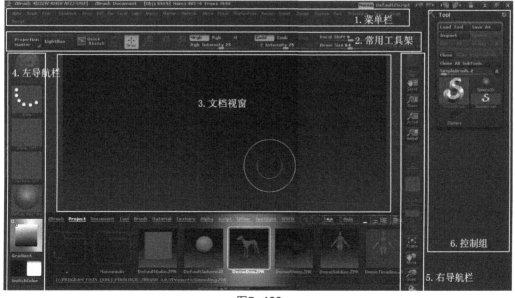

图5-466

（1）菜单栏。

菜单栏提供了常用的编辑命令。此菜单和传统软件的菜单内容有所不同，排列顺序是按照字母的顺序来排列的，可以很方便地找到需要的编辑命令。

- Alpha菜单：通过Photoshop制作出各种Alpha通道贴图，配合各种笔刷制作出复杂的肌肤纹理效果。
- Brush菜单：在这里可以调整画笔工具的效果参数，也可以由用户自定义一些自己喜欢的笔刷效果。
- Color菜单：该菜单里有取色器和颜色工具，也可以在这里调整色彩的模式，如RGB调色模式、HSV调色模式等。选择需要的颜色后，可以将颜色赋予模型上。
- Document菜单：定义画布大小尺寸和背景色等，也可以保存或打开ZBrush渲染的图像文件以及重置画布等。
- Draw菜单：提供一些笔刷的绘制选项参数，如大小、衰减范围、RGB强度、Z强度等。还可以调整一些坐标系的参数，比如对象透视角度、坐标系的网格大小、网格数量和网格透明度等。
- Edit菜单：主要用于撤销和恢复操作。
- File菜单：对文件进行打开、导入等操作，还可以进行导入摄影机、动画、灯光、Alpha通道贴图和纹理贴图等文件操作。
- Layer菜单：新建和编辑绘制图层，对图层进行合并和复制等操作。
- Light菜单：可对场景灯光进行相关的设置。
- Macro菜单：宏编辑菜单，可以记录需要大量重复的操作。将简单的可重复操作记录成宏，能够大大提高工作效率。
- Marker菜单：标记物体位置、颜色等属性，以便返回操作。
- Material菜单：可以在该菜单中找到所有材质球和材质参数，主要用于为模型添加材质，以得到更逼真的效果。有些用户可能不是很习惯ZBrush默认的材质效果，可以从这里改变材质，使用自己喜欢的材质显示方式。
- Movie菜单：此功能主要用于制作教学短片或者作品展示，是程序自带的录制工具。
- Picker菜单：拾取模型表现的方向，绘制引力。
- Preferences菜单：对软件本身进行一些参数设置的选项，如热键、内存等。
- Render菜单：用来渲染场景或控制场景的显示效果。
- Stencil菜单：此菜单是ZBrush独有的建模工具，在创建面板、制作浮雕或纹理的细节时经常用到。
- Stroke菜单：是ZBrush的一个重要的菜单，提供了一些笔触效果，并且可以进行自定义设置。
- Texture菜单：主要用于调用和编辑贴图的纹理效果。在制作贴图的时候经常使用。
- Tool菜单：此菜单是学习的重点，载入工具、模型的导入以及模型的制作工具等，都集中在此菜单中。
- Transform菜单：此菜单提供了ZBrush最常用的移动、旋转、缩放等工具，这些工具在常用工具架中也可以找到。此菜单的学习重点是对称功能，在雕刻模型的时候经常会使用对称功能，可为模型的制作节省很多精力。
- Zoom菜单：用于对文档视窗进行放大或缩小。
- Zplugin菜单：集中列出插件的菜单，很多软件都会有此功能。
- Zscript菜单：脚本菜单。

（2）常用工具架。

常用工具架是ZBrush里最常用的一个区域，可对对象的层级进行编辑和修改，最常用到的对笔刷大小和强度的设置，都要在这里进行，如图5-467所示。

图5-467

- Projection Master：可以将平面的图像投射到ZBrush的模型表面，进行图像和模型的对位，得到真实的贴图效果。
- LightBox：ZBrush自带的一些模型文件，可以让用户方便地进行查找和调用。
- ▨▨▨▨▨（变换模式）：可以对模型进行编辑修改的区域，其对应的操作分别是Edit（编辑）、Draw（绘制）、Move（移动）、Scale（缩放）和Rotate（旋转）。
- ▨▨▨▨（绘制选项区域）：对笔刷的绘制属性进行调整的一个区域，包括笔刷大小、衰减和Z强度的设置。

（3）文档视窗。

文档视窗是对模型进行编辑的主要区域，在这里可以使用笔刷对编辑对象进行雕刻操作，还可以对编辑对象进行移动、缩放、旋转等操作。在ZBrush里，默认状态下只有一个编辑视窗，这和以往的3D软件有所不同，如图5-468所示。

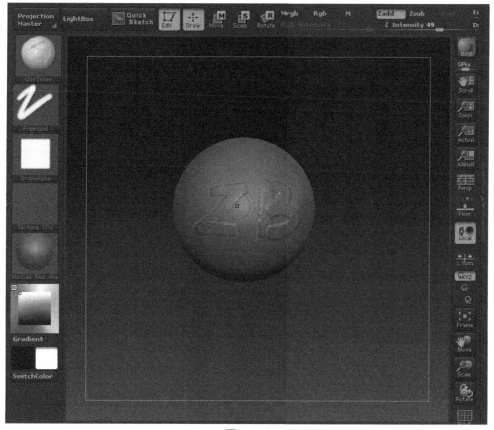

图5-468

（4）左导航栏。

左导航栏主要分为6大部分，分别是笔刷、笔触、Alpha、贴图、材质和颜色提取器，它也是经常被用到的区域。

- ⬤ 🔵 笔刷：使用最频繁的一项功能，可以找到ZBrush提供的各类笔刷，每个笔刷都有各自的功能和属性。该功能是必须要掌握的。
- ⬤ ✹ 笔触：可以在这里选择需要的笔触效果。灵活的笔触效果，可以使模型编辑过程中省去很多麻烦。
- ⬤ ☐ Alpha：ZBrush自身的Alpha贴图功能按钮，实现Alpha贴图的输入和输出。
- ⬤ 🖼 Texture：选择贴图按钮。
- ⬤ 🖼 Material：材质选择器，可以为被编辑的对象赋予不同的材质效果。该功能经常被用到。
- ⬤ 🖼 Switch Color：颜色拾取器，自定义需要的颜色，也可以在颜色拾取器上拖动鼠标，吸取场景中任何想要的颜色。

（5）右导航栏。

右导航栏分为视窗导航按钮和视窗操作按钮。

- ⬤ 🖼 拖动文档视窗：单击此按钮并拖动鼠标，可以对视窗进行平移。
- ⬤ 🖼 缩放文档视窗：单击此按钮并上下拖动鼠标可以对文档视窗进行缩放。
- ⬤ 🖼 恢复文档视窗：单击可以恢复视窗的原始尺寸。
- ⬤ 🖼 减半文档视窗：单击将视窗的原始尺寸缩小1/2。
- ⬤ 🖼 透视效果：单击可以使模型进入透视视图。
- ⬤ 🖼 地面网格：单击可以显示地平面的网格线。
- ⬤ 🖼 自身坐标系：激活该按钮可以进入对象自身的坐标系。
- ⬤ 🖼 对称自身坐标：激活该按钮可以使对象产生基于自身的坐标系的对称效果。
- ⬤ 🖼 固定坐标轴旋转：可以按不同坐标轴旋转摄影机，自由地沿着X、Y、Z轴旋转摄影机，也可以沿着Y轴或者Z轴固定来旋转摄影机。
- ⬤ 🖼 匹配视图：可以将对象最大化显示。如果将对象旋转到一个看不见的角度，可以使用该按钮找回对象。该功能使用非常方便、快捷。
- ⬤ 🖼 移动：单击并拖动，可以移动视图默认的摄影机位置。
- ⬤ 🖼 缩放：单击并拖动，可以显示摄影机的推拉效果。
- ⬤ 🖼 旋转：单击并拖动，可以以坐标系中心为轴心对摄影机进行旋转。
- ⬤ 🖼 显示网格：单击可以将模型进行网格体显示。

（6）控制组。

控制组是ZBrush的一个重要组成部分，可以在这里找到所有界面控件，如按钮、曲线编辑器、卷展栏等。

对于控制组的操作，可以分为3种：

- ⬤ 直接从菜单中打开需要的面板。
- ⬤ 将菜单拖入到左右托盘中。
- ⬤ 单击自动下落到托盘按钮，将菜单加入到托盘。

4. 向ZBrush导入模型

在对模型进行编辑之前，需要将模型导入ZBrush。把在3ds Max里创建的低精度角色模型导入Zbrush的步骤如下。

01 首先在ZBrush的菜单栏里找到Tool菜单项或者在控制组里找到Tool（工具）窗口（默认状态下Tool窗口直接显示在控制组里），单击Import按钮，打开导入文件的对话框，如图5-469所示。选择由3ds Max导出的OBJ格式文件，单击"打开"按钮。

图5-469

02 导入模型后，在Tool窗口中会出现在3ds Max里所建立的模型的缩图。选中模型缩图，然后在文档窗口的空白区域按住Shift键单击并拖动鼠标，就会在文档视窗中建立一个模型的正视图，如图5-470所示。将模型导入到ZBrush中，就可以进行接下来的雕刻工作了。

图5-470

03 在对模型进行编辑操作之前，要进入到模型的编辑模式下。首先，单击常用工具架中的Edit按钮，进入到模型的编辑模式（这里需要注意的是，在文档视窗中，默认是创建模型模式，因此拖到此处的模型会不断地在文档视窗内累加。只有进入编辑模式，才可以进行模型的编辑），如图5-471所示。

图5-471

04 进入编辑模式下，就可以对模型进行编辑了。

提示

ZBrush文档视窗的基本操作功能有如下4项。

- 旋转：直接在视窗中空白的黑色区域单击并拖动，可以实现模型视图的旋转操作。
- 拖动：按住Alt键不放，然后在模型以外的空白黑色区域中拖动，可以实现对模型视图的拖动。
- 缩放：按住Alt键不放，然后在空白的黑色区域按住鼠标左键不放，然后松开Alt键，再进行拖动操作，可以将模型视图进行放大或者缩小。
- 视图角度归位：当模型被旋转到不是很合适的角度时，只要按住Shift键，然后按住鼠标左键不放，再放开Shift键，就可以实现模型视图的归位。一般ZBrush会显示最接近当前角度的一个视图，所以在对视图的旋转角度操作过大的时候，需要调整几次，才能找到想要的角度。

05 因为由3ds Max中导入的模型精度不够，所以需要增加模型的细分级别。增加模型的细分级别的方法是，在右侧控制组里，找到Geometry标签，单击可展开一个面板，里面有对模型进行细分的一些编辑操作按钮，如图5-472所示。单击Divide按钮，即可将模型细分。这里将模型细分4个级别，需要单击4次。细分的等级是根据硬件配置决定的，大多数情况下，会分为6个级别。可以拖动面板顶部的滑块来调整细分的级别。在滑块下面有Del Lower和Del Higher两个按钮，分别用于删除模型的低细分级别和高细分级别。注意，在模型没有编辑好之前，不要单击这两个按钮，否则模型的各细分级别信息会被删掉，以后就不容易修改了。

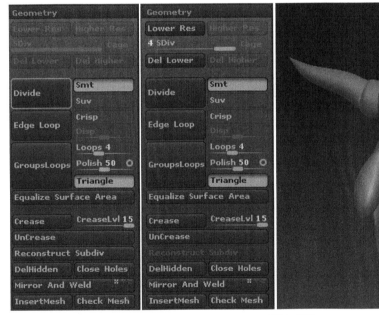 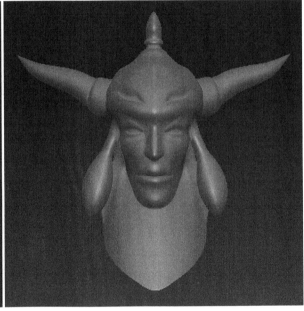

图5-472

5. 对角色模型进行雕刻

了解了ZBrush的一些基本操作之后，再来对模型雕刻工具进行简单的介绍，以便开展模型的雕刻工作。

ZBrush里提供了很多有用的笔刷工具，是制作次世代模型用到的最多的功能。在模型雕刻过程中，每种笔刷都有不同的用处。单击左边导航栏的第一个Brush（笔刷）按钮，会弹出一个笔刷列表，里面就有需要用到的笔刷工具，如图5-473所示。这里基本上放置着ZBrush所有笔刷。下面对一些经常使用的笔刷工具进行简单的介绍。

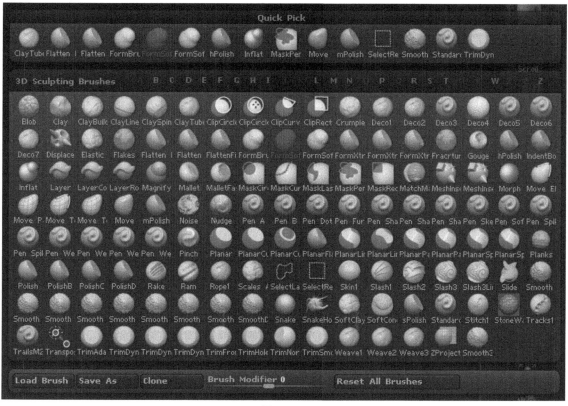

图5-473

- Standard标准笔刷工具：是ZBrush软件提供的默认笔刷，可以以均匀的方式进行雕刻。
- Clay粘土笔刷工具：产生像粘土一样附加在模型表面的效果，很适合制作肌肉等基础造型的笔刷工具。
- Smooth平滑笔刷：平滑笔刷可以将一些过渡不均匀的区域进行平滑处理。在任意笔刷工作状态下，按住Shift键即可切换为平滑笔刷工具。平滑笔刷工具也是最常用的工具。
- Move移动笔刷工具：可以拖拽模型的一块区域，经常用来调整模型的整体结构，使用频率很高。
- Flatten平面笔刷工具：将模型的一部分结构处理成平面，也可以用于加高或者降低笔刷触及部分的高度。
- Blob水滴笔刷工具：使用的时候，在模型表面产生像水流一样的效果，适合制作经脉效果，是很不错的笔刷工具。
- Displace置换笔刷工具：可以在模型表面绘制幅度较大的凸起和凹陷效果。
- Elastic弹性笔刷工具：可绘制明显凸起的弹性笔刷，适合制作一些凸起的纹理效果。
- Gouge挖沟笔刷工具：可以将模型表面向内挤压，产生凹陷的效果。
- Inflat膨胀笔刷工具：可产生膨胀效果的笔刷，适合制作圆形的凸起效果。
- Layer层笔刷工具：类似粘土工具的笔刷，也是在模型上附加效果，但是产生的纹理有明显的叠加效果。
- Magnify扩大笔刷工具：产生由笔刷中心向四周膨胀的效果，类似于Inflat笔刷。
- Mallet锤笔刷工具：像锤子一样，在模型上制作出明显的圆形凹陷效果。
- Nudge涂抹笔刷工具：在模型表面产生涂抹的笔触效果，对模型的造型影响不明显。

● Pinch收缩笔刷工具：和Magnify笔刷工具效果相反的笔刷，可以产生由四周向中心收缩的效果。在制作褶皱时经常使用此工具。

● Slash刻刀笔刷工具：可产生刻刀一样的效果。该系列笔刷有Slash1、Slash2、 Slash3以及Slash3Line类型。

● SnakeHook蛇钩笔刷工具：能够从模型表面拉出尖刺状的造型，但是需要模型的精度很高才能达到较好的效果，否则会使模型由于过度的拉扯而产生破面。

● Zproject Z投影笔刷工具：可以投射来自Z轴向的任何模型或画布的雕刻纹理。

ZBrush里常用的笔刷工具基本就是以上这些，下面开始对角色模型进行雕刻。

01 在前面已经对模型进行了细分。因为要制作的模型是左右对称的，所以在ZBrush中需要启用模型的对称功能，这样，在雕刻过程中，只需将模型中一半的细节雕刻出来，就能将另外一半的细节同时对称出来。启用模型对称功能的方法是，打开菜单栏Transform选项，然后单击激活Activate Symmetry按钮，单击>X<按钮，使模型沿X轴向对称，如图5-474所示，也可以按快捷键X来激活此功能。激活对称功能以后，将画笔移到模型上，会发现模型另外一侧相同的位置会多出一个红色的点，这是因为对称功能激活后，模型另一边对称位置上会出现笔刷相应位置的坐标，表明可以以对称方式绘制模型的效果了。

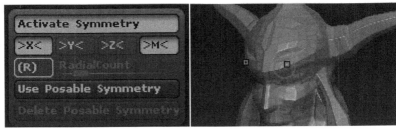

图5-474

02 选择Move笔刷工具，回到模型的1级细分级别，在模型上单击并拖动鼠标，调整细分后的模型的大致造型。因为在模型上进行细分以后，模型原来的造型会被进行一次平滑处理，之前做好的效果会因此发生一些改变，变得较为平滑。这里对模型的不同位置通过调整笔刷的大小和Z轴向的笔刷强度，来重新调整模型的效果。调整笔刷大小的快捷键是键盘的"["和"]"键。调整后的效果如图5-475所示。可以打开网格显示以便观察效果。

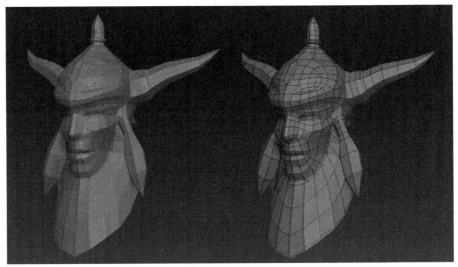

图5-475

[03] 大致的造型调整完以后，就可以进入到模型的第2级细分级别，来调整模型的大体特征。使用Clay工具，在模型上进行结构的绘制，如图5-476所示。如果有需要凹进去的地方，可以按住Alt键在模型上进行雕刻，这样原本向外的笔触，就会反向而成为向内的笔触。

图5-476

[04] 调整眼部的造型，观察网格布线的情况，将有明显凹凸的地方强调出来，如图5-477所示。然后保存文件。

提示

> 在模型制作前期，均匀的布线会为以后更细致地细节添加带来很大的便利，而且也不容易出现错误。保存文件可以尽可能避免工作成果的意外丢失，所以要养成经常保存文件的好习惯。

[05] 进入到第3个级别的细分级别，将牛角边缘和胡子大致造型强调出来。面部可以更细致地进行结构调整。配合Move笔刷和Smooth笔刷，随时调整模型的布线，调整后的效果如图5-478所示。虽然是在ZBrush中，但是还是要考虑到布线的问题，这主要是为了每深入一层，都能得到很好的调整效果。

图5-477

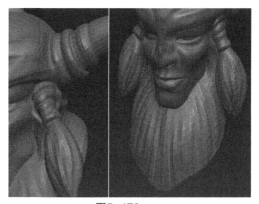

图5-478

[06] 经过前面的3级细分，基本上可以将模型的大体结构和特征都制作出来了，为以后继续深入做好了准备工作。在雕刻模型过程中，出现的问题要随时纠正，这样在模型制作到后期的时候，才会很容易地进行下去。对模型进行一次整体调整，可以使用Move笔刷调整结构线的位置，然后使用Smooth笔刷将模型的布线调整均匀。调整后的效果如图5-479所示。

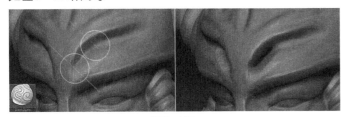

图5-479

07 进入到第4级细分级别。头盔这部分有一个类似于眼睛的结构,并且眼角处有较大的转折。绘制到这里,要用到Slash3Line笔刷工具。在使用该工具绘制的时候,拖动鼠标会出现两个圆,在它们之间产生一定的角度和区域,然后再反方向绘制,这样就会划出一道很明显的凹痕。这种方法比较适合制作角度转折较大的结构。使用Slash3Line工具绘制后的效果如图5-480所示。

08 配合Flatten笔刷和Smooth笔刷将结构调整到满意,将头盔眼角结构内侧的部分制作出来,如图5-481所示。

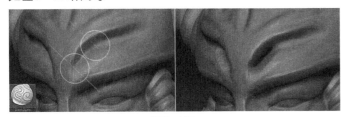

图5-480

图5-481

09 配合Slash工具和Smooth工具,将造型调整出来,切换到网格效果下进行观察。如果觉得布线不够好,可以使用移动工具进行调整,然后平滑。调整后的效果如图5-482所示。

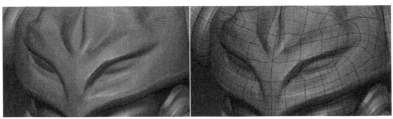

图5-482

10 将面部的结构也略微强调一下,效果如图5-483所示。

11 将模型细分级别增加到6级,为模型添加更多的细节。首先绘制头盔的纹理。灵活使用ZBrush提供的各种笔刷,将头盔的造型雕刻清楚,如图5-484所示。

12 使用Clay画笔工具绘制眼角结构,增加一些眼角纹、鼻子上的褶皱以及胡须等细节,这样会使模型看起来更真实一些。使用平滑笔刷将结构不好的地方进行平滑处理,重新调整。模型的最终效果如图5-485所示。

图5-483

图5-484

图5-485

6. 拓扑高模

模型的高模雕刻完成以后，就可以进入到拓扑低模阶段了。在此之前解释一下为什么要进行模型的拓扑。高模的面数一般都会高达几十万以上，对于这样的模型，在软件中显示都会十分的慢，更不要说应用到游戏当中了。所以，ZBrush提供了非常方便的功能，可以将雕刻出来的高精度模型的细节映射到和它相匹配的低精度模型上。这个低精度模型是不需要重新建立的，只要在现有的高精度模型基础上，重新编辑出一个能够和它相匹配的低模即可，这个编辑的过程被称为模型的拓扑。

ZBrush为用户提供了非常强大的拓扑功能，在接下来的介绍中，就来具体地了解一下如何在ZBrush里进行模型的拓扑。

01 在ZBrush里打开要进行拓扑的高精度模型。在Tool面板中，前面制作的模型缩图会显示在Tool面板的列表里，在它的旁边有一个较小的同一模型的缩图，如图5-486所示。大的缩图代表当前被选中的模型，而小的缩图是模型的工具选项。确认当前模型被选中的状态下，在文档视窗中拖入模型，准备进行模型的拓扑。

02 回到Tool面板中，选择Zsphere（Z球）。因为ZBrush的模型拓扑是基于Z球的建模原理来对高精度模型进行拓扑的，所以需要使用Z球对模型进行拓扑。选择Z球，这时Tool面板的第1项会变成Z球，这样就可以在文档视窗中建立一个Z球了，如图5-487所示。

图5-486

图5-487

03 创建好Z球以后，在控制组的选项中找到Rigging标签。该标签的位置比较靠下，可以单击鼠标左键并拖动控制组中的内容以显示该标签。单击Rigging标签，展开面板，这里有Bind Mesh（绑定网格模型）、Select Mesh（选择网格模型）和Delete Mesh（删除网格模型）3个选项。单击Select Mesh按钮，会弹出一个较大的对话框，在第1个Quick Pick对话框中可找到模型缩图，单击该缩图，给Z球拾取模型，如图5-488所示。

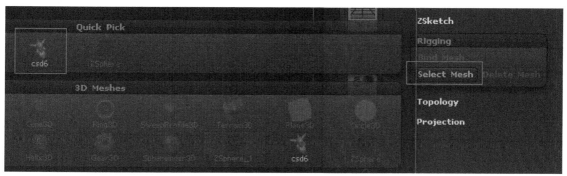

图5-488

04 将模型拾取到Z球以后，会与Z球重叠，如图5-489所示。

05 单击Topology标签，展开面板，要拓扑的模型就在这个面板里进行设置，如图5-490所示。单击Edit Topology按钮，进入到模型拓扑模式。

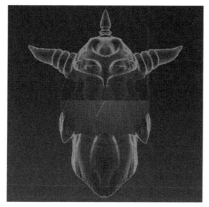

图5-489

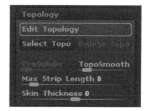

图5-490

06 进入到模型拓扑模式以后，之前的Z球就会消失，而在模型上会突出显示为一个点，该点就是之前Z球的中心点，如图5-491所示。这样，模型拓扑的准备工作就这完成了。

07 在模型拓扑阶段可通过单击进行拓扑模型的绘制。首先沿顺时针方向绘制出一个四边面，绘制出来的顶点会自动拾取到模型的表面，各顶点之间的连线会有一个控制手柄，手柄上有两个圆圈，如图5-492所示。其中有一个圆圈会以红色显示出来，代表绘制拓扑结构时的起始位置，下一个顶点会和这个顶点之间产生连线。对于初学ZBrush的人来说，很容易出现一些操作上的错误，只要多加练习，很快就可以掌握。

图5-491

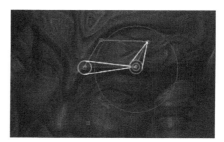

图5-492

08 继续绘制下一个面。注意，绘制山的新顶点，会以之前的红色圆圈上的顶点为起始。当完成一个面的绘制的时候，红色的起始点不是最后连接的那个顶点，而是回到了右侧角上的那个顶点，这是ZBrush的一个很人性化设计，因为考虑到接下来要绘制的面的位置，它会自动将起始点的位置识别为下一个面生成的起始位置，如图5-493所示。

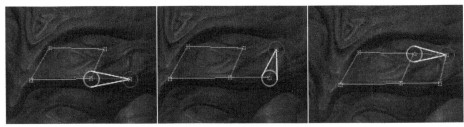

图5-493

09 在空白的区域单击，可以取消模型上的起始点位置的显示，然后再在前面创建的这些顶点里找到想要作为起始点的其他顶点，单击进行选择，即可继续绘制其他的面，如图5-494所示。

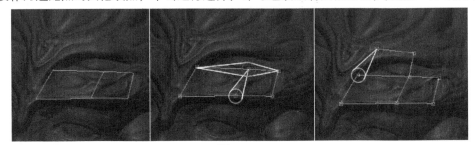

图5-494

10 当操作发生错误的时候，或者觉得当前的拓扑模型不理想的时候，可以单击Topology选项组里的Delete Topo按钮，将模型上的拓扑结构删除，如图5-495所示。

11 因为模型具有对称属性，为了提高工作效率，拓扑的低模也要进行对称设置。打开菜单栏中的Transform下拉菜单，单击Activate Symmetry按钮，激活>X<按钮，沿X轴向进行对称，如图5-496所示。

图5-495

图5-496

12 在模型上重新进行拓扑。此时在其中一边进行拓扑，另外一边也会出现对称的拓扑结构，如图5-497所示。

13 可以按A键进行模型效果的预览，如图5-498所示。再次按A键可以回到模型的拓扑模式。

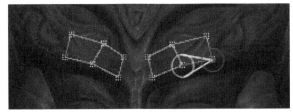

图5-497

图5-498

14 继续拓扑模型。拓扑的时候要注意布线的走向，要按照结构布线，如图5-499所示。如果在模型拓扑的过程中，顶点加错了，想删除掉，可以按住Alt键，然后单击需要删除的顶点即可。

15 拓扑的时候随时调整布线的排布，让布线尽可能地均匀分布。这样拓扑出来的低模会很好地反映高模的细节。当调整布线的时候，很容易多出一些不需要的线段，但是删除它们，有时候会删掉本不想删掉的线，如图5-500所示。

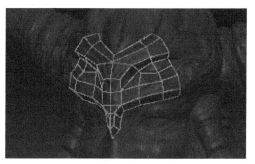

图5-499

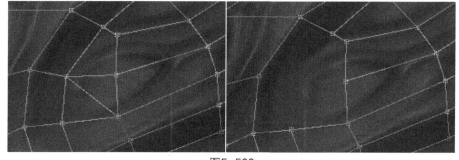

图5-500

遇到这种情况，可以先在想删除的线段上增加一个顶点，然后再删除新增加的顶点，这样就可以将该顶点所在的线删除，如图5-501所示。

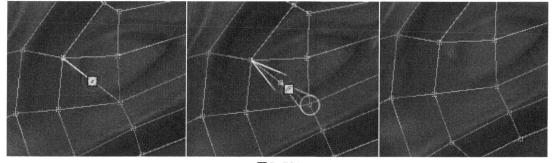

图5-501

16 拓扑过程中，应随时按A键检察拓扑效果。如果模型上有不合理的地方，可以及时发现，以便进行调整。面部拓扑完成的效果如图5-502所示。

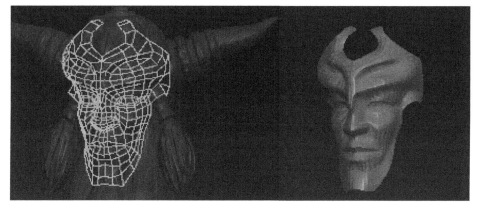

图5-502

17 继续进行模型的拓扑。拓扑的时候要时刻注意，不要拓扑出多余的顶点，否则会形成一些五边面。拓扑模型的胡须部分，这里的布线可以略微稀疏一些，如图5-503所示。

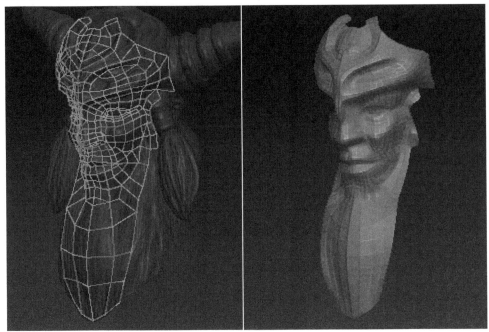

图5-503

18 大部分的结构都拓扑完成了。观察模型前后的结构，发现脖子部分的缺口比较大，这里暂时不用管它，因为要做的是一个类似雕塑一样的造型，最后会将下面的缺口封住。此时主要是要检查拓扑的布线是不是均匀工整，如果发现有不合理的地方，可以在常用工具架中将绘制模式切换到Move模式下，对顶点进行调整。调整后的效果如图5-504所示。

图5-504

19 经过以上操作，整个模型已经拓扑完成了，布线也比较合理，然后将模型后面的脖子部位封口，如图5-505所示。

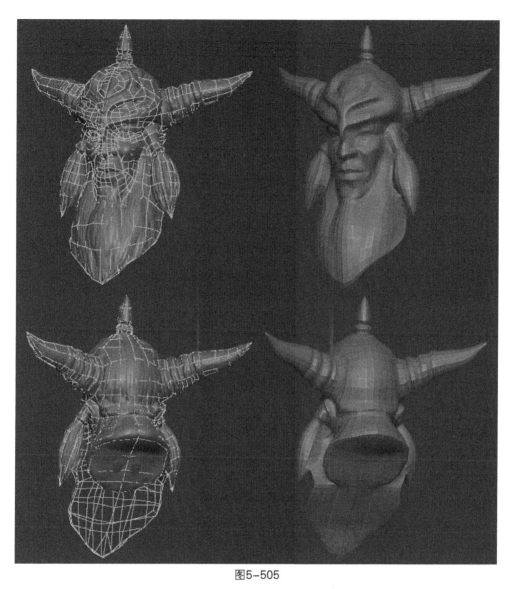

图5-505

20 模型拓扑完以后，发觉拓扑出来的模型比较平，而且也没有高模上的纹理细节，这时就需要将拓扑出来的模型和高模进行匹配，此功能也是ZBrush里提供的一项非常强大的功能。在拓扑状态下，单击拓扑选项下面的Projection标签，打开面板，然后单击面板里的Projection按钮，将高模的细节映射到低模，如图5-506所示。

图5-506

21 按A键进行模型效果预览，如图5-507所示。可看到现在的模型比以前的效果更加接近于高模，这是因为，没有打开映射功能之前，程序没有将高模的细节映射给低模，所以模型的效果会显得很平。

22 继续调整模型的细节，在控制组里找到Adaptive Skin面板，此面板用于设置映射细节精度，通过调整Density滑块可进行模型细节精度的调整。这里将精度调整到3，再来观察模型上的细节，发现比上一步更加接近高模效果了，如图5-508所示。

第5章 游戏角色制作

405

图5-507

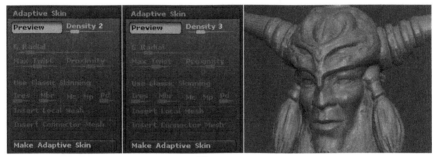

图5-508

23 将模型细节精度调整到6级，这时的模型细节基本上和雕刻出来的高模是一样的了，如图5-509所示。

图5-509

24 再次观察模型上是否有不合理的地方，进行修正。胡须和耳朵部分的效果不是很好，如图5-510所示。出现这样的问题，原因可能是拓扑的面没有很好地包裹住高模，使两个模型面产生了穿插，只要回到拓扑模式下，将这里的面重新调整好，就可以解决此问题了。

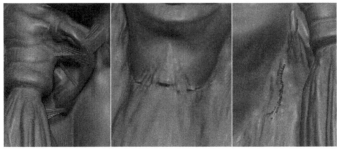

图5-510

25 下面以胡须的问题为例，介绍解决这类问题的方法。回到拓扑模式下，按A键，在侧视图里观察胡须部分的拓扑线，发现它和高模之间产生了比较严重的穿插。此时只要将该处的顶点向外移动一些就可以了。再次按A键回到预览状态下观察模型，问题已经被解决了。具体步骤如图5-511所示。

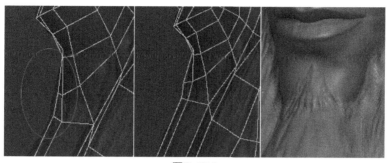

图5-511

26 将耳朵和胡须的不合适的地方全部进行调整，调整后的效果如图5-512所示。

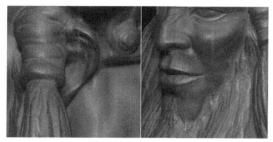

图5-512

27 按A键进行预览，最后效果如图5-513所示。这是高模映射在低模上的最后效果。

图5-513

28 因为ZBrush的拓扑是基于Z球的，所以拓扑出来的模型现在还是一个Z球的拓扑结构，需要将它转化成可编辑的网格模型。这需要进行一次蒙皮处理。在Adaptive Skin面板中，单击Make Adaptive Skin按钮对拓扑结构进行一次蒙皮处理。此时在Tool面板中，会多出一个以Skin开头的模型缩图，这就是新生成的拓扑好的模型，如图5-514所示。

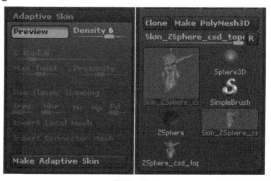

图5-514

7. 导出角色的高模和低模

现在已经将低模重新拓扑好了，并重新生成了新的模型。接下来分别导出低模和高模。之后，就可以将高模的细节烘焙成法线贴图，赋予低模了。

01 首先，将创建好的模型的高模导出。打开Geometry面板，将模型细分级别调整至5级，如图5-515所示。

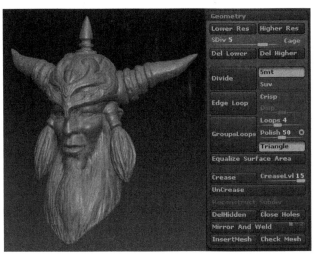

图5-515

02 单击Tool面板中的Export按钮，将5级细分的高模导出。此时会弹出保存对话框，为模型命名后，采用OBJ格式保存，如图5-516所示。

图5-516

03 用同样的方法，将1级细分的低模也导出，命名后保存，如图5-517所示。

图5-517

5.4.2 贴图制作

接下来制作高模到低模的贴图。

1. 分展低模UV

01 打开3ds Max，将低模导入到3ds Max中，进行UV的分展。首先将模型删除一半，把面划分为几片区域，分别设置ID号。具体步骤如图5-518所示。

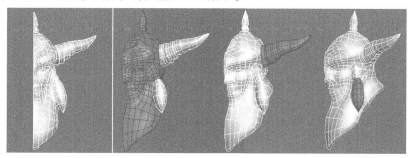

图5-518

02 将UV全部展开，赋予棋盘格贴图，观察UV拉伸情况，如图5-519所示。检查模型是否有问题，比如无用的孤立顶点或者五边面等。确认无误后，执行塌陷操作，将模型的UV编辑结果塌陷到模型，准备做进一步调整。

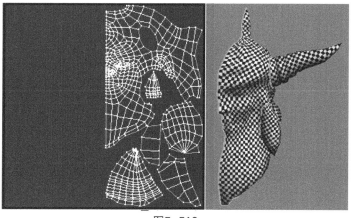

图5-519

03 在修改器下拉菜单选择Symmetry修改器，将模型对称出另外一半，然后进行塌陷。再次添加UV修改器，在模型上选择一半的面，如图5-520所示。

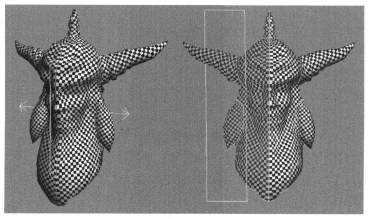

图5-520

04 因为次世代模型UV涉及到法线贴图的制作，所以在UV编辑上，最好采用将模型的UV完整铺开的形式，而不建议将模型的UV重合。先将模型的一半进行对称，如图5-521所示。

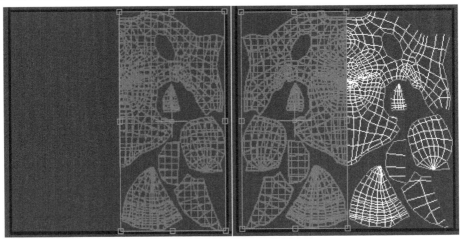

图5-521

05 将面部UV中间的顶点进行焊接，然后调整UV，如图5-522所示。

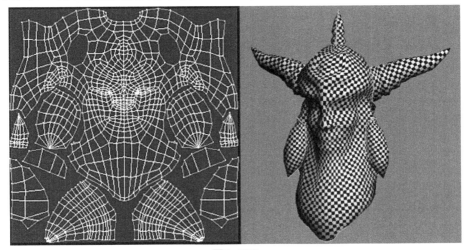

图5-522

2. 烘焙法线贴图

次世代模型的高模和低模都制作完成了，下面进行法线贴图的烘焙，为低模投影高模的贴图效果。

01 首先将高模导入到3ds Max中。执行File→Import命令，选择高模文件，单击"打开"按钮，会弹出一个OBJ Importer对话框，如图5-523所示。这里使用默认设置即可，单击OK按钮，将模型导入。导入的过程时间可能会长一些，需要耐心等待。

02 接下来会弹出一个对话框，用于给高模重新命名。如果想要使用之前设置好的文件名，可以单击Skip按钮。这里给高模重新命名为high，然后单击OK按钮，如图5-524所示。这样就将模型的名字重新命名了。

图5-523

03 将高模导入进来后，会和低模发生重叠，因为它们的坐标都是相同的，如图5-525所示。重叠不影响以后的操作，暂时不去管它。当模型的高模细节投影到低模上，法线贴图制作出来之后，就可以将高模删除了。按H键，打开Select Objects（选择对象）对话框，在对话框中选择低模。

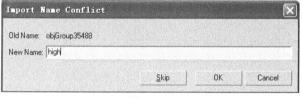

图5-524

图5-525

04 确定低模处于被选中状态，然后执行菜单命令Rendering→Render To Texture，如图5-526所示。

05 此时将打开Render To Texture对话框，如图5-527所示。法线贴图就要在这个对话框中进行设置。

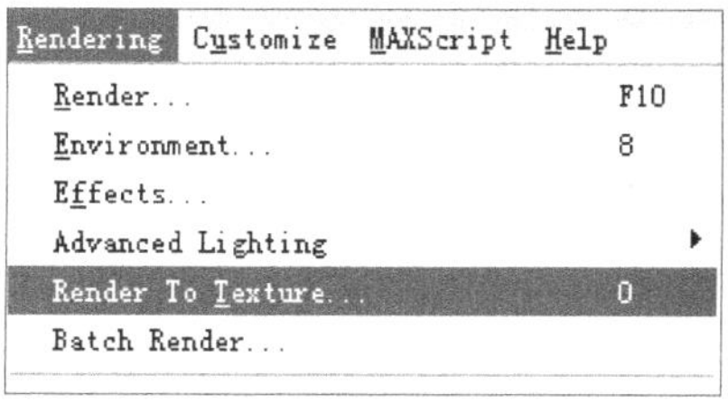

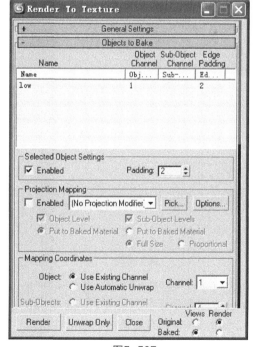

图5-526

图5-527

06 单击Projection Mapping选项组的Pick（拾取）按钮，会打开Add Targets对话框。在Add Targets对话框中，选择高模，单击Add按钮，就可以将高模拾取给低模，如图5-528所示。

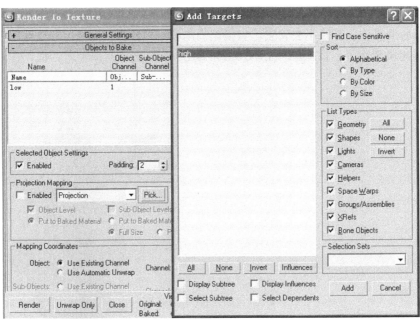

图5-528

07 在Render To Texture对话框的Projection Mapping（投影纹理）选项组中，选择Enabled（激活）复选框，激活投影纹理。然后取消Sub-Object Levels（子对象层级）复选框的选取，只选择Object Level复选框就可以了，如图5-529所示。

08 单击Options按钮，打开Projection Options对话框。选择Resolve Hit选项组中的Ray miss check复选框和Normal Map Space选项组中的Tangent单选按钮，如图5-530所示。

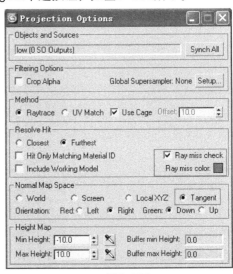

图5-529

图5-530

09 在Render To Texture对话框的Mapping Coordinates（贴图坐标）选项组中，选择Use Existing Channel（使用现有通道）单选按钮，如图5-531所示。

10 在Output卷展栏中，单击Add按钮，会打开一个对话框，选择NormalsMap项，单击

图5-531

Add Elements按钮，如图5-532所示。

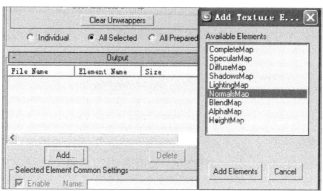

图5-532

11 之后，Output卷展栏中会出现新加入的贴图名以及它的尺寸等信息。在Select Element Common Settings（选择元素通用设置）选项组中，单击File Name and Type（文件名和文件类型）输入框右侧的按钮，打开一个保存路径的对话框，选择保存路径，然后单击"保存"按钮，如图5-533所示，设置法线贴图的保存路径。

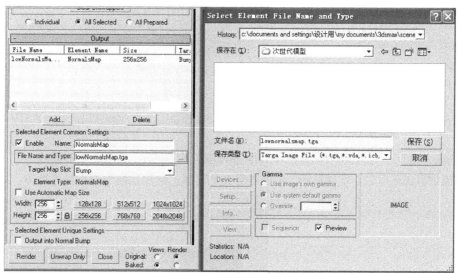

图5-533

12 在随后弹出的Targa Image Control对话框中，按照图5-534所示进行设置，然后单击OK按钮。

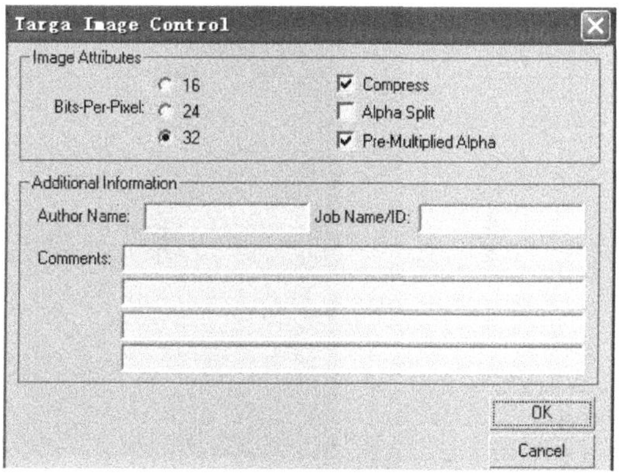

图5-534

⓭ 设置好以后，路径就会自动改为新设置好的路径，如图5-535所示。以后制作的法线贴图都可以按照这个路径找到。

⓮ 接下来设置贴图的尺寸。3ds Max提供了一些贴图尺寸，这里选择1024×1024像素的贴图尺寸，如图5-536所示。

图5-535　　　　　　　　　　　　　　　　图5-536

⓯ 选择Output into Normal Bump复选框，如图5-537所示。法线贴图的设置工作就基本完成了。

⓰ 观察模型，可看到模型的外面围绕着附加框架，而且低模也被自动添加了一个Projection修改器，如图5-538所示。

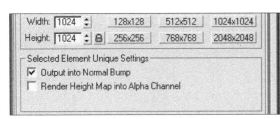

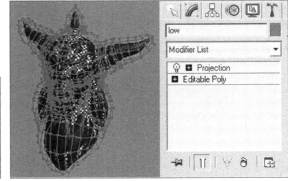

图5-537　　　　　　　　　　　　　　　　图5-538

⓱ 单击Render To Texture对话框的Render按钮渲染法线贴图，如图5-539所示。

⓲ 渲染结果出来以后，发现贴图上有一些红色的区域，这就是模型被穿插的地方，如图5-540所示。

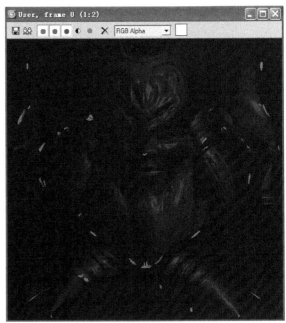

图5-539　　　　　　　　　　　　　　　　图5-540

3. 调整法线贴图

因为渲染出来的法线贴图出现了部分错误的效果，所以需要对贴图进行调整。调整法线贴图的方法有两种，一种是在3ds Max里，通过调整投影框架来对高低模进行重新匹配，以达到好的法线贴图效果，这种方法适合调整大面积的错误区域；另一种是在Photoshop里直接使用笔刷工具进行修整，这种方法不是很科学，一般在修改一些小的、不明显的法线贴图问题的时候，可以使用这种方法。

下面结合这两种方法进行法线贴图的调整。

01 在低模的Projection修改器中，选择Cage子对象级别，单击Reset按钮，重置高低模型间的投影，如图5-541所示。

观察模型，发现之前包裹在模型外面的框架和模型完全重叠在一起了，如图5-542所示。

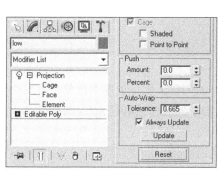

图5-541

图5-542

02 在Cage卷展栏中，调整Push选项组的Amount微调器的值，使投影框架与模型产生一定距离。注意，二者的距离不要太远，尤其是面部，这样将来烘焙出的投影效果会好一些，如图5-543所示。

03 单击Render按钮再次渲染，观察效果，看到这次错误的区域更多了，如图5-544所示。需要进入投影的子对象级别对各区域进行调整。

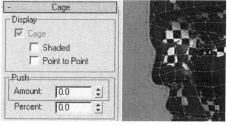

图5-543

图5-544

04 在Display选项组中选择Shaded复选框，这样就可以在模型上直接观察到穿插的地方了，如图5-545所示。用这种方法可以很容易找到法线贴图上错误的地方，方便进入Projection修改器的子对象级别进行区域性地调整。

图5-545

05 直接在投影框架中选择顶点。注意这里的顶点是对称选取的，这样选取，会使调整的效果均衡。调整Amount的值，消除有模型穿插的地方，如图5-546所示。

图5-546

调整后的效果如图5-547所示。通过对局部顶点的调整，模型上基本已经没有发生明显穿插的地方了，渲染出来的贴图效果也较好。剩下的一些细小的红色区域是由UV的接缝产生的，可以在Photoshop里面进行最后的修改。

图5-547

06 运行Photoshop，打开贴图文件。在Photoshop中，法线贴图会红、绿、蓝三色正常显示。用画笔工具将有瑕疵的地方修匀（按住Alt键可以吸取画布上的颜色对附近的错误颜色进行修改）。调整好过渡效果即可，不宜做大面积修改。调整后的法线贴图效果如图5-548所示。

07 导入法线贴图。在3ds Max中，打开材质编辑器，选择一个空白的材质球，在Maps卷展栏，选择Bump贴图通道，单击None按钮，如图5-549所示。

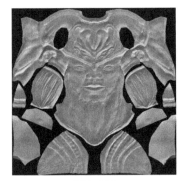

图5-548

提示

Maps卷展栏里有很多贴图通道，提供不同的贴图类型。

08 这时会打开Material/Map Browser对话框，双击Normal Bump，如图5-550所示。

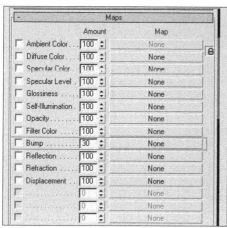 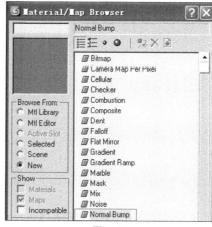

图5-549　　　　　　　　　　　　　　　图5-550

09 双击打开Normal Bump类型，会出现Parameters卷展栏，单击Normal项的None按钮，如图5-551所示。

10 之后，会再次弹出Material/Map Browser对话框，如图5-552所示。双击Bitmap项，将弹出选择贴图文件路径的对话框，选择并打开修改好的法线贴图文件。

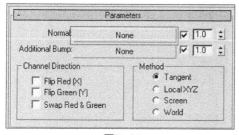 

图5-551　　　　　　　　　　　　　　　图5-552

11 选择贴图文件之后，材质球会显示出法线贴图效果。但是此时的贴图效果并不会显示在模型上，需要将贴图赋予模型。单击2次返回按钮，退回到主层级，如图5-553所示。

12 将材质球拖至模型处松开鼠标，再单击显示贴图按钮，就可以看到法线贴图赋予模型后的效果了，如图5-554所示。按F9键可以看到渲染后的法线贴图效果。

 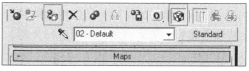

图5-553　　　　　　　　　　　　　　　图5-554

13 在材质编辑器中，找到DirectX Manager卷展栏，选择DX Display of Standard Material复选框（见图5-555），即可启用3D加速功能，这样就可以直接在视图窗口中看到法线贴图的效果了。

图5-555

次世代低模的法线贴图效果如图5-556所示。

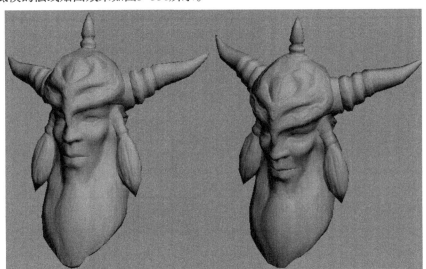

图5-556

4. 绘制角色头部的漫反射贴图和高光贴图

赋予法线贴图后，模型仍然是单色的，需要添加色彩及高光。接下来介绍绘制角色头部的漫反射贴图和高光贴图的方法。

01 在Photoshop里将模型的大致颜色绘制出来，如图5-557所示。此时的贴图不是最终的效果，需要利用一些皮肤和金属等材质素材来对贴图进行处理，然后存储为PSD格式文件。

02 将贴图附予模型，在材质编辑器的Maps卷展栏中，选择Diffuse Color复选框，单击其None按钮，在出现的材质贴图预览器里选择Bitmap项，选择刚刚绘制的贴图。设置完成后的界面如图5-558所示。

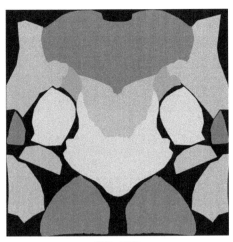

图5-557

03 设置好Diffuse Color后，模型就被赋予了有颜色的贴图，同时也能看见法线贴图在模型上的效果，如图5-559所示。

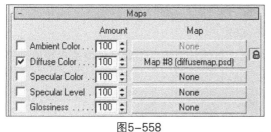

图5-558

图5-559

04 在Photoshop中，选用照片或其他素材图片，将人物的皮肤效果叠加出来。分块将面部各部分贴图拼合出来，然后使用图章工具处理接缝。在3ds Max中观察赋予贴图后的效果，如图5-560所示。

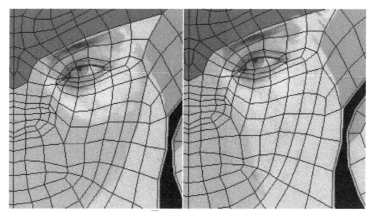

图5-560

05 将皮肤面部全部绘制出来，然后在3ds Max里观察绘制效果，包括接缝和颜色的感觉，如图5-561所示。

图5-561

06 复制法线贴图图层，然后进行去色处理。将复制的图层放在所有图层的最上面，颜色模式使用叠加，保留头盔部分的区域，将其他部分删除掉，这样就出现了头盔的图像，如图5-562所示。我们将在此基础上修改头盔部分的贴图。

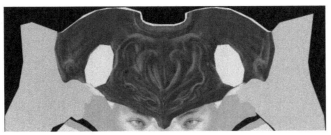

图5-562

07 保存贴图文件，在3ds Max里观察贴图效果。虽然效果不是很理想，但是已经出现了头盔的纹理，如图5-563所示。

图5-563

08 接下来调整头盔的贴图效果。因为已经有了纹理，只要将光线效果调整正确就可以了。提亮头盔上突出结构的亮度，效果如图5-564所示。

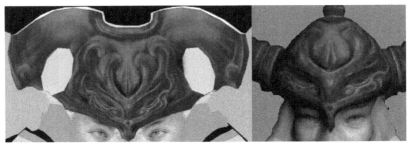

图5-564

09 添加头盔细节。将头盔上的"眼睛"绘制出来，然后在头盔棱角处增加一些磨损效果，让头盔更加富有真实感，如图5-565所示。

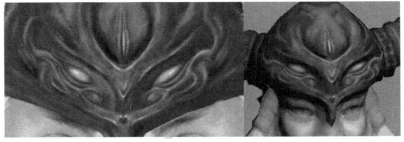

图5-565

⑩ 调整贴图整体效果，如图5-566所示。

⑪ 接下来为模型制作AO（光影）贴图。制作AO贴图的方法和制作法线贴图的方法类似，首先打开高模和低模模型，在场景中创建一个天光Skylight，将这盏天光放到模型的上方，如图5-567所示。

图5-566

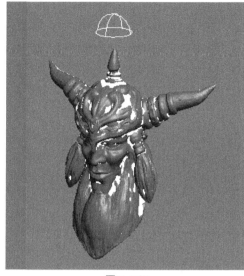

图5-567

⑫ 执行菜单Rendering→Advanced Lighting→Light Tracer命令，也可以按F10键打开渲染渲染场景对话框后单击Advanced Lighting标签，在Advanced Lighting选项卡中激活Light Tracer选项，如图5-568所示。在弹出的对话框中选择确定，完成设置并关闭对话框。

⑬ 执行菜单Rendering→Rendering to Texture命令，在弹出的对话框里进行AO贴图的设置。在General Settings卷展栏的Path输入框中设置输出路径，如图5-569所示。

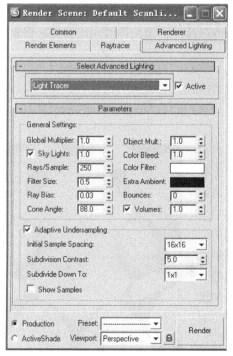

图5-568

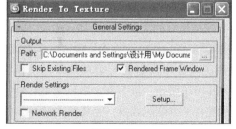

图5-569

14 在低模被选中的状态下，单击Projection Mapping选项组的Pick按钮，注意不要选择Enabled复选框，如图5-570所示。然后，在打开的对话框中选择高模，再单击Add按钮，将高模的信息拾取到低模上。

15 Mapping Coordinates选项组中使用如图5-571所示的默认设置。

图5-570

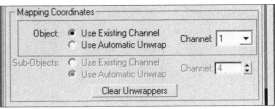

图5-571

16 在Output卷展栏里单击Add按钮，在弹出的对话框中选择LightingMap或者CompleteMap，添加AO贴图。这里选择LightingMap，如图5-572所示。

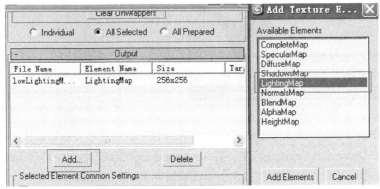

图5-572

17 选择贴图大小为1024×1024，如图5-573所示。因为前面的漫反射贴图也是用的1024×1024的尺寸，因此要和它保持统一。到这里，AO贴图的参数设置工作就基本完成了。

18 单击Render按钮进行AO贴图的渲染，如图5-574所示。渲染的时间比较长，需要耐心等待，中间不要对软件进行其他操作，以免出错。

图5-573

图5-574

19 渲染完成的AO贴图如图5-575所示。因为这里有一些模型穿插的地方，AO效果不是很好，所以需要将不正确的地方用比较柔和的笔刷处理好过渡关系。这里使用这张贴图，来对漫反射贴图进行整体效果的处理。

20 回到Photoshop，将AO贴图复制到漫反射贴图里，因为都是同样尺寸的文件，就不需要改变大小了。将复制的AO贴图的图层混合模式改为正片叠底，调整透明度，这样，漫反射贴图就会出现需要的明暗效果，使模型效果更加真实，如图5-576所示。接下来，要反复地在Photoshop和3ds Max里调整模型的贴图效果，尤其要注意细节方面的处理。

21 在3ds Max里，模型的贴图效果如图5-577所示。

图5-575

图5-576　　　　　　　　　　　　　　　　　　　　图5-577

22 使用AO贴图进行修改处理后，可保存为高光贴图，以反映模型的光照效果。首先将贴图另存为一个AO贴图，将头盔部分全部选中，然后进行反选，降低其他区域的明度，如图5-578所示。保持头盔部分的选取，按Ctrl+X快捷键剪切，再按Ctrl+V快捷键粘贴，这样头盔的图像就直接粘贴到新的图层中，从其他图层中分离出来。此操作的目的是便于管理。

23 给头盔图像增加胶片颗粒滤镜效果，这样头盔就有金属质感了，如图5-579所示。贴图整体不宜太亮，否则在整体效果中曝光度会太强，影响效果。

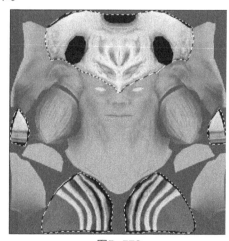

图5-578　　　　　　　　　　　　　　　　　　　　图5-579

24 打开材质编辑器，为模型附予高光贴图。在编辑器的Maps卷展栏中，单击Specular Level项右侧的None按钮，如图5-580所示。

25 之后会打开材质/贴图浏览器，选择Bitmap选项，如图5-581所示，然后选择高光贴图的保存路径，将贴图文件打开。

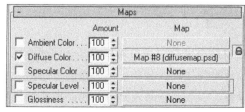

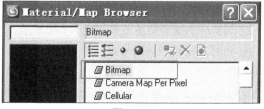

图5-580　　　　　　　　　　　　　　　　　　　　图5-581

26 观察模型的高光效果，发现模型的高光部分过十强烈，如图5-582所示。

27 返回Photoshop，继续调整高光贴图的明度。可以新建一个图层，放在现有高光贴图图层的上面，填充黑色，图层混合模式使用叠加模式，这样就不会破坏整体的明暗效果（因为前面已将头盔等部分分离出来，分别调整容易破坏整体效果）。调整高光后的效果如图5-583所示。

图5-582

图5-583

28 回到3ds Max里，观察模型的高光贴图效果，如图5-584所示。现在的效果要比前面的好很多。因为考虑到皮肤和金属材质的头盔的反光强度不一样，所以需要反复调整才会得到满意的效果。

29 因为面部的高光还是有点过于强烈，所以需要继续调整高光贴图的明度，使皮肤的感觉更真实。然后对头盔部分的金属高光进行细致地调整，按照结构，将隆起的部分略微提亮，如图5-585所示。

图5-584

图5-585

30 调整后的模型贴图效果如图5-586所示。

31 也可以在模型的高光贴图中加入颜色，从而体现环境色效果。这里将贴图颜色稍加改变，将金属头盔的颜色调整为偏冷的蓝色，然后在头盔图像的眼睛部位加入绿色。因为漫反射贴图中的眼睛是绿色的自发光效果，所以要将这里的颜色调整为绿色，以表现眼睛发光的效果。调整颜色后的贴图效果如图5-587所示。

图5-586

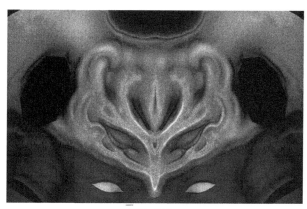

图5-587

32 在材质编辑器的Maps卷展栏中，选择Specular Color复选框，为该通道导入高光贴图。可以直接将Specular Level中的材质名直接拖至Specular Color的None按钮上，也可以像设置Specular Level那样重新将贴图加载一遍，如图5-588所示。这里要说明的是，Specular Color和Specular Level都是反映贴图的高光信息的，只是

图5-588

Specular Color反应的是高光的颜色信息，而Specular Level反映是的高光的明度信息。

33 在3ds Max中，旋转模型的角度，就可以观察到模型上高光部分的颜色效果了，如图5-589所示。

34 进一步调整眼睛的高光效果。在眼睛的上方，眼白部分的光线可以处理得较亮一些。注意，眼球由四周到中央的部分，有一个高光的过渡效果。调整后的高光效果如图5-590所示。

图5-589

图5-590

35 模型贴图调整后的最终效果如图5-591所示。次时代模型制作及相关贴图的制作和使用方法介绍完毕。

图5-591

第6章 游戏角色动画制作

6.1 认识游戏模型的骨骼动画

在游戏制作中，动画基本由模型动画和骨骼动画两部分构成。模型动画主要适用于一些简单的模型，例如使模型沿着路径运动的动画、粒子模型动画等。骨骼动画为模型动画提供了更多的可操作性。在游戏开发中，对于动画的制作，基本上是依靠骨骼动画来控制模型的运动的，所以，掌握骨骼动画的应用方法是涉足游戏动画制作的先决条件。

在学习骨骼动画的应用方法之前，需要了解有关3ds Max动画控制模块的基本知识。

6.1.1 3ds Max中普通动画的设置

图6-1中黑框内的区域是3ds Max界面中动画控件所在的位置。

动画控制区 ➡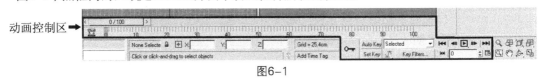

图6-1

3ds Max界面中的动画控件说明如下。

（1）时间滑块：通过拖动此滑块可以展示动画当前效果，如图6-2所示。

图6-2

（2）关键帧指示区域：此区域用于显示关键帧所在的时间位置、关键帧类型等信息。关键帧的时间位置与时间滑块相对应。在游戏开发应用中，关键帧的类型可分为Position（位置）关键帧、Rotation（旋转）关键帧、Scale（缩放）关键帧以及同时包含以上3种或2种类型的关键帧。在关键帧指示区域内，不同的关键帧类型以不同的颜色显示。其中，位置关键帧以红色显示、旋转关键帧以绿色显示、缩放关键帧以蓝色显示，包含3种关键帧类型的以3种颜色显示，包含两种关键帧类型的以两种颜色显示，如图6-3所示。

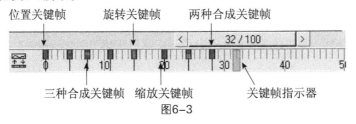

图6-3

（3）关键帧过滤按钮：单击此按钮，可弹出如图6-4所示的Set Key Filter（关键帧过滤）对话框。在设置关键帧时，可以根据关键帧过滤对话框提供的关键帧类型进行自定义设置。在游戏开发中设置的关键帧，一般需符合默认的4种关键帧类型：Position（位置）、Rotation（旋转）、Scale（缩放）和IK Parameters（IK参数），其他类型的关键帧游戏引擎一般不予支持。

（4）关键帧设置区域：此区域主要针对模型的关键帧类型进行关键帧设置，分为Auto Key（自动关键帧）和Set Key（设置关键帧）两种，如图6-5所示。单击自动关键帧按钮后，在视图中进行的任何变换操作（如移动、旋转、缩放），将会以设置的关键帧过滤类型自动生成关键帧。单击Set Key（设置关键帧）按钮，在视图中按照既定的方式对动画对象进行变换操作，然后单击设置关键帧类型前面的钥匙形按钮"🗝"，就可在关键帧指示区内生成关键帧。

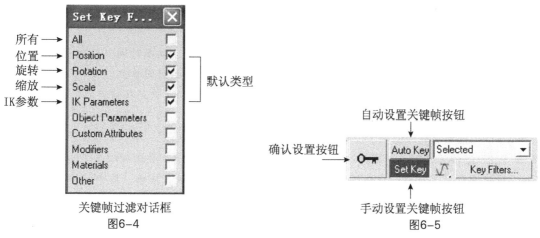

所有 → All
位置 → Position
旋转 → Rotation
缩放 → Scale
IK参数 → IK Parameters

默认类型

Object Parameters
Custom Attributes
Modifiers
Materials
Other

关键帧过滤对话框
图6-4

确认设置按钮 →

自动设置关键帧按钮

手动设置关键帧按钮
图6-5

（5）动画播放时间控制区：此区域是控制播放关键帧动画功能的区域，其功能与多媒体播放器类似，如图6-6所示。此区域中微调器显示的数字，指示出当前动画所在时间滑块的位置。通过在微调器中直接输入数值，也可以迅速跳转到相应的时间位置。

动画播放控制区
图6-6

（6）时间配置按钮"🗂"：单击此按钮可以打开Time Configuration（时间配置）对话框，用于设置帧速率、时间显示、播放和动画等，如图6-7所示。

Frame Rate（帧速率）选项组用于设置在视图上播放动画时按照哪种计时方式进行播放。计时方式包括：

- NTSC制：一种由美国国家电视标准委员会制定的电视标准，在美国和日本使用这种电视制式，它的帧速为每秒30帧。
- PAL制：根据相位交替扫描线制定的电视标准，在我国和欧洲大部分国家中使用，它的帧速为每秒25帧。
- Film（电影）：电影胶片的计数标准，它的帧速率为每秒24帧。
- Custom（自定义）：选择此单选按钮，可以在FPS输入框中输入自定义的帧速率，它的单位为帧/秒。

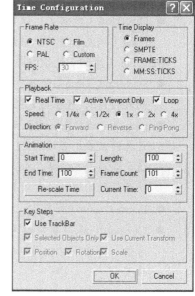

图6-7

以上4种帧的速率方式主要与最后的动画输出有关，在游戏开发中使用默认速率即可。因为游戏引擎会根据程序端的需要，对动画播放速度进行设置，所以帧速率的设置对游戏开发而言没有太大意义。

Time Display（时间显示）选项组用于确定以何种方式显示当前所在的时间位置。根据Frame Rate选项组设置的不同帧速率，Time Display选项组显示的选项也会不同。如果使用了其他设置方式，时间滑块以及其他显示时间的数值框都会以新的方式显示。该选项组包括：

- Frames（帧）：这是默认的显示方式，也是游戏开发中动画设置常用的制作方式。它以每一帧进行时间分段，如果改变帧速率设置，动画长度也会重新进行计算。例如默认帧数为100帧的NTSC制，改为PAL制后，总帧数将变为83帧。
- SMPTE（时码）：这是广播级编辑机使用的时间计数方式，对电视录像带的编辑也使用这种计数方式。SMPTE的标准表示方式为00：00：00，其中第1个单位为分，第2个单位为秒，第3个单位为帧。根据帧速率的不同，后两位帧位数也不同。例如，采用PAL制时，到25帧时进一位，第二单位位置加1秒计数；采用NTSC制时，到30帧进一位，第二单位位置加1秒计数。

- FRAME:TICKS（帧：TICKS）：以当前帧数和滴答计数来显示时间。Ticks是3ds Max内部自定义的一种时间单位，一秒等于4800Ticks，是一个极小的时间单位。
- MM:SS:TICKS（分：秒：TICKS）：和时码显示方式类似，只是将帧换成了更小的Ticks，每经过4800Ticks时，向前进一秒。

Playback（播放）选项组用于控制在视图中播放的动画，包括：

- Real Time（实时）：选择此复选框，在视图中播放动画时，会保证以真实的动画时间（由帧速率计算）播放。当达不到此要求时，系统会跳格播放，省略一些中间帧来保证时间的正确。系统提供了5种速度设置，缺省为1X，即1倍速，为标准速度，其他分别为1/4倍速、1/2倍速、2倍速、4倍速等。这些速度设置仅适用于视图中动画的播放和运动捕捉程序。
- Active Viewport Only（仅活动视口）：选择此复选框，仅在当前活动视图窗口中播放动画；如果取消此复选框的选择，则会在所有视图窗口中一同播放动画。取消Active Viewport Only复选框的选择有利于同时从各个角度观察动画播放效果，但是会占用较多的系统资源。
- Loop（循环）：控制动画是播放一次还是反复播放。注意，选择此复选框时，必须取消Real-Time复选框的选取。
- Direction（方向）：设置动画播放的方向是Forword（向前）、Reverse（向后）还是Ping-Pong（往复）播放。注意，选择此复选框时，必须取消Real-Time复选框的选取。

Animation（动画）选项组用于对动画的播放时间进行设置，包括：

- Start/End Time（开始/结束时间）：分别设置动画的开始时间和结束时间。缺省设置下的开始时间为0，可根据需要设置为其他数值，包括负值。
- Length（长度）：设置动画的长度。它其实是由Start/End Time设置得到的结果，省掉了再计算的必要。直接改变Length的值会影响End Time的数值。如果当前为100帧，增加Length的值，会在动画设置上加入新的空白帧；如果减小Length的值，原有的动画设置不会丢失，只是被限制了播放的时间长度。
- Frame Count（帧数）：设置被渲染的帧的数量。通常是设置的数量再加上一帧。
- Current Time（当前时间）：显示和设置当前所在的帧号，与动画播放时间控制区的当前帧号输入框的用途相同，标识时间指示器所指向的当前时间位置。
- Re-scale Time（重缩放时间）：对当前的动画区段进行时间缩放以加快或减慢动画播放的节奏，这会同时改变所有的关键帧设置。单击此按钮会弹出Re-scale Time对话框，如图6-8所示。通过修改此对话框内的Length（长度）和Frame Count（帧数）的参数值可以设置新的动画播放长度。

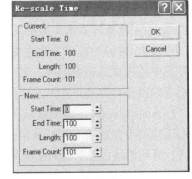

图6-8

Key Steps（关键点步幅）选项组用来在关键帧模式"⚏"下进行帧间跳格的步幅设置，其中的选项采用默认设置即可。

1. 设置动画关键帧

在3ds Max的顶视图中创建一个任意大小的茶壶模型，使轴心点对齐坐标原点。下面将以此模型为例，介绍设置动画关键帧的方法。

（1）自动关键帧的应用。

自动关键帧的应用属于比较容易掌握的一种关键帧设置方法，它不受关键帧过滤对话框中的设置的影响，操作时只要使用移动、旋转、缩放等变换命令，就会在变换信息产生的位置上，生成对应类型的关键帧。

> **注意**
>
> 使用自动关键帧时，在第1帧的位置不可以设置任何关键帧，但是，当时间滑块位于其他位置时进行关键帧设置，则第1帧的位置会自动产生关键帧，其信息采用初始状态信息。一旦生成关键帧，第1帧位置就可以调整变换信息了。

设置自动关键帧的具体操作如下。

01 激活Auto Key按钮，在顶视图中，选择茶壶模型。把时间滑块拖动到第20帧的位置，使用移动工具锁定X轴，把茶壶模型拖动到5的位置。这时，就会在第0帧和第20帧位置自动产生移动关键帧。在第0帧和第20帧之间拖动时间滑块，可以看到茶壶在原点位置及5的位置之间产生了移动动画。

02 把时间滑块拖动到第20帧的位置。激活前视图，使用旋转工具把茶壶旋转60度，再在第0帧和第20帧之间拖动时间滑块，可以看到茶壶在原点位置及5的位置之间产生了边移动边旋转的动画。

03 把时间滑块拖动到第20帧的位置。激活前视图，使用缩放工具把茶壶放大2倍，再在第0帧和第20帧之间拖动时间滑块，可以看到茶壶在原点位置及5的位置之间产生了边移动边旋转边缩放的动画。

经过上面的操作可知，单击Auto Key按钮，会随着对模型进行的操作而产生相应关键帧，且产生的关键帧不受关键帧过滤对话框设置的影响。

（2）关键帧的复制、移动和删除。

在3ds Max中可以对关键帧进行复制、移动和删除操作。

- 关键帧的复制：对于相同信息的关键帧设置可以使用复制关键帧的方法完成。例如，在上面的操作步骤中，如果在第40帧的位置要恢复到模型最初所在的位置，不必将模型重新拖回到原来的位置，而是先用鼠标选择第0帧的关键帧，再按住Shift键，把这个关键帧拖动到第40帧的位置，这样，软件会自动将第0帧的关键帧复制到第40帧。此时再在第0帧和第40帧之间拖动时间滑块，可以看到茶壶在原点位置及5的位置之间产生了边移动边旋转边缩放的往复动画。
- 关键帧的移动：移动关键帧的方法是，选择关键帧后，直接将其拖动到目标时间位置，这样就可以改变关键帧的位置。
- 关键帧的删除：删除关键帧的方法是，选择关键帧后，直接按Delete键即可将之删除。

（3）设置关键帧的应用。

在制作动画时，关键帧的复制、移动和删除都是常用的方法，使用Auto Key按钮进行自动设置关键帧也是经常使用的方法。但是在特定条件下，需要更加精确地设置关键帧时，往往需要手动和选择性地进行关键帧的设置，这时，就需要使用到Set Key（设置关键帧）功能了。

下面以实际操作来介绍移动、旋转和缩放关键帧的设置和使用方法。

01 把上例中创建的动画的时间滑块恢复到第0帧，然后删除所有关键帧。这样，茶壶模型恢复到没有设置关键帧时的位置。

02 激活顶视图，使茶壶模型为选择状态，再打开Set Key Filter对话框，保留Position复选框的选取，取消其他选择的复选框的选取。

03 激活Set Key按钮，确保时间滑块在第0帧位置，单击Set Key前面的钥匙按钮，这时在第0帧位置产生了一个位置关键帧。把时间滑块拖动到第20帧的位置，再单击Set Key前面的钥匙按钮，这时在第20帧位置也产生了一个位置关键帧。这时，在第20帧位置处把茶壶模型旋转60度，然后单击Set Key前面的钥匙按钮，发现没有任何的旋转关键帧生成，这是因为没有在Set Key Filter对话框中选择Rotation复选框。

04 重新选择Rotation复选框，再单击Set Key前面的钥匙按钮，这时生成了旋转类型的关键帧。

05 用同样的方法，在当前帧位置选择Scale复选框，再把茶壶模型放大2倍，然后单击钥匙按钮，生成缩放关键帧。

06 把时间滑块拖动到第0帧，发现除了产生了移动动画外，旋转和缩放操作并没有对动画产生影响，这是因为在第0帧的位置没有选择相应的关键帧类型。

07 在第0帧的位置，把茶壶模型旋转并恢复到水平放置状态，单击钥匙按钮，这时，在第0帧位置也生成了旋转和缩放关键帧。

08 如果要把茶壶模型恢复到原来的大小，可使用缩放工具将其缩小到大约为原来的大小后，再次单击钥匙按钮，就可以制作出从大到小变化的动画了。

> **注意**
>
> 如果要准确地控制模型原始大小之间的变化，需要在创建第20帧位置上的变化之前，就在第0帧位置设置3种关键帧，然后再在其他帧位置设置不同变化的关键帧。

通过上面的操作可以看出，使用此方法设置关键帧，操作比较繁琐，每一步都需要考虑周全。如果设置不当则关键帧创建失败，会很被动，为此，这种方法可以作为高级用法去掌握，在积累了一定的操作经验后，就可以比较自如地控制了。

> **提示**
>
> 同时选择所有关键帧类型后启用设置关键帧功能和使用自动关键帧功能的应用结果相似，即在单击钥匙按钮时，会在时间滑块相应位置同时生成3种类型的关键帧。

2. 设置开始与结束关键帧

在游戏开发中，动画的帧数并不一定使用默认的100帧，而往往会根据需要设置成循环动画。比如上面的例子中，动画仅有40帧的变化，而非默认的100帧。若要改变默认的设置，可以使开始帧的位置不变，打开时间设置对话框，把End Time的参数100改为40，然后单击确定按钮，就可以看到轨迹栏的长度值缩小了，此时仅显示0到40帧；把End Time的参数改为20，再次单击确定按钮，就可以看到轨迹栏的长度值缩小为20帧了；再次把End Time的参数改为40，单击确定按钮后，动画又恢复到原来的40帧。关键帧并没有丢失，动画的节奏也没有变化。单击播放按钮可观看动画效果。

3. 设置重缩放关键帧

单击Re-Scale Time按钮，把End Time的参数值从40改为20，单击确定按钮，可看到整个动画的时间长度缩小到了20帧。此时播放动画，发现动画的节奏变快了。设置重缩放关键帧可以改变动画的播放节奏。

4. 迷你曲线编辑器

通过前面的操作，读者基本了解了关键帧设置的方法。对关键帧设置之后的精确的参数控制，需要使用一个非常直观的工具，即Open Mini Curve Editor（迷你曲线编辑器）。

单击动画时间滑块前面的"⛶"按钮，就可以打开迷你曲线编辑器了，其界面如图6-9所示。

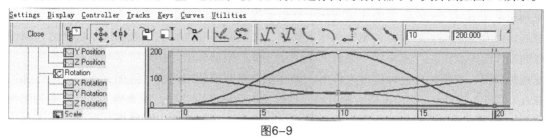

图6-9

迷你曲线编辑器中记录了用户在3ds Max中进行变换操作的信息。如果要改变变换操作的具体效果，通过改变此编辑器中的曲线就可以实现，并且还可以通过参数进行精确控制。

曲线编辑器也可以用浮动面板的形式打开，打开的方法有以下3种：

● 执行Graph Editor（图表编辑器）→Track View-Curve Editor（轨迹视图—曲线编辑器）菜单命令；

● 在主工具栏中单击曲线编辑器按钮；

● 在右键功能菜单中选择Curve Editor（曲线编辑器）命令。

关闭曲线编辑器的方法是单击窗口左上角的Close（关闭）按钮。

■ 6.1.2 角色骨骼动画的制作流程

通过以上操作，读者掌握了设置动画关键帧的基本方法。但是，在游戏开发中要面对的对象非常繁多，如果要设置动画，仅仅依靠简单的移动、旋转和缩放操作是无法实现复杂的角色动画的制作的。

在游戏开发中，业内的资深人士们通过多年积累的经验，使用仿生学原理来控制模型的动作，即以给模型添加骨骼的方法对其进行控制。就像我们的血肉与骨骼相连一样，骨骼运动，身体的血肉跟着移动。模型也是如此，骨骼运动，则模型运动。给模型添加骨骼的方法几乎模仿了大多数仿生学原理，在关节位置也会产生变形等问题。对于骨骼动画的制作流程，可通过下面的腿部动画制作流程图来理解，如图6-10所示。

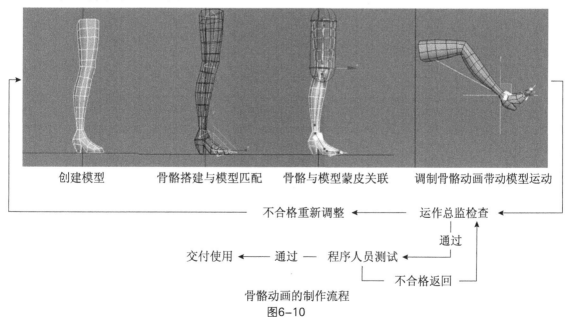

骨骼动画的制作流程
图6-10

在制作骨骼动画前，角色设计师们要把制作完成的角色模型（最好连同贴图部分一起完成，以便调制动作时可以观察贴图的纹理变化）交给动作设计师们调制动作。动作设计师们拿到角色模型后，需要检查模型是否符合制作动作的要求，尤其要注意观察关节处的段是否合适，以便制作弯曲动作时不会产生严重变形。然后，动作设计师们根据模型结构的特点和调制动作的要求，搭建角色骨骼。在搭建角色骨骼的过程中，要注意骨骼与模型的匹配。匹配完成后，动作师们使用Skin（蒙皮）或Physique（体格）修改器，使模型与骨骼产生关联，调节模型顶点所受骨骼权重的影响，直到达到合适的影响程度。完成蒙皮操作之后，调制动作，如行走、跑步、攻击等。动作调制完成后，首先由动作设计总监检查动作的美感和技术性等问题，确认没有问题后，交给程序设计师调试。程序设计师检查通过后，即可交付使用。这中间任何一个环节没有通过，则返回继续调整。

以上大致描述了动作设计师制作角色动作的流程。在实际工作中，对于骨骼和蒙皮修改器的使用，也会根据引擎需要有所选择。有些引擎对于骨骼的数量有一定限制，还有些不支持Biped（两足动物）骨骼系统，只支持使用Bone（骨骼）系统。当前，在角色的制作过程中，主流的引擎还是支持Biped的骨骼系统的，此骨骼系统的功能强大，制作效率非常高。在使用Biped骨骼系统时，Bone骨骼只被用来添加辅助骨骼，如脸部表情、披风部分、衣摆部分、怪兽的翅膀部分等。

在蒙皮时，蒙皮或体格修改器只能选择其一来使用。体格修改器的早期版本与Biped的骨骼系统是集成到一起的，它除了具备封套调整外，还具备强大的肌腱关联、肌肉变形等细节调整功能。但是在游戏开发中，这些功能一般是不予支持的，仅支持封套部分顶点权重影响的设置。

6.1.3　角色骨骼动画对模型的要求

在制作骨骼动画时，模型处于首要的地位。要想制作出非常逼真的模型动画效果，要求模型的网格精度足够高，这样模型受骨骼影响而变形时，就可以有支持足够多的变形段数。但是，由于在游戏开发中，对角色模型的面数有一定的限制，不能够使用过多的面，因此，对于模型面数的应用就主要集中于关节部分的网格分配的要求了，如图6-11所示。

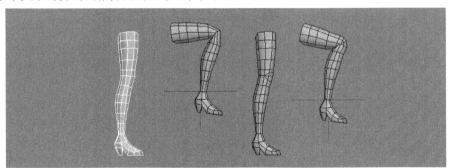

膝盖关节段数布局对骨骼动画的影响

图6-11

对于模型的关节部分，一般需要在主要弯曲的段的基础上增加几个过渡网格，这样有助于模型的弯曲操作，图6-11所示为膝盖关节段数布局对骨骼动画的影响，从这里可以看到，关节处的网格段数不同，所产生的弯曲变形的状态也不同。同样，角色的脚踝、腰部、腕部、肘部、肩膀和脖颈等位置也是需要重点处理段数布局的位置。

虽然模型布线并非动画设计师们重点负责的部分，但是，在了解了上面介绍的这些内容，对这些基础知识有了一定的认识后，在自己制作角色模型或者要求角色设计师们制作模型时，就有依据、调制的角色动作也将更加符合游戏的需要了。

6.1.4 正向（FK）与反向（IK）运动

在了解正向与反向这两个概念之前，读者需要了解对象间的层级概念。在3ds Max中，层级概念的前提是需要具备父对象（或父物体）和子对象（或子物体），它们之间的关系为父子关系。模型间具备父子关系是调制动画时的最基本的关系。

1. 在对象之间创建父子关系

对于在对象之间创建父子关系的方法，以一个具体实例的操作来说明。

01 在视图中创建两个圆柱体和一个长方体，把它们按腿部结构摆放位置。命名最上面的圆柱体为大腿，下面的圆柱体为小腿，长方体为脚板，如图6-12所示。

02 在工具栏上单击Schematic View（图解视图）按钮"图"，可以看到刚刚命名的模型的名称以图表形式显示在图解视图窗口中，如图6-13所示。

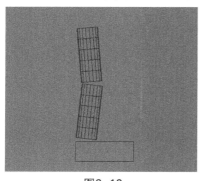
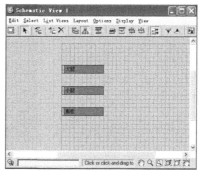

图6-12　　　　　　　　　　　图6-13

在现实中，当抬起大腿，小腿和脚就会跟着一起移动，如果要把这个动作调制动画，那么，按照设置动画的方法逐一设置关键帧，制作过程将非常繁琐而又难以调整——需要分别移动大腿，然后再移动小腿，再移动脚，这将是非常繁琐的制作过程，况且它们之间的位置也不够准确。如果再加上调制旋转和缩放的关键帧，则对动作调整的工作量相当巨大。但是，如果建立父子层级关系以后，这种调整将变得非常容易。父子关系的创建可以通过两种途径来实现。

第1种方法：选择脚板模型，单击工具栏上的Select and Link（选择并链接）按钮"图"，把鼠标指针移到脚板模型上，按住鼠标左键将其拖到小腿模型上，这时可以看到出现了一条跟随鼠标指针的虚线；把鼠标指针移到小腿模型处，松开鼠标左键，则小腿模型会闪动一下，表明父子链接成功。使用移动工具移动小腿模型，观察一下，可发现脚板模型会跟着小腿模型一起移动，而移动脚板模型时，小腿模型不会跟着移动。

用同样的方法，把小腿也链接到大腿模型上。这样，当大腿移动时，小腿和脚板模型都会跟着移动，表明父子关系链接成功。再看看图解视图窗口，发现它们被链接了起来：脚板模型被链接到了小腿上，小腿模型被链接到大腿上。

第2种方法：在图解视图上，直接使用图解视图窗口中的选择并链接按钮"图"和不链接选择按钮"图"，实现父子关系的链接和断开操作。

打断链接的方法是，选择需要断开的子对象，在图解视图窗口工具栏上，单击Unlink Selection（不链接选择）按钮，则对象间的链接关系就被断开了。此时再移动大腿或小腿模型，没有任何模型会跟着一起移动了，表明断开操作正确。

> **注意**
>
> 当建立了父子关系后，子对象将随着父对象的移动而移动，而子对象的移动却不会影响父对象。一个父对象可以有多个子对象，而一个子对象只能有一个父对象。

2. 正向运动与反向运动

从控制的性质来分，模型的运动有正向动力学（Forward Kinematics，简称FK）和反向动力学（Inverse Kinematics，简称IK）两种。正向动力学的特点是动作单向传递，由父级向子级传递，父对象的运动带动子对象的运动，子对象的运动不影响父对象。父、子对象之间构成层次结构或称层级结构。

那么，上例中的脚板对象是不是大腿对象的子对象呢？不是的，它仅是小腿对象的子对象。大腿运动脚板对象也跟着运动的原因，是由于脚板对象是小腿对象的子对象，而小腿对象是大腿对象的子对象。

也可以这样理解，正向运动关系是构成父子对象结构级别关系的基础，也是反向动力学产生的基础结构。在使用正向动力学完成整个腿部的弯曲动作时，首先必须设置大腿的旋转关键帧，其次才是小腿和脚，如图6-14所示。这样的设置步骤会很繁琐。如果同样的动作使用反向运动控制，则只需移动目标点的位置，便可以完成腿部的旋转动作，如图6-15所示。

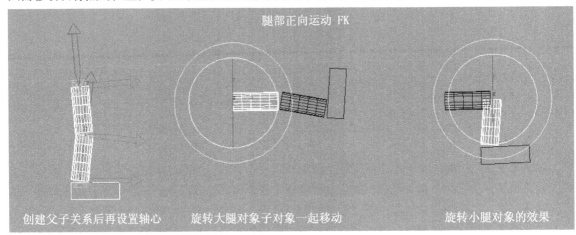

腿部正向运动 FK

创建父子关系后再设置轴心　　　　旋转大腿对象子对象一起移动　　　　　旋转小腿对象的效果

图6-14

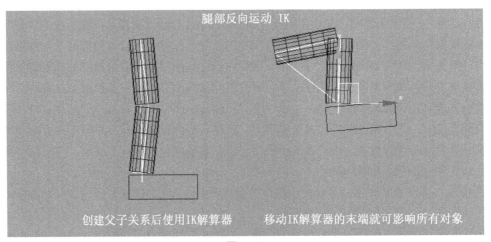

腿部反向运动 IK

创建父子关系后使用IK解算器　　　移动IK解算器的末端就可影响所有对象

图6-15

在3ds Max中，实现IK操作需要一些媒介的参与。IK在一定程度上与FK是相反的，通过骨骼链中层级较低的骨骼与层及较高的骨骼设置一个反向运动解算，从而设置关节层级之间的关系。

如果说，对于设置动画，正向运动方式为我们调制动画提供了极大方便的话，反向运动IK则为我们提供了革命性的改变。正向运动方式在关节处需要分别调整，而反向运动IK仅仅通过一个骨骼链的末端就可以同时控制多个骨骼动画的生成。所以，在骨骼动画制作中，反向运动IK居于重要地位。很多集成化的骨骼系统都将大量的IK关系融入到骨骼系统中。当然，正向运动也有其必不可少的作用，在集成化的骨骼系统中也被经常使用到，像Biped骨骼系统就是集成化了的骨骼系统。关于Biped骨骼系统在后面会重点讲解。

3ds Max为用户调整反向动力学动画提供了6种反向动力学控制模式，即交互式IK、应用式IK、HI解算器、HD解算器、IK肢体解算器和样条线IK解算器。

交互式IK和应用式IK是3ds Max 1至3ds Max 3版提供的IK解算器，目前已经不用于角色IK的计算了。其他4种IK解算器是3ds Max 4版以后增加的、主要用于角色动画制作的IK解算方式。在游戏开发中，较常接触的仅有HI解算器和样条线IK解算器两种。样条线IK解算器主要用于脊椎类动作，只有在特定情况下会被用到，另两种方式在动漫制作或机械类动画制作中才会用到，所以，在游戏开发中，最常用的就只有HI解算器了。

单击菜单Animation（动画）→IK Solvers（IK解算器），可以展开IK解算器子菜单，如图6-16所示。4种IK解算器的说明如下。

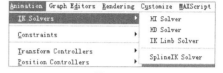

图6-16

- HI Solver（HI解算器）：常用于角色动画的制作。每帧都独立进行计算，不依赖于上一帧的IK结果，所以计算速度非常快，在视图操作中几乎是实时反应的。在游戏开发中，HI解算器是常用的IK类型，常用于四肢骨骼IK的设定。
- HD Solver（HD解算器）：常用于机械动画的设定。
- IK Limb Solver（IK肢体解算器）：常用于分支关节的设定，例如肩部关节要同时连接躯干和手臂的骨骼。
- SplineIK Solver（样条线IK解算器）：用于柔体变形骨骼的设定，例如脊椎骨骼、蛇类爬行动物的骨骼等。

反向运动（IK）是依据反向运动学原理，对复合连接的对象实施运动控制。通过IK反向运动控制层级链末端对象的变换，IK系统会自动计算此变换对整个层级链的影响，从而产生整个层级链的变换运动。使用IK可以快速准确地完成复杂的动画设置，其基本操作步骤如下：

01 建立模型。创建需要制作动画的模型，注意关节处的段的布局。

02 在模型内部创建一组Bone（骨骼），使每个骨骼对应相应的关节位置。对模型使用蒙皮系统，使模型与骨骼关联。

03 对关节或骨骼层级应用IK解算器。在指定IK链时，最好根据关节或骨骼的结构，使IK链贯穿于整个层级结构中，这样可以精确地调整每个动作。例如，要完成一个腿部的运动过程，最好创建3条IK链，即，从大腿根部到踝关节，踝关节到脚趾，脚趾根部到脚趾尖。另外，不必将所有的关节或骨骼都链接在一个大的层级中。例如，创建一个人体的层级结构，不必从头到脚、从胳膊到腿以一个链接贯穿始终，而是以一个独立的运动单元为一个链接单位来指定IK链接。就是说，要为胳膊、腿部等单元单独创建反向运动的骨骼链。

04 定义轴心点处的连接性能、旋转角度的限制或滑动关节等。

05 对造型系统实施动画处理。通过变换目标体或末端效应器来完成IK链中所有组分结构的动画。

在IK链中，可以将目标体或末端效应器链接到Point（点）、Splines（曲线）和Dummy Object（虚拟对象），通过这些链接对象来控制末端对象的变换或旋转；也可以通过约束控制目标体或末端效应器，或者通过导线参数，在目标体或末端效应器与控制对象之间建立关联关系。

注意

在HI解算器中，Swivel Angle（旋转角度）有自己的操纵器，可以直接进行动画控制，也可以链接到另外的辅助目标对象上。在制作动画时，如果使用骨骼自身的正向与反向运动设置不能够完全、方便地调整动画，这时会考虑配合辅助对象来完成，从而得到更好的可控性。

正向动力学基于从顶到底的控制方式，将父对象的旋转和位置变换传递给子对象。正向动力学的基本法则如下。

● 从父对象到子对象的层级链接。

● 在对象之间通过轴心点定位关节。

● 子对象对父对象的权限继承。

正向动力学中，对象在被链接到一起并且轴心点定位到关节后，就可以顺利地对对象结构进行动画设置。反向动力学中，放置目标对象的位置时，程序会计算末端链接的位置和方向，层级最终的位置是通过IK解算完成的。反向动力学在完成层级链接及放置轴心点位置后，可以进行下面的设置。

● 对关节的位置和旋转属性进行限制。

● 通过位置和旋转变换子对象来影响父对象。

在层级链接中，IK解算器会对旋转和位置变换应用反向动力学解算，使用IK控制器支配链接中的子对象变换。IK解算器可以应用到任何层级对象中，它的指定可以通过动画菜单来完成（选择层级中的对象，执行菜单Animation→IK Solvers命令，选择一种IK解算器类型后，在层级中的另一对象上单击，便可以完成一个IK解算器的指定）。各种IK解算器都有自己的特性和工作流程，用于解决动画中出现的不同问题。解算器的参数将显示在层级面板和动画面板中。

为一个链接中的层级对象指定了IK解算器后，在链接的结构末端，会显示一个Gizmo十字线标，称之为Goal（目标）点。目标点可以被重新放置和定位。在动画制作中，通常将目标点链接到其他对象上。目标点在移动和旋转时，IK解算器会自动使末端效应器（链接结构中末端关节的轴心点）匹配目标体的位置，从而牵动整个链接层级的运动。

6.1.5　4种IK解算器

接下来分别介绍4种IK解算器的设置选项及应用。

1. HI解算器

HI解算器常用于角色动画制作，每帧都独立进行计算，不依赖于上一帧的计算结果，所以计算速度非常快，在视图的操作中几乎是实时反应的。在游戏开发中，该解算器属于常用的IK类型，常用于四肢骨骼IK的设定。使用HI解算器的优势如下：

● HI解算器的运算不依赖于历史，最终的计算结果不受前面各帧影响，所以在使用HI解算器进行动画控制时，不用担心动画帧数的长度问题。

● HI解算器使用目标点控制链接层级的动画。在移动目标点时，IK解算器会移动末端效应器的位置来匹配目标点的位置。目标点可以链接到点、虚拟对象、样条线或骨骼上，通过控制这些辅助对象来控制目标点的移动。

● 通过控制旋转角度可以控制骨骼弯曲的方向，也可以直接键入参数或使用操控器来控制骨骼的旋转角度。对旋转角度的操作可以记录为动画。

在一个链接结构中，可以创建多重的或覆盖的HI IK链，对多重的目标点附加其他的控制。例如，在制作下肢运动的过程中，通过创建从臀部到踝关节，从踝关节到脚跟，从脚跟到脚趾这3条链来控制下肢的运动，也可以让脚粘在地面上，如图6-17所示。

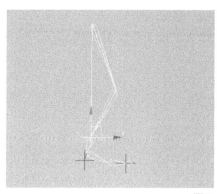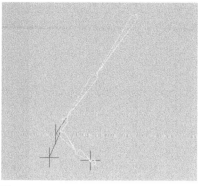

图6-17

HI IK链的优势在于对动作控制的精确性。每根骨骼被赋予了IK Chain Controller（反向链接控制器）和FK Sub-Controller（正向链接次级控制器）。IK独立于骨骼链，可以对IK链进行灵活地设置。针对原先角色肢体动画中轴向翻转的难题，专门设置了旋转角度来控制骨骼轴向的变化。

在IK解算中，终端效应器用于引导末端关节的运动和旋转，通常由虚拟对象承担。末端关节会被绑定至终端效应器。

在对一个骨骼系统指定了HI解算器后，在层级面板中还可以进行滑动关节和旋转关节的限定设置。

（1）IK Solver（IK解算器）卷展栏。

在Motion（运动）面板的IK Solver卷展栏中可以进行对IK解算器的参数设置。在模型上应用了一种IK解算器之后，软件会自动打开Motion面板，显示出该IK解算器模式的参数，如图6-18所示。

图6-18

注意

运动面板最下面的一些选项是运动面板的公共项目，这里只介绍IK专有的参数项目，其他项目的具体介绍可以参考相关书籍。

● IK Solver（IK解算器）：允许进行两种不同的IK解算器模式的切换。

● Enabled（启用）：HI IK解算提供了在单向动画轨迹中混合FK和IK的功能。在HI解算器控制下，FK属于次级控制器，被指定在IK控制器之下。激活Enabled按钮时（此为默认状态），IK控制覆盖FK次级控制，行使IK的操作功能；取消Enabled按钮的激活状态时，启动FK次级控制，使用正向动力学控制链接层级，可以对骨骼和层级对象进行旋转。Enabled按钮其实就是FK与IK的切换开关。此开关也可以指定为动画，利用这个开关，可以实现特殊的合层操作。

● IK for FK Pose（FK姿势的IK）：在FK状态中打开IK，既可以使用目标点（末端的十字标）调节骨骼的IK动作，又可以对骨骼进行自身的FK旋转。当Enabled按钮不被激活时，此选项为默认可用。选择IK for FK Pose复选框后，在选择并移动目标点时，程序将自动打开IK反向运动，并创建正向运动关键帧，其结果是关键帧会记录在层级对象或骨骼上，而不在目标点上；取消此复选框的选取，移动目标点时将不会影响骨骼链接，只是单纯地移动目标点的位置，如图6-19所示。

● IK Snap（IK捕捉）：如果目标点远离链接的末端，激活IK Snap按钮，将移动目标点到末端链接的位置。

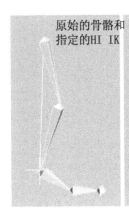
原始的骨骼和
指定的HI IK

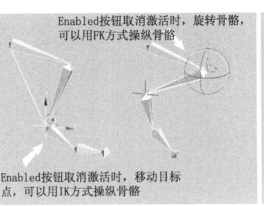
Enabled按钮取消激活时，旋转骨骼，
可以用FK方式操纵骨骼

Enabled按钮取消激活时，移动目标
点，可以用IK方式操纵骨骼

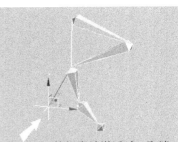
Enabled按钮取消激活时，取消
IK for FK Pose的选择，移动目
标点，只影响目标点的位置，
不能操纵骨骼

图6-19

- FK Snap（FK 捕捉）：在IK链中，FK属于次级控制器，只能在Enabled按钮关闭时，才能正确地执行FK捕捉。在激活Enabled按钮前激活FK Snap按钮，目标点会自动匹配到末端效应器的位置，这样可以防止在激活Enabled按钮后，产生链接层次的跳转。

- Auto Snap（自动捕捉）：选择此复选框，如果目标点远离链接的末端，在激活Enabled按钮后，目标点的位置会自动捕捉到末端效应器的位置；取消此复选框的选取，则在激活Enabled按钮后，目标点的位置不变，链接层级会匹配到目标点的位置。

Preferred Angles（首选角度）选项组包括下面两个按钮控件。

- Set As Pref Angles（设置为首选角度）：将当前帧位置的HI IK链的每个骨骼在父级空间的位置存储在首选的角度旋转通道中。这项功能常配合Assume Pref Angles按钮使用。

- Assume Pref Angles（采用首选角度）：将在首选角度通道中保存的骨骼位置信息指定到FK旋转次级控制器中。

Bone Joints（骨骼关节）选项组包括下面两个按钮控件。

- Pick Start Joint（拾取起始关节）：指定IK链开始关节。单击按钮后可以直接在视图中选取对象或按H键从名称选择对话框中选取对象。

- Pick End Joint（拾取结束关节）：用于指定IK链的末端关节。

注意

关于IK解算器有两点需要特别说明。

①在IK肢体解算器中，由于开始关节和末端关节之间的骨骼数不足两个，所以在改变了开始关节和结束关节后，会导致解算器不能正常运作，移动目标点不会对骨骼产生影响。

②因为IK链的方向依靠层级的次序而决定，因此，如果指定的链接方向与层级方向不同，会导致解算器不能正常运作。

（2）IK Solver Properties（IK解算器属性）卷展栏。

IK Solver Properties卷展栏提供了对IK的附属控制，包括对IK链的角度旋转，基于IK的解算器平面等，还可以指定控制骨骼旋转的目标对象。此外，还对IK的求解提供更高精度的计算方式，使动作更加精确，去除抖动的现象。

- IK Solver Plane（IK解算器平面）：这是一个HI IK附加的控制项目，用于控制IK解算器平面的旋转角度，或者用目标对象控制IK平面的旋转，并且可以直接制作成动画。

- Swivel Angle（旋转角度）：控制人体模型四肢膝盖和肘部的解算器平面方向。HI IK是通过一个目标点对整个骨骼链进行控制的，提供径向上的变换操作，而这里的Swivel Angle提供的是径向上的旋转角度。例如，在制作腿部的下蹲动作时，IK驱动的腿部将向下弯曲，膝盖向前，这时调整Swivel Angle的值，可使膝盖向外或向内旋转。

旋转角度的调整不仅可以通过面板的Swivel Angle微调器完成，还可以使用Select and Manipulate（选择并操纵）功能进行调节。激活主工具栏Select and Manipulate按钮"✦"后，在骨骼上会出现绿色的手柄，可以直接对骨骼进行角度的调整。

> **提示**
>
> 手柄的显示与否由Motion面板IK Display Options卷展栏的Swivel Angle Manipulator选项组控制，如图6-20所示。

- Pick Target（拾取目标）：以其他对象的动画控制旋转角度。激活此按钮后，可以在视图中选取指定的对象，一般选择辅助对象作为目标控制体，如图6-21所示。

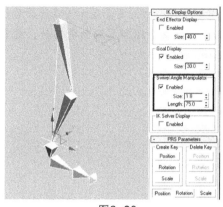

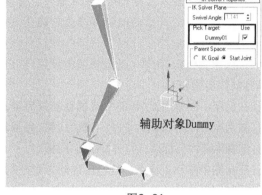

辅助对象Dummy

图6-20   图6-21

- Use（使用）：控制被拾取的对象是否有效。
- Parent Space（父空间）：选择是以IK Goal（IK目标点）还是以Start Joint（起始关节）作为旋转角度的父空间。如果选择默认的IK目标点，骨骼链的旋转角度在它的目标点的父空间内被定义；如果选择起始关节，骨骼链的旋转角度将相对于起始关节的父空间。这两种选择提供了更好的旋转角度控制方式。例如，在骨骼链的顶部IK链中使用起始关节的父空间进行旋转，在骨骼链的底部IK链中使用IK目标点的父空间进行旋转——在这种方式下，对一个链的旋转角度进行调整时，不会改变其他链的方向。
- IK Goal（IK目标点）：以IK目标点作为旋转角度的父空间。
- Start Joint（起始关节）：以起始关节作为旋转角度的父空间。
- Thresholds（阈值）：定义系统进行IK解算器计算的容差。
- Position（位置）：设置IK目标点离End Effector（末端效应器）多远可以被移动。
- Rotation（旋转）：设置目标点被旋转远离末端效应器的角度限制。
- Iterations（迭代次数）：设置IK解算器的计算精度。如果IK动画发生粗糙抖动现象，在这里增加迭代计算的数值，可以使计算精度更加精确并去除抖动现象，但是，相应地，计算速度会变慢一些。

（3）IK Display Options（IK显示选项）卷展栏。

此卷展栏用于控制IK链的一些装置的视图显示状态。

End Effector Display（末端效应器显示）选项组包括如下选项。

- Enabled：控制IK链的末端效应器是否显示，默认是未被选取状态，即不显示末端效应器。
- Size（大小）：控制末端效应器显示的大小。

Goal Display（目标显示）选项组包括如下选项。

● Enabled：控制IK链的目标点是否显示，默认是选取状态，即显示目标点。

● Size：调节目标点显示的大小。

Swivel Angle Manipulator（旋转角度操纵器）选项组如下。

● Enabled：控制旋转角度操纵器是否显示，默认是选取状态，即显示旋转角度操纵器。在激活了选择并操纵按钮后，视图中的对象会显示出操纵器手柄。

● Size：调节旋转角度操纵器显示的大小。

● Length（长度）：调节旋转角度操纵器手柄的长度。

IK Solver Display（IK解算器显示）选项组如下。

● Enabled：控制IK解算器标志（就是从根骨骼到十字目标点的连线）的显示与否。如果选取此复选框，在不选择目标点的状态下，会显示出IK连线，否则将不会显示（在选择目标点后才会显示）。开启的IK解算器显示的优点是，对于拥有多个IK解算器的骨骼链，更容易同时进行观察。

（4）操作实例1：在单一动画轨迹中设置FK正向动力学的操作。

具体操作步骤如下。

01 在视图中创建由3块骨骼生成的腿部骨骼链，指定HI IK解算器。

02 激活Auto Key按钮，把时间滑块从第0帧滑动到第20帧。

03 选择IK链的目标点，打开Motion面板。

04 在视图中移动目标点，进行反向动力学控制。

05 把时间滑块从第20帧移动到第40帧。

06 在命令面板的IK Solver选项组中取消Enabled和IK for FK Pose两个复选框的选取。

07 这时就可以应用FK正向动力学控制链接了。例如，在旋转链接中最高一级的父对象时，整个层级会自由地旋转。

（5）操作实例2：设置IK链弯曲方向的操作。

具体操作步骤如下。

01 单击Create面板中的Systems（系统）对象类别按钮，再单击Bone（骨骼）按钮。

02 在IK Chain Assignment卷展栏中，从IK Sovler下拉列表中选择IK HI Solver（IK HI解算器），并选择Assign To Children（指定到子代）复选框。

03 在前视图中创建一个包含四个骨骼的直线上的骨骼链。

04 激活Auto Key按钮，将时间滑块移到40帧处。

05 选择并移动目标点，使它产生一定的弯曲变化。

06 选择骨骼链中的任意一个骨骼。

07 在层级面板中单击IK按钮，打开相应的选项面板，再展开Rotational Joint（旋转关节）卷展栏，如图6-22所示。

08 调节任意轴向的首选角度值。

09 播放动画。此时可以看到骨骼在移动的同时进行了旋转。

通过IK的选项面板可以比较容易地实现对骨骼链的旋转操作。

（6）操作实例3：设置层级对象及骨骼链的旋转限制。

具体操作步骤如下：

01 创建一个腿部骨骼链或层级结构。

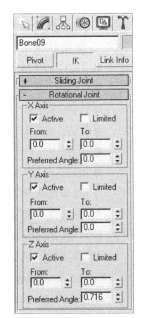

图6-22

02 选择链接中的任意对象。

03 在层级命令面板中选择IK选项面板，打开Rotational Joint卷展栏。

04 单独为每个轴向的旋转进行设置。如果需要取消哪个轴向的旋转，只需取消这个轴向的Active（激活）复选框的选取即可。选取Limited（限制）复选框后，可以进行旋转范围的设置。

2. HD解算器

HD解算器常用于机械动画的设定。HD解算器的求解运算依赖于历史，最终IK计算结果会受到前面各帧的影响，如果IK链过于复杂，计算机就会花费很长的时间来计算。正因如此，在游戏开发中几乎不使用，但是，作为IK的模式之一，我们有必要对它进行了解。HD解算器的优势如下。

- 可以在反向动力学中，结合滑动关节进行控制，包括弹力、阻尼和优先的权限设置。
- 可以快速地预览IK链的初始形态。
- HD解算器与HI解算器对动画的控制方式是不同的，主要表现在：在HD解算器中，对对象层次和骨骼结构的动画是由放置在骨骼关节的末端效应器来控制的，包括位置和旋转两种末端效应器。它的关节上显示出3条蓝色的交叉线。
- 选择并对任意骨骼的末端效应器进行变换操作时，只有末端效应器会产生变换。链接中的对象或骨骼的位置是通过IK计算产生的。
- 末端效应器在动画控制上与交互式IK一样，将末端效应器绑定到一个辅助对象上，通过辅助对象的运动来间接控制IK链。在以下两种情况下可以使用这种绑定。
  - ◆ 在需要对整个层级进行缩放时，如果设置了一个角色动画，随后又想对整个角色和它的动画进行缩放，可以链接角色的父骨骼或子对象到虚拟对象上，随后缩放虚拟对象，就会对整个层级中的对象进行缩放。
  - ◆ 应用了HD解算器后，末端效应器会自动绑定到世界坐标环境，因此在移动父对象时，末端效应器会保持在初始的位置和方向上。利用这一点，可以保证在一个腿部的动作中，脚保持紧贴在地面上。如果希望脚跟随对象一起移动，可以将其末端效应器绑定到父对象上。

也可以使用跟随对象的方法来代替末端效应器，把同一骨骼绑定到任意数量的跟随对象上，然后使用交互式IK控制动画。如果选择Relative（相对）选项，绑定的对象会模拟跟随对象的位置和旋转变换，但不是很精确；如果不选择Relative选项，绑定对象的轴心点会精确地匹配对象的轴心点。使用HD IK来跟随对象，不需要单击Apply IK（应用IK）按钮，IK求解总是会自动进行计算。

设置了HD IK后，选择任意骨骼，其相应的IK Controller Parameters卷展栏中的参数如下。

Thresholds（阈值）选项组如下。

- Position（位置）：用于设置末端效应器匹配跟随对象或指针位置的距离范围，单位为当前系统设置的单位。其值越小，产生的精度越高，耗费的求解时间也会越长。
- Rotation（旋转）：用于设置末端效应器匹配跟随对象方向的角度范围，单位为度。其值越小，产生的精度越高，耗费的求解时间也会越长。

Solution（求解）选项组如下。

- Iterations（迭代次数）：用于指定在达到一个正确求解时，允许IK计算的最多次数。这个值越高，得到正确IK求解的几率越高，但并不会花费太多的计算时间，因为迭代计算会使用Start Time/End Time中限定的时间进行计算。
- Start Time/End Time（起始时间/结束时间）：指定IK求解的时间范围。
- Initial State（初始状态）：当创建一个链接时，骨骼最初的位置被定义为初始状态。初始状态选项组中的选项用于显示、改变或锁定初始状态。如果此选项组中的两个复选框都处于未被选取状态，对末端效应器的变换会不同于链接中关节的变换。选择并变换指定了末端效应器的骨骼时，实际上是变换了末端效应器，并且IK计算会变换其他的关节，视图中骨骼的位置也会发生改变。但在这种情况下，不会影响骨骼的初始状态。如果选择下面的复选框时，对关节的变换会改变骨骼的初始状态。

● Show Initial State（显示初始状态）：选择此复选框时，可预览骨骼链的初始状态。在层次面板中，如果使用IK控制设置关节限制，在调节时关节会跳到它们设置的位置，此时可以通过调整末端效应器来调整骨骼的初始状态。取消此复选框的选取时，可改变骨骼链的当前状态，但不会改变初始状态。

● Lock Initial State（锁定初始状态）：选择此复选框时，锁定对除末端受动器之外的所有骨骼的操作。无论何时，变换末端受动器，产生IK计算都不会改变初始状态。Show Initial State复选框被选择时，本选项被忽略。

Update（更新）选项组用于控制IK计算的程度和方式，包括如下选项。

● Precise（精确）：从开始时间到当前时间，所有帧都进行求解。对于比较长的动画时间，解算速度会较慢。

● Fast（快速）：解算速度快，但产生的结果不精确。

● Manual（手动）：手动进行IK求解。激活Update按钮后，系统才进行IK解算。

Display Joints（显示关节）选项组用于控制关节轴和限制范围的显示，包括如下选项。

● Always（始终） 选择此复选框时，关节轴和限制范围以图标形式始终显示在视图上。

● When Selected（选定时）：选择此复选框时，只有选择关节的关节轴和限制范围以图标形式显示。

> **注意**
>
> 在层次面板中，IK控制项目下的Sliding Joints（滑动关节）和Rotational Joints（转动关节）项选取时，视图才会以图标显示。橙色的杆表现活动轴，一对橙色的正方形表示关节的限制范围。如果是滑块关节，正方形被放置在滑杆轴上；如果是转动关节，正方形放置在橙色圆弧的末端。

End Effectors（末端效应器）选项组如下。

● Position：用于创建或删除位置末端效应器。

● Create：在选择的关节创建一个位置末端效应器。

● Delete：从当前选择的关节删除位置末端效应器。

● Rotation：用于创建或删除旋转末端效应器。

● Create：在选择的关节创建一个旋转末端效应器。

● Delete：从当前选择的关节删除旋转末端效应器。

● End Effector Parent（末端效应器父对象）：在场景中将末端效应器链接到另一对象。在轨迹视图中不能看到这种链接。被链接的末端效应器会继承父对象的变换。

● Link（链接）：为当前选择的末端效应器指定链接对象。

● UnLink（取消链接）：取消当前选择的末端效应器与父对象之间的链接关系。

Remove IK（移除IK）选项组如下。

● Delete Joint（删除关节）：删除选择的任何骨骼或层级对象，但不删除IK。

● Remove IK Chain（移除IK链）：从层级移除IK链，但不删除骨骼。

● Position：显示指定到位置末端效应器的关键帧信息。

● Rotation：显示指定到旋转末端效应器的关键帧信息。

3. IK肢体解算器

IK肢体解算器常用于分支关节的设定，例如，肩部关节要同时与躯干和手臂的骨骼连接。IK肢体解算器是一个专用于角色肢体设置的骨骼系统，例如从臀部到脚踝，从肩部到手腕。它与HI解算器相似，但是此系统无法设置多于3根骨骼的IK链，如图6-23所示。

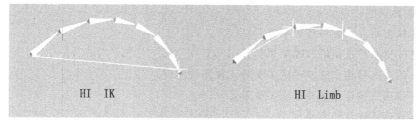

图6-23

每个IK肢体解算器只能影响骨骼链中的两节骨骼，但是可以将多个解算器指定给同一骨骼链的不同部分。IK Limb（IK肢体）是一种分析求解计算，计算精度高，速度快，目的是直接导出给游戏引擎使用，它的源代码是开放的。IK Limb其实就是HI IK解算器的不完全版，限定了指定给IK链的骨骼数目。IK Limb一方面开放源代码用于游戏开发，一方面提升即时运算的速度。

IK Limb求解使用和HI IK求解相同的计算方法，因此，同样可以在同一个动画中混合IK反向和FK正向两种动力学。它不能使用HD IK方式的阻尼、优先、设置关节限制等求解特性，替代它们的是Preferred Angle（首选角度）和Swivel plane（旋转平面）选项。

IK 肢体解算器是Autodesk公司开放的源代码骨骼IK解算器，因此可以直接导出给游戏引擎。如果不是需要这部分特点，就没有必要选择它，因为有更好的HI IK解算器可以使用。一般游戏开发中都会选择使用HI IK解算方式。

4. 样条线IK解算器

样条线IK解算器用于柔体变形骨骼的设定，如脊椎骨骼、蛇类爬行动物的骨骼等，如图6-24所示。

图6-24

使用样条线IK解算器，可以通过一条样条线控制一系列骨骼（或其他的链接对象）的曲率。通常用于制作由多根短骨骼组成的长骨骼链，如蛇、尾巴、触角、绳索等的骨骼动画控制。

样条线上的顶点被称为节点。在指定样条线IK后会自动生成辅助对象，用于像编辑顶点一样编辑样条线的曲度，从而影响整个骨骼链的形态。将节点的变换记录成动画就可以制作特殊的骨骼动画效果。对于大部分骨骼结构，样条线节点的数目可以少于骨骼的数目，因此可以用较少数目的样条线节点来控制有多个骨骼的结构，省去了许多操作上的麻烦。相对于其他类型的IK解算器，样条线IK解算器控制骨骼或链接对象能产生更具柔韧性的动画效果，是因为样条线节点可以在3D空间的任意位置移动。

在指定了样条线IK解算器后，每个节点上会自动放置一个辅助对象，并且这些节点会链接到相应的辅助对象上，因此，可以通过移动辅助对象来移动节点。在HI解算器中是通过目标点的位置变换来控制链接结构的运动的，而在样条线IK解算器中，目标点是不能移动的，唯一可以导致链接结构出现变换的因素就是样条线节点在3D空间的位置。旋转和缩放节点不会对样条线或结构产生任何影响。

样条线IK解算器的特点如下。

● 可以在任何层次或骨骼结构中使用。

● 可以实时地在所有帧进行IK求解计算。

● 在单一的层次结构中可以创建多重的或覆盖的IK链。

● 在图解视图中显示活动关节和关节限定。

● 使用节点动画链接的末端。

（1）操作实例1：在创建骨骼的同时创建样条线IK求解。

在创建骨骼的同时创建样条线IK求解的操作步骤如下。

01 在Create面板，选择Systems对象类别，然后单击Bone按钮。

02 在IK Chain Assignment卷展栏中选择IK方式为SplineIK Solver，再选择Assign To Children和Assign To Root两个复选框。

03 在视图中，通过单击创建连续骨骼，按一下右键结束创建。接着会弹出SplineIK Solver对话框。

04 在SplineIK Solver对话框中进行参数的设置。程序会根据设置自动绘制样条线，产生辅助对象的控制节点，并且位置约束会自动指定给父对象，对样条线末端的辅助对象和顶点产生约束影响。

（2）操作实例2：对现有骨骼指定样条线IK求解。

对现有骨骼指定样条线IK求解的步骤如下。

01 创建没有IK链指定的连续骨骼。

02 创建样条线或NURBS曲线（可以是闭合的曲线）。不必让样条线和骨骼完全匹配，因为指定样条线IK后，骨骼会自动对齐到样条线上。样条线的长度和形状可以自由设定。

03 选择作为起始端的骨骼。

04 执行Animation→IK Solver→Spline IK Solver命令。牵动出现的虚线，单击做为末端的骨骼，继续牵动虚线单击绘制好的样条线，这时，会自动创建样条线解算器，在末端产生目标点。选择样条线，可见到在Modify面板上增加了Spline IK Control（样条线IK控制）修改器；每个顶点自动创建出一个控制骨骼动画的辅助对象；整个骨骼链自动移动并对齐到样条线上，并匹配样条线的外形；位置约束自动指定到根骨骼上，对样条线末端的辅助对象和目标点产生约束影响。

（3）操作实例3：对现有骨骼指定样条线IK求解（无样条线）。

如果事先没有创建样条线，在指定样条线IK时单击末端骨骼后，按右键结束了IK的指定，那么，这时只完成了样条线IK指定的一部分。接下来，可以使用下面的步骤来完成样条线IK的指定。

对现有骨骼指定样条线IK求解的操作步骤如下。

01 绘制样条线。

02 为样条线增加Spline IK Control修改器，指定好辅助对象的控制。

03 选择骨骼链的目标点，在Motion面板上单击Pick（拾取图形）按钮，单击视图中的样条线，完成样条线的指定。

04 选择根部的骨骼，执行菜单Animation→Constraints（约束）→Position Constraints（位置约束）命令来指定位置约束。单击根部骨骼所对应的样条线上的起始端辅助对象，骨骼将自动对齐到该样条线上。

（4）操作实例4：骨骼跟随路径。

使骨骼跟随路径的具体操作步骤如下。

01 如果要使骨骼跟随路径，先完成操作实例3的前3个步骤操作。

02 选择根部骨骼，执行菜单Animation→Constraints→Path Constraints（路径约束）命令，然后在视图中单击样条线。

03 在Motion面板中，通过调节%Along Path（路径百分比）的数值来让骨骼沿样条线运动。

6.2 两种骨骼系统在游戏动画中的应用

3ds Max为制作骨骼动画提供了两套骨骼系统，即Bone（骨骼）系统和Biped（两足）骨骼系统。其中，Bone系统是3ds Max较早版本就已经集成到软件中的，而Biped系统在3ds Max 6之前还是作为插件来使用。但是，因Biped骨骼系统卓越的性能，最终被3ds Max纳入正式功能。之后，在很多游戏开发中，都普遍使用这个骨骼系统来调制动画。

在较早版本时，由于游戏引擎的关系，不管是动漫制作还是游戏开发，多数使用Bone骨骼系统来制作动画。但是，使用此骨骼系统完成动画的制作过程非常繁琐复杂，不但在搭建骨骼后，需要进行诸多FK与IK的设置，还需要多种辅助对象配合，才可以把对骨骼的控制完善地表现出来。Biped骨骼系统的应用，结束了这种繁琐的过程，该骨骼系统完全集成了两足动物骨骼系统所应具备的多种IK与FK的设置，而不必手动来完成对这些运动的设置了。

对于简单的两足动物骨骼的动画调节项目，Biped骨骼系统完全可以满足，但是对于复杂对象的配置，只使用Biped骨骼系统就有些不够了，这时，可以配合Bone骨骼系统来补充完成。例如，对于通过骨骼来控制的表情动画，一些如翅膀、斗篷、配饰之类的辅助结构动作，都需要配合Bone骨骼系统来完成。事实上，这也是现在Bone骨骼系统的主要作用了。

在调制动画方面，Biped骨骼系统对于保存动作、调用动作及骨骼自身的设置等都优于Bone骨骼系统，所以，现在的游戏引擎基本都支持Biped骨骼系统。使用Biped骨骼系统大大提高了调制动画的效率和再编辑的可能性。Bone骨骼系统作为Biped骨骼系统的补充，对它的应用也是必不可少的。

6.3 Bone（骨骼）系统的应用

Bone骨骼系统是用于制作角色动画的重要工具。在Creat面板和Bone Tools（骨骼工具）浮动面板（该浮动面板可通过执行菜单命令来打开）都可以创建骨骼系统。Bone Tools浮动面板的内容和Create面板中的相应选项相似，可以进行骨骼创建、骨骼尺寸调节、骨骼属性调节等工作。在具体工作中，使用窗口还是使用面板来操作骨骼，需要根据实际情况而定。Bone骨骼系统有以下两个特点：

- 默认状态下，骨骼是不可渲染的，只有在Object Properties（对象属性）对话框中选择Renderable（可渲染）复选框后，才能渲染骨骼。

- 在3ds Max中，骨骼系统不作为独立的辅助对象存在，而成为可编辑的对象，可以用Edit Mesh（编辑网格）、Edit Poly（编辑多边形）等命令修改骨骼形状。另外，只要各种对象之间有层级关系，不论是什么对象都可以充当骨骼。比如，在前面的示例中，两个圆柱体和一个长方体组成的腿部层级关系就可以充当骨骼。

6.3.1 创建与编辑Bone骨骼

骨骼工具窗口所包含的卷展栏有3个，如图6-25所示。在视图中选择Bone骨骼后，Modify面板中仅显示Bone Parameters（骨骼属性）1个卷展栏。

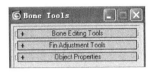

图6-25

Modify面板的Bone Parameters（骨骼属性）和Bone Tools浮动面板的Fin Adjustment Tools（鳍调整工具）卷展栏内容相似，但是Bone Tools浮动面板多了两个卷展栏。Bone Tools浮动面板中的3个卷展栏分别是：Bone Editing Tools、Fin Adjustment Tools和Object Properties。

1. Bone Editing Tools（骨骼编辑工具）卷展栏

该卷展栏用于编辑骨骼的位置，增加或删除骨骼，指定骨骼的渐变色，重新指定骨骼链的根等。

Bone Pivot Position（骨骼轴位置）选项组如下。

- Bone Edit Mode（骨骼编辑模式）：用于改变骨骼相对的位置和长度。激活此按钮后，可以通过移动子级别骨骼来改变骨骼的长度。此功能对于还没有指定IK链的骨骼结构或已经指定了IK链的骨骼结构同样适用。注意，进行骨骼动画时要关闭此按钮。

Bone Tools（骨骼工具）选项组如下。

- Create Bones（创建骨骼）：激活此按钮后，可以在视图中创建骨骼。该功能与Create面板中的Bone按钮功能一致。

- Create End（创建末端）：单击此按钮后，可以在当前选择骨骼的末端创建一个小的末端骨骼。如果选择的骨骼不处于链的末端，新创建的骨骼会按次序放置在当前选择骨骼和下一个骨骼之间。

- Remove Bones（移除骨骼）：去除当前选择的骨骼。删除骨骼不会造成骨骼链的断裂，一个父级的骨骼被删除后，它的下一个子骨骼会被拉伸放置在它的轴心点的位置上，并且与更上一级的骨骼连接成一条新的骨骼链。

- Connect Bones（连接骨骼）：用于将不同的骨骼结构连接为一个新的骨骼链。单击此按钮后，在视图中当前选择的骨骼上会牵引出一条虚线，拖动鼠标到需要连接的骨骼上，放开鼠标按键，则两个骨骼之间会自动创建一条新的骨骼，并且互相关联。先选择的骨骼会成为后选择的骨骼的父级。

- Delete Bone（删除骨骼）：删除当前选择的骨骼。此操作会在删除骨骼的位置上创建一个末端骨骼，但此时的骨骼链是断裂的，会在删除骨骼的位置将骨骼链一分为二。如果骨骼链被指定IK，则IK链也将失效。如果直接使用Del键删除骨骼，则不会增加末端骨骼。如果需要增加末端骨骼，可以使用Create End按钮来创建。

- Reassign Root（重指定根）：单击此按钮后，可以将当前选择的骨骼指定为父级骨骼。默认状态下，创建的第1个骨骼会成为整个骨骼结构的根骨骼；如果选择的是末端骨骼，单击此按钮会将整个骨骼的层级关系反转。

- Refine（细化）：激活此按钮后，直接单击骨骼，选择的骨骼会一分为二。这是一种安全插入骨骼的方法，因为此操作不会影响其他骨骼链。

- Mirror（镜像）：在不更改骨骼比例的情况下创建选中骨骼的镜像骨骼。单击Mirror按钮后会弹出一个对话框，需在此对话框中选择镜像轴和翻转骨骼的轴，如Y轴、Z轴等。

Bone Coloring（骨骼着色）选项组用于对单个骨骼指定颜色，包括如下选项。

- Selected Bone Color（选择骨骼颜色）：单击此选项右侧的颜色框后，会弹出颜色拾取器，可以为当前选择的骨骼指定颜色。此功能只适用于选择的单个骨骼。
- Gradient Coloring（渐变着色）：用于对多个骨骼指定渐变色。
- Apply Gradient（应用渐变）：单击此按钮后，对选择的骨骼应用渐变色。注意，选择的骨骼必须不少于两个。起始颜色会应用到根部的骨骼上（骨骼层级的最高层）；终点颜色会应用到末端的子级骨骼上；中间的骨骼颜色是起始颜色和终点颜色之间的渐变色。如果是对整个骨骼链指定渐变色，可以双击根骨骼来选择整个链，而不需要框选的方法来选择。
- Start Color（起始颜色）：用于设置渐变的开始颜色。
- End Color（终点颜色）：用于设置渐变的结束颜色。

使用Bones Tools窗口创建骨骼的基本操作步骤如下。

01 执行菜单Character（角色）→Bones Tools命令。

02 在弹出的Bones Tools窗口中，激活Create Bones（创建骨骼）按钮。

03 在视图中单击并拖动鼠标，会出现第1个骨骼和关节；继续单击并拖动，出现第2个骨骼和关节；依次操作，直到创建出需要的骨骼。单击鼠标右键可以结束骨骼的创建，同时骨骼末端会自动产生一个小的骨骼。如果不需要，将末端的小骨骼删除即可。

创建有分支的骨骼的操作步骤如下。

01 创建单向的骨骼链，单击右键可结束创建。

02 再次单击Create Bones按钮，在需要开始分支的关节处单击并拖动，会创建出新的骨骼。

2. Fin Adjustment Tools（鳍调整工具）卷展栏

该卷展栏用于在绝对或相对模式下调整一个或多个骨骼的鳍的属性。

- Absolute/Relative（绝对/相对）：用于控制下面的参数以绝对值导入还是相对值导入。选择Absolute单选按钮时，可以对所有选择的骨骼设置同一鳍值；选择Relative单选按钮时，可以保持不同骨骼之间的相对鳍值不变。
- Copy（复制）：用于复制当前选择骨骼的形态设置。
- Paste（粘贴）：用于将复制的骨骼形态设置粘贴到当前骨骼上。

Bone Objects（骨骼对象）选项组用于设置骨骼本身的形态，包括如下选项。

- Width（宽度）：设置骨骼的宽度。
- Height（高度）：设置骨骼的高度。
- Taper（锥化）：对骨骼进行倒边处理。其值为0时，骨骼的外形像立方体。锥化的值越大，骨骼末端关节的收缩越厉害。

Fins（鳍）选项组用于设置骨骼的伸展鳍的形态。鳍的形态可以让骨骼更接近模型的形态，便于将来的蒙皮权重设置更加容易和准确。该选项组包括如下选项。

- Side Fins/Front Fins/Back Fins（侧鳍/前鳍/后鳍）：选择相应的复选框后，可以为选择的骨骼创建不同类型的鳍，如图6-26所示。
- Size（大小）：设置鳍伸展出的长度大小。
- Start Taper（始端锥化）：设置鳍的起始处锥化大小。
- End Taper（末端锥化）：设置鳍的结束处锥化大小。

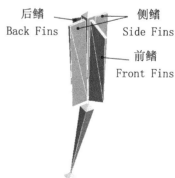

后鳍
Back Fins

侧鳍
Side Fins

前鳍
Front Fins

图6-26

3. Object Properties（对象属性）卷展栏

该卷展栏用于对骨骼进行开关、重新指定以及改变一个或多个骨骼的拉伸属性。

● Bone On（启用骨骼）：选择此复选框时，骨骼或对象会表现出骨骼的特性；取消选择时，骨骼结构或对象的链接只表现为正向层级关系，不能被自动对齐和拉伸。默认状态下，对于骨骼对象，此选项是选取的，而对于其他类型的对象，此选项是未被选取的。可以通过选取该复选框将对象制作成骨骼。

● Freeze length（冻结长度）：控制是否改变骨骼的长度。选择此复选框时，对子骨骼的变换不会影响其长度。

● Auto-Align（自动对齐）：取消此复选框的选取时，骨骼的轴心点不会自动对齐到下一级的骨骼上。这会造成在子级变换时，父级不会转换为旋转变换。沿X轴移动子级会使子级骨骼偏离父级骨骼。

> **注意**
>
> 取消Auto-Align复选框的选取后，只有在移动子级骨骼时，这种影响才会显示出来。在取消Bone On复选框的选取时，可使用此复选框。

● Correct negative Stretch（校正负拉伸）：选择此复选框后，造成负缩放因子的骨骼拉伸将更正为正数。只有在Bone On复选框被选取时，此复选框可用。

● Stretch（拉伸）：用于指定在移动子级骨骼时，父级骨骼的拉伸方式。要使用此复选框，必须先取消Freeze Length复选框的选取。

● None（无）：没有拉伸变形。

● Scale（缩放）：控制骨骼在选择轴向的缩放变形。

● Spuash（挤压）：控制骨骼的挤压变形。

● Axis（轴）：用于指定拉伸的轴向。

● Flip（翻转）：沿着拉伸的轴向翻转拉伸。

● Realign（重新对齐）：用于将骨骼的轴心点对齐到下一级骨骼（或选择的多重骨骼）的平均轴心位置。因为骨骼在创建时轴心点都是对齐的，所以这个选项通常是不用的。但是，有时在取消Auto-Align复选框的选取后，移动骨骼会造成骨骼之间相互远离，这时就用得着这个选项了。该选项只能进行轴心点的对齐，骨骼之间还是相互远离的，要让两个骨骼重新连接到一起，可以通过单击Reset Stretch按钮来完成。

● Reset Stretch（重置拉伸）：根据子级的位置重新计算拉伸系数。配合Realign命令可以使父级精确地捕捉到子级上。

● Reset Scale（重置缩放）：在每个轴上，将内部计算缩放的拉伸骨骼重置为100%。由于对象均是链接和缩放形式的，此选项可以避免异常行为。此选项对于骨骼没有可见效果。只有在Bone On复选框处于选取状态时，此选项才可用。

6.3.2 创建角色骨骼并匹配角色模型

准备工作：把前面课程制作的需要调制动作的女角色模型打开，如图6-27所示。注意，如果需要制作角色骨骼的表情及口型动画，则模型需要具备口腔结构。这里调入的模型已增加口腔、舌头及牙齿结构。

以网格方式显示模型。选择模型后，使用右键功能菜单的Freeze Selection命令冻结模型，以便于后续在创建匹配骨骼时，模型不受影响，如图6-28所示。

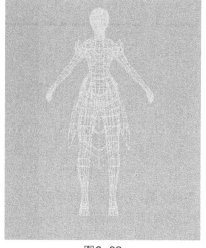

图6-27　　　　　　　　　　　　　图6-28

为角色创建并匹配骨骼的步骤如下。

1. 第1步：创建躯干及头部骨骼

把模型转为正侧面显示，把胸部及胯部骨骼的鳍打开并进行调整。这样设置有利于后期进行蒙皮操作。创建躯干及头部骨骼后的效果如图6-29所示。

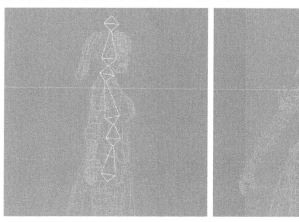

图6-29

创建完毕后，从正面观察骨骼是否被放置在了模型居中的位置。

2. 第2步：创建手臂、手部及手指骨骼

把模型转为正面显示，创建模型的右臂骨骼、手部及手指的骨骼。在手臂、手部及手指部分，根据模型的形状对骨骼的形状进行调整，如图6-30所示。

> **注意**
>
> 在使用缩放及旋转工具调整骨骼的长短或角度时，需要通过骨骼的Local（自身轴）进行缩放调整或使用Bone Tools浮动面板进行调整。

在创建手指的骨骼时需要分别创建并进行调整，这时，手指部分的骨骼必然会与手臂部分的骨骼没有层级链接关系。为此，需要分别选择最上层级别的手指骨骼，把5根手指都使用选择并链接工具将它们链接到手掌的骨骼上。这样，在进行手部运动时，手指也就可以一起移动了。

把模型转为正面，双击最顶层的上臂骨骼，将属于上臂的子级别的骨骼一起选中。使用Bone Tools面板上的Mirror按钮，把手臂骨骼对称复制到左上肢的位置，如图6-31所示。

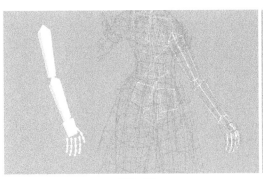

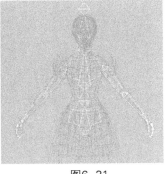

图6-30 　　　　　　　　　　　　图6-31

3. 第3步：创建大腿、小腿及脚部骨骼

把模型转为正侧面显示，创建完骨骼后，在立体视图（用户视图或透视视图）中，根据腿部模型的形状对骨骼的形状进行调整，得到如图6-32所示的效果。

把模型转为正面显示，双击最顶层的大腿骨骼，选取所有级别的骨骼，使用复制手臂骨骼的方法把右下肢骨骼对称复制到左侧下肢的位置，如图6-33所示。

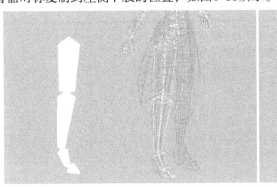

图6-32 　　　　　　　　　　　　图6-33

4. 第4步：为其他辅助动作的模型添加骨骼

在这个角色模型上，除了主体部分需要创建骨骼外，还需要对头发（包括发辫）、衣摆等部分设置骨骼，如图6-34所示。

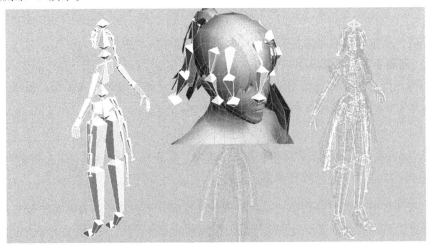

图6-34

5. 第5步：为面部表情创建骨骼

把模型转为正面显示，根据所要制作的表情状况，创建骨骼如图6-35所示。眼部的骨骼主要负

责眼部动作，嘴部的骨骼负责口型动画和腮部动画。

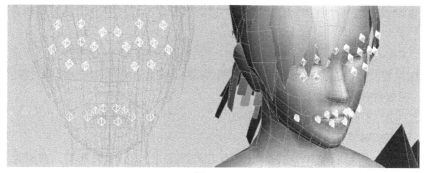

图6-35

6. 第6步：创建父子层级链接

当分别创建完所有的骨骼后，每个部分都是相对独立的。也就是说，移动胯部骨骼时，除了躯干部分的骨骼会一起移动外，其他骨骼都没有变化。这时，需要把这些骨骼使用选择并链接工具链接到正确的骨骼上。

01 选中上臂的骨骼，激活选择并链接工具，把上臂骨骼链接到胸部骨骼上。这样，当胸部骨骼变化时，上肢骨骼将跟着一起变化。

02 选择大腿骨骼，把大腿骨骼链接到胯部骨骼上。这样，胯部的运动会带动下肢一起运动。

03 把刘海部分和发辫部分最上层的骨骼链接到头部，再把衣摆的最上层的骨骼链接到胯部骨骼上。

04 选择用来制作表情的骨骼，把所有用来制作表情的骨骼指定到头部骨骼上。这样，就完成了游戏角色骨骼的搭建和匹配工作。

> **注意**
>
> 在进行链接时，一定要注意所链接的骨骼之间的运动的从属关系，不要链接错位置。否则，调制动画时将产生错误的关联效果。如果链接错了，可以单击不链接选择按钮打断链接，然后重新进行链接。

7. 第7步：检验骨骼的层级关系

选择质心（胯部）骨骼，使用移动工具移动胯部骨骼，可看到所有的骨骼一起移动，证明层级关系已经建立。但是，骨骼具体的受影响的范围还需要分别检验：

选择胸部骨骼，使用旋转工具进行旋转，检查上肢骨骼的影响效果；旋转头部骨骼，检查刘海、发辫、表情骨骼是否一起运动；旋转胯部骨骼，看看衣摆及下肢骨骼是否链接成功；最后，分别旋转几个主体骨骼，观察是否有链接错误的部分。经过以上操作，可以检查骨骼之间的层级关系是否正确，为下一步进行IK设置做好准备。

6.3.3　正向与反向运动设置及辅助对象的设置

当完成了骨骼搭建和模型匹配并且链接完成以后，这些骨骼之间就能够完成正向运动了。要想较好地实现对动画的调制，需要对骨骼进行HI IK解算器设置和辅助对象设置。

在当前的游戏开发中，单独使用Bone骨骼系统搭建完整的角色骨骼的方式已不常用，是因为这种方式在骨骼的IK设置及辅助对象的设置上非常繁琐。例如，需要对角色骨骼的关节处的旋转角度极限做出各种限定，对它们的分级反映关系也需要进行诸多设置等等。这些对于调制动画人员能力的要求非常高。制作过程中，诸多的环节也极容易出错，一旦出错，修改会非常麻烦，甚至需要重新返工。诸多的困难告诉我们，Bone骨骼系统的应用是"生人勿进"。但是，到了Biped骨骼系统出现时，在骨骼运动设置的易用性方面得到了极大提高，有关内容将在介绍两足动物骨骼系统时详细讲解。

尽管如此，Bone骨骼的应用对于Biped骨骼的应用还是有一定的辅助作用的。下面以Bone骨骼制作角色腿部的IK设置及辅助对象的应用为例，简单介绍一下Bone骨骼的IK及辅助对象应用的方法。

1. 第1步：创建骨骼

在3ds Max中创建腿部骨骼，如图6-36所示。

2. 第2步：设置HI解算器

选择第3个骨节（脚部骨骼），在脚与大腿之间创建一个HI IK解算器，在脚趾与脚面骨骼之间、末端骨骼与脚趾骨骼之间也各创建一个HI IK解算器，如图6-37所示。

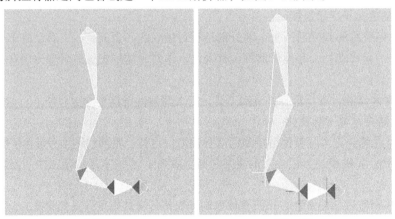

图6-36　　　　　　　　　　　　　图6-37

3. 第3步：创建辅助对象

在场景中创建一个Dummy类型的虚拟对象，并复制出两个相同的辅助对象，如图6-38所示。把这3个辅助对象分别使用主工具栏的对齐工具对齐到IK的效应器上，如图6-39所示。把虚拟对象按照从脚跟链接到脚趾，从脚趾链接到脚尖的方式，进行父子链接，其关系如图6-40所示。注意，这里脚跟为最低层级，脚尖为最高层级。

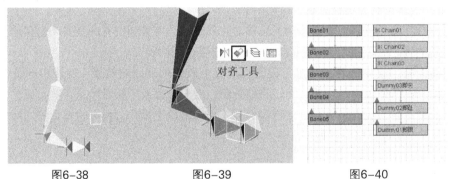

图6-38　　　　　　　　图6-39　　　　　　　　图6-40

链接创建完毕后，旋转脚尖的虚拟对象，则脚趾和脚跟的虚拟对象都将一起旋转；旋转脚趾处的虚拟对象，则脚跟的虚拟对象跟着一起旋转，而脚尖处的虚拟对象不变。

接着再创建一个矩形样条线，放置于脚面与地面相接的位置，大小要与脚的大小相似，把它的轴心点放置于脚尖的IK末端效应器所对应的位置上，如图6-41所示。这里要注意，使用的是样条线，而非虚拟对象类型。在制作动画时，任何对象都可以作为辅助对象来使用，只要是方便调节动画即可。

把脚尖处的虚拟对象链接到脚面虚拟体上，得到的层级关系如图6-42所示。这样，脚面对象的运动就可以带动3个虚拟对象一起运动了。

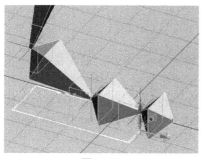

图6-41

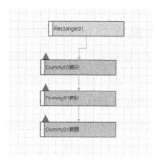

图6-42

4. 第4步：建立末端效应器与虚拟对象之间的约束关系

选择脚跟处的末端效应器，执行菜单Animation（动画）→Constraints（约束）→Position Constraints（位置约束）命令，然后选择位于脚跟末端效应器上的虚拟对象Dummy01脚跟，这样，末端效应器的位置就与Dummy01脚跟虚拟对象约束到了一起。同样，把脚趾和脚尖处的末端效应器也分别约束到相应的虚拟对象上，这样它们之间的约束关系就建立好了。

旋转脚面虚拟对象，发现整个脚部骨骼都跟着一起旋转了。再分别旋转虚拟对象1、2和3，发现它们也会影响相应的骨骼部分，这表明脚部的虚拟设置基本完成了。但是，脚部作为人体构造的一部分是有一定局限的，例如，脚面不可能翻转超过90度，而现在的这个骨骼系统没有对此做出相应的限制，因此，还需要对其角度进行限制。不过，因为Bone骨骼系统在现在的游戏开发中已经很少应用，这里就不再细述了。类似翻转角度这些设定在Biped骨骼系统上默认是已经设定好了的，这里简单了解一下即可。

5. 第5步：对膝盖部分进行旋转虚拟对象设置

一般在设置IK与辅助对象后，腿部仅能通过IK Solver Properties卷展栏下的Swivel Angle参数对膝盖方向进行控制，如果想要直观地通过手动方式进行控制，可以通过虚拟对象来完成。

在场景中创建一个Point类型的虚拟对象。注意该虚拟对象的位置是在膝盖的正前方，比一个大腿单位略长的位置，如图6-43所示。选择脚跟的IK末端效应器，打开Motion面板，在IK Solver Properties卷展栏中，单击IK Solver Plane选项组的Pick Target按钮，然后在视图中单击创建的Point虚拟对象，这样，角度绑定就完成了。移动这个Point虚拟对象，可以看到骨骼的方向会跟着变化，证明绑定成功。

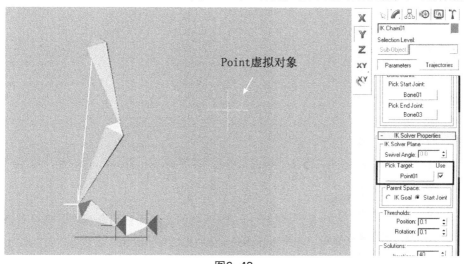

图6-43

通过以上步骤，对腿部的简单IK设置与辅助对象操作设置工作就完成了，为调制动画提高了一定的便利性和准确性。

6.3.4　蒙皮修改器的应用

在3ds Max中，使模型与骨骼进行关联的修改器有Skin（蒙皮）修改器和Physique（体格）修改器。其中，蒙皮修改器在早期版本中与Bone骨骼系统相对应，而体格修改器则与Biped骨骼系统对应。但是，Biped骨骼系统依然可以使用蒙皮修改器，而Bone骨骼系统则没有使用体格修改器的必要了。对模型使用这些修改器的方法一般称之为"蒙皮"。下面通过对腿部蒙皮的实例来简单了解蒙皮修改器的用法。

1. 第1步：为模型适配骨骼

在场景中调入前面制作的女角色模型，保留一条左腿，其他部分删除，如图6-44所示。把腿部模型进行冻结，防止误操作影响模型位置。按照模型的位置适配Bone骨骼，如图6-45所示。

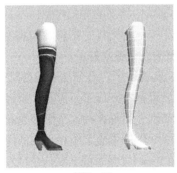 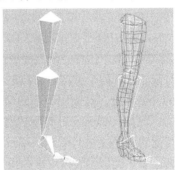

图6-44　　　　　　　　　　　　　　图6-45

2. 第2步：为腿部模型IK及虚拟对象设置

按照前面讲到的设置IK及虚拟对象的方法，为腿部骨骼创建IK及虚拟对象控制器，得到效果如图6-46所示。

3. 第3步：为模型增加蒙皮修改器

把模型解冻，选择模型，然后在Modify面板的修改器下拉列表选择Skin，Modify面板堆栈中出现的Skin修改器。单击该修改器的"+"号，选择Envelope（封套）子级别，同时，Parameters卷展栏的Edit Envelope按钮也被激活，这样就可以对封套的权重进行编辑了，如图6-47所示。

图6-46　　　　　　　　　　　　　　图6-47

4. 第4步：为修改器添加骨骼

这部分操作的目的是指定哪些骨骼将接受Skin修改器的影响而被封套编辑，也只有把骨骼增加到修改器后，才可以进行封套编辑。单击Parameters卷展栏的Add按钮，会弹出一个Select Bone（选择骨骼）对话框。该对话框基本会把场景中的所有对象都列出来，用户需要分辨并选择那些会对模型产生影响的骨骼，而不要选择辅助对象及IK末端效应器。这里选择Bone01、Bone02、Bone03、Bone04骨骼，如图6-48所示。添加骨骼后，在修改器中激活封套子对象级别，模型上会显示封套所影响的权重区域及封套调整框，如图6-49所示。

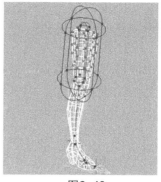

图6-48　　　　　　　　　　　　　　　　　　　　图6-49

5. 第5步：调整封套权重

对于封套权重的调整是在Parameters卷展栏下面的Envelope Properties（封套属性）选项组与Weight Properties（权重属性）选项组中进行的。

Envelope Properties选项组中的参数设置主要通过选择封套后调整Radius（半径）值和Squash（挤压）值来完成；　Weight Properties选项组下的参数和选项是通过对权重点属性和参数控制来影响模型顶点所受的权重。

分别选择大腿和小腿、小腿和脚面、脚面和脚趾的封套，调整靠近关节处的封套位置，然后选择并向上移动矩形辅助对象。观察这些部分被封套影响后的效果，如果不理想，可以通过Parameters卷展栏下的Radius值和Weight Properties（权重属性）下的Paint Weight（笔刷权重）和Weight Tool（权重工具）在模型上绘制封套的权重，进行细节上的调节。经过简单调节后的结果如图6-50所示。对于腿部的细致调整可以参照蒙皮修改器的命令介绍来反复尝试，以便于详细了解更多的操作方式。由于蒙皮修改器与体格修改器相比，在使用方面还有诸多不足之处，所以在游戏开发中并不常用。这里仅简单介绍蒙皮修改器的用法，后面将重点学习体格修改器在游戏中的应用。有关蒙皮修改器的详细介绍，大家可参阅相关工具手册。

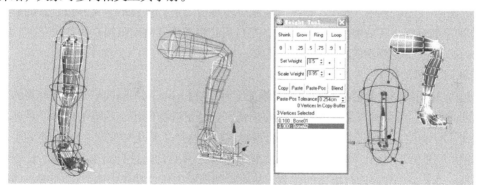

图6-50

6. 第6步：调制腿部骨骼动画

把视图显示为侧视图，选择脚尖的虚拟对象，如图6-51所示。激活自动关键帧按钮，把时间滑块拖动到第10帧的位置，将腿部调整为如图6-52所示的形状。这时，会在此位置自动产生一个关键帧。注意，由于前面的Point（点）虚拟对象是控制腿部方向的，所以要始终保证在腿部骨骼的前方。把时间滑块移动到第20帧的位置，选择脚尖的虚拟对象，把腿部调整到如图6-53所示位置，完成踢腿动画。注意，在移动时，踢到位后，还需要使用旋转工具分别对脚在第10帧和第20帧位置进行旋转调整。否则，会产生严重的变形现象。把第10帧的关键帧复制到第30帧的位置，把第1帧关键帧复制到第40帧的位置，即可完成一个循环踢腿动画。

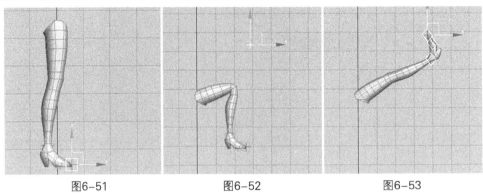

图6-51　　　　　　　　　图6-52　　　　　　　　　图6-53

6.4 Biped（两足动物）骨骼系统的应用

　　Biped两足动物骨骼系统是Character Studio中最重要的模块之一。在3ds Max早期版本中，Character Studio仅被作为插件单独安装使用，游戏引擎对它的支持程度也不充分，被3ds Max纳入为内部功能后，由于其卓越的性能及便捷高效的工作效率，逐渐被应用于游戏开发和动漫领域。

　　Character Studio专门用来进行骨骼动画的创建和编辑、动作的设定和模型的蒙皮设置以及混合编辑等，可作为大型动画场景开发的群组动画工具，是一个功能强大的动画功能软件。它为3ds Max动画制作流程的每个环节都提供了完美的支持，动画制作者通过使用Character Studio能够快速而轻松地创建出复杂的骨骼，并可为其设定动画，通过其自身的蒙皮工具Physique来驱动网格模型。

　　3ds Max 8中的Character Studio为4.3版，其主要功能包括：对骨骼进行任意地创建和编辑、对两足动物的足迹进行创建和编辑、对不同动画文件的组合和编辑、对运动捕捉数据的支持和修改以及对自由关键点的动画支持。它提供了建立在肌肉拱起和肌腱拉伸基础上的真实皮肤变形和准确控制系统，即Physique系统。提供了对大型动画设置的解决工具——Crowed（群集）系统，可以对角色动作的躲避、定向、空间扭曲、漫步、排斥、搜索等各种行为进行任意的定义和组合。随着Character Studio版本的不断升级，其功能也将不断强大，是日后必将成为骨骼动画制作的首选专业工具。

　　Character Studio的主要功能由以下3部分组成。

1. Biped（两足动物）

　　Biped主要是用来创建骨骼并制作动画效果的工具，在Character Studio中是最为重要的工具组。对骨骼先期的创建、骨骼的设置、骨骼大小的编辑、骨骼足迹的创建、足迹的编辑、足迹动画的设置、动画文件的导入以及不同动作文件的混合编辑都将在这个工具组中完成。Biped还为手动设置骨骼动画提供了完整的工具包，可以使用Biped关键帧动画工具对骨骼进行完全的控制，比较轻松地控制骨骼的每一个关节，对其进行细微的调节，从而得到想要的任意动作形态。Biped提供的层功能还可以使用户在调节完一个骨骼动画后，设置不同的层级别，只针对调节完毕的动作进行任意修改而不用担心改变原来的动画设置，从而在不同的动作之间进行比对，最终得到满意的效果。在Biped中还提供了对运动捕捉数据进行处理的功能。用户可以导入*.CSM或*.BVH格式的运动捕捉数据文件，并对导入的运动捕捉数据文件进行进一步地编辑，从而得到完全和与真实动作相同的完美动画效果，为动画作品提供最有力的技术支持。在当前的游戏开发中，使用动作捕捉加后期编辑调整这种方式来制作的很多，可以使调整的动作更趋近于人体的运动规律。

2. Physique（体格）

作为完整的动画工具包，Character Studio提供了专业的蒙皮修改工具——Physique修改器。它的主要功能是将骨骼与网格模型对象进行关联，从而达到通过驱动骨骼来控制网格变形的目的。通过Physique将骨骼与网格模型对象进行关联后，才能使前期对Biped中对骨骼动画的设置具有真正的实际意义。

在Physique修改器下，为了使骨骼与网格模型对象进行完美的匹配关联，提供了5个子级别对象：Envelope（封套）子对象、Link（链接）了对象、Bulge（凸出）了对象、Tendons（腱）子对象、Vertex（顶点）子对象。用户可以在任意层级的子对象下对蒙皮进行精细的设置，充分保证骨骼周围所驱动的网格表皮移动平滑自然。Physique还提供了仿真的模拟骨骼肌肉隆起或膨胀的效果工具。通过创建Tendons（腱），用户还可以模拟骨骼驱动时对真实肌肉的拉扯效果，从而使最后的动画效果更加自然。

在游戏开发中，对于Physique修改器子对象的应用主要集中于对封套子对象和顶点子对象的应用上，是骨骼与网格模型对象进行完美匹配关联的常用手段。其他子对象由于操作复杂，大多在游戏开发中不提倡使用，但在动漫开发中对动作细节进一步刻画时也会使用。

3. Crowd Animation（群组动画）

此功能在Character Studio中是一个相对独立的系统，它是一个创建群组动画对象并制作群体动画效果的工具。Crowd Animation可以通过行为模拟智能，对大群的生物对象制作群体动画，如角色、鸟、鱼等进行程序化的行为控制，同时还可以保持对对象个体的控制。此系统在动漫的大型组群动作制作中会被使用，在游戏开发中基本不用，因此这里不再细述，如感兴趣可参阅其他工具书籍。

6.4.1 创建与编辑Biped骨骼

单击Create面板下的系统对象类别按钮"⬚"，选择Biped骨骼类型。在任意视图窗口中拖动鼠标，即可创建一个基本的Biped骨骼，如图6-54所示。

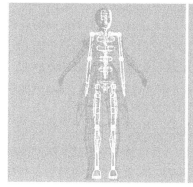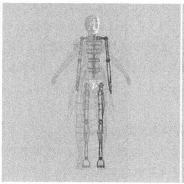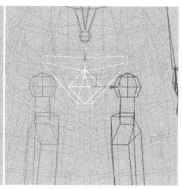

图6-54

这里（尤其是初学者）要注意，创建完毕后很难再找到修改骨骼位置的方法。对于Biped骨骼的修改，有两种方式：

- 第1种 在创建Biped骨骼之前进行修改。激活Biped按钮后，在命令面板会出现Create Biped（创建骨骼）卷展栏。可先在卷展栏中进行设置，之后就可以按照所设置的参数在视图窗口中进行Biped骨骼的创建。

- 第2种 骨骼创建完毕后对其进行修改。这种方式是对Biped骨骼进行修改的常用方式，但是需要到Motion面板中才可以修改。当进入Motion面板后，在Biped卷展栏下激活人形按钮

"⚘" Figure Mode（姿势模式）后，会出现对应的Structure（结构）卷展栏，然后就可以对已经创建的骨骼进行修改了。

这两种方式的不同在于，一种是在创建骨骼之前进行设置，一种是创建好骨骼之后进行设置。对于创建骨骼之前的设置，往往需要在有非常明确的预期值的基础上进行设置，即使如此，创建之后的骨骼也会与预期有一些差异。创建完之后的进一步设置则为用户提供了更大的余地，所以，一般对于骨骼的创建及修改可以采用默认选项进行创建，然后再进入Motion面板进行修改。以下为Structure卷展栏（见图6-55）中的设置选项。

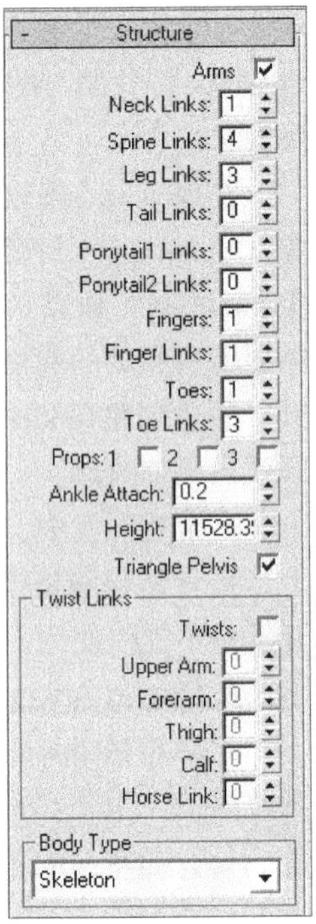

- Arms（手臂）：选择此复选框，在创建骨骼时自动生成手臂骨骼，反之，将不生成手臂骨骼。

- Neck Links（颈部链接）：设置两足动物骨骼颈部的链接块数，块数范围为1～25。

- Spine Links（脊椎链接）：设置两足动物骨骼脊椎的链接块数，块数范围为1～10。

- Leg Links（腿链接）：设置两足动物腿部的链接块数，块数范围最低为3，最高为4。

- Tail Links（尾部链接）：设置两足动物骨骼尾部的链接块数，块数范围为0～25。0表示没有尾巴。

- Ponytail1 Links（马尾辫1链接）：设置马尾辫1链接块数，块数范围为0～25。

图6-55

- Ponytail2 Links（马尾辫2链接）：设置马尾辫2链接块数，块数范围为0～25。

- Fingers（手指）：设置两足动物骨骼的手指数量，取值范围为0～5。

- Finger Links（手指链接）：设置两足动物骨骼的手指关节数量，取值范围为1～3。

- Toes（脚趾）设置两足动物骨骼的脚趾数量，取值范围为1～5。

- Toe Links（脚趾链接）：设置两足动物骨骼的脚趾关节数量，取值范围为1～3。

- Props：1/2/3（小道具：1/2/3）：小道具主要的功能是用来控制表现连接到两足动物肢体关节上的工具或武器的动画，最多可以打开3个小道具。

- Ankle Attach（踝部附着）：决定踝部的粘贴点（用来控制踝部位置要在脚跟还是脚尖，以用来控制不同类型动物脚部结构），取值范围为0～1。0表示踝部位置在脚跟，1表示踝部位置在脚尖。

- Height（高度）：设置当前两足动物的高度。

- Triangle Pelvis（三角形盆骨）：当应用Physique修改器时，三角形盆骨可以建立从大腿到最低脊椎对象的链接。通常腿部是链接到两足动物骨盆对象上的。三角形骨盆为网格变形创建更加自然的样条线。

Twist Links（扭曲链接）选项组下的选项可以为主要肢体的转动创建自然的扭曲，使骨骼对网格对象的变形更加自然。

- Twist（扭曲）：选择此复选框，表示使用扭曲链接，取值范围为0～10。

- Upper Arm（上臂）：设置上臂扭曲链接的数量，取值范围为0～10。

- Forearm（前臂）：设置前臂扭曲链接的数量，取值范围为0～10。

- Thigh（大腿）：设置大腿扭曲链接的数量，取值范围为0～10。

- Calf（小腿）：设置小腿扭曲链接的数量，取值范围为0～10。

● Horse Link（脚架链接）：设置脚架链接中扭曲链接的数量，取值范围为0～10。

Body Type（躯干类型）选项组用来设置两足动物在视图窗口中的显示类型，共有Skeleton（骨骼）、Male（男性）、Female（女性）和Classic（标准）4种类型。

■ 6.4.2 创建Biped骨骼并匹配角色模型

创建Biped骨骼并与角色模型匹配的步骤如下。

1. 第1步：调入模型

在3ds Max中把前面制作的女角色模型打开，单击右键，使用右键功能菜单的冻结命令将模型冻结，如图6-56所示。

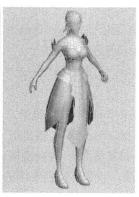

图6-56

2. 第2步：创建Biped骨骼

在前视图上创建Biped骨骼。先在脚的位置上单击，按住鼠标左键向上拖动，会创建一个Biped骨骼。当骨骼高度达到头部位置后，松开鼠标左键，再单击右键结束创建，如图6-57所示。

骨骼创建完毕后，此时仍为默认状态，需要根据模型的比例及结构特点进行对位。进入Motion面板，在Biped卷展栏下，激活人形按钮"   "进入Figure Mode后，单击骨骼的质心，这里是名称为Bip01的菱形骨骼，如图6-58所示。质心代表角色的重心位置，骨骼Bip01也是可以同时控制所有骨骼位置的最上层级的骨骼。双击质心可以选择所有的骨骼层级（包括链接到骨骼上的任何对象）。移动质心的中心线到角色的骨盆位置的中心对称线上，使它们重合，以便将来对蒙皮的封套等进行复制时左右对称，如图6-59所示。

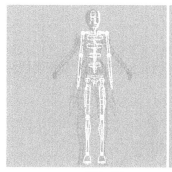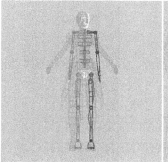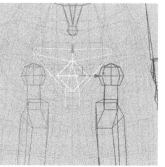

图6-57　　　　　　　　图6-58　　　　　　　　图6-59

注意

移动质心或对骨骼进行编辑之前一定要激活人形按钮，否则以后再次单击此按钮时骨骼会弹回原来的状态，导致操作失效。

在放置质心位置时要注意，要从前视图和侧视图观察骨骼的位置，以便把它们放置到与模型位置基本相符的位置。质心位置的摆放要考虑腿部将来动作的幅度，之后再分别对其他部分逐一进行匹配。

3. 第3步：分析并确定使用骨骼的类型及参数

通过以上操作，创建了一个基本的两足动物骨骼，但此骨骼仅为默认状态下的骨骼，如果想要与角色相匹配，还需要分析并进一步调整。本例用到的模型角色为女性，所以，首先要把Body Type选项组中的显示类型改为Female（女性）类型（骨骼类型也可以使用其他类型，只是此种骨骼类型与女性骨骼更为相符）。

分析角色。由于角色头部有马尾辫，所以需要一条马尾辫的骨骼，这里可以创建3~4节的马尾辫骨骼。对于其他刘海部分的结构，由于Biped骨骼系统所带骨骼有限，可以在后期把骨骼都摆正之后，使用Bone骨骼系统来进行附加。Biped骨骼系统所带骨骼一般都用来安置模型主要结构的骨骼，模型其他部分则通过附加Bone骨骼进行补充。

对于4个下垂的衣摆部分，其中后面的一条可以考虑使用Biped骨骼系统所带的尾部骨骼，需要创建4节尾部骨骼。

对于手部及腿部，默认的Biped骨骼设置是，手部仅有一个一节手指和脚部有一个三节脚趾的骨骼，根据模型情况，需要对此进行调整。这里把手指部的参数Fingers设置为5，手指关节数量Finger Links设置为3；设置脚趾Toes数量为1，脚趾链接Toe Links设置为1，以匹配模型。对于Twist Links，一般在游戏中不会过多表现，除非有特别要求的骨骼才会用到。由于这里不需要使用，所以Twist Links采用默认值即可。设置后的效果如图6-60所示。

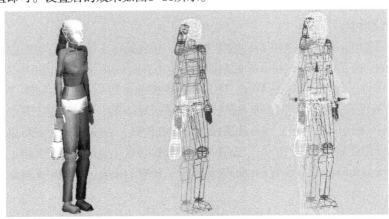

图6-60

4. 第4步：调整骨骼与模型匹配

目前已经把骨骼的质心进行了对齐，其他部分尚未与模型进行任何的匹配。接下来按照顺序调整骨骼，与模型进行匹配。

（1）匹配躯干、颈部与头部、发辫。对这些部位进行匹配时，首先要在前视图和侧视图中确定质心居于重心位置，然后根据网格的段的位置来分配每节骨骼的位置。先确定肩部的位置与模型相符，然后是颈部，再到头部。可以根据模型的形状特点使用旋转和缩放工具进行骨骼的调整，如图6-61所示。

（2）匹配上肢。进行上肢的匹配时，首先要分析：上肢分为左右两侧，左侧和右侧是对称的（如果是

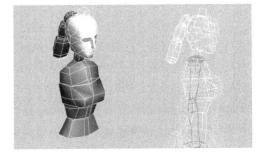

图6-61

非对称情况的可以单独调整），所以，可以先匹配好一侧，再通过复制姿势的方法把一侧的上肢姿势复制给另一侧的上肢。这里先匹配一侧的上肢（匹配下肢时也是基于同样的道理）。

先对右侧上肢进行匹配。把锁骨放在模型相应的位置上，将上臂和前臂的骨骼与模型对齐匹配，如图6-62所示。接着匹配手部的骨骼，匹配后的效果如图6-63所示。在匹配过程中会使用到移动、旋转、缩放等变换工具。

手臂匹配
图6-62

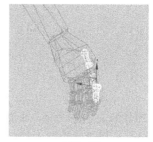
图6-63

完成右侧上肢的匹配后，双击锁骨可以自动选择锁骨下面层级的所有骨骼，也就是所有的右上肢骨骼。在Copy/Paste（拷贝/粘贴）卷展栏下，确认Posture按钮被激活，单击Create Collection（创建集合）按钮"﹚"，就可以把当前选择的骨骼创建为一个集合。单击Copy Posture（复制姿态）按钮"﹚"，将当前选择的骨骼姿态保存在姿态缓冲区中，然后单击Paste Posture Opposite（向对面粘贴姿态）按钮"﹚"，把当前选择的骨骼姿态复制给对称的左上肢骨骼，使左右两侧姿态保持对称，如图6-64所示。

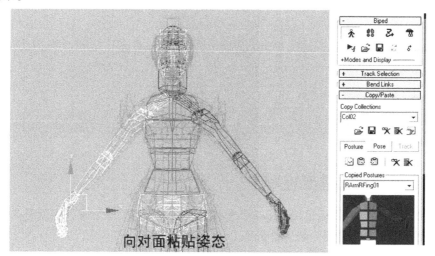
向对面粘贴姿态
图6-64

Paste Posture（粘贴姿态）按钮"﹚"的作用是，复制同一侧骨骼或把自身骨骼姿态保存后，当这个骨骼出现变动，可以使用此功能恢复到原始姿态。如果复制或保存期间执行过其他Copy Posture操作，则原来的姿态将被覆盖。

（3）匹配下肢。接下来匹配大腿、小腿、脚部和脚趾部分的骨骼。同样，先对右下肢进行匹配。首先选择大腿骨骼，在前视图和侧视图中，通过使用旋转工具进行匹配，接着对小腿部分进行匹配，然后对脚和脚趾依次进行匹配，得到如图6-65所示效果。

注意

在匹配时，骨骼的位置是已经被固定在当前位置上的。如果要调整两腿之间的距离，需要通过缩放胯骨的骨骼来完成。

接下来，使用复制姿势的方法，把右下肢的姿态对称复制到左下肢上，如图6-66所示。

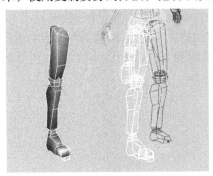
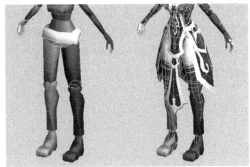

图6-65　　　　　　　　　　　　　　图6-66

（4）添加附加骨骼并进行匹配。通过以上操作，角色的主体部分已经匹配完成，剩下的衣摆部分。因为Biped骨骼系统提供的骨骼不够用，所以需要通过补充Bone骨骼来完成。使用Bone骨骼来创建衣摆骨骼后的效果如图6-67所示。在创建Bone骨骼时，可以先创建前面衣摆的骨骼，再创建侧面衣摆的骨骼。创建侧面的衣摆的骨骼时，可以先创建一侧，再通过复制功能再创建出另一侧的衣摆骨骼。创建完成后，再通过链接命令链接到胯骨上。这样，整个角色的骨骼匹配完毕。

图6-67

6.4.3　创建骨骼与模型的关联

当骨骼匹配完毕后，需要通过Physique修改器将模型与骨骼关联起来，也就是为Biped骨骼蒙皮，这样才能够使模型随着骨骼一起运动变形。

使用Physique修改器可将蒙皮对象附加到骨骼结构上。蒙皮对象是指3ds Max中可以任意变形的、基于顶点结构组成的对象，例如网格对象、面片对象、二维样条线及图形对象等。当为蒙皮对象指定了Physique修改器后，即可指定相应的骨骼对象。在制作骨骼动画时，Physique修改器根据骨骼的移动，使蒙皮对象变形并跟随骨骼一起运动，且与骨骼移动相匹配，从而完成动画的制作。

Physique修改器有5个不同的子对象级别，分别是Envelope（封套）、Link（链接）、Bulge（凸出）、Tendons（腱）和Vertex（顶点）。每个子对象包含各自的控件卷展栏。在游戏开发中经常用到的是顶点子对象级别。

在进行顶点子对象级别的蒙皮操作前，需要了解以下3点：

1. 确定Figure Mode按钮的状态

选择骨骼，激活Figure Mode按钮，使骨骼处于姿势模式。姿势模式在调节蒙皮时非常有用。在对模型进行蒙皮时，需要把Figure Mode按钮激活；当需要观察蒙皮效果时，则需要取消这个按钮的激活状态，然后再对骨骼进行旋转等操作。当需要恢复到姿势模式进行编辑时，需再次激活Figure Mode按钮，否则，骨骼就不能精确恢复到原有的姿势了。

2. 了解顶点子对象级别下的相关选项及基本应用

Physique修改器中的顶点子对象级别的命令主要使用手动分配顶点属性来覆盖封套，与Envelope（封套）子对象级别的操作相比，它更加精确细致。在动漫制作时，由于模型面数较多，不可避免地需要封套与顶点子对象配合来完成蒙皮的操作。但是，游戏模型的面数比较少，所以，在进行游戏角色的蒙皮操作时，顶点子对象的蒙皮功能就足以实现了。以下为Modify面板中Physique修改器顶点子对象的有关选项。

（1）Physique Selection Status（体格选择状态）卷展栏。

该卷展栏用来显示当前Physique修改器中选择的骨骼对象的名称。在顶点子对象级别的选择状态下，仅显示Select Vertices（选择顶点）字样。

（2）Vertex Link Assignment（顶点链接指定）卷展栏。

Vertex Type（顶点类型）选项组（见图6-68）包括如下选项。

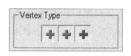

图6-68

- Deformable Vertices（可变形顶点）"⊞"：指定可变形顶点。
- Rigid Vertices（刚性顶点）"⊞"：不可变形的顶点，只是跟着指定的链接，不产生变形。
- Root Vertices（根顶点）"⊞"：未被指定链接的顶点，需要重新指定链接，将其改变为可变形顶点或刚性顶点。

Blending Between Links（在链接之间混合）选项组（见图6-69）共有5种类型可以选择。

图6-69

- N Links（N链接）：允许选择的顶点被多种链接影响。
- No Blending（不混合）：允许选择的顶点仅为1个链接影响而不混合。
- 2 Links（两个链接）：允许选择的顶点被2个链接所影响。
- 3 Links（两个链接）：允许选择的顶点被3个链接所影响。
- 4 Links（两个链接）：允许选择的顶点被4个链接所影响。

Vertex Operations（顶点操作）选项组（见图6-70），如下。

- Select（选择）　用来选择模型上的顶点。
- Select by Link（按链接选择）：选择被链接的顶点。
- Assign to Link（指定给链接）：将当前选择的顶点指定到一个链接上。
- Remove from Link（从链接移除）：从一个链接上移除被选择的顶点。
- Lock Assignments（锁定指定）：锁定选择的顶点。锁定后可防止对顶点进行任何权重和混合进行修改。
- Unlock Assignments（取消锁定指定）：取消对选择的顶点的锁定。
- Type-In Weights（输入权重）：单击此按钮会弹出Type-In Weights对话框，如图6-71所示。在此对话框中可以为选择的顶点输入权重值，对顶点的精确调整有着重要作用，其选项包括Link Name（链接名称）：此下拉列表可以选择不同的链接，并显示该链接的顶点权重；Currently Assigned Links Only（仅当前指定的链接）：选择此单选按钮时，只显示对当前选定对象顶点有影响的链接；All Links（所有链接）：选择此单选按钮，将显示所有可以对顶点产生影响的链接；Weight（权重）：用于显示当前选择的链接对顶点权重影响值；Absolute（绝对）：使用顶点权重的绝对值；Normalized（规格化）：使用顶点权重的相对值；Relative Scale（相对比例）：顶点权重显示相对比例值。

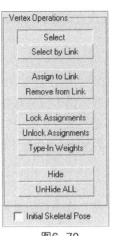

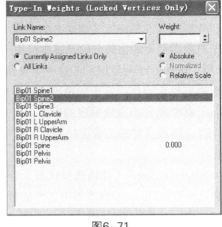

图6-70   图6-71

- Hide（隐藏）：隐藏选择的顶点。
- UnHide All（全部取消隐藏）：取消隐藏所有顶点。
- Initial Skeletal Pose（初始骨骼姿势）：在使用修改器时让蒙皮对象回到初始姿势。

以上是顶点子对象级别的相关功能。在实际应用时，这些功能只有一部分是常用的，其他功能只在个别情况下会使用。

3. 使用顶点子对象级别指定权重的流程及方法

首先，需要进入Physique修改器下的封套子对象级别。选中所有的封套，把Inner（内部）和Outer（外部）所有的封套值设置为0，以便去除它们之间的影响，方便后面使用顶点子对象级别进行编辑。接着，进入Physique修改器下的顶点子对象级别，激活Select按钮。选择需要操作的模型顶点，然后在Modify面板中单击Remove from Link按钮，并在此顶点所在的链接线上单击，使该顶点与周围的链接关系移除。在Vertex Type选项组中，单击Deformable Vertices "■"、Rigid Vertices "■"或Root Vertices "■"按钮中的一个，以确定采用何种顶点类型。再在Blending Between Links选项组中，选择顶点被链接之间影响的方式。单击Assign to Link按钮，把被选择的顶点指定到想要指定的链接上。然后，单击Type In Weights按钮打开对话框，此时对话框中没有任何信息。在顶点被选择的状态下，单击Lock Assignments按钮，这时，Type In Weights对话框中就会显示出当前顶点被影响的信息了。根据顶点被影响的状态，可以分别通过改变Weight的参数值来控制顶点在每个链接上的影响权重。完成链接后，单击Unlock Assignments按钮，把锁定的顶点解开锁定。

通过以上方法控制，可以使模型与骨骼之间进行关联，通过调节相应的数值，使它们对顶点产生影响而得到理想的模型变形效果。

■ 6.4.4 女角色蒙皮实例

下面将以实例的形式，讲解角色的蒙皮操作。为女角色进行蒙皮操作的具体步骤如下。

1. 第1步：创建模型与骨骼的关联

01 打开匹配好的骨骼和模型文件，选择角色模型，在Modify面板上添加Physique修改器，如图6-72所示。

02 在Modify面板中单击Attach to Node（添加到节点）按钮 "■"，再在视图中单击Biped骨骼的质心点Bip01骨骼。单击后，会弹出Physique Initialization（体格初始化）对话框，如图6-73所示。

03 Physique Initialization对话框的所有选项均采用默认值，直接单击Initialize（初始化）按钮，模型上出现根据骨骼关系形成的类似经脉的橘黄色封套线，表示已建立关联，如图6-74所示。

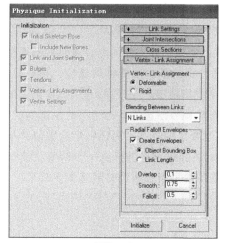
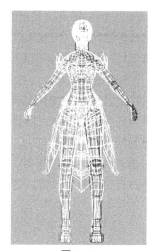

图6-72	图6-73	图6-74

这样，模型与骨骼之间的关联关系就建立完成了。接下来要做的就是精确地让骨骼控制模型上的顶点，以便模型能够正确地与骨骼一起运动。

2. 第2步：通过调节顶点子对象精确调节封套权重

选择模型并进入Physique修改器的顶点子对象级别，就可以对Modify面板的子对象级别的选项进行设置了。在游戏开发中，由于模型面数比较少，直接使用顶点子对象级别的选项就可以完全实现对模型顶点权重的细微调节。此方法也是在游戏开发中比较常用的方法。如果使用Physique修改器的其他子对象级别的功能，往往使操作过程变得复杂，降低蒙皮效率。

接下来，通过调节顶点子对象继续为女角色模型进行蒙皮。

（1）为头部蒙皮。对于本例的女角色模型，可以先从头部开始进行蒙皮。由于人物头部在运动中是不产生任何变形的，所以，需要对头部模型的顶点采用100%的影响，也就是说顶点只受头部骨骼的影响，具体步骤如下。

01 进入顶点子对象级别，选择头部的顶点，如图6-75所示。单击Remove from Link按钮，然后框选头部周围其他的链接，这样可以把选择的顶点从周围链接的影响中移除。

02 激活Rigid Vertices类型按钮"　"，选择Blending Between Links选项组中的No Blending方式，以保证仅受头部链接的影响。选择顶点后，激活Assign to Link按钮，再单击头部的链接，把这些顶点指定给头部链接。此时会看到这些顶点的颜色变成绿色，表明其已经被刚性链接了。

03 单击Type In Weights按钮，弹出相应的输入权重对话框，单击Lock Assignments按钮，可以看到选择的顶点仅受头部链接所影响，其Weight的值为1，如图6-76所示。完成链接后，要单击Unlock Assignments按钮，把被锁定的顶点解开。

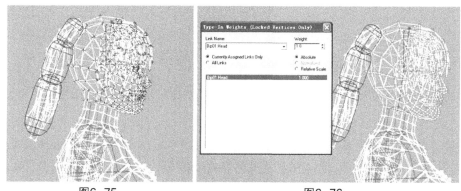

图6-75	图6-76

04 指定发辫的顶点。发辫属于可混合的顶点，顶点类型选择可变形顶点。一般这类顶点受影响的范围是线性结构的，所以可以采用2 Links的方式进行。

选择第1个发辫范围的顶点（注意，不要误选头部顶点。对与头部连接在一起的顶点要保证受头部和第1个发辫链接影响），按照前面介绍的基本步骤移除链接，再把链接混合模式改为2 Links，然后把它指定给第1个发辫链接和第2个发辫链接。完成后，在Type In Weights对话框中进行权重的调节。可以根据各部分顶点所受链接影响调节权重值。对于不产生影响的链接，将权重值调整为0即可。调整后的数值如图6-77所示。这里要说明一下，对话框中的数值并不是确定的，需要在后期对骨骼进行旋转、移动等操作时，根据反馈的情况来进行进一步调整。按照同样的方法，把发辫的其他部分也进行顶点权重设置。这样，头部的顶点权重调整就基本完成了。

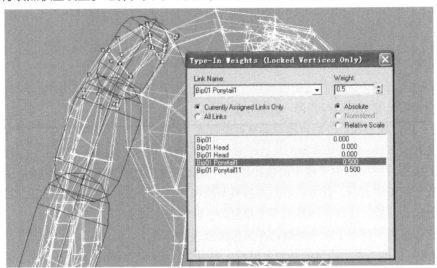

图6-77

05 接下来需要对骨骼进行旋转、移动等操作，根据反馈的情况来进行进一步的调整。

选择头部骨骼，使用旋转工具对头部骨骼、发辫的所有骨骼分别旋转并进行观察。对于需要进行混合变形的顶点，对权重值进行一定的比例影响调整。图6-78所示为对头发部分进行进一步调整的前后效果对比。

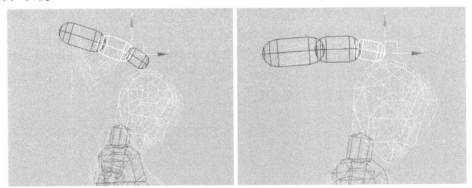

图6-78

注意

调整时，在两个骨骼共同产生影响的情况下，需要在Type In Weights对话框中激活All Links单选按钮，把所有链接都打开，然后将需要受到影响的链接的权重设置较大的数值。之后再选择Currently Assigned Links Only单选按钮时，对话框中就显示为这个权重较大链接了，如图6-79所示。

图6-79

（2）为躯干和颈部蒙皮。躯干和颈部的蒙皮包括胯骨、腰部、胸部到颈部的骨骼链接。在蒙皮时尤其要注意，胯骨与两腿之间属于三角形影响区域，胯骨要同时影响两腿与胯骨交界的顶点。肩部也同时要对两个上臂交界处产生影响。这里具体操作不再赘述，基本方法与蒙皮发辫部分相同。

蒙皮完成后，通过旋转骨骼进行调整，前后效果对比如图6-80所示。

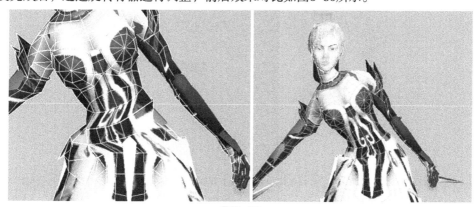

图6-80

注意

在对蒙皮与其他结构相连的顶点处进行权重设置时，在两个链接交界的地方，需要判断哪些结构是影响顶点较大的链接，哪些是影响较小的链接。例如这里的胯部与腰部交界的顶点，一般是胯部链接对顶点影响多一些，而腰部链接影响小一些。顶点一般会按照所在顶点的链接区域进行划分，链接之间关节处的剖面为交界。离交界处越远，所受影响一般而言就越小。在蒙皮大部分顶点时，基本都可以准循这个原则，只有刚性顶点例外。

（3）为上肢蒙皮。上肢部分包括锁骨、上臂、前臂、手与手指等部分。在蒙皮时注意多进行骨骼关节处的转动调节，以便发现蒙皮中顶点权重的影响情况，尤其是在关节处的骨骼弯曲时，模型产生的变形情况。手指部分结构及数量较多，蒙皮时比较繁琐一些。在使用顶点子对象级别时，不能对一侧进行复制，只能对相应的每个部分一一进行权重设置。

设置权重的影响值时，需要对每个关节部分分别进行旋转和观察，以便确定关节处转折效果无误。对于受到两个以上骨骼影响的顶点，应根据被影响的效果进行微调。

蒙皮完成后，通过旋转骨骼调整后的效果如图6-81所示。

图6-81

（4）为下肢蒙皮。下肢部分包括大腿、小腿、脚及脚趾等部分。蒙皮下肢时，主要需要注意的部分是胯骨与大腿的转折处。此处是腿部与躯干部分的交界处，在进行蒙皮时，要区分好它们之间的关系。还要注意衣摆与腿部顶点的区分，衣摆部分需要通过Bone骨骼系统进行控制。此外，各部分关节处顶点的转折效果也要着重处理。

膝盖部分的弯曲和胯部的弯曲需要对顶点进行重点调节。在调节关键的顶点时，可以先进行骨骼旋转，观察不规则的顶点，然后再根据实际变化对顶点权重进行针对性调节。

蒙皮完成后，通过骨骼旋转调整后的效果如图6-82所示。

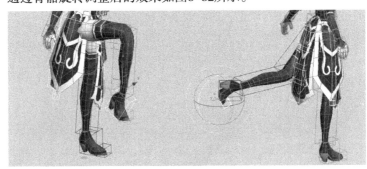

图6-82

（5）为衣摆蒙皮。衣摆部分是蒙皮到Bone骨骼上的。在旋转测试时要注意，不要让一次的操作步数太多，一般要在默认恢复步数（20步）之内，否则，不容易恢复到原来的位置。对衣摆部分的顶点进行蒙皮时要按被影响区域进行权重设置。

蒙皮完成后，通过Bone骨骼旋转调整后的效果如图6-83所示。

图6-83

（6）整体测试。通过以上操作，基本上所有顶点所属的区域蒙皮完成。最后，需要对所有骨骼部分分别进行旋转，测试每个关节运动时模型顶点的权重情况，检查是否有遗漏的部分或不如意的部分，及时调整，直至满意。

对模型进行蒙皮权重设置时，使用顶点子对象级别的好处是，可以精确到对每个顶点的细微控制。与其他子对象级别相比，顶点子对象级别对于多层次模型重叠的顶点会容易控制一些；缺点是比较繁琐，需要对每一部分分别进行设置，而且不能够用左右对称的方法简化操作。

6.5 设置简单动画

经过前面的操作，制作动画前的准备工作基本做完了，接下来学习在游戏开发中使用Biped骨骼系统进行动画设置的方法，让3D模型动起来。

6.5.1 设置动画前的准备工作

在对Biped骨骼设置动画时，有两种调制骨骼动画的方法，一种是直接通过对Biped骨骼调节动作来获得动画；另一种是直接通过设置已经完成蒙皮的模型的Biped骨骼来获得动画。

由于骨骼动作是需要在模型上完成的，如果仅仅使用骨骼进行动作的调制，虽然也会实现一定的动画效果，但是在细微的部分，因为没有参照对象，往往会在模型上产生不相适宜的效果。

在游戏制作时，设计师通常会对同一高度、形状、类型和结构的模型采用同一种骨骼动作。如果模型的高度、形状、类型和结构等发生变化，则需要在此基础上进行修改，另外存储相关的动画信息，以保证有多种选择可用。所以，在进行Biped两足动物骨骼设置动画前要做好以下6点准备工作：

- 确定模型与骨骼已经正确地完成蒙皮权重设置关联。
- 确定要被调制动作的骨骼类型与调制角色相符。例如，要调制女性角色动作，不可以使用男性角色模型来参照。
- 确定被调制的模型高度、结构、形状等与被调制动作效果相符。
- 检查模型上是否有附加骨骼Bone及其他辅助对象。
- 检查模型是否有表情动作，有哪些表情动作等。
- 模型是否被放置在了合适的位置。例如，一般角色的脚底会以X轴为默认地面；角色的中心轴在Y轴上等。

以上6条准备工作检查通过后，就可以对骨骼进行动作的调制了。

6.5.2 接地关键帧、滑动关键帧和自由关键帧

在前面进行的蒙皮操作中，已经使用了Biped骨骼的一些功能。当在视图窗口中选择Biped骨骼后，打开Motion面板，就可以看到两足动物的参数设置面板。

两足动物骨骼的参数设置面板由4种不同的模式面板组成，分别是Figure Mode（体形模式）、Footstep Mode（足迹模式）、Motion Flow Mode（运动流模式）、Mixer Mode（混合器模式）。在激活不同的模式时，对应不同的卷展栏。用户对动作的调节一般都是在这4种模式都不处于激活状态下，通过编辑轨迹和关键点、设置IK约束、使用层和运动来捕获数据。另外，激活Auto Key按钮，然后移动或旋转两足动物的任意骨骼，即可创建自由形式的动画，而无需使任何模式被激活。但是，在调制Biped两足动物骨骼时，需要了解和掌握3种关键帧类型的使用方法，即接地关键帧、滑动关键帧和自由关键帧。这3种关键帧的类型主要为两足动物骨骼的脚部与地面的作用而设置。通过这3种关键帧的设置，可以很好地控制骨骼在地面上产生适宜的变化。在Key Info（关键点信息）卷展栏中可对这3种类型的关键帧进行设置。

- 接地关键帧"🔒"：此关键帧类型可以使两足动物骨骼的脚固定在指定的地面上，让角色的脚步固定在某个点上。这样在移动盆骨的时候，脚的位置不会改变。如果需要让其变换位置，需要通过滑动关键帧或自由关键帧的变换才可以。
- 滑动关键帧"🔒"：此关键帧类型可以使两足动物骨骼的脚在两个接地的关键点中间产生平滑动画。如果需要让其改变类型，需要通过接地关键帧或自由关键帧的变换来完成。

- 自由关键帧""：此关键帧类型可以使两足动物骨骼的脚以自由形式存在。移动质心骨骼时，脚的骨骼会随之移动。自由关键帧的脚步是默认的，如果选择了接地或滑动关键帧，后想做抬脚的动作，那么，单击此关键帧类型就可恢复。这时候如果单击自由关键帧按钮，就等于恢复到自由模式了。

1. 设置接地关键帧

设置接地关键帧的操作步骤如下。

01 在前视图中创建一个默认的两足动物骨骼。

02 选择质心骨骼Bip01，移动到质心骨骼Bip01，使它的中心点与Y轴对齐。

03 把动画控制的时间滑块拖动到第0帧位置。

04 进入Motion面板，展开Key Info卷展栏。为了区分两只脚的位置，此处把视图切换到Use视图。先选择右脚骨骼，在展开的Key Info卷展栏中，单击接地关键帧按钮""，这样，右脚骨骼就在第0帧位置产生了一个接地关键帧。选择质心骨骼，沿着Y轴向下移动，可以看到右脚停留在原来的位置，而左脚会跟随移动，效果如图6-84所示。

在调制动作时，角色骨骼的脚基本都需要设置接地关键帧，以便与身体的运动产生正常的协调关系。为此，左脚也需要设置成接地关键帧。在需要让脚离开原来位置或地面时，需要在离开原来位置或地面时的当前帧再次设置一个接地关键帧，然后在后续的时间位置设置其他类型的关键帧，这样就可以转换它的类型了。

通过以上操作，左右两只脚都设置了接地关键帧，现在上下移动质心骨骼，很容易地就实现角色的下蹲动作和跳跃动作，如图6-85、图6-86所示。

图6-84　　　　　　　　图6-85　　　　　　　　图6-86

2. 设置滑动关键帧

设置滑动关键帧的操作步骤如下。

01 在上一例操作的基础上，现在要制作一个右弓步的动作姿势。首先把质心向前移动，让身体向前倾斜，如图6-87所示。

02 把时间滑块拖动到第5帧的位置，将把右脚贴在地面上，拖动放置到如图6-88所示的位置。这时，拖动时间滑块到任意位置，会发现右脚骨骼会自动弹回原来的位置，这是因为接地关键帧在起作用的缘故。确定时间滑块在第5帧的位置，再次把右脚骨骼放置到弓步时的位置，这次放在第5帧的位置上。单击滑动关键帧按钮""，然后拖动时间滑块，发现右脚骨骼在原始位置与弓步姿势之间产生了过渡动作。这样就表明，滑动关键帧起作用了。

观察动作的效果，发现这个弓步动作中，左脚脚尖应当以脚跟为中心向外撇，但是旋转时发现左脚的骨骼会以脚尖为中心旋转。这是因为在这3种关键帧设置中，脚的骨骼的轴心被指定在了脚尖的位置，需要改变这个轴心的位置。

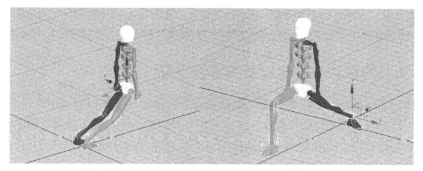

| 图6-87 | 图6-88 |

调整脚部骨骼轴心点需要在关键帧处进行操作。在Key Info卷展栏下有5种类型选项，即TCB、IK、Head、Body和Prop，用来控制3种关键帧的相应属性。调整脚部骨骼轴心点就需要在这里进行设置，具体操作步骤如下。

01 单击IK选项前面的"+"号展开选项，可以看到Select Pivot（选择轴心）按钮，激活此按钮，可看到在视图上被选择的脚处显示出轴心的位置。当前的轴心以红色点显示，其他可设置点则以蓝色显示。

02 单击脚跟处的蓝色顶点，即可将轴心位置移至当前选择的顶点处。

激活Auto Key按钮，把时间滑块拖动到第5帧。向外旋转左脚骨骼，将其旋转到合适位置。然后，拖动时间滑块，可以看到在弓步产生的同时，左脚以脚跟为中心产生向外的旋转变化，表明调整轴心点的操作正确。

轴心控制主要用于对脚部骨骼的控制，是非常有用的功能。

3. 设置自由关键帧

自由关键帧是两足动物骨骼系统默认状态下的类型，主要用于表现脚部骨骼离开地面时的情况。当为脚部骨骼设置了自由关键帧后，脚部骨骼就可以与身体的骨骼一起运动了。

设置自由关键帧的操作步骤如下。

01 接上例（滑动关键帧部分的弓步姿势），把时间滑块拖动到第10帧位置，选择角色骨骼的质心，回到站立姿态，如图6-89所示。

02 由于右脚在第5帧位置被设定了滑动关键帧，所以这时它与地面之间仍然有联系，右腿会有被拉直的感觉。选择右脚骨骼，使用移动工具把脚部骨骼移动到如图6-90所示。

03 在第10帧位置单击设置自由关键帧按钮"🚶"，然后拖动时间滑块，观察生成的骨骼动画效果，发现脚步骨骼可以自由地离开地面了。但是这时会直接生成抬腿的动作，向前的弓步姿势没有了，这是因为没有为质心骨骼设置关键帧的缘故。在下一部分，将具体讲解关于质心的关键帧的设置操作。

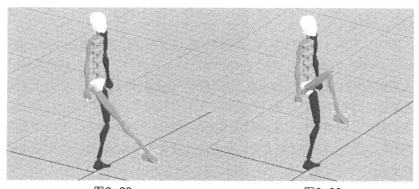

| 图6-89 | 图6-90 |

接地关键帧""、滑动关键帧""和自由关键帧""是Biped骨骼所具备的集成化的独特功能，可以很好地控制角色骨骼在地面上或与其他媒介作用时的效果，使调制骨骼动作变得非常逼真与方便。

6.5.3　质心的移动、旋转以及关键帧设置

质心是整体骨骼控制中最上层的骨骼，默认状态下，移动它就可以移动所有骨骼。质心为调制动作提供了极大的便利，在进行动作控制时，主要用来控制整体骨骼重心的移动和旋转等动作。

质心的移动与旋转操作比较简单，用鼠标单击之后就可以进行操作了。质心可以向坐标任何方向进行移动和旋转，但是，如果要调制动作则需要注意：对于质心的运动，需要在每个关键位置要着重设置关键帧，才可以使质心跟随动作产生变化。

一般模型在设置动画时，会自动在开始帧与关键动作处产生关键帧，而质心的关键帧设置则需要在每个要求产生关键帧的位置进行关键帧记录。这种关键帧可以通过在Key Info卷展栏下单击设置关键帧按钮""得到，也可以在激活Auto Key按钮后通过移动、旋转质心得到。

在使用中会发现，使用设置关键帧按钮得到的关键帧，质心会有跳动现象。要改变这种现象，需要单击两次Auto Key按钮。第一次单击Auto Key按钮会生成空白关键帧，再次单击此按钮才可以记录到骨骼的当前姿态，这在使用此按钮设置关键帧时需要特别注意。

通过激活Auto Key按钮来直接记录移动、旋转质心信息以得到关键帧的方法相对来说较简单一些。在激活此按钮后，随着对骨骼进行移动、旋转等操作，系统会自动在相应帧位置生成带有骨骼当前位置、角度等变化信息的关键帧。

下面通过具体操作来加深对两种生成关键帧的方法的理解。

1. 使用设置关键帧按钮

使用设置关键帧按钮生成关键帧动作的具体操作步骤如下。

（1）调制位置关键帧。

接上例（3类关键帧设置），在Use视图中，选择质心骨骼，把时间滑块拖动到第0帧，在展开的Key Info卷展栏下单击设置关键帧按钮，这样就可以为质心骨骼设置一个黄色的关键帧了。把时间滑块拖动到第5帧，把质心移动到弓步姿势时的位置，再次单击设置关键帧按钮，可看到在时间滑块拖动到第5帧的位置上生成了一个红色关键帧。但是，此时质心跳回到了第0帧时的位置，不符合设置关键帧的要求。再次把质心骨骼拖动到弓步姿势的位置，再次单击设置关键帧按钮，轨迹栏上的关键帧变成了红+黄两种颜色的关键帧，表明它已经记录下了位置信息。再把时间滑块拖动到第0帧的位置，这时，会看到质心平移到了第0帧的位置，变成了下蹲的姿态，而不是还原到站立姿态。接着把质心向上移动，使骨骼成站立姿态，再次单击设置关键帧按钮，这时在第0帧的位置也产生了红+黄两种颜色的关键帧。再次把时间滑块拖动到第5帧位置，这时，就可以看到正确的向前弓步的姿势了，质心会随着向前移动而下蹲完成弓步动作。

（2）调制旋转关键帧。

接上一步，把变换工具改为旋转工具，在第5帧的位置单击设置关键帧按钮，在第5帧的关键帧变成了红+黄+绿色3种颜色的关键帧，表明在此位置记录了角度信息。把时间滑块拖动到第10帧的位置，单击设置关键帧按钮生成一个只有绿色的关键帧，表明此处生成了一个记录了角度信息的关键帧；如果在单击设置关键帧按钮时变换状态为移动工具，则会生成记录了位置信息的红色关键帧。

生成绿色关键帧后，使用旋转工具将质心骨骼向左旋转大约90度角，然后再次单击设置关键帧按钮，在第0帧到第10帧之间拖动时间滑块，会看到骨骼将在第6位置开始向左侧旋转，到第10帧完成完整的旋转动作。

使用移动工具把质心移动到站立时的位置。如果当前选择的是Y轴，在单击设置关键帧按钮

后，会生成黄+绿色的关键帧；如果当前选择的是X轴，则会生成红+绿色的关键帧。如果要让角度与Y轴、X轴都记录入关键帧，则切换到相应轴再单击设置关键帧按钮即可。

2. 使用Auto Key按钮

沿用上面的例子，把上一操作中生成的质心关键帧全部删除。将时间滑块拖动到第0帧处，激活Auto Key按钮。把时间滑块拖动到第5帧位置，选择质心并把质心移动到弓步姿势，这时，会自动生成记录了X轴和Y轴位置信息的黄+红色的关键帧。但是，在第0帧的位置不会自动生成任何关键帧，需要再次把质心移动到这个位置。当使用移动工具平移到第0帧的位置时，会生成记录了X轴位置信息的红色关键帧；当向Y轴方向移动质心，使骨骼成为站立姿势时，就生成红+黄色的关键帧了。这时，拖动时间滑块，就可以看到角色骨骼生成的弓步动画。把时间滑块放置在第5帧的位置，选择质心进行旋转操作，在第5帧的位置记录一个角度信息。注意，旋转的角度不必过大，主要用于在第5帧与第10帧之间产生角度变化的过渡。接着把时间滑块拖动到第10帧的位置，并把质心向左旋转90度左右，这样，在第5～10帧之间拖动时间滑块时，就生成了骨骼从第5～10帧之间的旋转动画了。在第10帧的位置上，使用移动工具把质心移动到站立时的姿势，这样，就生成了从弓步到抬腿旋转站立的动画了。

使用Auto Key按钮制作动画时，相比设置关键帧按钮要容易一些，它会自动记录对骨骼所进行的X轴和Y轴方向的位置及旋转等信息。但是，调制骨骼动画是一个复杂的过程，往往需要综合采用以上两种设置关键帧的方法。

> **注意**
>
> 对质心设置关键帧时，需要在用户视图和透视视图中进行，这样才可以准确记录空间位置与角度变化的信息。

6.5.4　调制游戏骨骼动作的基本规则

在调制游戏动作时，考虑到程序端的协作问题，游戏中的骨骼动作应该制作成一个循环，即从哪里起步就在哪里结束。以下为调制游戏动作时需要遵循的基本规则。

规则一　游戏中的骨骼动作需要做成一个循环

一个动作从开始到结束时，基本会恢复到原来的位置，整个过程要让人感觉到是一个自然完整的过程。要注意的是，有些动作需要恢复到开始前的姿势，就像后面要介绍的调制后翻动作以及一些站立、攻击等姿势。有些动作的开始与结束的姿势不是同一个，但是连续起来却可以形成一个自然的循环，这些动作的特点多出现在跑步、行走等连续性较强的动作中。

规则二　动作的重心一般不离开纵向轴太远

为了方便程序端对角色骨骼的控制，一般一个角色的动作的重心不会离开纵向轴太远。如果重心离开纵向轴太远，会对程序端的设置造成较大的困难。例如，要表现一个向前起跳离开纵向轴的攻击动作，如果被攻击的角色在2米远的地方，而攻击动作的距离是5米，则动作的效果就会受到很大影响，感觉很不真实。而如果动作从起跳到攻击的整个过程在原地纵向轴处即可完成的话，这个2米的距离完全可以通过程序来识别。事实上，无论被攻击对象在多远的距离，都可以通过程序来识别，完成攻击动作。整个动作基本可以得到真实地表现。

规则三　动作要基本符合生物工程学、重力学原理

要想较好地表现动作效果，动作的制作要基本符合生物体的结构原理，不能出现使人不能理解的关节弯曲等现象。在调节动作时，要符合不同生物运动的独有特点。在重力学方面要体现一定的重力感。

规则四　动作要协调自然

动作的变化过渡要自然，避免生硬。

6.5.5　调制角色后翻动作

下面通过一个后翻动作的制作实例，来学习简单动作的制作方法。

1. 创建基本后翻动作

[01] 在前视图中创建一个两足动物骨骼，按照标准方式摆放，如图6-91所示。

[02] 把视图转换到Use视图，为左右脚设置接地关键帧。

[03] 制作起跳姿势。在Use视图中，选择质心，激活Auto Key按钮。把时间滑块移至第0帧的位置，沿Z轴向下移动质心，使骨骼形成下蹲姿势。这时会在轨迹栏上生成黄色的关键帧，如图6-92所示。

[04] 把时间滑块拖动到第5帧。在Use视图中，选择质心，沿Z轴向上移动质心骨骼到如图6-93所示的位置。注意，脚部要离开地面至原来膝盖的高度。

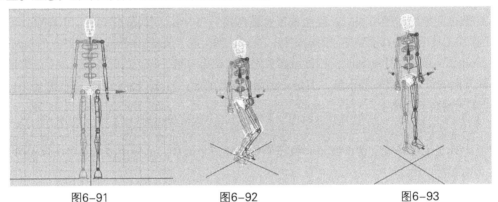

图6-91　　　　　　　　图6-92　　　　　　　　图6-93

[05] 将时间滑块移至第5帧的位置，把变换工具改为旋转工具，然后单击设置关键帧按钮，在第5帧位置记录一个角度的关键帧。把时间滑块拖动到第10帧，在Use视图中，选择质心骨骼，继续沿Z轴向上拖动，将质心移动一小段距离。单击设置关键帧按钮，在当前高度位置上设置一个位置关键帧。然后，使用旋转工具旋转质心，使角色骨骼向后旋转90度左右，如图6-94所示。此时脚部骨骼没有变化，这是因为前面设置过接地关键帧的缘故。把时间滑块拖动到第5帧的位置，分别为左、右脚设置自由关键帧。这样，将时间滑块拖动到第10帧处时，就可以看到左、右脚会跟着质心的旋转而旋转了，如图6-95所示。

[06] 把时间滑块拖动到第15帧的位置。在Use视图中，继续沿Z轴向上拖动，将质心移动一小段距离。单击设置关键帧按钮，在当前高度位置上设置一个关键帧。使用旋转工具旋转质心，使角色骨骼向后旋转90度左右，呈倒立的姿势，如图6-96所示。

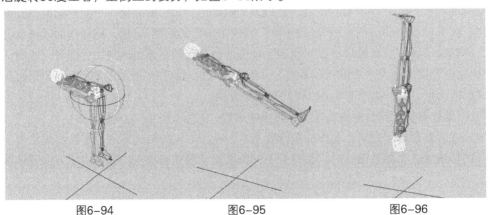

图6-94　　　　　　　　图6-95　　　　　　　　图6-96

[07] 把时间滑块拖动到第20帧的位置。在Use视图中，继续沿Z轴向下拖动，将质心移动一段距离（这部分操作用来制作骨骼下落动作）。单击设置关键帧按钮，在当前高度位置设置一个关键帧。再次使用旋转工具旋转质心，使角色骨骼向后旋转90度左右，呈面朝下的姿势，如图6-97所示。

[08] 完成落地姿势。把时间滑块拖动到第25帧的位置。为了使落地时的姿势与起跳时的姿势吻合，要使质心处于被选择状态，把第0帧的关键帧复制到第25帧的位置。由于在第0帧的位置处没有创建角度信息，所以此时要把时间滑块拖动到第0帧的位置，将变换工具改成旋转工具，然后单击设置关键帧按钮。之后，再把时间滑块拖动到第25帧的位置，选择质心在第0帧的关键帧，按住Shift键，把这个关键帧复制到第25帧的位置处。这时可以看到，质心向下运动到了第0帧时的位置，骨骼也呈现第0帧时的姿态，只是脚部位置呈直立姿势而非下蹲姿势，这也是由于接地关键帧造成的影响，如图6-98所示。

[09] 处理脚部的位置。一般处理与接地关键帧的过渡时，需要在设置接地关键帧的前一步中先设置一个自由关键帧。这样，可以避免从第一个自由关键帧开始，就向接地关键帧逐渐过渡。本例的第一个自由关键帧是设置在第5帧的位置上的，这里，可以把时间滑块拖动到第20帧的位置，分别为左、右脚的骨骼在此帧位置处再次设置一个自由关键帧。这样，当两脚落地时，自由关键帧与接地关键帧之间仅会在第20帧到25帧之间过渡。

分别选择左、右脚的骨骼，把左、右脚在第0帧时的接地关键帧复制到第25帧的位置。这样，在25帧的位置处，角色的姿势就完全恢复到了第0帧时的姿态，形成了一次循环，如图6-99所示。

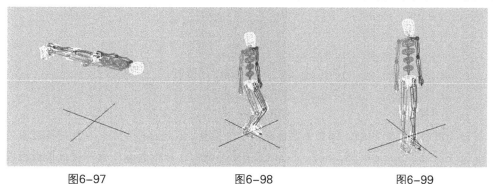

图6-97　　　　　　　　　　图6-98　　　　　　　　　　图6-99

[10] 调节动画帧数。单击动画播放控制区的Time Configuration（时间设置）按钮"![button]"，打开时间设置对话框，将总帧数Length（长度）的值改为25。这样，轨迹栏就只显示出25帧了。单击播放动画按钮，就可以看到后翻动作循环播放了。

2. 完善后翻动作

经过前面的调节，一个循环的后翻动作基本完成了，但是，整个过程没有对身体其他部分进行设置和调节。一般一个动作的完成需要多数骨骼的参与，才会使角色的动作更生动、自然而且丰富。因此，接下来将为其他主要骨骼调节动作关键帧，以配合后翻动作。

[01] 把时间滑块移至第0帧，即开始起跳姿势的位置。激活Auto Key按钮，在Use视图中，选中躯干部分的骨骼Bip01 Spine、Spine1、Spine2、Spine3。使用旋转工具使角色身体向前倾斜，如图6-100所示。接着，调节手臂的姿势。人在起跳前，两只手臂会向后摆动并略有弯曲，因此分别调整左、右手臂，使其与实际情况相符，如图6-101所示。

[02] 把时间滑块移至第5帧，即起跳后的位置。在Use视图中，选中躯干部分的骨骼Bip01 Spine、Spine1、Spine2、Spine3，使用旋转工具，使角色身体向后弯曲，如图6-102所示。接着，调节手臂的姿势。人在起跳时，两只手臂会向前、向上摆动并略有弯曲，因此分别调整左、右手臂，使其与实际情况相符，如图6-103所示。

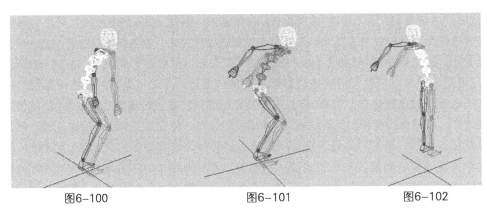

图6-100　　　　　　　　　图6-101　　　　　　　　　图6-102

03 把时间滑块移至第10帧处，即仰面横在空中的位置。在Use视图中，使用旋转工具使角色身体骨骼Bip01 Spine、Spine1、Spine2、Spine3向后弯曲，如图6-104所示。此时手臂的姿势基本不变，但是腿部会根据身体的后翻产生一定的弯曲。分别调整左、右腿的弯曲程度，如图6-105所示。

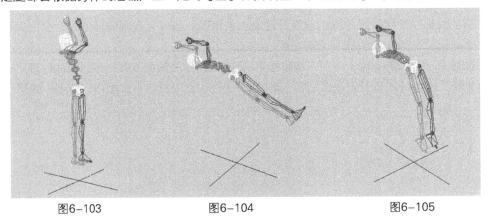

图6-103　　　　　　　　　图6-104　　　　　　　　　图6-105

04 把时间滑块移至第15帧，即身体倒立在空中的位置。在Use视图中，使用旋转工具使角色身体骨骼Bip01 Spine、Spine1、Spine2、Spine3稍向后弯曲，以便为躯干骨骼在此位置设置一个关键帧，如图6-106所示。此时手臂的姿势基本不变，但是腿部会根据身体的后翻继续产生一定的弯曲。分别调整左、右腿的弯曲程度，如图6-107所示。

05 把时间滑块移至第20帧，即身体朝下在空中翻转的位置。在Use视图中，使用旋转工具使角色身体骨骼Bip01 Spine、Spine1、Spine2、Spine3稍向前弯曲，以便为躯干骨骼在此位置设置一个关键帧，如图6-108所示。此时，手臂的姿势需要向后做一定的伸展，腿部会根据身体的下落向前产生一定的弯曲。分别调整左、右腿的弯曲程度，如图6-109所示。

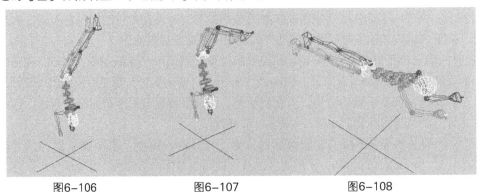

图6-106　　　　　　　　　图6-107　　　　　　　　　图6-108

06 把时间滑块移至第25帧，即身体落下脚部着地的位置。在Use视图中，选择角色身体骨骼

Bip01 Spine、Spine1、Spine2、Spine3，把这些骨骼在第0帧的位置复制到第25帧处，如图6-110所示。选中所有手臂的骨骼，把第0帧的骨骼姿态复制到第25帧的位置，再选中所有腿部的骨骼，也把第0帧的骨骼姿态复制到第25帧的位置，以便与第0帧的姿态相匹配，完成一个循环的动作。

如果后翻动作至此结束，则无法表现出运动物体固有的重力及惯性，因此，继续选中所有骨骼，把在第25帧的所有骨骼的关键帧移动到第23帧的位置，再把质心向下移动一定距离，以使这个落地的动作与实际情况相符，如图6-111所示。然后，再把第0帧的骨骼姿态复制到第25帧的位置，完成后翻动作的制作。

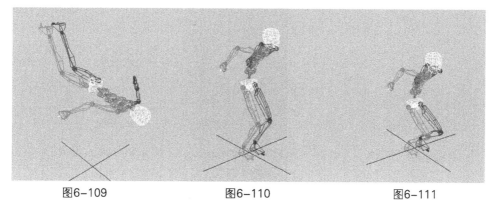

图6-109　　　　　　　图6-110　　　　　　　图6-111

动作制作完成之后，可以反复播放来观察整个动作的节奏及效果，进行反复调节，直到满意为止。

6.5.6　调制动作的辅助功能

在观察和调制动作时，也可以充分发挥辅助功能来使动作的调节更加完美。

1. 通过使用显示按钮观察调制的动作

在调制动画时，如果直接观察骨骼变化的效果，会很难判断优劣，所以在调制动画时，可以通过骨骼在每个关键点的轨迹来进行观察和分析。在Motion面板中的Biped卷展栏和Key Info（关键点信息）卷展栏下提供了两种按钮，可以帮助用户观察骨骼在每个关键点之间产生的轨迹。这两种按钮都叫做Trajectories（轨迹）按钮，其中一个被激活，另外一个会自动被激活，其位置如图6-112所示。

图6-112

单击轨迹按钮时，可以显示出被选择骨骼与相应关键帧之间产生的轨迹连线，如图6-113所示。在调制动作时，可以参考这些连线来分析调节关键点之间的效果，使动作更加平滑、自然。

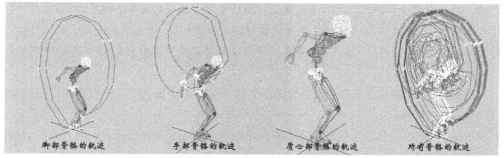

脚部骨骼的轨迹　　　　手部骨骼的轨迹　　　　质心部骨骼的轨迹　　　　所有骨骼的轨迹

图6-113

在骨骼显示模式选项按钮位置，有3种骨骼显示模式可以选择。在当前的按钮位置处按下左键不放，会展开其选项菜单，列出3种骨骼显示模式，分别为Objects（实体）模式"⊟"、Bones（骨骼链）模式"⫶"和Objects/Bones（实体与骨骼链）模式"⊞"。分别选择这3种模式，角色骨骼将显示为如图6-114所示效果。

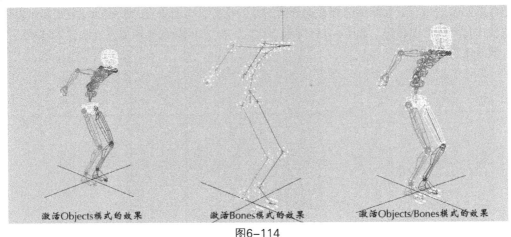

激活Objects模式的效果　　　激活Bones模式的效果　　　激活Objects/Bones模式的效果

图6-114

　　通过这3种显示模式，可以帮助用户更细致地观察并分析动作的变化。

2. 通过曲线编辑器观察骨骼运动中的变化参数

　　如果想要更细致地调节骨骼运动，通过调节曲线编辑器的参数，可以更加精确地控制骨骼的运动。曲线编辑器的打开方式在6.1.1小节中已经介绍过了，这里不再赘述。

6.5.7　保存与调入动作文件

　　两足动物骨骼系统为用户管理动作提供了便捷的操作条件，即动作的保存与提取（打开）功能，通过使用此功能，用户可以很方便地对调制的动作进行管理。动作文件会被统一地存储为BIP格式。动作文件一旦被存储，就可以在任何两足动物骨骼之间进行调用或另外保存，极大地方便了游戏开发中的流水作业和资源共享，提高了工作效率。

　　动作的存储与提取功能按钮在Motion面板中的Biped卷展栏下，如图6-115所示。

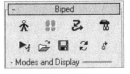

图6-115

　　在Motion面板中，可以直接使用的按钮分别是Biped Playback（Biped播放）按钮"▶✦"、Load File（加载文件）按钮"📂"、Save File（保存文件）按钮"💾"；在特定条件下才能使用的按钮是Convert（转化）按钮"🔄"和Move All Mode（移动所有模式）按钮"☌"。以下是这些按钮的功能解释。

● Biped Playback（Biped播放）"▶✦"：单击此按钮可以实时重放场景中的两足动物骨骼的动作。两足动物骨骼将只以线形方式显示，而场景中的其他对象不会被显示出来。

● Load File（加载文件）"📂"：单击此按钮可以加载★.bip、★.fig或★.stp格式的文件。

● Save File（保存文件）"💾"：单击此按钮可以将场景中调制好的动作保存为★.bip、★.fig或★.stp格式的文件。

　　注： ★.bip为两足动物动作文件、★.fig为体形文件、★.stp为步长文件。一般在保存游戏动作文件时，保存为★.bip文件即可。

● Convert（转化）"🔄"：将足迹动画转换成自由形式的关键帧动画，也可以将自由形式的动画转换为足迹动画。此功能一般在调制通过足迹模式创建的动画时才会用到。

- Move All Mode（移动所有模式）"⚹"：可以移动和旋转两足动物骨骼和它的相关动画。如果此按钮处于激活状态，则两足动物的重心会放大，平移时更加容易。激活此功能后，可以改变调制动画的原始位置而不影响动画效果。当再次取消激活此按钮后，骨骼动画会在最后放置的位置，这极大方便了用户调制动画后改变位置的要求。

接下来介绍以上功能的具体使用方法。

1. 保存动作文件

打开前面调制的后翻动作，在Motion面板中的Biped卷展栏下单击Save File按钮，会弹出如图6-116所示的"另存为"对话框，在这里进行保存动作的设置，然后进行保存。

"另存为"对话框有以下一些设置需要特别注意：

- 保存文件的位置。保存文件时需要把动作文件指向正在进行中的项目所在的文件夹下。这属于文件管理的范畴，因为如果把动作文件随意保存，有可能时间一久就会忘记。

- 文件名称及格式。文件的名称一般按照英文或拼音带下划线符号的形式（"项目名称_角色名称_动作名称"）进行命名，如qifan_juesedongzuo_houfan。在保存游戏动作时，一般都采用*.bip的文件格式进行存储。

- 时段选择。在"另存为"对话框中，Save Segment at Current Position and Rotation（保存当前位置与

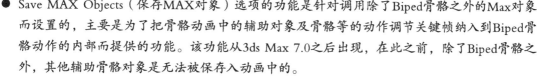

图6-116

旋转信息的时段）复选框下的范围框可用来选择所要保存的帧数时段。From代表开始帧，To表示结束帧。默认情况是按照当前的轨迹栏指示长度将动作全部保存。如果想要特意保存某个时段，可以选择此复选框，然后根据需要进行设置。

- Save MAX Objects（保存MAX对象）选项的功能是针对调用除了Biped骨骼之外的Max对象而设置的，主要是为了把骨骼动画中的辅助对象及骨骼等的动作调节关键帧纳入到Biped骨骼动作的内部而提供的功能。该功能从3ds Max 7.0之后出现，在此之前，除了Biped骨骼之外，其他辅助骨骼对象是无法被保存入动画中的。

在后翻动作中没有使用任何除了Biped骨骼之外的对象或骨骼，所以这里的Max对象列表中没有显示任何内容，如图6-117所示。如果为后翻动作中的骨骼添加一组Bone骨骼做尾巴，再在胯骨两侧创建两个正方体；把骨骼的最高层级和其中的一个正方体都链接到胯骨骨骼上；保留一个正方体不进行链接，以便于观察保存Max对象这个功能。那么，当再次单击Save File按钮，可以看到在Save MAX Objects文本框中出现了如图6-118所示的对象列表。这里只显示与Biped骨骼进行链接的Max对象的选项。也就是说，保存动作时，这些显示的Max对象将随动作一并保存。

图6-117   图6-118

设置完需要的选项后，单击Save按钮进行保存。这样，动作文件就被保存起来了。

注意

对于Save MAX Objects复选框的应用中，如果想让其他骨骼调用带有Max对象的动作时，这个骨骼的辅助骨骼的名称需要与保存时的Max对象骨骼名称一致。

2. 加载动作文件

在Motion面板中的Biped卷展栏下，单击Load File按钮，会弹出"打开"对话框，可以在这里进行动作打开前的设置。打开动作需要注意以下几点：

● 所要打开的文件名称及文件格式。

● 是否导入Max对象文件。如果导入，则需要激活Load MAX Objects（导入MAX对象）复选框，反之，取消此复选框的选取。在选择Load MAX Objects复选框时，要注意Max对象的名称要一致。

3. 转化功能

转化功能主要使足迹动画转化为关键帧动画，把通过足迹模式产生的动画转化为可手动调整的自由模式动画，以便通过调节关键帧位置的骨骼来进一步编辑动画效果。

4. 移动所有模式

移动所有模式为调制动画后需要改变位置的要求提供了方便。一般调制好动作后，如果直接移动质心，当播放动作时，还会跳回到原来的坐标位置。但是，通过移动所有模式进行移动后，可以同时改变所有骨骼的相对位置，这将比较容易地改变整体骨骼动作的位置。读者可以激活此功能后，通过移动质心来感觉这项功能。

当动作调制完毕后，就可以随时为角色模型使用这些动作了。

6.5.8　与程序端协调

在游戏制作中，完成的动作需要与程序端进行协调，这时，美术制作人员要与程序部门协作。一般情况下，程序部门会把文件调用的方法以文档的形式介绍给美术制作人员，并把相应工具插件安装到美术制作人员所使用的计算机上。美术制作人员在制作完所有的美术素材之后，按照程序部门的要求导出即可。

对美术制作人员而言，比较容易的情况是，公司考虑到技术的机密性，仅让美工部门完成模型的制作，把成品交给程序部门即可，后续的工作完全由程序部门完成。

在各部门间进行协调时，初期标准制定得比较繁琐，一旦方式方法确定下来，后期的工作基本按照成熟的流程进行即可。

6.6 调制游戏人物角色动画

经过前面内容的学习，读者应基本掌握了对于角色与骨骼之间关系的建立、骨骼动作调节的方法等内容。本节将具体学习游戏角色在游戏中的动作的制作方法。

6.6.1　动画运动的3大基本形式

要想很好地表现动画效果，需要了解运动的3大基本形式。

1. 惯性运动

任何物体都有一种保持它原来的静止状态或匀速直线运动状态的性质，这就是惯性。速度越快，惯性越大，夸张变形的幅度也越大，反之亦然。惯性运动造成的变形只是在一瞬间出现，很快就迅速恢复到正常状态。

2. 弹性运动

当物体受到力的作用时，其形态和体积会发生改变，这种改变即为物理学意义上的"形变"。物体发生形变时会产生弹力，形变消失时，弹力也随之消失。比如图6-119所示的快速飞行的球体，当碰到阻挡产生变形时就会产生弹力，会向反方向弹回。弹力的大小与形变的大小成正比。

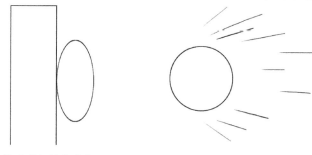

球体受到阻挡产生变形　　　　快速飞行的球体

图6-119

3. 曲线运动

当物体受到与其运动方向成一定角度的力的作用时，便形成了曲线运动。曲线运动大致可以分为3类：弧形运动、波形运动、s形运动。曲线运动能表现各种细长、轻薄、柔软及富有韧性和弹性的物体的质感，是动画中经常运用的一种运动规律。它能使人物或动物的动作以及自然形态的运动产生柔和、圆滑、优美的韵律感和协调感，如图6-120所示。曲线运动往往体现在角色运动的重心的感觉上。

图6-120

（1）弧形运动。

当物体的运动路线呈弧线、抛物线的行进轨迹时，称为弧形曲线运动。物体的弧形曲线运动有一种特殊形式，即物体的一端是固定的，当受到外力的作用时，其运动轨迹也呈弧形的运动曲线，如图6-121所示。在游戏中，人物四肢的运动，也会以肩膀、大腿为轴，产生弧形运动。

动画中表现弧形曲线运动的关键应注意两点：

● 抛物线弧度大小的前后变化。

● 物体运动过程中的加、减速度。

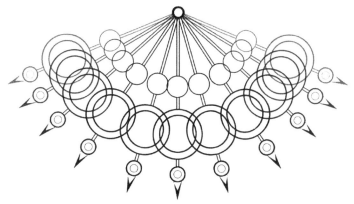

钟摆的弧形运动

图6-121

（2）波形运动。

波形曲线运动是指当质地柔软的物体在受到力的作用时，其运行路程呈波形轨迹。

动画中表现物体的波形曲线，一般主要体现在长发、飘带、软体动物或者如松鼠、狐狸等活动较灵活、体态柔软的动物等受力运动的情景，如图6-122所示。窗帘的上端被固定，同时又是柔软的物体，所以在被风吹起时，呈现弧形曲线运动，也有可能同时呈现波形和弧形运动。

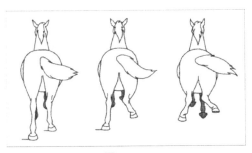

图6-122

调制波形运动时应注意4点：

● 顺应力的方向顺序推进，避免中途改变。

● 注意速度的变化，保证动作的顺畅圆滑以及节奏上的韵律感。

● 波形的幅度和大小应有所变化，以保证波形曲线运动的生动。

● 修长的物体在做波形运动时，其尾端质点的运动轨迹往往是波形，而非弧形曲线。

（3）s形运动。

在所有的曲线运动中，s形是最具视觉张力和生命力的曲线运动。s形的运动多是由生物自行发力而产生的运动，如马尾、牛尾的s形摆动。尾端质点的运动轨迹也是s形的，如图6-123所示。

s形运动有两大特点：

● 物体运动的整体形为s形。

● 尾端质点的运动轨迹也是s形。

图6-123

了解了动画运动的3大基本形式，在调节角色动作时就有了一定的发挥依据，可以根据运动情况来分辨物体属于哪种运动类型，并充分发挥所调节的动画的特点了。

6.6.2 游戏角色在运动基本形式中的表现

在游戏角色的动作调制中，由于受到游戏引擎功能的影响，很多动作难以像动画片那样夸张幅度那么大，这就需要动作设计师既要知道3大运动的基本形式，还要学会在游戏中充分运用这3大形式来调制动作。

一般而言，在游戏制作中，对模型自身的夸张变形制作比较困难。比如说，要使一个角色的某个部位随意涨大或收缩这样的表现，都需要程序端进行特殊的设置才可以实现。所以，除非是必须，否则一般不会采用这种方法来制作游戏动作，而是通过骨骼的运动来影响模型。这样，对游戏角色的运动就主要倾向于对骨骼的操作了。

由于游戏中的模型本身受到引擎的限制，不能表现得过于夸张，所以，如果想要使游戏中的动作具有极强的感染力，就需要通过惯性运动、弹性运动和曲线运动在骨骼动作调节中的表现力来补充了。例如，调制一种急速的攻击动作或从空中跳下的动作时，当其停止时就需要一定的帧数来表现化解惯性力量的动作，才会让人觉得动作更具真实性和表现力。在表现角色被攻击而从空中掉落时，可以运用弹性运动的原理，使其在地面产生几次弹起，再最终落下的效果，这样会比直接掉在地上更具真实性。曲线运动规律中的弧形运动、波形运动、s形运动等，在对于角色的具体动作设置时更具有实用性。例如，可以将弧形运动规律应用于角色的四肢及武器动作的表现。四肢及武器的表现往往以肩部或胯部为轴，所以运动时，一般都会以弧形进行运动。对于角色的头发、披风等的运动则往往会同时以波形或s形运动来表现。

　　游戏角色的动作调节一般是以骨骼的运动为主的，所以在此3大运动基本形式的基础上调制动作时，还要根据具体角色的特点和情形来设计。动手调制前，多观察实物和参考相关资料，可以使调制的动作更有表现力。

6.6.3　调制人物角色的动作

在学习游戏角色的动作时可以从以下几方面来了解。

- 游戏角色动作的限制性。游戏角色由于受到技术、表现方式及硬件条件环境等因素的影响，导致其在游戏中的表现方式必然要受到一些规则的限制。它的表现与动画片中角色的表现不同。在动画片中，对于角色动作的表现，只要让摄像机对着角色就可以，所以，它的动作设计不必考虑循环的特性，仅需完成一次就可以。而游戏角色要经受住各个角度观察的考验，要做到每个动作自身能够形成一个完整的循环，而且在与每个动作的联系上也要有一定的呼应关系。这就要求在调制角色动作时就要考虑周到，即使在360度角的观察下，也不会存在明显的缺陷，因此要求设计师对角色要素的设计非常严谨。
- 游戏角色动作的性别特征。在游戏角色的动作设计方面还有一个不可忽视因素，就是性别上的区别。对于角色动作的设计，性别也是一个关键因素。在游戏开发中，对男、女两种性别会有不同的动作设计。男性角色的动作一般要表现出比较有力、强壮的感觉；而女性角色的动作则显示出柔弱、温婉等特征。如果这两种性别的动作特征混淆，则动作的设计将变得滑稽可笑，不够专业。这就要求动作设计师在进行动作的创作时，要多观察、多参考相关的资料，使创作的动作具有更强、更准确的表现力。
- 游戏角色动作的性格特征。角色的性格特征在游戏中表现得并不非常明显，往往会把这种特征融入到游戏角色的职业、种族当中去表现。例如，在《魔兽世界》中，人族的角色在跑动时身体比较正，而牛头人种族的角色则有左右晃动的感觉，体现出其彪悍与原始气息。在网络游戏中，由于角色特点往往在职业上与种族间的区别比较明显，所以表现时就把比较细腻的性格特征融入到职业和种族特征当中去表现了。
- 游戏角色的动作类型。在对角色动作的设计方面，可以从主体动作与附属动作两个方面进行归类。主体动作是针对角色整体动作而言的动作状态。在主体动作方面，比较普遍的设计是一个角色要有一个或几个基本的站立姿势；行走动作一般仅会有一种；跑的动作一般也是只有一种；攻击动作会根据攻击类型有不同的表现，如徒手攻击和武器攻击等。使用武器时的攻击动作，还可分为单手持武器攻击和双手持武器攻击两种。双手持武器攻击在调制动作时有很大的限制因素，所以一般较多地设计成单手持武器攻击。使用魔法时的动作也会根据魔法的使用情况分为几种，简单的设计也可以仅用一种。另外，还会有很多种修饰型的动作，例如《魔兽世界》中各种角色的舞蹈动作，大笑、哭泣等。综上所述，一般情况下，角色最基本的动作类型要有站立、行走、跑步、攻击等，在此基础上，根据角色及整体游戏的策划要求，酌情添加其他相应的动作。
- 游戏角色动作的附属动作。对附属动作的表现不像主体动作那样明显。附属动作的功能主要是为了使主体动作更具表现力。例如，站立时，配合呼吸，添加眼皮的眨眼动作；攻击时，配合攻击动作，设计呐喊、咆哮等动作；与NPC互动时，角色嘴唇的蠕动、扮鬼脸时伸舌头的动作；还有随着主体动作而运动的衣摆、飘带、发带等修饰性的动作等。这些动作给主体动作添加了感情色彩及细节，使动作更加生动。

在游戏制作时，对于附属动作的制作会根据需要有选择地添加，并不是任何附属动作都会加入游戏之中，这是因为细节的添加往往会成为程序端（或称为引擎端）的负担。所以，除了主要的附属动作会被加入游戏动作中之外，其他附属动作会根据需要采用。一般经常被使用的动作都有一个特点，就是这个动作如不需要特别地单独表现，可以直接与主体动作合成表现动作，例如，眨眼皮、随着动作而发生的咆哮和呐喊以及可以同时跟随主体一起运动的衣带、飘带、发辫等的动作等。需要特别制作的动作有，与玩家交流或与NPC交流时，随着手势等交流动作而表现出的嘴唇动作，扮鬼脸时调皮的脸部表情或与其他特定装饰性动作相符合的附属动作等。

- 附属动作的骨骼设置要求。在游戏动作的设计中，由于游戏引擎对于骨骼动作的管理及开发运用技术已比较成熟，所以，一般对于附属动作的设计也需要有相应的骨骼来对应。例如，要制作眼皮的眨眼动作，就需要在眼部周围设置一圈或一定布局的骨骼。由于这些骨骼需要与头部一起运动，所以，一般要将其链接到头部骨骼上。当这些骨骼设置好之后，需要通过顶点权重的设置，把面部模型的顶点与这些骨骼关联起来。当设置眼皮眨动的动作时，调整这些眼部的骨骼就可以实现眨眼皮的动作效果了。同样，模型中其他部分附属动作的运动，也需要对各种与其相匹配的、形状及大小不一的骨骼进行设置，才可以得到比较好的动作效果。具体的动作设置方法在下面的章节中会详细介绍。

对于眨眼的动作，为了调制方便或引擎计算优化的需要，有时并不一定会用骨骼来产生影响，而仅仅在眼睛的位置放置一个片状的模型。当眨动时，其实仅仅是这个模型快速地动了一次。使用此方法进行眨眼动作的制作，可以减少引擎的运算压力。用作眼皮的片状的模型同样要链接在头部骨骼上，以锁定在头部位置并与其一起运动。

了解了游戏中角色动作调制的局限、性别特征、性格特征、动作设计的两种类型及特点后，在调制动作时，就可以提高根据游戏需要而设置主体动作及附属动作的能力，还可以有选择性地设计相应动作。

6.6.4　调制人物角色站立动作

为角色模型调制动画时，先从最基础的站立动作开始。

1. 第1步：分析人物角色站立动作的制作要点

角色的站立动作相对比较简单，可以分为简单站立和特殊站立两种类别。制作简单站立动作，首先要使角色呈自然站立状态，然后，主要控制腰部以上的胸部骨骼产生呼吸状的运动，并辅之以眨眼等动作。对于复杂的站立动作，可以是一种进入战斗状态下的站立动作。这种站立动作幅度较大，会有身体的质心骨骼参与运动，两脚间距离较宽，有的类似于中国武术中的马步站立，并且会有一种呼吸沉重的感觉。

简单的站立动作一般表现为角色处于比较安静的环境中，状态或心情平静时的感觉；而战斗时的站立动作会给玩家一种比较紧张、周围比较危险的感觉。不同的动作会很形象地把玩家带入游戏状态。

在制作眨眼动作时，因为本例要用到的女角色并没有使用骨骼对模型眼部进行权重设置，所以，这里可以使用附加眼皮模型的方法来完成眨眼的动作。

在调制角色动作的帧数方面，由于游戏角色的帧数会受到引擎运算的限制，一般时间不宜过长，在1～30帧即可，一般以表现正常节奏的一个动作循环为标准。

2. 第2步：调制人物角色站立动作

打开前面进行过顶点权重蒙皮的角色模型，为此模型调制站立动作。首先做一些准备工作，为模型添加眼皮结构，以便丰富角色的表情。

在角色眼睛的位置上创建一个球体模型，可以适当对此球体模型的段数进行精简，如图6-124所示。将球体调整至眼窝大小，并为其指定肉色材质。可以将肉色材质直接赋予模型，也可以为模型指定带有肉色的贴图，如图6-125所示。一般为了节省资源，眼皮贴图可以直接共用脸部的贴图。把球体转化为可编辑多边形，删除不需要的部分，如图6-126所示。复制眼皮模型到另一侧眼睛的位置，调整好位置，如图6-127所示。

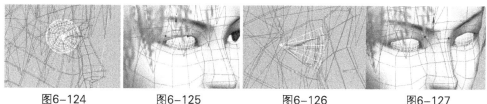

| 图6-124 | 图6-125 | 图6-126 | 图6-127 |

把两侧的眼皮模型使用旋转工具旋转到眼睛的内部，为制作眨眼效果做准备，然后，再把它们链接到头部，如图6-128、图6-129所示。注意，这个眼皮模型的轴心位置要保持在原来球体的轴心位置，以便进行旋转定位操作。

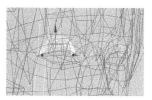

| 图6-128 | 图6-129 |

调制女主角模型的站立动作，步骤如下：

（1）基本姿势设置。

01 把角色与骨骼按照基本要求位置放置好，将时间滑块拖到第0帧，如图6-130所示。

02 把脚按照通常的站立姿势摆放好，如图6-131所示。注意，要让脚的位置与身体的姿态保持自然的感觉，然后为左、右脚分别在第0帧处设置一个接地关键帧。

03 分别选中手部的骨骼并向下移动，放于大腿两侧，如图6-132所示。为了使手部骨骼固定在现在的位置，可以激活Auto Key按钮并为左、右手部骨骼在第0帧处设置一个关键帧（设置时，把骨骼放置到合适位置，分别使用移动和旋转工具稍动一下即可，系统将自动设置关键帧）。

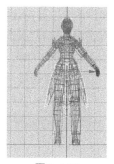

| 图6-130 | 图6-131 | 图6-132 |

（2）站立动作设置。

01 选择腰部以上的3块躯干骨骼，并在第0帧的位置处使用旋转工具设置一个关键帧。

02 把视图转换到左视图，把时间滑块拖到第10帧的位置。在确认Auto Key按钮被激活的情况下，使用旋转工具将骨骼向后旋转大约3～5度，使被选择的躯干部分的骨骼向后运动，表现角色吸气时的效果。然后把时间滑块拖到第20帧位置，这里需要使开始帧与结束帧形成一个循环。选择第0帧的关键帧并把它复制到第20帧的位置。

设置关键帧的总长度为20帧，然后播放动作，观察站立动作的效果。发现腿部因为没有变化而显得呆板，不够自然。人在站立时，除了呼吸之外身体还会有轻微的晃动，所以这里需要针对质心设置相应的关键帧。

[03] 把视图转换到Use视图，将时间滑块拖动到第0帧的位置，在确认Auto Key按钮被激活的情况下，使用移动工具将质心向左侧稍微移动一小段距离。在第0帧的位置创建一个质心的位置关键帧，然后把时间滑块拖到第10帧位置，使用移动工具向右侧稍微移动一小段距离，在第10帧位置创建一个质心的位置关键帧。这样，身体就产生了从左侧向右侧小幅度晃动的效果。把第0帧的关键帧复制到第20帧的位置，使这个晃动动作形成一个循环。这样，模型的站立动作中就产生了一个在呼吸中微微晃动的效果。主体动作制作完毕。

（3）附属动作的调节。

[01] 设置眨眼动作。眨眼动作属于整体动作中的细节动作，如果站立时有呼吸动作，而眼睛没有任何变化的话，会使角色显得没有灵气、呆板。在处理眨眼动作时，不需要在整个动作中制作眨眼的效果。与现实中一样，眨眼的过程只是一瞬间的事情，所以完全可以在呼吸动作结束时的最后几帧来完成这个动作。

分别选择并设置眼皮的眨眼效果。先选择右眼的眼皮，把时间滑块拖动到第15帧的位置，使用旋转工具为眼皮模型在原位置设置一个旋转关键帧。然后，把时间滑块拖动到第16帧的位置，使用旋转工具旋转眼皮模型到完全盖住眼球，设置关键帧。把时间滑块拖动到第17帧的位置，将右眼皮模型的第15帧复制到第17帧的位置，完成眼皮的一次眨眼动作。用同样的方法，把左眼皮的动作在同样帧数位置也制作成眨眼动作，完成双眼眨眼动作的制作。播放动画并观察效果。

[02] 头发飘动效果的制作。选择发辫处的3段骨骼，把时间滑块拖动到第0帧的位置。使用旋转工具将发辫骨骼向左略旋转并设置一个旋转关键帧。然后，把时间滑块拖动到第10帧的位置，使用旋转工具将发辫骨骼向右略旋转为向左旋转的约2倍的角度，设置一个旋转关键帧。把时间滑块拖动到第20帧的位置，将第0帧复制到第20帧的位置，完成发辫的一次循环摆动的动作。播放动画并观察效果。

[03] 衣摆的飘动效果制作。对于衣摆的效果，一般表现出轻微的晃动或飘动效果即可。方法是通过控制衣摆骨骼的正向运动，分别进行关键帧的设置。添加衣摆飘动效果主要是为了表现出自然、真实的效果，要避免死板。对于这部分动画的效果，由于表现的是轻微的动作，所以也需要在0至20帧之间进行循环运动。

先选择前部衣摆的第2块骨骼，把时间滑块拖动到第10帧的位置，在此位置设置一个开始关键帧，这样，在第0帧的位置上会自动产生一个开始关键帧。把第0帧的关键帧复制到第20帧的位置，这样，前部衣摆就形成了一个循环的动作。用同样的方法，把其他衣摆依次设置为循环动作。设置时需注意，衣摆的飘动幅度不要太大，随着身体的晃动而产生相应变化即可。主体与附属动作全部调制完成。

（4）站立动作的保存。

使用前面学习的方法，把这个站立动作保存起来。注意，应该把显示的附属骨骼及模型的动作都保存起来，以便下次调用时，可以使动作完全吻合。

对于战斗时的站立动作，由于姿势与简单站立的变化差别不是很大，这里就不再细述了。具体的制作方法与简单站立时的相同，设定时重点处理紧张感觉的表现即可。

6.6.5 调制人物角色行走动作

在游戏角色动作的设计中，对于游戏角色的动作有时仅采用行走或跑步中的一种。例如，在《魔兽世界》这款游戏中，除了NPC有行走动作外，玩家控制的角色基本都是跑动的。但是有些对动作表现比较细致的游戏中，如腾讯的《穿越火线》、《反恐精英》、《波斯王子》以及《古墓丽影》等动作类游戏，往往会有更多的动作细节来表现角色的行为。可以同时具有行走和跑动的动作，有时行走动作还会有小心翼翼地行走等表现。

1. 第1步：分析人物角色行走动作制作的要点

在制作行走动作时，要先确定是何种形式的行走动作。例如，在枪战类游戏中，对于位置的动作一般有跑步、跑跳、小心翼翼地行走、蹲步小心翼翼地行走等。而行走动作在表现每种动作时，表现出相应环境中的特点会更有感染力。一般性的行走动作主要可以体现在对NPC的行走动作调节、社区类、休闲类的动作设计中，这类行走动作比较常规，节奏较慢，同时也是其他行走动作制作的基础。

制作行走动作时需要注意，开始动作和结束动作千万不能重合在一起，否则行走动作就形成不了循环了。在调制行走动作时，可以打开轨迹显示功能，这样可以根据脚步的距离进行循环效果的判断。

在调制动作时，首先要分析开始动作的状态。游戏中一般切换到行走动作时，最常见的是从站立姿势开始的，然后再从站立动作过渡到行走动作。此外，还要考虑先迈哪一只脚，确定第一步迈出时幅度应该有多大等。

对于制作行走的动作，可以进行如下分析：

一个行走动作中，迈出的第一只脚大概由这样几个主要动作组成：①起步；②向前迈步的过程；③达到迈出极限；④落地；⑤向后收脚；⑥向后滑动；⑦向后蹬步到极限；⑧向前收脚，完成一个循环。相应的，另一只脚从⑥向后滑动开始，一直到⑤向后收脚结束，形成一个循环，总过程共需要8个关键帧。但是要注意，这个动作轨迹栏的时间长度设置不同，开始关键帧与结束关键帧的动作效果也会有所不同。如果是逐帧动画，时间长度设置成0~7帧（这种情况在调制2.5D游戏角色动作时常用），则开始与结束时的动作之间的衔接距离一般为骨骼运动轨迹长度的平均值。例如，一个行走动作中，脚的骨骼完成一次走路循环时，从第1帧到结束帧总的轨迹长度是1m，则衔接距离就是长度除以总帧数，即1/8的距离。如果是调制即时3D游戏中的角色动作，可以按照角色完成一个完整行走动作的时间来调制动作。例如可以在每两个关键帧之间间隔两个时间帧，这样，在播放这个行走动作时，会在两个时间帧之间自动产生行走动作，使整个动作显得更加流畅一些。但是，这样设计的动作效果会影响到开始帧与结束帧。考虑到开始帧与结束帧之间的动作间隔为一个时间帧，则这个行走动作的总帧数应为24帧减去2帧，即22帧。了解了帧数的设置情况，就可以在调制动作时，直接按照这个分析结果进行关键帧的设置。

对于行走动作来说，脚步的调节是主要的，而手臂的跟随摆动相对简单，只要随着脚步的运动交替设置摆动动作即可。手臂摆动动作可以与其他附属动作一起完成。也可以理解为手臂摆动是行走动作的附属动作。

2. 第2步：调制人物角色行走动作

首先把前面调制的简单站立动作另存为"角色行走动作"，以后再进行编辑时，这个文件就可以当作行走动作的原始文件了。然后把轨迹栏的总帧数设置为0至21帧，即总数为22帧。这样，角色模型就准备好了。

（1）质心骨骼的动作设置。

对于质心骨骼的设置，主要是确定角色在行走时产生的起伏变化。人在行走时，身体会有一定的起伏，但是不会很强烈。

把调制站立时设置的主体关键帧全部删除。选择质心，把视图切换到Use视图，选择移动工具，按照设置质心骨骼关键帧的方法，为质心骨骼设置两次沿Z轴起伏的动作。

人在行走时，质心会有两次起伏，也就是左脚和右脚分别向前迈出时为起，落下时为伏。每次起伏基本可以按照等分的方式安排关键帧。因此，开始帧可以安排在第0帧处，第一次迈出脚的"起"安排在第6帧处，落下脚步的"伏"安排在第10帧处。第二次"起"安排在第16帧处，第二次"伏"安排在第21帧处，也就是结束帧。然后，再按照帧数的布局，安排其他骨骼的动作姿势。

（2）腿部动作调节。

分别按照起步、向前迈步、达到迈出极限、落地、向后收脚、向后滑动、向后蹬步到极限、向前收脚8个步骤来设置腿的运动姿态。

激活Auto Key按钮，把时间滑块拖动到第0帧处，使用移动工具设置左脚向前迈出动作，随后把右腿设置为向后滑动的动作姿势，如图6-133所示。

接着把时间滑块拖动到第3帧处，左脚摆出向前迈步过程的姿势并设置关键帧，右脚摆出继续滑动的姿势并设置关键帧，如图6-134所示。

把时间滑块拖动到第6帧处，左脚摆出达到迈出极限的姿势并设置关键帧，右脚摆出向后蹬步到极限的姿势并设置关键帧，如图6-135所示。

把时间滑块拖动到第9帧处，左脚摆出落地的姿势并设置关键帧，右脚摆出略微收脚的姿势并设置关键帧，如图6-136所示。

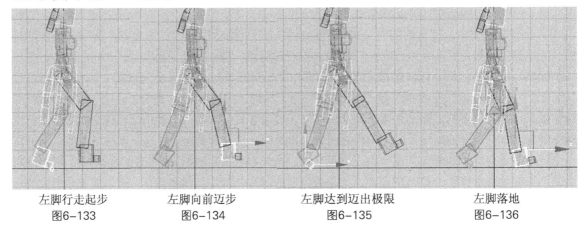

左脚行走起步　　　　左脚向前迈步　　　　左脚达到迈出极限　　　　左脚落地
图6-133　　　　　　图6-134　　　　　　图6-135　　　　　　图6-136

把时间滑块拖动到第12帧处，左脚摆出向后收脚的姿势并设置关键帧，右脚摆出向前收脚的姿势并设置关键帧，如图6-137所示。

把时间滑块拖动到第15帧处，左脚摆出向后滑动的姿势并设置关键帧，右脚摆出向前迈步过程的姿势并设置关键帧，如图6-138所示。

把时间滑块拖动到第18帧处，左脚摆出向后蹬步到极限的姿势并设置关键帧，右脚摆出达到迈出极限的姿势并设置关键帧，如图6-139所示。

把时间滑块拖动到第21帧处，左脚摆出向前收脚的姿势并设置关键帧，右脚摆出落地收脚的姿势并设置关键帧，如图6-140所示。

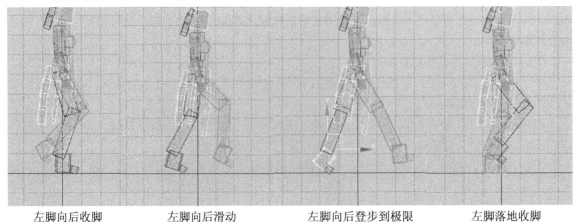

左脚向后收脚　　　　左脚向后滑动　　　　左脚向后蹬步到极限　　　　左脚落地收脚
图6-137　　　　　　图6-138　　　　　　图6-139　　　　　　图6-140

行走动作基本调整完毕。观察动画效果，发现有一些不协调的地方，可利用轨迹线进行更细致地观察。如果激活轨迹显示按钮后，轨迹线不能显示，这是因为骨骼被设置为Box（方盒）显示，需要把该显示模式关闭（双击质心点击右键后在弹出的对话框中把该选项关闭），这时，轨迹线就可以显示出来了。

根据轨迹的表现对动作进行调整。如果质心与腿部的动作不协调，可打开骨骼的轨迹后，对这部分进行反复调整，以使动作效果过渡自然。在一些必要的过渡位置，可以单独在主要关键帧位置设置新的细节关键帧，例如，可以在第18至21帧之间的第19帧、20帧处，设置新的关键帧。图6-141所示为参照轨迹进行调整后的效果对比图。腿部及质心的动作调节完成。

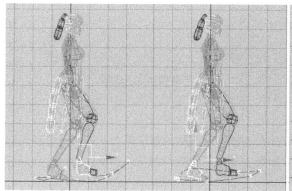

未参考轨迹线调整的行走运作的轨迹线　　　　　　参考轨迹线调整的行走运作的轨迹线

图6-141

注意

调制行走动作时，两只脚不可以同时腾空，否则就成为跑步的动作了。一般行走动作都是一只脚落地后，另一只脚才会腾空。在设置脚的动作时，需要使用滑动关键帧进行关键帧的设置，这样，轨迹线会以滑动的直线显示，规范轨迹线的方向。

（3）设置胯部动作。

在行走时，角色胯部的骨骼会跟随着迈步的动作进行上下摆动。当某一条腿向上抬起时，抬腿一侧的胯部会跟随着一起向上，另一侧则向下摆动，关键帧将跟随腿部的迈步及身体的起伏进行设置。通过旋转工具调整胯部骨骼，旋转信息将被记录到关键帧。关键帧在轨迹栏上的位置与腿部的起伏相同。

（4）调整身体的动作。

角色在行走时，身体会随行走动作而左右轻微摆动。在设置动作时，不设置这种摆动会使角色显得呆板，没有活力。身体的摆动与腿部动作相关。例如，左脚迈出时身体会向左侧倾斜，右脚迈出时身体会向右侧倾斜，以保持重心的平衡。在设置摆动动作时也要注意，不要幅度过大，要随腿部的节奏进行设置，保持自然。

激活Auto Key按钮，选择4块躯干骨骼，使用旋转工具根据腿部动作进行旋转关键帧的设置。因为躯干的动作属于轻微的动作，所以在制作循环动作时，可以把开始帧复制到结束帧，使动作循环可以很好地进行衔接。

（5）手臂的动作。

手臂的动作也需要和腿的动作相协调。当左脚迈出时，左手需要向后摆动，而右手则向前摆动；当左脚向后蹬步时，左手要向前探出。另一边的手臂及腿的动作关系与之相同。手臂在摆动时，幅度不需要太大。图6-142所示为手臂与腿部的交替动作。

当制作手臂的循环时，可以将开始帧复制到结束帧，以形成连贯的循环动作。

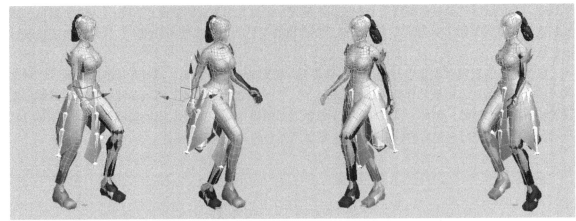

手臂摆动右侧效果　　　　　　　　　　　　　　　手臂摆动左侧效果

图6-142

（6）附属骨骼的动作。

附属骨骼的设置与站立动作时的设置类似，只是在调整时，调整的幅度略大。衣摆因受到大腿的影响，会有碰撞的效果。附属骨骼的其他部分，如眼皮及头发的动作则与站立动作类似，在调节时根据整体动作的效果进行适当调节。

（7）保存行走动作。

使用前面介绍的方法，把行走动作保存起来。注意，显示的附属骨骼及模型的动作都进行保存，以便于下次调用时，动作可以完全吻合。

角色的行走动作制作完成。

■ 6.6.6　调制人物角色跑步动作

跑步动作在游戏开发中使用比较多。在很多网络游戏中，角色位移性质的动作只安排跑步的动作，而不使用行走的动作。例如角色扮演类网络游戏《魔兽世界》、《天堂》等游戏中，角色在移动时都是以跑步的形式完成。

1. 第1步：分析人物角色跑步动作的制作要点

在调制角色的跑步动作时，要分清楚跑步与行走的区别。行走时，脚离地面较近，基本接近于滑动向前的姿态，膝盖向上的运动较缓，手臂的摆动及附属骨骼的运动也较缓，并且两只脚不会同时腾空。跑步动作的幅度要比行走动作剧烈。跑步时，两只脚会有明显的腾空动作，脚步向前迈出和向后蹬的力量更大，脚抬起的高度较高，两只脚交替节奏较快，身体与手臂的配合运动较为剧烈，附属动作也随之较为剧烈。另外，在跑步时，由于动作比较剧烈，人的身体为了保持平衡会向前倾斜，所以在调制动作时也要使身体向前倾斜。

由于跑步的节奏是受程序的播放速度控制的，所以设置时间长度的主要意义在于表现动作的细节。这里依然使用制作行走动作时的帧数长度。因为跑步动作与行走动作的形态类似，只是在原基础上变化更为强烈，所以可以直接在行走动作的基础上调制出跑步的动作。

2. 第2步：调制人物角色跑步动作

（1）质心骨骼及躯干骨骼向前倾斜动作的设置。

在行走动作中，已经对质心骨骼的起伏进行了设置，但是，在调制跑动动作时，行走动作的质心高度是不够的。因为跑步动作比行走动作显然更为剧烈，质心的运动高度肯定也要比行走动作的高一些。

对于质心骨骼的设置，主要是确定角色在跑步时产生的起伏变化，具体操作则比较简单：选择质心，把视图切换到Use视图，选择移动工具，按照设置质心骨骼关键帧的方法，重新设置质心动作的幅度。幅度要比行走时高一些。

人在跑步时，质心也会有两次起伏，设置的方式与行走动作的设置相同：开始帧仍然安排在第0帧，第一个迈出脚步的"起"安排在第6帧，落下脚步的"伏"安排在第10帧；第二个"起"安排在第16帧，第二次的落卜脚步的时间定在第21帧，也就是结束帧。然后，再按照这个帧数的布局，安排辅助骨骼的动作姿势，幅度要比行走时大一些，要体现出跑步时的高度。

选择盆骨上面的第1块躯干骨骼，在第0帧、第6帧、第10帧、第16帧、第21帧位置分别设置躯干向前倾斜的动作。由于人物跑步时躯干的动作在前、后方向动作幅度都较小，可以暂时把第0帧的关键帧分别复制到其他关键帧处，在后面依照躯干的摆动细化调整躯干动作姿态。

（2）腿部动作的调节。

分别按起步、向前迈步、达到迈出极限、落地、向后收脚、向后滑动、向后蹬步到极限、向前收脚8个步骤来进行设置。

01 激活Auto Key按钮，把时间滑块拖动到第0帧，使用移动工具将左脚向上抬起，随之把右腿设置为向后滑动的动作姿势，如图6-143所示。

02 接着把时间滑块拖动到第3帧，左脚摆出向前迈步过程的姿势并设置关键帧，右脚摆出继续向后滑动的姿势并设置关键帧，如图6-144所示。

03 把时间滑块拖动到第6帧，左脚摆出达到迈出极限的姿势并设置关键帧，这时，两脚会腾空，右脚摆出向后蹬步到极限的腾空的姿势并设置关键帧，如图6-145所示。

04 把时间滑块拖动到第9帧，左脚摆出落地的姿势并设置关键帧，右脚摆出收脚的姿势并设置关键帧，如图6-146所示。

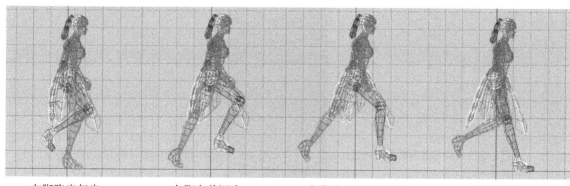

左脚跑步起步　　　　左脚向前迈步　　　　左脚达到迈出极限　　　　左脚落地
图6-143　　　　　　图6-144　　　　　　图6-145　　　　　　　图6-146

05 把时间滑块拖动到第12帧，左脚摆出向后收脚的姿势并设置关键帧，右脚摆出向前收脚的姿势并设置关键帧，如图6-147所示。

06 把时间滑块拖动到第15帧，左脚摆出向后滑动的姿势并设置关键帧，右脚摆出向前迈步过程的姿势并设置关键帧，如图6-148所示。

07 把时间滑块拖动到第18帧，左脚摆出向后蹬步到极限的姿势并设置关键帧，右脚摆出达到迈出极限的姿势并设置关键帧，如图6-149所示。

08 把时间滑块拖动到第21帧，左脚摆出向前收脚的姿势并设置关键帧，右脚摆出落地收脚的姿势并设置关键帧，如图6-150所示。

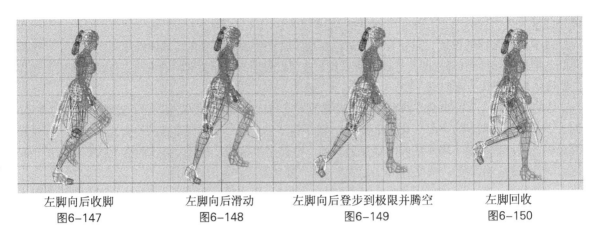

| 左脚向后收脚 | 左脚向后滑动 | 左脚向后蹬步到极限并腾空 | 左脚回收 |
| 图6-147 | 图6-148 | 图6-149 | 图6-150 |

提示

在进行以上操作时，可以启用轨迹显示功能。

角色的跑步动作基本调整完毕。观察动画效果，对于不协调的地方，根据轨迹的表现进行调整。如果质心与腿部的动作不协调，要对这部分进行反复地调整，以使动作效果过渡自然。在一些必要的过渡位置，可以单独在主要关键帧位置设置新的细节关键帧。例如，可以在第18至21帧之间的第19帧、20帧处设置新的关键帧，完成腿部及质心的动作调节。

图6-151所示为行走和跑步时脚部的运动轨迹对比。通过观察轨迹曲线可以看到，行走时脚部离开地面的距离比较近，而跑步时脚部离开地面的距离比较远，而且步迹的跨度也比较大。

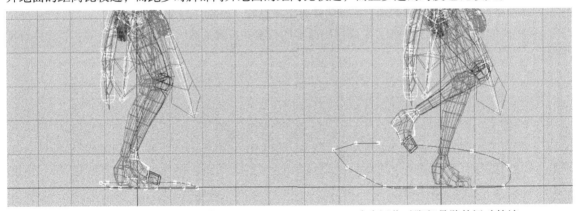

行走运作时脚部骨骼的运动轨迹　　　　跑步运作时脚部骨骼的运动轨迹

图6-151

（3）设置胯部动作。

角色在跑步时，胯部骨骼也会跟随着迈步的动作进行上下摆动，而且表现要比行走时剧烈。当某一条腿向上抬起时，抬腿一侧的胯部会跟随着一起向上，而另一侧则向下摆动。关键帧的设置可以跟随腿部的迈步及身体的起伏来设置。使用旋转工具旋转胯部骨骼，产生关键帧，关键帧在轨迹栏上的位置与腿部的起伏相同。

（4）身体的动作。

在跑步时，身体的动作也比行走时要剧烈。身体会跟随跑步动作而向左、右侧较为剧烈地扭动。身体会随腿部动作而交替摆动：左脚迈出时身体会向左侧摆动，右脚迈出时身体会向右侧摆动，以保持重心的平衡。在设置时也要注意，不要使摆动的幅度过大，要随腿部的运动节奏进行设置，保持自然的感觉。

激活Auto Key按钮，设置动作时先选择躯干的4块骨骼，使用旋转工具根据腿部动作进行旋转关键帧的设置。因为躯干的动作属于跟随性的动作，所以在制作循环时，可以把开始帧复制到结束帧，使动作循环可以很好地进行衔接。

（5）手臂的动作。

手臂的动作也需要和腿的动作相协调。由于跑步动作比行走动作的幅度大，所以手臂的动作也比较明显。当左脚迈出时，左手需要向后用力摆动，而右手则向前用力摆动；当左脚向后蹬时，左手要向前用力探出。另一边的手臂及腿的动作关系也与此相同。在调制跑步动作时，手臂挥动的幅度要更大一些。图6-152所示为跑步时手臂与腿部的交替动作。

当制作手臂动作的循环时，可以将开始帧复制到结束帧，以形成连贯的循环动作。

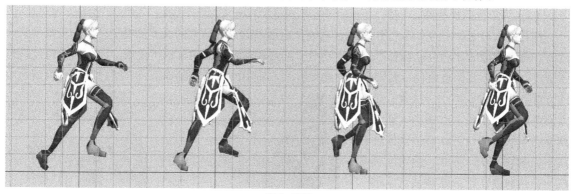

图6-152

（6）附属骨骼的动作。

附属骨骼的设置与调制行走动作时的设置类似，只是调整的幅度较大。衣摆会受到大腿动作的影响，产生碰撞效果。其他附属骨骼，如眼皮及头发的动作调整则与行走动作时的调整类似，需要在调节时根据整体动作的效果进行适当调节。

（7）保存行走动作。

使用前面介绍的方法，把跑步动作保存起来。注意，要把附属骨骼及模型的动作都保存起来，以便于下次调用时，动作可以完全吻合。

这样，角色的跑步动作就调制完成了。

6.6.7　调制人物角色攻击动作

前面提到过，在调制角色的攻击动作时，攻击动作会根据攻击类型有不同的表现，例如有徒手攻击或使用武器攻击等。使用武器时的攻击动作，还可分为单手持武器攻击和双手持武器攻击两种。使用魔法时的动作会根据使用魔法的情况也分为几种动作，简单的设计也可以仅用一种。

下面，以单手武器攻击的"劈砍"动作为例，来学习攻击动作的调制方法。

1. 第1步：分析人物角色攻击动作的制作要点

在调制单手武器攻击动作时，攻击动作的要领主要体现在力量的表现上。事实上，要通过动画来表现出基于运动基本形式的这些感觉都比较难，尤其对于平时对运动不感兴趣的人来说更是如此。好的动作表现，不仅要有形，还要有力，更要有神韵。就像武术家们研究如何攻击更有力度一样，需要有一定的感觉才会表现得更加恰当。对于平时没有这方面的经验或研究的人，需要多找武术类书籍来参考，以提高动作的表现力。

在使用单手武器时，需要使游戏角色的所有动作的力度和注意点融汇到武器攻击的方向。比如说，要表现宝剑劈砍的动作，不能仅从目标位置上划过，而是要把武器的动作以有力度的方式表现出来，以使目标点有会被重创的感觉。

调制游戏角色动作时，角色的目视方向应为目标点的位置，这样可以使攻击动作在游戏中的表现比较明确，忌讳动作与人物的朝向相背。

游戏中的攻击动作相对于电影或动漫中的表现来说要简单一些。除了动作类游戏外，很多游戏中的手持武器的动作不会调制得过于复杂，大多数的武器会以劈砍动作为主。

由于人体发力的普遍规律，做劈砍动作时，武器一般是握在右手中的。向前劈砍时，多是以左脚在前右脚在后形成弓步，武器会从右后方向前方，由上到下劈砍，动作的力度在左侧结束，然后再恢复到右后方，形成一个循环。

2. 第2步：调制人物角色攻击动作

（1）为角色匹配武器。

打开角色站立动作的文件，使用Merge功能把前面基础部分制作的天雷剑模型合并到场景中来。这时，两个模型的比例可能会有所差异，要把天雷剑调整到合适的大小（注意，因为已为角色进行了蒙皮，所以不要调整角色，否则会使蒙皮失效）。使用前面场景制作部分介绍过的调整模型大小的方法，把天雷剑缩小。接着，把天雷剑匹配到角色的右手中，通过调整右手手指的位置，使手能握住武器，如图6-153所示。使用工具栏的链接命令，把武器链接到手部的骨骼上，完成天雷剑的匹配。

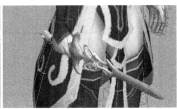

图6-153

（2）设置基本攻击前准备动作。

攻击前准备动作的姿势一般是左脚虚步向前，左手向前伸出，右手持剑向后，右脚蹲步向后。通常，游戏中的攻击动作由攻击前准备姿势、攻击动作、收势3个部分组成。考虑到游戏开发时，对文件大小的限制，可以根据在游戏中的表现情况，把攻击动作的帧数设置在30帧以内，使轨迹栏长度为30帧，即帧位为0至29。调制攻击动作时，一般不需要把准备动作从站立动作处开始过渡，而是直接把准备攻击动作摆出来，然后调制向前劈砍的动作，最后回到收势动作。接下来按此步骤进行基本攻击前的准备动作的设置。

01 激活Auto Key按钮。为游戏角色的左、右脚各设置一个接地关键帧，选择质心骨骼向下移动，呈略下蹲的姿势，然后将身体向左侧旋转，如图6-154所示。

02 使用滑动关键帧，把左腿向前拖动，如图6-155所示。

03 调整右脚的姿势，使右脚脚尖略向外展，如图6-156所示。

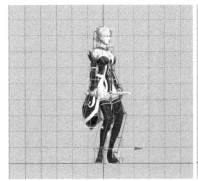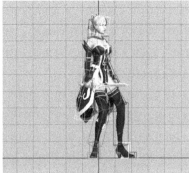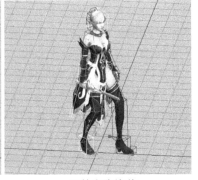

| 调整质心 | 调整左脚姿势 | 调整右脚姿势 |
| 图6-154 | 图6-155 | 图6-156 |

3ds Max 游戏设计师 经典课堂

04 调整右手姿势，向后方举剑，摆出要向下劈砍的姿势，如图6-157所示。

05 调整左手姿势，可做剑指形态或放松手握的姿态，如图6-158所示。

06 调整身体的姿势，使身体挺胸收腹，略向前倾，摆出预备攻击的姿势，把头部朝向转到劈砍的方向，如图6-159所示。删除其他骨骼在轨迹栏上的所有关键帧，完成准备工作。

调整右手	调整左手	调整躯干骨骼
图6-157	图6-158	图6-159

（3）设置劈砍动作。

在制作劈砍动作时，全身骨骼需要同时运动。但是，在调制动作时，需要先从腿部姿势开始，然后调整躯干，再到手臂，最后才是武器的攻击动作。要有以腰发力的感觉并将力传递到武器的着力点，然后再收回动作，形成一个循环。此类动作的循环比较好处理，只要把开始帧与结束帧重合即可。下面介绍调制劈砍动作的具体操作步骤。

01 设置质心及躯干骨骼。把时间滑块拖动到第0帧，选择质心骨骼，在原位置设置一个关键帧，再把躯干的4块骨骼稍微向后旋转，设置躯干的关键帧。此关键帧为攻击前的开始帧，如图6-160所示。

02 把时间滑块拖动到第10帧，使质心骨骼向左侧略微旋转，再把躯干的4块骨骼稍微向后旋转，设置躯干的关键帧。把头部转向右侧，使其始终盯着前方。右手的武器略向后旋转并做翻腕动作，摆出劈砍前的蓄力姿势，如图6-161所示。

03 把时间滑块拖动到第20帧的位置。使用移动工具移动质心，使重心向前。右腿基本绷直，左腿呈弓步，使用旋转工具将身体略向下弯曲，让身体呈向下劈砍的姿势。右手向左下劈砍，使剑尖朝向左下，左手剑指随之拉到后面，如图6-162所示。把时间滑块拖动到结束帧，即第29帧。把所有骨骼的第0帧的动作关键帧复制到第29帧，可以看到所有动作又恢复到开始帧的姿态。

第0帧姿态	第10帧姿态	第20帧姿态
图6-160	图6-161	图6-162

04 调整姿势。设置劈砍动作时，由于是相隔10帧左右设置一个关键帧，姿势之间的过渡不很理想，不能够产生由上而下的劈砍动作，所以需要在第15帧的位置增加一个关键帧，使手臂举向右上部，剑刃朝向劈砍的方向，如图6-163所示。整个劈砍动作中指向目标位置的是第18帧，如图6-164所示。从18帧到第20帧属于劈砍后的缓冲部分。

第15帧姿势　　　　　　　　　　　　　　第18帧姿势
图6-163　　　　　　　　　　　　　　　　图6-164

05 细化劈砍动作。在进行劈砍动作时，质心与腿部至脚部都会有细节的表现，否则，会使动作显得呆板，尤其是在这个角色的脚部还设置了接地关键帧的情况下。在做劈砍的动作时，角色的脚部不会有明显的动作。对于角色向前劈砍的动作，也要对质心进行移动，产生起身和下蹲的动作，以加强劈砍的效果。

首先选择质心骨骼，在轨迹栏的第10帧位置，把质心略向上移动，产生起身的姿式，如图6-165所示。在轨迹栏的第20帧的位置，把质心向下移动一点，使身体重心降低，以增加向下劈砍的力度，如图6-166所示。进行劈砍动作时的手部轨迹线如图6-167所示。

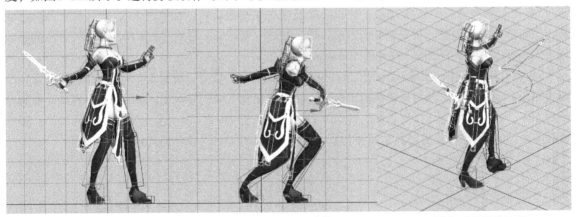

第10帧起身姿势　　　　　　质心向下调整后姿势　　　　　　劈砍时手部轨迹线
图6-165　　　　　　　　　　图6-166　　　　　　　　　　　图6-167

（4）调节附属骨骼。

主体动作设置完毕之后，就可以对附属骨骼进行调节了。具体调节方法与行走和跑步动作时调节方法相同，主要是处理好附属骨骼影响下的模型与主体骨骼影响下的模型之间产生碰撞后的效果，并对这些效果进行细化和修饰。由于调制方法相同，这里就不再赘述了。

（5）保存攻击动作。

将调制好的攻击动作保存起来。要把其他显示的附属骨骼及模型的动作都保存起来，以便下次调用时，动作可以完全吻合。

这样，角色的劈砍攻击动作就调制完成了。

通过以上游戏主要角色常用动作表现的介绍，读者要掌握对游戏角色动作的调制方法，重点是对质心的关键帧设置，以及接地关键帧、滑动关键帧、自由关键帧在实际案例中应用。对游戏角色动作规则要有所了解。在游戏开发时，游戏美术制作者会接触到多种类型的角色，但是限于篇幅，本书很难把每种变化都一一介绍，需要读者在学习时养成触类旁通、合理推断、认真核查资料、努力专研和体验的习惯，抓住本质和规律的部分，将之升华为动作调制丰富多彩的外延，成为动作制作方面的专家。

6.7 为四足怪兽制作动作

四足怪兽角色与两足动物角色的不同之处在于结构，这导致了它们的运动方式不同，运动的表现形式也产生了一定的差异。四足角色的行动方式除了四肢着地外，还会有其他结构上的动作，从而比人物角色更加复杂，动作调制的复杂程度也相应地提高了。

6.7.1 为怪兽角色模型匹配骨骼

为怪兽角色模型匹配骨骼的步骤如下。

1. 准备工作

（1）打开前面制作的怪兽模型。

（2）创建一个两足动物骨骼。选择骨骼并进入Motion面板，激活Figure Mode按钮后，出现Structure（结构）卷展栏。

2. 创建主体骨骼

（1）分析怪兽角色的骨骼结构可知，这个怪兽的后腿部分有3个关节、4个骨节，比两足动物骨骼多1节，所以需要把两足动物骨骼结构的Leg Links（腿部链接）的参数改为4；怪兽有尾部结构，为了调制动作时控制方便，可以把尾部骨骼的Tail Links（尾部链接）参数设置为6；怪兽的颈部较长，因此可以将颈部的Neck Links（颈部链接）参数设置为2；怪兽有口腔部分的结构，可以为这部分结构创建两个带有末端骨骼的Bone骨骼，用来在后期调整时控制嘴的开合；手指与脚趾的链接数都改为1。这样主体骨骼创建完毕，如图6-168所示。

（2）选择质心，把质心骨骼放置于怪兽胯部位置，使质心的中心置于胯部的中轴线上，然后把两足动物骨骼放倒，使骨骼与模型结构的方向一致，如图6-169所示。

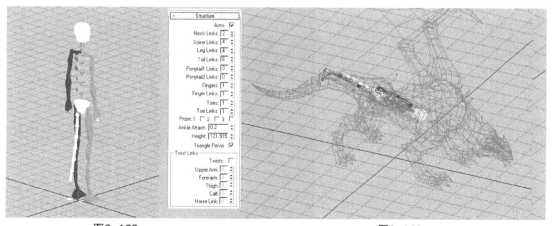

图6-168　　　　　　　　　　　　　　　　　　　图6-169

3. 匹配怪兽模型

（1）把调整好参数的骨骼通过移动、旋转、缩放等变换操作与模型匹配。

（2）在翅膀的位置创建并匹配Bone骨骼。具体的匹配方法与匹配人物角色的方法相同，这里不再赘述，效果如图6-170所示。

图6-170

这里要注意，在放置控制嘴巴的骨骼时，下颚部分需要两节骨骼，如图6-171所示。这样，在调制下颚的动作时，才会得到比较真实的下颚动作。末端骨骼的设置是为了在蒙皮时得到较好的权重链，方便权重的设置。

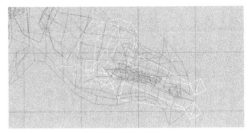

图6-171

6.7.2　为怪兽角色模型蒙皮

指定模型与骨骼关联的方法与人物角色的指定方法相同，设置顶点权重的方法与设置角色权重的方法也相同。怪物角色的权重设置步骤如下。

1. 蒙皮头部

（1）怪兽头部的脑壳部分需要使用刚性封套权重，上颚也需要使用刚性封套权重，因为这两个部分是不能够变形的。

（2）位于口部的两节主体骨骼中，处于下颚位置的骨骼需要制作张嘴的动作，靠近头部的骨骼的动作会带动脸颊部分的模型顶点一起运动，所以这个部分可以使用变形封套权重，以使下颚骨骼影响的模型顶点可以变形。

（3）处于下唇部分的骨骼也使用刚性封套权重，以使它在运动时保持形状不变。

头部蒙皮之后的效果如图6-172所示。

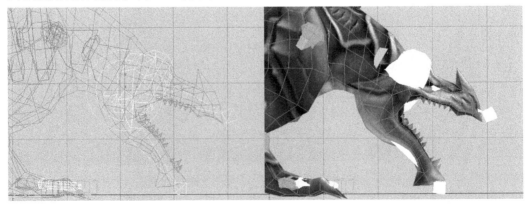

图6-172

2. 蒙皮脖颈

脖颈的蒙皮比较简单，使用变形封套类型，把每块骨骼影响的相关区域的顶点设置好，使脖颈在运动时顶点可以很好地进行变形即可。蒙皮时要注意骨骼之间权重的分享值的设置。在设置变形顶点的权重时，将Blending Between Links（链接之间的混合）方式设置为2 Links（两个链接）或3 Links（三个链接），都可以使这部分顶点仅受两块或三块骨骼的影响。

3. 蒙皮躯干和胯部

分别选中躯干及胯部每块骨骼所在区域的顶点，按区域的顶点进行蒙皮。在骨骼与骨骼连接的区域顶点，可以设置以2 Links方式进行影响，对腿部骨骼和两块躯干骨骼同时影响的顶点采用3 Links方式进行影响。

> **注意**
>
> 由于这部分骨骼与周围结构混合在一起，比较复杂，需要仔细辨别选择顶点。

4. 蒙皮尾部

尾部的结构相对简单，主要是处理两块骨骼之间的权重关系，可以设置以2 Links方式对顶点产生影响。

5. 蒙皮前肢

前肢部分的蒙皮要比其他部分稍微复杂一些，尤其是在前肢上部与身体交接的地方，一个顶点有可能会同时被两块躯干骨骼和一块前肢骨骼影响。想要得到较好的变形效果，就需要合理分配它们之间对顶点产生影响的权重值。在设置顶点权重时，可以设置以3 Links方式对顶点产生影响。

6. 蒙皮后肢

后肢部分的蒙皮与前肢部分基本相同。在后肢上部与胯部相接的地方，一个顶点也会同时受到一块躯干骨骼、一块胯部骨骼和一块后肢骨骼的影响。同样，想要得到好的变形效果，就需要合理分配它们之间对顶点产生影响的权重值。在设置顶点权重时，可以设置以3 Links方式对顶点产生影响。

7. 蒙皮翅膀

翅膀的蒙皮比较简单，因为区域划分比较明显，只要注意翅膀与主体骨架之间的关联关系即可。也就是说，在扇动翅膀时，要注意翅膀的哪些部分会随哪一部分骨架的运动而运动。

8. 检查并调整蒙皮效果

经过上面的权重设置后，角色的蒙皮操作基本就完成了，但是为了保证蒙皮效果的正确，还需要在各个关节处通过反复旋转骨骼等方式来检查模型顶点的变形情况。对于同时受多个骨骼影响的顶点部分，需要先进行锁定操作，然后，再通过在Type-In Weights对话框中输入所受权重的值来调节顶点被影响的权重。对顶点产生主要影响的骨骼的权重值要高于产生次要影响的骨骼的权重值。这样，在骨骼运动时，顶点会根据被影响的权重值的大小进行变形。

在调整骨骼时，为了可以很好地恢复到蒙皮时的姿势，可以先取消Figure Mode按钮"🚶"的激活状态，然后就可以随意调节骨骼来观察模型的变形情况了。检查完之后，再次激活Figure Mode按钮，就可以自动恢复到蒙皮前的姿势了。

■ 6.7.3　调制四足动物角色的动作

通过前面的操作，四足怪兽的蒙皮工作完成，进入调制动作阶段。

1. 四足动物角色动画制作的前提和要点

在游戏中，像怪兽这类角色一般仅有两种动作状态，一种是在空中飞行，一种是在空中进行攻击。空中飞行的动作和空中停留的动作是同一种动作，只是在位移时需要程序来控制。但是，如果这类角色要落地运动，其动作就多样化了，比如，会在一般动作的基础上有站立、行走、起飞、地面攻击等动作。由于怪兽角色是四足动物，且有翅膀结构，所以除了要符合四足动物的行走方式之外，还要处理翅膀的状态。这样，就使得整个角色的动作更复杂了。

怪兽角色的动作中，飞行部分的动作相对要比地面动作简单，重点处理好翅膀结构的动作即可。在地面上的动作相对就复杂得多了，下面将以在地面的站立、行走、攻击及空中飞行动作、空中攻击动作5个动作实例，来讲解调制怪兽动作的方法。

2. 调制怪兽角色站立动作

调制怪兽角色站立动作要先分析制作要点，再制作。

第1步：分析怪兽角色站立动作的制作要点。

怪兽的站立动作相对其他动作而言比较简单，主要是质心的调节。将四肢接地部分的骨骼各设置一个接地关键帧，就可以在调节质心时不会对脚部接地情况产生影响。

翅膀也需要向下自然伸展。把时间帧长度设置为0～20帧。怪兽站立的基本状态如图6-173所示。

图6-173

由于Bone骨骼不属于两足角色范围内的结构，所以在调制姿势时，不能够使用左右对称的功能进行设置，只能左右对称地选择翅膀的骨骼分别进行调整。

为了表现怪兽的凶悍，可以在怪兽的站立动作中，为表现呼吸动作而在下巴处调制动作细节。

第2步：调制怪兽角色的站立动作。

01 把时间滑块拖动到第0帧，在初始位置为质心设置一个关键帧，再在第10帧的位置处把质心向下移动，幅度稍小一些，为质心在原位置稍靠下处设置一个关键帧。把第0帧的关键帧复制到第20帧，形成一个循环。然后，选择躯干的4块骨骼，使用旋转工具，分别在第0帧、第10帧、第20帧处设置旋转关键帧，模拟呼吸的感觉。这个动作可以表现得粗重一些，以使怪兽看起来更凶悍、狰狞。

02 接下来调整下颚的动作。在第0帧处使下颚略张，在第10帧时下颚张开得更大一些。通过这些细节的添加，可以使动作更加丰富，怪兽角色也更加恐怖一些，如图6-174所示。

图6-174

03 对于翅膀及尾部，可以稍作一点随着呼吸微微晃动的效果，使整个动作协调自然。通过以上操作，站立动作调制完毕。

使用前面介绍的方法，把怪兽站立动作保存起来，同时还要保存其他显示的附属骨骼及模型的动作。以便于下次调用时，动作可以完全吻合。

3. 调制怪兽角色行走动作

调制怪兽角色行走动作步骤如下。

第1步：分析怪兽角色行走动作的制作要点。

由于怪兽是四足角色，它的行走动作比较复杂，相当于两个两足动物角色的行走动作的调节，同时还要符合四足动物角色的动作特点。

对于这个四足怪兽角色的动作，可以参考鳄鱼、蜥蜴等爬行动物的动作，或参考老虎、狮子等哺乳动物的动作。这两类动物的动作风格稍有不同，鳄鱼、蜥蜴在行走时，身体及尾部摆动比较明显，而老虎、狮子的动作相对要比较轻巧一些。在调制怪兽角色的动作时，可以在以上动物动作的基础上，自己再适当添加相应环境氛围的动作，使动作更具感染力。

四足动物在行走时，一侧的前肢和后肢会随着身体的摆动同时进行蹬步和迈步，以协调动作的平衡，这在调制四足动物角色的动作时，需要认真领会。

第2步：调制怪兽角色行走动作。

怪兽角色的行走动作沿用站立动作设置的时间滑块的长度，即第0~20帧，总帧数为21帧。把站立动作文件另存为行走动作文件。在站立动作调制质心位置的基础上，再细化质心随行走而起伏的动作。其他部分的骨骼动作也按照行走的节奏进行调节。

（1）调整质心起伏。怪兽在行走时，角色在左、右两侧的前肢和后肢迈步时，会有两次向上的运动，在脚步落地时会有两次向下的运动。分别在第0帧、第10帧、第20帧的位置处设置向下的关键帧；在第5帧、第15帧设置向上运动的关键帧。

（2）调制怪兽角色的迈步动作。随着身体的起伏，设置怪兽角色的行走动作。四足怪兽在行走时，同一侧的肢体基本会朝同一个方向运动，也就是说，左前肢在向前迈步时，左后肢也会同时向前迈步。按照此行走规律，右侧的前、后肢会有同时向后蹬步的姿势，下面具体介绍制作怪兽行走动作的步骤。

01 在第0帧的位置，将怪兽角色摆出迈出左侧前、后肢的姿势，这时，右侧肢体会显示出略为向后的姿势，如图6-175所示。

02 在第5帧时，身体会达到最高点，左侧肢体摆出向前迈步达到极限的姿势，右侧肢体会向后蹬腿达到最大幅度，如图6-176所示。

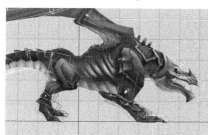 

图6-175　　　　　　　　　　　　　图6-176

03 在第7帧的位置设置左侧肢体点地的动作，右侧肢体稍回收，如图6-177所示。

04 在第10帧时，身体运动达到最低点，左侧肢体向后回收，右侧肢体向前回收，如图6-178所示。

 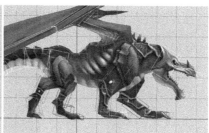

图6-177　　　　　　　　　　　　　图6-178

05 在第15帧处，身体随着迈步达到最高点，开始迈出右侧的肢体，而左侧肢体向后蹬腿，如图6-179所示。

06 在第18帧处，右侧肢体点地准备下落，向前伸出最远距离，而左侧肢体迈步达到极限，如图6-180所示。

07 在第20帧处，右侧肢体向后收回，左侧肢体向前回收且作出欲向前迈出姿势。为了使开始帧与末尾帧较好地连成一个循环，可以把末尾帧和开始帧摆出同一个姿态，如图6-181所示。

图6-179 图6-180 图6-181

在调制以上动作时，需要对脚部的骨骼使用滑动关键帧来设置行走动作，以便在调制身体运动时，脚部的骨骼可以很好地固定在地面上。

第3步：调整躯干起伏及翅膀的动作。

选择躯干的4块骨骼，根据迈步的状态，分别在第0帧、第10帧、第20帧的位置设置向下的关键帧；在第5帧、第15帧的位置设置向上运动的关键帧。从正面看，躯干还要根据腿的抬起和落下相应地摆动身体，使动作更加生动。例如，左侧肢体向前迈步时，左侧的肩胛和左侧胯部会随着迈步动作而比右侧高；右侧肢体向前迈步时，右侧的肩胛和右侧胯部会随着迈步动作而比左侧高，如图6-182所示。

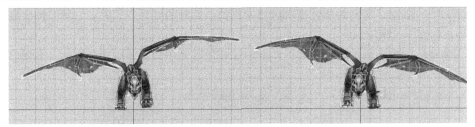

图6-182

对于翅膀的动作，需要随着迈步的动作，设置自然摇晃，不可以作扇动的动作。

第4步：尾部动作调节

在四足怪兽行走时，由于平衡的需要，尾部会有左、右方向的摇摆和上下起伏。在调制尾部骨骼时，由于尾部骨骼是四足骨骼系统内部的骨骼，已经做好了各种IK和FK的关系设置，所以，在设置时，可以同时选中6块尾骨同时进行动作调节。随着迈步动作的节奏，在第0帧时尾巴处于居中位置；在第5帧时，由于怪兽要迈左侧肢体，为了表现平衡感，需要把尾部骨骼向身体右侧摆动；在第15帧时，怪兽要迈右侧肢体，这时，需要把尾部骨骼向身体左侧摆动；在第20帧处，要把第0帧的关键帧复制过来，这样就很好地生成了尾部骨骼循环动作。尾部骨骼的摆动范围参看图6-183所示。

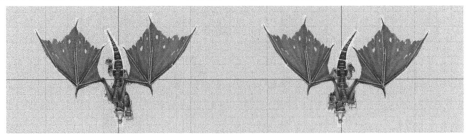

图6-183

通过以上操作，行走的所有骨骼动作就完成了。

使用前面学习过的方法，把这个行走动作连同其他显示的附属骨骼及模型的动作都保存起来，以便下次调用时，动作可以完全吻合。

4. 调制怪兽角色地面攻击动作

调制怪兽角色地面攻击动作步骤如下。

第1步：分析怪兽角色攻击动作的制作要点。

怪兽角色位于地面时，攻击的方式可以有撕咬、前爪扑击、尾部扫击、翅膀扇动攻击等。最常用的攻击方式一般是撕咬和前爪扑击，而尾部扫击和翅膀扇动攻击方式在特定条件下也会使用，尤其是作为游戏中Boss类型的怪兽角色，为其调制的动作会更多。不过，当这个四足怪兽为普通怪物类角色时，既使看上去很凶恶，其攻击动作也只能制作得比较单一了。一般只会使用撕咬动作或扑击动作。

调制基本攻击动作相对比较简单，关键是要表现合适的攻击节奏，此外，在协调性方面也会有一定难度，下面以撕咬攻击为例，介绍攻击动作的调制方法。

第2步：调制怪兽角色攻击动作。

打开前面制作的站立动作的文件，把文件另存为地面攻击动作的文件，做调制攻击动作前的准备工作。

对于怪兽的攻击动作，可以按这样的顺序进行调制：在0到10帧之间做准备攻击姿态，在10到15帧之间快速向前撕咬，然后在15到20帧之间恢复到开始姿态，具体制作步骤如下。

（1）设置质心、躯干和下颚在攻击前的准备动作。

在第0帧，根据动作的调制设计设置一个关键帧，保持怪兽站立时的动作不变，如图6-184所示。把时间滑块拖动到第10帧的位置，在此位置摆出怪兽攻击前的准备动作：把质心向后拉，腰部向下压，胸部前挺，下颚张开，摆出准备攻击的姿势，如图6-185所示。

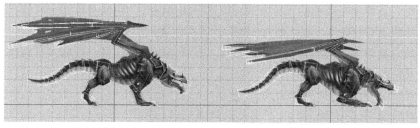

图6-184   图6-185

（2）设置质心、躯干、头部和下颚的攻击动作。

把时间滑块拖动到第15帧处，在这个位置设置怪兽攻击的达到状态。在此位置需要把质心向前、向下移动，躯干骨骼向前伸展冲出，头部向一侧偏斜，下颚咬合攻击，如图6-186所示。播放动画时发现角色动作从第10帧至第15帧直接向前冲出，力量表现薄弱。可以在第13帧位置处，身体骨骼向上时设置一个关键帧，使角色的攻击有从高处向下冲击的力量。这样，动作就具备的一定的攻击力度，更加形象了，而下颚依然保持张开的姿态，如图6-187所示。

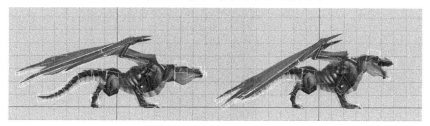

图6-186   图6-187

（3）设置质心、躯干、头部和下颚攻击后的恢复动作。

怪兽攻击完毕后，将会恢复到攻击前的动作。把质心、躯干、头部、下颚在第0帧的动作关键帧复制到第20帧，使角色的攻击动作恢复到开始帧的状态。播放动作，观察动作的协调感。主体骨骼的动作制作完成。

（4）设置翅膀和尾部动作。

在尾部动作的表现上，一般而言，不需要为普通攻击动作增加太多的附属动作，以避免产生喧宾夺主的情况，只需随着攻击动作保持自然的摆动状态即可。在表现附属动作时，脚踝处的骨骼也需要随着腿部的动作，作出向前击的状态，以加强攻击的效果。

（5）调整骨骼动作。

所有动作制作完毕，根据实际表现，把一些不协调的部分进行整体调节，力求使其动作自然、攻击动作表现更加生动。

通过以上制作，地面攻击动作调制完成。

把攻击动作及其他显示的附属骨骼及模型的动作都保存起来，以便于下次调用时，动作可以完全吻合。

5. 调制怪兽角色空中飞行动作

调制怪兽角色空中飞行动作步骤如下。

第1步：分析怪兽角色空中飞行动作的制作要点。

空中动作的制作，主要是翅膀动作的调节，其他骨骼辅助翅膀的扇动而调制出相应的动作效果。

在游戏中，怪兽的飞行动作往往会略去从地面升到空中的部分，而仅仅表现在空中飞行的状态。怪兽的原地状态和飞行位移状态其实是同一种动作，只是飞行时游戏引擎会使原地动作产生位移，就显示出飞行的效果了。在调制飞行动作时，可以仅调制在原位置飞行的循环动作即可。在表现飞行的动作时，需要参考鸟类的飞行方式。按这个四足怪兽角色的身体和翅膀的比例，该怪兽在飞行时，身体随着翅膀的扇动，起伏要大一些，这样可以表现出怪兽的重量感。

飞行动作的总帧数可以沿用站立动作的帧数。打开站立动作文件，把它另存为怪兽飞行文件，做好调制飞行动作前的准备工作。

第2步：调制怪兽角色空中飞行动作。

（1）设置怪兽的空中状态。

以网格为地面参照，以原点为基本点，在第0帧位置选择怪物的质心骨骼，向上移动大约游戏中人物角色的一人高度（注意：因为飞行动作将与攻击动作连接，这种攻击性的角色不能设置得离地太高，否则很难表现攻击和被攻击的效果，一般就以攻击点与人同高为准）。设置好高度之后，需要稍微旋转质心骨骼，使怪兽角色的躯干稍倾斜。相应的，后脚爪和前脚爪呈自然放松状态，尾部骨骼呈自然下垂状态，下颚的状态与站立时的姿态相似，翅膀要与地面呈45度角，如图6-188所示。

图6-188

（2）设置质心的起伏动作。

对于这个飞行的动作，可以先让角色向下运动，再扇动翅膀使角色的躯干向上运动，然后再下落与开始帧相接，产生一个循环的、扇动翅膀的动作。因此，第5帧的位置要让怪兽的质心向下运动达到极限；然后在第5帧至第15帧之间，让质心向上运动达到最高点；在第20帧把第0帧的动作关键帧复制过来，完成一个起伏的循环动作。

（3）设置翅膀的扇动动作。

根据身体的起伏动作调制翅膀的动作。当在第5帧位置处，质心向下运动到极限时，翅膀也会收缩到极限状态。这时，可以使翅膀与水平面达到80度左右的角度，如图6-189所示。然后在第10帧处，使翅膀骨骼向下扇动，身体向上运动，可以使翅膀适当弯曲，如图6-190所示。在第15帧处，翅膀骨骼向下扇动达到极限，如图6-191所示。在第20帧处，将动作恢复到第0帧时的位置，完成翅膀动作的一个循环。

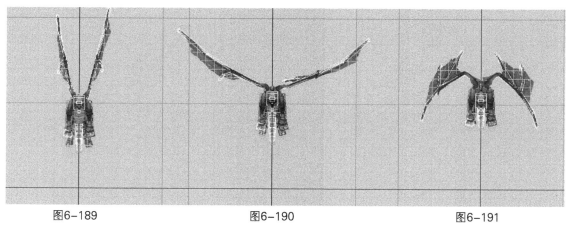

图6-189　　　　　　　　　　　图6-190　　　　　　　　　　　图6-191

（4）设置尾部骨骼的动作。

尾部骨骼可以根据飞行动作的起伏，稍做动作的加强，以衬托怪兽角色飞行时的力量感。

（5）调整整体动作。

经过以上设置，怪兽飞行动作的主要动作调制完毕，最后需要检查所调制动作的协调感，以充分表现怪兽飞行的动作。这样，飞行动作调制完毕。

（6）保存怪兽飞行动作。

把飞行动作和其他显示的附属骨骼及模型的动作都保存起来，以便于下次调用时，动作可以完全吻合。

6. 调制怪兽角色空中攻击动作

怪兽的空中攻击动作在游戏中一般会分为物理（或称为近程）攻击或法术（或称为远程）攻击两类。物理攻击包括用爪攻击、用翅膀扇击、用尾部扫击、用嘴咬击等；法术攻击体现为远程攻击类型，例如，用嘴喷射火焰、闪电、毒液等类型的攻击方式，或翅膀扇动引起风暴等方式。一般法术攻击除了要有骨骼动作的表现外，还会涉及喷射的火焰、闪电、毒液等元素。这些元素需要另外制作，可由美工制作，也或由程序端引擎来实现。在表现法术攻击时，角色的骨骼动作幅度不是很大，相应地，难度也较低，不作为这里要学习的方法。下面以怪兽角色的用爪攻击的方式，来介绍怪兽飞行状态时的攻击状态。

第1步：分析怪兽角色空中攻击动作的制作要点。

制作后脚爪进行攻击的动作，后脚爪攻击时，会从飞行状态到躯干直立，后脚爪迅速蹬出，然后再恢复到飞行时的状态。对于爪击这个动作，为了使攻击的动作效果明显，需要从预备攻击状态到攻击到目标点时的动作之间有一段距离，这样，攻击的动作就更加明显了。

攻击时，注意翅膀的状态。翅膀在攻击时，需要立起，以保持对躯干动作的平衡作用。

第2步：调制怪兽角色飞行攻击动作。

[01] 打开飞行动作的文件，另存为四足怪兽飞行攻击的文件，以后的飞行攻击动作将直接使用此文件的帧数来设置。

[02] 在第0帧处使用飞行时的姿态；在第5帧处旋转怪兽角色的质心，使角色躯干直立，后脚爪回钩收腿，摆出要蹬出的姿态；尾部向后翘起，翅膀立起；从正面看，翅膀与地面成45度左右角，如图6-192所示。

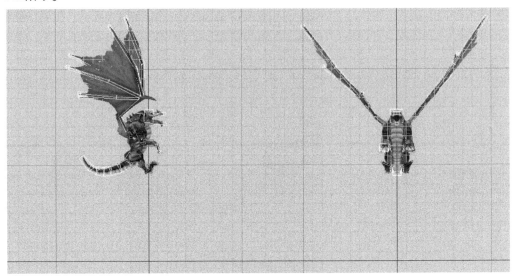

图6-192

[03] 把时间滑块拖动到第8帧，在这一帧制作怪兽爪击后的效果。把质心骨骼向目标点移动并设置关键帧；怪兽的后爪向目标点伸出，身体向后仰，翅膀收紧；尾部要继续翘起，如图6-193所示。

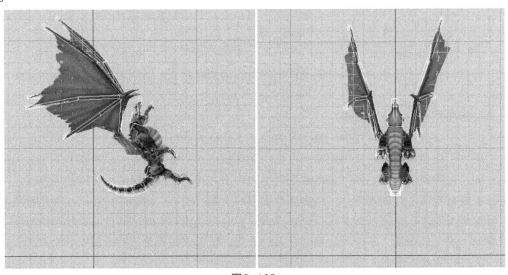

图6-193

[04] 把时间滑块拖动到第10帧，这一帧表现的是怪兽爪击后回收动作的效果。把质心骨骼向原始位置移动并设置关键帧，使怪兽的身体恢复直立，翅膀向前扇动，尾部回抽，如图6-194所示。

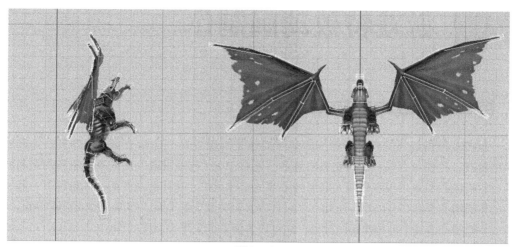

图6-194

05 把时间滑块拖动到第15帧，在此帧位置怪兽骨骼的质心基本恢复到攻击前的位置，身体向回收缩，翅膀向前扇动成怀抱状，尾部随着身体的回收也向身体回抽。在制作这些部分的动作时，需要表现在翅膀的扇动下，身体在攻击之后向后回收的姿态。这部分动作需要身体、翅膀、尾部等协调动作，使身体回收时动作流畅，表现出攻击之后想尽快收回动作的感觉。具体效果如图6-195所示。

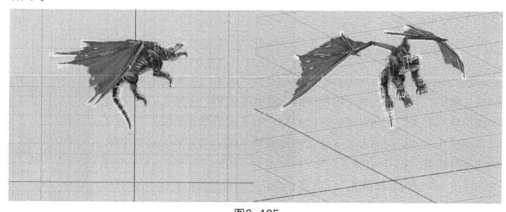

图6-195

06 把时间滑块拖动到第20帧，在此帧位置把怪兽所有设置了关键帧的骨骼从第0帧复制到第20帧，完成一个循环动作。这样，空中用爪攻击的动作就调制完成了。

07 使用前面介绍的方法保存怪兽在空中用爪攻击的动作。注意，要把其他显示的附属骨骼及模型的动作都保存起来。

本节主要介绍的是完整的具有复杂结构的四足怪兽匹配骨骼、蒙皮及动作调制的制作流程。其中，地面站立、地面行走、地面攻击等动作都比两足动物角色的动作要复杂。根据四足动物角色具有翅膀结构的特点，学习了带有翅膀的角色的飞行、飞行状态下的用爪攻击等动作。通过对怪兽角色的动作设置流程，深化了游戏角色的动作设置方法，更全面地掌握了游戏开发中，游戏角色的动作设计流程及具体方法。

第7章 游戏特效动画制作

7.1 特效在游戏中的应用

对一款游戏做得好坏的判定，第一印象可能就是画面效果，比如《魔兽世界》、《诛仙》的魔幻风格游戏，《使命召唤》的写实风格游戏。还有EVE《星战前夜》的未来风格科幻题材游戏等等。通过它们的画面效果很容易使人联想到游戏的整体风格。这些游戏画面的风格好坏，除了和本身模型制作的精美程度有关以外，还和一个因素有着至关重要的关系，那就是游戏中的特效。

游戏特效是指游戏中的特殊动画效果，它可以为游戏起到增添氛围的作用。

对于游戏特效，相信很多经常接触游戏的人不会感到陌生，它是构成一款游戏的重要组成部分。游戏特效的好坏直接影响到游戏画面效果的好坏。比如，游戏中有一座火山，火山需要有慢慢地流出岩浆的效果，还要有从岩浆中升腾起来的黑色烟雾；或者要让道具显示出华丽的效果，让它看起来更加绚烂夺目……这些都需要用特效来表现，所以，特效在游戏中的重要性是非常关键的。如果去细细地观察一款游戏，我们就会发现，游戏的特效是无处不在的。

根据游戏中特效应用部分的不同，可以将特效大致分成几类：道具特效、场景特效、角色动作特效和魔法特效等。

7.1.1 道具上的应用

很多时候，特效会被应用到游戏中的道具上，让道具产生绚丽的魔法效果。比如在《魔兽世界》中，战士们使用的武器雷霆之怒、逐风者的祝福之剑，已经成为游戏玩家们梦寐以求的终极武器。单从武器本身的精美造型，是不可能打动成千上万的玩家去追逐得到神器的梦想的，而是因为武器本身还有特别绚丽的效果，如图7-1所示。

特效在道具上的应用也有很多不同表现方式，比如有些是在武器本身的贴图上制作出发光的贴图动画效果，让武器的贴图颜色或者形状发生改变，从而达到让人耳目一新的动画特效。以图7-1所示的武器为例，中间的光晕就会不停地变化颜色。不过，像这样的颜色变化一般需要在游戏引擎中实现。

图7-1

也有一些特效是在道具的周围加入一些特殊的光晕，让它们围绕道具旋转，如图7-2所示。或者制作一些路径动画效果的特效，比如《诛仙》里的武器特效，如图7-3所示。

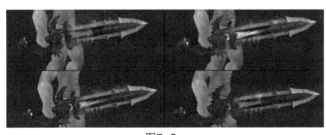

图7-2

图7-3

此外，还有一些特定的道具效果，是要和现实中的道具效果相适应的。比如，表现火盆上燃烧着的火焰，虽然可以改变火焰的颜色或者火焰效果，但是它还是要符合一些现实的规律。对于特效的制作，只要多观察生活，加以想象，就可以制作出漂亮的特效。

7.1.2 场景中的应用

在游戏制作中，特效不仅仅用于道具等小物件，它在整个游戏当中可以说是无处不在的。只要场景需要增加气氛，就可以使用特效来捧场。

对于场景中的特效效果，范围就比较庞大了，包括现实生活中大家都了解的风、雨、雷、电、极光和烟雾等自然现象，还包括人为环境中的很多特效效果，比如夜晚都市中各式各样绚丽夺目的霓虹灯所泛出的光晕效果等。总之，能够让场景产生特殊效果的动画特效，都可将其归类为场景特效。

下面是一些场景特效在游戏中的运用：

海面上出现漩涡，周围有一些烟雾，雨水中间夹杂着闪电……这些很普通的自然现象，经过艺术家们的提炼，将这些元素组合到一起，从而制造出一个阴冷、神秘的游戏氛围，如图7-4所示。

有时候为了渲染出神秘、清冷的气氛，以便和现实的感觉有所区别，游戏里也会加入一些极光一样的特效，如图7-5所示。

在魔幻风格的场景中，会经常出现一些龟裂的地表，在裂缝中间会有岩浆等特效效果，让环境产生出漂亮的魔幻效果，如图7-6所示。

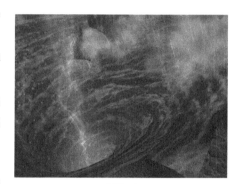

图7-4

图7-5

图7-6

星战题材类的游戏，往往为了表现太空的浩瀚，加入大量的特效。图7-7所示为EVE《星战前夜》表现太空中星云的特效效果。

在城市场景里，加入各种霓虹灯的闪烁效果，可以增添都市的繁华景象，如图7-8所示。

图7-7

图7-8

环境特效一般多用于自然现象和人为环境中的灯光等效果的表现。平常可以多接触一些这类题材的游戏来学习和借鉴。

7.1.3　角色动作的应用

在游戏中，角色经常会做出一些打斗动作。伴随动作会产生一些拖尾的效果或者是机车飞过时留下的残影效果。这些随着动作的产生而产生，随动作的消失而消失的特效效果，即为游戏的动作特效，是特效在动作中的运用，如图7-9所示。

动作特效一般是只有在角色做出动作的时候，才会产生的特殊效果，否则不会出现特效效果，所以，在产生的原理上和其他特效有所不同。这种特效一般需要在引擎中制作动画效果。

图7-9

7.1.4　魔法的应用

魔法特效应该是游戏当中应用最为广泛的一种特效。只要角色拥有魔法技能，那么每种技能都会配合某种方式的特效效果。在角色排演类游戏（RPG）游戏中，一般魔法师类角色的魔法特效比较华丽一些。不过这也没有明显的界定，只要是有魔法效果的地方，都会不同程度地加入特效来表达想要的效果。

下面介绍一些魔法特效的应用。

火焰效果的魔法，是游戏里法师的拿手好戏，可以说是最常见的魔法特效了，在游戏当中经常被用到。在3D游戏中，该特效是经久不衰的魔法技能表现效果，如图7-10所示。

有时候，游戏中会使用一些在地表上产生的魔法效果，配合其他的魔法特效共同达到一个高级别的魔法效果，如图7-11所示。

图7-10

图7-11

只要是能够被用作魔法的效果，都可以充分地发挥想象，加以运用。比如自然界的风雨雷电等自然现象，都是经常被用来制作游戏魔法特效的元素。

随着科技的发展，游戏在硬件上的限制正在逐渐减小，随之而来的就是游戏制作者们被解放了想象力，以尽量把魔法特效效果设计得更加绚丽夺目为目标。

7.2 几种特效素材的制作方法

经过前面的介绍，读者已经对特效有了一些了解，接下来就来学习如何将脑中的想法变成真正的特效效果。由于特效的效果不同，需要采用的制作方法也不尽相同，本节将针对不同的特效效果，介绍几种特效的制作方法。

7.2.1 制作透明贴图特效素材

透明贴图特效素材可利用Photoshop进行制作。因为很多游戏特效都由引擎来支持，所以，对于这样的特效，只要在平面绘图软件里绘制出图像，然后利用引擎进行一些动画效果的设置就可以了。

下面就来制作一个魔法阵效果的特效，如图7-12所示。这种效果的特效一般都是由Photoshop制作出一个有透明效果的图像，然后通过游戏引擎来实现动画效果。

图7-12

01 打开Photoshop，新建一个256×256的文件，背景色为黑色，如图7-13所示。按Ctrl+R快捷键显示标尺，分别在上方和左侧标尺处按下鼠标左键并拖动，拖出两条蓝色的参考线，然后将参考线定位在中间区域。两条蓝色参考线相交的地方为中心点，以此作为绘制魔法阵特效的中心，如图7-14所示。

02 新建一个图层。选择圆形选框工具，按住快捷键Alt+Shift，将指针定位在中心位置，拖动鼠标，画出一个比图像尺寸略小的圆形选区，如图7-15所示。创建好选区以后，单击鼠标右键，弹出快捷菜单，选择"描边"命令，描出一个边为4像素宽的圆形框。"描边"对话框的具体设置如图7-16所示。

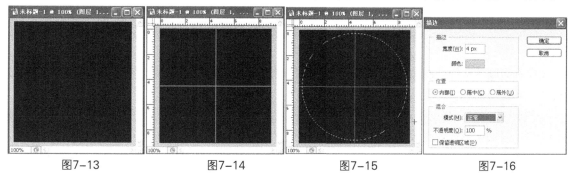

| 图7-13 | 图7-14 | 图7-15 | 图7-16 |

03 创建好圆形以后，按住Ctrl键单击圆形所在的图层，这样就将圆环形的选区从图层中选择出来了，如图7-17所示。利用这个选区来制作带有光晕的光环效果。

在选区的选取状态下，按快捷键Ctrl+Alt+D，打开"羽化选区"窗口，在这里可以设置选区的羽化值。将羽化值设置为2，如图7-18所示。设置好以后单击"确定"按钮。此时选区看上去没有太多变化，不过选取范围已经发生了改变。这里暂且不用管它。

04 新建一个图层，选择淡蓝色作为需要的魔法阵的颜色，按快捷键Alt+Backspace将颜色填充到选区，然后就可以将选区取消选择了。按快捷键Ctrl+D取消选区，可看到如图7-19所示的填充效果。填充完成以后，如果觉得不再需要，可以将参考线去掉（使用移动工具，靠近参考线以后，鼠标指针会发生变化，此时向图像窗口外拖动，就可以将参考线去除）。

复制做好了光晕效果的图层，用它来制作内部的光晕——只要将它缩小就可以了。按快捷键Ctrl+T显示控制框，按住快捷键Alt+Shift以中心为参照点，将复制的光晕图像缩小。这样，内部的小光环也制作出来了，如图7-20所示。

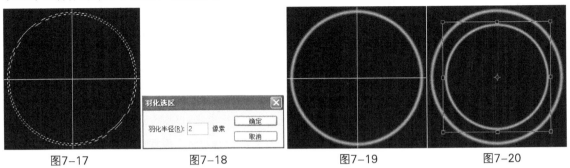

图7-17   图7-18   图7-19   图7-20

05 使用矩形选框工具建立一个十字形的选区，然后将其羽化值调整为2，将选区内部的图像删除，如图7-21所示。

利用前面介绍的方法，制作出内部的两个小的椭圆形光晕，按快捷键Ctrl+T显示控制框，调椭圆的造型和角度。完成后的效果如图7-22所示。

06 在光环的中心位置重新建立一个圆形选区，将羽化值设置为20，进行整体填充，效果如图7-23所示。

重新在中心绘制一个圆形选区，然后将选区内部的颜色全部删除，效果如图7-24所示。

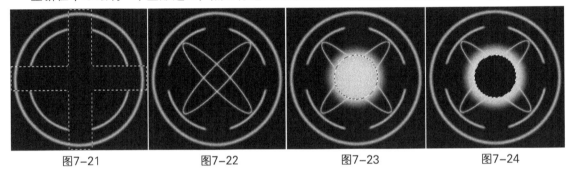

图7-21   图7-22   图7-23   图7-24

07 在大圆的边缘处制作出两个条形选区，让它们的中心和圆形的中心位置相同，然后将羽化值设为2，填充淡蓝色，如图7-25所示。

将制作出来的条形图像进行复制，然后按快捷键Ctrl+D显示控制框，旋转图像。依此操作，复制出3个一样的条形图像图层，将图像角度旋转到合适的位置，如图7-26所示。

08 使用柔和的画笔工具将魔法阵的符文绘制出来，如图7-27所示。旋转并复制出3个一样的符文，然后进行旋转。将符文都放置在四周的小框内，如图7-28所示。

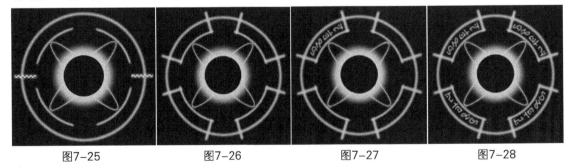

图7-25   图7-26   图7-27   图7-28

09 用同样的方法加入内部的符文。可以找一些类似梵文之类的素材图像，使用抠像方法选取，然后对选区进行羽化处理就可以了。加入符文后的效果如图7-29所示。

符文造型制作完成以后，可加入外发光效果，让色彩偏钴蓝，如图7-30所示。

10 现在已经将魔法阵特效的漫反射贴图的效果制作出来了。不过，在游戏中，特效效果都是有透明度的，所以要将特效图像的Alpha通道也制作出来。Alpha通道的制作方法比较简单，首先将制作好的图像图层全部合并（注意不要将背景层合并进去，否则就无法制作透明效果了），如图7-31所示。然后将合并后的图层进行去色处理（按快捷键Ctrl+I可去除图像颜色，将图像变成灰度的无色效果），再使用"色相/饱和度"对话框调整图像的颜色，将明度设置为最大。这样用于制作Alpha通道的图层就制作好了，如图7-32所示。

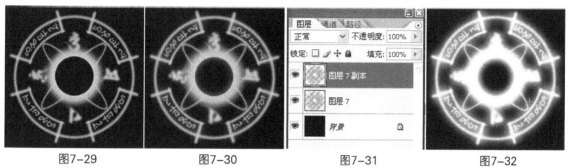

图7-29　　　　　　　图7-30　　　　　　　图7-31　　　　　　　图7-32

11 打开"通道"面板，增加一个Alpha通道，将调整后图像复制到Alpha通道中，如图7-33所示。增加Alpha通道以后，黑色的不透明部分将以红色显示，如图7-34所示。这样，魔法阵的Alpha通道也制作好了，将图像保存为TGA格式的文件。

12 下面利用3ds Max来实现魔法阵特效。在3ds Max中建立一个正方形面片，具体参数设置如图7-35所示。

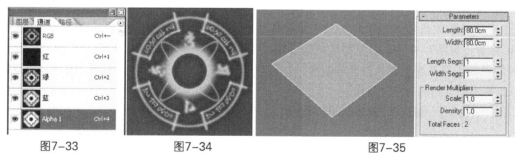

图7-33　　　　　　　图7-34　　　　　　　　　图7-35

13 打开材质编辑器，在Maps卷展栏里，将Diffuse Color（颜色贴图）、Self-Illumination（自发光贴图）、Opacity（透明贴图）3个贴图通道全部设置为魔法阵的TGA格式的贴图，如图7-36所示。

图7-36

14 在Opacity贴图通道里，选择Mono Channel Output选项组中的Alpha单选按钮，否则透明贴图不会出现透明效果。该项可通过单击Opacity贴图通道按钮进行设置，如图7-37所示。

这样，魔法阵特效就制作好了，渲染后的效果如图7-38所示。

图7-37

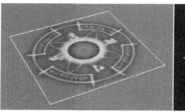

图7-38

7.2.2　使用Video Post制作动画特效素材

下面来学习利用3ds Max自身的一些功能来实现特效效果。本例为通过3ds Max的特效功能来实现一个十字架的旋转特效效果。

首先制作十字架模型。

01 在3ds Max里建立一个十字架的模型，制作步骤如图7-39所示。

02 在材质编辑器里选择一个空白的材质球，将材质球赋予模型，然后修改模型的颜色。单击Diffuse项后面的颜色块，会弹出颜色选择器，将模型的颜色改为白色，如图7-40所示。

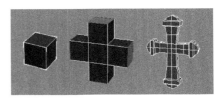

图7-39

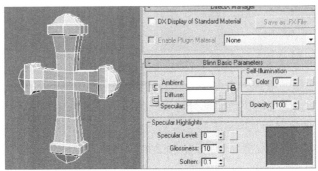

图7-40

03 修改材质的自发光效果。在上一步选择的材质球上单击鼠标右键，从弹出的菜单中选择Options命令（见图7-41），打开材质编辑设置对话框。在对话框中找到Ambient Light选项，单击旁边的颜色块，将其颜色改为较亮的灰色，如图7-42所示。这样，材质的自发光效果就会发生变化，从而影响模型材质的表现效果。

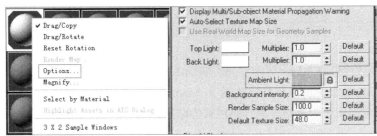

图7-41　　　　　　　　　　　图7-42

04 将模型加入统一的平滑组，此时模型的效果如图7-43所示。

下面以此十字架模型为例，来制作旋转的动作，并给十字架加入光晕特效。

01 单击动画播放控制区的时间设置按钮（见图7-44），打开Time Configuration对话框。

图7-43

图7-44

02 在Time Configuration对话框中，将Animation选项组中的End Time值设为20，也就是设置动画长度为20帧，如图7-45所示。

03 在轨迹栏上，将时间滑块定位在第0帧处，激活Set Key（设置关键帧）按钮，再单击前面的钥匙按钮，在第0帧处设置一个关键帧，如图7-46所示。

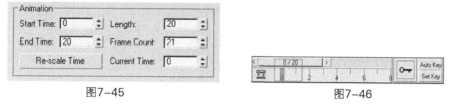

图7-45　　　　　　　　　　　　图7-46

04 在第0帧的位置设置好关键帧后，轨迹栏会出现一个由红绿蓝3色组成的标记，表明此处已经被设置关键帧了，如图7-47所示。用同样的方法在第20帧的位置也设置一个关键帧。

05 在主工具栏中找到曲线编辑器按钮，如图7-48所示。

图7-47　　　　　　　　　　　　图7-48

06 单击曲线编辑器按钮，弹出曲线编辑器的窗口，如图7-49所示。在制作动画时，使用曲线编辑器可以使制作出的动作更加精确。

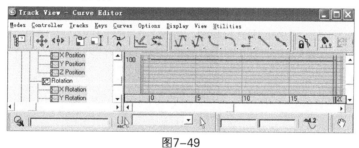

图7-49

07 因为已将模型的开始帧与结束帧设置为关键帧，所以此时可以调节每个关键帧的具体参数，让模型产生动画效果。

首先在左侧的控制器窗口中找到模型在Z轴向的旋转轨迹列表项Z Rotation，如图7-50所示。单击该列表项，在曲线编辑器的关键帧窗口中可以看到一条蓝色的直线，这就是控制Z轴向旋转的曲线。该曲线上还有两个灰色的点，它们分别代表在第0帧和第20帧设置的关键帧，对应着时间标尺上0和20的位置，如图7-51所示。

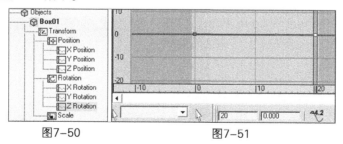

图7-50　　　　　　　　图7-51

08 在Z Rotate曲线第20帧的选中状态下，在曲线编辑器窗口底部的状态栏输入框中输入360（前面的输入框用来控制关键帧的时间，后面的输入框用来设置旋转角度），如图7-52所示。然后在视图窗口中单击播放按钮来播放动画，此时会发现十字架模型的动作快慢不一致，这是因为曲线设置对动画进行了衰减计算。

09 选择两个关键帧的点，使用曲线编辑面板里的直线工具，将曲线修改成直线，如图7-53所示。这样模型在进行旋转动作时就会按均匀速度来完成旋转效果了。回到视图窗口中再次播放，观察修改后的效果。

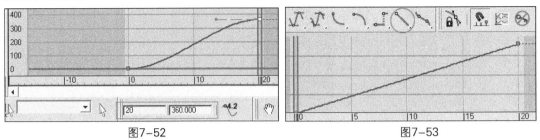

图7-52　　　　　　　　　　　　　　　图7-53

10 设置好动画效果以后，再来为模型添加发光特效效果。首先为模型设置ID号。这里的ID设置方法和面的ID设置方法有所不同，具体操作步骤是：在模型上单击右键，执行Object Properties（对象属性）命令，如图7-54所示。之后，会弹出Object Properties对话框。在G-Buffer（G缓冲区）选项组的Object ID（对象ID）微调器中，将ID设置为1，如图7-55所示。设置完成之后，关闭该对话框。

图7-54 　　　　　　　　　图7-55

11 在Create面板的Cameras（摄像机）选项处选择Target（目标）摄影机，在顶视图中创建一个Target摄影机并将摄影机正对模型，如图7-56所示。在透视视图状态下，按C键进入摄影机视图，如图7-57所示。

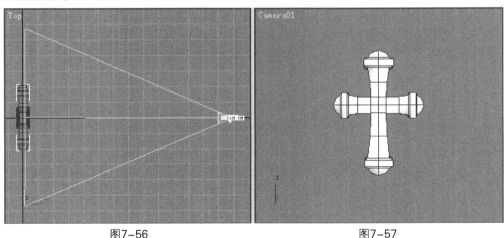

图7-56　　　　　　　　　　　　　　　图7-57

12 执行菜单命令Render→Video Post，打开Video Post窗口，如图7-58所示。接下来的特效效果需要在这里进行调制。

注意

使用Video Post制作特效时，只能在摄像机视图和透视视图中才会出现特效。

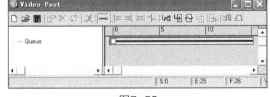

图7-58

13 单击Add Scene Event（添加场景事件）按钮，如图7-59所示。之后，在Video Post窗口中就会新增一个Camera01摄影机事件。这里面要说明一下，当新增摄影机事件以后，它就会将透视图替换掉。此时双击Camera01打开对话框后，从对话框的下拉列表里是找不到透视图列表项的。

14 单击Add Image Filter Event（加入图像特效事件）按钮，如图7-60所示。

图7-59 图7-60

15 此时会打开Add Image Filter Event对话框，在这里需要设置特效类型。在下拉列表框里选择Lens Effects Glow（晶体效果光晕）选项，将Video Post Parameters选项组里的VP End Time（VP结束时间）设置为20，和动画长度相统一，如图7-61所示。此时在Video Post窗口左侧的队列里会出现一个Lens Effects Glow事件。这里要注意的是，在加入摄影机事件和特效事件的时候，它们一定是如图7-62所示的并列层级关系，不要将特效事件建立成摄影机事件的子级，它们不存在任何层级关系。

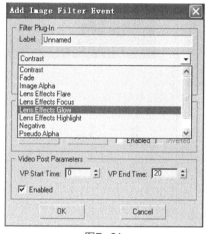

图7-61

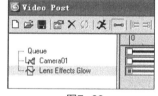

图7-62

16 双击Lens Effects Glow事件打开Edit Filter Event（编辑过滤事件）对话框，如图7-63所示。单击Setup按钮，打开Lens Effects Glow（镜头效果光晕）对话框，如图7-64所示，在此对话框中将进行特效的设置。

图7-63

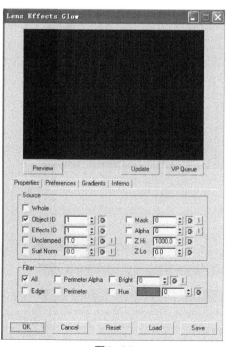

图7-64

17 激活Preview和VP Queue按钮，开启渲染预览功能。

在第1个选项卡Properties里，选择Object ID和Effects ID复选框，并指定特效的ID为1，如图7-65所示。

在第2个选项卡Preferences里，选择Color选项组中的Gradient单选按钮，如图7-66所示。可以对比图7-65与图7-66中十字架模型特效效果的前后差别。

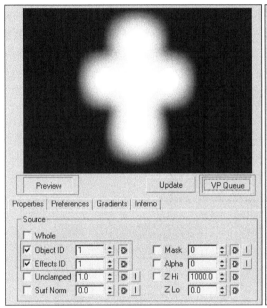

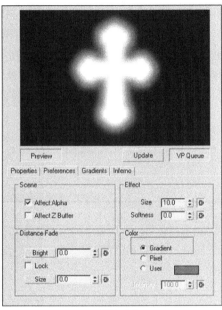

图7-65   图7-66

18 在第3个选项卡Gradients（渐变）里进行发光效果的颜色、透明度等设置。双击颜色条下面的尖角图标即可进行颜色的设置，如图7-67所示。

在最后一个选项卡Inferno里进行如图7-68所示的设置，选择Gaseous（气态）单选按钮，然后选择Red、Green、Blue这三个复选框。这样十字架上就出现了气雾效果。

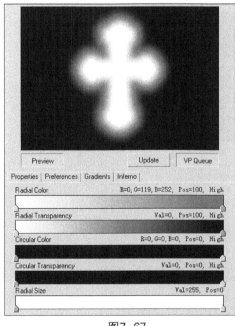

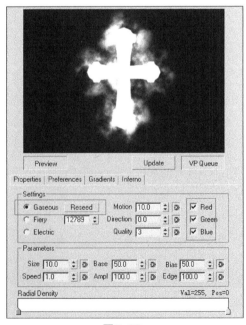

图7-67   图7-68

19 这样，特效效果就设置好了。接下来进行特效的输出。单击Add Image Output Event（添加图像输出事件）按钮，如图7-69所示。

图7-69

20 此时会弹出Add Image Output Event对话框，如图7-70所示。单击Files按钮，在随后弹出的对话框中选择要保存特效文件的位置。这里要输入保存的文件名，如本例的"十字架特效"，选择保存文件的格式为TGA格式，如图7-71所示。然后单击"保存"按钮，此时会继续弹出对话框，全部采用默认设置即可，不再赘述。

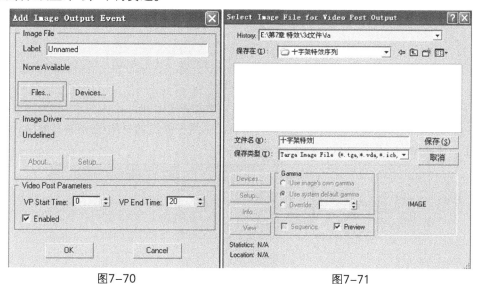

图7-70　　　　　　　　　　　　　　　　　图7-71

21 特效全部设置完成以后，在Video Post窗口左侧的队列里会多出一项，这是输出的设置选项，如图7-72所示。

22 单击Execute Sequence（执行序列）按钮进行渲染，如图7-73所示。

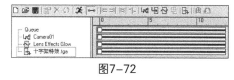

图7-72

图7-73

23 单击以后，会弹出Execute Video Post对话框，里面有一些渲染设置参数。在Time Output选项组里，选择Range单选按钮以指定渲染范围，时间设置为0到20。在Output Size选项组里进行渲染尺寸的设置。3ds Max提供了非常灵活的尺寸设置方式，可以在左侧输入框自定义尺寸，也可以选用3ds Max提供的已设置好的尺寸。本例将渲染尺寸设置为480×480的正方形区域，其他设置不用进行修改，采用默认方式就可以了，如图7-74所示。然后单击Render按钮进行渲染。

24 渲染完成后，再新建一个3ds Max文档，在前视图中建立一个正方形面片，段数为1，如图7-75所示。

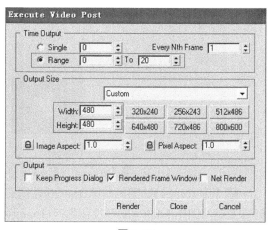

图7-74

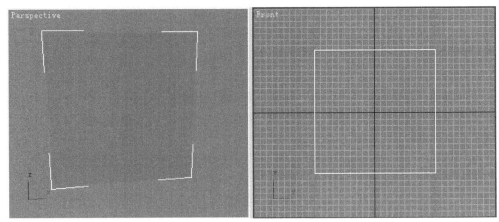

图7-75

㉕ 打开材质编辑器，选择一个空白的材质球，然后单击Blinn Basic Parameters卷展栏里Diffuse右侧的空白方框按钮，为模型添加一种材质。这里在弹出的材质/贴图浏览器Material/Map Browser里，选择Bitmap贴图方式，如图7-76所示。

图7-76

㉖ 双击Bitmap打开选择路径窗口，在文件类型下拉列表中选择TGA格式，然后找到上一步渲染出的序列文件。选择序列文件的第1帧"十字架特效0000.tga"，这里需要选择Sequence复选框，如图7-77所示。这样贴图方式会被直接识别为图像序列而产生动画效果，否则贴图只是拾取单一图片的文件方式。设置好以后单击打开按钮，之后的选项都使用默认设置即可。

㉗ 将材质附给模型以后，观察模型效果，现在的效果还没有表现出透明效果，所以四周的颜色比较深，如图7-78所示。

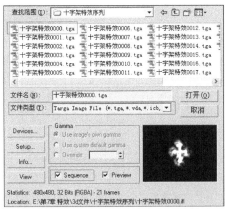

图7-77

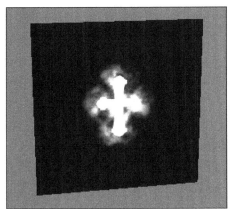

图7-78

㉘ 将Diffuse的贴图复制给Opacity贴图通道（用鼠标左键将Diffuse的"M"按钮拖至Opacity右侧的空白方块按钮处），如图7-79所示。在弹出的对话框中选择Copy单选按钮。

㉙ 单击Opacity右侧的"M"按钮，进入它的

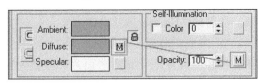

图7-79

选项面板。选择Mono Channel Output选项组的Alpha单选按钮和Alpha Source选项组中的Image Alpha单选按钮，如图7-80所示。

30 之后，再观察特效效果，将如图7-81所示。可以单击动画播放控制区的播放按钮来查看动画效果。

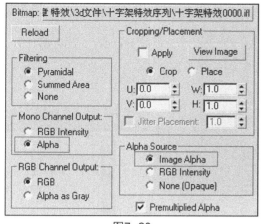

图7-80

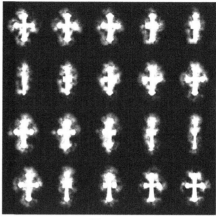

图7-81

7.2.3　使用特效合成软件制作特效

制作特效不仅仅是3D软件的专利，其实还有很多软件也可以做出不错的特效效果，比如流行的particle Illusion、conbusion、After Effects等软件，都可以实现很好的特效效果。制作特效本身对软件的要求其实不是特别大，主要在于创作者头脑中的想法和创意。只要有好的创意，相信即使在Photoshop里，也可以制作出漂亮的特效效果。

下面就来学习一下现在比较流行的粒子特效小软件——particle Illusion。通过一个实例，了解particle Illusion在特效制作中的应用。

先要来了解一下particle Illusion的界面。这个小软件的界面比较简单，菜单栏里只有5个菜单项，如图7-82所示。部分菜单命令和其他软件的相应命令在功能上基本类似，只有"视图"菜单和"动作"菜单有所不同。

- "文件"菜单：对文件进行打开、保存等操作。
- "编辑"菜单：可进行复制、粘贴、撤销、恢复等操作。
- "视图"菜单：主要对界面的一些属性进行设置的菜单，内容比较简单，也很容易理解。
- "动作"菜单：主要是特效制作过程中的一些操作选项，这些功能都可以在工具栏里找到。
- "帮助"菜单：软件的帮助文件，相信大家都不会陌生。

下面对particle Illusion的整体界面进行简单介绍。

（1）工作区：是制作特效的工作区域，主要是预览制作的特效，也可以在这里手动进行一些特效效果的操作。不过，一般不建议在这里直接进行操作，以免出现不必要的麻烦。工作区也是该软件最常用到的一个区域。

（2）工具栏：里面基本上包含了菜单栏里面的所有操作命令，比如新建、保存、撤销、恢复，动画控制的播放以及渲染等操作按钮。此外，还有时间长度的设置输入框等。

（3）特效预览区：在这里面可以看到粒子特效的预设效果。

（4）时间轴：在这里可对特效各种属性在不同时间上进行设置。横向表示时间，纵向是不同的特效属性的参数。

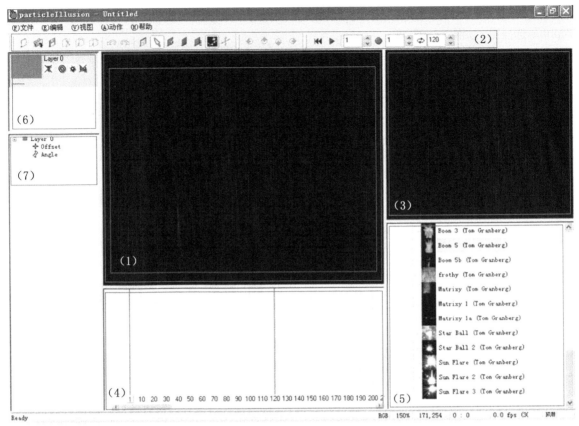

图7-82

（5）特效库：在这里面可以找到各种预设的特效效果，也可以从外部导入其他的特效文件。

（6）图层窗口：对特效进行编辑的图层窗口，在制作特效过程中会带来很大便利。

（7）属性参数面板：可以对特效的各种属性进行设置的窗口。设置特效属性之后，可以在时间轴里对这些属性进行调整。

接下来，通过学习如何制作一个火焰的效果来简单地了解particle Illusion的使用方法。

01 在特效库里找到一个火焰的预设效果，如图7-83所示。可以在预览窗口里观察这个火焰的效果，如图7-84所示。

图7-83

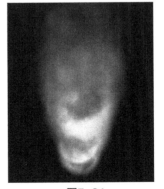

图7-84

02 选择好火焰效果以后，在工作区里单击鼠标左键，创建一个火焰效果的发射器。创建好以后，工作区会出现一个灰色的圆形图标，代表火焰效果已经被创建了，如图7-85所示。接下来，可以单击界面上方工具栏中的绿色播放按钮，或者直接按空格键进行播放，如图7-86所示。

图7-85   图7-86

03 在工作区已经将火焰效果创建好，然后要对火焰的效果进行一些处理。因为感觉火焰上的烟雾效果有些多余，所以要将火焰上的烟雾效果去掉。

在左侧的属性参数面板里，可以看到有很多参数，其中圆圈图标就代表已经创建好的火焰特效，单击它前面的"+"号展开所有属性参数，如图7-87所示。这里面包含了发射器的一些默认属性，还有一些粒子特效属性。

找到Smoke（烟雾）属性，单击前面的"+"号，展开烟雾的属性参数。找到visibility属性，这个属性是用来控制烟雾效果的可见度的。

04 单击visibility后，时间轴上就会出现它的属性值。在刻度100的地方，有一条直线，代表烟雾在每个时间段的可见度都是100%，如图7-88所示。可以设置不同时间段的可见度，使烟雾产生若隐若现的效果。

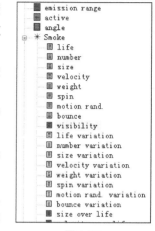

图7-87

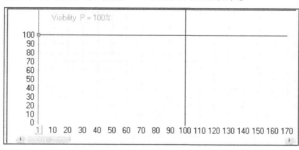

图7-88

05 因为本例不需要烟雾，所以要将Visibility的值设置成0（使用鼠标左键向下拖动刻度线上的红色小方块到0的位置，如图7-89所示。再观察火焰效果，烟雾效果已经没有了，如图7-90所示。

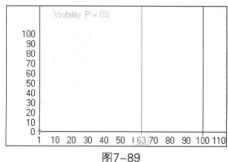

图7-89   图7-90

06 在工具栏里，将循环的时间段设置为70至100帧，如图7-91所示。这样在工作区观察到的效果就会是70至100帧之间的循环播放了。

图7-91

07 因为现在的火焰效果还不是想要的效果，所以接下来对火焰效果进行一些设置。首先找到 Flames（火焰）参数，单击Flames前面的"+"号展开其属性参数，如图7-92所示。在这里重点要了解的是带有绿色图标的参数信息。

选择size，它代表火焰粒子的大小尺寸属性，观察时间轴里的参数值，此时代表火焰粒子的参数为40，如图7-93所示。

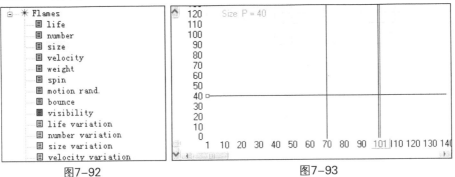

图7-92　　　　　　　　　　　　　　　　　　图7-93

08 之前的火焰效果感觉过于饱满了，需要调整。因为火焰是由很多小粒子组成的，所以将尺寸改小一些感觉会更像火焰。可以降低Size的数值，设置为25，如图7-94所示。 然后观察火焰效果，这时感觉更像火焰了，如图7-95所示。

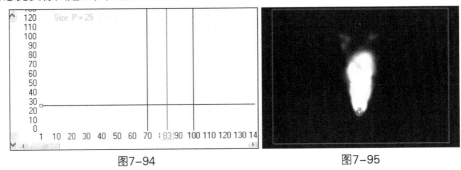

图7-94　　　　　　　　　　　　　　　　　图7-95

09 选择Flames的visibility属性，这里是控制火焰本身的可见度的属性，如图7-96所示。为了让火焰的顶部有一个更好的虚实效果，将火焰的可见度调节为60。拖动刻度线上的红色小方块，注意不要在其他地方进行拖动，否则会新建出另外的关键帧，火焰效果就会发生改变，如图7-97所示。观察调整后火焰的效果，如图7-98所示。

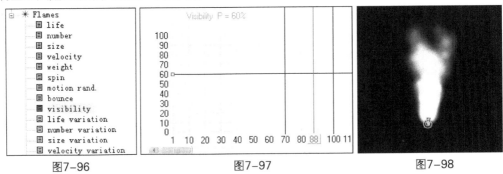

图7-96　　　　　　　　图7-97　　　　　　　　图7-98

10 通过以上操作，火焰效果已经制作完成了，在进行文件的输出之前，先要设置输出的尺寸。执行菜单命令"视图"→"项目设置"，如图7-99所示，打开项目设置窗口。也可以按快捷键Alt+P打开该项目设置窗口。

在项目窗口里，对"舞台尺寸"进行设置。这里设置为128×128，如图7-100所示。

图7-99　　　　　　　　　　图7-100

11 观察特效预览区的变化，已由矩形变成了正方形。这样可以保证输出的图片是正方形的图片，如图7-101所示。执行菜单"动作"→"存盘输出"命令，如图7-102所示。

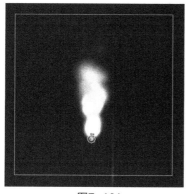

图7-101　　　　　　　　　　图7-102

12 选择文件的保存位置，输入文件名为"火焰"，选择保存类型为TGA格式，如图7-103所示。

13 单击"保存"按钮以后，弹出输出选项对话框。软件系统会默认选择前面设置好的70到100帧的时间段，不需要再进行修改。因为以后还要在游戏模型制作中使用透明贴图效果，所以取消压缩选项的选取，并启用Alpha通道。将输出尺寸设置为100％，如图7-104所示。设置好以后，就可以将火焰效果进行输出了。

图7-103　　　　　　　　　　图7-104

14 在3ds Max里创建正方形面片，然后将火焰效果赋予面片，如图7-105所示。

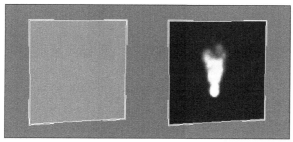

图7-105

15 透明贴图的设置如图7-106所示。3ds Max里的火焰效果如图7-107所示。

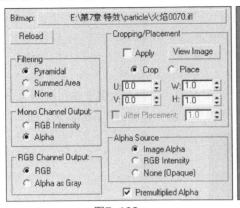

图7-106

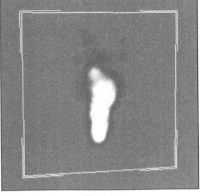

图7-107

7.2.4 使用引擎功能实现特效

实现游戏特效的方式各式各样，但是，要想在游戏里看到绚丽夺目的特效效果，还在于游戏引擎本身。游戏引擎会有一套自己的特效系统，这样，才使得制作出来的特效能够在游戏中得以实现。所以，要想了解特效的实现方式，还要对游戏引擎有所了解。

特效的实现，不仅是美术设计师的工作，也有很大一部分是程序制作人员的工作。他们会通过编写程序的方式来制作游戏的特殊效果。比如，一个随机飞行的物体会带有拖尾效果，这个效果会跟随着飞行物体运动的轨迹产生拖尾痕迹，而这种特殊效果，美术设计人员是不可能制作出来。由此，大致可以将游戏的特效分为美术特效和游戏引擎特效两类。

美术特效：前面学习的在Photoshop、3ds Max和particle Illusion等软件里制作的特效，都是可以由美术设计师制作出来的，属于美术特效的范围。由于美术特效本身不一定就是一个有动态效果的图像，也许只是一张图片，因此，要想实现这些特效的最终效果，还需要在游戏引擎中来完成。

图7-108所示为一些美术特效的效果素材。

游戏角色的魔法特效，有很多是利用绘制的二维的、有透明通道的图片素材来制作，然后在引擎里加入动画效果，如图7-108、图7-109所示。

图7-108

图7-109

《魔兽争霸》游戏的场景中，建筑物上也会有一些符文或者是法阵的效果。虽然美术工作者也可以通过绘制的方法制作出动画效果，但一般都是由美工绘制一张法阵的贴图，然后由特效设计师在引擎里调整它的亮度等参数的变化，来实现特殊效果，如图7-110所示。

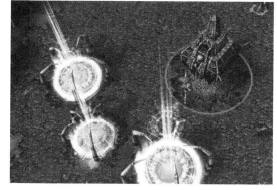

图7-110

游戏引擎特效：可以理解为是需要由程序来实现的一种特殊效果。这样的特效一般具有一个特点，就是随机性。有时候为了追求随机的变化效果，以绘制的方式来直接制作，是特别麻烦的，而这样的效果如果由程序本身生成，则往往只需要由程序人员编写一段代码，就能很容易地制作出各种想要的效果。

图7-111所示的各船的拖尾效果，就是游戏引擎制作出来的特效。这样的效果，美工是没办法绘制出来的，需要由程序人员在引擎中编写代码来实现。

引擎也可以实现一些真实的技能效果，如图7-112所示为《龙之谷》中的一个技能效果，非常真实地表现出了闪电的效果。

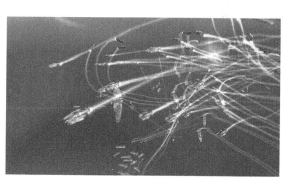

图7-111

图7-112

7.3 特效制作的几个代表实例

本节介绍几个具有代表性的特效制作实例。

7.3.1 为武器道具制作特效

在一把道具刀模型上制作出两处特效效果，一处是武器手柄处红色钻石的火焰及光晕特效，另一处是刀的运动拖尾轨迹的光晕特效。

01 打开一个已经制作好的道具刀模型文件，如图7-113所示。

02 首先制作钻石的发光特效。选择二维样条线中的直线类型，在钻石周围建立一个正方形。按住Shift键拖动鼠标，将正方形旋转90度并进行复制，作为制作钻石发光效果的面片模型，如图

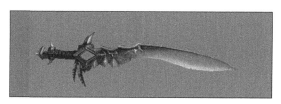

图7-113

7-114所示。将道具模型隐藏起来。进行复制操作时会弹出对话框，选择默认的Copy复制即可，如图7-115所示。

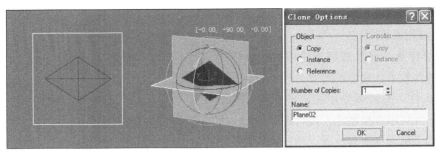

图7-114 图7-115

03 为菱形设置一个ID，然后利用Video Post的功能制作一个火焰效果，渲染并保存为TGA格式的序列图文件，如图7-116所示。

04 菱形钻石的火焰特效制作好以后，可以将菱形删除或者隐藏。将制作好的火焰特效贴图附予两片正方形片的Diffuse和Opacity贴图通道中。注意要在Opacity选项面板中，选择Mono Channel Output选项组的Alpha单选按钮和Alpha Source选项组中的Image Alpha单选按钮。赋予透明贴图后的模型效果如图7-117所示。

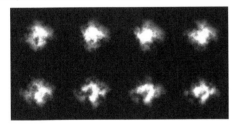

图7-116

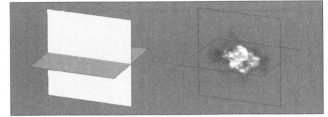

图7-117

05 然后，将武器取消隐藏，按播放键观察现在的效果，如图7-118所示。

06 制作刀身上的特效效果。首先，单击Create面板的Helix（螺旋线）按钮，在武器周围建立螺旋形的样条线，如图7-119所示。将螺旋线围绕刀身，然后复制并进行调整，如图7-120所示。

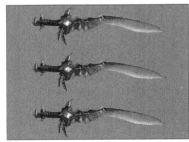

图7-118

图7-119

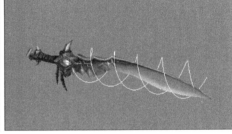

图7-120

07 参照武器的大小，建立一个矩形面片。设置Length Segs的值为1，Width Segs的值为10，如图7-121所示。矩形的其他参数如图7-122所示。此矩形面片用于制作刀身周围的光效效果。

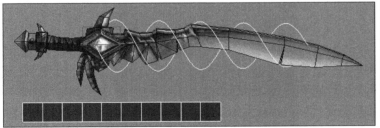

图7-121

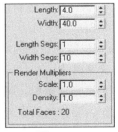

图7-122

08 找一张带有Alpha通道的光效贴图，作为模型的光效贴图，如图7-123所示。将该贴图附予模型，具体的设置和之前的火焰贴图设置相同。

09 设置贴图后的效果如图7-124所示。因为模型和贴图造型上的差异，产生了一些拉伸变形，不过这里不需要进行改动，就利用这种拉伸效果即可。有时候在制作特效过程中也能产生意想不到的精彩效果。

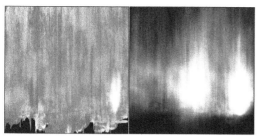
图7-123

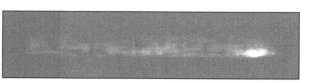
图7-124

10 在用作特效的面片模型被选中的状态下，从修改器列表里选择PathDeform（WSM）（路径变形）命令，如图7-125所示。在面片模型的堆栈中就会出现Path Deform Binding（WSM）修改器，如图7-126所示。

11 在PathDeform（WSM）修改器的Parameters卷展栏中，单击Pick Path按钮，如图7-127所示。在视图窗口中，将模型拾取到之前建立的螺旋形样条线上，如图7-128所示。因为现在的拾取方向不正确，所以光效模型没有拾取到正确的位置。

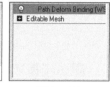
图7-125　　　　图7-126

图7-127

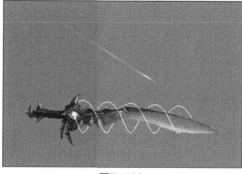
图7-128

12 单击Parameters卷展栏的Move to Path按钮，将特效拾取到样条线上；在Path Deform Axis（路径变形轴）选项组中选择X单选按钮，以X轴向对齐，如图7-129所示。

设置好以后观察模型效果，如图7-130所示。

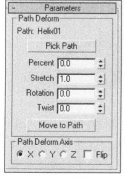
图7-129

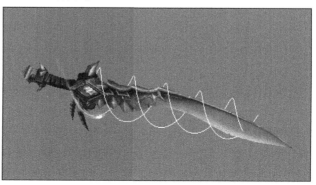
图7-130

13 激活Auto Key按钮，然后单击时间设置按钮，如图7-131所示。在弹出的对话框中设置时间为10帧，然后将时间滑块放在第0帧的位置上。

图7-131

14 确定轨迹栏的时间滑块在第0帧的位置，并且光效模型为被选中状态，在命令面板设置光效模型的参数如图7-132所示。然后将时间滑块移至第10帧的位置，设置参数如图7-133所示。

15 此时可单击播放按钮来观看一下动画效果，武器的光效就会动起来了，如图7-134所示。但是此时的效果比较生硬，还需要进一步地调整。

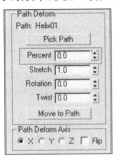
图7-132

图7-133

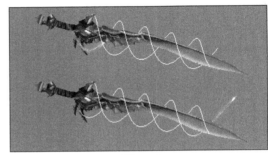
图7-134

16 由于感觉到光效效果的变化有一些平淡，下面进行简单的修改，使特效效果变得生动一些。首先将时间滑块移到第5帧的位置，然后将Stretch（拉伸）值设置得大一些，如这里设置为2.5，如图7-135所示。观察效果，会发现动画在第5帧的时候，拖尾的特效效果变长了，如图7-136所示。

图7-135

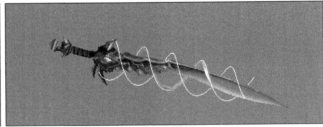
图7-136

17 然后，复制出另外一条螺旋线的特效效果。因为前面已经调整好一条螺旋线的动画效果，所以直接将其复制就可以了。复制时动画效果也会保留。按住Shift键拖动特效模型，在弹出的窗口里面，选择Copy单选按钮，其他设置不变，单击OK按钮进行复制，如图7-137所示。复制出来以后，可以将时间滑块移至第0帧，观察有没有出现错误的效果。

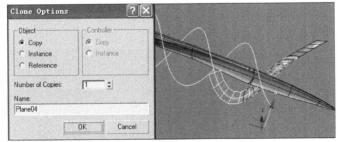
图7-137

18 复制出来新的特效面片以后，在PathDeform修改器的属性卷展栏里单击Pick Path按钮，然后拾取另外一条样条线，这样，复制出来的特效面片就会被自动拾取到另外一条样条线上了。不过，此时的特效模型的贴图方向发生了错误，如图7-138所示。在其属性卷展栏里，选择Path Deform Axis选项组里的Flip复选框，如图7-139所示，即可纠正模型的贴图方向。

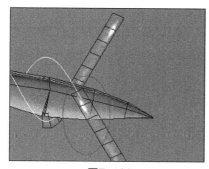

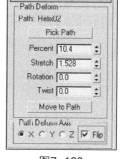

图7-138　　　　　　　　　　　　　图7-139

⑲ 调整好的效果如图7-140所示。特效的方向都正确了。

⑳ 武器模型的特效全部制作完了，可以单击播放按钮观察特效效果，如图7-141所示。

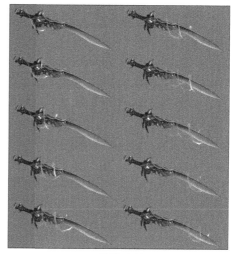

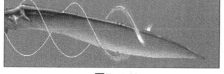

图7-140　　　　　　　　　　　　　图7-141

7.3.2　为场景制作特效效果

特效在场景中的应用也是非常广泛的，比如篝火、火炉、树上萤火虫的发光效果等，这些都是特效在场景中的表现形式。美术制作人员只要在生活中不断观察，就会发现很多的自然现象都是很好的特效素材。

下面再学习制作一个场景中的魔法火盆的特殊效果。

① 首先建立火盆的模型。在3ds Max里制作出一个立方体。在面子对象级别选取状态下，使用模型的挤出等功能，将火盆的大概形体制作出来；选择线子对象级别，使用倒角功能，对边角部分进行圆滑。制作出的火盆模型如图7-142所示。

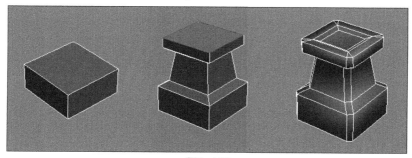

图7-142

02 将模型的UV展开，如图7-143所示。绘制贴图的方式可以简单一点，利用一张石头纹理的贴图，将阴影和高光部分绘制出来即可，如图7-144所示。

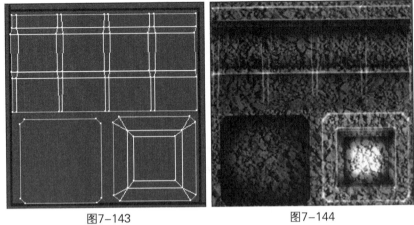

图7-143　　　　　　　　　　　　图7-144

03 加入贴图以后，在3ds Max里面的火盆效果如图7-145所示。在火盆模型上建立一个平面面片，作为火焰贴图的模型，如图7-146所示。这里只需要制作一个面片就可以了，到后期制作时，可利用引擎让火焰的面片始终面对镜头，这样火焰的立体效果也不会消失，而且节省了大量的系统资源。

04 将前面制作的火焰效果素材的贴图序列附予模型。此时感觉火焰效果有点小，而且位置也有点高。可以放大模型的显示比例，然后调整火焰效果的位置，效果如图7-147所示。

  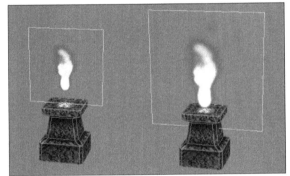

图7-145　　　　　　　　　图7-146　　　　　　　　　图7-147

05 制作完成的火盆效果如图7-148所示。

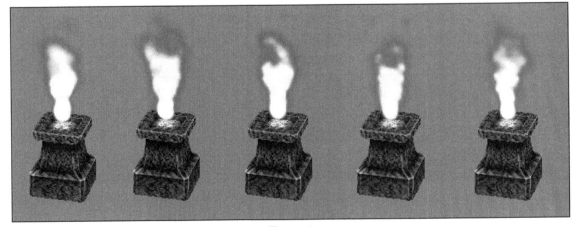

图7-148

7.3.3 魔法动画特效1：符文

制作一个环绕角色脚下的符文效果及类似地底扩散光的魔法特效。脚下的符文效果使用前面制作的符文特效，然后再在角色身体周围添加环绕的地底光特效，这样就可以得到一个很好的符文特效。

01 打开前面制作的符文效果的MAX格式的文件，如图7-149所示。

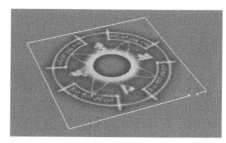

图7-149

02 在符文特效上建立一个圆柱体，然后删掉顶部和底部的两个面，只留下周围环状的面片，如图7-150所示。注意，面片纵向的段适当多一些，这样在制作特效的时候，效果会比较自然。

03 删掉柱体上横向的布线，然后调整柱体造型：将底部的圆形向内收缩，产生上大下小的效果，如图7-151所示。之后，需要利用这个面片制作向外扩散的光晕效果，使平面的效果更加的立体。

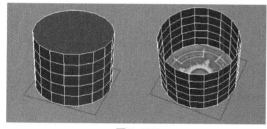

图7-150   图7-151

04 用同样的方法，再制作一个柱体面片，将其调整到面片内侧，使高度较高，锥度略小一些，如图7-152所示。这样可以制作内侧和外侧重合的特效效果，使其表现更加生动、丰富。

05 两个面片制作完成后，将模型的UV分展开。因为是柱体的造型，UV可以很容易地展开，如图7-153所示。

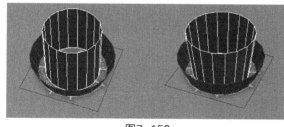 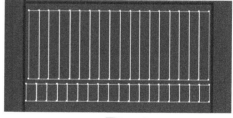

图7-152   图7-153

06 下面制作光效贴图。打开Photoshop，新建一个256×256的图像文件，然后填充背景色为黑色，如图7-154所示。新建立一个图层，即图层1，在此图层里绘制特效贴图图像，如图7-155所示。

图7-154   图7-155

07 将前面展开的UV保存成一个UV线框图，然后导入到Photoshop的特效贴图中。导入之后，先制作外圈特效部分的贴图效果。在图层1里，使用画笔工具，选一种颜色做为法阵的颜色，在外圈特效部分绘制一排大小不一的点，如图7-156所示。然后使用Ctrl+T键对这些点进行缩放编辑，延纵向拉长这些点，使其产生自然的发射效果，如图7-157所示。

图7-156　　　　　　　　　　图7-157

08 经拉伸变形后，制作的特效图像如图7-158所示。如果感觉效果不理想，还可以再复制出几个这样的图像，然后进行重叠处理。删掉底部多余的部分，直到效果满意为止，如图7-159所示。

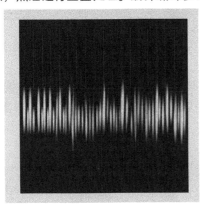

图7-158　　　　　　　　　　图7-159

09 制作出贴图的Alpha透明通道。按住Ctrl键单击图层1，然后复制特效图像，如图7-160所示。在"通道"面板中单击"新建"按钮，建立Alpha通道，然后将复制的特效图像粘贴至Alpha通道。在R、G、B各个通道激活的状态下，图像背景显示为红色，如图7-161所示。

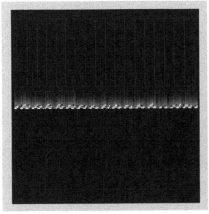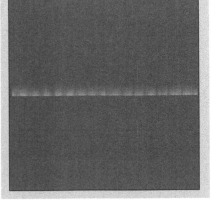

图7-160　　　　　　　　　　图7-161

⑩ 将特效图像保存为TGA格式的文件，然后将贴图指定给模型，效果如图7-162所示。如果光晕特效的高度太矮，还可以调整模型的高度，来对特效效果进行修改，如图7-163所示。

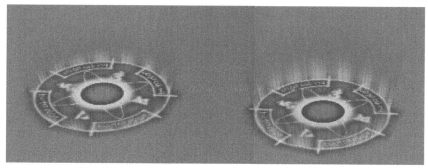

图7-162   图7-163

⑪ 用同样的方法制作出内圈的光晕特效，如图7-164所示。这个特效需要稍加改动，因为是要制作一个旋转的动画效果，所以光带的高度不要太均匀。调整后在3ds Max里观察效果，如图7-165所示。

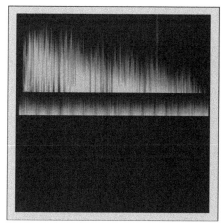 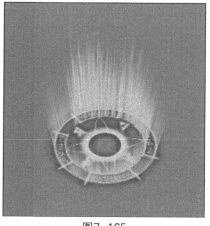

图7-164   图7-165

⑫ 特效制作好后，给特效加入动画效果。因为特效使用的是一张贴图，所以之前将两片柱体模型合成了一个对象，现在为了制作动画效果更方便，要将它们分开。使用对象的元素子对象级别进行选择，然后单击Modify面板中的Detach按钮，就可以将模型分开。

打开时间设置对话框，在Animation选项组中将End Time的值设置为20。选择内侧的面片，在第1帧和第20帧的位置各设一个关键帧，如图7-166所示。

⑬ 打开曲线编辑器，找到该特效模型的Z轴旋转属性Z Rotation，如图7-167所示。然后选择第0帧，设置角度为0度；选择第20帧，设置旋转角度为1080度，如图7-168所示。旋转角度为1080度，也就是要在20帧内让贴图旋转3圈。

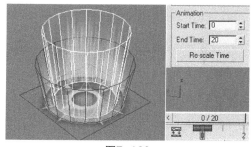 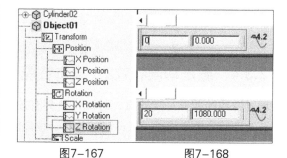

图7-166   图7-167   图7-168

14 设置好以后，可以单击播放按钮预览动画的效果。此时发现光晕旋转得很不自然，可以在曲线编辑器里找到光晕在Z轴上的旋转曲线进行查看，结果显示出它不是一个匀速的旋转，如图7-169所示。需要对曲线进行设置，从而实现匀速旋转的效果。

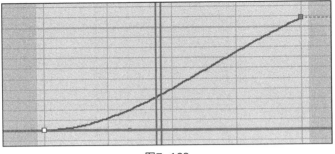

图7-169

15 选择第1帧上的时间点（在选中状态下该点为白色），然后在曲线编辑器中选择Set Tangents to Linear工具，就可以将曲线变成直线了，如图7-170所示。用同样的方法将第20帧的曲线也改成直线。再观察动画效果，旋转动作正常了。

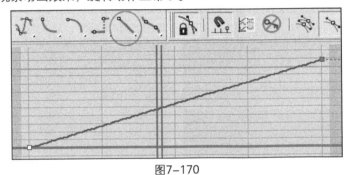

图7-170

16 同样，可以将外圈的光晕也加入动画效果。如果觉得还不够丰富，可以增加一些符文等小的细节，最后的特效效果如图7-171所示。

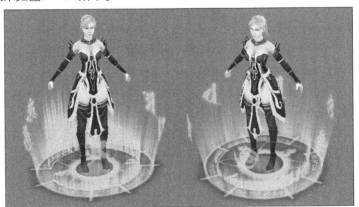

图7-171

7.3.4　魔法动画特效2：攻击性魔法

玩过游戏的朋友一定知道，游戏角色都有效果绚丽的攻击性魔法特效。绚丽的攻击性魔法特效让游戏中的角色增添了一层神秘的色彩，也让游戏更加具有趣味性。接下来就在前面学习的基础上，再制作一个闪电的魔法特效。

01 打开Photoshop，新建一个文件，尺寸为256×256。为了便于观察，将背景色设置为黑色，然后新建一个图层，画出闪电图像，如图7-172所示。

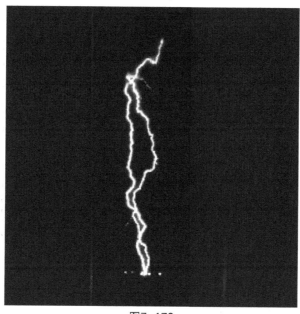

图7-172

02 将闪电图像所在的图层复制出4个来，调制动画。使用选区工具去掉多余的部分，将闪电动画的4帧在不同的闪电图层中制作出来，如图7-173所示。注意，要按照前面介绍过的方法将图片的Alpha通道也制作出来，再将文件保存为TGA格式。

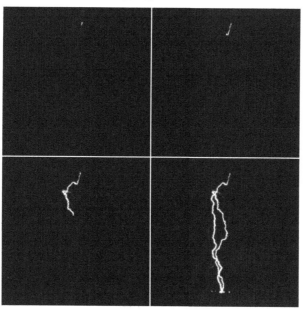

图7-173

03 动画的序列图文件制作好以后，打开3ds Max，建立一个正方形的面片。打开材质编辑器，选择一个空白的材质球，将闪电贴图赋予模型，然后将序列图指定给材质球的Diffuse项，再将Diffuse的材质复制给Opacity。单击Opacity右边的按钮，进入它的设置面板中，进行透明属性的设置。选择Mono Channel Output选项组里的Alpha单选按钮，再选择Alpha Source选项组的Image Alpha单选按钮。激活显示贴图按钮，然后观察模型的效果，如图7-174所示。

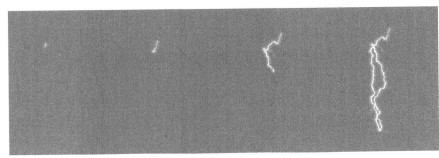

图7-174

[04] 接下来制作一个闪电击落在地面上产生的爆炸效果，如图7-175所示。制作这个效果需要制作一个序列动画。因为闪电动画在前3帧处并没有击落到地面上，所以可以用3张空图片来代替，只有在第4帧的时候，出现爆炸图像，如图7-176所示。

图7-175

图7-176

[05] 复制这些形成闪电的模型，不规则地摆放，即可得到一个闪电法阵特效效果，如图7-177所示。

图7-177

在学习游戏特效制作的过程中，要不断地积累，才能够有所提高。本章的学习仅仅是为读者提供一个制作游戏特效的思路和方法，真正能够把所学应用在游戏开发当中，还需要不断地进行学习，深入、充分地发挥想象力以及个人的努力。只要积极地发挥想象力并勇于实践，就可以制作出想要的任何效果。